Mojsvar, Edmund Mojsisc

Die Dolomit-Riffe von Südtirol und Venetien

Mojsvar, Edmund Mojsisovics von

Die Dolomit-Riffe von Südtirol und Venetien

Inktank publishing, 2018

www.inktank-publishing.com

ISBN/EAN: 9783747779835

Die

DOLOMIT-RIFFE

von

SÜDTIROL und VENETIEN.

BEITRÄGE

ZUR BILDUNGSGESCHICHTE DER ALPEN

von

Edmund Mojsisovics von Mojsvár.

Herausgegeben mit Unterstützung der Kaiserl. Akademie der Wissenschaften.

Mit der geologischen Karte des tirolisch-venetianischen Hochlandes in 6 Blättern,
3o Lichtdruckbildern und 11o Holzschnitten.

WIEN, 1879.

ALFRED HÖLDER
K. K. HOF- UND UNIVERSITÄTS-BUCHHÄNDLER
ROTHENTHURMSTRASSE 15.

Vorwort.

Ich habe dem vorliegenden Buche nur wenige Worte über dessen Entstehungsgeschichte voranzusenden.

In einem im Frühjahre 1874 veröffentlichten Aufsatze über „die Faunengebiete und Faciesgebilde der Triasperiode in den Ostalpen'*) hatte ich den Versuch unternommen, die verwickelten und einander scheinbar widersprechenden stratigraphischen Verhältnisse der verschiedenen Triasdistricte der Ostalpen durch die Unterscheidung gesonderter Faunengebiete und die Annahme allgemein verbreiteter, scharf contrastirender vicarirender Faciesgebilde zu erläutern und einheitlichen Gesichtspunkten unterzuordnen. Ebenso wie zur Feststellung der Faunengebiete leiteten mich die Resultate palaeontologischer Untersuchungen auch zur Erkenntniss der Faciesverhältnisse. Directe, aus dem Lagerungsverbande der als Facies bezeichneten Gebilde entnommene Beweise konnte ich damals zur Rechtfertigung meiner Anschauungen nicht beibringen. Aber es zeigten selbst die abweichendsten Profile benachbarter Regionen mittelst der angewendeten Interpretation eine erfreuliche Uebereinstimmung mit der gleichzeitig aufgestellten, vorzugsweise auf palaeontologische Anhaltspunkte gegründeten und von den lithologischen Merkmalen so viel wie möglich abstrahirten Reihenfolge der Trias-Zonen. Vom theoretischen Standpunkte durfte ich sonach meine Anschauungen als in der Natur begründete betrachten. Ich konnte mich aber darüber keiner Selbsttäuschung hingeben, dass auf eine sofortige ungetheilte Zustimmung der Fachgenossen nicht gerechnet werden dürfe. Und zwar nicht blos wegen des überraschend jähen Wechsels der entgegengesetztesten Faciesgebilde, sondern auch, und bei Vielen vielleicht vornehmlich, wegen der zu Grunde gelegten, von dem transformistischen Standpunkte ausgehenden palaeontologischen Methode,

---

*) Jahrb. d. Geol. R.-A. 1874.

welche der Stratigraphie bisher vernachlässigte scharfe Kriterien zu Gebote stellt. Wurden ja durch diese, wenn auch indirect, vorgefasste Meinungen und eingelebte Anschauungen bekämpft, und mochte deshalb, um von principiellen Gegnern zu schweigen, dem berechtigten Conservativismus eine zuwartende Haltung am gerathensten erscheinen!

Sollte diese Zurückhaltung rasch beseitigt werden, so mussten an die Stelle der theoretischen Folgerungen objectiv greifbare Thatsachen gesetzt werden. Solche aber constatiren zu können, dazu schien nach Allem, was ich bis dahin genauer von den Alpen kannte, wenig Aussicht vorhanden zu sein. Die meisten Chancen versprach noch das südtirolische Gebiet von Gröden, Enneberg, Fassa und Buchenstein, welches ich bereits in meinem Aufsatze zum Ausgangspunkte der Besprechung der Faciesgebilde gewählt hatte. Die einfachen tektonischen Verhältnisse, einige Angaben v. Richthofen's und Stur's, sowie eigene, auf kürzeren Excursionen gemachte Wahrnehmungen berechtigten zu der Hoffnung, dass, wenn irgendwo in den Alpen, so hier der directe geognostische Nachweis des Facieswechsels gefunden werden könnte.

Bei Feststellung des Planes für die Aufnahmen im Sommer 1874 beantragte ich deshalb bei der Direction der k. k. Geologischen Reichsanstalt, dass die beginnende Detailaufnahme der südtirolischen Kalkalpen von dem bezeichneten Terrain ausgehen und von da aus in den nächsten Jahren gegen die Landesgrenzen fortschreiten solle.

Bereits der Erfolg der conform diesem Antrage im Sommer 1874 durchgeführten Untersuchung überflügelte weitaus meine viel bescheideneren Erwartungen. Denn es wurden nicht nur die gesuchten Nachweise des Ineinandergreifens der zwei wichtigsten Faciesgebilde gefunden, sondern überdies eigenthümliche Structurverhältnisse an den Stellen des Facieswechsels beobachtet, welche für das Verständniss der in den Ostalpen allgemein verbreiteten triadischen Riffmassen von höchster Wichtigkeit sind *).
Ich fasste nun den Plan, in einer besonderen, durch Illustrationen

---

*) Zur Wahrung der Priorität dieser Beobachtungen veröffentlichte ich in den Sitzungs-Berichten der k. k. Akademie der Wissenschaften (LXXI. Band, 1875) eine kurze vorläufige Notiz unter dem Titel: Ueber die Ausdehnung und Structur der südostirolischen Dolomitstöcke.

zu erläuternden Schrift eine zusammenhängende Schilderung des bereits untersuchten, sowie des angrenzenden, ähnliche Aufschlüsse versprechenden und in den folgenden Jahren aufzunehmenden Gebietes zu veröffentlichen. Ich gewann noch im Laufe des Sommers 1874 den Photographen Herrn G. Egger aus Lienz für die photographische Fixirung einiger besonders instructiver Stellen. Herr Dr. R. Hoernes, welcher mir als Sections-Geologe zugetheilt war, begleitete Herrn Egger und wählte passende Aufnahmspunkte. Im nächsten Jahre schaffte ich mir selbst einen leicht portativen photographischen Apparat an, mittelst welchem ich in den Jahren 1875 und 1876 eine ziemlich grosse Anzahl geologisch interessanter Aufschlüsse fixirte. Eine Auswahl dieser, sowie der Egger'schen Aufnahmen begleitet, durch Lichtdruck vervielfältigt, das vorliegende Buch.

Als die vornehmste Aufgabe dieses Buches betrachtete ich die Darstellung des Facieswechsels und der Structurverhältnisse der Dolomitriffe. Doch wurden selbstverständlich, ohne in ermüdende und oft wiederkehrende Detailschilderungen mich einzulassen, auch die zahlreichen wichtigen Aufschlüsse, welche zu dem Hauptthema in keiner unmittelbaren Beziehung stehen, entsprechend gewürdigt.

Um auch die tektonischen Verhältnisse des geschilderten Gebietes im Zusammenhange mit den stärker gestörten südlichen Districten darstellen zu können, schien es mir zweckmässig, über die Grenzen der Verbreitung der triadischen Dolomitriffe hinauszugehen und auch noch das am Südrande der Valsugana-Spalte liegende Gebiet in die Karte aufzunehmen.

In der Einleitung machte ich den Versuch, die Bedeutung der die moderne Naturwissenschaft beherrschenden transformistischen Grundsätze für die historische Geologie zu skizziren. Ich erlebte die grosse Freude und Genugthuung, dass der Altmeister der heutigen Naturwissenschaft, Charles Darwin, diesen Erörterungen sein besonderes Interesse schenkte und in einem liebenswürdigen Schreiben die Berechtigung derselben anerkannte.

Die Untersuchung und Kartirung des geschilderten Gebietes erfolgte unter Mitwirkung meiner beiden damaligen Sections-Geologen[*]) der Herren Dr. C. Doelter und Dr. R. Hoernes, sowie

---

[*]) Gegenwärtig Professoren an der Grazer Universität.

unter der zeitweisen Betheiligung der Herren Volontäre Dr. Ed. Kotschy, Dr. Ed. Reyer und Dr. Th. Posewitz in den Jahren 1874—1876 und dienten für den österreichischen Antheil des Gebietes die photographirten Copien der Original-Aufnahmsblätter der neuen Generalstabskarte der Monarchie im Massstabe von 1 : 25000, für die italienischen Antheile aber die Blätter der neuen Specialkarte der österreichisch-ungarischen Monarchie im Massstabe von 1 : 75000 zur Grundlage. Herr Dr. Hoernes, welcher mich am Beginne der Arbeit durch zwei Monate begleitet hatte, nahm in der Folge einen sehr hervorragenden Antheil an der eigentlichen Aufnahmsarbeit. Die Gegenden im Norden von Villnöss und Enneberg, dann die Gebiete von Brags, Höhlenstein, Sexten, Auronzo, Cadore, die Umgebungen von Longarone, sowie der grösste Theil des Blattes VI (Belluno) wurden von ihm bearbeitet. Die eingehenden, von Profilzeichnungen begleiteten schriftlichen Berichte, welche er mir zur Benützung für meine Ausarbeitung übergab, sind unter steter Angabe der Quelle meiner Darstellung der betreffenden Gebietstheile zu Grunde gelegt. Es wäre undankbar, wenn ich die wesentliche Unterstützung, welche mir aus der Mitwirkung des Herrn Dr. Hoernes erwuchs, nicht bereitwilligst und freudig anerkennen wollte. Die Aufgabe des Herrn Dr. C. Doelter bestand in der Untersuchung der Eruptionsstellen von Fassa und Fleims, des Quarzporphyrgebietes und des Cima d'Asta-Stockes. Die Begrenzung der Eruptivgesteine an den beiden alten Vulcanschloten von Fassa und Fleims auf unserer Karte rührt von den Aufnahmen des Herrn Dr. Doelter her, welcher dieselben mit einem grossen Aufwande an Zeit eingehend studirt hatte *).

---

*) Literatur. Von der Mittheilung eines ausführlichen Literatur-Verzeichnisses wurde Umgang genommen, weil in dem vortrefflichen Werke Ferd. Freih. v. Richthofen's „Geognostische Beschreibung von Predazzo, Sanct Cassian und der Seisser Alpe. Gotha 1860", welches für einen Theil unseres Gebietes eine ausgezeichnete Grundlage aller späteren Forschungen bildet, sich bereits ein solches vorfindet. Die wichtigeren seither erschienenen Arbeiten findet man an den geeigneten Stellen im Texte angeführt.

Eine kritische Würdigung der Arbeiten meiner Vorgänger wurde principiell vermieden, zunächst, weil es sich in erster Linie um die Mittheilung von Thatsachen handelte, welche man erst in neuerer Zeit zu sehen gelernt hatte, und dann aber auch, weil ich die meisten derartigen Besprechungen für einen unnützen Ballast halte, welcher nur dazu dienen soll, die Verdienste des Autors in besonders günstigem Lichte erscheinen zu lassen.

Um die Herausgabe des Werkes in zweckentsprechender Weise zu ermöglichen, bewilligte mir über Antrag meiner hochverehrten Freunde, der Herren Akademiker Hofrath Fr. Ritter v. Hauer, Hofrath Ferd. Ritter v. Hochstetter und Prof. Ed. Suess die Hohe kaiserliche Akademie der Wissenschaften einen namhaften Geldbetrag, für welche wahrhaft liberale Unterstützung ich derselben ehrfurchtsvollen Dank schulde.

Auch das Hohe k. k. Reichs-Kriegsministerium und das k. k. Militär-Geographische Institut haben durch die Gestattung des Umdruckes der betreffenden Blätter der neuen Specialkarte der Monarchie in zuvorkommender Weise zum Zustandekommen dieses Werkes beigetragen.

Wien, im October 1878.

Dr. Edm. v. Mojsisovics.

Druckfehler und Berichtigungen.

Seite 23, Zeile 2 von unten (Note), statt: Neumayr, zu lesen: Neumayer.

„ 24, Zeile 11 von oben, statt: nachgewiesen wird, zu lesen: nachgewiesen sind.

„ 47, Zeile 18 von oben, statt: *Voltzia Recubariensis*, zu lesen: *Voltzia Agordica*. (Man vergleiche die Note Seite 436.)

„ 56, Zeile 11 von unten, statt: bezeichnensten, zu lesen: bezeichnendsten.

„ 58, Zeile 17 von oben, statt: *Lycoteras*, zu lesen: *Lytoceras*.

„ 93, Zeile 18 von oben: Nachdem bei den Untersuchungen des letzten Sommers von den Herren Bittner und Vacek festgestellt wurde, dass die Cephalopodenbänke der Zone des *Simoceras scissum* über den Oolithen mit *Rhynchonella bilobata* liegen und die tiefsten Lagen des bisher ausschliesslich den Klaus-Schichten zugerechneten Complexes der sogenannten Curviconcha-Schichten bilden, müssen weitere Funde von Fossilien abgewartet werden, um über das Alter der Bilobata-Schichten entscheiden zu können. Die Vermuthung, dass dieselben noch liasisch seien, gewinnt durch die Verhältnisse im Osten und Nordosten sehr an Wahrscheinlichkeit.

„ 101, Zeile 6 von unten, statt: bloslegen, zu lesen: blosliegt.

„ 132, In dem Profile wurden durch ein Versehen die Schichten von Veronza nord-anstatt südfallend eingezeichnet.

„ 133, Zeile 3 von unten, und Seite 137, Zeile 4 von oben, statt: Sotchiada, zu lesen: Sotschiada.

„ 162, Zeile 13 von oben, statt: und dem Dolomit der Buchensteiner Schichten, zu lesen: und der Buchensteiner Schichten.

„ 286, Zeile 6 von oben, statt: *Hamatoceras*, zu lesen: *Hammatoceras*.

„ 377. In dem Querprofile des Monzoni-Gebirges wurden durch ein Versehen des Zeichners die Werfener Schichten der Monzoni-Alpe bis an die Basis der Zeichnung fortgesetzt, während dieselben nur so weit, als sie zu Tage ausstreichen, angegeben sein sollten.

„ 401, Zeile 8 von oben, statt: schwacher, zu lesen: flacher.

„ 409, Zeile 16 von unten, statt: wird, zu lesen: werden.

„ 411, Zeile 13 von oben, statt: des Sette, zu lesen: der Sette.

„ 418, Zeile 9 von unten, statt: *Turitella*, zu lesen: *Turritella*.

„ 419, Zeile 3 von unten (Note), statt: oligocänen, zu lesen: oberoligocänen.

„ 435, in der Beschreibung des Profils, statt: Col de Moi, zu lesen: Col del Moi.

„ 436, Seite 5 von oben, statt: Armarola, zu lesen: Armarolo.

„ 455, Zeile 4 von oben, statt: Korallee, zu lesen: Korallen.

„ 459, Zeile 1 von oben, statt: sein, zu lesen: ihr.

„ 470, Zeile 6 von unten, statt: Roi, zu lesen: Rai.

„ 487, Zeile 15 von unten, statt: gewesen, zu lesen: gewesen wäre.

„ 496, Zeile 1 von unten, statt: oroltie, zu lesen: or oolite.

„ 498. In der mir nach der Drucklegung der letzten Textbogen zugegangenen Arbeit K. v. Fritsch's über fossile Korallen von Borneo (Palaeontographica, Supplem. III, S. 97) wird den Angaben, dass das Sklerenchym der Korallen Aragonit sei, widersprochen. Selbstverständlich würde dieser Nachweis der Thatsache, dass die Korallen in die Kategorie der rasch obliterirenden organischen Kalkgebilde gehören, nicht alteriren können. Ob aber Aragonit oder eine leichter lösliche Modification des Calcits die Ursache der Löslichkeit ist, bleibt für unsere Folgerungen gleichgiltig.

Auf Blatt II der geologischen Karte erscheinen die glacialen Schutthügel bei Aquabona im Ampezzaner Thal irrthümlich mit der Farbe der Wengener Schichten.

Inhalt*).

*) Die Ausgabe dieses Werkes erfolgte in sechs Lieferungen [die ersten fünf je 5 Bogen stark], von denen die erste im April 1878, die zweite im Juni, die dritte im September, die vierte im October, die fünfte im November und die letzte Ende December desselben Jahres erschien.

11

II. Detailschilderungen.

III. Rückblicke.

XVI. CAPITEL.

Die Riffe.

XVII. CAPITEL.

Bau und Entstehung des Gebirges.

Verzeichniss der Lichtbilder.

Text-Holzschnitte.

Das Verzeichniss derselben wurde in den Index am Schlusse des Buches aufgenommen, wo man unter den Schlagworten *Profil, Ansicht* oder *Kärtchen* nachsehen wolle.

Die kleinen Uebersichtskarten.

Skelett

der grossen, dem Buche beigelegten geologischen Karte des tirolisch-venetianischen Hochlandes.

I.

Allgemeine Einleitung

in die

geologische Geschichte der Alpen.

I. CAPITEL.

Allgemeine Betrachtungen über die Chorologie und Chronologie der Erdschichten.

Der Alpenkalk. — Eigenthümlicher Charakter der alpinen Formationen. — Geographische Verbreitung. — Provinzen, Facies. — Chorologische Gliederung der Erdschichten. — Luckenhaftigkeit der geologischen Urkunde. — Eigenthümlicher Parallelismus der Bildungsgeschichte der alten und neuen Welt. — Die Bedeutung der chorologischen Interpretation für die Chronologie der Erdschichten. — Kriterien der Altersverschiedenheit. — Phylogenetische Untersuchung der Fossilien. — Die geologischen Documente sprechen zu Gunsten der Descendenzlehre. — Grundsätze zur naturgemässen Classification der sedimentären Gesteinsbildungen. — Zonen-Gliederung.

Vor einigen Jahrzehnten bezeichnete man den gewaltigen Complex von Kalkformationen, welcher die nördlichen und südlichen Kalkalpen bildet, als „Alpenkalk". Diese Bezeichnung entsprang zunächst der Rathlosigkeit, welche die Einreihung der alpinen Kalkmassen in die geologische Reihenfolge verursachte. Sie besagte aber auch, dass sich die Kalkformationen der Alpen derart von den bis dahin bekannten ausseralpinen Bildungen unterscheiden, dass eine besondere Benennung nothwendig sei.

Seither ist es mit Hilfe der im „Alpenkalk" enthaltenen Versteinerungen gelungen, denselben zu zergliedern und dem allgemeinen Formationsschema anzupassen. Aber trotzdem halten die Alpengeologen für die meisten der zahlreichen Glieder des ehemaligen Alpenkalks an besonderen alpinen Localnamen fest und wollen von ausseralpinen Bezeichnungen nur die Benennungen der umfassenderen Abschnitte auf die Alpen übertragen wissen. Dadurch ist auch heute noch ein gewisser Gegensatz ausgedrückt und zugleich angedeutet, dass sich die alpinen Bildungen, oder wenigstens ein grosser Theil derselben, durch besondere Eigenthümlichkeiten auszeichnen.

Diese Eigenthümlichkeiten beruhen nicht allein auf dem abweichenden lithologischen Charakter der gleichzeitigen Bildungen, sondern auch, worauf das meiste Gewicht zu legen ist, auf der grösseren oder geringeren Verschiedenheit der eingeschlossenen Marinfaunen. Es zeichnen sich besonders die mesozoischen und

Mojsisovics, Dolomitriffe. 1

alttertiären Bildungen durch die abweichende Zusammensetzung ihrer Faunen aus, mithin die am Aufbau der nördlichen und südlichen Kalkalpen in hervorragendster Weise betheiligten Ablagerungen. Unter ihnen wieder entfernen sich die Sedimente der Triasperiode in den Ostalpen in auffälligster Weise von den aequivalenten Bildungen Mitteleuropa's. Die noch wenig studierten palaeozoischen Formationen, welche in den Ostalpen beschränkte Räume einnehmen und in den Westalpen nur in lückenhafter Weise vertreten sind, scheinen sich den gleichaltrigen ausseralpinen Bildungen ziemlich enge anzuschliessen.

Der abweichende Charakter der mesozoischen und alttertiären Formationen ist, wie die neueren Erfahrungen erwiesen haben, keineswegs ein auf die Alpen beschränkter Ausnahmsfall. Der alpine Typus dieser Bildungen wiederholt sich in allen Mittelmeerländern, er tritt in weiter Ausdehnung in den Hochgebirgen Asiens auf, er zeigt sich auf Neuseeland und auf Neucaledonien, in Californien und in Spitzbergen. Diese weite Verbreitung lehrt, dass die erwähnten alpinen Bildungen pelagischen Ursprungs sind. Von den dem Alter nach gleichstehenden ausseralpinen europäischen Ablagerungen erweisen sich einige als Litoralgebilde — was bereits hinreichend die Verschiedenheit erklärt — andere dagegen sind, eben so wie die alpinen, pelagischer Entstehung und theilen mit denselben eine Anzahl gemeinsamer Charaktere, wie dies bei benachbarten zoogeographischen Provinzen der Fall zu sein pflegt.

Die nach langjährigen, mühevollen Untersuchungen zahlreicher Forscher gelungene Altersbestimmung der alpinen Bildungen, insbesondere der in den Alpen so mächtigen und reichgegliederten Reihe der triadischen Ablagerungen bezeichnet einen grossen Fortschritt der historischen Geologie. Der Aberglaube an die universelle Bedeutung der nach beschränkten, in einem kleinen Theile Europa's gewonnenen Erfahrungen aufgestellten Schichtenreihe wurde dadurch nicht minder erschüttert, als das Ansehen der sogenannten ‚Leitfossilien‘ erheblich geschmälert wurde. Am weittragendsten aber sind in theoretischer Beziehung die Folgerungen, welche sich an das Vorkommen neuer, vorher ganz unbekannter Faunen in den alpinen Triasschichten knüpfen, da durch dieselben die vordem weit klaffende Kluft zwischen der Thierwelt der palaeozoischen und der mesozoischen Epoche wenigstens theilweise ausgefüllt wurde. An der Hand dieser Erfahrungen erscheinen die vielen noch vorhandenen Lücken, sowie die schroffen Uebergänge sich überlagernder Formationen in ganz anderem, der Theorie der allmählichen Entwicklung viel günstigerem Lichte.

Diese allgemeinsten Umrisse über das Verhältniss der alpinen zu den ausseralpinen Schichten vorausgeschickt, wenden wir uns nunmehr den Alpen zu. Hier treffen wir viel complicirtere Verhältnisse, als man zu erwarten geneigt sein möchte. Wir sehen zunächst gänzlich ab von den durch die oft gewaltigen Schichtstörungen erzeugten Verwicklungen. Schon die räumliche Vertheilung der Formationen zeigt eigenthümliche Verhältnisse. In den nördlichen Kalkalpen reichen die Triasbildungen von Osten bis an den Rhein, jenseits des Rheins fehlen sie auf längere Erstreckung gänzlich und die weiter westlich auftretenden weichen von der Entwicklung der ostrheinischen Trias, welche man vorzugsweise als die „alpine" bezeichnet, ab und stehen der ausseralpinen Ausbildungsweise sehr nahe. Auch die Jura- und Kreidebildungen ändern mit dem Rhein ihren Charakter. Die Südkalkalpen schliessen sich vollkommen den ostrheinischen Nordkalkalpen an. Auf diesen Unterschieden beruht die Scheidung des weiten Alpengürtels in zwei grosse Abschnitte, die „Ostalpen" und die „Westalpen". Wir werden in einem der folgenden Capitel ausführlicher auf dieses Thema zurückkommen. ·

Ein zweiter Fall einer bedeutungsvollen räumlichen Scheidung tritt in den östlichen Nordkalkalpen ein. Während eines Zeitabschnittes der Trias-Periode, der Zeit der norischen Stufe nämlich, bildet das Territorium im Osten von Berchtesgaden ein besonderes Faunengebiet, die „juvavische Provinz", mit ganz eigenartiger Entwicklung der Faunen.

Neben diesen Individualisirungen höherer Ordnung treffen wir aber noch auf sehr häufige ziemlich unvermittelte Aenderungen des physikalischen und morphologischen Charakters einer und derselben Schicht oder ganzer Schichtgruppen, was dann auch einen Wechsel der Fossil-Einschlüsse im Gefolge hat. Die Erscheinungen der letzteren Art (Wechsel der „Facies") sind noch wenig studiert, obwol sie für das Verständniss einer ganzen Reihe der wichtigsten Fragen der Wissenschaft von eminenter Wichtigkeit sind. Die vorliegende Schrift betrachtet es als eine ihrer Hauptaufgaben, durch die Schilderung der Verhältnisse in den südosttirolischen und venetianischen Alpen, der Lehre vom Facieswechsel für die alpinen Triasbildungen den Charakter einer blos theoretisch begründeten Wahrscheinlichkeit zu benehmen.

Um die theoretische Bedeutung derartiger Untersuchungen zu beleuchten, mögen hier einige allgemeine Gesichtspunkte über Ziel und Methode stratigraphischer Forschungen einer cursorischen Erörterung unterzogen werden. Es herrschen selbst unter Fachgelehrten in dieser Beziehung unklare, veraltete Anschauungen,

1 *

welche dem Fortschritte hinderlich sind. Man begegnet häufig einem
unlösbaren Widerspruche zwischen den zugegebenen und vertheidigten
Grundlagen der Wissenschaft und der praktischen Bethätigung in
der Behandlung stratigraphischer Fragen, bei welcher die längst
überwunden vermeinte Kataklysmen-Hypothese noch vernehmbar
nachklingt. Selbst die principiellen Anhänger der Lehre von der
allmählichen ruhigen Entwicklung und Umbildung kommen selten
über eine platonische Parteinahme zu Gunsten der von Lyell,
Prévost, v. Hoff, Lamarck, Darwin u. A. inaugurirten Richtung
hinaus. Es ist namentlich im hohen Grade auffallend, dass die
Descendenzlehre auf so vielfachen Widerspruch von geologischer
Seite stösst. Man scheint zu übersehen, dass die Lyell'schen Grundsätze der Geologie nothwendig auch zur Annahme der innigen
Verkettung und langsamen Umänderung der organischen Welt
führen. Die Descendenzlehre ist nur eine logische Consequenz der
Lyell'schen Geologie. Der Macht der Gewohnheit traditioneller
Anschauungen gesellen sich eigenthümliche, aber tief in der Natur
der Sache begründete Schwierigkeiten hinzu, zu deren Ueberwindung
noch kaum der erste Schritt gethan worden ist.

Es wird allgemein anerkannt, dass, um zu einer naturgemässen
Auffassung der Beschaffenheit und der organischen Einschlüsse der
so verschiedenartigen Erdschichten (der sogenannten „geologischen
Ueberlieferung" oder „geologischen Urkunde") zu gelangen, man
von den Verhältnissen der Gegenwart ausgehen müsse. Die Gegenwart, das heisst geologisch, die jüngste Bildungs- und Entwicklungsphase unseres Planeten, von deren Wirken und Schaffen wir Augen-
zeugen sind. Wir besitzen zwar noch keine zusammenhängende und
durchgearbeitete Darstellung der heutigen Niederschläge und ihrer
Einschlüsse und ebensowenig verfügen wir über eine eingehende
und zusammenfassende Schilderung der Wohnsitze und äusseren
Lebensbedingungen der zahlreichen, einander häufig ausschliessenden
Thier- und Pflanzen-Gesellschaften (Chorologie, biologische Topo-
graphie), obwol in beiden Richtungen schon ziemlich weitgehende
Vorarbeiten vorhanden sind.

Aber demungeachtet ist die geologisch ausserordentlich wichtige
Thatsache über allen Zweifel erwiesen, dass innerhalb eines und desselben Faunen- oder Florengebietes örtlich, bedingt durch physikalische
Ursachen, sehr verschiedenartige Gruppen oder Bestände („Formationen") vorkommen, welche entweder die gleichen äusseren Verhältnisse beanspruchen oder in irgend einem Abhängigkeitsverhältniss
zu einander stehen. In keiner zoo- oder phytogeographischen Provinz
sind die dieselben constituirenden Elemente gleichmässig über das

ganze Territorium verbreitet, sondern gruppenweise zum grössten Theile nach bestimmten Wohnsitzen oder Standorten vertheilt. Die Gesteinsniederschläge stehen nun ebenfalls unter dem Einfluss der physikalischen Bedingungen und sind demzufolge sehr verschiedenartig. Es entsprechen daher bestimmten physikalischen Ursachen bestimmte Lebensverhältnisse und bestimmte Gesteinsbildungen. Man hat sich nach dem Vorgange Gressly's und Oppel's gewöhnt, die unter der Herrschaft abweichender äusserer Bedingungen gebildeten Ablagerungen „Facies" zu nennen. Es wird diese Bezeichnung aber nur dann angewendet, wenn der Gegensatz verschiedenartiger Bildungen betont werden soll. *)

Es ist von Wichtigkeit, daran festzuhalten, dass der Begriff Facies die generellen Wechselbeziehungen zwischen den äusseren Bedingungen einerseits und dem Gesteinsmaterial und den Wohnsitzen von Organismen andererseits ausdrückt. Die gleichen Facies können sich in benachbarten biologischen Provinzen finden, das Gesteinsmaterial wird dann nahezu oder völlig identisch sein, dieselben Gattungen oder Gruppen von Lebewesen werden erscheinen und der Unterschied wird lediglich in der Verschiedenheit der Formenreihen und Arten liegen. Es muss deshalb die Anwendung der Bezeichnung Facies in allen Fällen vermieden werden, wo lediglich von geographischen Gegensätzen gehandelt wird. Auch scheint es nicht angemessen, marine und terrestrische Bildungen als Facies untereinander in Gegensatz zu bringen.

Bezeichnen wir mit Häckel**) die Lehre von der räumlichen Verbreitung der Organismen über die Erdoberfläche als „Chorologie" und halten wir uns gegenwärtig, dass die chorologische Erforschung der zahlreichen geologischen Bildungsphasen eines der vornehmsten Ziele der historischen Geologie bildet.

Eine Ueberschau über die mannigfaltigen chorologischen Erscheinungsformen zeigt, dass eine dreifache Gliederung derselben wahrzunehmen ist.

---

*) Die grösste Mannigfaltigkeit der Facies findet dort statt, wo die äusseren Verhältnisse sehr wechselnd sind, mithin, um uns blos auf marine Bildungen zu beschränken, in den litoralen und sublitoralen Regionen. Die Beschaffenheit des Ufers, die Neigung des Meeresbodens, die Wasserhöhe, die Art des von den Flüssen herbeigetragenen mechanischen Sedimentes, Temperatur, Strömungen u. s. f. sind hier die hauptsächlichsten Factoren. Viel constanter, d. h. über weit grössere Räume verbreitet, sind die pelagischen und oceanischen Facies. Die neuesten Tiefsee-Untersuchungen, insbesondere die Resultate der Epoche machenden Challenger-Expedition haben uns gelehrt, dass auch mitten in den grossen Wasserbecken in Folge der Tiefen-Unterschiede ein Wechsel der Facies eintritt.

**) Schöpfungsgeschichte, 2. Aufl. p. 312.

In erster Linie kommt das Bildungsmedium in Betracht. Daraus ergibt sich die fundamentale Eintheilung in marine und terrestrische (lacustrische) Bildungen. Es ist selbstverständlich von grosser Wichtigkeit, Ablagerungen verschiedenen Bildungsmediums oder ‚heteromesische‘ Formationen scharf von einander getrennt zu halten. Die Entwicklung des organischen Lebens in heteromesischen Gebieten muss eine sehr verschiedene sein und es ist *a priori* sehr unwahrscheinlich, dass die Aenderungen der marinen Bevölkerung mit Aenderungen der terrestrischen Bewohner zeitlich zusammenfallen oder umgekehrt. Die geologische Chronologie muss dahin streben, die continuirlichen Reihenfolgen der ‚isomesischen‘ Formationen aufzufinden.

Innerhalb der Bildungsmedien erfolgen weitere Scheidungen durch die territoriale Spaltung nach Schöpfungscentren oder Bildungsräumen. In diese chorologische Kategorie fallen demnach die zoo- und phytogeographischen Provinzen, bei welchen die Wanderungen und die durch bedeutendere Aenderungen der physikalischen Verhältnisse veranlassten Verschiebungen und Verdrängungen sehr complicirte Erscheinungen hervorrufen. Die Unterscheidung von ‚isotopischen‘ und ‚heterotopischen‘ Bildungen ist für die historische Geologie von eminenter Bedeutung. Gar viele der angenommenen Formationsgrenzen sind auf die Ueberlagerung von heterotopischen Formationen basirt. Aufgabe der geologischen Forschung muss es daher sein, die isotopischen Bildungen durch alle ihre Entwicklungsphasen und Ortsveränderungen bis zum Zeitpunkte ihrer Abzweigung von einem, mindestens zweien von ihnen gemeinsamen Schöpfungsraume zu verfolgen.

Die dritte Abstufung der chorologischen Erscheinungen bilden sodann die Faciesverhältnisse. Hier spielen, wie bereits angedeutet wurde, die localen physikalischen Bedingungen die Hauptrolle. Wo über grosse Flächenräume die äusseren Verhältnisse sich gleich bleiben, da werden weitausgedehnte einförmige Bildungen mit constanten Charakteren zur Ablagerung gelangen. So in den Tiefen der Oceane und auf dem Boden grosser Landseen. Wo dagegen, wie in der Nähe von Küsten (Inseln, Atoll's) und im Bereiche sich kreuzender Strömungen, der häufige und rasche Wechsel der äusseren Verhältnisse eine Mannigfaltigkeit von Existenzbedingungen schafft, da werden auf engem Raume nebeneinander die grössten Gegensätze in lithologischer und biologischer Beziehung entstehen.

Ebenso wie sich zu gleicher Zeit und neben einander im selben Raume verschiedenartige Facies bilden, erscheinen in verschiedenen Räumen (Provinzen) und zu verschiedenen Zeiten gleichartige Facies. Die ersten nennen wir heteropische, die letzteren isopische Bildungen. Obwohl die lithologische Beschaffenheit der sedimentären Ablagerungen in bestimmten Beziehungen zu dem biologischen Charakter der Facies steht, so ist doch, wie die Erfahrung lehrt, die lithologische Uebereinstimmung für sich allein noch kein genügendes Kriterium isopischer Bildungen. Die verschiedenen Kalkformationen z. B. entsprechen einer ansehnlichen Anzahl heteropischer Bildungen. In vielen Fällen ist man zwar im Stande, an gewissen, dem geübten Auge erkennbaren Merkmalen aus dem Gestein auf die Art der Facies zu schliessen, in anderen Fällen jedoch ist eine genauere Bestimmung nicht möglich, sei es wegen späterer Veränderung des Gesteins (Dolomite, krystallinischer Kalk), sei es wegen der Unzulänglichkeit unserer Wahrnehmung, sei es wegen thatsächlicher Ununterscheidbarkeit. Es bedarf kaum einer Erinnerung, dass zufällige Beimengungen, wie z. B. vulcanischer Tuff und Asche, als solche von keinem bestimmenden Einfluss auf den Charakter der Facies sind. Wo dauernd grössere Massen von vulcanischem Detritus zur Ablagerung gelangen, da werden sie sich ungefähr wie anderes mechanisches Sediment verhalten.

Tabelle der chorologischen Abstufungen.

Bildungsmedium	Bildungsraum	Physikalische Verhältnisse des Bildungsortes
Marin, terrestrisch	Provinzen	Facies
Isomesisch	Isotopisch	Isopisch / Heteropisch
	Heterotopisch	Isopisch / Heteropisch
Heteromesisch	Isotopisch	Isopisch / Heteropisch
	Heterotopisch	Isopisch / Heteropisch

Wer nun die in den Felslagern niedergelegten Schriftzüge der Erdgeschichte richtig lesen und zu einem geordneten Gesammtbild vereinigen will, der muss sich über die Bedeutung und den Zusammenhang der chorologischen Erscheinungen eine klare Vorstellung zu machen im Stande sein. Man hört so oft über die Lückenhaftigkeit der geologischen Urkunde klagen und gar seltsame Consequenzen für und gegen die Descendenzlehre hat mangelhaftes Verständniss den geologischen Thatsachen bereits abzugewinnen versucht. Lücken sind allerdings, und in überraschend grosser Zahl, in dem geologischen Geschichtsbuche, so weit uns dasselbe bisher aufgedeckt wurde, vorhanden — aber nur in wenigen, localen Fällen sind diese Lücken gleichbedeutend mit wirklicher Unterbrechung der erdgeschichtlichen Chronik. Das Wesen der Lückenhaftigkeit beruht vielmehr auf dem fortwährenden Wechsel heteromesischer, heterotopischer und heteropischer Formationen, wie die chorologische Vergleichung unserer langen Formationsreihen unzweifelhaft beweist. Die zahlreichen grösseren und kleineren Unterbrechungen bestehen mithin in der verticalen Discontinuität isopischer, isotopischer und isomesischer Bildungen. Würde uns in irgend einem Erdtheile eine ununterbrochene Reihenfolge isopischer und isotopischer Ablagerungen vorliegen, so würde uns auch die continuirliche phylogenetische Reihe der diese Facies charakterisirenden Organismen erhalten sein. Da sich die räumliche Verdrängung und Verschiebung des Festen und Flüssigen, der Faunen- und Florengebiete und der Facies nach Massgabe der stets, aber allmählich und ungleich sich ändernden physikalischen Verhältnisse vollzieht, so ergibt sich die Lückenhaftigkeit der geologischen Urkunde als eine nothwendige Folge derselben Kräfte, welche die ausserordentliche Mannigfaltigkeit und Abwechslung der Lebenserscheinungen ermöglichen und begünstigen.

Mögen nun auch Faunen- und Florengebiete im Laufe der Zeit ihren Charakter ändern oder selbst untergehen, mögen gewisse Facies in Folge des allmählichen Erlöschens ihres biologischen Bestandes verschwinden, so drängen doch nicht nur unsere heutigen Anschauungen von der allmählichen Veränderung der physikalischen Verhältnisse und von der stetigen Fortbildung und Entwicklung der organischen Welt, sondern auch bereits zahlreiche Erfahrungen zu der Annahme einer bestandenen Continuität zunächst der isomesischen, sodann der isotopischen und endlich innerhalb der einzelnen Bildungsräume der isopischen Bildungen.

Es kann, nach den bereits gewonnenen Erfolgen mit Zuversicht, von der Vertiefung der geologischen Forschung einerseits und von dem Fortschreiten der Erfahrungen über bisher geologisch noch nicht bekannte Erdräume andererseits die Auffindung zahlreicher Bindeglieder isomesischer, isotopischer und isopischer Bildungen erwartet werden.

Aber — darüber gebe man sich keiner Täuschung hin — selbst wenn unsere Kenntnisse in intensiver und extensiver Beziehung die grösstmögliche Ausdehnung erreicht haben werden, sind der

Auffindung der continuirlichen Reihenfolge durch die eigenthümliche geologische Entwicklung der Erdoberfläche gewisse Schranken gesetzt. Zur cambrischen, silurischen und devonischen Zeit herrschen in den heutigen Ländercomplexen der alten und neuen Welt pelagische Bedingungen. Zur devonischen Zeit tritt jedoch der Einfluss naher Küstenlinien stellenweise bereits sehr entschieden hervor. Zur Carbonzeit rücken die Küstenlinien ausgedehnter Festlandpartien sehr nahe heran, und es bilden sich so ziemlich gleichzeitig in beiden Hemisphären die grössten und werthvollsten Kohlenbecken der Erde. Zur Perm- und Triaszeit folgt sodann im Grossen und Ganzen eine Continentalperiode. Hierauf bedeckt im Jura allmählich das Meer wieder Theile des Triascontinentes; die Ueberfluthung hält zur Kreidezeit an und erreicht, wie es scheint, in der oberen Kreide*) das Maximum ihrer Ausdehnung. Während der Tertiärzeit endlich tritt das Meer wieder zurück und bereitet sich die gegenwärtige Continentalperiode vor.

Diese der Hauptsache nach ganz parallel schreitende Entwicklung der beiden grossen Festlandmassen der Nord-Hemisphäre ist einer der merkwürdigsten geologischen Charakterzüge, welcher aber seltsamer Weise bisher ganz übersehen worden zu sein scheint. Das einmalige gleichzeitige Eintreten identischer physikalischer Bedingungen wäre an sich nichts Ueberraschendes — aber dass sich der gleiche Cyclus dynamischer Umgestaltungen übereinstimmend diesseits und jenseits des Oceans wiederholt, das deutet denn doch auf eine eigenthümliche Gesetzmässigkeit in der Bildung der grossen Reliefverhältnisse hin, deren Ursache uns vorläufig noch völlig dunkel ist.

Ueber die genetischen Verhältnisse der vorcambrischen krystallinischen Formationen lässt sich nichts Positives sagen. Die Hypothese des Massen-Metamorphismus kommt von Jahr zu Jahr mehr in Misscredit. Das Vorkommen jüngerer, fossilführenden Schichtcomplexen zwischengelagerter krystallinischer Schiefer ist weder durch die gangbaren Anschauungen über den Metamorphismus noch durch die neuere hydatopyrogene Hypothese erklärt. Vielleicht wird man aber einstens in der Lage sein, aus dem eigenthümlichen Charakter der cambrischen Bildungen (Primordialfauna) auf die petrogenetischen Verhältnisse der durch die Phyllite enge mit den cambrischen Ablagerungen verknüpften krystallinischen Schiefergesteine zu schliessen. Die cambrischen Bildungen sind ausgezeichnet durch das Vorherrschen hornschaliger Thierreste, durch das Vorkommen blinder Thiere und endlich durch die Armuth an kalk-

---

*) Vgl. a. Suess, Entstehung der Alpen, p. 117.

schaligen Thieren. In Folge dessen sind Thonschiefer die herrschende Gesteinsart. Kalkige Bildungen sind sehr untergeordnet und nur in den höheren Niveaux gegen die Grenze des Silur bekannt.

Wie die wichtigen Resultate der Challenger-Expedition lehren, finden sich in den abyssischen Regionen der Oceane unterhalb des allmählich· sich verlierenden Globigerinen-Schlammes (Kreide) in Tiefen von über 2200—2600 Faden Thonablagerungen (red clay), denen kalkige Thierreste ganz fehlen. Man erklärt sich deren Bildung durch eine in den grossen Tiefen vor sich gehende allmähliche Auflösung der Kalkgehäuse der Foraminiferen und der Kalknadeln der Coccosphären (Coccolithen) und der Rhabdosphären (Rhabdolithen), in Folge welcher blos die unlösliche Asche zurückbleibt. Unter 3000 Faden Tiefe stellen sich im rothen Schlamm die kieseligen Körper von Radiolarien ein, welche bei zunehmender Tiefe so überhand nehmen, dass die Naturforscher des Challenger den Schlamm der grössten Meerestiefen geradezu Radiolarien-Schlamm nennen.

Wyville Thomson betonte bereits die grosse Aehnlichkeit zwischen dem feinen rothen Thonschlamm der heutigen Tiefsee und gewissen cambrischen Thonschiefern. *) In der That würde das sonst so räthselhafte Dominiren der hornschaligen Thierreste sich auf die ungezwungenste Weise durch die Annahme erklären, dass die cambrischen Bildungen unter analogen physikalischen Bedingungen abgesetzt wurden, wie der aus der Auflösung des weissen Kalkschlammes entstehende rothe Tiefseeschlamm. Die Häufigkeit blinder Trilobitenreste in den cambrischen Schichten könnte vielleicht sogar als ein positives Argument für die Wahrscheinlichkeit einer derartigen Anschauung angeführt werden, da sich in den grossen Tiefen der Oceane (ähnlich wie in den Höhlen) blinde Thierformen nicht selten vorfinden. Auch die weite horizontale Verbreitung der Primordialfauna spricht nach den neuesten Erfahrungen für die Bildung in tiefer See.

Von den mikrokrystallinischen, cambrischen Thonschiefern zu den krystallinischen Schiefern führen bekanntlich vollständige Uebergänge. Liegt es da nicht nahe für beide, dieselbe oder wenigstens nahezu dieselbe Entstehungsweise**) vorauszusetzen und die krystal-

---

*) The Atlantic, Vol. II. pag. 299.

**) Manche Analogien mit jüngeren Bildungen scheinen dafür zu sprechen, dass gewisse krystallinische Schiefer sedimentäre Beimengungen von vulcanischem Material in grösseren oder geringeren Quantitäten enthalten. — Die ältere Anschauung, dass die krystallinischen Schiefer metamorphosirte mechanische Sedimente seien, wird durch die universelle Verbreitung der krystallinischen Schiefer schlagend widerlegt.

linischen Schiefer für veränderten Radiolarien- und rothen Tiefsee-Schlamm zu halten?

Wie immer übrigens die Bildungsverhältnisse der cambrischen Thonschiefer gewesen sein mögen, bleibt es eine auffallende Erscheinung, dass die ältesten Ablagerungen, welche unzweifelhafte, gut bestimmbare Fossilien enthalten, isopische Bildungen sind. Der etwaige Einwand, dass zur cambrischen Zeit verschiedenartige Facies überhaupt noch nicht vorhanden waren, ist nicht stichhältig, da bereits aus den laurentinischen Gneisformationen Kalkflötze bekannt sind. Man wird sofort erkennen, von welcher Tragweite die chorologische Auffassung der Primordialfauna für die Descendenztheorie ist. Haben wir in den cambrischen Paradoxides-Schiefern nichts weiter als nur Eine bestimmte Facies (vielleicht die Tiefsee-Facies) der cambrischen Zeit vor uns, während uns die gleichzeitigen heteropischen Bildungen unbekannt sind, so verschwinden alle die Einwürfe gegen die Descendenztheorie, welche aus dem plötzlichen Auftreten bereits hoch organisirter Lebewesen gezogen worden sind.

Angesichts der parallelen chorologischen Entwicklung der nördlichen Hemisphäre wird es verständlich, dass die principiell längst abgethane Kataklysmen-Hypothese noch immer, mehr oder weniger verschämt das Urtheil der Geologen beeinflusst. So sehr hat man sich in Folge der erwähnten Verhältnisse in die Idee der horizontalen Constanz gewisser Bildungen eingelebt, dass man stets geneigt ist, dieselben als geradezu bezeichnend für einen bestimmten Zeitabschnitt zu halten. Viele der gebräuchlichen Formationsbezeichnungen tragen dazu bei, solche irrige, veraltete Anschauungen zu erhalten und fortzupflanzen.

Die chorologische Betrachtung lehrt, dass jede einzelne sedimentäre Ablagerung als eine Facies irgend einer marinen oder terrestrischen Provinz aufzufassen ist. Es taucht nun die wichtige Frage auf, ob und inwieferne die relative Altersbestimmung der verschiedenen Formationen durch die Berücksichtigung der chorologischen Verhältnisse beeinflusst wird?

Bisher begnügte man sich in der Regel, aus der einfachen Thatsache der Ueberlagerung die Altersverschiedenheit und die relative Altersfolge zu bestimmen. Heteropische Bildungen wurden nur selten, unter zwingenden Umständen, als solche anerkannt und, wenn dies geschehen, gewissermassen als abnorme Fälle, als Ausnahmen von der Regel hingestellt. Solange der Umfang der unterschiedenen Gruppen noch sehr weit war, erwuchs der im Entstehen begriffenen Wissenschaft daraus kein nennenswerther Nachtheil. Gegenwärtig aber, wo das lobenswerthe Streben nach feinster Gliederung allseitig zur Aufstellung zahlreicher enggefasster Unterabtheilungen führt, genügt die Ueberlagerung nicht mehr, um aus ihr allein die Altersverschiedenheit zu folgern. Die chorologische Interpretation ist berufen, hier berichtigend und beschränkend einzugreifen, wenn der wissenschaftliche Werth solcher Arbeiten nicht in Frage gestellt werden soll.

Es wurde bereits oben darauf hingewiesen, dass die meisten Formationsgrenzen streng genommen nur die Grenzen zwischen heteropischen, heterotopischen und heteromesischen Bildungen sind. Bei heteromesischen Ablagerungen ist die gegenseitige Unabhängigkeit so sehr einleuchtend, dass es kaum der Erinnerung bedarf, dass die blosse Thatsache der Ueberlagerung noch kein Beweis für die Altersverschiedenheit ist. Ein Streifen mag über oder unter den Spiegel der See getaucht werden, während die Nachbarschaft stabil verharrt und nicht die geringste Aenderung ihres biologischen Bestandes erfährt. Auch die Ueberlagerung heterotopischer Bildungen beweist an und für sich noch keine Altersverschiedenheit, denn sie zeigt nur die Verschiebung von Verbreitungsbezirken an. In den meisten Fällen wird jedoch das Auftreten von heterotopischen Ablagerungen für eine bestimmte Region den Beginn einer neuartigen selbstständigen Entwickelung bezeichnen. Dadurch wird es für diese Region allerdings historische Bedeutung erlangen. In einer benachbarten Region, welche von den störenden Ereignissen unberührt geblieben ist, kann jedoch die daselbst nicht verdrängte Fauna und Flora noch längere Zeit unverändert fortbestehen.

Der weitaus häufigste Fall ist der, dass sich heteropische Bildungen überlagern. Einem brachiopodenreichen Crinoidenkalke mögen Mergel mit Fucoiden und Cephalopoden, diesen thonigkalkige Sandsteine mit Bivalven, diesen wieder Korallenkalke mit Gasteropoden und Echinodermen u. s. f. folgen. Diese Bildungen sind petrographisch und palaeontologisch von einander verschieden, sie überlagern sich zudem in bestimmter Ordnung, sie besitzen daher nach den herrschenden Anschauungen alle erforderlichen Requisite, um als selbstständige altersverschiedene Glieder unter besonderen Benennungen in die Formationstafel eingereiht werden zu können. In einem etliche Meilen entfernten Profil fehlt nun eines der erwähnten Glieder und in der entgegengesetzten Richtung gelangt man nach längerer Unterbrechung in den Aufschlüssen zu einer Entblössung, in welcher zwischen den gleichmässig fortsetzenden Hangend- und Liegendschichten der oben angeführten vier Glieder nur mehr eines derselben, aber vielleicht in etwas stärkerer Mächtigkeit, vorhanden ist. Die zahlreichen bewussten und unbewussten Uniformisten werden aus diesen Thatsachen sofort folgern, dass die beobachteten Lücken ebenso vielen Unterbrechungen (Trockenlegungen) der Sedimentbildung entsprechen. In manchen Fällen wird ihre Ansicht die richtige sein. Die Beweisführung wird aber auf andere, schwerer wiegende Gründe gestützt sein müssen. In vielen anderen Fällen wird sich aber durch die Ausdehnung des Untersuchungsfeldes ergeben, dass die vier Glieder häufig durch Wechsellagerung mit einander verbunden sind, dass stellenweise ein gegenseitiges Auskeilen und Ineinandergreifen stattfindet und dass an manchen Punkten vielleicht sogar die Reihenfolge eine abweichende ist. Die palaeontologische Erforschung, welche gleichzeitig eingehend fortgesetzt wird, wird ausserdem noch lehren, dass zwar im Allgemeinen ein ziemlich scharfer Unterschied zwischen den Gruppen besteht, von denen jede in eigenthümlicher Weise durch das Vorwalten bestimmter Typen charakterisirt ist, dass sich aber von gewissen kosmopolitischen Thieren, wie z. B. Cephalopoden, Reste derselben Arten in allen vier Gruppen finden, wenn auch in den anderen drei Gruppen viel seltener als in den Cephalopodenmergeln. Auf solche Weise wird festgestellt werden können, dass heteropische Bildungen, trotzdem sie sich überlagern, geologisch gleichzeitig sind, d. h. zu einer Zeit abgelagert wurden, innerhalb welcher die marine Bevölkerung einer bestimmten Provinz unverändert die gleiche geblieben ist. Wenn man sich gegenwärtig hält, dass die Facies-Unterschiede von physikalischen Verhältnissen abhängen, so wird man sich leicht vorstellen, wie die steten Veränderungen der Contouren, der Höhen und Tiefen und aller übrigen davon abhängigen äusseren Agentien einen Wechsel der Facies und damit eine Ueberlagerung heteropischer Bildungen nothwendig herbeiführen müssen. Da nun aber diese Veränderungen in ungleichem Masse und in ungleicher Erstreckung vor sich gehen, so wird auch die horizontale Verbreitung der über einander abgelagerten heteropischen Bildungen eine ungleichmässige sein.

Aus den bisherigen Betrachtungen geht zur Genüge hervor, dass die Thatsache der Ueberlagerung für sich allein zur geologischen Altersbestimmung nicht ausreicht. Um zum Ziele zu gelangen, müssen wir uns noch eines anderen, bisher erst von Wenigen benützten Kriteriums bedienen. So lückenhaft unsere Kenntnisse der Vorwelt auch sind, so reichen sie dennoch hin, verwandtschaftliche Beziehungen zwischen den successiven Faunen und Floren erkennen zu lassen. Je näher der Zeit nach sich zwei Formationen stehen, desto grösser ist die Zahl der übereinstimmenden oder verwandten Typen, Gattungen und Arten. Auch die Gegner der Descendenzlehre müssen deshalb eine gewisse verticale Continuität des Lebens zugeben, ebenso wie sie die Einheit der Schöpfungscentren anerkennen. Die Anhänger der Descendenzlehre bleiben aber nicht auf halbem Wege stehen, sondern ziehen aus den vorhandenen Thatsachen den einzig möglichen Schluss, dass die successiven Faunen und Floren sich allmählich aus einander entwickelt haben. Ihnen ist die geologische Formationsreihe die Aufeinanderfolge der verschiedenen Entwicklungsstadien der organischen Welt. Dies ist aber zugleich eine chronologische Reihe; jede einzelne Entwicklungsphase ist eine chronologische Einheit. Die Organismen zweier unmittelbar folgenden Horizonte werden im directen Descendenz-Verhältniss stehen. Wo man daher in sich überlagernden Bildungen Fossilien trifft, welche sich wie direct von einander abstammend verhalten, wird man auf Altersverschiedenheit schliessen dürfen.

Es ist einleuchtend, dass man nur in isopischen Bildungen phylogenetisch direct zusammenhängende Faunen und Floren erwarten darf. Wenn eine oder mehrere heteropische Bildungen zwischen zwei altersverschiedenen isopischen Bildungen eingeschaltet sind, wird die Trennung leichter ausgeführt werden können, als dort, wo sich isopische Ablagerungen ununterbrochen durch zwei oder mehrere Horizonte fortsetzen. Die Formen der einzelnen Horizonte werden in der Regel keineswegs durch sehr auffallende Differenzen ausgezeichnet sein, so dass ein geübtes Auge für die Untersuchung erforderlich sein wird. Es wird daher häufig vorkommen, dass mehrgliederige isopische Schichtcomplexe für eine untheilbare zusammengehörige Masse gehalten und an chronologischem Werth einer heteropischen Bildung, welche vielleicht einem der vertretenen Horizonte angehört, gleichgestellt werden. — Es kann der Fall vorkommen, dass die Verschiedenheit der Faunen in sich überlagernden isopischen Bildungen eine so bedeutende ist, dass sie sofort auch weniger versirten Beobachtern auffällt. Dann liegt entweder ein grösserer Zeitabschnitt zwischen dem Absatz der beiden Ablagerungen — ein oder mehrere Zwischenglieder fehlen — oder wir haben heterotopische Bildungen vor uns.

Die Altersverschiedenheit zweier sich überlagernden heteropischen Bildungen wird häufig durch Fossilien bestimmt werden können, welche der einen eigenthümlich sind, in der andern aber nur als Fremdlinge, gewissermassen als erratische Erscheinungen, vorkommen. Da in solchen Fällen das Gewicht der Entscheidung auf diesen Fremdlingen liegen wird, so sind durch sie die heteropischen Bildungen theoretisch in isopische verwandelt.

So sind wir schliesslich dahin gelangt zu erkennen, dass die wechselnde chorologische Physiognomie die wahren Altersbeziehungen maskirt, sowie, dass die phylogenetische Vergleichung der Fossilien das sicherste Kriterium für die richtige Beurtheilung der chronologischen Verhältnisse gewährt.

Umgekehrt ist es aber auch einleuchtend, dass die Geologie keineswegs, wie so häufig behauptet wird, der Descendenzlehre widerspricht. Alle die scheinbaren Widersprüche und die zahlreichen Lücken finden in dem sprungweisen Wechsel der chorologischen Verhältnisse und in der parallelen geologischen Geschichte der unserer Beobachtung zugänglichen Theile der Erdveste ihre ausreichende natürliche Erklärung.

Die Ergebnisse der vorangegangenen Untersuchungen enthüllen uns die Principien einer naturgemässen, historischen Classification der sedimentären Gesteinsbildungen. Die hergebrachten conventionellen Gruppirungen genügen in keiner Weise. Man fühlt dies allgemein und sucht theils durch Aufstellung neuer Gruppen, welche dem in den Kinderjahren der historischen Geologie nach mitteleuropäischem Zuschnitt angefertigten Schema eingezwängt werden, theils durch weitgehende Zerspaltungen der alten Abschnitte eine Abhilfe zu verschaffen. Aber die meisten dieser Auskunftsmittel leiden an dem gleichen Gebrechen wie die alten Gruppen. Sie tragen das Gepräge nackter Empirie; ihre Begrenzung ist eine willkürliche, zufällige. Ich anerkenne gern, dass die Wissenschaft der mit grosser Sorgfalt gepflegten Detailforschung viele werthvolle Ergebnisse, Entdeckungen und Richtigstellungen zu verdanken hat. Aber ich kann darüber nicht hinweggehen, dass man vergebens nach einem wissenschaftlich berechtigten oder doch wenigstens consequent durchgeführten Eintheilungsgrunde suchen würde. Es ist daher nicht anders möglich, als dass stets chronologisch ungleichwerthige Einheiten und Mehrheiten geschaffen wurden, welche zu historischen Vergleichen nicht brauchbar sind. Am drastischsten machen sich diese Uebelstände bei der Zusammenstellung von allgemeinen vergleichenden Formationstabellen geltend. Es zeigt sich dabei sehr deutlich, dass die Inconvenienzen der grossen alten Gruppen nicht eliminirt, sondern nur auf die engeren neuen Gruppen übertragen, mithin vervielfältigt sind.

Den ersten Anstoss zu einer naturgemässeren und consequenten Classification gegeben zu haben, ist das unbestreitbare Verdienst des vorzeitig der Wissenschaft entrissenen A. Oppel, welcher den mitteleuropäischen Jura in palaeontologische Zonen zerlegte und die von Gressly gegebenen Andeutungen über Faciesverschiedenheiten bei seinen classificatorischen Arbeiten praktisch verwerthete. In der

Verfolgung der von Oppel eingeschlagenen Richtung sahen sich sodann seine Schüler und Anhänger veranlasst, das phylogenetische Moment als classificatorisches Kriterium aufzunehmen. Gleichzeitig wurde die chorologische Interpretation weiter ausgebildet. *)

Die palaeontologischen Zonen, welche wir als die einzelnen Entwicklungsphasen isotopischer und isopischer Faunen oder Floren bezeichnen können, entsprechen allein den Erfordernissen chronologischer Einheiten. Sie sind gleichwerthige unter einander vergleichbare Grössen. Durch die chorologische Interpretation und durch die Berücksichtigung des phylogenetischen Momentes wird das subjective Ermessen des einzelnen Forschers beträchtlich beschränkt und eine Discussion auf fester Basis ermöglicht.

Das Zeitmass der palaeontologischen Zonen ist übrigens selbstverständlich nur ein relatives. Die einzelnen Zonen entsprechen keineswegs bestimmten, in Ziffern ausdrückbaren Zeitabschnitten von

---

*) Die neue Methode hat in den Augen Einiger den Nachtheil, dass sie zu sehr sorgfältigen Untersuchungen und zu möglichst enger Fassung der Arten (Formen) zwingt. Für den Fortschritt der Wissenschaft kann es nur ein Gewinn sein, wenn Oberflächlichkeit und Dilettantismus eingedämmt werden. Was die enge Fassung der Arten und die dadurch herbeigeführte Vermehrung derselben betrifft, so möge zunächst daran erinnert werden, wie verschwindend gering die Zahl der aus den einzelnen geologischen Horizonten bekannten Formen ist im Vergleich mit der Gegenwart, welche ja doch ebenfalls nur Einen geologischen Horizont repräsentirt. Aber abgesehen davon liegt die enge Fassung der Formen im Interesse der Geologie. Für den Zoologen und Botaniker mag es gleichgiltig sein, ob die Reihenfolge der Bindeglieder zwischen zwei geologisch verschiedenaltrigen Typen durch Artnamen ausgezeichnet wird oder nicht, obwohl es auch diesen conveniren wird, die einzelnen Stadien bestimmt bezeichnen zu können. Beim Geologen kommt aber wesentlich auch der chronologische Standpunkt in Betracht. Für ihn haben die einzelnen Entwicklungsstadien eine chronologische Bedeutung und er würde sich freiwillig der kostbarsten Documente begeben, wenn die in bestimmter geologischer Altersfolge auftretenden Zwischenformen in eine sogenannte gute Art zusammengezogen würden. Solche Arten wären überdies eine thatsächliche Fälschung, da die angeblichen Varietäten nicht gleichzeitig, sondern nach einander existirten. Es kann an dieser Stelle eine Erörterung der sogenannten Speciesfrage nicht erwartet werden. Auch würden die diesen einleitenden Bemerkungen gesteckten Grenzen über die Gebühr überschritten werden, wenn ich es unternehmen wollte, die vielen der Descendenzlehre günstigen palaeontologischen Ergebnisse anzuführen und die aus der unrichtigen Auslegung der geologischen Urkunde gegen die Descendenzlehre gefolgerten Einwände zu widerlegen. Hier handelt es sich ja wesentlich nur um die Aufstellung der allgemeinen, für die Interpretation des geologischen Materials entscheidenden Gesichtspunkte. Es freut mich übrigens, hier die Aufmerksamkeit auf ein demnächst erscheinendes Werk meines Freundes Prof. M. Neumayr lenken zu können, in welchem dieser hochwichtige Gegenstand eingehend behandelt werden wird.

gleicher Dauer. Auch darf ihnen keine allgemeine Bedeutung zugeschrieben werden; sie haben nur für das isotopische Gebiet Geltung. Eine in der Natur der Sache gelegene Schwierigkeit besteht darin, dass die Variabilität der verschiedenen Classen, Ordnungen, Familien, Gattungen, Formenreihen eine sehr verschiedene ist und dass die Mutationen bei denselben nicht gleichzeitig eintreten. Man kann dieser Verlegenheit nur durch zweckmässige Wahl von Normal-Vergleichungstypen entgehen, welche man unter den am häufigsten mutirenden Organismen wählt. Wünschenswerth wäre es, für die ganze Formationsreihe sich constant eines und desselben Vergleichungstypus bedienen zu können. Ein solcher, der brauchbar wäre, existirt aber nicht. Man wird deshalb für die palaeozoischen Formationen wahrscheinlich die Trilobiten und die Ammonitiden (subsidiär auch die Brachiopoden), für die mesozoischen Formationen die Ammonitiden (nach Umständen subsidiär andere Ordnungen), für die känozoischen Formationen die Gastropoden wählen.

Eine vollständige Erneuerung der Fauna oder Flora in unmittelbar folgenden Zonen wird kaum jemals vorkommen. In der Regel wird eine Anzahl von Formen denselben gemeinsam sein und nur ein Theil des Bestandes wird sich geändert haben. In eng geschlossenen Binnenbecken hat man, wie die Erfahrungen*) lehren, Aussicht, ziemlich vollständige Entwicklungsreihen zu finden. Bei marinen Bildungen wird in Folge der weiten Ausdehnung des Bildungsraumes häufig der eine oder andere Typus im nächsten Horizont scheinbar fehlen, und fast in jeder Zone werden mehr oder weniger Typen auftreten, welche wie Fremdlinge auftauchen und in derselben oder nach kurzem Bestande in den nächstfolgenden Zonen wieder verschwinden (exogene Typen). Dies sind wol aus entlegenen Meerestheilen oder aus benachbarten Provinzen stammende Colonisten, welche nach längerer Intermittenz vielleicht nochmals wiederkehren. Die Beispiele für diese Erscheinung sind sehr zahlreich. Das Auftreten exogener Typen verleiht den einzelnen Zonen häufig eine besondere Charakteristik, welche die rasche Orientirung des reisenden Beobachters sehr erleichtert. Die Mutationen der endogenen Formen sind selbstverständlich viel weniger augenfällig.

Die Zonengliederung ist für jedes heterotopische Gebiet selbstständig durchzuführen. Heterotopische Gebiete werden daher verschiedene Chronologien besitzen. Ein Mittel, diese getrennten Chronologien unter einander in Zusammenhang zu bringen, wird uns dann

---

*) Vgl. Neumayr und Paul, Die Congerien- und Paludinen-Schichten Slavoniens. Abh. Geol. R.-A. VII. Bd.

zu Gebote stehen, wenn durch die Verschiebung der Territorien eine
Ueberlagerung heterotopischer Bildungen zu Stande kommt. Bruch-
theile der verdrängten Fauna (Flora) werden fast immer zurück-
bleiben. Durch sie wird der Zeitpunkt der Verdrängung festgestellt
werden können. Besitzen die beiden heterotopischen Bildungen in
ihren ursprünglichen Verbreitungsbezirken eine bekannte gemeinsame
Unterlage, welche selbst wieder mit jeder von ihnen in irgend einer,
eine Lücke ausschliessenden Verbindung steht, so können wir die
Gesammtheit der Zonen des einen Gebietes der Gesammtheit der
Zonen des anderen Gebietes gleichstellen. Eine Gleichstellung der
einzelnen Zonen wäre aber unstatthaft und meistens wol schon
deshalb unausführbar, weil die Anzahl der Zonen eine ungleiche sein
wird. Wo heterotopische Gebiete nicht scharf getrennt sind, werden
übrigens hin und her fluctuirende Formen Anhaltspunkte zur chronologischen Parallelisirung gewähren.

Für heteromesische Bildungen gelten selbstverständlich im
Wesentlichen die gleichen Grundsätze.

Indem wir die palaeontologische Zonengliederung für die Grundlage einer systematischen chronologischen Classification halten, verkennen wir die Zweckmässigkeit von weiteren, eine Anzahl von Zonen
zusammenfassenden Gruppen durchaus nicht. Eine dreifache Abstufung in Stufen, Perioden und Epochen, entsprechend der gegenwärtigen Uebung, scheint praktisch zu sein. Nur sehe man zu, dass
die unterschiedenen Gruppen nicht zu ungleichwerthig werden; man
lasse sich daher nicht verleiten, der (doch nur localen) Mächtigkeit
einzelner Zonen einen bestimmenden Einfluss zuzuerkennen. Das
ungleichmässige Anwachsen der heutigen Meeresbildungen beweist,
dass die Mächtigkeit ein völlig untergeordneter Factor ist. Es würde
unnöthige Verwirrung hervorrufen, wenn man gegenwärtig bereits
an der Begrenzung und Benennung der Hauptgruppen (Epochen und
Perioden) rütteln wollte. Wichtige Transgressionen und heterotopische
Verschiebungen werden zweckmässig als Grenzlinien benützt werden
können, trotzdem auch sie eigentlich nur locale Bedeutung besitzen.
Wünschenswerth wäre eine Einigung über die Bedeutung der termino-
logischen Bezeichnungen. Die Ausdrücke Formation, Etage, Periode, Epoche werden gegenwärtig sehr verschieden angewendet,
für den Theil wie für das Ganze gebraucht. Jede andere Wissenschaft befleissigt sich einer festen, consequenten Terminologie. Die
Bezeichnung Formation möchte ich am liebsten aus der Reihe
der chronologischen Termini streichen, da sie mit Vortheil auch
in rein petrographischem und montanistischem Sinne verwendbar
ist. Die Benennung der unterschiedenen Gruppen ist zwar dem

Belieben der Autoren anheimgegeben und geniessen die erst gegebenen Namen den Schutz des Prioritätsrechtes; aber wünschenswerth wäre es doch, wenn nur abstracte, nichtssagende Bezeichnungen für rein chronologische Gruppen gewählt würden. Localnamen und Faciesnamen sind als chorologische Bezeichnungen bei geologischen Schilderungen unentbehrlich.

Man hört so oft die Behauptung, dass die stratigraphische Erforschung Europa's im Wesentlichen abgeschlossen sei, dass auf palaeontologischem Felde nur mehr eine dürftige Nachlese zu holen sei und dass blos noch entlegene Landstriche einen dankbaren Stoff für geologische Arbeiten böten. Wir unterschätzen nicht den wissenschaftlichen Gewinn, welchen die geologische Erschliessung uncultivirter Gegenden mit sich bringt und wir bewundern die Ausdauer der muthigen Pionniere, welche für solche Aufgaben Gesundheit und Leben in die Schanze schlagen. Aber wir sind der Ansicht, dass die Wissenschaft gegenwärtig aus der Vertiefung der Forschung im Bereiche der Culturländer und in den palaeontologischen Museen ebenso reichen Gewinn ziehen wird, denn die wichtigste und schwierigste Arbeit ist auch hier noch ungethan. Auf dem Boden der chorologischen Forschung und des phylogenetischen Studiums eröffnet sich ein neues, fast jungfräuliches Arbeitsfeld, welches reichlichen Lohn verspricht. Ueber das Stadium der ersten Vorarbeiten hinaus sind, Dank den Bemühungen der Oppel'schen Schule, unsere Kenntnisse des mitteleuropäischen und theilweise auch des mediterranen Jura. Für die Trias der Alpen besitzen wir bescheidene Anfänge. Alles Uebrige liegt noch brach.

2*

II. CAPITEL.

Die palaeogeographischen Verhältnisse der Alpen.

Jugendliches Alter des Kettengebirges. — Ausdehnung der Meere in den verschiedenen geologischen Perioden. — Wichtigkeit der Rheinlinie — Bedeutung der ostalpinen Flyschzone. — Genetische Verschiedenheit der Ost- und Westalpen.

Jede Gesteinsformation besitzt, wie gezeigt wurde, bestimmte Beziehungen zu Raum und Zeit. Die geologische Forschung verfolgt daher historisch-geographische Ziele. Wie eine politische Geschichte nicht möglich ist ohne bestimmte geographische Localisirung, so kann auch die Geschichte der Erde, welche, wie Zittel treffend sagte, in eine Reihe von Specialgeschichten zerfällt, der geographischen Orientirung nicht entbehren. Der historischen Geographie entspricht die geologische Geographie oder die Geographie der verschiedenen Entwicklungsstadien der Erdoberfläche (Palaeogeographie). Verschieden von diesem, noch sehr wenig ausgebildeten Wissenszweige ist die geographische Geologie (Geognosie) oder die Kenntniss von der geologischen Zusammensetzung geographisch abgegrenzter Räume.

Die vorliegende Schrift fällt in die Kategorie der geognostischen Arbeiten und liefert nur einzelne Bausteine zur Palaeogeographie der mesozoischen Bildungen. Ehe wir jedoch zur Schilderung unseres Gebietes schreiten, wollen wir versuchen, die palaeogeographische Situation desselben durch einen kurzen Ueberblick der geologischen Geschichte der Alpen zu fixiren.

Das Alpengebirge in seiner Gesammtheit betrachtet, erscheint als ein grosser, fest zusammengefügter Bau, dessen Theile nur als Glieder Eines Körpers aufzufassen sind. Diesen einheitlichen Stempel haben ihm die gebirgsbildenden Kräfte in einer von der Gegenwart nicht sehr entfernten Periode aufgedrückt, und Suess hat in seiner

Schrift über die Entstehung der Alpen die grossen tektonischen Züge meisterhaft dargestellt. Dem einheitlichen tektonischen Charakter entspricht aber keineswegs eine einheitliche geologische Vergangenheit. Ein gemeinsames Dach wölbt sich zwar über dem grossen, mit uniformen Schnörkeln ausgestatteten Bau, aber die einzelnen Theile sind zu verschiedenen Zeiten, von verschiedenen Baumeistern und nach abweichenden Baustylen ausgeführt worden.

In ähnlicher Weise zerfallen die Alpen an der Hand der geologischen Analyse in ursprünglich individualisirte Gebiete von eigenartiger geologischer Entwicklungsgeschichte, welche erst in jüngster Zeit von im gleichen Sinne wirkenden dynamischen Bewegungen erfasst und zu Einem Kettengebirge umgemodelt worden sind.

Ueber die palaeozoischen Bildungen der Alpen besitzen wir erst sehr fragmentarische Kenntnisse, welche für palaeogeographische Reconstructionen noch keine genügende Basis bilden. Bei dem heutigen Stande unseres Wissens fallen folgende Thatsachen auf. Das Silur ist bisher blos in den Ostalpen nachgewiesen. Fossilführende Punkte sind Dienten im Salzburgischen, Eisenerz in Steiermark, das Gailthaler Gebirge und die Karavanken. Das alpine Silurmeer verband wahrscheinlich das sardinische mit dem böhmischen Silur.

Höchst eigenthümlich ist das Vorkommen des Devon. Obwol bei weiteren Forschungen noch immer devonische Bildungen in den Verbreitungsbezirken der silurischen und carbonischen Formationen aufgefunden werden könnten, so erscheint es dennoch auffallend, dass dies bisher nicht gelungen ist und dass sichere devonische Ablagerungen blos in der dem Ostrande der krystallinischen Mittelzone eingeschnittenen Bucht von Graz nachgewiesen werden konnten.

Aus der geographischen Situation des Grazer Devons scheint sich mir nun eine merkwürdige Parallele zwischen den Ostalpen und dem böhmischen Massiv zu ergeben, welche vielleicht einiger Beachtung werth ist. Im Innern von Böhmen fehlt bekanntlich das Devon, zwischen Silur und productivem Carbon besteht eine grosse Lücke. Dagegen umspannt das Devon im Westen, Norden und Osten den Aussenrand der böhmischen Massengebirgsgruppe; es fehlt aber wieder längs dem der Donau-Hochebene und den Alpen zugekehrten Bruchrande. Das Grazer Devon entspricht nun seiner Lage nach dem sudetischen Devon. Es kann als die directe Fortsetzung desselben betrachtet werden. Bestätigt sich das Vorkommen devonischer Bildungen in den cetischen Alpen, so ist damit ein Bindeglied nachgewiesen. Der Ostrand des böhmischen Massivs würde sich sonach zur Devonzeit bis tief in die Alpen hineinerstreckt haben. Gelänge einstens der Nachweis devonischer Ablagerungen in den Südalpen und in den palaeozoischen Strichen der Centralalpen, so könnte man auch die südlichen und südöstlichen Grenzen annähernd bestimmen. Sollte sich aber in diesen Gebieten die wirkliche Abwesenheit devonischer Aequivalente nachweisen lassen, so würde daraus wol eine bedeutendere Ausdehnung des devonischen Massivs hervorgehen. Das Vorhandensein von Praecarbon-Bildungen würde jedoch eine zur Praecarbonzeit eingetretene Umfangs-Verminderung des Massivs nachweisen. .

Aus der Praecarbon- und Carbonzeit finden sich in den Ostalpen marine Ablagerungen mit Einschaltungen von Schiefern, welche terrestrische Floren enthalten und die Nähe der Küste andeuten. In den Südalpen reichen diese Gebilde westlich bis in die Gegend des Sextener Thales; auch ein Streifen am Nordrande der lombardischen Alpen wird ihnen zugezählt. Die etwas isolirten Vorkommnisse der Stangalpe und der Innsbrucker Bucht (Steinacher Joch) sind ausgezeichnet durch die Einschaltung von Conglomeraten und Pflanzenschiefern (Flussdelta's). Die noch etwas räthselhaften sogenannten ‚Radstädter Tauern-Gebilde', welche die Zillerthaler Alpen und die Hohen Tauern am nördlichen Gehänge begleiten, stellen eine Verbindung zwischen den genannten Vorkommnissen her und sind ihnen wahrscheinlich zuzuzählen. Es würde sonach in der Gegend von Klagenfurt ein bis in die Innsbrucker Gegend reichender Streifen von den Südalpen abzweigen. Nach Stache sind wahrscheinlich auch silurische Aequivalente in diesem Zuge vorhanden. Dem nördlichen Silurzuge zwischen Schwatz und Payerbach fehlen die Praecarbon- und Carbonbildungen. Das Meer reichte also von Südosten her in das Alpengebiet, begrenzte einerseits das weit nach Süden vorgeschobene böhmische Festland, andererseits die Gebiete der Hohen Tauern und der Oetzthaler Alpen, von welchen es unentschieden ist, ob sie Inseln oder Festlandpartien waren. Die Westalpen scheinen während derselben Zeit dauernd Festland gewesen zu sein, welches mit dem Centralplateau von Frankreich, dem Schwarzwalde und den Vogesen zusammenhing, ja vielleicht sogar mit unserem böhmischen Massiv verbunden war. Zur Carbonzeit war ein grosser Süsswasser-See vorhanden, welcher nach Heer West- und Süd-Wallis bedeckte, nach Westen bis in die Dauphinée und nach Osten bis gegen den Titlis und den Tödi sich erstreckte.

Der Permzeit angehörige Conglomerate und Sandsteine finden sich in grösserer Verbreitung sowol in den Ost- wie in den

Westalpen. Erschwert auch die weite horizontale Verbreitung*) die Erklärung der Bildungsverhältnisse dieser Gesteine, so kann man doch nur an Binnenseen oder an Aestuarien als Bildungsstätten denken. Im nordöstlichen Tirol und auf der nördlichen Abdachung der Westalpen treten als Einschaltung, manchmal auch als Stellvertretung, die sogenannten Schwatzerkalke und Röthidolomite auf. Ob der mit Rauchwacken verbundene Röthidolomit der Ostschweiz dem in ähnlicher Lagerung auftretenden Bellerophonkalke der Südtiroler Alpen entspricht, ist noch zweifelhaft. Da in vielen Fällen die Herkunft der Gerölle des Verrucano aus einer bestimmten benachbarten Gegend nachgewiesen werden kann, so ist man im Stande, stellenweise den beiläufigen Verlauf der Küste zu bestimmen. Mit der Entfernung von der Küste nimmt die Grösse der Gerölle ab. Unter diesen Umständen ist das Eindringen der permischen Conglomerate und Sandsteine in die Rheinbucht zwischen Ost- und Westalpen sehr bedeutungsvoll.

Der Beginn der mesozoischen Epoche ist durch ein wichtiges Ereigniss bezeichnet. Das Gebiet der Ostalpen, welches westlich bis zum Rhein und bis zum Lago maggiore reicht, trennt sich durch Senkung vom böhmischen Festlande und von den Westalpen. Die Region der krystallinischen Mittelzone ragt als langgestreckte Insel aus dem Triasmeer empor. Ob dieselbe in Folge der andauernden Senkung völlig unter den Meeresspiegel hinabtauchte, lässt sich kaum bestimmen. War es der Fall, so bildete sie einen submarinen Höhenrücken. Der Annahme einer Tiefsee widerspricht der häufig wechselnde chorologische Charakter. Die ansehnliche Mächtigkeit der ostalpinen triadischen Bildungen beweist nur, dass der Gesammtbetrag der allmählichen Senkung bedeutend war. Die Westalpen waren während der Triaszeit wahrscheinlich wieder zum grössten Theile trocken gelegt. In den Gebieten unmittelbar westlich vom Rhein fehlen triadische Bildungen gänzlich. Es spricht Manches dafür, dass dieses Gebiet durch eine Landbrücke mit dem böhmischen Festlande verbunden war. Ob die in den französischen Alpen lediglich auf Grund der Lagerung und der lithologischen Beschaffenheit als Triasbildungen angesprochenen fossilleeren Ablagerungen wirklich der Trias angehören, ist eine offene Frage. Es wäre denkbar, dass das mitteleuropäische Triasbecken von der unteren Rhone-Gegend und

---

*) v. Richthofen weist darauf hin, dass das Material der alten rothen Sandsteine abgeschwemmter Laterit sein könnte. Bestätigt sich diese Vermuthung, so hätten wir eine ebenso einfache als befriedigende Erklärung. — Vgl. Neumayr Anl. z. wiss. Beob. auf Reisen, pag. 286.

vom Juragebirge her in die westlichen Regionen der Westalpen hineingereicht hätte. Ost- und Westalpen waren daher zur Triaszeit jedenfalls scharf unterschiedene Gebiete. Erst am Schlusse der Triasperiode, als von Süden und von Südosten her die mediterranen Fluthen allmählich, über das mittlere Europa übergreifend, bis nach England und bis zur Südspitze Schwedens*) vordrangen, wurde auch eine Verbindung mit den äusseren Ketten der schweizerischen Kalkalpen und mit den französischen Alpen hergestellt. Bildungen der rhätischen Stufe (Zone der *Avicula contorta*) sind die einzigen Ablagerungen der mediterranen Trias, welche in den Westalpen nachgewiesen wird. Indessen gelangte das rhätische Meer nicht in westlicher Richtung in die Westalpen, sondern entweder von Süden her durch den westlichen Theil des Mittelmeeres oder auf einem Umwege über die Bodensee-Gegend; denn in den der Rheinlinie zunächst gelegenen Theilen der Schweizer Alpen fehlen die rhätischen Bildungen vollständig und weiter im Westen, wo welche auftreten, erscheinen sie nur im Norden und kommen in den inneren, dem krystallinischen Schiefergebirge aufgelagerten Kalkketten nicht mehr vor.

So hatte die physikalische Geographie des Alpenlandes und Mitteleuropa's an der Grenze zwischen Trias- und Jura-Periode eine bedeutungsvolle Aenderung erfahren, welche für die Vertheilung der jurassischen Gewässer bestimmend wurde. Der Lias hält sich in seiner Verbreitung ziemlich strenge an die rhätischen Bildungen. In den Alpen jedoch nimmt man stellenweise ein Uebergreifen des Lias über ältere Bildungen wahr, so insbesondere in der westlich an den Rhein stossenden Region, wo der untere Lias direct auf den permischen Bildungen (Röthidolomit und Quartenschiefer) auflagert.

Man unterscheidet nach dem Vorgange Neumayr's im westeuropäischen Jura zwei Provinzen, die mediterrane und die mitteleuropäische. Die Unterschiede beruhen hauptsächlich auf dem regionalen Prävaliren gewisser Typen. Eine grosse Anzahl von Formen ist beiden Provinzen gemeinsam. Der Jura der Schweizer Alpen gehört zwar im grossen Ganzen der mediterranen Provinz an, wie der Jura der Ostalpen, aber trotzdem besteht zwischen der Ausbildung der jurassischen Gebilde in den durch die Rheinlinie getrennten Gebieten eine durchgreifende lithologische Verschiedenheit, welche nur durch die Annahme abweichender physikalischer Verhältnisse verständlich wird. Die Geographie der Triaszeit gibt darüber einigen Aufschluss. Der ostalpine Jura, welcher sich strenge an die

---

*) Hébert, Rech. sur l'age des grès à combustibles d'Helsingborg et d'Höganäs. Ann. des sc. géol. 1860.

Verbreitung der triadischen Ablagerungen hält, wurde in dem alten, fortbestehenden Meeresbecken der Trias abgelagert, während das westalpine Jurameer in neueroberte oder erst kürzlich sehr veränderte Gebiete übergriff. Für die Westalpen begann gewissermassen erst zu dieser Zeit die alpinische Individualisirung. Die jurassischen Bildungen der Westalpen unterscheiden sich von den gleichzeitigen Niederschlägen des Juragebirges zunächst durch abweichenden lithologischen Charakter und durch grössere Mächtigkeit. Der mediterrane Charakter der Faunen tritt, wie es scheint, erst zur Zeit des Dogger und Malm bestimmter hervor. Aber demungeachtet besteht, wie Mösch hervorgehoben hat, ein merkwürdiger chorologischer Parallelismus zwischen Westalpen und Juragebirge, welcher erst im Tithon verschwindet. Die Linie Basel-Olten, welche im Juragebirge die Grenze zwischen zwei wichtigen heteropischen Gebieten bezeichnet, findet in den Schweizer Alpen ihre Fortsetzung im Brienzerseethal, und stimmen die im Osten und Westen von dieser Transversallinie liegenden jurassischen Ablagerungen der Alpen und des Juragebirges in einer Reihe von Horizonten in der Facies überein. Es entsprechen also den Alpen zwischen Brienzerseethal und Rheinthal der gegenüber liegende aargauisch-schwäbische Jura und den Alpen westlich vom Brienzerseethal der westschweizerisch-französische Jura. In einigen wenigen Fällen erstreckt sich diese Uebereinstimmung sogar auch auf die petrographische Beschaffenheit.[*] Man darf daher den Grund der abweichenden Ausbildung des alpinen Schweizer Jura nicht etwa einer constant grösseren Meerestiefe zuschreiben. Die bedeutende Mächtigkeit der pelagischen Facies erklärt sich ungezwungen durch periodisch rascheres Sinken des alpinen Meeresstriches. — In der nördlichen Zone der Ostalpen und in den sich an diese anschliessenden Karpathen besitzen wol nur die tiefsten liasischen Horizonte, wenn sie in der litoralen Facies der Grestener Schichten auftreten oder sich derselben nähern, eine bemerkenswerthe Uebereinstimmung mit den gleichaltrigen isopischen Bildungen der mitteleuropäischen Provinz. Es treten diese Ablagerungen am Nordrande der nordöstlichen Alpen und der Karpathen auf, in dessen Nähe die Küste des Liasmeeres sich hinziehen musste. Bereits bei Passau[**] verschwindet der Lias und es fehlt derselbe in den der mitteleuropäischen Provinz angehörigen Juradistricten Mährens, Schlesiens und Polens gänzlich.

---

[*] Vgl. Mösch, der Jura in den Alpen der Ostschweiz.

[**] Vgl. v. Ammon, die Jura-Ablagerungen zwischen Regensburg und Passau.

Eine Thatsache möge noch angeführt werden, welche vielleicht auf die eigenthümlichen Verhältnisse des schweizerischen Alpenjura ein Licht werfen könnte. Der Lias im Westen des Rhein zeigt nach Mösch's Schilderung blos mitteleuropäische Formen. Der obere Lias ist durch die im mitteleuropäischen Jura weit verbreiteten Posidonienschiefer vertreten. Zittel *) hat nun in neuerer Zeit die Aufmerksamkeit wieder auf die grosse Uebereinstimmung des provençalischen oberen Lias mit dem oberen Lias der Lombardei gelenkt. Es drängt sich da die Frage auf, ob die im Schweizer Alpenjura vorkommenden mediterranen Formen nicht auf dem Wege über Südfrankreich in die westalpinen Regionen gelangten?

Während der Kreidezeit gehörte zwar, wie zur Zeit des mittleren und oberen Jura das gesammte Alpengebiet ebenfalls der mediterranen Provinz an, aber es spielt sich in den verschiedenen Alpentheilen eine sehr wechselvolle Geschichte ab. Für die Nordalpen erweist sich die Rheinlinie abermals als eine bedeutungsvolle Grenzscheide. In den Westalpen dauert die Senkung der Kalkalpenzone fort, der heteropische Wechsel scheint zwar sehr bedeutend zu sein, aber eine Lücke von Bedeutung scheint nirgends vorhanden zu sein. Wol charakterisirt erreicht das westalpine Kreidesystem, den Jura concordant überlagernd, am Rhein das ostalpine Triasjura-Gebiet und schneidet an demselben ab. In den nördlichen Ostalpen zeigt die Kreide eine eigenthümliche Beschränkung. Das Neocom ist nur in der Facies von Aptychenschiefern und von Cephalopoden-Mergeln (Rossfelder Schichten) vertreten. In Nordtirol lagert dasselbe noch concordant auf dem Jura. Weiter östlich dagegen besteht häufig eine auffallende Discordanz und kommen die Neocombildungen, Niederungen ausfüllend, in übergreifender Lagerung über und neben älteren Ablagerungen vor. Die mittlere Kreide fehlt gänzlich. Die obere Kreide ist nur unvollständig durch die sogenannte Gosaubildung vertreten, welche unabhängig von der Verbreitung des Neocom im ganzen Gebiete der Nordostalpen nur als Ausfüllung von Buchten vorkommt.

Es folgt daraus, dass die Nordostalpen während der Kreidezeit bereits allmählich über den Meeresspiegel auftauchten. Die Hebung begann im östlichen Theil und schritt von da gegen Westen fort.

Eine ähnliche Transgression der oberen Kreide wie in den Nordostalpen zeigt sich auch in der Grazer Devonbucht (Kainachthaler Gosaubildung), ferner am Süd- und am Westabhang des

---

*) Central-Apenninen. Geogn. pal. Beitr. v. Benecke, II., p. 174.

Bachergebirges, im unteren Lavantthal und im Gurkgebiet bei Althofen und Guttaring. Die meisten dieser Ablagerungen sind noch sehr wenig bekannt und ist es noch fraglich, ob die im Süden der Centralkette gelegenen mit dem Gosau-Typus oder mit der südalpinen Kreide-Entwicklung übereinstimmen.

In den Südalpen lagern die Kreidebildungen concordant auf dem Jura. Obwol palaeontologisch bis jetzt nur wenige Horizonte nachgewiesen sind, hat die Annahme von Lücken wenig Wahrscheinlichkeit für sich. Der heteropische Wechsel ist nicht unbedeutend. Der Eintritt einer Hebung, wie in den Nordostalpen, ist nicht nachweisbar.

Indem wir zu den alttertiären Bildungen übergehen, welche in den Westalpen eine bedeutende Rolle spielen und gebirgsbildend auftreten, während dieselben nur in zwei Buchten (Unter-Innthal und Reichenhall) in das Innere der Nordostalpen hineinreichen, erscheint es am Platze, einer bisher unerwähnt gebliebenen Region zu gedenken. Am Nordrande der Nordostalpen und der Karpathen zieht sich eine landschaftlich wol charakterisirte, meist bewaldete Hügelkette mit sanften, abgerundeten Formen hin, welche den Uebergang von der Ebene zu den schroffen Felsgestalten der Kalkalpen und der Karpathen vermittelt, die sogenannte Wiener (resp. Karpathen-) Sandsteinzone. Den Westalpen sowol, wie den Südalpen fehlt diese Zone in ihrer orographisch typischen Gestalt. Nachdem längere Zeit die divergirendsten Ansichten über das Alter des Wiener oder Karpathen-Sandsteines (Flysch *) unvermittelt einander gegenübergestanden haben, kann man die heute vorliegenden Thatsachen zu folgendem Gesammtbilde zusammenfassen. In den Karpathen umfasst die Karpathen-Sandsteinfacies, wie die Untersuchungen von Hohenegger, Paul und Tietze gelehrt haben, die gesammte Kreide und das Alttertiär einschliesslich des Oligocän. Das Gebiet ist mehrfach gefaltet und in den sogenannten Klippenzügen treten aus den Sätteln der tiefsten Glieder schollenförmig zersprengte. Theile älterer (jurassischer) Kalke hervor, welche mit ihren schroffen Formen klippenartig aus den sanften Gehängen der Sandsteine emporragen. An Breite bedeutend reducirt, aber noch ganz mit den karpathischen

---

*) Eine interessante Controverse über die Genese des Flysches hat sich in jüngster Zeit zwischen Th. Fuchs, welcher den Flysch für das Product eruptiver Vorgänge (Schlammvulcane) erklärt, und K. M. Paul, welcher im Einklange mit den herrschenden Ansichten den Flysch für eine normale Detritusbildung hält, entsponnen. Vgl. Fuchs, Ueber die Natur des Flysches, Sitz. Ber. Wien. Akad. 1877, und Paul, Ueber die Natur des karpathischen Flysches, Jahrb. Geolog. R.-A. 1877.

Charaktern, selbst Klippenzüge umschliessend, tritt die Sandsteinzone bei Wien in die alpine Region ein. Weiter westlich, etwa in der Gegend von Gmunden, scheinen die Kreidebildungen schon ganz die Sandsteinfacies abgestreift zu haben, während die alttertiären Theile dieselbe beibehalten (Flysch). Zwischen den Kalkalpen und der Sandsteinzone läuft eine Bruchlinie durch. In der Gegend von Füssen nehmen die unter dem alttertiären Sandstein auftauchenden cretaceischen Ablagerungen den Charakter der schweizerischen Alpenkreide an. Im Bregenzerwalde treten dieselben in grösserem Umfange und selbst mehrfach gefaltet zu Tage und an der Canisfluh bei Au gestatten sie auch schwarzem Tithonkalke der schweizerischen Entwicklung aus der Tiefe emporzudringen. Kleine klippenförmige Juraschollen mit ostalpinem Charakter stecken mehrfach bei Sonthofen und Hindelang im eocänen Flysch. Das Kreidegebirge des Bregenzerwaldes ist nun nichts weiter, als die durch den Rhein oberflächlich unterbrochene Fortsetzung des Sentis-Stockes. Der südliche Flyschzug des Bregenzerwaldes spaltet sich in zwei Arme. Einer setzt über den Rhein in das Werdenbergische, der andere wendet sich südlich und begleitet durch Liechtenstein das ostalpine Triasgebirge.

Jenseits des Rheins zersplittert sich die Flyschzone über die ganze Breite der Kalkalpen. Flysch- und Kalkzone fallen zusammen. Mächtige Züge von Kreide- und Jurakalken alterniren in dem vielfach gefalteten Gebirge mit stets wieder von Neuem ansetzenden Flyschzügen. Man könnte die Aufbrüche der älteren Kalke mit den Klippenzügen der Karpathen vergleichen, aber es fehlt ihnen eine bestimmt eingehaltene, continuirlich fortlaufende Streichungslinie.

So fällt der nördlichen Kalkzone der Westalpen die gleiche orotektonische Rolle zu, wie der Wiener Sandsteinzone der Nordostalpen. Die nordöstlichen Kalkalpen verhalten sich wie ein Centralgebirge zur Wiener Sandsteinzone, welche die Fortsetzung der schweizerischen Kalkalpen ist. Man könnte sich veranlasst sehen, für die Wiener Sandsteinzone die gleiche oder doch annähernd gleiche geologische Entwicklungsgeschichte, wie für die westlichen Kalkalpen, wegen ihres Zusammenhangs mit diesen zu supponiren. Es wurde bereits erwähnt, dass einige Thatsachen für den Bestand einer Landverbindung zwischen dem böhmischen Massiv und den Westalpen zur Triaszeit sprechen. Wir werden weiter unten bei der Schilderung der triadischen Bildungen der Ostalpen darauf eingehender zurückkommen und wollen hier nur erwähnen, dass thatsächlich einige Anhaltspunkte für die Annahme vorliegen, dass die Wiener Sandsteinzone zur Triaszeit grossentheils Festlandssaum

gewesen sei. Alles spricht ferner dafür, dass die Wiener Sandsteinzone zur Kreide- und älteren Tertiärzeit, im Gegensatze zu den sich
hebenden Nordostalpen, einen sich langsam aber fortdauernd senkenden Meeresstrich gebildet hat. Eine Schwierigkeit scheint nur die
Erklärung des Vorkommens jurassischer Ablagerungen mit ostalpinem
Typus zu bieten. Doch schwindet bei näherer Ueberlegung auch
dieses Bedenken. Denn zur Liaszeit war nördlich von der Sandsteinzone Festland und nur von Süden her drang das Meer vor. Auch
das Ineinandergreifen der helvetischen und ostalpinen Entwicklung
im Bregenzerwalde, dicht an der Grenze von Ost- und Westalpen,
bietet nichts Befremdendes dar.

In das Gebiet der heutigen Mittelzone der Ostalpen drang das
Eocänmeer an einer Stelle in Unterkärnten ein, welche bereits
zur Zeit der oberen Kreide eine Meeresbucht gewesen war. Ein
Relict dieser Buchtausfüllung ist das räumlich sehr beschränkte
Eocänvorkommen bei Guttaring.

Auch die Eocänbildungen des steierischen Sannthales und des
krainerischen Savethales dürften in tief eingesenkten Buchten eingelagert worden sein.

In den übrigen Theilen der Südalpen scheinen die Eocänbildungen concordant über den Kreidebildungen zu lagern. Sie
erreichen jedoch hier nicht, wie in den Westalpen relativ namhafte
Höhen. Es muss vorläufig unentschieden bleiben, ob sie bedeutend
grössere Räume bedeckten und durch nachträgliche Denudation
entfernt wurden oder ob sie blos in gewissen, durch Bruchlinien
von dem übrigen sich erhebenden Gebiete losgelösten Regionen abgelagert wurden.

Während der Miocänzeit erhoben sich die Westalpen und
die Wiener Sandsteinzone über das Meeresniveau, und scheint es,
dass die Hebung von Westen gegen Osten an Intensität abnahm.
In den Südalpen trat die Hebung etwas später ein. Am Nordfusse
der Alpen stritten mit wechselndem Erfolge Meer und Süsswasser
um die Herrschaft, ebenso im Osten, aber hier gelang es dem
Meere stellenweise noch in das Innere des zerfurchten Alpenrandes
einzudringen. Am Südgehänge der Alpen reichte das Miocänmeer
ebenfalls noch in einzelnen Buchten in das Innere des Gebirges.

Während der Pliocänzeit war bereits im Norden der Alpen
trockenes Land, das Gebirge erfuhr noch die letzten, in ihrem
Gesammtbetrage gewaltigen Aufrichtungen, von denen insbesondere
die berühmte Aufwölbung und Ueberschiebung der Molasse längs
dem schweizerischen Alpenrande (Anticlinale der Molasse) Zeugniss gibt.

Diese flüchtig skizzirte Entwicklungsgeschichte des Alpengebirges lässt die grosse historisch-genetische Verschiedenheit der Ost- und Westalpen in ihren Umrissen klar erkennen. *) Es würde uns zu weit von unserer Aufgabe abführen, wenn wir auch die nicht

---

*) Die bisherige Dreitheilung der Alpen in Ost-, Mittel- und Westalpen ist in den natürlichen Verhältnissen nicht begründet, wie ich an einer anderen Stelle bereits gezeigt habe (Zeitschrift d. D. Alpenvereins, 4. Band). Ein ausgezeichneter Geograph hat sich (A. a. O. 6. Bd.) umständlich gegen die von mir vorgeschlagene Zweitheilung ausgesprochen und die Prätension der Geologen „das Gebirge nach ihren Ansichten eingetheilt zu sehen" getadelt. Ich kann diesen Vorwurf ruhig hinnehmen. Vom blossen Utilitäts-Standpunkte aus mag es recht bequem sein, die Thiere und Pflanzen lediglich nach ihren äusseren Merkmalen, nach Farbe, Grösse, Bekleidung und etwa auch nach dem Nutzen, den sie dem Menschen gewähren, zu classificiren. Aber wer vermöchte ein naturhistorisches System auf solcher Grundlage ernst zu nehmen? Gewiss haben die äusseren Merkmale auch ihre naturhistorische Bedeutung, aber sie können nur zu Unterscheidungen letzter Ordnung vortheilhaft verwendet werden. Das Kriterium einer wissenschaftlichen Eintheilung besteht darin, dass sich dieselbe mit logischer Nothwendigkeit aus dem inneren Wesen des einzutheilenden Objectes ergibt. Es ist eine Selbsttäuschung, die physikalische Geographie als eine besondere Wissenschaft der Geologie gegenüberzustellen. Die Geographie von heute ist nur die Geologie von heute. Zur Wissenschaft wird das trockene Thatsachen-Register erst, wenn man ihm durch die Darlegung des inneren Zusammenhanges und der gegenseitigen Wechselbeziehungen geistiges Leben einzuhauchen vermag.

Gegen die bisherige Praxis der Alpengliederung nach den plastischen Verhältnissen der centralen Zone liess sich so lange kein triftiger Einwand erheben, als nicht ein Eintheilungsprincip höherer Ordnung bekannt war. Seitdem aber nachgewiesen ist, dass die Alpen in zwei grosse, unter einander verschiedene, in sich selbst aber wesentlich einheitliche Abschnitte zerfallen, wird diese Zweitheilung in der wissenschaftlichen Nomenclatur der Alpen auch ihren entsprechenden Ausdruck finden müssen. Die Trennungslinie selbst wird, aus Rücksicht auf die leichtere Verwendbarkeit, willkürlich nach der geeignetsten Tiefenlinie gezogen werden können, auf die Gefahr hin, dass in der Natur ein wechselseitiges Uebergreifen über die Linie stattfindet. Analoger Deviationen vom starren Princip macht sich die Wissenschaft in zahllosen Fällen schuldig, aber sie hält strenge darauf, dass dieselben nur subsidiarisch Platz greifen.

Bei der Zweitheilung ergibt sich übrigens noch eine merkwürdige morphologische Homologie zwischen den beiden Abschnitten, auf welche ich hinweisen möchte, ohne jetzt schon theoretische Folgerungen daran zu knüpfen. Die Betrachtung einer guten hypsometrischen Karte (z. B. der Steinhauser'schen) lehrt, dass die Massenerhebungen der krystallinischen Zone sich im westlichen Theile der Ostalpen in einem breiten Streifen gegen SSW. wenden, wodurch erstens eine ansehnliche Abschnürung an der Grenze zwischen Ost- und Westalpen hervorgebracht und zweitens ein grosser, gegen SO. offener Bogen gebildet wird, welchen die mesozoischen Bildungen des südlichen Tirols u. s. f. ausfüllen. Es ist dies eine Wiederholung derselben Erscheinung, welche die bogenförmig die piemontesische Ebene umringenden Westalpen zeigen. Wäre die südliche Nebenzone der Ostalpen in die Tiefe gesunken, so wäre die Homologie noch viel auffälliger. Den Westalpen fehlt bekanntlich auf der Innenseite eine jüngere Nebenzone.

unbedeutenden structurellen Verschiedenheiten zwischen diesen beiden grossen Abschnitten des Alpengebirges besprechen wollten. Eines sei aber noch bemerkt. So verschiedenartig die Geschichte der Ost- und Westalpen auch ist, so tritt doch, wenn auch mit ungleicher Intensität und zu verschiedenen Zeiten, eine bestimmte Tendenz nach homologer Entwicklung klar hervor. Wenn der eine Theil in dieser Richtung vorausgeeilt ist, so holt ihn der andere Theil in einer folgenden Periode mit verdoppelter Energie, gewissermassen im Eilschritt, wieder ein, oder überholt ihn sogar, aber am Ende des Wettlaufes langen beide gleichzeitig am Ziele an.

III. CAPITEL.

Uebersicht der permischen und mesozoischen Formationen der Ostalpen, mit besonderer Rücksicht auf Südtirol.

Permische Bildungen: Quarzporphyr. Verrucano. Grödener Sandstein. Bellerophonkalk. – Triadische Bildungen: Allgemeines. Verhältniss zur mitteleuropäischen Trias. Werfener Schichten. Der untere Muschelkalk, Beginn der heteropischen Spaltung. Der obere Muschelkalk. Die norische Stufe. Juvavische und mediterrane Provinz. Buchensteiner Schichten. Wengener Schichten. Die karnische Stufe. Cassianer Schichten. Raibler Schichten. Dachstein-Schichten. Die rhätische Stufe. Kössener Schichten. Tabellen der juvavischen und mediterranen Triasprovinzen, sowie des germanischen Trias-See's. – Jurassische Bildungen: Mediterrane und mitteleuropäische Provinz. Lückenhaftigkeit des mediterranen Jura. Der Lias. Der Dogger. Der Malm. – Cretaceische Bildungen: Allgemeines über die mediterrane Kreide. Die chorologischen Verhältnisse der ostalpinen Kreide.

An dem Aufbau des in diesem Buche zu schildernden Gebirgslandes nehmen archaeische, palaeozoische, mesozoische und känozoische Felsbildungen Theil. Die ältesten geschichteten Felslager sind krystallinische Schiefer, die jüngsten Meeresbildungen stehen im Alter den älteren Ablagerungen des Wiener Tertiärbeckens gleich. Die steinernen Schriftzüge unserer Felsberge reichen somit aus der grauen Vorzeit der Erdgeschichte bis nahezu in die Gegenwart hinein, und mächtige Geröllbildungen und Wanderblöcke erzählen uns von den Zuständen und Vorgängen hart am Beginne der heutigen Ordnung der Dinge.

Diejenigen Bildungen, welche vorzugsweise an der Zusammensetzung unserer Gebirge betheiligt sind und zugleich die Hauptrolle in den beiden Kalkalpen-Zonen des Ostens spielen, sind permischen und mesozoischen Alters. Es ist für das Verständniss des Zusammenhangs unbedingt nöthig, den Detailschilderungen eine gedrängte Uebersicht der Verhältnisse und der Gliederung dieser Formationen vorausgehen zu lassen.

Ueber die älteren Ablagerungen sowie über die Tertiär- und jüngeren Schuttbildungen werden wir die nöthigen Auskünfte an passenden Stellen der Detailschilderungen einschalten.

Permische Bildungen.

1. Ueber den Phylliten lagern in der ganzen Ausdehnung unseres Gebietes permische Ablagerungen. Hierher gehört vor Allem die mächtige und ausgedehnte Quarzporphyr-Platte von Bozen, welche westlich bis an die Bruchlinie von Judicarien und Nonsberg reicht und um die Südspitze der Adamello-Masse herum bis nach Val Trompia vordringt. Die deckenförmige Lagerung ist allenthalben klar ausgesprochen. Gleich einer sedimentären Schicht nimmt. der Porphyr an allen tektonischen Störungen Theil. In der Bozener Gegend unterscheidet man deutlich mehrere Lager und mächtige Systeme von Tuffsandsteinen und Conglomeraten. Wahrscheinlich sind auch diese Lager nicht als einheitliche Ströme, sondern als Complexe von Strömen aufzufassen, was aber erst durch sorgfältige, schrittweise vorgehende Untersuchungen festgestellt werden könnte.

Wo der Porphyr fehlt, tritt an seiner Stelle eine Conglomeratmasse mit Geröllen von krystallinischen Schiefergesteinen, Porphyr und selten auch von älteren Kalksteinen auf. Quarzgerölle sind vorherrschend. Die Porphyrgerölle finden sich nur in der Nähe der Porphyrgrenze zahlreich. Fusulinenkalk-Gerölle kommen im Sextenthale in der Nachbarschaft des palaeozoischen Gebirgszuges der Karnischen Alpen vor. Nicht selten begegnet man in diesen ‚Verrucano' genannten Conglomeraten und Sandsteinen isolirten Stromenden des Porphyrs, welche häufig für Porphyrgänge gehalten wurden. In der Grenzregion zwischen Porphyr und Verrucano findet ein wechselseitiges Ineinandergreifen statt.

 Die Färbung des Conglomerats ist in der Regel in unserem Gebiete grau, die der Sandsteine gelblich-weiss bis roth. Aehnliche, kaum unterscheidbare graue Conglomerate finden sich übrigens auch in den alpinen Carbonbildungen.

Für die Altersbestimmung entscheidend waren die Untersuchungen von Suess in Val Trompia, wo eine zwischen einem unteren Porphyrlager und einem oberen Verrucano eingeschaltete Schiefermasse zahlreiche durch Geinitz bestimmte Pflanzenreste des deutschen Rothliegenden enthält. Die wichtigsten Formen sind:

Walchia piniformis Schl. sp.
„ *filiciformis Schl. sp.*
Schizopteris fasciculata var. Zwickaviensis Gutb.

Sphenopteris tridactylites Br.

„   *oxydata Goep.*

„   *Suessi Gein.*

Eine jüngere Permflora ist kürzlich von Boeckh bei Fünfkirchen in Ungarn entdeckt und von O. Heer[*]) beschrieben worden.
Sie stammt aus den schiefrigen Zwischenmitteln eines grauen Sandsteines, welcher unmittelbar von Verrucano-Conglomeraten mit Quarz-
porphyr-Geröllen überlagert wird, und besteht aus:

Baieria digitata Brg. sp.

Ullmannia Geinitzi Hr.

Voltzia hungarica Hr.

„   *Böckhiana Hr.*

Schizolepis permensis Hr.

Carpolithes Klockeanus Gein. sp.

„   *hunnisus Hr.*

„   *foveolatus Hr.*

„   *Eiselianus Gein. sp.*

„   *libocedroides Hr.*

„   *Geinitzi Hr.*

Fast die Hälfte der Arten stimmt mit solchen des deutschen
Kupferschiefers überein. *Voltzia hungarica* ist die häufigste Pflanze.
Bereits Heer betonte als auffallende Thatsache das Vorkommen
der vorher nur aus rhätischen Schichten bekannten Gattung *Schizolepis*, und E. Weiss[*]) lenkte, durch die Fünfkirchner Funde veranlasst, die Aufmerksamkeit der Palaeontologen auf den auffallend
triadischen Charakter der permischen Floren.

2. Ueber dem Porphyr oder über dem Verrucano folgt ein rother
Sandstein in mässig starken Bänken, der sogenannte Grödener
Sandstein. Wo er den Porphyr überlagert, ist die Grenze keine
scharfe. Der Porphyr wird gegen oben dünnplattig, löst sich in
breiten Schalen ab und geht allmählich in leicht zu Grus zerfallende
Conglomerate über. Dazwischen schieben sich dünne Sandsteinbänke
ein. Die Schichtflächen der höher liegenden Bänke sind häufig mit
sogenannten Wellenschlag-Eindrücken bedeckt und zeigen auch wol
undeutliche, an Reptil-Fährten erinnernde Zeichnungen und Trocknungs-
Risse. Man hat diese Bänke mit dem Cheirotherien-Sandstein des
deutschen Buntsandsteins verglichen und den Grödener Sandstein

---

[*]) Ueber permische Pflanzen von Fünfkirchen. Mitth. a. d. Jahrb. d. k. ung.
geol. Anst. Bd. V.

[**]) Ueber die Entwickelung der fossilen Pflanzen in den geologischen Perioden.
Zeitschr. d. geol. Ges. 1877, p. 252.

überhaupt wegen seiner Lagerung mit dem isopischen Buntsandstein identificirt.

Von organischen Einschlüssen kannte man bis auf die neueste Zeit blos verkohlte schlecht erhaltene Pflanzenstengel und kleine, nicht abbauwürdige Kohlenflötzchen. Erst kürzlich entdeckte Gümbel in dem weissen Sandstein mit den Wellenschlägen sowie in höher gelegenen lettigen Zwischenschichten an der Strasse von Neumarkt nach Mazzon im Etschthale besser erhaltene Pflanzenreste, unter welchen er die charakteristischen Formen der Permflora von Fünfkirchen wiederfand.*) Auch *Ullmannia Bronni*, eine von Fünfkirchen noch nicht bekannte Kupferschiefer-Pflanze, soll sich gefunden haben. Mit *Voltzia hungarica* dürfte nach Gümbel's Ansicht die schon seit längerer Zeit aus dem untersten Grödener Sandstein von Recoaro bekannte *Palissya Massalongi Schaur.* übereinstimmen.

Nach diesen Bestimmungen scheint die oberpermische Flora von Fünfkirchen aufwärts in den Grödener Sandstein fortzusetzen. Der deutsche Buntsandstein ist arm an Pflanzenresten und gewährt uns keine Anhaltspunkte zur Beurtheilung seines Verhältnisses zu dem Grödener Sandstein. Nur aus der obersten Abtheilung des Buntsandsteines, aus dem Röth, kennt man die von Schimper und Mougeot beschriebene Flora des elsässisch-lothringischen Voltzien-Sandsteines. Diese ist aber verschieden von der Flora von Fünfkirchen.

3. In unserem Gebiete, dann im angrenzenden Friaul ist durch die neueren Untersuchungen ein sehr interessantes Glied, das wir kurzweg „Bellerophonkalk“ nennen, bekannt geworden. Zuunterst, unmittelbar über dem Grödener Sandstein, liegen gewöhnlich Gypse und Halbgypse (stellenweise auch Alabaster) in Verbindung mit Thon, darüber kleinmaschige Rauchwacken, Zellenkalke und dunkle Dolomite, zuoberst fossilreiche, dunkle, häufig bituminöse Kalke (eigentlicher Bellerophonkalk). Die Mächtigkeit dieser Unterabtheilungen ist eine sehr wechselnde. Die weiteste Verbreitung haben die Gypse, welche in sonst bei Gypsen seltener Constanz fast unser ganzes Gebiet durchziehen und noch weit nach Friaul hineinreichen. Nächst den Gypsen zeigen die Rauchwacken und schwarzen Dolomite eine bedeutende Ausdehnung. Die fossilreichen Kalke sind vorzugsweise auf den Norden unseres Gebietes beschränkt, von wo sie dann nach Friaul weiter streichen. In Val Sugana, dann bei Trient treten an Stelle der geschilderten Gesteine lichte, häufig polyedrisch zerbröckelnde Kalke mit rothen Flasern und gelblicher

---

*) Verh. Geol. R.-A. 1877, p. 23. — Die geogn. Durchforschung Bayerns. Festschrift der Münchener Akademie, 1877, pag. 57.

3 *

Verwitterungsrinde. Diese Gesteine besitzen einige Aehnlichkeit mit dem Röthidolomit Vorarlbergs und der Schweiz und mit dem Schwatzer Kalk Nordtirols.

Die Schichtgruppe des Bellerophonkalkes ist bisher mit dem sie überlagernden, an der Grenze sogar durch Wechsellagerung mit ihr verbundenen Werfener Schiefer zusammengefasst worden. Die Veranlassung zu ihrer Ausscheidung boten die vorher nicht bekannt gewesenen Fossilien, welche Stoff zu anregenden Discussionen geben.

Stache, welcher das bei unseren Aufnahmen gesammelte Material untersuchte,[*] nennt als wichtigste Formen:

Nautilus Hoernesi St.
       „   *crux St.*
       „   *Sebedinus St.*
       „   *fugax Mojs.*
Bellerophon Ulrici St.
       „   *peregrinus Lbc.*
       „   *Jacobi St.*
       „   *cadoricus St.*
       „   *Sextensis St.*
       „   *Gümbeli St.*
       „   *Janus St.*
       „   *Comelicanus St.*
       „   *pseudohelix St.*
       „   *Mojsvári St.*
Hinnites crinifer St.
Pecten (Entolium) tirolensis St.
       „   *(Vola) praecursor St.*
       „   *pardulus St.*
Aviculopecten Trinkeri St.
       „   *comelicanus St.*
       „   *Gümbeli St.*
Avicula cingulata St.
       „   *striatocostata St.*
       „   *filicosta St.*
Bakewellia cf. ceratophaga King.
Schizodus cf. truncatus King.
Spirifer vultur St.
       „   *ladinus St.*
       „   *megalotis St.*

---

[*] Fauna der Bellerophonkalke Südtirols. Jahrb. d. Geol. R.-A. 1877 u. 1878.

Spirifer Haueri St.
  „   *cadoricus St.*
  „   *dissectus St.*
  „   *Sextensis St.*
Spirigera Janiceps St.
Streptorhynchus tirolensis St.
  „   *Pichleri St.*
Orthis sp.
Strophomena sp.
Leptaena sp.
Productus cadoricus St.

Diese Mollusken-Fauna besitzt einen ausgesprochen palaeo zoischen Charakter. Zwei Formen *(Schizodus cf. truncatus* und *Bakewellia cf. ceratophaga)* erinnern an Zechsteinarten. Die übrigen, durchaus neuen Formen schliessen sich carbonischen Arten zunächst an.

Gümbel, welcher die Foraminiferen und Ostracoden bearbeitet, betont dagegen den mesozoischen Charakter der Foraminiferen. Doch beweist Stache's Fund einer *Fusulina (Fus. [Orobias] Gümbeli St.),* dass auch hier noch carbonische Anklänge vorhanden sind.

Da der Bellerophonkalk über Rothliegendem liegt, so scheint bei dem rein palaeozoischen Charakter der Fauna kaum ein anderer Schluss möglich, als dass er Zechstein mit einer stark individuali-sirten Localfauna sei. Nachdem der in England und im nördlichen Deutschland auftretende Zechstein gegen Süden auskeilt, so könnte man zu Gunsten einer solchen Auffassung sich sogar auf eine immer-hin bedeutende geographische Schranke berufen.

Indessen lässt sich die Frage nach dem Alter des Bellerophon-kalkes noch von anderen Gesichtspunkten betrachten. Der Zechstein ist eine zwischen heteromesischen Bildungen eingeschaltete Ablage-rung, sein Alter ist das des Rothliegenden, wie die Verhältnisse in Russland beweisen. Zwischen der an der Basis der productiven Kohlenformation eingeschalteten marinen Fauna mit *Goniatites Listeri* und dem Zechstein besteht eine Lücke, in welche wahrscheinlich die sogenannten Permocarbonbildungen des Nordens, Nordamerika's u. s. w. hineinfallen. Das Zechsteinmeer rückte aus arktischen Regionen gegen Süden vor. Die Verbindung mit dem Meere wurde aber, ehe die Fauna sich weiter entwickelte, wieder unterbrochen. Es bildeten sich, wie Ramsay auf anderem Wege nachzuweisen suchte, grosse Inlands-Salzwasserbecken, die nach kurzem Bestande theils ausgesüsst wurden, theils eintrockneten. In den Alpen sind zwar, wie aus den Untersuchungen Stache's hervorgeht, Permocarbonbildungen höchst wahrscheinlich vorhanden. Mit ihnen ist aber die Reihe der concordant gelagerten carbonischen Formationen geschlossen. Es folgt nun auch in den Alpen die Rothliegend-Episode. Erst mit der Rückkehr mariner Bedingungen gelangte die Fauna des Bellerophonkalkes in das Alpengebiet.

Beide Faunen, die des Zechsteins und des Bellerophonkalkes, sind demnach immigrirt, nicht autochthon, und können nicht als individualisirte Localfaunen betrachtet werden. Dass sie aus verschiedenen Meeresprovinzen stammen, ist übrigens nicht nur möglich, sondern sogar sehr wahrscheinlich.

Die Annahme, dass die beiden Faunen gleichzeitig sind, erscheint nun um so willkürlicher, als auch keine gemeinsamen Formen bekannt sind. Besteht aber ein Unterschied des Alters, so werden wir die Zechsteinfauna wegen ihres Anschlusses an die Permocarbon-Faunen für die ältere halten dürfen.

Es wäre nun noch das Verhältniss zu den nächstjüngeren Bildungen zu besprechen. Ueber dem Zechstein folgt in Deutschland und England der Hauptbuntsandstein, eine jüngere heteromesische Bildung. Der Bellerophonkalk wird von den Werfener Schichten, einer heteropischen Bildung, überlagert. Eine marine Fauna des Hauptbuntsandsteins ist nicht bekannt. Die Fauna der Werfener Schichten besitzt neben vielen eigenthümlichen Formen einige mit dem deutschen Röth und Muschelkalk gemeinsame Arten, und erst vor kurzer Zeit wollte Gümbel sie dem unteren Muschelkalk einreihen. Ist nun der Bellerophonkalk jünger als Zechstein, so dürfte ihm der Hauptbuntsandstein im Alter gleichstehen. Sollten aber Bellerophonkalk und Zechstein zusammenfallen, dann wären Hauptbuntsandstein und Röth heteromesische Bildungen vom Alter der Werfener Schichten.

Wir stehen also vor einer gegenwärtig noch schwer definitiv zu lösenden Alternative, halten es jedoch für zweckmässig, den Bellerophonkalk unbedingt noch den Permbildungen anzureihen. Die Rücksicht auf die conventionellen Eintheilungen darf nicht so weit gehen, Correcturen auszuschliessen, welche einen Fortschritt des Systems bezeichnen. Auf die Ueberlagerung heteromesischer Formationen basirte Grenzlinien können nur eine provisorische Geltung haben Die Grenzlinie zwischen Perm und Trias beruht nun auf dem Gegensatz zwischen der palaeozoischen Permfauna und der mesozoischen Muschelkalk-(Röth-)Fauna. Ergibt sich, dass der heteromesische Hauptbuntsandstein mit einer bisher unbekannten jüngeren Fauna von palaeozoischem Charakter gleichaltrig ist, so fordert der dem conventionellen Trennungsprincip zu Grunde liegende Gedanke eine entsprechende Grenzberichtigung.

Triadische Bildungen.

Die Ostalpen bilden das vollständigste und reichste marine Triasterritorium, welches man bisher kennt. Was England und Nordamerika für die palaeozoischen Formationen im Allgemeinen, Böhmen für das Silur, was das Juragebirge für den Jura, was das anglo-gallische Becken für die Kreide ist, das sind die Ostalpen für die Trias.

Es ist in der geologischen Entwicklungsgeschichte der grossen Continentalmassen begründet, dass marine Triasbildungen nur in schmalen Randzonen vorkommen. Die Triaszeit war für unsere heutigen Festlandsgebiete eine Continentalperiode, welche zur Permzeit bereits begann. Die grossen marinen Triasterritorien liegen heute unter dem Seespiegel. Suess *) hat darauf hingewiesen, dass die bekannten marinen Triasstriche in die Regionen der kräftigsten Gebirgsbildungen fallen.

Die uns zugänglichen Triasbildungen werden uns nur ein sehr unvollständiges, lückenhaftes Bild der pelagischen Triasfaunen liefern. Den Zusammenhang des Ganzen werden wir aus den wenigen, zufällig auf uns überkommenen Fragmenten nur ahnen können. Darin liegt aber die grosse Bedeutung unserer ostalpinen Trias, dass hier die vollständigste Sammlung jener alten Urkunden und Regesten aufbewahrt ist.

Es wird zwar bereits ziemlich allgemein anerkannt, dass die deutsche Trias eine locale, nicht normale Formationsreihe darstellt. Aber man ist doch noch so sehr gewöhnt, dieselbe als den Typus schulgerechter Entwicklung zu betrachten, dass man bei Vergleichungen stets von ihr ausgeht, in Lehrbüchern ihr den Ehrenplatz einräumt und mit parteiischer Ausführlichkeit ihre unwesentlichsten Eigenthümlichkeiten behandelt.

Die ostalpinen Triasbildungen haben ausser durch ihren stellenweisen Reichthum an echten Ammoniten besonders noch durch das Auftreten einer Anzahl palaeozoischer Gattungen, unter welchen *Orthoceras* eine hervorragende Stellung einnimmt, die Aufmerksamkeit auf sich gelenkt. Die Zahl dieser alterthümlichen Geschlechter ist neuerdings durch einen von Herrn Zugmayer in den Wengener Schichten von Ampezzo gefundenen *Productus* vermehrt worden. Das Auftreten alter Typen in den heutigen grossen Meerestiefen würde, wie Suess hervorgehoben hat, das scheinbar abnorme Vorkommen halbverstorbener Gattungen in der alpinen Trias ungezwungen

---

*) Entstehung der Alpen. Pag. 102.

durch die Annahme ähnlicher Tiefenverhältnisse erklären. Der ausserordentliche chorologische Wechsel in den Triasbildungen der Ostalpen, sowie der Charakter vieler alpiner Ablagerungen, lässt sich jedoch schwer mit der Annahme wirklich bedeutender Meerestiefen vereinbaren. Es handelt sich zunächst darum, die wahre Natur der mitteleuropäischen Trias zu erkennen. Die marine Thierwelt des Muschelkalks zeichnet sich nicht so sehr durch eine grosse Mannigfaltigkeit an Geschlechtern und Arten, als vielmehr durch den Reichthum an Individuen weniger Gattungen und Arten aus. Es ist eine arme reducirte Fauna, in welcher Pelecypoden eine hervorragende Rolle spielen. Die eigenartige Entwicklung der sehr dürftigen und einseitigen Cephalopodenfauna weist auf eine Isolirung des Beckens hin. Da wird denn die Annahme sehr nahe gelegt, dass der Muschelkalk die Bildung eines blos durch eine schmale und seichte Meerenge mit dem offenen Meere communicirenden Binnenmeeres nach Art des heutigen Schwarzen Meeres sei. *) Als die Verbindung mit der See ganz aufgehoben war, verwandelte sich dann das Binnenbecken allmählich in den Brackwasser-See des Keuper, welcher erst am Schlusse der Triasperiode zur rhätischen Zeit wieder von echtem Seewasser benetzt wurde.

Bei dieser Anschauungsweise wird die Annahme einer Tiefsee für die alpine Trias überflüssig. Alles erklärt sich in ungezwungenster Weise. Hier in den Alpen die normale pelagische Fauna mässig tiefer Meeresgründe bei geringer Entfernung von der Küste, dort in Deutschland anfangs eine pontische, später eine caspische Fauna. **)

Die Bezeichnung Trias wurde bekanntlich im Hinblick auf die Dreizahl der Formationen (Buntsandstein, Muschelkalk und Keuper), welche die Trias in Deutschland umfasst, gewählt. Sie ist eine der unglücklichsten, welche in die Stratigraphie Eingang gefunden haben, und passt nur auf die localen deutschen Verhältnisse. Selbst für die Fortsetzungen des deutschen Triasbeckens in England und Frankreich hat der Name keine Berechtigung mehr, die heteromesische Trias geht in eine Dyas und Monas über.

---

*) Es gereicht mir zu grosser Befriedigung, constatiren zu können, dass Th. Fuchs (Ueber die Natur der sarmatischen Stufe und deren Analoga in der Jetztwelt und in früheren geologischen Epochen. Sitz.-Ber. Wien. Akad. 1877. März-Heft) unabhängig von mir und theilweise von anderen Prämissen ausgehend, zur gleichen Anschauung über die Natur des deutschen Muschelkalkes gelangte.

**) Ein interessantes Bild der geographischen Verhältnisse des germanischen Trias-See's hat soeben Benecke (Ueber die Trias in Elsass-Lothringen und Luxemburg. Abh. z. geolog. Specialkarte von Elsass-Lothringen, Bd. 1., p. 703—825) veröffentlicht.

Die Trias der Alpen ist eine Monas, denn die verhältnissmässig unbedeutenden Einschaltungen von Pflanzenschiefern und Sandsteinen können ebensowenig in Betracht kommen, als die Bänkchen mit marinen Conchylien im Keuper. Chronologisch ist die Trias der Alpen in der mediterranen Provinz eine Nonas, in der juvavischen Provinz eine Dodekas. Wir werden sehen, dass sich zur Noth die Grenzen der drei deutschen Formationen in den Alpen erkennen lassen und dass sich dieselben nach ihren chronologischen Werthen in der mediterranen Provinz wie 1:2:6 verhalten.

Von den deutschen Bezeichnungen der drei Triasformationen ist nur der Name „Muschelkalk" in den Alpen verwendbar. Das dem Buntsandstein drohende Geschick wurde bei der Besprechung des Bellerophonkalks berührt. Gegen die Einschmuggelung der Bezeichnung „Keuper" in die alpine Nomenclatur verwahren wir uns entschieden. Als chorologische Bezeichnung für den deutschen Entwicklungstypus der dritten Abtheilung ist der Name sehr zweckmässig. Da deckt er, sowie die Bezeichnung Culm, einen bestimmten Begriff. In der Uebertragung büsst er seine deutsche Bedeutung ein. Ist es denn wirklich ein Postulat der Wissenschaft, gute chorologische Namen ihres Sinnes zu entkleiden? Wenn ich von Keuperkalk, Keuperdolomit sprechen höre, denke ich an Brackwasserbildungen, welche zwischen Gypsmergeln und Pflanzensandsteinen eingeschlossen sind. Mein Sprachgefühl sträubt sich dagegen, an echt marine Korallenkalke und Cephalopodenbänke zu denken. Man missverstehe mich nicht. Nicht weil ich in den Alpen durchaus etwas Apartes haben will, wehre ich mich gegen die gewaltsame Einführung unpassender Benennungen, sondern weil ich die mühsam gewonnene Erkenntniss auch klar und unzweideutig fixiren will. Warum versucht man nicht umgekehrt, die alpine Gliederung der deutschen Trias anzupassen? Einfach, weil es nicht möglich ist, weil es der Natur widerspricht. Warum anerkennt man neben dem Old Red Sandstone noch das Devon? Wenn man endlich consequent schablonisiren will, warum wendet man nicht die Bezeichnungen Purbeck und Wealden auf das alpine Obertithon und Unterneocom an?

An der Zusammensetzung der ostalpinen Kalkzonen nehmen die triadischen Bildungen den hervorragendsten Antheil. Sie bedingen den eigenthümlichen landschaftlichen Charakter unserer Kalkalpen, welcher so lebhaft von der Physiognomik der schweizerischen Kalkalpen absticht. Auch die prächtigen Felsenberge unseres engeren Gebietes bestehen zum grössten Theile aus Triasbildungen.

Der bereits erwähnte bedeutende chorologische Wechsel macht sich nicht nur in verticaler, sondern auch in horizontaler Richtung geltend. Erhöht auch diese Mannigfaltigkeit den Reiz des Studiums, so erschwert sie auch in vielen Fällen, namentlich in tektonisch sehr verwickelten Gegenden, die Erkennung der wahren Verhältnisse. Es hat jahrelanger mühsamer Forschungen bedurft, ehe der gegenwärtige Standpunkt erreicht wurde.

1. Nachdem wir uns dafür entschieden haben, den Bellerophonkalk den Permbildungen zuzuzählen, müssen wir die ‚Werfener Schichten' als tiefstes Triasglied betrachten. Die Grenze gegen den Bellerophonkalk ist keine scharfe, der Uebergang vollzieht sich durch Wechsellagerung, und misslich ist es, dass Bellerophonkalk und Werfener Schichten heteropische Bildungen sind. Wenn es gelänge, im Bellerophonkalk Ammoniten aufzufinden, könnten wir schärfer sehen.

Die Werfener Schichten bilden den chorologisch constantesten Triashorizont der Alpen und sind deshalb für die Orientirung von grossem Werthe. Wo der Bellerophonkalk fehlt, liegen sie unmittelbar auf dem rothen Sandsteine, ebenso wie in Deutschland der Röth auf dem Hauptbuntsandstein. Ihre Fauna, sowie meistens auch das Gesteinsmaterial deuten auf flach abfallende Küstenstriche von geringer Meerestiefe.

Die grösste Verbreitung hat ein rother sandiger, glimmerreicher Schiefer, welcher zahlreiche Pelecypoden-Steinkerne (Myaciten) enthält. Seltener sind Sandsteine mit *Lingula* - Schalen. Unreine Kalksteine und Kalkschiefer stellen sich meistens erst in den obersten Theilen ein. Sie führen dann auch Gasteropoden und Ammoniten. Den Schluss des Systems bilden häufig Rauchwacken und Gypse.

Im südöstlichen Tirol und im Venetianischen ist die Gesteinsbeschaffenheit etwas abweichend. Es herrschen hier feste graue und braune Mergel, Mergelkalke, plattige Kalke und Dolomite vor, rothe sandige Schiefer erscheinen meist erst in der oberen Abtheilung. Der Erhaltungszustand der in den kalkreichen Gesteinen enthaltenen Fossilien ist ein besserer. Zahlreiche, mit deutschen Muschelkalkarten übereinstimmende Pelecypoden wurden durch Benecke und Gümbel bekannt. Man wird an den deutschen Wellenkalk erinnert, mit welchem auch das Gestein grosse Aehnlichkeit hat. Eine charakteristische Gesteinsart der südtiroler Werfener Schichten sind rothe Oolithe mit kleinen Gasteropodenkernen. Dieselben sind zwar an kein bestimmtes Niveau gebunden, doch erscheinen sie im Norden des tirolisch-venetianischen Hochgebirges

meistens erst in der oberen Abtheilung. Die Gypse und Rauchwacken an der oberen Grenze fehlen im grössten Theile unseres
Gebietes. Nur im Südwesten, in Val Sugana, sind sie vorhanden;
auch bei Recoaro und im Westen der Etsch findet man sie wieder.
Die verticale Vertheilung der Fossilien lässt eine gewisse
Gesetzmässigkeit nicht verkennen. Einige Formen sind, wie es
scheint, an einander gebunden. Manche treten heerdenweise auf und
erfüllen ganze Bänke. Etliche Gasteropoden *(Nat. costata, Turbo
rectecostatus)*, zwei Pelecypoden *(Trigonia costata* und *Monotis
aurita)*, sowie die Ammoniten *(Tirolites Cassianus, dalmatinus
idrianus, Muchianus, Trachyceras Liccanum, Norites Caprilensis)*
wurden bisher nur in der oberen Abtheilung gefunden, während die
in der unteren Abtheilung sehr häufige *Monotis Clarai* oben zu
fehlen scheint. Es treten aber die genannten Formen der oberen
Abtheilung immer zugleich in denselben Bänken auf, so dass sie
offenbar nur eine bestimmte Facies charakterisiren. Da nun gerade
die auf die obere Abtheilung beschränkten Formen für die Werfener
Schichten charakteristisch sind, erscheint es nicht zweckmässig, dem
Vorgange von Richthofen's folgend, eine Zweitheilung in Seisser-
(untere Abtheilung) und Campiler- (obere Abtheilung) Schichten eintreten zu lassen. Als Faciesnamen können aber diese Bezeichnungen
immerhin verwendet werden.

Eine monographische Bearbeitung der Fauna der Werfener
Schichten, welche recht verdienstlich wäre, liegt noch nicht vor.*)
Bemerkenswerth ist das Fehlen der Korallen, Echinodermen und
Brachiopoden (mit Ausnahme von *Lingula*).

Für die schärfere Altersbestimmung der Werfener Schichten
sind vor Allem die Cephalopoden werthvoll, welche sich wesentlich
von den Cephalopoden des alpinen Muschelkalkes unterscheiden.

Da die einzige den deutschen Röth charakterisirende Form
Trigonia costata, sich auch in den Werfener Schichten findet, kann
man unter gleichzeitiger Berücksichtigung der in Deutschland und
in den Alpen folgenden Faunen die Werfener Schichten dem Röth
gleichstellen.

2. Der untere Muschelkalk. Wenn man die Fauna dieses
Gliedes im Ganzen betrachtet, so besteht eine grosse Uebereinstimmung mit der deutschen Wellenkalk-Fauna. Die überwiegende
Mehrheit der Pelecypoden, Brachiopoden und Crinoiden ist beiden
gemeinsam. Die Ammoniten, welche gewöhnlich eine weite horizontale

---

*) Fossilien-Listen siehe bei B e n e c k e, Muschelkalk der Alpen, Geogn. pal.
Beitr. Bd. II.

Verbreitung besitzen, stimmen aber sonderbarer Weise nicht so gut überein. Es lassen sich zwar den seltenen Ammoniten des Wellenkalks *(Amaltheus dux, Trachyceras Ottonis, Trachyc. antecedens)* sehr nahe verwandte Formen aus den Alpen *(Trach. cf. Ottonis, Trach. balatonicum, Trach. binodosum)* an die Seite stellen, aber man kann dieselben doch nur als geographische Varietäten betrachten. Die Ammoniten sind bekanntlich in viel höherem Grade, als die meisten übrigen Mollusken Formveränderungen unterworfen und wegen dieser rascheren Mutabilität und ihrer Fähigkeit, weite Strecken im Ocean zu durchmessen, zu feineren stratigraphischen Distinctionen besonders geeignet. Wenn man nun berücksichtigt, dass von den dem deutschen Hauptmuschelkalk eigenthümlichen Thierformen sich keine einzige in den Alpen findet, so gewinnt man die Vorstellung, dass bereits zur Zeit des Wellenkalks trennende Schranken zwischen dem deutschen Triasbecken und der ostalpinen Meeresregion aufgerichtet wurden. Die Ammoniten, welche sich nicht mehr vermischen konnten, begannen in den getrennten Gebieten eigenartig abzuändern. Es ist schwer zu entscheiden, ob vorher eine directe Verbindung zwischen den beiden Meerestheilen oder blos eine offene Communication mit einer beiden gemeinsamen Meeresprovinz bestand. Mit Rücksicht auf die geographischen Verhältnisse Mittel- und Nord-Europa's möchte ich mich der ersten Alternative zuneigen. Dann würde sich das Triasmeer aus dem alpino-karpathischen Becken im Osten des böhmischen Massivs durch Schlesien und Polen in das germano-gallo-brittische Becken verbreitet haben. Manche Thatsachen der geographischen Verbreitung der Thiere scheinen für diesen Weg zu sprechen: das Vorkommen der Diploporen im Himmelwitzer Dolomit, die grössere Häufigkeit der sogenannten alpinen Brachiopoden in Schlesien, endlich das Auftreten der Ammoniten in den östlichen Theilen des deutschen Triasgebietes.

Die Trennung des unteren von dem oberen Muschelkalk wurde in den Alpen zuerst von Stur auf Grundlage des örtlich stets getrennten Vorkommens der Cephalopoden des oberen Muschelkalks und der für den deutschen Wellenkalk charakteristischen Brachiopoden — *Spiriferina hirsuta, Rhynchonella decurtata, Rhynch. Mentzeli* — angedeutet. Später gelang es mir, nachzuweisen, dass in den Alpen zwei altersverschiedene Cephalopodenfaunen im Muschelkalk vorhanden sind, von denen die ältere mit den Wellenkalk-Brachiopoden gleichzeitig ist. Ich habe nun eine neuerliche Bearbeitung der Muschelkalk-Cephalopoden begonnen, um über das Alter einiger zweifelhaften Localitäten Aufschluss zu erhalten. Einige der in beiden Zonen vorkommenden Ammoniten stehen in directem phylogenetischen

Zusammenhang und wurden bisher in Folge zu weiter Fassung der Arten zusammengezogen, was die richtige Unterscheidung der beiden Muschelkalk-Horizonte verhinderte. Einer Revision bedürfen namentlich die Formen aus der Gruppe des *Trach. binodosum* und des *Ptychites Studeri.* *)

Mit dem unteren Muschelkalk beginnt in den Alpen die Zersplitterung der gleichzeitigen Ablagerungen in eine Anzahl heteropischer Bildungen. Für das richtige Verständniss ist es unerlässlich, die verschiedenen Faciesgebilde in zwei Gruppen zusammenzufassen. Eine, in sich selbst wieder sehr mannigfache Gruppe bilden die gewöhnlichen Sedimente, welche häufig durch einen grösseren Thongehalt ausgezeichnet sind. Die zweite Gruppe bilden lichte, thonarme Kalke und Dolomite, welche sich durch ihr stockförmiges und riffartiges Auftreten von den Sedimenten der ersten Gruppe unterscheiden. Es ist bezeichnend, dass diese beiden grossen heteropischen Formationsreihen eine Strand- oder doch Untiefen-Bildung — die Werfener Schichten — als gemeinsame Unterlage besitzen. Wir werden sehen, dass eine andere Untiefen- und Strandbildung, die Raibler Schichten, die Periode der heteropischen Differenzirung der Hauptsache nach abschliesst.

In der Gruppe der gewöhnlichen Sedimente kennen wir aus dem unteren alpinen Muschelkalk eine Cephalopoden-, eine Pelecypoden- und eine Brachiopoden-Facies. Ueber grosse Strecken jedoch sind die hier einzureihenden dunklen, dünnschichtigen Kalke nahezu fossilleer. Die Pelecypoden‑Facies ist bisher nur von Recoaro bekannt, wo überhaupt die heteropische Mannigfaltigkeit des unteren Muschelkalks am grössten ist. Die Pelecypoden-Facies liegt zuunterst, über ihr folgt die Brachiopoden-Facies mit Einschaltungen von Landpflanzen-Schiefern und über dieser erscheinen Gesteine, welche mit den Cephalopoden führenden Schichten von Dont, Val Inferna und Brags lithologisch übereinstimmen. Unter allen alpinen Muschelkalk-Vorkommnissen besitzt keines eine so grosse petrographische und palaeontologische Aehnlichkeit mit deutschem Muschelkalk (insbesondere mit dem oberschlesischen Wellenkalk), als die beiden unteren Faciesgebilde von Recoaro. Der Grund liegt wahrscheinlich darin, dass bei Recoaro die Ablagerungen eines schmalen Küstenstriches erhalten sind.

*) Eine Monographie der mediterranen Trias-Cephalopoden, welche den 10. Band der Abhandlungen der k. k. geologischen Reichsanstalt bilden wird, ist in Vorbereitung. Dieselbe wird die in meiner Hallstätter Arbeit nicht behandelten Cephalopoden der alpinen Trias umfassen.

Im Gebiete unserer Karte tauchen nur in der südwestlichen Ecke in Val Sugana in sehr beschränkter Ausdehnung am Fusse der Cima Dodici Rhizocorallien führende Gesteine mit dem lithologischen Charakter des Wellenkalks auf. In dem ganzen übrigen Gebiete vertreten vorwiegend blos die über den Brachiopoden-Schichten von Recoaro folgenden Gesteine den unteren Muschelkalk. Unter diesen besitzen wieder rothgefärbte Sandsteine, Conglomerate, Mergelletten und Dolomite die weiteste Verbreitung. Sie wurden früher von den unter ihnen lagernden Werfener Schichten (resp. Campiler-Schichten) nicht getrennt. In den rothen dolomitischen Gesteinen kommen in Val Inferna im Zoldianischen und an anderen Punkten Cephalopoden vor. Die zweite Gesteinsart bilden graue thonreiche Kalke, ausgezeichnet durch zartes Flimmern in Folge von feinkörnig krystallinischer Structur und durch eine braune oder braungelbe Verwitterungsrinde. Mit ihnen wechsellagern stellenweise dünne sandige Schiefer mit Pflanzenresten. Auch diese Gesteine wurden früher zu den Werfener Schichten gerechnet. In den grauen flimmernden Kalken kommen in Val di Zoldo und in Brags Cephalopoden vor. In weicheren Bänken finden sich in Brags Brachiopoden. Auch Crinoidenkalke mit Brachiopoden (Brags, Buchenstein) stellen sich gelegentlich ein.

Diese beiden Gesteinsfacies treten theils für sich allein, theils in Ueberlagerung auf. Wo letzteres der Fall ist, nehmen in unserem Gebiete die rothen Gesteine die tiefere Lage ein. Bei Recoaro tritt dagegen das umgekehrte Verhältniss ein.

Die Riff-Facies findet sich nur an zwei Punkten von sehr beschränkter Ausdehnung im Bereiche unserer Karte, während in anderen Gegenden der Alpen der untere Muschelkalk häufig nur durch sie repräsentirt wird. Einer dieser Punkte befindet sich nahe bei Neubrags am Kühwiesenkopf, der andere in Val Codalonga bei Colle di St. Lucia. An beiden Orten bildet der Dolomit nur einen Theil des unteren Muschelkalks und nimmt die tiefste Lage ein.

Die wichtigsten Fossilien des unteren Muschelkalks sind:

Ptychites Dontianus Hau.
„   domatus Hau.
„   Studeri Hau.
Trachyceras balatonicum Mojs.
„   cf. Ottonis Buch.
„   binodosum Hau.
„   Cadoricum Mojs.
„   Bragsense Lor.
„   Zoldianum Mojs.

Trach. Taramellii Mojs.
„   *Cuccense Mojs.*
Lytoceras sphaerophyllum Hau.
Retzia trigonella Schl.
Spiriferina Mentzeli Dnkr.
„   *hirsuta Alb.*
Terebratula vulgaris Schl.
„   *angusta Mnstr.*
Rhynchonella decurtata Gir.
Encrinus gracilis Buch.

Auch *Aegoceras* und *Arcestes* sind bekannt. *)
In der Riff-Facies findet sich:
Diplopora pauciforata Gümb.

Die vorkommenden Pflanzenreste eignen sich in der Regel nicht
zu schärferen Bestimmungen. Nur bei Recoaro finden sich zwischen
den oberen Brachiopodenbänken grössere Ansammlungen besser
erhaltener Pflanzen, und zwar *Taxodites saxolympiae Zigno* und
Voltzia Recubariensis Mass. sp.

3. Der obere Muschelkalk. Neben der Riff-Facies kennen wir
in diesem Niveau in den Alpen nur die Cephalopodenfacies, in
welcher sich jedoch mit Ausnahme der erwähnten, auf den unteren
Muschelkalk beschränkten Formen auch Brachiopoden einzeln finden.
Das Gestein ist in der Regel ein dunkelgrauer bis schwarzer
plattiger Kalk, im Salzkammergut ein rother, marmorartiger Kalk.

Die Cephalopodenfacies ist aus unserem Gebiete bis jetzt nicht
bekannt und fehlt daher der sichere palaeontologische Nachweis
über das Vorkommen des oberen Muschelkalkes. Es liegt aber
deshalb kein triftiger Grund vor, das Fehlen dieses Horizontes
anzunehmen, denn an seiner Stelle tritt eine Platte weissen Dolomits
(Mendola-Dolomit) auf, welche daselbst eine grosse Verbreitung
besitzt. Im oberen Buchenstein geht dieser Dolomit in einen grauen,
crinoidenreichen Kalk über, welcher zahlreiche grosse Gasteropoden
mit Farbenzeichnungen, insbesondere riesige *Natica*-Formen enthält,
die den grössten Arten von Esino und Unterpetzen in den Dimensionen nicht nachstehen. Seltener finden sich in demselben auch
Pelecypoden, Brachiopoden und Ammoniten, durchwegs Muschel-
kalktypen, aber theils neue Arten, theils wegen ungenügender
Erhaltung nicht scharf bestimmbar. Diese grauen Kalke setzen südlich

---

*) Fossilien-Listen siehe bei Benecke, Muschelkalk. — Geogn. pal. Beitr. II.
pag. 28—43; Böckh, Bakony, Mitth. a. d. Jahrb. der ungar. geolog. Anst. Bd. II.,
p. 83; Loretz in Zeitsch. d. geolog. Ges. 1875, p. 798.

fort und im District von Zoldo alterniren mit ihnen flimmernde Kalke von derselben Beschaffenheit, wie die Kalke des unteren Muschelkalks. Man könnte deshalb vermuthen, dass der ganze Complex noch dem unterlagernden unteren Muschelkalk angehört. Indessen ziehen wir es vor, anzunehmen, dass die Facies der flimmernden Kalke in den oberen Muschelkalk hinaufreiche. Sollte der obere Muschelkalk wirklich in unserem Gebiete fehlen, so brauchte man hierin keine abnorme Erscheinung zu erblicken, denn im alpinen Jura sind solche Lücken nicht selten.

Bei Recoaro nimmt der mächtige weisse Kalk des Monte-Spitz die Stelle des Mendoladolomits ein.

Die wichtigsten Cephalopoden des oberen Muschelkalkes sind:

> *Nautilus Pichleri* Hau.
> „   *quadrangulus Beyr.*
> „   *Tintoretti Mojs.*
> · „   *Palladii Mojs.*
> *Orthoceras Campanile Mojs.*
> *Ptychites gibbus Ben.* *)
> „   *cusomus Beyr.*
> *Arcestes Bramantei Mojs.*
> „   *Escheri Mojs.*
> „   *extralabiatus Mojs.*
> *Aegoceras incultum Beyr.*
> „   *Palmai Mojs.*
> *Amaltheus megalodiscus Beyr.*
> „   *Sansovinii Mojs.*
> *Trachyceras trinodosum Mojs.* **)
> „   *Gosaviense Mojs.*
> „   *Reuttense Beyr.*
> „   *Riccardi Mojs.*
> „   *euryomphalum Ben.*
> *Norites Gondola Mojs.*
> *Megaphyllites sandalinus Mojs.*
> *Lytoceras sphaerophyllum Hau.*
> *Aulacoceras Obeliscus Mojs.*
> „   *secundum Mojs.*

Von den mitvorkommenden Pelecypoden sind als wichtiger zu erwähnen: *Daonella Sturi Ben.* und *Daon. parthanensis. Schafh.* ***)

---

*) Diese Form wurde bisher mit *Ptychites Studeri* des unteren Muschelkalks verwechselt.

**) Bisher mit *Trachyc. binodosum* und *Trachyc. Thuilleri* verwechselt.

***) Im unteren Muschelkalk kommt *Daon. Gümbeli Mojs.* vor.

In der Riff-Facies kommen ausser den erwähnten unbeschriebenen Gasteropoden *Diplopora pauciforata Gümb.* und *Dipl. triasina Schaur.* vor.

Die norische Stufe. Es wurde bereits oben darauf hingewiesen, dass das deutsche Binnenmeer des Muschelkalkes allmählich so vollständig von jeder Communication mit dem äusseren Meere abgeschlossen wurde, dass die isolirte Fauna sich selbständig weiter entwickelte. Die Parallele des oberen alpinen Muschelkalkes mit dem oberen deutschen Muschelkalk ist daher nothwendig eine blos beiläufige. Die beiden Bildungen sind annähernd homotax. Wäre, wie dies zur rhätischen Zeit geschah, nach der Muschelkalkzeit eine Communication mit dem äusseren Meere wiederhergestellt worden, so liesse sich die chronologische Werthbestimmung des deutschen Hauptmuschelkalkes auf sicherer Grundlage ausführen. Es ist aber das Gegentheil eingetreten, und so sehen wir uns jedes wissenschaftlich haltbaren Mittels beraubt, in den Alpen den Beginn der Keuperepisode des germanischen Trias-See's zu bestimmen.

Indem wir sonach den zwei deutschen Muschelkalkfaunen zwei alpine Faunen gegenüberstellen, verkennen wir keineswegs die Schwächen dieser Parallelisirung. Wer vermag zu sagen, ob der Beginn des Keupers nicht etwa noch mitten in die Zeit der zweiten alpinen Muschelkalkfauna hineinfalle oder ob der deutsche Hauptmuschelkalk nicht auch die norische Stufe ganz oder theilweise repräsentire? Man lasse sich von oberflächlichen chorologischen Homologien nicht irreführen.

Der Beginn der norischen Zeit ist in den Alpen durch zwei wichtige Ereignisse bezeichnet.

In dem alpinen Muschelkalkmeer waren bereits ausgezeichnete Vertreter der Ammonitiden-Gattungen *Aegoceras* und *Amaltheus* vorhanden. In den reichen Cephalopodenfaunen der norischen und karnischen Stufe sucht man aber fast vergeblich nach sicheren Repräsentanten derselben. Es ist nur ein Exemplar eines *Amaltheus* aus norischen Schichten der Südalpen bekannt. Die beiden Gattungen verschwinden aus den europäischen Gewässern und ziehen sich in entlegene Meere, aus denen sie vielleicht auch stammen, zurück. Nach langer Intermittenz erscheinen sie vereinzelt zur Zeit der rhätischen Transgression, in grösserer Zahl aber erst mit dem Einbruche des Liasmeeres in Begleitung anderer fremder Formen als heteropische Trias-Fauna wieder in den europäischen Gegenden. Während man vor der Erforschung der Alpen die liasischen Ammoniten für die ältesten echten Ammoniten hielt, tritt nun sogar der Muschelkalk in nahe zoologische Beziehungen zum Lias. Eine weite Kluft ist überbrückt. Die jurassischen Ammonitenfaunen **können** bis an die Grenze zwischen der palaeozoischen und mesozoischen Epoche zurück verfolgt werden. Die scharfe chorologische **Grenze** zwischen Trias und Jura wird durch die zoologische **Continuität**, welche nun in klaren Umrissen hervortritt, aufgehoben. **Wer die Lagerstätte** der alpinen Muschelkalk-Aegoceraten und **Amaltheen** nicht kennt und mit den ostalpinen Verhältnissen nicht vertraut ist, der würde die Formation, in welcher dieselben vorkommen, **ohne** Zweifel in den unteren Lias versetzen.

So sind durch den Rückzug von *Aegoceras* und *Amaltheus* bereits zwei zoogeographische Meeresprovinzen der Trias angedeutet. Aber wir besitzen in den Alpen aus der norischen Zeit noch fossilreiche Ablagerungen einer dritten Provinz.

Die nordöstlichen Kalkalpen östlich von der Saale bilden zur norischen Zeit ein merkwürdig scharf abgegrenztes, geschlossenes Faunengebiet, welches wir die **juvavische Trias-Provinz** nennen. Die übrigen Theile der Ostalpen bezeichnen wir als **mediterrane Trias-Provinz.** Nichts zeigt die grosse Verschiedenheit der **Faunen** dieser beiden Provinzen deutlicher, als die totale Verschiedenheit der beiderseitigen Cephalopodenfaunen. Denn man sollte doch erwarten, dass Thiere, welche in dem Rufe der besten Schwimmer stehen, so nahe benachbarten Provinzen wenigstens theilweise gemeinsam wären. Jeder dieser Provinzen sind einige Ammonitiden-Gattungen eigenthümlich. So der juvavischen Provinz: *Phylloceras, Didymites, Halorites, Tropites, Rhabdoceras* und *Cochloceras;* der mediterranen Provinz: *Lytoceras, Sageceras* und *Ptychites.* Die gemeinsamen Gattungen sind in jeder Provinz durch verschiedene eigenthümliche Formengruppen vertreten, so dass man bis jetzt keine einzige gemeinsame Cephalopoden-Art kennt. Von den beiden nahe verwandten Pelecypoden-Gattungen *Daonella* und *Halobia* ist zur norischen Zeit *Daonella* auf die mediterrane, *Halobia* auf die juvavische Provinz beschränkt.

In phylogenetischer Beziehung schliessen sich die norischen Faunen der mediterranen Provinz enge an die Muschelkalkfaunen an. Die Faunen der juvavischen Provinz dagegen lassen sich nicht direct von den Muschelkalkfaunen ableiten. Die zoologische Verschiedenheit ist zu gross. In der mediterranen Provinz liegt bis in die karnische Zeit hinein eine fortlaufende isotopische Formationsreihe vor; in der juvavischen Provinz aber ist die Reihe durch die heterotopischen eingewanderten norischen Faunen unterbrochen.

Sehr bemerkenswerth ist die geographische Lage der juvavischen Provinz zwischen dem Südrande des böhmischen Festlandmassivs und dem Nordrande der krystallinischen Mittelzone der Alpen. Gegen die westlich angrenzende mediterrane Provinz ist eine prägnante, auffällige Scheidewand nicht vorhanden. Eine nähere Untersuchung der Grenzgegend lehrt aber die auffallende Thatsache kennen, dass gerade daselbst, was sonst nirgends in der ganzen Erstreckung der Nordkalkalpen wieder eintritt, die Dolomitfacies die ganze Breite der Kalkalpen-Zone einnimmt. Waren, wie ich in diesem Buche zu beweisen hoffe, die unter den Raibler Schichten liegenden Dolomitmassen Korallenriffe, so sperrte ein die ganze Canalbreite einnehmendes Korallenriff die Communication zwischen den beiden nachbarlichen Provinzen. Weiter im Osten sind norische Bildungen der juvavischen Provinz im äussersten Osten Siebenbürgens bekannt.*) In den Karpathen der Bukowina sind die norischen Bildungen mediterran entwickelt.**) Dasselbe ist wahrscheinlich in Siebenbürgen, vielleicht auch in der Dobrudscha der Fall. In den übrigen Karpathen kennt man den Charakter der norischen Bildungen noch nicht. Im Bakonyer Walde ist die mediterrane Entwickelung vorhanden. So mangelhaft diese geographischen Daten noch sind, ergibt sich aus ihnen doch die Vorstellung, dass der juvavische Meeresarm sich aus der Gegend von Wien längs der Ostseite des böhmisch-mährischen Massivs und weiter am Südrande des schlesisch-polnischen palaeozoischen Gebietes nach Rumänien erstreckte.

Als ich Anfangs 1874 zuerst die juvavische Provinz von der mediterranen unterschied, dachte ich, dass dieselbe auf das kleine engbegrenzte Gebiet unserer Alpen beschränkt sei. Es sprechen jedoch viele Gründe für die Anschauung, dass der schmale in seinem Verlaufe angedeutete Meerescanal mit einem grossen Ocean in offener, ungehemmter Verbindung gestanden habe. Zunächst ist die Fauna der juvavischen Provinz im Vergleiche mit der Muschelkalkfauna heterotopisch. Sodann ist der Charakter der juvavischen Faunen wegen des ausgesprochenen Vorherrschens der Cephalopoden, wegen der grossen Artenzahl und wegen der bedeutenden Dimensionen vieler Arten rein pelagisch. Ein isolirtes und räumlich beschränktes Meeresgebiet wird den pelagischen Charakter nach und nach abstreifen. In der juvavischen Provinz folgt aber Cephalopodenfauna auf Cephalopodenfauna. Die Zahl der Horizonte ist grösser als in der mediterranen Provinz, und in den höheren Horizonten treten immer wieder neue heterotopische Typen auf.

---

*) Mojsisovics, Norische Bildungen in Siebenbürgen. Verh. Geol. R.-A. 1875.
**) Paul, Geologie der Bukowina. Jahrb. Geol. R.-A. 1876.

4 *

Es unterliegt keinem Zweifel, dass auch die norischen Bildungen der mediterranen Provinz einen echt marinen Charakter an sich tragen. Aber es ist auffallend, dass heterotopische Typen nicht oder wenigstens nicht in auffallender Zahl erscheinen,, dass die Cephalopodenfaunen ärmer an Arten und Individuen sind und dass die Fortentwickelung und Umänderung der Fauna in einem langsameren Tempo sich vollzieht. Sollte die mediterrane Provinz der norischen Zeit ein Mittelmeer gewesen sein? — Da der juvavische Meerbusen wol nur mit einem östlichen Meer communiciren konnte, hatte die mediterrane Provinz vielleicht im Südwesten eine Verbindung mit dem Ocean. In den heutigen Meeren erweisen sich häufig starke Strömungen von abweichender Temperatur als ebenso grosse Hindernisse für die Ausdehnung der verschiedenen Faunengebiete, wie Land-Barrièren. Es hätte daher auch die Annahme, dass eine bedeutende der Richtung des juvavischen Busens parallel ziehende Meeresströmung die mediterrane Provinz isoliren half, ihre Berechtigung.

In die Besprechung der norischen Bildungen der juvavischen Provinz können wir hier nicht näher eingehen. Wir bemerken nur, dass neben den beiden typischen fossilreichen Ablagerungen der Zlambach- und Hallstätter Schichten noch eine Reihe fossilärmerer Faciesgebilde und eine Riff-Facies vorkommt.*) Es ist selbstverständlich unzulässig, die Schichtbezeichnungen der juvavischen Provinz auf mediterrane Bildungen zu übertragen und umgekehrt, da dies zu wissenschaftlich falschen, nun überwundenen Anschauungen Anlass geben könnte. Eine Detailparallelisirung der juvavischen und mediterranen norischen Ablagerungen ist wegen der gänzlichen Verschiedenheit der Faunen nicht möglich.

In der mediterranen Provinz unterscheiden wir zwei norische Phasen. Die ältere derselben, welche unmittelbar auf den oberen Muschelkalk folgt, ist die der

4. Buchensteiner Schichten. In ihrer typischen Entwickelung, wie sie im Gebiete unserer Karte vorkommen, bestehen dieselben aus zwei, mit einander durch Wechsellagerung verbundenen Faciesgebilden. Das eine ist ein grauer, dünnplattiger Knollenkalk mit Hornsteinausscheidungen, das andere ist ein dunkler, ebenflächiger, thonreicher, in dünnen Blättern spaltbarer Bänderkalk, welcher Hornstein meist lagenweise, seltener linsenförmig enthält. Der Knollenkalk umschliesst zahlreiche, meist aber bis zur Unkenntlichkeit zerdrückte und entstellte Ammoniten. Er repräsentirt daher eine Cephalopodenfacies. Der Bänderkalk führt in einzelnen Lagen heerdenweise

---

*) Mojsisovics, Das Gebirge um Hallstatt.

Daonellen. Seltener finden sich in ihm ·Ammoniten, Posidonomyen, Fischschuppen und Pflanzenreste. Der Knollenkalk ist meistens zwischen einer unteren und oberen Partie von Bänderkalken eingelagert. Stellenweise kommen aber blos Bänderkalke oder blos Knollenkalke vor. Eine charakteristische weit verbreitete Gesteinsart der Buchensteiner Schichten bildet die sogenannte „Pietra verde", ein grünes, mehr oder weniger mergelartiges kieselsäurereiches, splitterndes Gestein, welches meistens den Bänderkalken, stellenweise aber auch den Knollenkallen regelmässig zwischengelagert ist. In unserem Gebiete erreicht die Pietra verde im Flussgebiete des Cordevole, dann im Zoldianischen und im Cadorischen die grösste Mächtigkeit und nimmt gegen Norden und Nordwesten bedeutend an Mächtigkeit ab. Dieses charakteristische Gestein, welches von den älteren Geologen für ein intrusives Eruptivgestein gehalten wurde, besitzt eine merkwürdig grosse Verbreitung, da es sich aus der Lombardei durch die Südalpen bis in den Bakonyer Wald und wahrscheinlich auch bis nach Siebenbürgen verfolgen lässt. Doelter hält es für einen Sedimentärtuff eines Porphyrs. Ich habe an einigen Stellen erbsengrosse Gerölle eines rothen Porphyrs darin gefunden.

In den Nordalpen sind die Buchensteiner Schichten bisher noch nicht nachgewiesen.

Nach den Funden in den Südalpen und im Bakonyer Walde besteht die Fauna der Buchensteiner Schichten aus folgenden Arten: [*]

> *Orthoceras Böckhi Stzb.*
> *Arcestes trompianus Mojs.*
> " *Cimmensis Mojs.*
> " *Marchenanus Mojs.*
> " *batyolcus Böckh*
> ' *Ptychites angusto-umbilicatus Böckh*
> *Sageceras Zsigmondyi Böckh*
> *Lytoceras cf. Wengense Klpst.*
> *Trachyceras Curionii Mojs.*
> " *Reitzi Böckh*
> " *Recubariense Mojs.*
> " *Zalaense Böckh*
> " *Böckhi Roth.*

---

[*] Böckh, Geol. Verh. des Bakony. Mitth. a. d. Jahrb. der k. ung. Geol. Anstalt. 2. und 3. Band. — Stürzenbaum, Beitr. z. Fauna der Schichten mit Cerat. Reitzi (in ungar. Sprache) Földtani közlöny, 5. Band. — Mojsisovics, Die triad. Pelecypodengattungen Daonella und Halobia. Abhandl. d. k. k. Geol. R.-A. 7. Bd. — (Unt. d. Presse) Mojsisovics. Die Cephalopoden d. medit. Triasprovinz.

Trachyceras Liepoldti Mojs.
    „   *Felsö Örsense Stzb.*
    „   *Zezianum Mojs.*
Spiriferina Mentzeli Dunk.
Daonella Taramellii Mojs.
    „   *badiotica Mojs.*
    „   *' tyrolensis Mojs.*
    „   *hungarica Mojs.*
    „   *Böckhi Mojs.*
    „   *obsoleta Mojs.*
    „   *elongata Mojs.*
Posidonomya sp.

Aus der Riff-Facies sind bis jetzt dieselbe charakterisirende Fossilien noch nicht bekannt geworden.

5. Die Wengener Schichten. Ursprünglich wurden unter der Bezeichnung „Wengener Schichten" nur die schwarzen dünnblätterigen Daonellenschiefer von Wengen verstanden. Wir fassen aber den ganzen Complex sehr verschiedenartiger Gesteine, welcher zwischen den Buchensteiner Schichten und den St. Cassianer Schichten liegt, als eine, vorläufig wenigstens, nicht weiter theilbare Einheit auf, welche durch eine bestimmte Fauna charakterisirt wird.

Die typischen Daonellenschiefer sind nur ein untergeordneter, räumlich beschränkter Bestandtheil dieser in Südtirol sehr mächtigen Gruppe.

Die verbreitetste und mächtigste Gesteinsart ist ein dunkler mit thonigen und mergeligen Schiefern alternirender Sandstein (doleritischer Sandstein der älteren Geologen), dessen Gesteinsmaterial vorwiegend aus vulcanischem Detritus besteht. So ungünstig dieses Gestein der Erhaltung der Fossilien ist, so finden sich doch ausser verkohlten Pflanzenstengeln, wenn auch vereinzelt, bis in die höchsten Lagen hinauf die Daonellen und Ammoniten des schwarzen Schiefers von Wengen, welcher an der Basis des Complexes liegt. Im frischen Gestein herrscht blauschwarze Farbe vor. Die Zersetzungs- und Verwitterungsfarbe ist gelbbraun bis graubraun. Rothe Farbenschattirungen herrschen stellenweise in der Lombardei Mit der Entfernung von den Eruptionsstellen tritt das makroskopisch wahrnehmbare vulcanische Material allmählich zurück. Zunächst folgt eine Region, in welcher Quarzkörner dominiren. Hierauf geht das Gestein allmählich in dichte aphanitische Mergel, Kalkschiefer u. s. f. über.

Die submarinen Laven und Tuffe der Wengener Schichten liegen in Südtirol stets an der Basis dieser Schichtgruppe. Ihr

Verbreitungsbezirk ist viel beschränkter, als der der darüber liegenden Sandstein- und Schiefergruppe, in welcher sich das vulcanische Material bereits auf secundärer Lagerstätte befindet. In der unmittelbaren Umgebung der Eruptionsstellen breiten sich zunächst Augitporphyrdecken und Ströme mit eingeschalteten Tuffen und Conglomeraten aus. In der folgenden Region überwiegen Tuffe und Conglomerate über die zu Ende gehenden, vereinzelten Ströme. Mit zunehmender Entfernung von den Eruptionscentren tritt dann der sedimentäre Charakter der Tuffe immer deutlicher hervor, bis endlich eine Unterscheidung von Tuffen und regenerirten Gesteinen (Sandsteinen, Schiefern) nicht mehr möglich wird.

Ausser den Cephalopoden und Daonellen kommen in den typischen Wengener Schichten nicht selten Pachycardien *(P. rugosa Hau.)*, ganze Bänke erfüllend, vor. Das Pachycardiengestein ist entweder ein Conglomerat aus Augitporphyrgeschieben oder ein zäher durch tuffige Einstreuungen verunreinigter Kalk.

Eine sehr charakteristische Facies findet sich in der Umgebung der grossen Kalk- und Dolomitriffe. Graue und graubraune zähe Kalke, ooïthische Kalke und Kalkschiefer greifen von den Riffen her in die Sandsteine und Schiefer ein und verlieren sich allmählich in denselben. Biologisch stimmt diese Facies nahezu mit der Facies der typischen St. Cassianer Schichten überein. Korallen und Echinodermen herrschen in der Nachbarschaft der Riffe vor, in einiger Entfernung finden sich sodann Echinodermen, Gasteropoden und Pelecypoden. Es ist beinahe selbstverständlich, dass die hier vorkommenden Formen eine grosse Uebereinstimmung mit den Cassianer Typen zeigen. Indessen wäre doch eine genaue vergleichende Untersuchung sehr wünschenswerth. Manche der als Cassianer Typen beschriebenen Formen stammen wol ohne Zweifel aus dieser bisher mit St. Cassian identificirten Wengener Facies.

Der Riff-Facies der Wengener Schichten gehört die Hauptmasse der südtirolischen Dolomitstöcke (Schlerndolomit) an. Biologisch ist diese Facies charakterisirt durch Korallen, Diploporen, grosse Naticen und Chemnitzien. Im Innern der Riffe findet man selten Korallen. An der Aussenseite der Riffe sind sie zwar häufig, aber stets nur mehr im Hohldruck vorhanden. Das aus Aragonit bestehende Kalkgerüste ist obliterirt. Ebenso sind die aus Aragonit aufgebauten Gasteropodengehäuse meistens verschwunden, doch findet man ihre Hohldrücke auch noch im Innern der Riffe. Die aus Calcit bestehenden Diploporen erfreuen sich meistens einer vortrefflichen Erhaltung. Als Repräsentant der Riff-Fauna der Wengener Schichten kann die an wolerhaltenen Fossilien reiche Fauna des Kalks von

Esino am Comersee genannt werden, welche durch die Arbeiten von
M. Hoernes, Stoppani und Benecke bekannt wurde. Cephalopoder
und Daonellen finden sich, wie zu erwarten ist, selten in der Rif-
Facies. Doch kennt man bereits von einigen Punkten, unter den:n
sich auch Esino befindet, charakteristische Wengener Ammonit:n,
sowie die für das Wengener Niveau so bezeichnende *Daonlla
Lommeli.*

Eigenthümliche, durchaus aus neuen Arten bestehende Cephalopodenfaunen wurden in der unteren, mit den Augitporphyr-Laven
gleichzeitigen Abtheilung der Riffkalke der Fassaner Alpen (Latemar-
Gebirge und Marmolata) entdeckt. Durch einige *Ptychites* und
Trachyceras-Formen schliessen sich diese Faunen phylogenetisch
der Fauna der Buchensteiner Schichten zunächst an. Leider ist keine
der aus den Wengener Schichten bekannten Formengruppen vertreten, so dass es vorläufig unentschieden bleibt, ob hier eh neuer,
zwischen Buchensteiner und Wengener Schichten einzuschaltender
Horizont angedeutet ist oder ob, wie wir einstweilen noch annehmen
wollen, die Wengener Fauna um eine Anzahl von Arten bereichert
wird. Mit diesen Cephalopoden kommen ziemlich viele Gasteropoden
und einige wenige Pelecypoden und Brachiopoden vor. Die Fossilien
des Latemar-Gebirges sind von einer dicken Kalksinterkruste
umhüllt.

Im Bakonyer Walde und in der Bukowina werden die Wengener
Schichten durch rothe Ammonitenkalke mit *Daonella Lommeli* vertreten. Wahrscheinlich gehören auch die schwarzen Kalke von
Varenna mit *Daonella Moussoni* und die Fisch- und Saurierschichten
von Perledo *) dem Wengener Niveau an.

Zu den bezeichnensten Fossilien der Wengener Schichten gehören von bereits benannten Formen:

> *Arcestes tridentinus Mojs.*
>   „   *subtridentinus Mojs.*
>   „   *Böckhi Mojs.*
>   „   *pannonicus Mojs.*
> *Pinacoceras daonicum Mojs.*
> *Sageceras Walteri Mojs.*
> *Lytoceras Wengense Klipst. sp.*
> *Trachyceras ladinum Mojs.*
>   „   *longobardicum Mojs.*

---

*) Ein Verzeichniss der Fauna von Perledo gibt Stoppani im Corso di
Geologia, Vol. II. pag. 384. In den gleichen Schichten kommt nach Sordelli auch
Voltzia Foetterlei Stur vor.

Trachyceras Archelaus Lbe.
„ *pseudo Archelaus Böckh.*
„ *laricum Mojs.*
„ *Gredleri Mojs.*
„ *doleriticum Mojs.*
„ *Neumayri Mojs.*
„ *judicaricum Mojs.*
„ *Regoledanum Mojs.*
„ *Corvariense Lbe. sp.*
„ *Arpadis Mojs.*
„ *Szaboi Böckh.*
„ *Epolense Mojs.*
Pachcyardia rugosa Hau.
Daonella Lommeli Wissm. sp.*)
Posidonomya Wengensis Wissm.

Die Korallen, Echinodermen, Gasteropoden u. s. f., welche an der Aussenseite der Riffe vorkommen, sind, wie bereits erwähnt wurde, noch nicht näher untersucht. Ein grösserer oder kleinerer Theil wird wol mit Cassianer-Arten übereinstimmen. Erwähnenswerth ist das verspätete Auftreten der Gattung *Productus.*

Bezüglich der durch gigantische Formen von *Chemnitzia* und *Natica* ausgezeichneten ·Riff-Fauna verweise ich auf die Monographie A. Stoppani's über die Fauna der Schichten von Esino. Von Foraminiferen wird hauptsächlich *Diplopora annulata Schafh.* citirt.

Die Flora der Wengener Schichten (Fundorte: Corvara im Enneberg [Südtirol] und Idria in Krain) besteht nach den Bestimmungen Stur's aus:

Equisetites arenaceus Bgt.
Calamites arenaceus
„ *Meriani Bgt.*
Neuropteris cf. Rütimeyeri Heer
„ *cf. Gaillardoti Bgt.*
„ *cf. elegans*
Sagenopteris Lipoldi Stur

---

*) Die Angabe Sandberger's über das Vorkommen der *D. Lommeli* im Hauptmuschelkalk von Würzburg (Neues Jahrb. etc. 1875, pag. 518, und Tagblatt der Versammlung deutscher Naturforscher und Aerzte zu München 1877, pag. 153) ist dahin zu berichtigen, dass die Würzburger *Daonella* zwar der Gruppe der *D. Lommeli* angehört, aber sicher davon verschieden und mit der spitzbergischen *D. Lindströmi Mojs.* und der californischen *D. dubia Gabb* am nächsten verwandt ist. Vgl. Verh. Geol. R.-A. 1878, p. 97.

Pecopteris triascia Heer,
„   *gracilis Heer,*
Chiropteris Lipoldi Stur,
„   *pinnata Stur,*
Thinnfeldia Richthofeni Stur,
Pterophyllum giganteum Schenk.
„   *Jaegeri Br.,*
Asplenites cf. Roeserti Münst.,
Danaeopsis Marantacea Pressl.
Taeniopteris sp.,
Voltzia sp.
Lycopodites sp.

Die karnische Stufe. Die heterotopische Spaltung des karpa-
thisch-ostalpinen Territoriums in zwei scharf getrennte Provinzen wird
zur karnischen Zeit allmählich aufgehoben. Mediterrane Typen
(Formenreihe des *Aulacoceras reticulatum,* Gruppe der *Arcestes
coloni, Lycoteras)* erscheinen am Beginn der karnischen Zeit in der
juvavischen Provinz und ebenso dringen einige juvavische Typen
(Arcestes tornati, Tropites, Halobia) in beschränkter Individuenzahl
in die mediterrane Provinz ein. Zugleich wandern einige neue
heterotopische Typen *(Bactrites, Lobites,* Gruppe der *Arcestes cymbi-
formes)* in das mediterrane Gebiet ein. Aber auch die juvavische
Provinz empfängt noch fremdländische Colonisten *(Lobites,* von den
mediterranen abweichende Typen). Dabei bewahren die unteren
karnischen Ablagerungen der beiden Provinzen (Cassianer Schichten
der mediterranen Provinz, Zone des *Tropites subbullatus* der juvavischen Provinz) noch ihren ausgeprägten provinziellen Charakter.
Eine directe Verbindung auf alpinem oder karpathischem Gebiete
scheint daher noch nicht eingetreten zu sein. Wahrscheinlich fand
in weiterer Entfernung eine Vereinigung zwischen den beiden
Meeresgebieten durch allmählichen Wegfall der trennenden Schranken
statt. Erst die zweite karnische Fauna zeigt eine völlige Mengung
der mediterranen und juvavischen Typen. Es ist aber eigenthümlich,
dass trotzdem in der mediterranen Provinz jetzt hauptsächlich nur
Litoralbildungen auftreten, die mediterranen Typen rasch ein be-
deutendes Uebergewicht über die juvavischen Formen gewinnen.
Fast scheint es, als ob in den entfernteren Oceanen bedeutende
chorologische Veränderungen vor sich gegangen wären, so dass
auf dem alten Wege anstatt juvavischer nur mehr mediterrane Typen
in die juvavische Provinz gelangen konnten.

Wir unterscheiden in der mediterranen Provinz drei altersverschiedene karnische Horizonte: 1. Die Cassianer Schichten; 2. die

Raibler Schichten (Zone des *Trachyceras Aonoides*); 3. Die Schichten der *Avicula exilis* und des *Turbo solitarius* (Hauptdolomit, Dachsteinkalk z. Th.).

6. **Die Cassianer Schichten.** Die typischen Cassianer Schichten sind bisher nur aus dem Abteythal (Enneberg), Ampezzo und Buchenstein bekannt. Sie bestehen aus grauen und graubraunen Kalkmergeln, Kalken und oolithischen Gesteinen. Der Fossilreichthum der Cassianer Schichten ist, wie bekannt, staunenswerth gross. Doch beschränkt sich die grosse Mannigfaltigkeit des thierischen Lebens, welche wir in den Museen und in den palaeontologischen Monographien bewundern, auf eine eng begrenzte Stelle, die Stuores Schneide zwischen St. Cassian und Buchenstein. In der Regel überwiegen durch die Massenhaftigkeit ihres Vorkommens die Echinodermen. Alles andere tritt entschieden zurück, so dass ‚Echinodermen-Facies' die passendste biologische Bezeichnung für die typisch entwickelten Cassianer Schichten ist. Einer grösseren horizontalen Verbreitung erfreut sich auch eine Daonellenbank *(D. Cassiana* und *D. Richthofeni)*. Korallen finden sich in grösseren Massen nur in der nächsten Nähe der Dolomitstöcke. Wir werden sehen, dass sowol die Echinodermen- wie auch die Korallenbänke theils direct, theils durch Vermittlung klotziger, zäher Kalke in den Dolomit (Riffkalk) übergehen. An der oben erwähnten reichen Fundstelle kommen neben den Echinodermen in grösseren Mengen zahlreiche Arten von Gasteropoden und weniger häufig Cephalopoden, Pelecypoden und Brachiopoden vor.

Die Cassianer Fauna ist in eigenthümlicher Weise durch die auffallend geringe Grösse der Individuen ausgezeichnet und sind schon von verschiedenen Seiten Hypothesen aufgestellt worden, um diese Erscheinung zu erklären.

Eine nähere Betrachtung der Fauna lehrt jedoch, dass man nicht berechtigt ist, die Fauna in toto als Pygmäenfauna zu bezeichnen. Zunächst widerspricht schon die herrschende Thierclasse dieser Charakteristik.

Die Echinodermen der Cassianer Schichten erfreuen sich mit wenigen Ausnahmen ganz anständiger normaler Dimensionen. Die Cephalopoden sind zwar meistens nur in kleinen Exemplaren vertreten, aber mit wenigen Ausnahmen sind es stets innere, gekammerte Windungen, welche vorliegen. Ein Schluss auf die ursprüngliche Grösse der lebenden Thiere ist daher nicht gestattet und es ist bezeichnend, dass auch die in den letzten Jahren häufiger gefundenen grossen Exemplare von *Nautilus*, *Arcestes* und *Trachyceras* blos aus den gekammerten Theilen bestanden. Häufig sind diese gekammerten Kerne von einer dicken Sinterkruste umhüllt, ein Beweis, dass die Schalen vor ihrer Einbettung im Gestein bereits die äusseren Windungen verloren hatten. Vergleicht man aber diejenigen Cassianer Cephalopoden, welche entweder wirklich klein sind oder von denen nur kleine Kerne vorkommen, mit den phylogenetisch zunächst stehenden Formen der obersten Hallstätter Kalke (Zone des *Trachyceras Aonoides)*, so ergibt sich, dass die Cassianer Formen in ihren Dimensionen keineswegs zurückstehen. Man ist daher nicht berechtigt, von Cephalopodenbrut oder von gehemmter Entwicklung zu sprechen. Ein Theil der Cassianer Cephalopoden gehört Formenreihen an, welche überhaupt nur geringe Grössen *(Lobites, Trachyceras Busiris, Choristoceras Eryx, glaucum)* erreichen, ein anderer Theil aber zählt zu grösseren Typen *(Nautilus, Arcestes, Pinacoceras, Trachyceras Aon, aequinodosum),* ist aber stets nur durch innere Kerne verschiedener Dimensionen vertreten.

Die grosse Schaar der Gasteropoden ist fast durchgängig durch kleine Arten repräsentirt, doch kommen auch grosse Formen *(Natica maculosa, brunca, Chemnitzia sp.)* vereinzelt vor. Die Brachiopoden sind meist klein; die nicht seltene *Rhynchonella semiplecta* zeichnet sich aber durch bedeutende Dimensionen aus. Unter den Pelecypoden herrschen kleine Arten vor, die Daonellen, die Cassianellen und *Cardita crenata* machen jedoch eine Ausnahme. *Cardita crenata* besitzt sogar im Vergleich mit den verwandten jüngeren Formen *(Cardita Gümbeli Pichl.* der nordtiroler Raibler Schichten [Cardita-Schichten] und *Cardita austriaca* der Kössener Schichten) eine auffallende Grösse.

Theod. Fuchs hat bereits in einer interessanten Mittheilung darauf hingewiesen, *) dass die geringe Grösse der Cassianer Fossilien nicht auf einer durch ungünstige äussere Verhältnisse bewirkten Verkümmerung der Fauna beruhen könne, da in diesem Falle eine einförmige artenarme Fauna vorhanden sein müsste. Diese Anschauung wird durch unsere Betrachtung völlig bestätigt. Wir erfahren aber auch, dass die kleinen Cassianer Thiere nicht die Brut grösserer Arten, sondern normale ausgewachsene Formen sind. Die Annahme plötzlicher, gewaltsamer Todesursachen, wie Kohlensäure-Exhalationen, ist daher nicht gerechtfertigt. Es genügt, günstige äussere Verhältnisse nachzuweisen. Wir werden sehen, dass die Gegend von St. Cassian während der Bildungszeit der Cassianer Schichten eine von Korallenriffen umschlossene Bucht gewesen ist.

---

*) Verh. Geol. R.-A. 1871, pag. 204.

Die Fauna von St. Cassian selbst trägt vollständig, wie bereits v. Richthofen und Laube betont haben, den Charakter einer Korallenriff-Fauna, die Fundstelle der Fossilien selbst liegt am Ausgehenden eines Riffes. Hier konnten die Bedingungen der Ansiedlung kleiner Formen sehr vortheilhaft gewesen sein.

Man hat die Cassianer Schichten wegen der räumlichen Beschränkung der typischen Facies öfters als eine ganz locale Bildung bezeichnet. Um eine derartige Auffassung wissenschaftlich zu begründen, müsste der Nachweis geführt werden, dass die Cassianer Schichten nur eine Facies eines anderen bekannten Trias-Horizontes sind. Die Cephalopoden beweisen aber gerade die Selbständigkeit des Cassianer Horizontes. Uebrigens verbietet auch die Reichhaltigkeit der Fauna, von einer localen Bildung zu sprechen. Es wäre denn doch mehr als sonderbar, wenn die reichste aller bekannten Triasfaunen eine Localfauna sein sollte! So reiche Faunen deuten wol auf Meerestheile hin, welche mit weiten Meeresbecken in offener Verbindung stehen. Unter solchen Voraussetzungen dürfen wir nur von dem isolirten (oder localen) Auftreten der typischen Cassianer Fauna in den Alpen sprechen. Die Ursache der Isolirung liegt lediglich in den chorologischen Verhältnissen, welche theils dem Vorkommen, theils der Erhaltung der Fauna mit Ausnahme der kleinen Bucht von St. Cassian ungünstig waren. — In theoretischer Beziehung wirft das isolirte Auftreten der Cassianer Fauna ein höchst lehrreiches Streiflicht auf die zahlreichen phylogenetischen Lücken der geologischen Ueberlieferung.

Die Aequivalente der Cassianer Schichten in den Alpen bilden meistens die fossilarmen Kalke und Dolomite der Riff-Facies, welche in diesem Niveau ihre grösste horizontale Verbreitung erlangt. Seltener treten andere Kalke (Fürederkalk des Bakonyer Waldes) oder mergelige Gesteinsarten auf.

Eine mit den Cassianer Schichten zeitlich naheverwandte, wahrscheinlich übereinstimmende Bildung ist der schwarze fischführende Schiefer von Raibl, welchen ich bisher mit dem sogenannten Aonschiefer von Niederösterreich identificirt hatte: *) Einige besser erhaltene, in letzterer Zeit mir zu Gesicht gekommene Cephalopoden belehren mich aber, dass die Arten der beiden Schiefer verschieden

---

*) Die Uebereinstimmung der Facies in petrographischer und biologischer Beziehung ist beim Raibler Fischschiefer und dem Aonschiefer eine vollkommene. In beiden kommen neben Fisch- und Pflanzenresten, welche für identisch gelten, platt gedrückte, leider meist schlecht erhaltene und daher schwer mit grösserer Schärfe zu bestimmende Ammoniten aus der Gruppe des *Trachyceras Aon* vor.

sind. Während im Aonschiefer unzweideutige Formen der Zone des *Trachyceras Aonoides* auftreten, stimmen die vollständigeren und deutlicheren Exemplare unter den Vorkommnissen des Raibler Schiefers, wie schon Laube vermuthet hatte, mit Cassianer Arten am besten überein.

Der Raibler-Schiefer ist in seiner Verbreitung eben so sehr beschränkt, wie die Cassianer Schichten. Er ist die Bildung einer ruhigen Inselbucht und ist reich an Resten von Fischen, Krebsen und Landpflanzen.

Die Zahl der aus den echten Schichten von St. Cassian bekannten Arten beträgt mindestens 500. Die neueste und umfassendste Bearbeitung der Fauna hat Laube geliefert, mit derselben den ganzen Reichthum aber noch lange nicht erschöpft. Fast jedes Jahr liefert neue Formen. Aber auch die älteren Werke von Graf Münster und v. Klipstein enthalten manche in der Laube'schen Monographie nicht erwähnte oder übergangene Arten, welche in den von Laube bearbeiteten Wiener Sammlungen nicht vertreten waren.

Für stratigraphische Zwecke sind die Cephalopoden am wichtigsten, da ihre verticale Verbreitung am genauesten bekannt ist. Von den übrigen Fossilien scheint eine Anzahl sowol in tieferen, wie in höheren Schichten vorzukommen, doch fehlt es heute noch an strengen kritischen Beobachtungen in dieser Richtung.

Von den Cephalopoden erwähne ich hier die wichtigsten Formen:

> *Aulacoceras sp. ind.*
> *Bactrites undulatus Mstr.*
> *Nautilus Acis Mstr.*
> „   *linearis Mstr.*
> „   *granuloso-striatus Klpst.*
> „   *cf. Schlönbachi Mojs.*
> „   *Klipsteini Mojs.*
> *Orthoceras elegans Mstr.*
> „   *politum Klpst.*
> „   *ellipticum Klpst.*
> *Arcestes Johannis Austriae Klpst.*
> „   *Klipsteini Mojs.*
> „   *Gaytani Klpst.*
> „   *bicarinatus Mstr.*
> „   *Barrandei Lbe.*
> *Lobites pisum Mstr.*
> „   *monilis Lbe.*

Lobites ellipticoides Lbe.
Megaphyllites Jarbas Mstr.
Pinacoceras Philopater Lbe.
Trachyceras Aon Mstr.

„ *Brotheus Mstr.*
„ *bipunctatum Mstr.*
„ *furcatum Mstr.*
„ *dichotomum Mstr.*
„ *infundibiliforme Klpst.*
„ *Saulus Lbe.*
„ *brevicostatum Klpst.*
„ *Rüppeli Klpst.*
„ *Sesostris Lbe.*
„ *Busiris Mstr.*
„ *Hirschi Lbe.*

Choristoceras Buchi Klpst.
„ *Eryx Mstr.*
„ *glaucum Mstr.*

Von Pelecypoden sind hervorzuheben:
Daonella Cassiana Mojs.
„ *Richthofeni Mojs.*
„ *fluxa Mojs.* —
Cassianella gryphaeata Mstr.
Gervillia angusta Mstr.
Cardita crenata Goldf.;

von Brachiopoden:
Konninckina Leonhardi Wissm.
Rhynchonella semiplecta Mstr.
Terebratula indistincta Beyr.;

von Echinodermen:
Encrinus Cassianus Lbe.
„ *granulosus Mstr.*
Pentacrinus propinquus Mstr.
Cidaris dorsata Braun
„ *alata Ag.*
„ *Römeri Wissm.*
„ *Braunii Des.*
„ *flexuosa Mstr.*
„ *Wissmanni Des.* *)

---

*) Palaeont. Literatur der Cassianer Schichten; Graf Münster, Beitr. z. Petrefactenkunde, 4. Heft. A. v. Klipstein, Beitr. z. geol. Kenntniss der östl.

Aus der Riff-Facies der Cassianer Schichten kennen wir bis heute noch keine dieses Niveau charakterisirende Formen. Doch dürfen wir wol die bereits erwähnten einzelnen grossen Gasteropoden, welche sich in den Cassianer Schichten der Stuores-Schneide gefunden haben (*Natica maculosa, N. brunea,* mehrere Bruchstücke riesiger Chemnitzien), der Riff-Facies zurechnen. Viele Formen werden noch mit Esino gemeinsam sein, da sich Esino-Arten noch in der Riff-Facies der Raibler Schichten (Petzen in Kärnten) finden.

In dem, wie erwähnt, wahrscheinlich dem Niveau von St. Cassian angehörigen Fischschiefer von Raibl finden sich ausser einigen Cassianer Cephalopoden, Gasteropoden und Korallen von Fischen:

> *Graphiurus calloptcrus Kn.*
> *Orthurus Sturi Kn.*
> *Ptycholepis raiblensis Br.*
>   „   *avus Kn.*
> *Thoracopterus Niderristi Br.*
> *Megalopterus raiblanus Kn.*
> *Pterigopterus apus Kn.*
> *Pholidopleurus Typus Kn.*
> *Peltopleurus splendens Kn.*
> *Pholidophorus microlepidotus Kn.*
>   „   *Bronni Kn.*
> *Lepidotus ornatus Ag.*
> *Belonorhynchus striolatus Br.;*

von Krebsen:

> *Tetrachela Raiblana Br.*
> *Stenochelus triasicus Rss.*
> *Aeger crassipes Br.*
> *Bombur Aonis Br.;*

von Insekten eine *Blattina;*

von Cephalopoden:

> *Acanthotheutis bisinuata Br.;*

von Pflanzen:

> *Equasetites arenaceus Sch.*
>   „   *strigatus Br. sp.*

Alpen. G. L. Laube, Die Fauna der Schichten von St. Cassian. Denkschriften d. kais. Akad. d. Wiss. in Wien, 24—30. Bd.; A. E. Reuss, Foraminiferen u. Ostracoden v. St. Cassian. Sitz.-Ber. k. Akad. Wien, 57. Bd.; C. W. Gümbel, Foraminiferen etc. in den St. Cassianer u. Raibler Sch. Jahrb. Geol. R.-A. 1869.; E. v. Mojsisovics, Das Gebirge um Hallstatt; .E. v. Mojsisovics. Daonella und Halobia, Abhdl. Geol. R.-A., Bd. VII.; E. v. Mojsisovics. Cephalopoden d. medit. Triasprovinz. u. d. Presse).

Neuropteris cf. Rütimeyeri Heer,
Danaeopsis^c cf. marantacea Prsl.
Cycadites Suessi St.
Dioonites pachyrrhachis Schenk
Pterophyllum Bronni Schenk
    „   *giganteum Schenk*
    „   *cf. Jaegeri Br.*
    „   *Sandbergeri Schenk*
Voltzia raiblensis St.
    „   *Haueri St.*
    „   *Foetterlei St.*)

7. Die Raibler Schichten. Mit den Cassianerbildungen erreicht die heteropische Spaltung der alpinen Trias ihren Höhepunkt. Ablagerungen litoralen Charakters mit einer leicht kenntlichen, artenarmen aber individuenreichen Fauna, häufig unterbrochen von Sandsteinen mit Landpflanzen, erreichen nun eine ausgedehnte Verbreitung, welche nahezu das ganze alpine Triasgebiet umfasst. Sie sind deshalb für die Orientirung von ebenso unschätzbarem Werthe, wie die an der Basis der Trias liegenden Werfener Schichten und wie die auf ein viel engeres Areal beschränkten Kössener Schichten. welche den Schluss der Trias bezeichnen. Namentlich in den Districten, wo die Riff-Facies entwickelt ist, bilden die mergeligen Raibler Schichten einen höchst wolthuenden Ruhepunkt inmitten der gewaltigen Kalk- und Dolomitmassen, welche durch ihre Eintönigkeit und Fossilarmuth ein Bild von abschreckender Grossartigkeit darbieten.

Die Raibler Schichten sind meistens sehr fossilreich und enthalten vorwiegend Zweischaler, welche ganze Bänke erfüllen. Charakteristisch ist dabei, dass jeweils eine oder nur wenige Arten in grosser Individuenzahl in derselben Bank vorkommen. Man kann in Folge dessen häufig in begrenzten Districten eine bestimmte Reihenfolge der Arten wahrnehmen. Stellenweise tritt aber diese bankweise Vertheilung zurück und finden sich mehr Arten, aber weniger Individuen in den einzelnen Lagen. Nicht selten ist der Complex der mergeligen Schichten durch eine zwischengelagerte grössere oder geringere Masse lichten pelagischen Kalkes (Riff-Facies) getheilt.

---

*) Palaeont. Literatur des Raibler Fischschiefers: Bronn, Beitr. z. Fauna u. Flora d. Schiefers v. Raibl. Leonh. u. Br. Jahrb. 1858 (Nachträge l. c. 1859); Kner, Fische etc. Sitz.-Ber. k. Akad. Wien, 53. Bd. (Nachträge l. c. 55. Bd.); Reuss, Krebse etc. Hauer's Beitr. z. Palaeont. Oesterr. l.; Suess, *Acanthotheutis*, Sitz.-Ber. k. Akad. Wien, 51. Bd.; Schenk, Flora, Würzburger naturw. Zeitsch. VI.; Stur, Raibl, Jahrb. Geol. R.-A. 1868.

Auch reicht an einigen Punkten die Riff-Facies von unten in die Raibler Zone hinauf. Stellenweise fehlen aber mergelige und sandige Bildungen gänzlich. In solchen Fällen, wo die Kalkbildung eine continuirliche ist, wird die scharfe Abgrenzung schwierig, oft unmöglich. Sehr häufig sind die Raibler Schichten von Gypsen und Rauchwacken begleitet.

Die allerdings seltenen Cephalopoden der Raibler Schichten — man kennt aus den muschelführenden litoralen Bänken aber doch bereits 16 Arten — stimmen in überwiegender Anzahl (13 von 16) mit Arten aus der Zone des *Trachyceras Aonoides* der Hallstätter Kalke überein. Es liegt daher keine palaeontologische Grenze zwischen der obersten Hallstätter Zone und den Raibler Schichten. Der chorologische Unterschied ist aber allerdings bedeutend. In dem einen Falle eine reiche pelagische Fauna, in dem anderen Falle eine artenarme Litoralfauna.

In den Raibler Schichten, insbesondere in den lichten zwischengelagerten pelagischeren Kalken, beginnt die Pelecypoden-Gattung *Megalodus* durch geselliges Auftreten eine Rolle zu spielen. Im alpinen Triasgebiete erscheint *Megalodus* in sicheren Exemplaren zum ersten Male in den Cassianer Schichten.

Eigenthümlich ist die geographische Verbreitung einiger für die Raibler Schichten sehr bezeichnender Fossile, in Folge welcher das Alpengebiet in zwei bestimmt abgegrenzte Räume, in eine nördliche und südliche Region zerfällt. Die nördliche Region ist nicht auf unsere heutigen Nordkalkalpen beschränkt; sie umfasst von den heutigen Südkalkalpen noch den schmalen im Norden des palaeozoischen Zuges der Karavanken und der karnischen Alpen gelegenen triadischen Strich der Karavanken und des Villach-Lienzer Gebirges. Eine Reihe von Arten ist beiden Regionen gemeinschaftlich, einige andere dagegen und zwar gerade solche, welche innerhalb ihres Verbreitungsgebietes eine dominirende Rolle spielen, sind strenge localisirt. So ist die berühmte *Trigonia Kefersteini* strenge auf die südliche Region beschränkt, daselbst aber das verbreitetste und bezeichnendste Fossil. Ebenso sind gewisse Myoconchen, *Pachycardia Haueri* und andere Conchylien der Region der *Trigonia Kefersteini* eigenthümlich. Umgekehrt fehlt die in der nördlichen Region sehr gemeine *Cardita Gümbeli* der südlichen Region. (Man nennt wegen des Vorherrschens dieser *Cardita* die nördlichen Raibler Schichten häufig auch ‚Cardita-Schichten‘.) Zwei andere weit verbreitete, wichtige Fossile der nördlichen Region sind ferner *Carnites floridus* und *Halobia rugosa,* welche beide auch in der Zone des *Trachyceras Aonoides* der Hallstätter Kalke vorkommen. Eine entlang dem Nordrande der nördlichen Kalkalpen fortziehende Einlagerung von grauen Sandsteinen mit Pflanzenresten (Lunzer Sandstein), welche in Niederösterreich durch den Einschluss guter Steinkohlen auch technische Bedeutung gewinnt, enthält eine Anzahl von Pflanzenarten der deutschen Lettenkohle, was zur Parallelisirung des Lunzer Sandsteines mit der Lettenkohle Anlass gab. Man kann dieser Parallele immerhin eine gewisse Berechtigung zugestehen, da eine zusammenhängende Landbrücke von den Ufern des deutschen Trias-See's bis zur Küste des nordalpinen Triasmeeres reichte. Indessen wäre es doch sehr gewagt, eine schärfere Parallele mit einer bestimmten pflanzenführenden Bank der deutschen Trias zu ziehen. Wir dürfen, ganz abgesehen von der Möglichkeit des Bestandes und der Verschiebung von Localfloren, nicht vergessen, dass auch in der deutschen Trias nur eine lückenhafte Ueberlieferung von der allmählichen Umbildung und Fortentwicklung der mitteleuropäischen Flora vorliegt.

Lunzer Sandstein und Lettenkohle stehen sich phytopalaeontologisch ziemlich nahe und gehören demselben Florengebiete an. Mehr lässt sich mit Sicherheit nicht sagen. Eine Flora des Schilfsandsteines kennen wir in den Alpen nicht; müssen sich aber die Schilfsandsteinpflanzen südlich bis an die Küsten des alpinen Meeres erstreckt haben? Könnte der Lunzer Sandstein nicht zeitlich dem Schilfsandstein näher stehen als der Lettenkohle? — Die aus Muschelkalk-Epigonen zusammengesetzten Keuper-Faunen geben in diesen Fragen keinerlei sicheren Aufschluss. *)

Die Gesteine der Raibler Schichten sind, wie bereits erwähnt, in der Regel mergeliger Natur. In der nördlichen Region der *Cardita Gümbeli* sind oolithische Mergelkalke sehr verbreitet *(Cardita-Oolithe).* Im südöstlichen Tirol herrschen rothe oolithische eisenschüssige Kalke, rothe und violette Thone, weisse und rothe Sandsteine vor *(Schlern-plateau-Schichten).*

Was die Fauna der Raibler Schichten anbelangt, so liegt leider noch keine kritische Bearbeitung des reichen Materials vor. Eine Anzahl von Cassianer Formen wird von verschiedenen Punkten citirt, doch erfreuen sich diese Typen, unter denen sich auch Korallen, Echinodermen und Gasteropoden befinden, keiner grossen Verbreitung,

---

*) Ueber die Parallelisirung der deutschen mit der alpinen Trias vergleiche meine Bemerkungen im Aufsatze über die Faunengebiete und Faciesgebilde der Trias, Jahrb. Geol. R.-A. 1874, p. 128—134.

da die herrschende Facies den Charakter einer litoralen Pelecypoden-
Fauna trägt. Die wichtigsten Zweischaler sind:

Trigonia Kefersteini Goldf.
Corbis Mellingi Hau.
Cardita Gümbeli Pichl.
Corbula Rosthorni Boué
Nucula sulcellata Wissm.
Hörnesia Johannis Austriae Klipst.
Perna aviculaeformis Emmr. (= P. Bouéi Hau.)
Pecten Hellii Emmr. (= P. filosus Hau.)
Solen caudatus Hau.
Pachycardia Haueri Mojs.
Megalodus carinthiacus Boué
Cardinia problematica Klipst.
Trigonia elongata Hau.
Ostrea Montis Caprilis Klipst.
Halobia rugosa Gümb.   '
Myoconcha lombardica Hau.
„   *Curionii Hau.* *)

Unter den Cephalopoden erfreuen sich grösserer Verbreitung:

Nautilus Wulfeni Mojs.
Carnites floridus Wulf. und
*   Arcestes cymbiformis Wulf.*

Der Riff-Facies gehören an:

Chemnitzia eximia Hörn.
„   *gradata Hörn.*
„   *formosa Klipst.*
„   *Rosthorni Hörn.*
„   *alpina Eichw.*
Natica plumbea Hörn.
Nerinea prisca Hörn.
Turbo Suessi Hörn.
„   *subcoronatus Hörn.,*

sowie Megalodonten. Reiche Fundorte dieser Facies sind: Unterpetzen
in Kärnten **), wo mit den Gasteropoden noch eine grössere Zahl

---

*) Vgl. Fr. v. Hauer, Ein Beitr. z. K. der Fauna der Raibler Schichten.
Sitz.-Ber. k. k. Akad. d. W. Wien, Bd. XXIV. — Verzeichnisse der Raibler Fauna
liefern auch Gümbel, Bayer. Alpengebirge, pag. 272, und Stur, Geologie der
Steiermark, pag. 282.

**) Die weissen Kalke dieser Fundstelle liegen unter den litoralen Raibler
Schichten und wurden bisher als ein älteres Glied betrachtet. Ich habe aber bereits
erwähnt, dass nach den Cephalopoden kein Unterschied des Alters zwischen den
Raibler Schichten und der obersten Hallstätter Zone besteht.

von Cephalopoden aus der Zone des *Trachyc. Aonoides* *) der Hallstätter Kalke vorkommt, und Eisengraben bei Raibl, wo sich zahlreiche Chemnitzien und Megalodonten in dem den Raibler Schichten
zwischengelagerten Dolomite finden. *Chemnitzia alpina* ist in den
Raibler Schichten des Schlern nicht selten.

Die Pflanzen des Lunzer Sandsteines nach den Bestimmungen
Stur's sind:

Equisetites arenaceus Jaeg.
    „   *brevivaginatus St.*
    „   *nervosovaginatus St.*
    „   *gamingianus Ett.*
Calamites Meriani Brg.
Acrostichites Lunzensis St.
Neuropteris remota Pressl.
Clathropteris reticulata Kurr.
Alethopteris Lunzensis St.
    „   *Meriani Brg.*
Danaeopsis marantacea Pr.,
    „   *simplex St.*
Pterophyllum Haidingeri Goepp.,
    „   *Gümbeli St.*
    „   *Haueri St.*
    „   *Pichleri St.*
    „   *lunzense St.*
    „   *Lipoldi St.*
    „   *Meriani Heer.*
    „   *brevipenne Kurr.*
    „   *Jaegeri Brg.*
    „   *Riegeri St.*
Zamites lunzensis St.

8. **Die Schichten der** *Avicula exilis* **und des** *Turbo solitarius.*
Die bereits in den Raibler Schichten beginnende Facies der lichten
Megalodontenkalke und Dolomite (Dachsteinkalk und Dolomit,
Hauptdolomit) erreicht über denselben eine allenthalben sehr bedeutende Mächtigkeit (6—1200 Meter). Leider ist diese so ansehnliche und für den Aufbau des Gebirges so massgebende Kalk-
formation in biologischer Beziehung ausserordentlich einförmig, so
dass wir hier eine der empfindlichsten Lücken in der Kenntniss der
Triasfaunen zu constatiren haben.

---

*) Bezüglich der reichen Cephalopoden-Fauna dieses Horizontes verweise ich
auf mein grösseres Werk: Das Gebirge um Hallstatt.

Die vorzüglich durch verschiedene Arten der Gattung *Megalodus* charakterisirte Facies reicht in manchen Gegenden, wie im südöstlichen Tirol, durch die rhätische Stufe hindurch bis in den Lias hinauf, ohne durch die Zwischenlagerung abweichender Faciesgebilde unterbrochen zu werden. In solchen Districten wird die Ausscheidung des rhätischen und liasischen Antheils sehr schwierig, meistens sogar undurchführbar. Vielleicht wird mit der Zeit die genauere Kenntniss der Megalodonten und der Foraminiferen Anhaltspunkte zur Unterscheidung mehrerer Horizonte geben. Vor dem Beginn der rhätischen Stufe tritt im ganzen Bereiche der Alpen nirgends eine Unterbrechung durch eine biologisch und petrographisch abweichende Facies ein, abgesehen von der Einschaltung von fischführenden Asphaltschiefern in Nordtirol und in Val Trompia und von den Korallenriffmassen der Salzburger Hochalpen. Aus diesem Grunde ist es, vorläufig wenigstens, nicht möglich den genauen historischen Werth des karnischen Dachsteinkalkes zu ermitteln. Dass derselbe zum mindesten Einem guten palaeontologischen Horizont entspricht, geht aus den Fossilien der Südalpen (sowie aus den wenigen Cephalopoden des salzburgischen Korallenkalks) hervor. Aber es darf nicht übersehen werden, dass anderwärts ein mehrfacher Wechsel der Fauna eingetreten sein könnte, ohne bei der Fortdauer der gleichen physikalischen Verhältnisse in den Alpen wahrnehmbare oder mit jenen Aenderungen correspondirende Spuren zurückgelassen zu haben.

Die triadischen Megaloduskalke besitzen eine grosse Analogie mit den oberjurassischen Diceraskalken und es scheinen in der That beide die gleiche chorologische Rolle gespielt zu haben. Beide stehen in ganz analogen Beziehungen zu Korallriffbildungen. Im Salzburgischen lehnen sich die Megaloduskalke unmittelbar an mächtige Korallenriffe an und starke Bänke von Korallenkalk alterniren häufig mit Megalodusbänken. Auch in den Korallenkalken selbst sind Megalodonten nicht selten. Einige Analogie mit den Megaloduskalken zeigen auch die in der südeuropäischen Kreide so weit verbreiteten Rudistenkalke. In den heutigen Korallenriffen vertreten, wie es scheint, die grossen *Tridacna*-Formen die Megalodonten der Trias und die Diceraten des Jura.

Ausser Megalodonten und Korallen kommen im karnischen Dachsteinkalk noch etliche Pelecypoden und Gasteropoden vor, unter denen *Avicula exilis* und *Turbo solitarius* die verbreitetsten sind. Einige reiche Fundstellen von Gasteropoden (wie es scheint, meistens neue Arten) wurden von Prof. Hörnes innerhalb unseres Gebietes entdeckt (Val di Rin bei Auronzo und Val Oten bei Pieve di Cadore).

In den lombardischen Alpen spielen Dactyloporiden eine grosse Rolle. Die in den tieferen triadischen Horizonten herrschende Gattung *Diplopora* wird nach Benecke's Untersuchungen durch die erst in diesem Niveau auftretende Gattung *Gyroporella* ersetzt. Durch Peters wurden aus verschiedenen Gegenden der Alpen Einschlüsse anderer Foraminiferen-Gattungen bekannt. Ein Punkt, welcher in dieser Beziehung besonders Interesse erweckt, ist das Echernthal bei Hallstatt, dessen Kalke zum grössten Theile aus Globigerinen bestehen. *)

Fossilien des karnischen Dachsteinkalks: **)

Megalodus Gümbeli Stopp.
„ *complanatus Gümb.*
„ *Mojsvári Hör.*
„ *Damesi Hör.*
„ *Tofanae Hör.*
Dicerocardium Wulfeni Hau,
„ *Ragazzonii Stopp.*
„ *Jani Stopp.*
„ *Curionii Stopp.*
Hemicardium dolomiticum Lor.
Avicula exilis Stopp.
Arca rudis Stopp.
Trigonia Balsami Stopp.
Trigonodus superior Lor.
Mytilus radians Stopp.
„ *Cornaliae Stopp.*
Myoconcha Brunneri Hau.
Gervillia salvata Brunn. sp.
Pinna reticularis Ben.
Turbo solitarius Ben.
„ *Taramellii Stopp.*
„ *Seguenzae Stopp.*
Natica longiuscula Stopp.
Chemnitzia eximia Hörn.
Turritella Trompiana Ben.
„ *lombardica Ben.*
Pleurotomaria Inzini Stopp.

---

*) Peters im Jahrb. Geol. R.-A. 1863, pag. 294.
**) Stoppani, Paléontologie lombarde. Couches à *Avicula contorta*. Appendice. Benecke, Trias und Jura in den Südalpen. Geogn. pal. Beitr. I.; Loretz in Zeitsch. D. Geol. Ges. 1875, pag. 833; Gümbel, Nulliporen. Abh. Münchener Akad. II. Cl. XI. Bd. I. Abth.

Delphinula Escheri Stopp.
  „   diadema Stopp.
  „   pygmaea Stopp.
Rissoa alpina Gümb.
Gyroporella vesiculifera Gümb.

Die nordtirolischen Asphaltschiefer (Seefelder Schichten) enthalten:

Tetragonolepis Bouéi Ag.
Semionotus latus Ag.
  „   striatus Ag.
  „   macropterus Schafh.
Lepidotus parvulus Ag.
  „   ornatus Ag.
  „   speciosus Ag.
Pholidophorus latiusculus Ag.
  „   pusillus Ag.
  „   dorsalis Ag.
  „   furcatus Ag.
Psephoderma alpinum H. v. M.
Araucarites alpinus Gümb. sp.

Die rhätische Stufe. Diesem obersten Abschnitte der Trias
entspricht nur eine einzige palaeontologische Phase, die Zone der
Avicula contorta, welche durch ihre gleichmässige Verbreitung über
das süd- und mitteleuropäische Triasgebiet eine besondere Wichtigkeit erlangt. Ueber ihre systematische Stellung gehen die Anschauungen noch immer auseinander. Die italienischen und französischen
Gelehrten verbinden die rhätischen Bildungen mit den beiden untersten
liasischen Zonen zu einer Formationsgruppe, welche sie „Infralias‘
nennen. In Oesterreich hat man sich daran gewöhnt, die rhätischen
Ablagerungen für sich allein als eine besondere, zwischen Trias und
Jura eingeschaltete Formation zu betrachten, wodurch man am
besten die Streitfrage über die Zutheilung der rhätischen Gebilde
zu lösen dachte. Die deutschen Geologen stellen die Zone der
Avicula contorta als oberstes Glied zur Trias.

Die Aufstellung einer selbständigen rhätischen Formationsgruppe zwischen Trias und Jura würde eine allzu ungleichwerthige
Eintheilung der mesozoischen Bildungen bedingen und leicht zu
falschen Vorstellungen über die Bedeutung der rhätischen Bildungen
führen. Denn an chronologischem Werthe kommt die rhätische Stufe
nur je einer der zahlreichen Zonen der Trias und des Jura gleich.
Eine Einheit einer Vielheit als gleichberechtigten Factor zu coordi-
niren, wäre weder zweckmässig noch consequent. Auch gegen die

befürwortete Einbeziehung der karnischen Dachsteinkalke in die rhätische „Formation", um dieser eine grössere verticale Ausdehnung zu geben, sprechen sachliche und utilitäre Gründe. Das Erscheinen liasischer Vorläufer, insbesondere die Rückkehr der Ammoniten-Gattung *Aegoceras* verleiht den echten rhätischen Ablagerungen einen chorologisch scharf präcisirten Charakter, welcher in der Beschränkung der Bezeichnung „Rhätisch" auf die Zone der *Avicula contorta* seinen besten Ausdruck findet. Auf die Identität der Facies in den karnischen und rhätischen Dachsteinkalken kann kein Gewicht gelegt werden. Wollte man das Auftreten von Megaloduskalken als bestimmend ansehen, so müsste man die Grenzen nach unten und oben ausdehnen, da in den Alpen Megaloduskalke ausser in den Raibler Schichten auch noch im Lias vorkommen. Ein weiteres Argument zu Gunsten der engeren Fassung der rhätischen Stufe bildet die geographische Verbreitung der Zone der *Avicula contorta*. Es erleichtert die Verständigung, wenn die alpinen und ausseralpinen Ablagerungen, in Fällen, wo eine wirkliche Uebereinstimmung stattfindet, auch gleichmässig gruppirt und benannt werden. Dehnt man aber die Bezeichnung „Rhätisch" auf die karnischen Dachsteinkalke aus, so muss man auf diesen Vortheil verzichten. Der Einbruch des mediterranen Triasmeeres in die mitteleuropäischen Triasgegenden ist aber doch ein Ereigniss von solcher historisch-geographischer Tragweite, dass dasselbe auch in der stratigraphischen Nomenclatur fixirt zu werden verdient.

Weit mehr Berechtigung, als der Einbeziehung des karnischen Dachsteinkalks, würde der Vereinigung mit den unterliasischen Zonen nach dem Vorgange Stoppani's und der Franzosen zugestanden werden müssen, wenn es sich um eine neue Gruppirung der mesozoischen Formationen überhaupt handelte. Es würde dadurch die Anomalie beseitigt, dass die rhätische Stufe nur aus einer einzigen Zone besteht. Vom chorologischen und historisch-geographischen Standpunkte wäre der „Infralias" eine ziemlich natürliche europäische Gruppe, welche an die Basis des Jura-Systems gestellt werden müsste.

Die von den deutschen Geologen angenommene Zutheilung der rhätischen Stufe zur Trias findet in der herkömmlichen Abgrenzung zwischen Trias und Jura ihre Rechtfertigung. Es kann zu Gunsten derselben darauf hingewiesen werden, dass vor der durch die alpinen Forschungen herbeigeführten Auffindung der rhätischen Fauna die obere Grenze der Trias palaeontologisch nicht festgestellt war, während die untere Grenze des Jura bereits durch die Zone des *Aegoceras planorbis* bestimmt und klar fixirt war.

9. Die Kössener Schichten. Unter dieser Bezeichnung werden die verschiedenen mergeligen, fossilreichen Facies der rhätischen Stufe in den Alpen zusammengefasst. Sie bilden den Typus der rhätischen Stufe. Wo die Facies der Megaloduskalke (Dachsteinkalk) durch die rhätische Stufe reicht, da ist in der Regel die Grenze gegen den karnischen Dachsteinkalk schwer oder gar nicht zu bestimmen. Fast zur Unmöglichkeit aber wird die Ausscheidung der rhätischen Stufe in solchen Gegenden, wo auch der Lias durch lichte fossilarme Kalke und Dolomite repräsentirt wird, wie dies in unserem Gebiete in der Regel der Fall ist.

Die Fauna der Kössener Schichten besteht vorzugsweise aus Pelecypoden und Brachiopoden. Gasteropoden sind selten und vereinzelt. Noch sparsamer treten Cephalopoden auf. Charakteristisch ist das heerdenweise Auftreten der häufigeren Formen, insbesondere der Pelecypoden und gewisser Brachiopoden *(Terebr. gregaria)*. Je eine oder einige wenige Arten erfüllen mit Ausschluss aller übrigen Formen ganze Bänke. Die gleiche Erscheinung bemerkten wir bereits von den Raibler Schichten. Auch die Megalodusbänke des Dachsteinkalks fallen in eine analoge chorologische Kategorie.

Auf Grundlage des von Suess und mir aufgenommenen Profils in der Osterhorngruppe im Salzburgischen hat Suess *) eine Reihe von Facies unterschieden, welche in einem gewissen mittleren Striche der Nordkalkalpen stets in der gleichen Aufeinanderfolge erscheinen.

a. Die tiefste Lage nimmt die schwäbische Facies ein. Es ist dies die reine Pelecypoden-Facies, welcher Brachiopoden noch fehlen. *Mytilus minutus, Anomia alpina, Anatina praecursor, Anat. Suessi, Cardita austriaca, Gervillia inflata, Avicula contorta* sind die häufigsten Formen.

In Wechsellagerung mit den diese Zweischaler führenden Bänken treten stets noch Megaloduskalke auf. Zugmayer**) fand im Piestingthale in Niederösterreich in solchen Megaloduskalken breccienartige Partien erfüllt von zahlreichen Zähnen, Knochensplittern und Koprolithen von Fischen, welche mit rhätischen Bonebed-Arten übereinstimmen.

Blos die Vorkommnisse dieser Facies (natürlich mit Ausnahme der in den Alpen zwischengelagerten Megaloduskalke) finden sich in den ausseralpinen rhätischen Ablagerungen Europa's wieder.

---

*) Jahrb. Geol. R.-A. 1868, pag. 167—200.

**) Jahrb. Geolog. R.-A. 1874, pag. 79.

b. In der folgenden karpathischen Facies treten zu den noch immer bankweise eingeschalteten schwäbischen Zweischalern *Terebratula gregaria* und *Plicatula intusstriata.* Zu Tausenden erfüllt *Terebr. gregaria* ganze Bänke, in welchen neben ihr nur *Plic. intusstriata* häufiger erscheint. Die karpathische Facies unterscheidet sich daher von der schwäbischen Facies nur durch das Hinzutreten der Terebratel-Bänke.

c. An dieser Stelle ist im Osterhorn-Profil eine grössere Korallenkalkmasse eingeschaltet, der sogenannte „Hauptlithodendronkalk", im Piestingthale erscheint ein lichter Kalk mit Brachiopoden (Starhemberger Schichten). Aehnliche Gesteine, welche der Kategorie des Dachsteinkalks zuzuzählen sind, treten in den tirolisch-bayerischen Alpen und in der Lombardei häufig in den oberen Theilen der rhätischen Bildungen auf und enthalten neben Korallen Megalodonten.

d. Die Kössener Facies umfasst die dunklen, mit schiefrigen Lagen wechselnden Brachiopodenkalke. Die sogenannten Starhemberger Schichten, welche dieselben Brachiopoden enthalten, sind lichte, roth oder gelb geflaserte Kalke, welche in den niederösterreichischen Alpen Einlagerungen sowol in der reinen Dachsteinkalk - Facies als auch in den dunklen mergeligen Kössener Schichten bilden.

Die Kössener (Starhemberger) Facies lässt sich daher auch als die rhätische Brachiopoden-Facies bezeichnen. Sehr verbreitet sind insbesondere: *Terebr. pyriformis, Rhynchonella fissicostata, Rh. subrimosa, Spirigera oxycolpos.* Dazu noch von Zweischalern: *Pecten acuteauritus* und *Avicula Kössenensis.*

e. In der Salzburger Facies tritt die artenarme Cephalopoden-Facies der rhätischen Stufe mit *Choristoceras Marshi* und *Aegoceras planorboides* auf. Bänke mit den Fossilien der Kössener Facies begleiten dieselbe.

Wir unterscheiden daher in der mergeligen Serie der rhätischen Bildungen eine Zweischaler-, zwei Brachiopoden- und eine Cephalopoden - Facies. Die Reihenfolge entspricht offenbar einer regelmässigen, allmählichen Stufenfolge verschiedener Tiefenzonen, die Bildungen mit litoralem Typus zu unterst. Die in Verbindung mit der schwäbischen Pelecypoden - Facies auftretenden karpathischen Brachiopoden mögen einer seichteren Region angehört haben, als die später folgenden Brachiopoden der Kössener Facies, in deren Gebiet sich die feinkörnigen thonreichen Cephalopoden-Schichten finden. Indessen dürften die Kössener Brachiopoden das

Vorrecht einer grösseren verticalen Verbreitung durch mehrere Tiefenzonen besessen haben, da sie sich ja auch in den sogenannten Starhemberger Schichten finden. Die Facies der lichten Dachsteinkalke gilt als diejenige Bildung, in welcher der pelagische Charakter am meisten hervortritt. Sofern man den Begriff „pelagisch" nicht mit Tiefseebildung identificirt, lässt sich gegen diesen Gebrauch nichts einwenden. Mechanisch herbeigetragenes Sediment ist den lichten Megaloduskalken ebenso fremd, wie den lichten Riffkalken der älteren Triasstufen. In beiden Fällen haben wir es mit rein zoogenen Gesteinen zu thun, welche in ungetrübten Meeresregionen gebildet wurden. In diesem Sinne ist nun die Bezeichnung „pelagisch" zutreffend, und es ist der Entscheidung über die chorogenetischen Verhältnisse der Dachsteinkalke in keiner Weise vorgegriffen. Gegen die Annahme einer Bildung auf tiefem Meeresgrunde sprechen mancherlei Gründe. Zunächst ist auf das heerdenweise Vorkommen der Megalodonten, welche ganze Bänke mit Ausschluss anderer Mollusken erfüllen, hinzuweisen Sodann ist das Fehlen der Cephalopoden in allen Dachsteinkalken sehr auffallend. Das regelmässige Alterniren von Megalodusbänken mit petrographisch stets abweichenden Megalodus leeren Kalken weist auf Aenderungen der Lebensbedingungen in regelmässigen Perioden hin. In wirklichen Tiefseebildungen ist ein derartig rascher Wechsel undenkbar. Das oben erwähnte Zusammenvorkommen der schwäbischen und karpathischen Facies mit Megaloduskalken und die Abwesenheit derselben in den Schichtencomplexen, welche die Cephalopoden-Facies umschliessen, sind mit der Annahme grösserer Tiefenzonen als Bildungsstätte der Dachsteinkalke unvereinbar. Ebenso sprechen, wie bereits Zugmayer treffend bemerkte, die bonebedartigen Vorkommnisse im Megaloduskalk gegen eine solche. Auch die Wechsellagerung mit Raibler Schichten und die Verbindung mit Gypsen und Rauchwacken an der Basis des karnischen Dachsteinkalks können als Gegenargumente angeführt werden.

Zu Gunsten der gegentheiligen Auffassung könnte nur das durch Peters' Untersuchungen constatirte Vorkommen von Globigerinen im Dachsteinkalke des Echernthales bei Hallstatt in das Treffen geführt werden.

Durch die wichtigen Ergebnisse der englischen Challenger-Expedition wurde indessen nachgewiesen, dass die Globigerinen, weit entfernt in den grossen Tiefen, in denen man ihre zu Boden gesunkenen Gehäuse findet, zu leben, im Gegentheil blos die oberflächlichen Schichten des Oceans bevölkern. Daraus dürfte wol zu folgern sein, dass reine, durch mechanisches Sediment ungetrübte

Meeresregionen den Lebensbedingungen der Globigerinen besonders entsprechen. Die Tiefe des Meeres erscheint nebensächlich. Es ist sonach nicht abzusehen, warum diese in ungeheurer Individuenzahl nahe der Oberfläche des Meeres flottirenden Thierchen nicht auch in der nächsten Nachbarschaft von lebenden Riffen, wo die äusseren Verhältnisse ihrem Gedeihen häufig günstig sein werden, gedeihen sollten?

Die geographische Verbreitung der verschiedenen rhätischen Facies ist in den Alpen noch nicht mit der wünschenswerthen Genauigkeit erforscht, um ein zusammenhängendes Bild geben zu können. Nicht ohne Interesse ist jedoch die räumliche Vertheilung der mergeligen Kössener Schichten und des Dachsteinkalkes. In Vorarlberg und Nordtirol mit den zugehörigen bayerischen Alpen nehmen die Kössener Schichten die ganze Breite der Kalkalpen ein, Megaloduskalke sind zwar eingeschaltet, erreichen jedoch nur am Nordsaume in den bayerischen Alpen in der oberen Hälfte der rhätischen Bildungen einige Bedeutung. Vom Salzburgischen gegen Osten zieht am Südrande der Kalkalpen ein reiner (bereits im Karnischen beginnender) Dachsteinkalkstreifen hin, welchem im Osten brachiopodenreiche Bänke eingelagert sind. Die mergelige Kössener Entwicklung streicht in einer nördlicheren parallelen Zone hin und es scheint, dass dieselbe ebenfalls in Parallelzonen zerfällt. Am nördlichen Rande verläuft, wie es scheint, eine Zone mit den schwäbischen und karpathischen Fossilien und zwischen dieser und der südlichen Dachsteinkalk-Zone liegt ein Streifen mit der reichen heteropischen Reihenfolge des Osterhorn-Profils.

In den Südalpen, östlich vom Gardasee, nimmt die ganze Breite der eigentlichen Südkalkalpen die Dachsteinkalk-Facies ein, welche hier, wie bereits erwähnt, vom isopischen karnischen Dachsteinkalke gar nicht und vom Lias nur sehr uhsicher getrennt werden kann. Nördlich davon, in dem merkwürdigen schmalen Gebirgsstreifen mesozoischer Bildungen, welcher zwischen dem palaeozoischen Gailthaler Gebirge und der Hauptkette der Karavanken einerseits und den krystallinischen Schiefern der centralen Zone andererseits liegt, mithin in dem Lienz-Villacher Gebirge und in den nördlichen Karavanken, findet sich die mergelige Kössener Entwicklung wieder. Hier herrschen also die umgekehrten Verhältnisse. In der Nachbarschaft der Centralalpen eine Zone mit der mergeligen Kössener Entwicklung (schwäbische und karpathische Facies) und im Süden davon ein ausgedehntes Revier mit ausschliesslicher Dachsteinkalk-Entwicklung.

In den lombardischen Alpen sind rhätische Ablagerungen nur in einer, den Südrand begleitenden Zone bekannt. Die Kössener

Entwicklung (mit schwäbischem und karpathischem Charakter) waltet hier in der unteren, die Dachsteinkalk-Entwicklung in der oberen Hälfte vor.

Eine sorgfältige Zusammenstellung der reichen rhätischen Fauna hat A. v. Ditmar *) geliefert, auf dessen Arbeit ich hiermit verweise.

Ich schliesse zur leichteren Uebersicht der gegenseitigen Verhältnisse der beiden alpinen Triasprovinzen und des germanischen Trias-See's tabellarische Zusammenstellungen an, in welchen auch das Auftreten und die Ausdehnung der wichtigsten heteropischen Formationen ersichtlich gemacht ist.

Jurassische Bildungen.

Wir gelangen nunmehr zur Besprechung einer Formationsreihe, deren Parallelisirung mit den gleichzeitigen mitteleuropäischen Bildungen keinen Schwierigkeiten unterliegt. Nach dem zur rhätischen Zeit stattgehabten Einbruche des Meeres in das vorher isolirte mitteleuropäische Triasbecken erhielt sich die hergestellte Communication mit dem südeuropäischen Meere bis zum Schlusse der Jura-Periode. Die biologische Uebereinstimmung der beiderseitigen Ablagerungen ist in Folge dessen eine sehr grosse. Unsere Aufgabe wird sich darauf beschränken, die Eigenthümlichkeiten der alpinen (mediterranen) Ablagerungen zu besprechen.

Das hervorstechendste biologische Merkmal der mediterranen Jura-Provinz besteht nach Neumayr in dem Vorherrschen der Ammonitiden-Gattungen *Phylloceras* und *Lytoceras*. Diese beiden Geschlechter erscheinen sowol nach der Anzahl der Formen, als auch nach den numerischen Verhältnissen als heimatsberechtigte Bürger der mediterranen Gewässer, während sie nur in wenigen Formen und in beschränkter Individuenzahl, als Fremdlinge, in einigen Horizonten des mitteleuropäischen Jura vorkommen.

Im Lias gesellt sich zu diesen Gattungen das bereits zur Triaszeit in den mediterranen Gewässern heimische Belemnitidengeschlecht *Aulacoceras* **) und in den obersten Jura-Zonen die Ammoniten-Gattung *Simoceras* und die Gruppe der *Terebratula diphya*.

*) Die Contorta-Zone.

**) Die zartschaligen, innen stets von Kalkspath erfüllten Rostra finden sich wegen ihrer Gebrechlichkeit weit seltener in den Sammlungen, als die isolirten Alveolen, welche die unrichtigen, älteren Angaben über das Vorkommen von *Orthoceras* im alpinen Jura verschuldet hatten.

Mediterrane Triasprovinz.

Bezeichnung der Stufen	Bezeichnung der Zonen	Vorherrschende Faciesgebilde
Rhätische Stufe	Z. d. *Avicula contorta*	Kössener Schichten, Dachsteinkalk.
Karnische Stufe	Z. d. *Turbo solitarius* u. d. *Avicula exilis*	Hauptdolomit, Dachsteinkalk.
	Z. d. *Trachyceras Aonoides*	Raibler Schichten.
	Z. d. *Trachyceras Aon*	Cassianer Schichten. / Partnach-Schichten. / Kalk- und Dolomitriffe
Norische Stufe	Z. d. *Trachyceras Archelaus* u. d. *Daonella Lommeli*	Wengener Schichten (Esino)
	Z. d. *Trachyceras Curionii* u. d. *Trachyceras Reitzi*	Buchensteiner Schichten
	Z. d. *Trachyceras trinodosum*	Virgloria-Kalk z. Th.
Muschelkalk	Z. d. *Trachyceras binodosum* u. d. *Trachyceras Balatonicum*	Schichten von Dont, Val Inferna und Recoaro.
Buntsandstein	Z. d. *Tirolites Cassianus* u. d. *Naticella costata*	Werfener Schichten { Campiler Schichten / Seisser Schichten.

Juvavische Triasprovinz.

Bezeichnung der Stufen	Bezeichnung der Zonen	Vorherrschende Faciesgebilde
Rhätische Stufe	Z. d. Avicula contorta	Kössener Schichten. Dachsteinkalk.
Karnische Stufe	Z. d. Turbo solitarius u. d. Avicula exilis; Z. d. Trachyceras Aonoides; Z. d. Tropites subbullatus	Hauptdolomit, Dachsteinkalk, Korallenriff. Raibler Schichten (Lunzer Sandstein).
Norische Stufe	Z. d. Didymites tectus; Z. d. Arcestes ruber; Z. d. Pinacoceras parma u. d. Didymites globus; Z. d. Pinacoceras Metternichi u. d. Arcestes gigantogaleatus; Z. d. Choristoceras Haueri; Z. d. Trachyceras trinodosum; Z. d. Trachyceras binodosum u. d. Trachyceras Balatonicum	Hallstätter Marmor; Schwarze Kalke; Rother Kalk d. Schreier-Alpe; Zlambach-Schichten; Dolomitriffe; Reiflinger und Draxlehner Plattenkalke.
Muschelkalk		
Buntsandstein	Z. d. Tirolites Cassianus u. d. Naticella costata	Werfener Schichten.

Germanischer Trias-See.

Bezeichnung der Stufen	Bezeichnung der Zonen	Vorherrschende Faciesgebilde	
Rhätische Stufe	Z. d. *Avicula contorta*	Rhätische Gruppe.	
Karnische Stufe	?	Gypskeuper.	Keuper
Norische Stufe	?	Kohlenkeuper.	
Muschelkalk	Z. d. *Trachyceras nodosum*	Haupt-Muschelkalk, Anhydrit-Gruppe.	
	Z. d. *Trachyceras antecedens.*	Wellenkalk, Schaumkalk.	
Buntsandstein	Z. d. *Trigonia costata.*	Röth und ? Hauptbuntsandstein.	

Diese eigenthümliche Beschränkung bestimmter Typen auf das südliche Meer lässt sich am ungezwungensten mit Neumayr durch die Annahme klimatischer Verschiedenheiten erklären.

Es wurde bereits bei Besprechung der triadischen Bildungen (s. S. 49) erwähnt, dass zwei wichtige Ammonitengattungen des Lias, *Aegoceras* und *Amaltheus* (Gruppe der *Oxynoti*), im Muschelkalk der mediterranen Provinz durch typische Formen vertreten sind, den norischen und karnischen Ablagerungen derselben Provinz aber fehlen. Wir haben daraus auf ein uns noch unbekanntes fernes Meer geschlossen, in welchem sich diese Gattungen fortentwickelten, bis sie in Begleitung einiger neuen Formen zur Zeit der rhätischen Stufe und des unteren Lias in Europa wieder erscheinen.

Eine heterotopische Fauna besiedelt sonach am Beginn der Jura-Periode die süd- und mitteleuropäischen Meere. In einem für die palaeontologische Begründung der Descendenzlehre höchst wichtigen Aufsatze hat Neumayr*) soeben nachgewiesen, dass die Ammonitiden und Belemnitiden des mitteleuropäischen Jura sich in zwei heterotopische Kategorien einreihen lassen. Die eine Kategorie umfasst die grosse Anzahl von Formen, welche aus der mediterranen Provinz in das mitteleuropäische Meer theils zu dauernder Besiedelung und Fortentwickelung, theils als temporäre Colonisten einwanderten. Unter diesen Formen kann man wieder unterscheiden zwischen solchen, welche, wie *Lytoceras* und *Phylloceras* im mittelländischen Meere heimisch geworden waren, und solchen, welche aus ferneren Meeren kommend, in der mediterranen Provinz um eine oder mehrere Zonen früher erschienen, als in Mitteleuropa. Die zweite Kategorie umfasst diejenigen Formen, deren heterotopische Abstammung zwar sicher, deren indirecte Einwanderung aus der mediterranen Provinz aber zweifelhaft ist. Neumayr nennt diese Formen kryptogen und unterscheidet im Ganzen sieben Perioden der Einwanderung kryptogener Typen. Die Mehrzahl derselben findet sich auch in der mediterranen Provinz. Nach der Art ihres Auftretens ist es nach Neumayr im hohen Grade wahrscheinlich, dass dieselben aus uns unbekannten Gebieten des Jurameeres in der Weise eingewandert seien, dass jede Periode ihres Auftauchens einer grossen geologischen Veränderung entspricht, durch welche neue Communicationen zwischen bis dahin mehr oder weniger vollständig isolirten Meeresbecken hergestellt wurden.

---

*) Ueber unvermittelt auftretende Cephalopodentypen im Jura Mitteleuropa's. Jahrb. Geol. R.-A. 1878, p. 37—80.

Da die übrigen Mollusken-Ordnungen in den alpinen Ablagerungen gegenüber den Cephalopoden sehr zurücktreten, so lässt sich über den vorherrschenden Charakter derselben wenig sagen. Nur von Brachiopoden kennt man in den Alpen einige formenreichere Faunen mit einer Anzahl eigenthümlicher Formen. Ausserhalb der Alpen kommen aber typische Brachiopoden - Facies im Jura sehr selten vor und ist ein Vergleich aus diesem Grunde ausgeschlossen.

In lithologischer Beziehung unterscheiden sich die alpinen Ablagerungen — wir haben hier immer nur das ostalpine Gebiet im Auge — wesentlich von den ausseralpinen Gesteinen. Gelbe und rothe marmorartige Kalke, helle, reine Crinoidenkalke, graue und weisse dichte Kalke, Mergelkalke mit Fucoiden (Fleckenmergel), bunte Hornsteinkalke, endlich hellweisse Korallenkalke treten als heteropische Bildungen in den Alpen auf. Rein thonige und schiefrige Ablagerungen treten ebenso sehr wie Sandsteine zurück. Die erwähnten Gesteine, welche im ganzen Gebiete der Ostalpen und Karpathen mit stets gleichen Charakteren wieder erscheinen, besitzen einen eigenthümlichen, unverkennbaren Habitus. Unter den triadischen Bildungen der Alpen, insbesondere der juvavischen Provinz wiederholen sich die gleichen Gesteinstypen, und es bedarf grosser Uebung und eines geschärften Blickes, um nach den geringfügigen habituellen Unterschieden das genaue Alter oder die specielle Herkunft eines Gesteins lediglich nach der lithologischen Beschaffenheit bestimmen zu können.

Es war vor einiger Zeit die Ansicht sehr verbreitet, dass die Vergesellschaftung der Arten im alpinen Jura eine andere sei, als im mitteleuropäischen und dass sich insbesondere in den Alpen die Fossilien mehrerer ausseralpinen Zonen in einer einzigen Schicht vereinigt fänden. In so weiter allgemeiner Fassung ist dieser Satz entschieden unrichtig. Die Erfahrungen des letzten Jahrzehents haben vielmehr gezeigt, dass nicht nur die Aufeinanderfolge der Faunen im Grossen die gleiche innerhalb und ausserhalb der Alpen ist, sondern dass auch in Bezug auf die feineren, scheinbar geringfügigen Niveau-Unterschiede eine auffallende Uebereinstimmung zwischen den beiden Gebieten besteht. Aber es würde ebensowol der Erfahrung, als auch einer ruhigen sachgemässen Ueberlegung widersprechen, wenn man umgekehrt behaupten wollte, dass alle die im mitteleuropäischen Jura aufgestellten Zonen in gleicher Schärfe auch für das mediterrane Gebiet Geltung haben müssten. Der Forschung ist in dieser Richtung noch ein weites Feld offen, und es lässt sich der Satz rechtfertigen, dass erst durch vergleichende Unter-

6 *

suchungen der Bildungen der beiden Provinzen der wahre **chronologische** Werth der einzelnen Zonen festgestellt werden kann.

Es ist hier der Ort, einer eigenthümlichen Schwierigkeit zu gedenken, welche der Erforschung der alpinen Ablagerungen der Trias und des Jura grosse Hindernisse in den Weg legt. Die Erscheinung ist unter der Bezeichnung „Lückenhaftigkeit" der alpinen Sedimente bekannt und nur aus dem Grunde beim Jura weit auffallender, als bei der Trias, weil bei jenem die stete Beziehung auf die genau bekannten gleichzeitigen Gebilde der mitteleuropäischen Provinz eine scharfe Orientirung gestattet. Wäre man, wie für die Trias, so auch für den Jura auf das alpine Gebiet allein angewiesen, so bestünden nicht nur noch viele Controversen über das relative Alter einzelner Ablagerungen, sondern es würden auch manche altersverschiedene Gebilde aus Mangel an hinreichenden Daten und wegen der Gemeinsamkeit oder nahen Verwandtschaft einiger weniger Fossilien in das gleiche Niveau gestellt und für gleichzeitig gehalten werden.

Das Wesen dieser für die Alpen geradezu charakteristischen Lückenhaftigkeit besteht nun darin, dass die meisten der fossilführenden Ablagerungen, weit entfernt continuirliche, über grössere Strecken verbreitete Schichten zu bilden, nur sporadisch auftretende linsenförmige Einschaltungen darstellen. Die Zahl der in den Ostalpen und Karpathen aufgefundenen altersverschiedenen Glieder ist eine ziemlich beträchtliche, aber vergebens sucht man nach Profilen, in welchen die Aufeinanderfolge aller dieser Glieder nachweisbar wäre. Nahe gelegene Durchschnittslinien zeigen häufig grosse Verschiedenheiten. An die Stelle fehlender Horizonte treten scheinbar andere und wegen der bereits erwähnten grossen Constanz des Gesteinsmaterials wäre man häufig in der Lage, grobe Fehlschlüsse zu ziehen, wenn nicht die vorkommenden mitteleuropäischen Fossilien einen sicheren Leitfaden darbieten würden. Einige Zonen sind bis jetzt nur von ganz vereinzelten Localitäten bekannt, welche wenig oder gar keinen Aufschluss über deren Alter gewähren. In innigem Zusammenhang mit diesen Erscheinungen steht die ausserordentlich wechselnde Mächtigkeit der jurassischen Gesteine selbst. Nur einige wenige Horizonte weichen von dieser zur Regel gewordenen Unregelmässigkeit ab und besitzen regional einen grösseren zusammenhängenden Verbreitungsbezirk. Für die rasche Orientirung des reisenden Geologen sind diese Glieder von ebenso grosser Bedeutung, wie die Werfener, Raibler und Kössener Schichten in der Trias.

In der weitaus grösseren Mehrheit der Fälle würde man die wahre Natur der vorhandenen Lücken gewaltig verkennen, wenn man zur Erklärung derselben eine Unterbrechung der Sedimentirung durch eingetretene Trockenlegungen des Meeresbodens annehmen wollte. Die neueren Erfahrungen weisen mit Entschiedenheit darauf hin, dass im ganzen Gebiete der Ostalpen, mit Ausnahme einiger Striche in den salzburgischen und steirisch-österreichischen Alpen, während der Trias- und Jura-Zeit die Continuität der Meeresbedeckung niemals unterbrochen wurde.

Es scheint vielmehr, dass sich die Lücken auf zwei Ursachen zurückführen lassen: Mangel der Fossilien und Mangel an Sediment. Mit der ersten Erklärungsweise wird man in den meisten Fällen ausreichen. Bei mangelndem Sediment können selbstverständlich auch keine Fossilien vorhanden sein.

Der Mangel an Fossilien kann durch verschiedenartige physikalische und chorologische Bedingungen herbeigeführt sein. In der Regel lässt sich derselbe auf ungünstige Facies-Verhältnisse zurückführen. Die Fossilführung ist an gewisse Gesteine gebunden, welche fossilarmen Gesteinen von anderer lithologischer Beschaffenheit zwischen- oder nebengelagert sind.

Das fossilführende Gestein bildet keine wiederholten Einschaltungen, sondern eine geschlossene Masse und häufig ereignet es sich, dass an derselben Stelle zwei oder mehrere Zonen in isopischer Ausbildung übereinander folgen. In solchen Fällen ist man wegen der Uniformität der Ablagerung nur zu leicht geneigt, als ein untrennbares Ganzes zusammenzufassen, was bei eingehenderer Untersuchung sich als eine Mehrheit darstellt. In den gleichen Fehler verfällt man aber auch leicht bei den fossilarmen Facies, welche, da dieselben eine ganze Reihe von Zonen repräsentiren können, nicht nach vereinzelten, darin gefundenen Fossilien bestimmt werden dürfen.

Was die zweite der oben angegebenen Ursachen der Lückenhaftigkeit, den Mangel an Sediment, betrifft, so müssen wir zugestehen, dass dieselbe noch etwas hypothetischer Natur ist. In Gegenden, wo eine bedeutende Reduction der Mächtigkeit einer grösseren oder geringeren Reihe von Gliedern vorhanden ist, wo durch diese Thatsache allein die Spärlichkeit des Sediments nachgewiesen ist, kann man sich der Vorstellung schwer entschlagen, dass zeitweise durch Mangel an Sediment die Sedimentbildung entweder ganz unterbrochen wurde oder doch so langsam erfolgte, dass die Einbettung von Molluskenschalen nicht vor sich gehen konnte. Man kann, wie Neumayr bemerkte, an stärkere Strömungen denken, welche die Sedimentbildung verhindern, oder man kann sich Untiefen vorstellen, wo der stärkere Wogenschwall des Meeres allein ausreichen dürfte, um den zu Boden sinkenden oder auf dem Boden sich bildenden Absatz sofort wieder abzuspülen.

Wir übergehen nunmehr zur cursorischen Betrachtung der ostalpinen Jurabildungen.

I. Der Lias. In einem grossen Theile der Ostalpen gehört der Lias zu den fossilreichsten Ablagerungen und zeichnet sich namentlich die Cephalopoden-Facies desselben sehr vortheilhaft durch eine weitere horizontale Verbreitung aus. Nach den in den Museen aufgehäuften Fossilien sind sämmtliche Zonen des mitteleuropäischen Lias, häufig in glänzender Weise vertreten. Ob jedoch die Vergesellschaftung der Formen in der Natur auch wirklich durchaus der Vertheilung im mitteleuropäischen Lias entspricht, ist noch keineswegs genügend festgestellt. Zu diesem Zwecke müssten an einer Reihe günstiger Punkte neue systematische und sorgsam überwachte, bankweise vorschreitende Aufsammlungen veranlasst werden. Auf diese Weise würde auch gleichzeitig das Niveau der zahlreichen, den Alpen eigenthümlichen Formen ermittelt werden. Was bisher in dieser Richtung geleistet wurde, sind zwar nur Anfänge, aber immerhin Erfolg versprechende Recognoscirungen. Für die drei untersten Zonen *(Aeg. planorbis, Aeg. angulatum* und *Arieten-*Zone), dann für die Zone des *Amaltheus margaritatus* ist der Nachweis der gesonderten Vertretung erbracht, für mehrere andere Zonen ist das gleiche Verhältniss wahrscheinlich.

Die Cephalopoden-Facies ist durch zweierlei Gesteinstypen vertreten: *a)* den Plattenkalk und *b)* den Fleckenkalk und Mergel (gewöhnlich als Fleckenmergel zusammengefasst). Der Plattenkalk ist von grauschwarzer, gelber oder rother Farbe. Die rothgefärbten bezeichnet man gewöhnlich als „Adnether Kalke". Das Gestein ist in der Regel knollig und erfüllt von Ammoniten, so dass es Ammonitenkalk genannt werden kann. Die Erhaltung der Fossilien ist keineswegs eine glänzende. In der Regel ist eine Seite etwas obliterirt. Manche Stücke sehen wie abgerollt aus. Die Knollen endlich, welche die Hauptmasse des Gesteins bilden, sind wol nichts anderes, als stark angegriffene und unkenntlich gemachte Ammoniten. Als untergeordnete Zwischenlagen des Plattenkalkes treten marmorartige Bänke und Crinoidenkalke auf. Auch breccienartige Bänke sind häufig. Wir betrachten die Plattenkalke als eine stellenweise wiederholt aufgewühlte Bildung seichten, aber stark bewegten Wassers.

Die Fleckenmergel (Allgäu-Schichten) sind licht bis dunkelgraue, muschelig brechende Kalke und Mergel, stellenweise mit schiefrigen Zwischenmitteln. Selten wird das Gestein auch röthlich. Von den zahlreich darin vorkommenden Fucoiden, welche sich durch dunklere Schattirungen auszeichnen, rührt die Bezeichnung „Flecken-mergel" her. Das Gestein enthält zwar strichweise nicht selten Ammoniten, welche dann wolerhalten sind; gegenüber dem massen-haften Vorkommen in den Plattenkalken erscheinen jedoch die Fleckenmergel fossilarm. Hier liegt wol eine Ablagerung aus tieferem Wasser vor. Die zu Boden gesunkenen Ammonitengehäuse wurden in dem feinen Kalkschlamm eingebettet, ohne gerollt und zusammen-geschwemmt zu werden, wie an den Bildungsstätten der Plattenkalke.

Die Plattenkalke und Fleckenmergel gehören in den Nordost-alpen zu den verbreitetsten Liasgesteinen. In der Regel beginnen Plattenkalke die Reihe der Liasbildungen und über ihnen folgen dann Fleckenmergel. Der Gesteinswechsel tritt aber nicht constant im gleichen Niveau ein und die Zahl der an verschiedenen Punkten in einer Gesteinsart enthaltenen Zonen ist eine sehr wechselnde, aber selbstverständlich abhängig von der Zahl der in der andern Gesteinsart am gleichen Punkte vertretenen Horizonte. Selten reicht die Plattenkalk-Entwicklung durch den ganzen Lias, häufiger kommt es vor, dass die Fleckenmergel-Facies bereits in den unteren Lias-zonen beginnt.

Die Fleckenmergel-Facies bietet häufig die Erscheinung dar, dass ein unverhältnissmässig grosser Theil der Mächtigkeit blos die Fossilien einer einzigen Zone umschliesst, während der für die übrigen Zonen verbleibende Rest nur sehr geringe Mächtigkeit zeigt und nicht selten auch sehr fossilarm ist.

Die Brachiopoden-Facies tritt in Gestalt lichtrother Marmore und weisser oder grauer Crinoidenkalke auf und erfreut sich nur einer etwas beschränkten Verbreitung. Am Südrande der nördlichen Kalkalpen von Jenbach am Inn bis nach Niederösterreich zieht sich ein Streifen von isolirten Vorkommnissen hin, welcher der oberen Abtheilung der unteren Lias angehört und stets auf rhätischem Megaloduskalk lagert. Die berühmteste Localität dieses Zuges befindet sich auf dem Hierlatzberge im Dachsteingebirgsstocke, wo neben den an Masse prävalirenden Brachiopoden auch Gasteropoden, Pelecypoden und Cephalopoden vorkommen. Gewissermassen den nördlichen Gegenflügel dieses Zuges bildet ein am Nordrande der Kalkalpen aus der Gegend von Vils bei Füssen bis nach Nieder-österreich verfolgter schmaler Streifen crinoiden- und brachiopoden-reicher Marmore, welcher an einzelnen Punkten nicht nur den grössten Theil des Lias umfasst, sondern auch durch den Dogger bis in den Malm reicht, in anderen Gegenden aber nur eine verschieden grosse Anzahl von liasischen Horizonten repräsentirt. Den Zwischenraum

·zwischen diesen beiden Randzonen nehmen die Fleckenmergel- und Plattenkalk-Facies ein.

Nur in sehr beschränkter Verbreitung tritt in Niederösterreich am nördlichen Aussenrande der nördlichen Kalkalpen eine ausgesprochene Strandfacies im unteren Lias auf. Pelecypodenbänke in Verbindung mit kohlenführenden Pflanzenschichten herrschen in dieser, als Grestener Schichten bezeichneten Entwicklung vor. Aber auch Brachiopodenbänke fehlen nicht. Gleich dem Lunzer Sandstein der Raibler Schichten bezeichnen die Grestener Schichten den Südrand des hercynischen Festlandsmassivs.

Auch in den Südalpen lassen sich Regionen heteropischer Entwicklung unterscheiden. Eine wichtige heteropische Grenze bildet hier der Gardasee. Im Westen desselben, in den lombardischen Alpen, scheint der mittlere und obere Lias allenthalben durch cephalopodenführende Ablagerungen vertreten zu sein. In der östlichen Lombardei kommen in grauen Kalken die Ammoniten im verkiesten Zustande vor. Ein reicher Fundort dieser unter der Localbezeichnung „Medolo" bekannten Kalke befindet sich am Berge Domaro bei Gardone in Val Trompia. Am Lago d'Iseo herrscht die Fleckenmergel-Facies und im Westen der Lombardei wiegen rothe Ammonitenkalke vor, welche namentlich im Süden des Comersee's in den Umgebungen von Erba reiche Fundstätten von oberliasischen Ammoniten darbieten. Die ersten verlässlichen Bestimmungen der lombardischen Lias-Ammoniten rühren von Fr. v. Hauer her, dem neuerer Zeit Meneghini mit einer umfassenden Monographie der mittel- und oberliasischen Ammoniten gefolgt ist. Die unterliasischen, ebenfalls cephalopodenführenden Ablagerungen der Lombardei harren noch der genaueren Untersuchung.

Oestlich vom Gardasee sind drei heteropische Gebiete zu unterscheiden, so dass die Südalpen im Ganzen in vier heteropische Districte zerfallen.

In den Gegenden an der unteren Etsch, in den Sette Communi, dann im Gebiete unserer Karte erscheint eine den Südalpen eigenthümliche Seichtwasser-Facies, welche unter der nicht sehr zutreffenden Bezeichnung „Graue Kalke von Südtirol" bekannt ist.

Im Grossen betrachtet stellen sich die grauen Kalke als eine etwas modificirte Fortsetzung der Facies des triadischen Megaloduskalkes (Dachsteinkalk) dar, aus welchem sie sich allmählich entwickeln. Megalodonten *(Meg. pumilus)* reichen bis an ihre obere Grenze. Das Gestein weicht in der Regel nicht wesentlich ab von den herrschenden Gesteinstypen des Dachsteinkalkes. Das wichtigste Unterscheidungsmerkmal bilden Einschaltungen von Muschelbänken, Oolithen und Crinoidenkalken.

Die Kenntniss dieses Complexes ist noch sehr weit zurück. Mit der Zeit werden sich wahrscheinlich eine grössere Anzahl von Horizonten und gewisse regionale Verschiedenheiten feststellen lassen, welche heute nur in groben Umrissen angedeutet werden können. In den südlichen Regionen unseres Gebietes fanden Hoernes und ich an der Basis der grauen Kalke sehr constant einen weissen zuckerkörnigen dolomitischen Kalk, welcher ausserordentlich an die weissen Cassianer und Wengener Dolomite erinnert und sowol gegen die tieferen Dachsteinkalkmassen als auch gegen den überlagernden „grauen Kalk" lebhaft absticht. Das Gestein zerfällt leicht zu feinsandigem Grus und scheint aus zerbrochenen und zerriebenen Entrochiten gebildet zu sein. Im Museum zu Vicenza wird ein Exemplar von *Arietites geometricus* aus den venetianischen Alpen aufbewahrt, dessen Gestein die grösste Aehnlichkeit mit diesem hellweissen dolomitischen Kalk zeigt. *) Darüber folgen dann lichte dolomitische Kalke, weisse Oolithe und graue plattige, fossilreiche Kalke durch Wechsellagerung innig verbunden, doch meist derart, dass die plattigen fossilführenden Bänke erst in der oberen Abtheilung des Complexes erscfieinen. In dem Gebirgszuge zwischen der Mulde von Belluno und der Val Sugana Bruchlinie wechsellagern mit Oolithen und grauen, muschelführenden Kalken weisse Crinoidenkalke mit einer reichen Brachiopoden-Fauna (Schichten von Sospirolo), welche noch der näheren Untersuchung harrt. Nach freundlichen Mittheilungen von Prof. Neumayr dürften sich diese Brachiopoden zunächst an die mittelliasische Fauna, welche mit *Terebratula Aspasia* vorkömmt, anschliessen. Möglicher Weise gehören die wiederholten Einschaltungen brachiopodenführender Crinoidenkalke mehreren verschiedenen Niveaux an.

Auf dem Dachsteinkalkplateau von Fanis bei Ampezzo kommen nach den Untersuchungen Prof. Neumayr's ausser den grauen, muschelführenden Kalken Crinoidengesteine mit Brachiopoden der Zone der *Terebratula Aspasia* und rothe Kalke mit *Harpoceras discoides* vor. Die Lagerungsverhältnisse der Fundstellen sind zwar nicht untersucht, doch ist es Regel im Gebirge von Fanis, dass die Crinoidenkalke und rothen Marmore über den grauen Kalken liegen.

In den Sette und Tredici Communi, sowie im Etschthal stellen sich über den lichten dolomitischen Kalken und Oolithen mit den grauen knolligen Kalken wechselnde Einschaltungen von Mergeln

---

*) Vielleicht entspricht auch der von Curioni aus der Lombardei beschriebene unterliasische Dolomit, welcher stellenweise in einen oolithischen Kalk übergeht und das tiefste, unterhalb der Arietenkalke liegende Glied des lombardischen Lias bildet, diesem Dolomite.

und Mergelschiefern ein und sind daselbst die Conchylien sowol im grauen Kalk als auch im Mergel leicht zu gewinnen. Diese oberen Bänke, welche nach Zittel dem oberen Lias angehören, erinnern ausserordentlich an die schwäbische und karpathische Facies der rhätischen Stufe. Die Fauna ist arm an Arten, aber reich an Individuen und kommen in den einzelnen Bänken stets nur sehr wenig Formen vor, von denen aber stets eine massenhaft, die anderen verdrängend, auftritt. Die wichtigsten Formen sind:[*)]

> *Terebratula Rotzoana Schaur.*
>   „   *Renierii Cat.*
> *Megalodus pumilus Ben.*
> *Gervillia Buchii Zigno*
> *Cypricardia incurvata Ben.*
> *Chemnitzia terebra Ben.*
> *Orbitulites praecursor Gümb.*
>   „   *cicumvulvata Gümb.*

Zwischen diesen Muschelbänken erscheinen pflanzenführende Lagen, welche die bekannte, durch ihren Reichthum an *Zamites, Otozamites* und Coniferen ausgezeichnete, von Baron A. de Zigno [**)] beschriebene Flora von Rotzo umschliessen.

Es ist bemerkenswerth, dass die pflanzenführenden Schichten namentlich in den Tredici Communi sehr verbreitet sind, während dieselben gegen Norden auskeilen, so dass sie, wie Vacek gezeigt hat, in den Sette Communi nur mehr an vereinzelten Punkten nachzuweisen sind. Das wiederholte Auftreten von Ablagerungen mit Landpflanzenresten (Muschelkalk von Recoaro, Oberer Lias, Eocän) am Südrande der Alpen erinnert an homologe Erscheinungen am Nordrande der Ostalpen (Raibler [Lunzer] Schichten, Unterer Lias, [Gresten]) und legt die Vorstellung nahe, dass dort wie hier ein altes Festland die alpine Zone begrenzte.

Die oberen grauen Kalke enthalten sehr häufig stengelartige, in Kalkspath verwandelte Pflanzenreste, welchen Gümbel,[***)] welcher dieselben für kalkabsondernde Algen hält, die Bezeichnung *Lithiotis problematica* beilegte. Diese eigenthümlichen, weit verbreiteten Reste, welche selbstverständlich mit der Flora von Rotzo nichts zn thun haben, erfüllen ganze Bänke und verleihen dem Gestein ein gefälliges

---

[*)] C. v. Schauroth, Verst. d. herzogl. Naturaliencabinets zu Coburg, p. 123, ff.
— Benecke, Trias und Jura in den Südalpen. Beitr. Bd. I. — Zittel, Geol. Beob. a. d. Central-Apenninen. Benecke's Beitr. Bd. II. — Gümbel, Jurassische Vorläufer von *Nummulina* und *Orbitulites.* Neues Jahrb. etc. 1872, p. 241.
[**)] Flora fossilis oolithica.
[***)] Abh. d. Münchener Akad. XI. Bd., I. Abth., p. 48.

Aussehen, wesshalb dasselbe häufig zu ornamentalen Zwecken verwendet wird.

Das Maximum der Mächtigkeit erreichen die grauen Kalke im Etschthal, wo Benecke 450 M. dafür angibt. Gegen Osten, namentlich aber gegen den Norden unseres Gebietes nimmt die Mächtigkeit bedeutend ab.

Das dritte heteropische Gebiet beginnt etwa im Meridian von Longarone und umfasst das Lienzer Gebirge im Norden und die Provinz Udine im Süden. Die herrschende Facies bilden cephalopodenführende Gesteine. Im Lienzer Gebirge überwiegen Fleckenmergel von nordalpinem Typus, rothe Marmore sind untergeordnet. In den udinesischen Alpen unterscheidet Taramelli eine untere aus grauen Kieselkalken, Mergelkalken mit Rhynchonellen sowie lichten Oolithen und eine obere aus bunten und rothen Marmoren und Kalken mit oberliasischen Ammoniten bestehende Abtheilung. Das Westende dieser Region reicht bei Longarone in das Gebiet unserer Karte.

Die vierte heteropische Region bilden die östlichen Südalpen, in welchen die grauen Kalke von Südtirol wieder auftreten. Sie scheint nicht scharf von dem vorhergehenden Gebiete abgegrenzt zu sein, denn aus den Umgebungen des Triglav kennt man sowol cephalopodenführende Schichten als auch die Südtiroler Oolithe mit denselben untergeordneten brachiopodenführenden Crinoidenkalken. Vom Kreuzberge bei Wippach dagegen beschreibt Stur *) graue Kalke und Oolithe, welche vollständig an die Südtiroler Gesteine erinnern. Dieselben enthalten *Megalodus pumilus*, Rhynchonellen und Spiriferinen. In der Gegend von Laibach werden Lithiotiskalke gebrochen und kehren die wichtigsten Südtiroler Mollusken wieder, wie unser unvergesslicher College U. Schloenbach kurz vor seinem Tode aus den Fossil-Suiten im Museum der Geologischen Reichsanstalt erkannt hatte. Hier, sowie in den östlich angrenzenden Karstgegenden sind allem Anscheine nach die grauen Liaskalke mit älteren (triadischen) Bildungen verwechselt worden. Das östlichste bekannte Vorkommen befindet sich im kroatischen Karst am Berge Vinica bei Karlstadt. **)

Werfen wir einen Blick zurück auf die geographische Anordnung der heteropischen Lias-Gebiete der Südalpen, so fällt zunächst auf, dass Regionen der Cephalopoden-Facies mit Regionen der grauen Kalke alterniren. Es ist aber in hohem Grade merkwürdig, dass

---

*) Jahrb. Geol. R.-A. 1858, p. 353.
**) Vgl. Schloenbach in Verh. Geol. R.-A. 1869, p. 68.

diese Regionen nicht dem Hauptstreichen der Alpen parallel verlaufen, sondern vielmehr rechtwinkelig zur Axe der Alpen stehen. Dies ist von grosser theoretischer Bedeutung. Denn an die richtige Beurtheilung der physikalischen Verhältnisse der alten Meere knüpfen sich zahlreiche Folgerungen palaeogeographischer und tektonisch-genetischer Natur.

II. Der Dogger. Die Zeit des mittleren Jura ist durch bedeutende Transgressionen des Meeres über den europäisch-asiatischen Continent ausgezeichnet. Weite Gebiete in Schlesien und Polen, im Balkangebiet, in Russland und in Indien wurden überfluthet. Ebenso gewann das Meer in den schweizerischen Nordkalkalpen und in den salzburgisch-österreichischen Alpen an Ausdehnung gegen Süden.

Man sollte nun erwarten, dass die Ablagerungen des Dogger in den Alpen eine mächtige, vollständige Schichtenreihe zeigen würden. Im Westen des Rheins scheint dies wirklich der Fall zu sein. Die wichtigen Untersuchungen von Mösch lehren, dass die in der mitteleuropäischen Provinz unterschiedenen Zonen in den Schweizer Alpen ziemlich vollständig repräsentirt und regelmässig verbreitet sind. Oestlich vom Rhein jedoch herrschen wesentlich andere Verhältnisse. Die fossilführenden Facies sind von sehr geringer räumlicher Verbreitung und die Schichtenfolge ist thatsächlich häufig lückenhaft, ohne dass man berechtigt wäre, temporäre partielle Trockenlegungen anzunehmen, wie bereits oben bemerkt wurde.

In den ostrheinischen Nordalpen sind Fleckenmergel und rothe Kieselkalkschiefer die am weitesten verbreiteten Doggergesteine. Die Fleckenmergel, welche sich räumlich den liasischen Ablagerungen anschliessen, scheinen auf den untersten Dogger beschränkt zu sein und blos die den beiden mitteleuropäischen Zonen des *Harpoceras opalinum* und *Harp. Murchisonae* entsprechende Zone des *Sinoceras scissum* zu umschliessen.

Die Facies der rothen Kieselkalkschiefer entwickelt sich aus der Facies der Fleckenmergel und ist ein nahezu azoisches Gebilde. Sie dürfte kaum andere organische Reste, als spärliche Aptychenreste enthalten. Nach der, wie es scheint, wol begründeten Ansicht von Th. Fuchs*) hätte man diese Armuth an organischen Resten der chemischen Auflösung der Aragonitschalen der Ammoniten zuzuschreiben, eine Anschauung, welche sich mit der herrschenden Vorstellung über die chorologische Genese der Aptychen-Schichten in grösseren Tiefen vereinen lässt.

---

*) Ueber die Entstehung der Aptychenkalke. Sitz.-Ber. Wien. Akad. 1877, Octoberheft.

Diese rothen Kieselkalkschiefer enthalten stellenweise Einlagerungen von rothen fossilführenden Crinoidenkalken, welche an einigen Punkten der Zone des *Stephanoceras Sauzei*, häufiger aber der Zone der *Oppelia fusca* (Klaus-Schichten) angehören.

In den salzburgisch - österreichischen Alpen treten die Klaus-Schichten nicht selten, aber stets nur in sehr beschränkten Fetzen transgredirend über Dachsteinkalk auf, wie Suess schon vor Jahren erkannt hatte.

In dem bereits erwähnten Zuge von Jura-Marmoren am Nordrande der Tiroler und Salzburger Alpen deuten vorherrschend Fossilien der Klaus-Schichten das Vorhandensein von Dogger-Aequivalenten an.

Sehr eigenthümliche Verhältnisse herrschen in den Verbreitungsgebieten der grauen Liaskalke in den Südalpen.

An der unteren Etsch folgen über den Liaskalken in ansehnlicher Mächtigkeit gelbe Kalke und Oolithe, welche sich lithologisch nur wenig von den lichten Liasgesteinen unterscheiden. Benecke, welcher sie zuerst unterscheiden lehrte, nannte sie nach dem häufigsten Fossil „Schichten der *Rhynchonella bilobata*". Am Cap San Vigilio am Gardasee finden sich in diesen Schichten Cephalopodenkalke mit *Harpoceras Murchisonae*, welche der Zone des *Simoceras scissum* entsprechen. Wahrscheinlich repräsentiren die „Bilobata-Schichten", welche nach Bittner's Untersuchungen in den veronesischen Voralpen häufig mit mergeligen Schichten wechseln und an Echinodermen-Resten und Rhynchonellen reich sind, auch noch höhere Dogger-Zonen, worauf bereits die Angabe Schloenbach's über das Vorkommen von *Stephanoceras Bayleanum* und *Steph. Brocchii* am Cap San Vigilio hinweist. *) Gegen oben bilden den Klaus-Schichten entsprechende rothe Marmore mit Manganputzen und linsenförmigen Einschaltungen von Posidonomyen- und Crinoidenkalken die Grenze.

Bereits in den Sette Communi fehlen nach den übereinstimmenden Berichten von Neumayr und Vacek die Bilobata-Schichten gänzlich. Ueber dem grauen Liaskalk liegen unmittelbar die nur sporadisch auftretenden Klaus-Schichten oder, wo diese fehlen, die Cephalopodenbänke des Malm. Ganz ähnliche Verhältnisse herrschen in dem Gebiete unserer Karte. Die Bilobata-Schichten wurden nirgends beobachtet. Auf dem Campo torondo und auf dem Monte Agnellazzo liegt nach den Beobachtungen von Hoernes zwischen dem liasischen Crinoidenkalk und dem oberjurassischen Ammonitenkalk eine weisse Kalkbank von 1 M. Mächtigkeit, welche zahlreiche

---

*) Verh. Geol. R.-A. 1867, p. 158.

Exemplare von *Stephanoceras Humphriesianum Sow., Steph. Vindobonense Griesb.* u. s. w. umschliesst und daher der Zone des *Steph. Humphriesianum* angehört. Im Ampezzaner Jura kommen Klaus-Schichten, wahrscheinlich ebenfalls nur in isolirten Linsen, vor. Wegen der Schwierigkeit, so wenig mächtige und sporadische Ablagerungen aufzufinden und zu verfolgen, wurden in unserer Karte die Ablagerungen des Dogger und des Malm zusammengefasst.

III. Der Malm. Das vorherrschende Faciesgebilde des Malm in den ostrheinischen Nordkalkalpen sind Aptychenkalke (Ammergauer Schichten, Oberalm-Schichten), welche sich ebenso sehr durch grosse Mächtigkeit, wie durch beklagenswerthe Fossilarmuth auszeichnen. Man hat an einigen Stellen Ammoniten gefunden, und zwar solche, welche der Zone des *Aspidoceras acanthicum* und solche, welche dem Tithon entsprechen. Die Aptychenkalke schliessen sich in der Regel innig den rothen Kieselkalkschiefern des Dogger an und es ist vorläufig ebenso wenig möglich, den Dogger vom Malm richtig abzugrenzen, als die Antheile zu bezeichnen, welche den verschiedenen Zonen des Malm zukommen.

Nur in solchen Fällen, wo, wie im Salzkammergut, Cephalopodenkalke oder weisse tithonische Nerineenkalke in die Aptychen-Schichten eingreifen, ist eine annähernde Altersgliederung derselben durchführbar.

Eine dem Callovien entsprechende Brachiopodenfacies kommt an zahlreichen Stellen des Nordrandes der Nordkalkalpen zwischen Vils in Tirol und der Gegend von Wien vor. Dies sind die sogenannten Vilser Schichten im engsten Sinne mit *Terebratula pala* und *Terebratula antiplecta*.

Nicht selten treten im Bereiche der salzburgisch-österreichischen Kalkalpen cephalopodenführende rothe Marmore auf, welche hauptsächlich den Zonen des *Stephanoceras macrocephalum* und des *Aspidoceras acanthicum*, seltener dem Tithon angehören. Die grösste Verbreitung besitzen die Kalke mit *Aspidoceras acanthicum*.

Im Tithon des Salzkammergutes kommen endlich weisse Nerineenkalke („Plassenkalk") in mächtigen, riffartigen Massen vor.

Was die Südalpen betrifft, so können wir wegen der Unzulänglichkeit der Nachrichten, ebenso wie es beim Dogger der Fall war, nur das Gebiet unserer Karte und die benachbarten Gegenden zwischen der Brenta und der Etsch berühren. *)

---

*) In der Lombardei scheint wie in Nordtirol der ganze Dogger und Malm durch Aptychenkalke vertreten zu sein. Es ist bemerkenswerth, dass in der Lombardei von den rhätischen Schichten bis zum Neocom im Wesentlichen eine mit Nordtirol übereinstimmende Entwicklung herrscht.

Mit grosser Regelmässigkeit sind über diese Gebiete rothe knolligplattige Ammonitenkalke, der sogenannte ‚Ammonitico rosso', verbreitet, welche stets die Zone der *Aspidoceras acanthicum* und das untere Tithon (Zone der *Oppelia lithographica*, Schichten mit *Terebratula diphya)* enthalten. An einigen wenigen Punkten beherbergen die tiefsten Bänke die Fossilien der Zone des *Peltoceras transversarium*. Die Acanthicum-Schichten lassen stellenweise eine Sonderung in die beiden Zonen der *Oppelia tenuilobata* und des *Aspidoc. Beckeri* zu, von denen die letztere sich durch das erste Erscheinen einer Anzahl von tithonischen Formen auszeichnet. Das obere Tithon oder die Zone des *Perisphinctes transitorius* ist in Südtirol nicht nachweisbar. Doch führt der südtirolische Diphyakalk einige Formen, welche anderwärts erst in dem oberen Tithon auftreten.

Die weite und regelmässige horizontale Verbreitung, die auffallende Färbung und der Reichthum an, allerdings meist schlecht erhaltenen Ammoniten stempeln die oberjurassischen Ammonitenkalke der Südalpen zu einem vorzüglichen Orientirungs-Horizonte.

Die eingehende heutige Kenntniss der oberjurassischen Zonen ist bekanntlich erst die Frucht der letzten Jahre und das Resultat sehr sorgfältiger Untersuchungen einer grossen Anzahl bedeutender Forscher deutscher und französischer Nationalität. Eine kurze Besprechung der einschlägigen Thatsachen scheint mir an diesem, der Charakteristik der alpinen Ablagerungen gewidmeten Orte unerlässlich zu sein.

Die hergebrachte Grenze zwischen der Jura- und Kreide-Periode beruht auf der Einschaltung heteromesischer Ablagerungen im nördlichen Theile Mitteleuropa's. Eine ziemlich bedeutende Lücke in der Reihenfolge der marinen Bildungen ist hier vorhanden und aus diesem Grunde besteht ein scharfer Schnitt, ein unvermittelter Hiatus zwischen den oberjurassischen und untercretaceischen Marinfaunen des nördlichen Mitteleuropa.

Durch die Acquisition der Hohenegger'schen Sammlung karpathischer Fossilien für das Münchener palaeontologische Museum gelangte Oppel, der gründliche Kenner des Jura, um die Mitte der 1860er Jahre in den Besitz eines ausserordentlich reichhaltigen Untersuchungs-Materials aus den oberjurassischen Ablagerungen der mediterranen Provinz. Seinem Scharfblicke konnte es nicht entgehen, dass hier neue, der mitteleuropäischen Juraprovinz fehlende Marinfaunen vorliegen, welche sich ebenso sehr durch Anklänge an jurassische Typen, wie durch unverkennbare Beziehungen zu dem mediterranen Neocom auszeichnen. In seiner epochemachenden kleinen

Schrift über die „Tithonische Etage", welche Bezeichnung er für die in Rede stehenden Bildungen vorschlug, lenkte Oppel *) die allgemeine Aufmerksamkeit auf diese vorher nur wenig beachtete **) wichtige Thatsache und betonte nachdrücklich den bestehenden Gegensatz zwischen der continuirlichen isomesischen Formationsreihe in den Alpen- und Karpathenländern und der durch das Dazwischentreten heteromesischer Bildungen lückenhaften Schichtfolge in der mitteleuropäischen Juraprovinz. Durch eingehende Specialstudien sollten zunächst die Altersbeziehungen der sehr verschiedenartigen tithonischen Ablagerungen festgestellt werden, um sodann entscheiden zu können, an welcher Stelle die theoretische Grenzlinie zwischen Jura und Kreide zu ziehen sei.

Leider setzte der Tod dem schöpferischen Wirken Oppel's unerwartet früh ein Ziel. Seine Anregungen waren aber auf fruchtbaren Boden gefallen und es entspann sich nach seinem Tode eine für den Fortschritt der Wissenschaft ausserordentlich nutzbringende Discussion, an welcher sich Hébert, Neumayr, Pictet und Zittel in hervorragender Weise betheiligten. Nachdem durch Zittel's ***) vortreffliche Monographien die Cephalopodenfaunen des Tithon bekannt gemacht worden waren, herrschte über die Continuität der tithonischen und neocomen Marinfaunen der mediterranen Provinz auf keiner Seite mehr ein Zweifel. Dagegen bestritten einige französische Geologen, Hébert an der Spitze, die Continuität gegen unten und behaupteten, dass zwischen der Oxfordstufe und dem Tithon in den Mediterranländern eine grosse Lücke vorhanden sei. Der Grund dieser Meinungsverschiedenheit lag hauptsächlich darin, dass Hébert an der Ansicht festhielt, dass das sogenannte „Corallien" eine selbständige Etage sei, während doch durch die Untersuchungen von Mösch, Oppel und Waagen nachgewiesen worden war, dass die verschiedenen Coralliens des Juragebirges und des französischen Jura sehr verschiedenen Horizonten angehören. †)

Gegenwärtig darf man wol auch diese Frage als im Sinne der deutschen Geologen endgiltig gelöst betrachten. Neumayr's

---

*) Zeitschr. d. Geol. Ges. 1865, p. 535.

**) Der verdienstvolle österreichische Geologe Hohenegger hatte übrigens schon im Jahre 1852 (Jahrb. Geol. R.-A. p. 137) den Schwerpunkt der Frage richtig aufgefasst.

***) Palaeont. Mitth. a. d. Museum des k. bayer. Staates. Bd. II.

†) Es ist hier genau dasselbe Verhältniss und derselbe Gang der Erkenntniss, wie bei den norischen und unterkarnischen Dolomiten und hellen Kalken unserer Alpen, welche man bisher allgemein für eine bestimmte selbständige Etage (unter den Bezeichnungen Hallstätter-, Wetterstein-, Esino-Kalk, Schlerndolomit) gehalten hatte.

wichtige Arbeit über die mediterranen Schichten mit *Aspidoceras acanthicum* *) enthält eine erschöpfende Darstellung der ziemlich complicirten Verhältnisse.

So kann man es jetzt als einen wissenschaftlich erwiesenen Satz hinstellen, dass im Mediterran-Gebiete uns die im mittleren Europa fehlende Verbindung zwischen den jurassischen und den neocomen Marin-Faunen vorliegt. Die übereinanderfolgenden Faunen sind durch gemeinsame, sowie durch derivirte Formen innig verkettet. Nirgends ist in der geschlossenen Reihe eine Lücke wahrnehmbar.

Die auf der nächsten Seite folgende Tabelle soll das Verhältniss der mediterranen zu den mitteleuropäischen Bildungen veranschaulichen.

Cretaceische Bildungen.

Ohne Lücke schliessen sich die Kreidebildungen der Alpenländer, wie soeben angedeutet wurde, an die Jurabildungen desselben Gebietes. Die Entwicklung der Faunen ist eine continuirliche. Die Kreide erscheint in dieser isotopischen Region als eine fortgesetzte Jurabildung. Die Grenzlinie ist demnach vollständig künstlich.

Während die beiden tiefsten Glieder der Kreide im Mediterran-Gebiete abgelagert wurden, dauerte in Mitteleuropa die gegen das Ende der Jurazeit eingetretene Festlandsperiode fort. Als dann später das Meer wieder in die mitteleuropäischen Länder einbrach, bevölkerten, wie Neumayr**) angibt, die mediterranen Typen, soweit die nördlichere Lage ihr Fortkommen erlaubte, die dem Meere wieder gewonnenen Gegenden und mischten sich mit von Norden, aus der borealen Provinz eingewanderten fremdartigen Elementen, welche sich im Laufe der Zeit auch allmählich bis in die mediterrane Provinz verbreiteten.

Der wahrscheinlich durch klimatische Einflüsse bedingte Gegensatz der mediterranen und der mitteleuropäischen Provinz lässt sich in ganz analoger Weise, wie im Jura, so auch durch die ganze Kreide verfolgen. Bereits d'Orbigny hatte den eigenthümlichen Charakter der südfranzösischen, dem Mediterran-Gebiete angehörenden Kreide erkannt. Es darf aber nicht übersehen werden, dass sehr viele Ab-

---

*) Abhandl. Geol. R.-A., Bd. V. — Die seither erschienenen Arbeiten von Choffat, Ernest Favre, Fontannes und Gemellaro bestätigen, zum Theil auf Grundlage neuer Thatsachen, völlig die Auffassung Zittel's und Neumayr's.

**) Ueber Charakter und Verbreitung einiger Neocomcephalopoden. Verh. Geol. R.-A. 1873, p. 288. — Die Ammoniten der Kreide u. s. w. Zeitsch. d. Geol. Ges. 1875, p. 854.

	Stufen	Mediterrane Provinz	Mitteleuropäische Provinz
Kreide	Unter-Neocom	Zone des *Belemnites latus* (Barrême, Rossfeld)	Wealden
		Fauna von Berries	Heteromesische Grenze
Jura (Malm)	Tithonische Stufe	Zone des *Perisphinctes transitorius* (Stramberg)	Purbeck
		Zone der *Oppelia lithographica* (Diphyakalk)	Zone der *Oppelia lithographica* (Solenhofen, Cirin, Portland)
			Heteromesische Grenze
	Kimmeridge Stufe	Zone des *Aspidoceras Beckeri*	Zone des *Perisphinctes Eumelus*
		Zone der *Oppelia tenuilobata* Schichten des *Aspidoceras acanthicum*	Zone der *Oppelia tenuilobata*

weichungen zwischen der mediterranen und der mitteleuropäischen Kreide lediglich eine Folge der stark heteropischen Entwicklung in den beiden Gebieten sind.

Zu den Ammoniten-Gattungen *Phylloceras* und *Lytoceras*, welche bereits im Jura bezeichnend für die mediterrane Provinz waren, treten in der Kreide noch die Gattungen *Haploceras*, *Crioceras* und *Hamites*. Geradezu charakteristisch für die mediterrane Kreide ist ferner die Pelecypoden-Sippe der Rudisten, welche stets gesellig in grossen Massen auftretend, eine eigenthümliche, weite Strecken bedeckende und zu mächtigen Felslagern anschwellende Kalkfacies bildet. In der mitteleuropäischen Kreide finden sich nur wenige Colonien und einzelne sporadische Vorkommnisse der mediterranen Typen, und zwar um so seltener, je mehr man sich von der mediterranen Provinz gegen Norden entfernt. Man ist daher berechtigt, hier wie im Jura, zu sagen, dass die mediterranen Typen in der mitteleuropäischen Provinz die Polargrenze ihrer Verbreitung erreichen. Die Annahme, dass klimatische Verschiedenheiten der Ausdehnung der mediterranen Formen gegen Norden Schranken setzten, wird wesentlich unterstützt durch die parallelen Erscheinungen auf dem nordamerikanischen Continente, wo gleichfalls, wie F. Römer und H. Credner hervorgehoben haben, die Rudisten auf den Süden (Texas) beschränkt sind und dem Norden (New-Jersey u. s. f.) fehlen.

Nach den Lagerungsverhältnissen und nach der heteropischen Ausbildung der cretaceischen Ablagerungen zerfallen die Alpen in eine Anzahl sehr abweichender Districte. Es würde mich von den in diesem Buche vorgesteckten Zielen zu weit abführen, wenn ich in nähere Details eingehen würde. Ich verweise in dieser Beziehung auf Fr. v. Hauer's treffliches Handbuch der Geologie der österreichisch-ungarischen Monarchie, in welchem man auch die Darstellung der für das richtige Verständniss des Zusammenhangs so instructiven Kreidegebiete der Karpathen und des Bakonyer Waldes finden wird, und beschränke mich auf die nothwendigsten Angaben über die Ostalpen.

Die Nordalpen östlich des Rheins umfassen zwei dem Streichen der Alpenkette parallel verlaufende, wesentlich abweichende Regionen, das Gebiet der eigentlichen Kalkalpen und die Flysch- oder Wiener Sandstein-Zone.

Die Kreidebildungen der nördlichen Kalkalpen trennen sich scharf in zwei dem Alter und der Verbreitung nach verschiedene Ablagerungen, die sogenannten Rossfelder Schichten und die Gosau-Schichten.

7*

Jene entsprechen nach ihrer Fauna blos den beiden tiefsten, in Mitteleuropa fehlenden oder durch Wealdenbildungen repräsentirten Zonen des Neocoms, den Schichten von Berrias und der im südlichen Frankreich weit verbreiteten und cephalopodenreichen Zone des *Belemnites latus.* Das vorherrschende Gestein sind Mergel mit Fucoiden, den liasischen Fleckenmergeln häufig ähnlich. Gegen unten gehen dieselben stellenweise durch Wechsellagerung mit härteren, kalkigen Bänken in hornsteinreiche Aptychenkalke (Schrambach-Schichten) über, welche im Falle der Unterlagerung durch jurassische Aptychenkalke von diesen nur künstlich zu trennen sind. Gegen oben schalten sich meistens flyschähnliche Sandsteine und bunte Kalkconglomerate ein. Nach den Fossileinschlüssen repräsentiren die Rossfelder Schichten ausschliesslich die Cephalopoden-Facies.

In Nordtirol folgen die Rossfelder Schichten der Verbreitung der jurassischen Aptychenkalke, denen sie concordant aufgelagert sind. In den salzburgischen und österreichischen Alpen dagegen besteht meistens eine bedeutende Discordanz zwischen den jurassischen und neocomen Bildungen, in Folge welcher die neocomen Schichten häufig eine selbständige Verbreitung zeigen und mulden- oder canalförmige Einschnitte des älteren (Trias- oder Jura-) Gebirges erfüllen. Der Ablagerung der Neocom-Schichten muss daher in diesen Gegenden eine Hebung und Contourirung des Landes vorausgegangen sein. Bei der ausserordentlichen Zeitdauer der einzelnen geologischen Zonen wäre ein solches Ereigniss denkbar, ohne dass eine auffallende Lücke in der Schichtenreihe bemerkbar wäre. Unter solchen Umständen ist es nun jedenfalls beachtenswerth, dass obertithonische Ablagerungen hier noch nirgends nachgewiesen werden konnten. Bestätigt sich nach näherer Untersuchung der Tithonkalke das Fehlen des oberen Tithon, so wäre man berechtigt anzunehmen, dass dieser Theil der Alpen zur selben Zeit gehoben wurde, als der mitteleuropäische Juradistrict Festland wurde.

Nach der Ablagerung der Rossfelder Schichten wurde das ganze Gebiet der ostrheinischen Nordkalkalpen gehoben. Es folgte eine lange Festlandsperiode, in welcher das Land contourirt wurde. Das Gebiet vor den Alpen, die Flyschzone, blieb aber Meer. Ein schmaler Canal — die Meerenge von Wien — verband das gallo-helvetische Meer mit dem karpathisch-pannonischen Becken.

Erst gegen das Ende der turonischen Zeit drang wieder Meerwasser in schmalen Canälen und Buchten, wahrscheinlich aus Südosten, in das Innere der ostrheinischen Nordkalkalpen. Es begann die Bildung der durch den ausserordentlichen Reichthum an Fossilien bekannten Gosau-Schichten, deren richtige und scharfe Altersbestimmung die grosse Mannigfaltigkeit heteropischer Glieder, sowie das Vorherrschen eigenthümlicher, auf die Gosaubildung beschränkter Thierreste erschwert. Die Gosau-Schichten bilden wol ohne Zweifel eine geschlossene continuirliche Schichtenreihe, aber es ist vorläufig schwer zu entscheiden, ob diese Reihenfolge heteropischer Glieder einer oder mehreren palaeontologischen Zonen entspricht. Die an der Basis des Complexes liegenden und mit Strandconglomeraten, Kohlenflötzen und Süsswasser-Schichten wechsellagernden Hippuriten-, Actaeonellen- und Nerineen-Kalke haben eine Anzahl von Formen mit den isopischen oberturonischen Hippuriten-Kalken des südlichen Frankreich (Schichten mit *Hippurites cornuvaccinum)* gemeinsam und stehen denselben im Alter jedenfalls nahe. Die Untersuchung der in den oberen Gliedern der Gosau-Schichten, namentlich in den Inoceramen-Mergeln vorkommenden Cephalopoden durch A. Redtenbacher hat neben einer überwiegenden Anzahl von eigenthümlichen Formen sieben für die senonische Kreide der mitteleuropäischen Provinz charakteristische Arten kennen gelehrt.

Schlüter, die Schlussfolgerungen Redtenbacher's bestätigend und schärfer präcisirend, hat neuerdings wiederholt die Ansicht ausgesprochen, dass die cephalopodenführende Abtheilung der Gosau-Schichten dem in der mitteleuropäischen Kreide weitverbreiteten und mächtigen Emscher Mergel entspreche, welcher nach Barrois mit der der senonischen Stufe angehörigen Zone des *Micraster coranguinum* zusammenfällt.

Noch jüngere Kreideschichten reichen nur an einer dem nördlichen Aussenrande sehr nahen Stelle in das Innere der Kalkalpen. Es ist dies der Mauslochgraben am Westabhange des Untersberges bei Reichenhall, wo Gümbel Schichten mit *Belemnitella mucronata* und *Ananchytes ovata* (Nierenthal-Schichten) fand. Dieses Vorkommen bildet offenbar nur einen im Süden übergreifenden Ausläufer der obersten Kreideschichten der Flyschzone.

Nach den Aufschlüssen im Westen und im Osten der den ostrheinischen Nordkalkalpen vorgelagerten Flyschzone kann es keinem Zweifel unterliegen, dass hier eine continuirliche Ablagerung während der ganzen Kreidezeit stattgefunden hat. Zu bedauern ist nur, dass in dem mittleren Striche die Aufschlüsse an der Basis des Eocänen blos die oberste Kreide bloslegen, da irgendwo in dieser Gegend der heteropische Wechsel zwischen der im Osten herrschenden Flyschfacies und der westlichen, schweizerischen Kreide-Entwickelung eintreten muss.

Nach den Angaben der Gümbel'schen Karte der bayerischen Alpen reicht die schweizerische Kreide-Entwickelung östlich bis an den Inn. Im Bregenzer Walde und im Allgäu tritt die Kreide in mächtigen Zügen, gebirgsbildend mitten aus dem eocänen Flysch. Die Aufschlüsse umfassen hier die ganze Reihe der ostschweizerischen Kreidebildungen: Rossfelder Schichten, Spatangenkalk, Schrattenkalk, Gault-Sandsteine, Seewen-Schichten. Weiter gegen Osten kommen in den vereinzelten und räumlich beschränkten Aufbrüchen nur mehr die höheren Kreideglieder zum Vorschein.

Oestlich vom Inn bis Korneuburg an der Donau bei Wien kennt man eine vielfach unterbrochene aber doch sichtlich fortlaufende Reihe von Vorkommnissen obersenonischen Alters — Schichten mit *Belemnitella mucronata* — (Kressenberg, Mattsee, Gmunden, Leitzersdorf bei Korneuburg), welche durch ihre organischen Einschlüsse und ihre Gesteinsbeschaffenheit sehr an mitteleuropäische Bildungen gleichen Alters erinnern. An einigen Punkten, wie im Gschliefgraben bei Gmunden, auf der Nordseite des Traunstein, scheinen auch untersenonische, vielleicht sogar auch turonische Ablagerungen mit gleichfalls vorherrschend mitteleuropäischem Charakter vorhanden zu sein. *) Die tieferen Kreideschichten sind im Osten, in Nieder-Oesterreich, durch die Flyschsandstein-Facies repräsentirt, welche hier bis zu den an der Basis liegenden unterneocomen Aptychen-Schichten (Rossfelder Schichten) die ganze Reihe der zwischenliegenden Kreide-Horizonte umfassen dürfte.

Während sonach die untere und mittlere Kreide in der Flyschzone entschieden mediterran entwickelt ist, nähern sich die höheren Glieder der oberen Kreide in auffallender Weise dem mitteleuropäischen Kreidetypus. Stehen bereits die Seewen-Schichten mit ihren Echinodermen und Inoceramen der mitteleuropäischen Oberkreide näher als den mediterranen Gosau-Schichten, so tritt der mitteleuropäische Charakter noch viel auffallender in den obersten Kreideschichten der Flyschzone östlich vom Inn hervor. Die Grenze der mitteleuropäischen Provinz hatte sich sonach zur Zeit der obersten Kreide gegen Süden verschoben.

Für das richtige Verständniss unserer Gosau-Bildungen ist dieses Uebergreifen der mitteleuropäischen Oberkreide hart bis an den Rand der Kalkalpen von grosser Wichtigkeit. Die Gosau-Buchten unserer nördlichen Kalkalpen konnten mit dem mediterranen Meere unmöglich im Norden und Westen, wie man *a priori* gerne annehmen möchte, communiciren, da diese Gegenden von der mitteleuropäischen

---

*) Die senonischen Kreideschichten von Siegsdorf in Bayern, welche auch einige Gosau-Formen enthalten, nähern sich nach den Mittheilungen Gümbel's wol ebenfalls der mitteleuropäischen Entwicklung.

Fauna bevölkert waren. Es bleibt daher nur die Annahme offen, dass das Gosau-Meer von Südosten her in das Gebiet der nördlichen Kalkalpen eindrang. In dieser Richtung finden sich auch thatsächlich typische Gosau-Bildungen sowol am Ostrande der krystallinischen Mittelzone der Alpen (Kainachthal, Gonobitz, Sotzka), als auch im Bakonyer Walde, in Siebenbürgen, in der Fruska Gora und, nach Tietze, in Serbien.

Auf der andern Seite erhebt sich nun auch die Frage über den Anschluss der obersten Kreideschichten der Flyschzone an die mitteleuropäischen Ablagerungen. Die räumlich zunächst liegenden Ablagerungen bei Passau und Regensburg können hier nicht weiter in Betracht kommen, da ihnen, ebenso wie dem sächsisch-böhmischen Kreidegebiete (der hercynischen Kreidebucht) die obersten Kreideschichten mit *Belemnitella mucronata* gänzlich fehlen. Dagegen sind in Polen diese Schichten vorhanden und scheint der Annahme einer bestandenen Verbindung in dieser Richtung nichts im Wege zu stehen. Vielleicht bilden die von F. v. Hochstetter bei Friedeck in den schlesischen Karpathen entdeckten Baculiten-Schichten, in welchen sich ja *Baculites vertebralis* und *B. anceps* finden sollen, ein Verbindungsglied.

Die Südalpen lassen zwei grosse heteropische Regionen unterscheiden, deren Grenzen vertical auf das Streichen der Alpen verlaufen — eine Wiederholung der bereits beim südalpinen Lias besprochenen auffallenden Erscheinung.

In Südtirol und den anschliessenden Gegenden Venetiens ist die Kreide durch eine continuirliche Folge von dünngeschichteten Mergelkalken und Kalkmergeln vertreten, deren untere lichtgefärbte Abtheilung als Biancone und deren oberer vorherrschend rother Theil als Scaglia bezeichnet wird. Eine scharfe Grenze zwischen diesen beiden Abtheilungen ist nicht vorhanden, und die bisher von den meisten Autoren gemachte Annahme einer Lücke zwischen denselben scheint mir ganz ausser dem Bereich der Möglichkeit zu liegen. Wahrscheinlich repräsentirt der sehr mächtige Biancone die ganze untere und mittlere Kreide und entspricht die Scaglia vorzugsweise den höheren Horizonten der oberen Kreide. Es ist richtig, dass die Fossilien, welche man hauptsächlich in den tieferen Abtheilungen des Biancone findet, in der Regel blos den beiden, auch in den Rossfelder Schichten der Nordalpen vorhandenen unterneocomen Zonen von Berrias und Barrême entsprechen, aber die Angabe Zigno's über das Vorkommen von

Hamites alternatus Phill.
Schloenbachia Roissvana Orb.

Schloenbachia inflata Sow.
Acanthoceras mammillare Schloth.

beweist, dass auch höhere Kreidezonen an der Zusammensetzung des Biancone betheiligt sind. Selbst wenn, was ausserordentlich schwierig wäre, nachgewiesen werden könnte, dass einzelne Horizonte durch keinerlei Gesteinsabsätze vertreten sind, so würde dies noch nicht zu dem Schlusse berechtigen, dass dieser Lücke eine Hebung und Trockenlegung des Gebietes entspreche. Es gilt hier dasselbe, was wir oben von der Lückenhaftigkeit des mediterranen Jura bemerkt haben.

Trotz der Constanz der Hauptgesteinstypen des Biancone machen sich schichtenweise an einzelnen Localitäten einige Abweichungen geltend. An der Basis der Biancone treten z. B. nicht selten rothe, vielen Scaglia-Gesteinen ähnliche Mergel auf. Stellenweise schieben sich hornsteinführende feste Kalkplatten ein. Die herrschende Farbe in dem Gebiete unserer Karte ist lichtgrau. Im Süden überwiegen aber schmutzigweisse, muscheligbrechende Gesteine.

Die typische Scaglia verdankt ihren Namen der Eigenschaft, an der Luft in kleine keil- oder scheibenförmige Stücke zu zerfallen. Die rothe Färbung herrscht zwar im Allgemeinen vor, tritt aber doch in manchen Gegenden sehr zurück. Plattenförmige rothe Kalke, ähnlich dem oberjurassischen rothen Ammonitenkalk sind in den südlichen Regionen unseres Gebietes und an der unteren Etsch nicht selten den Mergeln eingeschaltet und bei Belluno, dann bei Domegliara an der Etsch in grossen Steinbrüchen aufgeschlossen. Diese Platten sind als Bau- und Pflastersteine sehr geschätzt und werden dem oberjurassischen Plattenkalk wegen ihrer Ebenflächigkeit in der Regel vorgezogen.

Die Fauna der Scaglia besteht vorzugsweise aus Inoceramen und Echinodermen. In den Plattenkalken von Domegliara kommen nach Bittner's Beobachtungen Cephalopoden nicht selten vor, doch sind dieselben so schlecht erhalten, dass Artbestimmungen nicht möglich sind. Die wichtigsten Fossilien der venetianischen Scaglia sind nach v. Zigno:

Inoceramus Lamarcki Orb.
„   *Cuvieri Orb.*
Ananchytes ovata Lam.
Stenonia tuberculata Defr. sp.
Cardiaster italicus Orb.
„   *Zignoanus Orb.*

Die Kreide der lombardischen Kalkalpen schliesst sich zwar im Wesentlichen an die südtirolisch-venetianische Entwicklung an, doch bestehen, wie aus den Darstellungen Curioni's [*]) hervorgeht, einige nicht unwesentliche Abweichungen. Ueber der dem Biancone entsprechenden „Majolica" treten fucoidenreiche Flyschmergel und Sandsteine ' auf, in deren Mitte Conglomerate und Sandsteine mit Hippuriten und Actaeonellen turonischen Alters eingelagert sind. Erst mit den oberen Flyschgesteinen stehen dann röthliche und weissliche Scagliamergel mit zahlreichen Inoceramen und mit *Belemnitella mucronata* in Verbindung.

Im Osten unseres Kartengebietes folgt die zweite heteropische Region, welcher die östlichen Südalpen und die Karstländer angehören. Rudistenkalke bilden hier durch die ganze Kreide die dominirende Facies.

Die heteropische Grenze gegen die Tiefsee-Facies Biancone-Scaglia verläuft, wie bereits erwähnt, in meridionaler Richtung, doch blieb diese Grenze keineswegs während der ganzen Kreidezeit stationär. Wir finden z. B. an der Ostgrenze unseres Kartengebietes auf dem Monte St. Pascolet bei Santa Croce über dem Biancone einen westlichen, riffförmig endenden Ausläufer der Rudisten-Facies, welcher nach den von v. Zigno bestimmten Fossilien:

Radiolites cornu pastoris Desm. sp.

Sphaerulites Ponsiana Orb. sp.

Hippurites organisans Montf. sp.

Actaeonella laevis Orb.

„ *gigantea Orb.*

der Turonstufe angehört. Zwischen dieser Gegend und dem Isonzo dehnt sich die Rudisten-Facies allmählich abwärts bis zu den wahrscheinlich unterneocomen Woltschacher Kalken aus, während die Scaglia-Mergel sich über den obersten, turonischen Bänken der Rudistenkalke bis in die vom Isonzo durchströmten Landschaften erstrecken. Erst östlich vom Isonzo sind dann auch die tiefsten und die höchsten Glieder der Kreide vorherrschend von Rudisten-Kalken gebildet.

---

[*]) Geologia, applicata delle provincie Lombarde, I.

IV. CAPITEL.

Orotektonische Gliederung von Südtirol.

Die Judicarien-Spalte. – Die Val Sugana-Spalte. – Das südtirolische Hochland. – Die Drau-Spalte. – Individualisirung der Gebirgsstöcke. – Plateauform. – Den landschaftlichen Charakter beeinflussende Factoren. – Der Dolomit als solcher besitzt keine ihm ausschliesslich zukommenden physiognomischen Eigenschaften. – Die landschaftlichen Eigenthümlichkeiten des südtirolischen Hochlandes sind vorzugsweise durch den Gegensatz von localisirt auftretenden contrastirenden Gesteinsarten bedingt.

Die orographische und landschaftliche Gestaltung des südlichen Tirol ist so eigenartig, so sehr von den herrschenden physiognomischen und plastischen Verhältnissen der alpinen Nebenzonen abweichend, dass die Aufmerksamkeit tiefer blickender Beobachter schon längst auf diesen Gegenstand gelenkt wurde. Es dürfte daher nicht überflüssig sein, der Detailschilderung unseres Gebietes einige Bemerkungen über die orotektonische Anordnung vorangehen und dieselbe die Stelle der üblichen oro- und hydrographischen Einleitung vertreten zu lassen.

Zwei grosse Gebirgsbrüche sind vor Allem bestimmend für den Bau des südlichen Tirol. Der eine verläuft vom Idro-See über Val Bona, Val Rendena nahezu geradlinig bis in die Gegend von Meran. Dies ist die Judicarien-Spalte, längs welcher das von Osten herantretende jüngere Gebirge plötzlich abgeschnitten wird. Am westlichen emporgehobenen Spaltenrande sind bis auf wenige Reste in Judicarien die mesozoischen Bildungen durch Denudation entfernt. An allgemeiner Bedeutung für die räumliche Anordnung der südalpinen Nebenzonen wird die Judicarien-Spalte durch keine andere tektonische Linie übertroffen. Ihr Alter ist kaum mit Sicherheit zu bestimmen. Es mag sein, dass der berühmte, durch sie im Westen begrenzte einspringende Winkel des Kalkgebirges in seiner ersten Anlage bis in die Zeit der permischen Quarzporphyr-Ergüsse zurückreicht und dass die triadische Strandlinie nahezu mit ihr zusammenfällt. Zu Gunsten einer solchen Auffassung spricht ausser einigen, nicht allzu hoch anzuschlagenden Analogien, das Verhalten der Triasdolomite, welche in der Richtung gegen die Judicarien-Spalte an Mächtigkeit bedeutend abnehmen. Es ist übrigens sehr bemerkenswerth, dass, wenn man die Judicarien-Linie in gleicher Richtung über das krystallinische Schiefergebirge der Mittelzone fortsetzt, die Verlängerung mit der Westgrenze des Kalkgebirges des Sill-Gebietes (Stubay, Gschnitz, Pflersch) zusammenfällt. Vielleicht hat man hier die Andeutung einer uralten transversalen Uferlinie und so reicht vielleicht das bedeutungsvolle Vorrecht der Brenner-Depression, den Norden mit dem Süden zu verbinden, in geologisch sehr ehrwürdige Zeiten zurück.

Der zweite grosse Gebirgsbruch verläuft aus Val Sugana in ostnordöstlicher Richtung am Südabfall des Cima d'Asta-Stockes nach Primiero, von da mit Beibehaltung der Richtung über Vallalta nach Val Imperina bei Agordo und sodann über das mittlere Zoldo, Forcella Cibiana nach Cadore, von wo derselbe sich höchst wahrscheinlich längs des Südabfalles des palaeozoischen Gebirgszuges der karnischen Alpen in östlicher und ostsüdöstlicher Richtung in die Karavanken und in östlichere Gegenden fortsetzt. Eine Reihe von Erzvorkommnissen, sowie einige Mineralquellen bezeichnen den Lauf dieser Bruchlinie, welche wir als die Val Sugana-Spalte bezeichnen wollen. Das im Süden gelegene Gebiet ist das gesunkene; stets ist der nördliche Bruchrand durch das Vorkommen älterer Bildungen ausgezeichnet. Nirgends überschreiten die tertiären Meeresablagerungen den Nordrand der Spalte, und nirgends trifft man im Norden auf Basaltgänge, während die mesozoischen Dolomite und Kalke des abgesunkenen Gebirgstheiles nicht selten von Basalt durchsetzt sind.

Diese beiden grossen Gebirgsbrüche beherrschen nun den Bau des südlichen Tirol und des angrenzenden venetianischen Gebirges in der Weise, dass sie das Hauptstreichen der tektonischen Linien und dadurch mittelbar auch die orographische Gliederung in den an den Spaltlinien niedergesunkenen Gebirgsstreifen bestimmen. Das Depressionsgebiet der Judicarien-Spalte reicht bis in das sogenannte Bozener Porphyrplateau, dessen westliche Hälfte sich theils allmählich, theils mittelst der Intervention einiger Verwerfungen sprungweise gegen Westen niedersenkt. Im Süden von Val Sugana verbinden sich die Depressionsgebiete von Judicarien und Val Sugana, das Thal des Astico bezeichnet beiläufig die Grenze zwischen den abweichenden Streichungs-Richtungen.

So stellt sich das in dieser Schrift zu schildernde Gebiet als das eigentliche Hochland der südtirolischen Kalkalpen dar, welches im Süden, Südosten und Westen an ausgedehnte, durch Parallelgliederung in tektonischer und orographischer Beziehung ausgezeichnete Depressionsdistricte grenzt. Da im Norden die krystallinischen Schiefer der Mittelzone unser Hochgebirge regelmässig unterteufen, so erscheint dasselbe im grossen Ganzen als eine in den tektonischen Bereich der Mittelzone gehörige Scholle von flach muldenförmiger Lagerung. Eine andere, vorläufig noch nicht gelöste Frage ist es aber, ob nicht am Südgehänge der Mittelzone eine der Fortsetzung der scheinbar bei Abfaltersbach endenden Drau-Spalte entsprechende Bruchlinie etwa über Brunneck und Mühlbach nach Meran verläuft und am letzteren Orte mit der Judicarien-Spalte zusammentrifft.

Ein Blick auf die Karte genügt, um sich zu überzeugen, dass das südtirolische Hochland in eine Anzahl unregelmässig vertheilter plateauförmiger Gebirgsmassen zerfällt. Tiefe Einsattlungen, welche häufig eine ansehnliche Breite erlangen, sondern die mit steilwandigen kahlen Rändern abstürzenden Gebirgsmassive; die Gewässer eilen in tiefeingeschnittenen Erosionsrinnen, häufig senkrecht auf das Streichen der Schichten, den Längsthälern der benachbarten Districte zu. Die Individualisirung der Massen erscheint deshalb als das hervorstechende orographische Merkmal. Jeder Stock bildet ein Gebirge für sich und erst die geologische Synthese lehrt den Zusammenhang des Ganzen und die Bedeutung des Einzelnen kennen.

Die flache Lagerung der Gebirgsschichten und das Vorherrschen fester, zu senkrechter Zerklüftung disponirter Gesteine bedingen die Bildung der für das südtirolische Hochland so charakteristischen Plateaux. Die Wiederholung von der Plateaubildung günstigen Schichten in verschiedener Höhe bewirkt den terrassenförmigen Aufbau des Gebirges, welcher stellenweise in prägnanter Weise hervortritt und der Landschaft ein eigenthümliches Gepräge verleiht. Das jüngste plateaubildende Gestein ist der Dachsteinkalk, diesem folgt das ältere Dolomit-Riffplateau. Die höchsten Gebirgsmassen gehören einem von diesen beiden an; wo das Dolomitplateau noch von einem Dachsteinkalkplateau überhöht wird, wie z. B. im Sellagebirge, springt ersteres terrassenförmig vor. Einem tieferen geologischen Niveau und zugleich einer geringeren Höhenlage gehört das vom schwarzen Porphyr umrandete Plateau an, welches von einer Reihe weicherer, klastischer Gesteine überlagert in der Seisser-Alpe seinen vorzüglichsten Repräsentanten besitzt. Wo die Denudation bis auf den permischen Quarzporphyr hinabgegriffen hat, wie in den Umgebungen von Bozen, da entsteht das landschaftlich so merkwürdige Quarzporphyrplateau, welches in tiefen engen Erosionsschluchten seine Gewässer dem weiten Abzugs- und Sammelcanal der Etsch zuführt.

Unbeschadet der flachen Lagerung wird das südtirolische Hochland von einer Anzahl von Verwerfungslinien durchsetzt, welche bedeutende Niveauveränderungen herbeiführen und zur Individualisirung der Gebirgsstöcke beitragen. Doch gibt es auch einige Verwerfungen von bedeutender Sprunghöhe, welche auf die Plastik des Gebirges ohne Einfluss sind. Den interessantesten hieher gehörenden Fall werden wir im Gardenazza-Gebirge kennen lernen.

Wo der Einfallswinkel der Schichten in stärkerem Grade von der söhligen Lagerung abweicht, da entstehen Kämme mit einseitigem Steilabfall. Beispiele bilden der Cristallo-Stock für den Dachsteinkalk, die Marmolata für das Dolomitriff, die an wolgeformten Gipfelbildungen reiche Kette der Cima di Lagorai für den Quarzporphyr.

Es ist oben bereits erwähnt worden, dass von den untergeordneten Störungen abgesehen, das südtirolische Hochland eine grosse flache Mulde oder Synclinale bildet, indem die Schichten am Südrande von der Val Sugana-Spalte weg nach Norden einfallen, während am Nordrande Südfallen herrscht. Eine nähere Betrachtung lehrt jedoch, dass das Südfallen am Nordrande nur auf eine sehr schmale Zone beschränkt ist und dass in allen den folgenden, durch Verwerfungen abgegrenzten Schollen entweder söhlige Lagerung oder Nordfallen die Regel ist. Deshalb befindet sich der Steilabfall mit Ausnahme der erwähnten nördlichen Zone und der horizontal gelagerten allseitig schroff niedersetzenden Plateaumassen stets auf der Südseite der Gebirgsstöcke.

Die Culminationspunkte des Gebirges häufen sich in der südlichen Hälfte und auch hier wiederholt sich die interessante, bisher ganz unbeachtet gebliebene Erscheinung, dass dicht benachbarte Gipfel von annähernd gleicher Höhe aus sehr ungleichaltrigen Formationen bestehen; als ob zur Aufrechterhaltung des Gleichgewichtes des Gebirgsganzen ein gewisses Mass der Erhebung in den einzelnen Gebirgstheilen erfordert würde, in Folge dessen der abtragenden und nivellirenden Thätigkeit der Denudation ein stetes Nachrücken und Emporpressen älterer Formationen entgegenwirken müsste.

Es ist hier noch eines Factors zu gedenken, welcher neben den tektonischen Verhältnissen die Individualisirung der Gebirgsstöcke im südtirolischen Hochlande in hervorragender Weise begünstigt.

Bereits in der stratigraphischen Uebersicht ist darauf hingewiesen worden, dass die Formationsreihe zwischen den Werfener und Raibler Schichten in den Alpen in zweifacher, heteropischer Entwicklung auftritt, in der Dolomit-Facies (Riff-Facies) und in der

Mergel-Facies. In unserem Gebiete ist diese doppelte Entwicklung auf die Bildungen zwischen Muschelkalk und Raibler Schichten beschränkt, aber innerhalb dieses Rahmens tritt die Erscheinung in sehr ausgezeichneter Weise auf. Stockförmige Dolomitriffe tauchen inselförmig aus dem Gebiete der Mergel-Facies empor und schmale Canäle der Mergel-Facies winden sich zwischen grossen Dolomitstöcken durch. Ich erwähne hier, um Missdeutungen von vornherein zu begegnen, dass eine gleichförmige Decke jüngerer Bildungen über das ganze Gebiet sich hinzog und dass erst in verhältnissmässig neuer Zeit die Denudation die theilweise Entblössung der Dolomitriffe und ihrer Umgebungen vollzog.

Est ist einleuchtend, dass bei der ruhigen Lagerung des Gebirges die blosgelegten alten Riffe scharf abgegrenzte, individualisirte Gebirgsstöcke bilden.

Die eigenthümlichen landschaftlichen Reize, welche dem südtirolischen Hochlande seinen so wolverdienten Ruf verschafft haben, beruhen keineswegs ausschliesslich, wie fast allgemein angenommen wird, auf dem Vorkommen oder dem Vorherrschen des Dolomits. Die Verbreitung des echten Dolomits ist eine verhältnissmässig sehr beschränkte, und es besteht in physiognomischer Beziehung kein Unterschied zwischen dem dolomitisirten und dem nicht dolomitisirten Riffkalk. Der Schlern und der Rosengarten, der Lang- und Plattkofel bestehen zum grössten Theile aus Dolomit; in den übrigen Riffen waltet der Kalk vor, welcher ohne scharfe Grenze in den Dolomit übergeht. Es herrscht eine solche Unregelmässigkeit und Unbeständigkeit des Vorkommens der dolomitisirten Partien, dass die kartographische Scheidung von Kalk und Dolomit zu den schwierigsten und mühsamsten Unternehmungen gehören würde. Der wissenschaftliche Gewinn einer solchen Aufnahme wäre im Verhältniss zum erforderlichen Zeitaufwande von so geringem Belange, dass sich kaum Jemand dieser Aufgabe unterziehen wird. Wenn die Geologen die Bezeichnung Dolomit auch auf wenig dolomitisirte Kalke anwenden, so geschieht dies wegen der Kürze und Handlichkeit des Ausdruckes, aber stets nur mit der Beschränkung auf mit dem echten Dolomit gleichaltrige und gleichgebildete Kalke. Man ersieht daraus, dass sich mit dem Worte „Dolomit" allerdings ein geologischer, aber durchaus kein physiognomischer Begriff verbinden lässt. Das reisende Laienpublikum hat deshalb instinctiv das Richtige getroffen, indem es die Begriffe „Dolomit" und „Kalkberg" identificirte und die Bezeichnung „Dolomiten" nach und nach auf alle Kalkberge der Südalpen ausdehnte. Mit dem gleichen Rechte müssten aber auch die Nordkalkalpen Dolomite genannt und müssten schliesslich Kalk und Dolomit als synonyme Bezeichnungen für die Felsenkalke überhaupt angesehen werden. In einer solchen Ausdehnung und Verallgemeinerung liegt aber die Anerkennung, dass die Bezeichnung schlecht gewählt und weder zur morphologischen, noch zur geographischen Charakterisirung des südtirolischen Hochlandes geeignet ist. *)

Versuchen wir es aber nun, uns klar zu machen, welche Factoren den landschaftlichen Charakter unseres Gebirges bedingen? Ganz allgemein lässt sich sagen, dass die Physiognomie einer Gebirgslandschaft abhängt: 1. vom Gesteinsmaterial, 2. von der Lagerungsform desselben und 3. von den hypsometrischen Verhältnissen. Der Einfluss des dritten Factors ist so selbstverständlich, dass es überflüssig wäre, darauf näher einzugehen. Die beiden ersten Factoren stehen in inniger Wechselbeziehung. Eine oft nur unscheinbare und graduelle Abänderung des einen Factors genügt, um den Gesammteffect wesentlich zu alteriren. Dasselbe Gestein präsentirt sich bei flacher Lagerung anders, als bei steiler Aufrichtung der Schichten. Unter gleichen Lagerungsverhältnissen bewirkt häufig eine geringfügige, dem Laien kaum wahrnehmbare Aenderung des Gesteins, Abweichungen in der Tracht des Gebirges. Das Auge des gebirgsgewohnten Geologen ist für diese feinsten Nuancirungen in Farbe und Form der Felslandschaft sehr empfindlich; es ist gar häufig im Stande nach dem landschaftlichen Eindrucke ein verlässliches Urtheil über die geologische Zusammensetzung eines Berges abzugeben. Es soll hiermit durchaus nicht die Unfehlbarkeit solcher à la vue Bestimmungen behauptet werden, schon aus dem Grunde nicht, weil richtiges Sehen keine so leichte Sache ist. Ausser Erfahrung ist hiezu auch ein gewisser Grad individueller Begabung erforderlich. Es gibt tüchtige Geologen, welche für diese Art landschaftlicher Diagnose unempfänglich sind, und nicht selten sind leider auch die Maler, welche· unrichtige oder unmögliche, das Auge des Gebirgskundigen geradezu beleidigende Landschaftsbilder produciren.

In unserem Gebiete vereinigen sich die günstigsten Verhältnisse, um eine grossartige und wechselreiche landschaftliche Scenerie hervorzubringen: bedeutende Höhenunterschiede, grosse Mannigfaltigkeit des Gesteinsmaterials, vortheilhafte Beschaffenheit desselben und vorherrschend flache Lagerung.

Kaum kann sich ein anderes Gebiet der Alpen mit Südtirol in Bezug auf die reichliche und glückliche Abwechslung contrastirender Gesteinsarten messen. Der geheimnissvolle Zauber, welcher über

---

*) Vgl. a. R. Hoernes: Aus den Südtiroler Kalkalpen. Zeitsch. D. u. Oest. A. V. 1875, p. 127.

diesen im grossen Style angelegten Landschaften ausgebreitet ist, beruht auf den Gegensätzen zwischen den dunkelgefärbten und der Vegetation günstigen verschiedenartigen Eruptivgesteinen, Mergeln und Sandsteinen auf der einen und den hellen, nackten, bis hoch in die Schneeregion hinanragenden Kalken auf der anderen Seite. Dieser Contrast bestimmt den Grundton des Gemäldes, welcher durch die zahlreichen Nuancirungen an Farbe und Form, welche den verschiedenen Gesteinen der beiden Kategorien eigenthümlich sind, vielfältig modificirt wird. Trotz der Höhe und Kühnheit der Gipfelbildungen würde das südtirolische Hochland einen sehr monotonen, wilden und todesstarren Anblick gewähren, wenn dem Kalk und Dolomit die Alleinherrschaft zukäme. Es wäre eine unwirthliche, kaum bewohnbare Felsenwildniss mit schmalen, schluchtenartigen, wasserarmen Thaleinschnitten.

Vorzüglich dem in dieser Schrift zu schildernden Heteropismus der unter den Raibler Schichten gelegenen Triashorizonte, aber auch dem Auftreten altvulcanischer Gesteine ist es zuzuschreiben, dass ansehnliche becken- und canalförmige Thalweitungen das starre Kalkhochgebirge unterbrechen und mit ihren ausgedehnten Wiesen, Wäldern und Weiden die Landschaft in der angenehmsten und nützlichsten Weise beleben. Wir nennen hier nur die Hochfläche der Seisser Alpe, das badiotische Hochplateau mit Buchenstein, die Ampezzaner Thalweitung, die vom Pelmo überragte Hochfläche von Zoldo, die halbkreisförmige Thallandschaft östlich bei Agordo. In welch' hohem Grade diese mitten zwischen den Culminationspunkten des Kalkgebirges gelegenen Becken und Hochflächenthäler den Reiz der Scenerie erhöhen, wird jeder der Gegend Kundige bestätigen. Wasserrisse und Gehänge sind von prächtigem dunklen Nadelholz beschattet, über die ausgedehnten, welligen Hochflächen zieht ein üppiger Grasteppich, und schroff und unvermittelt erheben sich über und neben ihnen die schöngeformten, aber vegetationsarmen bleichen Kalkmassive oder die in phantastische Zacken und Zinnen aufgelösten Dolomitriffe. Grössere Gegensätze sind kaum denkbar.

Eine analoge Rolle in landschaftlicher Beziehung spielt das Tafelland des permischen Quarzporphyrs bei Bozen; aber abgesehen von der die Tracht beeinflussenden Verschiedenheit der Gesteinsart, bewirken die tiefere Lage, die davon abhängige südlichere Vegetation und die ansehnlicheren Dimensionen des Plateaubeckens eine Reihe von Abweichungen.

Einen wesentlich verschiedenen Einfluss auf die Physiognomie des Gebirges nimmt das südliche Quarzporphyrgebirge und der Granitstock der Cima d'Asta. Dies sind Gebirge für sich mit ansehnlicher Massenentwicklung, selbständigen Gipfelbildungen und eigenthümlicher Tracht. Der landschaftliche Gegensatz gegenüber dem Kalkhochgebirge kommt nur an den Grenzen durch die Verschiedenheit der Thalwände, wie in Längenthälern zwischen abweichenden Gebirgsketten, zur Geltung.

Die Einwirkungen der tektonischen Verhältnisse auf den landschaftlichen Charakter äussern sich in unserem Gebirge vorzüglich durch die bereits erwähnte Individualisirung der Massen, sowie durch das Vorherrschen der Terrassen- und Plateauform.

Bei der Detailschilderung wird sich vielfach die Gelegenheit ergeben, die physiognomischen Charaktere der verschiedenen Gesteinsarten sowie den Einfluss der Lagerungsform auf die plastischen Verhältnisse des Gebirges im Einzelnen zu besprechen.

II.

Detailschilderungen.

V. CAPITEL.

Die nördlichen und westlichen Vorlagen des Hochgebirges.

Das Schiefergebirge. – Das Eruptivgebiet von Klausen. – Das Bozener Quarzporphyr-Plateau. – Der alte Eisackgletscher.

Die Unterlage, über welcher sich unser Kalkhochgebirge aufbaut, ist im Norden eine wesentlich andere, als im Westen. Dort sind es phylladische Schiefer, auf welche unter Intervention einer wenig mächtigen Conglomeratbildung (Verrucano) der rothe Grödener Sandstein folgt, hier schaltet sich im Niveau des Verrucano der mächtige Complex der Quarzporphyr-Gesteine zwischen dem Phyllit und dem Grödener Sandstein ein und verleiht der Landschaft wesentlich verschiedene Charakterzüge. Der Quarzporphyr erscheint sonach als ein im Norden fehlendes Deckgestein der krystallinischen Schiefer. Wäre er nicht vorhanden, oder denkt man sich denselben entfernt, so würden die gegenwärtig isolirten Schiefer des Cima d'Asta-Stockes auch oberflächlich mit der Schieferzone der Centralalpen verbunden sein.

1. Das Gebiet der krystallinischen Schiefer.

Ich habe keine Gelegenheit gefunden, das auf der Karte mit der Farbe des Thonglimmerschiefers bezeichnete nördliche Gebiet zu studiren und bin bei der Colorirung desselben den Angaben der älteren Karten gefolgt. Die Umgebungen von Klausen und Theiss sind der Hauptsache nach der v. Richthofen'schen Karte entnommen.

Stache hat kürzlich die Angaben und Ansichten der älteren Forscher in übersichtlicher Weise zusammengestellt und kann für

135

weitere Informationen auf dessen Arbeit verwiesen werden. *) Hier sollen nur einige Thatsachen, welche für das allgemeine Verständniss von Interesse erscheinen, hervorgehoben werden.

Die wichtigste Frage ist die, ob in dem einstweilen unter dem Gattungsnamen Phyllit begriffenen Gebiete palaeozoische Schichtenreihen inbegriffen sind? Daran würde sich sodann die Aufgabe anschliessen, den Umfang und die Art der Betheiligung der palaeozoischen Bestandmassen näher zu bestimmen.

Es wäre vor Allem zu untersuchen, in welchem Verhältniss die als Unterlage des Verrucano durch das Sextenthal ziehende Schieferzone zu den sicher palaeozoischen Bildungen der Karnischen Alpen steht? Damit wäre für die Beurtheilung der westlicheren Gegenden, in welche die Sextener Schiefer fortzustreichen scheinen, viel gewonnen. Manche Sextener Gesteine erinnern sehr an palaeozoische Schiefer. Indessen dürfen petrographische Analogien nicht zu hoch angeschlagen werden.

Eine noch grössere Aehnlichkeit mit palaeozoischen Schichten besitzen die schwarzen Graphitkieselschiefer in dem Scheiderücken zwischen dem Villnöss- und dem Afers-Thal. Die Verbreitung dieser Gesteine ist eine sehr beschränkte. Die Lagerung gibt wenig Aufschluss über ihr Alter, obwol über oder nicht weit über ihnen der Verrucano mit Porphyrtuff und Porphyrstromenden liegt. Denn sowol weiter östlich, als auch am Südgehänge des Villnöss-Thales bilden wieder echte Quarzphyllite die Unterlage der permischen Bildungen.

Da an vielen Punkten, wie z. B. im unteren Gröden, die Discordanz der Lagerung zwischen den Phylliten und den permischen Porphyrdecken unzweifelhaft ist, wie bereits v. Richthofen und nach ihm Stache betonten, so sind dreierlei Annahmen möglich. Die Kieselschiefer von Villnöss können Denudations-Relicte einer einst weiter verbreiteten Grauwacken-Ablagerung sein. Oder sie sind nur eine locale Abänderung des Quarzphyllits, welcher wieder entweder archaeischen oder palaeozoischen Alters sein kann. Vorläufig bleibt es dem subjectiven Ermessen überlassen, unter diesen Annahmen zu wählen. Ob eingehende Untersuchungen zu bestimmteren Resultaten führen werden, ist noch fraglich.

Das Einfallen der Schieferzone ist im Allgemeinen gegen Süden gerichtet. Der scheinbar durchaus concordante Complex unterteuft das am Nordrande ebenfalls stets südfallende Kalkgebirge. Doch ist der Fallwinkel der Schiefer meistens viel steiler. Diese Discordanz der Lagerung, sowie auch der Beginn der jüngeren concordanten

---

*) Die palaeozoischen Gebiete der Ostalpen. Jahrb. Geol. R.-A. 1874.

Schichtenreihe mit auf terrestrischen Ursprung hinweisenden Conglomeraten (Verrucano) machen es wahrscheinlich, dass die Schieferzone
bereits vor der Ablagerung der jüngeren concordanten Schichtenreihe Aenderungen der ursprünglichen Lagerung erfuhr. Welcher
Art diese älteren Störungen waren, ist heute kaum mehr zu bestimmen. Man darf aber annehmen, dass die später erfolgten tektonischen Einwirkungen im Grossen von derselben Art waren, wie diejenigen, welche das aufgesetzte, mit einem Denudations-Steilrand
gegen Norden abbrechende Kalkgebirge betroffen haben. Dies zugegeben dürfen wir voraussetzen, dass das Schiefergebirge von einer
Anzahl Verwerfungen durchzogen ist, an welchen die einzelnen
Schollen treppenförmig auf- und niedersteigen. Ob es je gelingen
wird, diese Verwerfungen in der Natur nachzuweisen, muss für die
reinen Schieferdistricte dahingestellt bleiben. Wo sich Schollen jüngerer Bildungen erhalten haben, wie in Villnöss, unterliegt dies keiner
Schwierigkeit.

Es bedarf keiner weiteren Erörterung, um einzusehen, dass
diese gewissermassen unsichtbaren Verwerfungen der Gliederung und
der richtigen Einreihung und Abschätzung der Schiefercomplexe
kaum überwindbare Schwierigkeiten in den Weg stellen. Hypothe-
tische tektonische Constructionen, zu denen man sich leicht verleiten
lässt, können dann zur Aufstellung sehr verschiedener ganz falscher
Gliederungs-Schemata führen, ohne dass man im Stande wäre, mit
Bestimmtheit das Wahre vom Falschen oder das Falsche vom minder
Falschen zu unterscheiden. Insbesondere möchte ich davor warnen,
den so beliebt gewordenen Annahmen von Faltungen in unserer
centralen Schieferzone einen zu grossen Spielraum zu gestatten. Man
darf die Erfahrungen, welche wir in den gestauten jüngeren Aussenzonen (insbesondere in der Flyschzone) gewonnen haben, nicht ohne
zwingende Gründe auf die meist steil aufgerichteten alten Schieferzonen
der Centralalpen übertragen. Stauungen haben zwar hier jedenfalls
auch stattgefunden, aber es ist bekannt, dass die Faltungen, wenn
die Spannungsgrenze überschritten ist — und dieser Fall muss bei
langandauernder Einwirkung im gleichen Sinne auch bei den bieg-
samsten Gesteinscomplexen eintreten — in Zerreissungen und Ueberschiebungen übergehen. Für die Alpen möchte der Satz gelten, dass
je älter ein Schichtencomplex ist, desto unwahrscheinlicher das Vorkommen von Faltungen *) ist. Ich bin durch die nähere Bekanntschaft mit der nördlichen und südlichen Kalkalpenzone der Ostalpen

---

*) Wol zu unterscheiden von den häufig gekröseförmigen Fältelungen der
einzelnen Bänke, welchen man namentlich in den Quarzphylliten häufig begegnet.

zu der Anschauung gelangt, dass unsere Centralzone die tektonischen Eigenthümlichkeiten der Nebenzonen in verschärftem Maasse besitzt. Am Nordabhange dürften Zerreissungen und Ueberschiebungen, am Südgehänge Brüche und Einstürze vorherrschen.

2. Das Eruptivgebiet von Klausen.

An zwei Stellen im Gebiete unserer Karte wird die nördliche Phyllitzone von Eruptivgesteinen durchbrochen, bei Klausen, am Ausgange des Villnöss-Thales und in Lüsen. Der Granit von Brixen fällt bereits ausser den Bereich unserer Karte. Bei Klausen kommen zweierlei Gesteine vor: Diorit und Melaphyr. Der Diorit, längst bekannt unter der Bezeichnung „Diorit von Klausen", ist nach der Untersuchung v. Richthofen's Strahlsteindiorit*). Uebereinstimmend damit ist nach Pichler's Angabe das von diesem zuerst anstehend beobachtete Gestein von Lüsen. Nach v. Richthofen's Darstellung zeigt die grössere Masse zwischen Sulferbruck und Klausen im Centrum eine grosskrystallinische Structur, wie grosskörnige Gabbro's und erst an den Rändern tritt die kleinkörnige Structur auf, welche an den übrigen kleineren Vorkommnissen die herrschende ist. Pichler**) bestreitet die eruptive Natur des grosskörnigen Gesteins und stellt dasselbe zum Phyllit, da mehrfache Wechsellagerungen mit Gneisslagen des Phyllits vorkämen. Da die ganze Umgebung von Klausen von Dioritgängen durchschwärmt ist, erscheint es wol naturgemässer mit v. Richthofen das grosskörnige Gestein beim Diorit zu belassen und die von Pichler beobachteten Wechsellagerungen als Lagergänge aufzufassen.

Reibungsconglomerate begleiten häufig das an den Wänden des Thonglimmerschiefers aufsteigende Eruptivgestein. Sowol die Einschlüsse der Reibungsconglomerate, als auch der angrenzende Phyllit zeigen nach v. Richthofen intensive Contact-Metamorphosen. Die ersteren sind perlgrau und Kieselschiefer ähnlich geworden, der letztere hat seine schiefrige Structur fast ganz verloren und eine feste krystallinisch-körnige Beschaffenheit angenommen.

Die Lagerungsverhältnisse geben über das Alter des Klausener Diorit keinen Aufschluss. Der Diorit ist, da er den Thonglimmerschiefer durchbricht, jünger als dieser. Er ist aber älter als der

---

*) Gümbel theilt eine von Schwager ausgeführte Analyse dieses Gesteins mit und nennt es, ohne der Untersuchungen v. Richthofen's, Pichler's, Reuss', v. Buch's und Trinker's zu erwähnen, Aktinolithdiorit, wodurch v. Richthofen's Bestimmung bestätigt wird. Sitz.-Ber. Münchener Akad. Bd. VI, 1876, pag. 56.

**) Neues Jahrb. von Leonhard und Geinitz. 1871, pag. 272.

Melaphyr, weil dieser auch ihn durchsetzt. Wir werden später die Ansicht zu begründen suchen, dass er, ebenso wie die Granite der Cima d'Asta und von Brixen, der Periode der Quarzporphyr-Ergüsse angehört. v. Richthofen vermuthete bereits, auf Grund einer anderen Ideenverbindung, dass der Klausener Diorit als ein basisches Glied der Graniteruption von Brixen und der Cima d'Asta anzusehen ist. Auch Tschermak*) bemerkt, dass der Diorit vielleicht zum Porphyr in einer Altersbeziehung steht.

Ehe wir das zweite in der Klausenergegend injicirend auf-tretende Eruptivgestein besprechen, müssen wir einen Blick auf die unteren Thalstufen von Villnöss werfen. Ich habe dieselben bei einer in Gesellschaft von Dr. Hoernes ausgeführten Excursion flüchtig kennen gelernt. Die Veranlassung zu dieser Excursion war die An-gabe eines befreundeten Forschers, dass bei Theiss deckenförmige Ausbreitungen des Melaphyrs über dem Quarzporphyr vorkämen. Um den Gegenstand abzuthun, bemerke ich gleich hier, dass von einer solchen Erscheinung, welche schwerwiegende Folgerungen über die physikalischen Verhältnisse Südtirols zur Zeit der norischen Stufe involvirt hätte, nicht die geringste Spur vorhanden ist.

Das untere Villnöss-Thal fällt mit einer Bruchlinie zusammen, längs welcher die nördliche Thalwand in die Tiefe gesunken ist. Dieselbe Bruchlinie lässt sich weit gegen Osten hin mitten durch die grossen Kalkmassive bis an das Ostende unserer Karte bei Auronzo verfolgen. Sie bildet die längste und bedeutendste Störungs-linie in unseren nördlichen Gebieten und werden wir ihr noch wieder-holt begegnen. Wir wollen ihr daher eine besondere Bezeichnung beilegen und nennen sie die Bruchlinie von Villnöss.

Im unteren Villnöss entspricht bis nahe zum schluchtartigen Thalausgange die Thalsohle annähernd dem Verlaufe der Bruchlinie. Bei dem Orte Villnöss verlässt jedoch die Bruchlinie die Thaltiefe, indem sie auf dem linken Thalgehänge unterhalb des Raschötz öst-lich nach St. Johann weiterläuft, von wo sie, den norischen Dolomit des Ruefenberges von dem Phyllit und Quarzporphyr des Schwarz-waldes trennend, bis zum Jochübergange zwischen Villnöss und Campil verfolgt werden kann. Der Betrag der Verwerfung vermin-dert sich in der letzten Strecke unter der Jochhöhe zusehends und im Osten des wasserscheidenden Rückens tritt für kurze Zeit eine in der Mitte gesprungene und etwas verschobene Anticlinalwölbung an die Stelle der Bruchlinie. Bald aber lebt die Bruchlinie in ihrer reinen Form wieder auf und setzt sich noch weit gegen Osten fort, wohin wir sie jetzt nicht verfolgen wollen.

---

*) Porphyrgesteine Oesterreichs, pag. 99.

Es ist wegen der grossen Sprunghöhe nicht wahrscheinlich, dass die Bruchlinie vor dem Ausgange des Villnöss-Thales thatsächlich ihr westliches Ende erreicht. Da aber weiter westlich keine Denudations-Relicte permischer Schichten mehr vorkommen, so ist die Verfolgung des Sprunges in den phylladischen Schiefern sehr erschwert. Doch verdient es Beachtung, dass das Erzvorkommen auf dem Pfundererberge bei Klausen genau mit der westlichen Verlängerung der Villnösser Bruchlinie zusammenfällt.

Die isolirten Vorkommnisse von Quarzporphyr auf der nördlichen Thalwand von Villnöss und im Quellgebiete des Afers-Thales sind nichts weiter als die nördlichen Stromenden der Bozener Quarzporphyrdecke. Von einer stock- oder gangförmigen Lagerung ist nirgends etwas zu bemerken. Der Porphyr erscheint stets im Hangenden des Quarzphyllits oder der erwähnten Kieselschiefer von palaeozoischem Habitus und auf das Innigste verknüpft mit Porphyrsandsteinen oder mit Verrucano-Conglomeraten. Wo die jüngeren Bildungen nicht durch Denudation entfernt sind, da folgen regelmässig die Grödener Sandsteine. Es kann daher nicht zweifelhaft sein, dass diese vereinzelten Porphyrmassen dem Schichtenverbande regelmässig eingefügt sind.

Betritt man, vom Eisack-Thale her aufsteigend, das Villnöss-Thal, so begegnet man nach Passirung der in quarzreichem Phyllit eingesägten untersten Thalenge einer vom rechten Thalgehänge bis in die Thalsohle herabreichenden, ziemlich steil südfallenden Partie von Porphyrtuffen. Die linke, südliche Thalwand besteht aus Phyllit. *) Am Fusse derselben liegen auch zahlreiche Blöcke eines feinen schwarzen Thonschiefers mit gelben Schuppen. Es wäre zu untersuchen, ob dieses Gestein, welches einen palaeozoischen Habitus zeigt, höher oben ansteht. Die Porphyrtuffe reichen in der Thalsohle bis kurz vor das Zollhaus, sie bekleiden das mit Weingärten besetzte

---

*) Die Karte des Tiroler montanistischen Vereins verzeichnet als Gipfelmasse des Tschanberges zwischen Villnöss und Gröden Porphyrconglomerate und Porphyre. v. Richthofen bezweifelt die Richtigkeit dieser Angabe. Wir haben diesen sehr bewaldeten Höhenzug nicht betreten und sind bei der Colorirung unserer Karte der v. Richthofen'schen Darstellung gefolgt, welche den ganzen Tschanberg aus Quarzphyllit bestehen lässt. Indessen trägt die Angabe der Tiroler Karte durchaus nicht den Stempel der Unwahrscheinlichkeit. Es ist recht wol einzusehen, dass sich auf dem Tschanberg noch die tieferen, vorherrschend aus Sandsteinen und Conglomeraten bestehenden Abtheilungen des Porphyrsystems erhalten haben, während das tiefere Gehänge gegen den Unterlauf des Grödener Baches bis auf den Quarzphyllit entblösst ist. Aller Wahrscheinlichkeit nach liegen auf der bewaldeten Höhe viele Porphyrblöcke und ist es nicht leicht zu entscheiden, ob dieselben als erratischer Schutt oder als Trümmer anstehenden Gesteins zu betrachten sind.

Thalgehänge aufwärts bis Theiss und bis zum Fusse der Theisser Kögel und sind dann durch eine der Bruchlinie parallel laufende Verwerfung von den nördlich einfallenden Porphyrtuffen der Theisser Kögel geschieden:

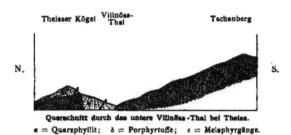

Querschnitt durch das untere Villnöss-Thal bei Theiss.
a = Quarzphyllit; b = Porphyrtuffe; c = Melaphyrgänge.

Diese letzteren werden nach v. Richthofen's Angabe von Grödener Sandstein überlagert, „welcher sich an die höheren Hügel des Thonglimmerschiefers horizontal anlehnt". Es läuft sonach noch eine zweite nördlichere zur grossen Bruchlinie parallele Verwerfung hier durch.

In der Gegend von St. Peter reichen theilweise von terrassirtem praeglacialem Schutt verdeckte Grödener Sandsteine vom rechten Thalgehänge in die Thalsohle herab und stossen hier an den Phylliten der linken Thalwand ab, wie das untenstehende, von Professor Hoernes entworfene Profil zeigt.

Querschnitt durch das mittlere Villnöss-Thal bei St. Peter.
a = Quarzphyllit; b = Verrucano; c = Quarzporphyr; d = Grödener Sandstein;
e = Praeglaciales Conglomerat.

Die Höhendifferenz zwischen der unteren Verrucano- und Porphyrgrenze diesseits und jenseits der Bruchlinie beträgt im mittleren Villnöss mindestens 800 Meter.

Was nun das zweite in der Gegend von Klausen in durchgreifender Lagerung auftretende Eruptivgestein, den Melaphyr, betrifft, so ist zunächst zu bemerken, dass sich die Melaphyrgänge hauptsächlich nordöstlich von Klausen in den Umgebungen von Theiss finden, während der Diorit vorzugsweise auf die nähere Umgebung von Klausen beschränkt ist. Die Verbreitungsgebiete sind sonach getrennt und berühren sich nur an der Peripherie. Der Melaphyr (mit Augitporphyr) durchsetzt alle im unteren Villnöss vorkommenden Schichtenreihen, nach v. Richthofen an der peripherischen Grenze seiner Verbreitung auch den Diorit. Er gehört höchst wahrscheinlich der Eruptionszeit der Fassaner Melaphyre an; es deutet aber nichts auf einen ehemals bestandenen oberflächlichen Zusammenhang mit den norischen Laven und Tuffen des benachbarten Gröden und Enneberg, welche ausschliesslich vom oberen Fassa herzurühren scheinen.

Die meisten Gänge concentriren sich in den Porphyrsandsteinen der Theisser Kögel, welche die Fundstätte der bekannten ‚Theisser Mugeln' oder Theisser Achatmandeln sind. v. Richthofen hat gezeigt, dass die Beschaffenheit der durchsetzten und durchsetzenden Gesteine jene eigenthümlichen paragenetischen Verhältnisse veranlasst hat, welche den Achatmandeln von Theiss so viel Interesse geben. Das Vorkommen von schalenförmigen Absätzen von krystallinischem Quarz ist nicht auf Theiss beschränkt, sondern scheint in den unteren, breccien- und conglomeratartigen Porphyrsandsteinen Südtirols ziemlich verbreitet zu sein. Bereits Trinker*) erwähnt die Ausscheidungen von Jaspis, Calcedon, Achat in den Porphyrbreccien des Sarnthals, der Naifschlucht bei Meran, von Civezzano und anderen Orten. Diese Kieselabscheidungen rühren von den Zersetzungsproducten der Porphyrsandsteine her. Die eigentlichen Mandelsteine sind nach v. Richthofen auf die den Porphyrsandstein durchsetzenden Augitporphyrgänge beschränkt. Gewöhnlich sind die Wandungen der Mandeln zunächst von den infiltrirten Quarzabsätzen der Porphyrtuffe ausgekleidet und erst im Inneren der Mandeln folgen dann die Auslaugungsproducte des Augitporphyrs, (Zeolithe, Datolith), doch gibt es bei Theiss auch Mandeln, welche ausschliesslich von den Derivaten des Augitporphyrs erfüllt sind.

3. Das Bozener Quarzporphyr-Plateau.

Die folgenden Bemerkungen bezwecken keineswegs eine nur halbwegs erschöpfende Darstellung dieses interessanten Gebietes. Da mir eine eingehende Untersuchung und Kartirung des auf meiner Karte enthaltenen Theiles des Bozener Quarzporphyr-Plateau's ferne lag, so versuchte ich durch einige Excursionen mir ein Gesammtbild zu verschaffen, und dabei insbesondere die tektonischen Verhältnisse kennen zu lernen. Für einen geologisch gebildeten Petrographen

---

*) Erläuterungen zur geognostischen Karte Tirols, p. 63.

liegt hier die dankbare, aber zeitraubende Aufgabe vor, die verschiedenen klastischen Bildungen von den massigen Gesteinen zu trennen und die verschiedenen Ströme des massigen Porphyrs zu unterscheiden und zu verfolgen. Um zu wirklich lohnenden Ergebnissen zu gelangen, müsste jedoch die Untersuchung auch über das südliche Quarzporphyr-Gebirge von Fleims und Cembra und über die Quarzporphyr-Schollen von Judicarien und Val Trompia ausgedehnt werden. Einige der wichtigsten Abänderungen des Südtiroler Quarzporphyrs sind bereits durch v. Richthofen, Tschermak,[*] C. W. C. Fuchs[**] und Gümbel[***] beschrieben worden.

Wie bereits die Verfasser der vom Tiroler Verein herausgegebenen Karte richtig erkannt hatten,[†] bildet, im Grossen betrachtet, der Porphyr ein fortlaufendes regelmässiges Lager zwischen dem Thonglimmerschiefer und dem rothen Sandstein, welches sich in tektonischer Beziehung genau wie ein gewöhnliches Sedimentärgestein verhält. Diese Auffassung ist in neuerer Zeit, hauptsächlich in Folge der lichtvollen Darstellungen von Suess,[††] bei unseren Geologen die herrschende geworden. Aber gleichwol erachtete ich es für meine Aufgabe, die verschiedenen, theils publicirten, theils mir durch persönlichen Verkehr bekannt gewordenen Angaben über das gegenseitige Durchsetzen verschiedener Porphyre an Ort und Stelle zu prüfen.

Ich lernte durch diese Untersuchung, welche mit Bezug auf das behauptete Durchsetzen ein völlig negatives Resultat ergeben hatte, sehr interessante tektonische Verhältnisse kennen, welche mir sonst wol unbekannt geblieben wären.

Nach den bisherigen Nachrichten musste man sich das Quarzporphyr-Plateau als eine, durch keinerlei tektonische Störungen beunruhigte, ungebrochene Platte vorstellen, welche zwar allerdings die grossen Biegungen der Unterlage mitmache, gegen das jüngere aufgesetzte Gebirge aber sich wie eine unebene, hügelreiche Grundlage verhalte. Dies ist nicht richtig. Das Porphyrland von Bozen zeigt den tektonischen Grundcharakter aller alpinen Plateaulandschaften, es ist von Verwerfungen höherer und niederer Ordnung durchzogen und besitzt in Folge dessen häufig einen treppenförmigen Aufbau. Die Oberfläche des Porphyrsystems erscheint mit Bezug

[*] Porphyrgesteine Oesterreichs.
[**] Die Umgebung von Meran. N. Jahrb. v. Leonhard und Geinitz, 1875.
[***] Der Pechsteinporphyr in Südtirol. Sitz.-Ber. Münch. Akad. 1876, pag. 271.
[†] Vgl. Trinker, Erläuterungen, pag. 62.
[††] In verschiedenen neueren Schriften, insbesondere in „Aequivalente des Rothliegenden in den Südalpen", Sitz.-Ber. Wien. Akad., 1868, und „Entstehung der Alpen".

auf die aufgelagerten jüngeren Bildungen völlig eben; die Annahme einer bereits zur Bildungszeit des Grödener Sandsteines und der Werfener Schichten contourirten Oberfläche entbehrt der Bestätigung durch concludente Thatsachen. Die heutige Configuration ist das Product der erst viel später eingetretenen tektonischen Bewegungen, denen Südtirol seine gliederreiche Anordnung verdankt, und der im grossen Masstabe wirksam gewesenen Denudation.

Was die verticale Gliederung des Porphyrsystems bei Bozen betrifft, so ist zunächst zwischen einem unteren, stellenweise zu grosser Mächtigkeit anschwellenden Complex von Conglomeraten, Sandsteinen, Schiefern und dickschichtigen Tuffen und einer oberen aus massigem Porphyr bestehenden Abtheilung zu unterscheiden.

An der Basis der unteren Abtheilung liegen Conglomerate und Breccien mit Einschlüssen von Porphyr, Phyllit, dioritischen und aphanitischen Gesteinen. Aus diesem häufig als „Reibungsconglomerat" betrachteten Gestein entwickelt sich in Villnöss der Verrucano, welcher jedoch auch als Zeitäquivalent der höheren porphyrischen Glieder angesehen werden muss. Die darüber folgenden massigen Gesteine werden in der Regel als Porphyr angesprochen. Sie stehen mit unzweifelhaften Sandsteinen, Schiefern und Porphyrconglomeraten in Verbindung und machen häufig den Eindruck von dickschichtigen Tuffen. Sie sind leicht kenntlich an den grünen Pinitoid-Einschlüssen. v. Richthofen's Bozener und Blumauer Porphyr gehört hierher. Man trifft häufig abgerundete Einschlüsse von Porphyren in diesen wie zersetzt aussehenden Gesteinen. Wo die Einschlüsse sich häufen, entwickeln sich förmliche Conglomeratbänke. In zwischengelagerten Schieferlinsen kommen die von Gümbel und Pichler aus der Umgebung von Bozen angeführten Pflanzenreste vor. Die Schichtung tritt besonders dort deutlich hervor, wo, wie z. B. im Sarn-Thal Conglomerate vorherrschen. Im Eisack-Thale zwischen Atzwang und Waidbruck bilden rothe, deutlich klastische wol geschichtete Sandsteine den oberen Abschluss.

Ueber diesem System breiten sich deckenartig die Ströme des massigen Porphyrs aus. Physiognomisch charakterisiren sich die oberen Porphyre durch die tafelförmige Abklüftung, welche häufig in grossartigem Massstabe zu beobachten ist. Wo die Tafeln dünn genug sind, benützt man sie als Bedachungsmaterial.

Nördlich von Bozen besitzen die oberen Porphyre keine grosse Mächtigkeit. Der sogenannte Castelruther Porphyr, welcher hierher gehört, scheint in der Richtung gegen den Raschötz an Mächtigkeit zuzunehmen. Es wäre dies ein ganz analoger Fall, wie beim Augitporphyr der Seisser Alpe, welcher ebenfalls mit seinem dicken Ende gegen Norden sieht.

Im Süden von Bozen wächst die Mächtigkeit der massigen Porphyre, ob auf eigene Rechnung oder auf Kosten des unteren Tuffsystems ist noch zu ermitteln. Wenn man die Verhältnisse in den südlichen Porphyrgebirgen mit zu Rathe zieht, so drängt sich allerdings die Vermuthung auf, dass die unteren Tuffe gegen Süden in demselben Masse abnehmen, wie die massigen Gesteine anschwellen. Es wäre nun von Wichtigkeit zu wissen, ob sich nicht von Norden gegen Süden eine zonenförmige Vertheilung wenigstens einiger Porphyrvarietäten feststellen lässt, um auf diesem Wege Beiträge zur Entscheidung der Frage zu sammeln, ob die Porphyrströme von Süden gegen Norden flossen?

Gegen den auflagernden Grödener Sandstein zu finden sich über den massigen Porphyrdecken dünnplattige aus Porphyrgrus gebildete Sandsteine, bezüglich derer man häufig im Zweifel ist, ob man sie noch dem Porphyrsystem zurechnen oder bereits zum Grödener Sandstein stellen soll. Auf den Terrassen des Ritten sind solche Porphyrsandsteine sehr verbreitet. Ich habe dieselben auf meiner Karte vom Porphyr nicht getrennt, da die echten Grödener Sandsteine hier nirgends mehr erhalten sind. Bei Oberbozen jedoch fand Prof. Suess, wie er mir freundlichst mittheilte, in einem kleinen Steinbruche lichte Sandsteine mit Malachitspuren und Coniferenzapfen. Diese mögen bereits dem Grödener Sandsteine zufallen. *)

Eine aus dem östlichen Dolomitgebirge des Rosengarten in das Porphyrgebiet herübersetzende Störungslinie verläuft aus dem Hintergrunde von Tiers bis zum Virgl (Kalvarienberg) bei Bozen und trennt das Porphyrplateau, soweit dasselbe hier zur Darstellung gelangt, in zwei tektonisch abweichend angelegte Gebiete.

Im Norden von dieser Linie laufen mehrere, untereinander und mit der Eisackrinne parallele Verwerfungen durch, was zur Folge hat, dass die Gebiete im Osten und Westen des Eisack stufenförmig gegen den Fluss zu absinken. In dem tiefst gesunkenen Terrainstreifen hat der Eisack seine Durchlassrinne eingegraben. Die Fallhöhe ist im Westen bedeutender als im Osten. Während auf dem östlichen Plateau, über welchem sich die Schlernmasse erhebt, die Auflagerung des Grödener Sandsteines auf den Porphyr bei ungefähr

---

*) Auf dem Plateau des Salten zwischen dem Sarn- und dem Etschthal kommt Grödener Sandstein in grösserer Verbreitung vor. Nach einer gefälligen Mittheilung des Herrn Directors P. Vinc. Gredler in Bozen wäre auf dem Rittener Plateau die Umgebung von Pemmern auf das Vorkommen von Grödener Sandstein und Werfener Schichten zu untersuchen.

1000 Meter Seehöhe erfolgt, besitzt der gegen Süden abdachende Hauptrücken des Ritten an seinem südlichen Ende im Ortlerwalde noch die Höhe von 1252 Meter, ohne von Grödener Sandstein überlagert zu sein.

Obgleich an manchen Stellen die terrassenförmigen Vorsprünge des Porphyrgebirges mit dem Wechsel der Widerstandsfähigkeit der Gesteinslagen zusammenhängen, sind die schönen, reichbevölkerten Terrassen am Eisackgehänge des Ritten durch das Absitzen schmaler Terrainstreifen an Verwerfungslinien entstanden. Die Ortschaften Unterinn, Sifian, Klobenstein, Mittelberg, Lengstein stehen auf den oberen dünnplattigen Porphyrsandsteinen. Eine fortlaufende Terrasse existirt aber gleichwol nicht. Es treten zu den Längsverwerfungen noch zahlreiche kleine Quersprünge, in Folge deren das ganze Gebiet in Schollen verschiedener Grösse zerfällt. Man kann fast mit Sicherheit darauf rechnen, dass die zahlreichen, im Niveau etwas verschiedenen terrassenförmigen Einbiegungen von den oberen, dünnplattigen Porphyrsandsteinen gebildet werden, während die Absätze zwischen diesen Terrassen und die kleinen, dazwischen liegenden, bewaldeten Kuppen aus dem oberen Porphyr bestehen. Auch die Terrasse bei St. Verena, welche sich etwa 400 Meter über dem Eisack erhebt, wird von den oberen Sandsteinen gebildet, das westlich von ihr bis zu 1460 Meter Seehöhe (1000 Meter über dem Eisack) aufsteigende Grindleck dagegen besteht blos aus Porphyr.

Das Porphyrgehänge am linken Eisackufer zeigt den gleichen Bau. Das Vorhandensein von Störungen wurde hier bereits von den älteren Beobachtern bemerkt, aber in anderem Sinne aufgefasst. v. Richthofen, welcher zwar häufig von dem gegenseitigen Durchsetzen der verschiedenen Porphyre spricht, führt ausser den als Reibungsconglomeraten gedeuteten Conglomeratbänken blos eine Eruptionsstelle zur Begründung seiner Anschauung an. Diese Stelle ist der nächst der Tergoler Brücke (Törkele) in das Eisack-Thal mündende Puntscher Graben (oder Puntscher Kofel), in welchem die Erscheinungen an der Verwerfungslinie allerdings sehr zur Annahme eines gangförmigen Massendurchbruchs einladen.

Um zu einer klaren Vorstellung zu gelangen, müssen wir etwas weiter ausholen. Wenn man das linksseitige Gehänge zwischen Waidbruck und der Tergoler Brücke betrachtet, so fällt eine fortlaufende von Tagusens über Planitz nach Tiesens ziehende Terrasse auf. Dieser Terrasse entlang läuft eine Verwerfung, an welcher die ganze äussere Bergmasse sammt ihrer Unterlage abgesunken ist. An der Basis der äusseren Scholle ist die Phyllitunterlage bis zum Ausgange des Puntscher Grabens in einem schmalen Streifen entblösst.

Ueber dem Phyllit folgen die Porphyrconglomerate der Trostburg, die massigen Tuffbänke mit den Pinitoid-Einschlüssen, dann ein grellrother weithin leuchtender Streifen von Sandsteinen, über welchem sich der obere Porphyr, v. Richthofen's Castelruther Porphyr erhebt. Letzterer bildet zwischen Planitz und dem Puntscher Kofel den Rand der Terrasse, weiter nordöstlich scheint er abgetragen zu sein. Die höhere über der Terrasse aufsteigende Porphyrmasse beginnt mit den grellrothen Porphyrsandsteinen, auf welche in regelmässiger Ueberlagerung der hier stellenweise als Pechsteinporphyr *) ausgebildete Castelruther Porphyr folgt. Ein südlich von Planitz gezogenes Profil zeigt daher eine Wiederholung der beiden oberen Glieder des Porphyrsystems.

W.   O.

Querschnitt durch das linke Eisackgehänge, nördlich von der Mündung des Puntscher Kofels, unterhalb Waidbruck.

a = Quarzphyllit; *b* = Porphyrtuffe; *c* = Porphyrsandsteine; *d* = Castelruther Porphyr.

Im Puntscher Kofel bricht nun der Castelruther Porphyr der äusseren Scholle in Folge von Abtragung plözlich ab und liegt weiterhin im Süden die untere Schichtfolge der oberen Scholle, allerdings vielfach durch Schutt überdeckt, bis zum Phyllit abwärts blos. Wenn man daher von der Tergoler Brücke aus den gewöhnlichen, am südlichen Ufer des Puntscher Grabens führenden Weg nach Castelruth einschlägt, so hat man zunächst die an Breite und Höhe reducirte untere Scholle zu passiren, welcher auch die rothen Sandsteine an der Mündung des Schwarz-Griesbaches angehören. Hierauf gelangt man in den Phyllit, welcher einen schmalen Streifen bildet. Dann folgt bis zur Gabelung des Grabens Schutt und Vegetation. Der Hauptbach fliesst in der nördlicheren Rinne, der Castelruther Porphyr aber setzt in dem südlichen kürzeren Aste fort. Der Weg führt anfangs in letzterem steil aufwärts und gelangt

---

*) Gümbel's Angabe über das „gangartige Durchsetzen" des Pechsteinporphyrs bedarf weiterer Erläuterung und Bestätigung. Will mit dem Ausdrucke „gangartig" blos gesagt sein, dass das Vorkommen einem Gange ähnelt, ohne wirklich ein Gang zu sein?

Mojsisovics, Dolomitriffe.   9

bald auf den Rücken zwischen den beiden Aesten. Der vordere, westliche Theil des Rückens besteht aus dem Castelruther Porphyr der unteren Scholle, an welchem im Graben die grellrothen Tuffsandsteine der oberen Scholle mit etwas nach aufwärts geschleppten Schichten abstossen. Wenn man nicht die Tektonik der ganzen Umgegend kennt und sieht, wie hier geschichtete Bildungen durch ein massiges Gestein unterbrochen werden, liegt die Annahme einer durchsetzenden Lagerung nahe, obwol die Schleppung der Schichten sich mit einer solchen Annahme nicht gut vereinen lässt. v. Richthofen dachte sich nun consequent einen directen Zusammenhang des hier abbrechenden mit dem oben deckenförmig ausgebreiteten Castelruther Porphyr. Es wird aber nur die untere Hälfte der rothen Tuffsandsteine durch den vorgelagerten Castelruther Porphyr verdeckt und die obere Hälfte zieht oberhalb des Castelruther Porphyrs ungestört durch. Die supponirte Verbindung zwischen dem unteren und oberen Porphyr besteht daher nicht. Die Tuffsandsteine streichen von hier als Unterlage des oberen Castelruther Porphyrs einerseits ungestört nach Tiesens, andererseits über St. Oswald und Droth gegen Tursch bei Seiss, wo sie auf das linke Gehänge des Schwarz-Griesbaches übersetzen.

Norden

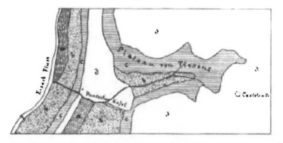

Kartenskizze der Gegend zwischen der Tergoler Brücke und dem Castelruther Plateau.

a = Quarzphyllit;   b = Porphyrtuffe;   c = Porphyrsandstein;   d = Castelruther Porphyr.

Zur Besprechung der südlichen Hälfte des Bozener Quarzporphyr-Plateau übergehend, ist es zunächst unsere Aufgabe, die oben erwähnte durch das Tierserthal bis zum Virgl bei Bozen verlaufende Störungslinie zu erörtern. Eine Eigenthümlichkeit des Tierserthales, welche jedem aufmerksamen Beobachter auffallen dürfte, besteht darin, dass die beiden aus Porphyr bestehenden

Thalwände des unteren Thales eine bedeutende Höhendifferenz zeigen und dass im oberen Theile des Thales die jüngeren Bildungen längs der nördlichen Thalwand allmählich in das Niveau der Thalsohle herabrücken, während das Porphyrplateau im Süden des Thales noch stets an Höhe zunimmt. Da im Norden wie im Süden eine sehr ruhige, fast flache Lagerung herrscht, ist die Vermuthung naheliegend, dass hier eine grössere Verwerfung vorhanden sei. Die Betrachtung der jüngeren, dem Porphyr aufgesetzten Bildungen des Rosengarten lehrt aber sofort, dass die oben fast horizontal lagernden Schichten plötzlich unter ziemlich steilem Winkel umbiegen, gegen Norden in die Tiefe setzen und sodann auf der Nordseite des Tierserthales wieder horizontal weitersetzen. Dies ist keine Verwerfung, sondern ein Schichtenfall. Im Tierserthale sind es wol hauptsächlich die oberen Porphyre, welche die Abdachung gegen Norden bilden. Zwischen Blumau und Bozen jedoch zieht unter den hohen Abstürzen des südlichen Porphyrplateaus eine stellenweise terrassirte Lehne hin, welche aus den ziemlich steil gegen Norden einfallenden Bänken der unteren Abtheilung des Porphyrsystems besteht. An dieser Lehne hatte in Folge der steilen Schichtstellung der Wechsel der verschiedenen Porphyrvarietäten die Veranlassung zur Annahme von Gängen gegeben. Bei einer mit Herrn Director Vinc. Gredler ausgeführten Excursion gelang es uns, auf dem Wege zum Ebenhof den Parallelismus zwischen den Trennungsflächen der verschiedenen Porphyre und den unzweideutigen Schichtungsflächen der Conglomerate nachzuweisen, woraus erhellt, dass hier ebenfalls keine Gänge vorhanden sind, sondern einfach blos übereinander gelagerte dünne Ströme. In gleicher Schichtstellung kommen auf dem Virgl bei Bozen Zwischenlagerungen von schiefrigen Sandsteinen mit Pflanzenresten vor, welche Gümbel für eingeklemmte Schollen eines bei der Porphyr-Eruption durchbrochenen Gebirges erklärt hatte.

Das ausgedehnte herrliche Porphyrplateau im Südosten von Bozen scheint bis zu der von der Grimmalpe nach dem Trudenthale streichenden Verwerfungslinie eine geschlossene, von irgendwie bemerkenswerthen Störungen verschont gebliebene Platte zu bilden, welcher im Osten der Rosengarten und im Südosten das Latemargebirge regelmässig aufgesetzt ist. Zwei grössere Thalfurchen, das von Nachkommen hessischer Colonisten bewohnte Eggen- (oder Karneider-) Thal und das Brandenthal eröffnen den Zugang zu den ausgedehnten Forsten, welche der Porphyrboden trägt.

Reconstruirt man sich an der Hand der vorliegenden Höhencoten und mit Berücksichtigung der aufgelagerten Denudationsrelicte

9*

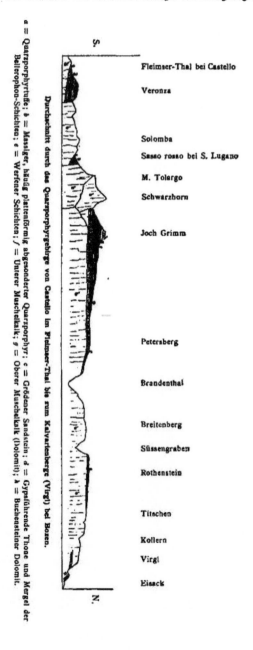

S.

Fleimser-Thal bei Castello

Veronza

Solomba

Sasso rosso bei S. Lugano

M. Tolargo

Schwarzhorn

Joch Grimm

Petersberg

Brandenthal

Breitenberg

Süssengraben

Rothenstein

Titschen

Kollern

Virgl

Eisack

N.

Durchschnitt durch das Quarzporphyrgebirge von Castello im Fleimser-Thal bis zum Kalvarienberge (Virgl) bei Bozen.

a = Quarzporphyrtuffe; b = Massiger, häufig plattenförmig abgesonderter Quarzporphyr; c = Grödener Sandstein; d = Gypsführende Thone und Mergel der Bellerophon-Schichten; e = Werfener Schichten; f = Unterer Muschelkalk; g = Oberer Muschelkalk (Dolomit); h = Buchensteiner Dolomit.

jüngerer Bildungen das Bild der Porphyroberfläche, wie sich dasselbe nach Ausfüllung der durch Erosion entfernten Massen darstellen würde, so ergibt sich für das Gebiet des Eggen- und Brandenthales eine flache trogförmige Einbiegung, deren Tiefenlinie von Ober-Eggenthal nach Deutschenofen gerichtet ist. Im Südwesten, vom Weissenstein-Radeiner Plateau an, taucht die Porphyrplatte allmählich in die Tiefe, so dass bei Neumarkt, dessen Seehöhe blos 213 Meter beträgt, der Porphyr bereits unter der Thalsohle liegt. Nimmt man die Höhe der Ueberlagerung des Porphyrs durch den Grödener Sandstein unter dem Joch Grimm mit 1800 Meter an, so ergibt sich eine Fallhöhe von 1600 Meter. Dieser Abfall ist die Fortsetzung der bedeutenden Schichtsenkung auf dem rechten Etschufer zwischen Neumarkt und Meran, in Folge welcher die Hauptmasse des Mendelgebirges bereits aus Trias-Schichten besteht. Ohne im Stande zu sein, eine bestimmte, begründete Ansicht über die Natur dieser Schichtsenkung, welche mit der Westgrenze des südtirolischen Hochlandes zusammenfällt, auszusprechen, möchte ich doch die Vermuthung wagen, dass an der Stelle des heutigen Etschthales und der Terrasse von Kaltern ein allmählicher Schichtenfall ähnlich wie auf der Strecke zwischen dem Weissensteiner Plateau und Neumarkt existirte und durch die Ausfeilung des Etschthales entfernt wurde.

Unsere Karte verzeichnet auf dem Porphyrplateau drei grössere Reste der ehemaligen allgemeinen Sedimentbedeckung. Eine genauere Untersuchung der meist waldbedeckten Höhen mag vielleicht zur Entdeckung weiterer Reste von geringer Ausdehnung, insbesondere zur Auffindung von zerstreuten Partien von Grödener Sandstein in dem Grenzzuge gegen das Tierserthal und in den Waldungen zwischen dem Joch Grimm und dem Reiterjoch führen.

Der Grödener Sandstein dieser Hochebenen enthält stellenweise kleine Kohlenlager von der Stärke einiger Centimeter. Die Bellerophon-Schichten sind durch einige dünne Lagen von Gypsmergeln vertreten, welche östlich von Radein, wo die Regierung zu Ende des vorigen Jahrhunderts ohne Erfolg auf Steinsalz schürfen liess, zu etwas grösserer Mächtigkeit anschwellen dürften. Ueber Werfener Schichten und unterem Muschelkalk erhebt sich als Gipfelmasse des Joch Grimm oder Weisshorn (2312 Meter) weisser, diploporenführender Dolomit, welchen wir, ebenso wie den Dolomit des Cislon, für den Vertreter des oberen Muschelkalks und der Buchensteiner Schichten halten.

Der Cislon, dessen östlichen Theil unsere Karte noch darstellt, vermittelt die Verbindung mit dem im Westen der Etsch liegenden Mendola-Zuge. Er liegt auf der oben erwähnten nach

Westen gerichteten Porphyr-Abdachung und zeigt nach seiner geologischen Zusammensetzung eine grosse Uebereinstimmung mit dem Joch Grimm. Mit Mühe unterscheidet man zwischen dem pflanzenführenden Grödener Sandstein und den Werfener Schichten einige schmale Bänkchen festen grauen Gypsmergels und gelben dolomitischen Gesteins mit Resten von Zweischalern. Wir betrachten dieselben als die auskeilende Fortsetzung der gypsführenden Schichtenreihe der Bellerophon-Schichten. Im Westen der Etsch sollen diese Schichten gänzlich fehlen. In den Werfener Schichten zeigen sich auffallend viele rothe Schiefer, sodann Oolithe und gelbe dolomitische Bänke, in Folge dessen der Gesammthabitus dieser Schichten sich etwas von dem im Osten herrschenden Aussehen entfernt und der südlichen (Recoaro) und westlichen Ausbildung nähert. Der untere Muschelkalk ist durch die in diesem Niveau herrschenden Conglomerate und einige diesen folgende Mergelbänke vertreten. Die in steilen Wänden ansteigende, das Plateau des Cislon bildende Dolomitmasse zeigt eine Theilung in zwei petrographisch etwas abweichende Stufen. Der untere Absatz besteht aus dünnbankigen polyedrisch bröckelnden grauen und gelben Dolomiten. Auf der Höhe herrscht sodann weisser, diploporenreicher Dolomit, welcher zahlreiche, aber meist schlecht erhaltene Fossilien umschliesst. Ammoniten sind häufig, aber selten in bestimmbarem Zustande. Das Beste was ich kenne, sind einige, mir theils von Prof. Pichler, theils von Herrn v. Suttner in München mitgetheilte Formen von Trachyceraten, welche bekannten Muschelkalkformen nahe stehen, ohne aber mit denselben übereinzustimmen. Da die bisher noch ziemlich artenarme Cephalopoden-Fauna der Buchensteiner Schichten eine Anzahl von Formen besitzt, welche sich enge an Muschelkalkarten anschliessen, so ist es nicht unwahrscheinlich, dass die cephalopodenführenden weissen Dolomite des Cislon dem Horizonte der Buchensteiner Schichten angehören. An höhere Horizonte wäre kaum zu denken, eher noch auf oberen Muschelkalk. Die vorkommenden Arcesten gehören in die Gruppe der *Extralabiati*, welche in den Buchensteiner Schichten sehr häufig sind. Die Gasteropoden und Pelecypoden geben keinen näheren Aufschluss zur Orientirung über das Niveau. Ein von Prof. Pichler gefundenes Exemplar einer *Daonella* ist zu klein und unvollständig, um scharf bestimmt werden zu können. Es gehört der Gruppe der *D. Lommeli* an. Aehnliche nicht näher bestimmbare Vorkommnisse sind mir aus den Buchensteiner Schichten von Sotchiada in Gröden bekannt. Die mit den Ammoniten des Cislon vorkommenden *Diplopora* ist *D. multiserialis*.

Wenn der obere Dolomit des Cislon zu den Buchensteiner Schichten gehört, so ist es das Natürlichste, den unteren Dolomit als oberen Muschelkalk aufzufassen.

Beréits in Truden fallen unter den zahlreichen, theils erratischen, theils localen Geröllen Melaphyrstücke auf, welche sonst dem erratischen Schutte der Umgebung fremd sind. In den Geröllhalden des Cislon gegen das Trudenthal sind Melaphyrblöcke ebenfalls nicht selten, so dass man sich die Frage vorlegt, ob denn nicht in der Nähe Melaphyr anstehen könnte? Diese Vermuthung erhebt sich fast zur Gewissheit, wenn man auf dem Plateau des Cislon, südwestlich vom Gipfel einen Streifen ganz mit Melaphyrblöcken bedeckt sieht. Das kann wol nur der Kopf eines steil aufsteigenden Melaphyrganges sein.

Das Trudenthal entspricht einer Verwerfung, welche über Kaltenbrunn (Fontana fredda) auf die Einsattlung der Grimm-Alpe fortsetzt. Wahrscheinlich reicht diese Verwerfung bis an die nordwestliche Ecke des Latemargebirges, denn die auffallend tiefe Lage der Werfener Schichten u. s. f. des Rubelberges lässt mit ziemlicher Sicherheit auf das Vorhandensein einer plötzlichen Niveau-Verschiebung am Fusse des Latemar schliessen. In entgegengesetzter Richtung scheint die Fortsetzung derselben Verwerfung in südwestlicher, dann südlicher Richtung die Rolle einer Bruchlinie zu übernehmen, welche das südtirolische Hochland im Südwesten begrenzt. Im Trudenthal und auf der Einsattlung der Grimm-Alpe schneiden die tieferen Glieder, der Grödener Sandstein und die untersten Werfener Schichten von der Nordseite her an der Verwerfung ab *). Am Südrande steigt der Porphyr rasch an und bildet zwischen dem Passe von San Lugano und dem Sattel Jöchel einen scharfgeschnittenen hohen Bergrücken, dessen Culminationspunkte das Schwarzhorn (2457 Meter) und der Zangenberg (Palla di Santa, 2488 Meter) sind.

Am Südfusse dieses wasser- und sprachenscheidenden Kammes laufen ebenfalls Verwerfungen von bedeutender Sprunghöhe durch. Eine derselben setzt südlich von Stalla della Cugola an und läuft, durch einen die südliche abgesunkene Scholle überlagernden Streifen von Grödener Sandstein und Gypsen bezeichnet, über den Pass von San Lugano und die Hemet-Alpe nach Truden, wo sie mit der erstgenannten Verwerfungslinie zusammentrifft. Bereits im Gebiete des oberen Truden erscheint, dicht an den Porphyr der vorderen Scholle angelehnt, eine räumlich sehr beschränkte Partie von Werfener Schichten.

---

*) Auf der Karte des westlichen Südtirol von R. Lepsius ist die Verwerfung im Trudenthal bereits angedeutet.

4. Der alte Eisackgletscher.

Wir dürfen dieses Capitel nicht schliessen, ohne einige Bemerkungen über die allgemein verbreiteten älteren Schuttmassen beizufügen. In den hochgelegenen Seitenthälern, mit welchen wir uns in den folgenden Capiteln zumeist zu beschäftigen haben werden, sind ältere Schuttablagerungen im Allgemeinen selten und in hochgelegenen Gebieten von einförmiger lithologischer Beschaffenheit ist es schwierig, in vielen Fällen sogar unmöglich, den älteren Schutt vom neueren zu unterscheiden. Anders verhält es sich in den grossen Abzugsrinnen der Alpen, welche von breiten Streifen erratischer Geschiebe begleitet sind. Die Thatsache der einstigen allgemeinen Vergletscherung der Alpen ist bereits so fest begründet, dass die Existenz von verschiedenartigen Glacialspuren im Mittel- und Unterlaufe jedes grossen Alpenthales als eine selbstverständliche Sache angesehen werden kann. Die Aufgabe der nächsten Zeit wird es sein, dem rühmlichen Vorgehen der Schweizer Geologen folgend, schärfere Unterscheidungen innerhalb der erratischen Bezirke der Ostalpen durchzuführen und insbesondere die verschiedenen Richtungen der Gletscherströme in der Zeit ihrer grössten Mächtigkeit und in der Periode ihres allmählichen Schwindens zu ermitteln. So lässt sich, um Beispiele anzuführen, leicht nachweisen, dass die Gletscher des Pitzthales, des Oetzthales, des Zillerthales, des Ennsthales zur Zeit der grössten Vergletscherung des Landes selbständig über niedrige Quersättel der nördlichen Kalkalpen hinweg setzten, und nicht den Linien der grössten Thaltiefen folgten. Erst später, als die verschiedenen localen Zuflüsse unabhängige kleinere Gletscherströme von beschränkterer Ausdehnung geworden waren, lagerten sich die Schuttwälle dieser Localgletscher innerhalb der orographischen Grenzen der einzelnen Thalsysteme ab.

Die gleichen Betrachtungen und Unterscheidungen liessen sich für die alten Gletscherbette unserer Südalpen durchführen. Für die Umgebungen von Bozen liegen in dieser Beziehung bereits sehr anerkennenswerthe Vorstudien von Vinc. Gredler*) vor, auf welche wir sofort zurückkommen werden.

Wir übergehen die zahllosen Beispiele von Felsglättungen und Felsrundungen im Bereiche der Ausdehnung des alten Eisackgletschers. Jeder Kundige wird diese Art der Gletscherwirkung an den Porphyrfelsen der Bozener Gegend sofort wahrnehmen. Wir begnügen

---

*) Die Urgletscher-Moränen aus dem Eggenthale. Programm des Gymnasiums zu Bozen, 1868.

uns, zunächst die Ostgrenze der Verbreitung des alten Eisackgletschers zur Zeit seiner grössten Mächtigkeit anzugeben. In Gröden
fand ich Blöcke des Brixener Granits und krystallinischen Schiefer
im Kuetschenerthale aufwärts bis zu dem 2000 Meter hohen Joche
zwischen Raschötz und Sotchiada und im Hauptthale oberhalb
St. Ulrich. In der Pufelser Schlucht sah ich Granit- und Porphyrblöcke im Gebiete des Werfener Schiefer. Im nordwestlichen Theile
der Seisser Alpe begegneten mir Granitblöcke auf dem Wege von
Seiss zum Frombach in der Höhe von 1800 Meter. Zahlreiche
Blöcke von Gesteinen der Central-Alpen begleiten sodann den West-
fuss des Schlern und des Rosengarten, wo ich dieselben bis zum
Caressa-Passe in Höhen von 1700—1800 Meter verfolgen konnte.
Die Fortsetzung dieser Grenzlinie umzieht hierauf den Latemar-
stock und läuft über den Sattel (2000 Meter) zwischen Joch Grimm
und Schwarzhorn in das Trudenthal.

Die zahlreichen, in tieferen Niveaux und innerhalb der angegebenen Umfassungslinie des grossen alten Eisackgletschers vorkommenden Moränen-Ablagerungen bieten der Deutung ungleich
grössere Schwierigkeiten dar. Man muss annehmen, dass eine
Gletschermasse, welche zur Zeit ihrer grössten Mächtigkeit in der
Dicke von 1600—1700 Meter über dem Boden von Bozen hinweg-
zog und bis in die oberitalienische Ebene hinausreichte, nicht plötzlich verschwand, sondern nur allmählich in verticaler und horizontaler Richtung verringert wurde. Diese Erwägung lehrt, dass dem
allmählichen Niedergange der Gletschermasse Moränen-Ablagerungen
in stets tieferen Niveaux entsprechen müssen. Je tiefer nun die
Hauptmasse sank, desto grössere Selbständigkeit konnten die localen
Zuflussgletscher erlangen. Endlich musste ein Zeitpunkt eintreten,
wo kein Nachschub von Eis mehr aus dem nördlich gelegenen
Sammelbecken des Hauptgletschers erfolgte und die früheren Zuflüsse, sofern dieselben nicht ebenfalls versiegten oder auf ein Mini-
mum reducirt waren, zu selbständigen Localgletschern wurden.

Welche erratischen Ablagerungen des Quarzporphyr-Plateau's
entsprechen nun der Rückzugsperiode des grossen Eisackgletschers
und welche sind späteren Localgletschern zuzuschreiben? — Die
Beschaffenheit des Schuttes müsste, wie man denken sollte, darüber
den sichersten Aufschluss geben.

Nun führen, wie bereits V. Gredler nachgewiesen hat, die
stellenweise ausgedehnten und mächtigen Glacialbildungen des
Eggenthales, von Steinegg, Völs, Unterinn, Wolfsgruben, Lengmoos u. s. f. neben zahlreichen Graniten, Glimmerschiefern und Porphyren, auch Triasdolomite und Augitporphyre. Gredler betont

ausdrücklich, dass die Augitporphyre verschieden seien von denen der Seisser Alpe und mehr den Ganggesteinen des Latemar-Gebirges ähnlich sähen. Für einige andere seltenere Einschlüsse beansprucht er ebenfalls südlich gelegene Ursprungsstätten, für einige sogar die Provenienz aus dem Avisiothal. Dem entsprechend nimmt Gredler, welcher in einer zweiten Abhandlung ‚Ueber den Seisseralp-Gletscher‘ (Corresp.-Bl. d. zool.-min. Ver. in Regensburg, 1873) einige Ausführungen seiner ersten Arbeit etwas modificirt, an, dass alle die genannten Ablagerungen von einem nordwärts wandernden Eggenthaler Gletscher, mit dem sich möglicherweise Gletscherarme des Avisiogletschers vereinigt hätten, abstammten. Die Granite und Glimmerschiefer in diesen Moränen rührten aus der Zeit der grössten Vergletscherung her und befänden sich daher auf tertiärer Lagerstätte.

Gegen diese Hypothese erheben sich einige Bedenken, welche kurz angedeutet werden sollen. Das Avisiogebiet wollen wir hierbei ganz ausser Betrachtung lassen. Der wichtigste Einwand scheint mir in der geringen Höhendifferenz zwischen den höchst gelegenen Eggenthal-Moränen und der oberen Höhengrenze des Eisackgletschers zu liegen. Die Moränen von Gummer und die Ablagerungen zwischen Oberbozen und Lengmoos überschreiten die Höhe von 1200 Meter und liegen daher noch immer 900 Meter über Bozen. Bei einer so starken Vergletscherung ist es denn doch sehr unwahrscheinlich, dass der Eisackgletscher bereits an einer nördlicher gelegenen Stelle geendet habe. Das Sammelbecken des Eggenthal-Gletschers erscheint auch zu beschränkt, um einen Gletscher von solcher Mächtigkeit erzeugen zu können. Zu weiteren Bedenken gibt die Beschaffenheit der Moränen Anlass. Zugegeben, dass das Moränenmaterial der alten Eisackmoränen zum Theile in die Moränen eines Localgletschers übergehen konnte, würde dies doch nur local und in beschränktem Masse in den Seitenmoränen der Fall gewesen sein, und müssten die Moränen auch vorwiegend den Charakter von Localmoränen tragen, was aber nicht der Fall ist. Als ich zum ersten Male auf dem Plateau nächst Klobenstein die Dolomitgeschiebe sah, dachte ich mir, dass dieselben von gegenwärtig gänzlich denudirten, zur Eiszeit aber noch vorhandenen Resten der einstigen Sedimentbedeckung des Ritten oder der benachbarten nördlicheren Gegenden herrühren. Eben daher könnten auch die übrigen von Gredler angeführten fremdartigen Gesteine, insbesondere auch die Melaphyre stammen, welche vielleicht in den Gebirgen westlich von Klausen in einigen Gängen auftreten.

Nach diesen Bemerkungen wären die auf den höheren Plateaux gelegenen Moränenreste insgesammt dem alten Eisackgletscher zuzuschreiben. Vermöge des zähen bindigen Cementes, welcher diesen Moränen eigenthümlich ist, zeigt sich allenthalben, wo Entblössungen vorhanden sind, die wolbekannte Erscheinung der sogenannten „Erdpyramiden", welche in den Handbüchern der Geologie von Studer, Lyell und Fr. v. Hauer beschrieben ist. Ausser den Erdpyramiden im Finsterbache nächst Lengmoos sind noch diejenigen der „Wolfsgruben" nächst Oberbozen und von Steinegg bei Blumau hervorzuheben. *) Meist stehen diese Lehmthürme in parallelen Reihen auf den Gehängen. Die Bildung der einzelnen Pyramiden erfolgt bekanntlich durch die Wirkung der senkrecht auffallenden Regentropfen; die reihenweise Anordnung jedoch ist dem erodirenden Einflusse des abfliessenden Regenwassers zuzuschreiben.

Auch die im Grunde der Thäler, theils auf älteren, geschichteten und häufig fest conglomerirten Anschwemmungen, theis direct auf dem Felsboden lagernden Moränenreste scheinen aus der Rückzugsperiode des alten Eisackgletschers herzurühren. Jüngere Localgletscher sind daher kaum bis in diese tief gelegenen Regionen vorgedrungen. In den höheren und längeren Seitenthälern dagegen findet man (wie z. B. in Gröden) localen Gletscherschutt. Die grossen Steinmeere am Nordfusse des Latemar, ferner am Nordfusse des Schlern bei Ratzes und am Westfusse des Raschötz bei Pontifes in Gröden halte ich für Bergstürze.

Ueber die verschiedenen Schuttablagerungen im Eisackthale von Klausen aufwärts kann ich Näheres nicht berichten. Die grossen Schotterterrassen nördlich von Brixen sind nach dem aus ihrer topographischen Lage sich ergebenden Eindruck als praeglacialer Schuttkegel der Rienz, welche hier in ein altes Seebecken einmündete, aufgefasst worden. Zwischen Vahrn und Franzensfeste liegen, wie es scheint, jüngere Moränenwälle auf der Schotterterrasse.

Noch wäre hier zu constatiren, dass, wie die Lagerung der praeglacialen Anschwemmung und der Moränen lehrt, die Reliefformen der Thäler und des Mittelgebirges keine nennenswerthe Veränderung seit der Glacialperiode erfahren haben. Nur wenige Thalstrecken, wie z. B. die Ausgangsschluchten der Seitenthäler (Villnöss, Gröden, Tiers, Eggen, Branden) und der Kuntersweg zwischen Blumau und Klausen sind seither tiefer gelegt worden und befinden sich grossentheils gegenwärtig noch im Stadium der Vertiefung.

---

*) In einem späteren Capitel werden wir Gelegenheit haben, aus der Gegend von Agordo schwarze, aus Augitporphyr-Detritus gebildete Erdpyramiden zu erwähnen.

VI. CAPITEL.

Das Gebirge zwischen Fassa und Gröden.

Zwischen den Thälern von Fassa und Gröden und dem Porphyrplateau von Bozen erhebt sich eine flachgelagerte Gebirgsmasse, welche im Osten durch die plateauförmige Kalkgebirgsgruppe der Boe (Sella-Gruppe) begrenzt werden kann. Diese Gebirgsmasse zerfällt in Folge der heteropischen Ausbildung der Sedimente norischen Alters in zwei grosse nach Gesteinsbeschaffenheit und Physiognomie wesentlich abweichende Theile. Es genügt, die jedem Besucher des südlichen Tirols geläufigen Namen Seisser Alpe und Rosengarten zu nennen, um die Vorstellung sehr contrastirender Gebirge wachzurufen.

Den westlichen Theil bildet das Schlern-Rosengarten-Dolomitgebirge, welches vom Caressa-Passe im Süden bis Ratzes im Norden das Porphyrplateau begleitet. Dasselbe ist ein Rest der grossen, das Bozener Porphyrplateau einst überspannenden mächtigen Dolomitplatte. Im Norden, auf dem Schlern ist die plateauförmige Anlage noch deutlich erkennbar und haben sich daselbst auch Reste jüngerer Bildungen erhalten. Das südlichere Rosengarten-Gebirge bietet uns ein grossartiges Bild der zerstörenden Arbeit der Denudation. Die schützende Decke ist längst entfernt, von der ehemaligen Plateaufläche ist nichts mehr zu erblicken. Das Werk des Zerfalls schreitet vorzüglich von oben nach unten, die den Dolomit durchsetzenden Klüfte unterstützen die Thätigkeit des Wassers und weisen demselben seine Wege. So erhebt sich über einer fast söhlig gelagerten Basis, welche einen sicheren Schluss auf die ursprüngliche Gestalt der aufgesetzten Masse gestattet, statt einer mit senkrechten Wänden abfallenden Plateaumasse ein Wald von phantastisch geformten Pyramiden und Zacken, welchen die Sage als den „Rosengarten des Königs Laurin" bezeichnet.

Die ausgedehnte Plateaumasse im Osten des Schlern-Rosengarten-Gebirges gehört zum weitaus grösseren Theile dem Fassa-Grödener Tuff- und Mergelbecken an, dessen wichtigsten Bestandtheil sie bildet. Der blendend weisse Dolomit ist durch schwarze Eruptivgesteine, dunkle Mergel und Sandsteine ersetzt. Ein ununterbrochener Rasenteppich überzieht die mit unzähligen Heustadeln übersäete, wellige Hochfläche, deren Höhenpunkte das Niveau von 2000 Meter überschreiten, in den Schluchten und auf den Gehängen dunkelt, wo die Neigung nicht zu stark ist, prächtiges Nadelholz und schroff erheben sich mitten auf den grünen Matten die frei aufragenden bleichen Dolomitzacken und Pyramiden des Lang- und Plattkofels bis zu 3179 Meter, einem versteinerten Geisterspuke vergleichbar.

Eine orographische Collectivbezeichnung für diese im Osten durch das terrassenförmige Sellagebirge abgegrenzte Tafelmasse existirt nicht. Man könnte sich zwar versucht fühlen, die für einen Theil der Plateaufläche geltende Bezeichnung „Seisser Alpe" in ihrer Bedeutung zu erweitern, doch würde der daraus resultirende Doppelsinn die Präcision der Ausdrucksweise beeinträchtigen, da der Volksmund unter „Seisser Alpe" lediglich die grasbedeckte Oberfläche des nordwestlichen Theiles des Massivs, keineswegs aber auch die Abstürze und Fussgestelle desselben versteht. Wir wählen daher die unverfängliche und Jedermann leicht verständliche Bezeichnung „Fassa-Grödener Tafelmasse".

Wer vom Süden kommend von einem erhöhten Standpunkte aus zum ersten Male die Fassa-Grödener Tafelmasse erblickt, möchte vielleicht ihre orographische Selbständigkeit bezweifeln und es vorziehen, die Masse zu zerlegen und die einzelnen Theile als untergeordnete Glieder der benachbarten höheren Dolomitgebirge zu betrachten. Der Eindruck der die grüne Tafelmasse umfassenden und unterbrechenden kahlen Dolomitriffe ist von Süden aus ein so mächtiger, dass die weiten Zwischenräume nur reicher gegliederten Thalgründen gleichen. Die wasserscheidende Höhe zwischen dem Langkofel und der Sellagruppe bietet vollständig den Anblick eines Joches und wird thatsächlich auch als solches (Sellajoch) bezeichnet. Ebenso könnte man den Höhenzug des M. Pallaccia („Auf der Schneid") einem weiten, flachen Passe zwischen dem Plattkofel und dem Molignon vergleichen. Anders im Norden. Dort correspondirt mit der geologischen Selbständigkeit auch eine ausgesprochene

orographische Individualisirung. Der westliche Dolomitzug findet am
Schlern sein Ende und die Tafelmasse springt nun als ein unabhängiges Gebirge frei und weit nach Norden vor. Von Ratzes bis
St. Michael zieht sich ununterbrochen der Steilabfall der Plateaumasse hin, welche im Puflatsch mit 2174 Meter Höhe ihren nordwestlichen Eckpfeiler besitzt. Die Plateaufläche dieses frei vorragen-
den Theiles gehört zur Seisser Alpe, welche dieser glücklichen Lage
den ungehinderten Ausblick auf die hohe gletscherbedeckte Centralkette von der Duxer- bis zur Ortlergruppe verdankt. Vom Puflatsch
an streicht der überhöhte, durch Erosionsrinnen ausgezackte Rand
in östlicher Richtung über den Pitzberg zu den Christiner Weiden
und der Sorafrena-Ober-Alp im oberen Gröden. Die Langkofel-
masse, welche beiläufig in derselben Breite, wie der Schlern im
Norden abbricht, verhält sich auf diese Weise zu der ihr vorgelagerten Terrasse der Christiner Weiden und der Sorafrena-Wie-
sen ebenso wie der Schlern zum Puflatsch. Es ist daher vollständig
richtig und consequent, dass der Volksmund die Bezeichnung Seisser
Alpe auch auf die eben erwähnten Terrassen im Norden des Langkofel ausdehnt, trotzdem der tiefe Einschnitt des Saltariabaches sie
von der Hauptfläche der Seisser Alpe scheidet.

Der Bau und die Zusammensetzung der Fassa-Grödener Tafelmasse sind im grossen Ganzen sehr einfach und in Folge der zahlreichen leicht zugänglichen Aufschlüsse auch für den minder Geübten
leicht erkennbar. Die kleinen Störungen am Nord- und Südgehänge
vermögen die Auffassung des Bauplanes nicht zu erschweren. Dagegen bietet die Erkennung der wahren Beziehungen der theils
wirklich, theils nur scheinbar aufgesetzten Langkofelmasse nicht
unerhebliche Schwierigkeiten. Tektonische Störungen und Heteropismus haben hier durch vereinte Wirkung sehr verwickelte Verhältnisse
erzeugt, welche erst besprochen werden sollen, nachdem wir die
Beziehungen der Fassa-Grödener Tafelmasse zum Schlern-Rosen-
gartengebirge kennen gelernt haben werden.

Am Aufbau der Fassa-Grödener Tafelmasse nehmen folgende
Schichtsysteme und Gesteine Antheil:

1. Der dunkle Bellerophon-Kalk, an dessen Basis sich sehr
constant Gyps in Linsen und in dünnen Schichten findet;

2. der aus vorherrschend kalkigen und mergeligen Gesteins-
platten bestehende Werfener Schiefer;

3. der wenig mächtige, unten aus rothen Schiefern, Sandsteinen
und Kalkconglomeraten, oben aus dünnplattigen rauchgrauen Kalken
bestehende untere Muschelkalk.

Wo diese drei Glieder regelmässig übereinander folgen, liegen sie stets in demselben Gehänge. Die Terrain-Configuration ist bei allen dreien im wesentlichen die gleiche. Da sie wegen ihres Thongehaltes das Wasser ziemlich fest halten, sind sie der Vegetation günstig und meist bewaldet. Kleine vorspringende Terrassen und felsige Wandpartien von gelblicher und röthlicher Farbe unterbrechen stellenweise nicht selten die aus Werfener Schichten gebildeten Gehänge.

4. Der aus lichtgrauem splittrigem Kalk oder weissem, krystallinischem Dolomit bestehende obere Muschelkalk (Mendola-Dolomit). Dieses Glied widersteht in Folge des geringen Thongehaltes ausserordentlich der Verwitterung. Deshalb sieht man schon aus grösserer Ferne die felsige massige Bank einem lichten Bande gleich am dunklen Gehänge, die Vegetation unterbrechend, dahin ziehen.

5. Die Buchensteiner Schichten — dunkle ebenflächige Kalkplatten von sehr geringer Dicke, sogenannte Bänderkalke unter und über einem Complex dickplattiger, knolliger, hornsteinreicher grauer Kalke. Kieselmasse durchdringt häufig auch die Bänderkalke. Die in anderen Gegenden mächtig entwickelte Pietra verde tritt in diesem Gebiete sehr zurück und bildet nur dünne, sandsteinartige Lagen von lauchgrüner Farbe zwischen den Knollenkalken.

Physiognomisch verhalten sich die Buchensteiner Schichten den Werfener Schichten sehr ähnlich. Da sie über der felsigen weithin sichtbaren Bank des Mendola Dolomits liegen, so sind sie jedoch leicht auch aus grösserer Entfernung von den Werfener Schichten zu unterscheiden.

6. Die Lavaströme und Tuffdecken des Augitporphyrs. Einem sedimentären Schichtensysteme gleich folgt in der Fassa-Grödener Tafelmasse über den Buchensteiner Schichten der mächtige Complex der Augitporphyr-Gesteine. Die in steilen schwarzen Wänden ansteigenden Massen bilden im Norden wie im Süden, wo die Tafelmasse frei in die Tiefe der sie begrenzenden Thalfurchen abfällt, mit grosser Regelmässigkeit den widerstandsfähigen Rand des Plateau's. Eine Ausnahme macht in Folge tektonischer Störungen die Gegend im Süden der Langkofelmasse, welcher aus diesem Grunde auch der charakteristische Steilabfall der Masse und die scharfe Begrenzung der Hochebene fehlt.

7. Die Wengener Schichten, ein mannigfacher Complex vorherrschend sandsteinartiger, aus dem Grus des Augitporphyrs gebildeter Gesteine. Die dominirende Felsart ist ein wolgeschichteter mittelkörniger dunkler Sandstein, welchen die älteren Geologen als „doleritischen Sandstein" bezeichneten. Stellenweise wird das Korn

gröber, so dass förmliche Conglomerate entstehen. Diese Modification findet sich auf der Seisser Alpe nicht selten, kömmt aber in
den übrigen Verbreitungsbezirken der Wengener Schichten nicht
oder höchstens nur in sehr beschränkter Ausdehnung vor. Eine
nicht unwichtige Bestandmasse der Wengener Schichten bilden
dunkle, zarte Mergel, welche unter dem Einflusse der Atmosphärilien ein erdiges Aussehen annehmen. Ein durch seine Fossilführung
wichtiges, aber weder mächtiges noch allgemein verbreitetes Gestein
ist ein ebenfalls dunkler, ebenflächiger Schiefer, auf welchen ursprünglich die Bezeichnung ,Wengener' Schiefer beschränkt war.

Diese zum Zerfall geneigten und rasch verwitternden Schichten
bilden die mattenbedeckte Hochfläche der Seisser Alpe. Jüngere
Sedimente sind nicht vorhanden. Aller Wahrscheinlichkeit nach
waren die den Wengener Schichten im Alter folgenden Cassianer
Schichten im Bereiche der Seisser Alpe in derselben Mergelfacies
entwickelt, wie sie in der Umgebung von St. Cassian vorkommen.
Die Denudation hat aber alle jüngeren Formationen bis zum Niveau
der Wengener Schichten gänzlich entfernt.

Seiner tektonischen Grundanlage nach stellt sich der ganze
westliche, zwischen Plattkofel und Schlern gelegene Theil der Fassa-
Grödener Tafelmasse als eine flachbeckenförmige Mulde dar, deren
innerste Beckenausfüllung die Wengener Schichten der Seisser Alpe
bilden. Die plastischen Verhältnisse der Tafelmasse entsprechen
genau dieser tektonischen Anordnung und wären ohne dieselbe
unverständlich. Der aus dem widerstandsfähigen Augitporphyr gebildete Rand überhöht nämlich, wie dies besonders in der frei vor-
ragenden nördlichen Hälfte sich scharf ausprägt, die aus weicheren
Gesteinsarten (Wengener Schichten) zusammengesetzte Plateaufläche,
so dass die centralen Theile der Tafelmasse (die eigentliche Seisser
Alpe) tiefer liegen als die peripherischen. Ohne das Vorhandensein
tief einschneidender Erosionsrinnen wäre eine solche Ordnung der
Dinge nicht möglich. Einzelne Partien der Plateaux sind noch
sumpfig und moorig und erst bei noch weiterem Fortschreiten der
Erosionsarbeit wird die ganze Hochfläche trocken gelegt sein.

Eine nothwendige Folge der zergliedernden Thätigkeit der
Erosion ist die bedeutende und ungleichmässige Ausfranzung des
überhöhten Randes in der nördlichen Hälfte der Plateaumasse.
Darum sehen von den umliegenden Thalpunkten aus die Abfälle
des Massivs wie selbständige Bergformen aus und deshalb bezeichnet
der Volksmund dieselben auch mit eigenen Bergnamen (Puflatsch,
Pitzberg).

1. Nordgehänge der Fassa-Grödener Tafelmasse zwischen Ratzes und St. Christina.

Wir haben oben bemerkt, dass der Augitporphyr den überhöhten Rand der Tafelmasse bildet. Von diesem Rande weg fällt das Gebirge mit steilgeneigten Wänden zu Thal. Die Neigung der Schichten selbst ist sehr sanft und im Allgemeinen gegen Süden gerichtet. Die mässig gegen Süden abdachende Augitporphyr-Tafel des Puflatsch kann als Mass der mittleren Schichten-Neigung betrachtet werden. Der nördliche Steilabfall zeigt daher die am Gehänge fortlaufenden und trotz der Vegetation leicht mit dem Auge zu verfolgenden Schichtenköpfe. Der westliche Abfall zwischen der Gegend von Castelruth und Ratzes durchschneidet die gegen Süden sich allmählich senkenden Schichten. An dem Aufbau dieser Gehängwände nehmen alle oben erwähnten Schichtenglieder mit Ausnahme der Wengener Schichten (Nr. 7) Theil.

Zwischen dem westlichen und nördlichen Abfall zeigt sich ein bemerkenswerther tektonischer Unterschied. Wenn man von einem geeigneten westlich gelegenen Standpunkte das Ansteigen der Muschelkalk- und Buchensteiner Schichten in der Richtung von Ratzes gegen den Puflatsch betrachtet, so gewinnt man den Eindruck, als ob entsprechend der gewonnenen Höhendifferenz auch tiefere Schichtglieder, als die genannten, an dem Aufbau des nördlichen Abfalls der Tafelmasse Theil nehmen müssten. Dies ist nun keineswegs der Fall, trotzdem sich in den Höhenverhältnissen der die Unterlage bildenden thalförmigen Depression zwischen Seiss und St. Ulrich keine nennenswerthen Unterschiede zeigen. Auf dieser ganzen Strecke erfüllt stets der Grödener Sandstein die, einem alten erloschenen Thale ähnelnde rinnenförmige Einsenkung zwischen dem überhöhten Rande des Quarzporphyr-Plateau's und der Fassa-Grödener Tafelmasse. Eine nähere Bekanntschaft mit dem Nordgehänge lehrt nun, dass in Folge eines dem Streichen der Schichten parallel verlaufenden Bruches auf der Strecke zwischen dem Prembach bei Tinosels und dem Pitzbach zwischen St. Ulrich und St. Christina die Reihenfolge der Schichten eine doppelte ist. Da das Einfallen der Schichten in der unteren Scholle kaum von dem Neigungswinkel der Schichten der höheren Scholle abweicht, so gewinnt es für die oberflächliche Betrachtung den Anschein, als ob das ganze Gehänge aus einer ununterbrochenen, concordanten Schichtfolge zusammengesetzt wäre. Ist man aber einmal auf das Vorhandensein der Störung aufmerksam geworden, so fällt es nicht schwer,

die Grenzlinie zwischen den beiden Schollen von den benachbarten
Thalpunkten aus mit den Augen zu verfolgen, da ein terrassenartiges
schmales Gesimse in der Regel das obere Ende der unteren Scholle
andeutet. Die Natur dieses Bruches wird am besten durch die
Thatsache illustrirt, dass die obere Scholle als die Fortsetzung des
von Ratzes gegen den Puflatsch sich ziehenden Hauptkörpers
erscheint, während die untere Scholle in normalem Schichtenverbande mit dem nördlich anstossenden aus älteren Gebirgsformationen
gebildeten Gebiete steht. Von einem blossen Gehängbruche kann
daher keine Rede sein, sondern es muss die Verwerfung auch die
unter dem Bellerophonkalke liegenden Bildungen durchsetzen.

Denkt man sich die untere, gewissermassen vorgelagerte Scholle
entfernt, so würden wir entsprechend der oben ausgesprochenen
Vorstellung im unteren Theile der Pufelser Schlucht den Bellerophonkalk vom Grödener Sandstein, diesen wieder vom Quarzporphyr
unterteuft sehen. Wir sind daher hier, wie in so vielen anderen
Fällen im Stande, aus dem Verhalten an der Oberfläche auf die
Beschaffenheit der unzugänglichen Tiefe zu schliessen und sehen
die in dem vorhergehenden Capitel mitgetheilten Beobachtungen
über das stufenförmige Auf- und Absteigen der Porphyr-Terrassen
unzweideutig bestätigt.

Betrachten wir zunächst die untere Scholle. Der Lauf des
Prembaches bei Tinosels bezeichnet ungefähr ihr deutlich sichtbares
westliches Ende. Es ist aber nicht wahrscheinlich, dass die gerade
hier sehr breite Scholle so plötzlich, gewissermassen unter einem
rechten Winkel abbrechen sollte. Wir dürfen daher wol annehmen,
dass der die beiden Schollen trennende Bruch in die Werfener
Schichten des Oberriedler Waldes fortsetzt und erst in denselben
erlischt.

Das Heraustreten der unteren Scholle aus dem Gehänge des
Puflatsch ist vom Castelruther Plateau aus sehr scharf markirt.
Deutlich sieht man hoch oben unter der schwarzen Platte des von
Süden her auf den Puflatsch ansteigenden Augitporphyrs die Buchensteiner Schichten und die dicke Bank des oberen Muschelkalks
im Oberlauf des Prembaches plötzlich hinter der Augitporphyrkuppe
der vorderen Scholle verschwinden und gewahrt man in dieser tief
unter dem Niveau der südlichen Schichten und weit vor dieselben
gegen Norden vorspringend wieder den oberen Muschelkalk und die
Buchensteiner Schichten als normale Unterlage des Augitporphyrs.
Die auf der Karte mit der Höhencote 1851 versehene Kuppe, nordwestlich von der Spitze des Puflatsch bezeichnet den höchsten Punkt
eines grösseren, der unteren Scholle angehörigen Fetzens von Augit-

porphyr. Sei es, dass die Buchensteiner Schichten der eigentlichen
Puflatsch-Masse hier vom Augitporphyrschutt des Puflatsch überrollt sind, oder dass der Augitporphyr der unteren Scholle wirklich
über das Niveau der Buchensteiner Schichten des Puflatsch hinaus-
reicht, sieht man hier den Augitporphyr der unteren Scholle sich
scheinbar mit dem Augitporphyr des Puflatsch zu einer Masse vereinigen. Jede Möglichkeit einer falschen Deutung dieses Vorkommens, etwa als eines stockförmigen Durchbruchs des Augitporphyrs,
wird durch die Verfolgung der unteren Scholle in ihrem Verlaufe
gegen Osten ausgeschlossen. Bereits im Norden des östlichsten der
drei Puflatsch-Gipfel sind Augitporphyr sowie Buchensteiner Schichten
der unteren Scholle durch Denudation entfernt und unter der ungestört fortziehenden Augitporphyr Platte des Puflatsch kommen zunächst wieder die Buchensteiner Schichten und der Muschelkalk,
später aber auch die Werfener Schichten und gegen Pufels hin
sogar die Bellerophon-Schichten zum Vorschein. Darunter, als Han-
gendstes der unteren Scholle sieht man nun fast stets den oberen
Muschelkalk. Die Ortschaft Pufels steht auf einer Abdachung der
unteren Scholle.

Wenn man von Gröden über Runggaditsch sich in die Pufelser
Schlucht begibt, durch welche der Hauptweg auf die Westhälfte
der Seisser Alpe führt, so bleibt man fast so lange, als der Weg
in der Bachsohle geht, in der unteren Scholle und erst dort, wo
sich der Weg nach der linken Thalseite in die Höhe zieht, um sich
mit dem von Pufels kommenden Wege zu vereinigen, betritt man
das feste Gebirge der Tafelmasse. Am Eingange der Pufelser
Schlucht sind auf der linken Thalseite durch eine Abrutschung die
unteren gypsführenden Bänke der Bellerophon-Schichten entblösst,
die darüber folgenden fossilführenden Bänke sind grossentheils durch
Vegetation verdeckt, lassen sich aber bis zur ersten Mühle thalaufwärts verfolgen. Man durchschreitet hierauf die stets sehr fossilreichen Werfener Schichten und begegnet sodann der felsigen Kalkbank des oberen Muschelkalks, welche oberhalb dem Dorfe
Pufels weiter durchstreicht. An dieser Stelle sind die Schichten
ausserordentlich gestört. Vorher herrscht sanftes Südfallen, das
sich auch oberhalb in der Hauptmasse wieder einstellt. Hier aber
sieht man senkrecht aufgerichtete, überstürzte und geschleppte
Schichten, eine schmale, an der Bruchlinie hinziehende Zersplitterungs-
zone, gewissermassen eine klaffende Spalte mit nachgestürzten kleinen
Schollen.

Oestlich von der Pufelser Schlucht, auf dem vom Pitzberge
herabziehenden Rücken findet sich auf der unteren Scholle noch in

10*

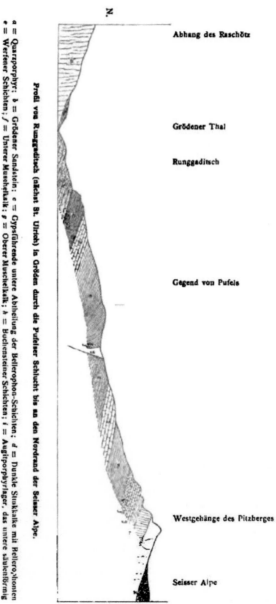

Abhang des Raschötz

Grödener Thal

Runggaditsch

Gegend von Pufels

Westgehänge des Pitzberges

Seisser Alpe

Profil von Runggaditsch (nächst St. Ulrich) in Gröden durch die Pufeler Schlucht bis an den Nordrand der Seisser Alpe.

a = Quarzporphyr; b = Grödener Sandstein; c = Gypsführende untere Abtheilung der Bellerophon-Schichten; d = Dunkle Stinkkalke mit Bellerophonten
e = Werfener Schichten; f = Unterer Muschelkalk; g = Oberer Muschelkalk; h = Buchensteiner Schichten; i = Augitporphyrlager, das untere säulenförmig
abgesondert; k = Wengener Sandsteine.

geringer Ausdehnung Buchensteiner Kalk und Augitporphyr. Am Eingang des Pitzbachgrabens bildet steil aufgerichteter unterer ·Muschelkalk die Grenze gegen die viel flacher gelagerten Bellerophon-Schichten der Hauptmasse. Kurz zuvor auf der in der grossen Originalkarte des Generalstabes mit 1517 Meter bezeichneten Höhe steht noch der Dolomit des oberen Muschelkalkes an. Die Bruchlinie trifft sodann oberhalb der Mündung des Pitzbaches das Grödener Hauptthal und setzt hierauf im Gebiete der am rechten Ufer des Grödener Baches befindlichen Werfener Schichten noch eine Strecke weit fort, wie weiter unten gezeigt werden soll.

Den Fuss der Steilwand der unteren Scholle bilden fast durchgängig die dem Grödener Sandstein aufgelagerten Bellerophon-Schichten. Nur bei den zerstreuten Gehöften von Runggaditsch auf dem Gehänge, welches zum Sattel gegen St. Michael führt, greifen die Bellerophon-Schichten etwas über den Steilrand gegen Norden vor.

Wir gehen zur Betrachtung der oberen Masse über. Der bekannteste Aufschluss in derselben ist die bereits genannte Pufelser Schlucht, welche,· nicht mit Unrecht, als das Normalprofil für die Umgebung gilt. Es liegen denn auch bereits mehrere treffliche Schilderungen derselben von Emmrich, v. Richthofen, Stur und Gümbel vor. Wir heben deshalb nur die wichtigsten Thatsachen hervor.

Die tiefste, oberhalb der Bruchlinie sichtbare Schichtgruppe bilden die Bellerophon-Schichten, deren obere aus grauen Foraminiferen-Kalken und dunklen bituminösen Bellerophon-Kalken bestehende Abtheilung hier noch eine ziemlich bedeutende Mächtigkeit besitzt. Charakteristisch für gewisse Bänke dieses Complexes sind stylolithenartige Bildungen auf den Schichtflächen. Auch findet sich ziemlich häufig in den grauen Kalken Bleiglanz in dünnen Adern. Bellerophonten sind hier nicht selten.

Die darüber folgenden, in einer steilen Lehne am rechten Bachufer prächtig entblössten Werfener Schichten enthalten, wie es bei den Werfener Schichten unseres Gebietes die Regel ist, einen grossen Reichthum an Versteinerungen, insbesondere Zweischalern, von denen die einzelnen Arten für sich allein oder zu zweien, höchstens dreien, ganze Bänke erfüllen. Die schöne *Monotis Clarai* findet sich hier häufig und in guter Erhaltung. Eine rothe, oolithische Kalkbank mit zahlreichen zierlichen Gasteropoden trennt die tieferen *Clarai*-Schichten von den wenig mächtigen oberen Schichten mit *Naticella costata* und *Monotis aurita*. Noch an der Unterseite jener rothen Oolithbank findet sich die für die tieferen Schichten bezeichnende *Monotis Clarai*. In den oberen Schichten herrscht die rothe Farbe vor.

Es folgt nun rothes Kalkconglomerat und über diesem dünn-
bankiger, knolliger, grauer Kalk (vom Aussehen des deutschen
Wellenkalks), welche beide wir als „unteren Muschelkalk" betrachten.
Als „oberer Muschelkalk" (Mendola-Dolomit) sind die folgenden
Bänke, zu unterst dickbankige, braune Kalke, sodann dünnplattige,
graue, dolomitische Kalke und zu oberst eine massige Bank bräun-
lichen Dolomits aufzufassen.

Die den Muschelkalk überlagernden Buchensteiner Schichten
sind im oberen Theile der durch die harten Kalkbänke veranlassten
Katarakte gut aufgeschlossen. Sie bestehen hier aus dem unteren
Bänderkalk mit *Daonella elongata*, Posidonomyen, Lingulen und Fischschuppen, aus dem grauen, hornsteinreichen Knollenkalk mit zahlreichen, aber schlecht 'erhaltenen Ammoniten (vielen Arcesten, besonders aus der Gruppe der *Extralabiati*, *Trachyceras Curionii (?)*,
Trachyceras cf. Reitzi) und dem oberen Bänderkalk.*) Den Knollenkalken sind zwei Bänke von grünem Tuff, der sogenannten „Pietra
verde", welche hier in der Form einer grünen, sandsteinartigen
Masse auftritt, zwischengelagert. Auch zeigen die Kalke auf den
Schichtflächen nicht selten einen grünen, tuffähnlichen Beschlag. Die
oberen Bänderkalke wechsellagern mit den obersten Knollenkalken.
Die unter der obersten Knollenkalkbank befindliche Bank ist erfüllt
von den Schalen der schönen *Daonella Taramellii*. Seltener finden
sich in ihr Ammoniten (Arcesten, *Ptychites sp.*, *Megaphyllites sp.*, *Lytoceras cf. Wengense*).

An der Basis des dem oberen Bänderkalk auflagernden Augitporphyrs kommt hier eine eigenthümliche Breccie, etwa einen Meter
stark, vor, welche aus Bruchstücken verschiedener Kalke in einer
Grundmasse von dichtem Augitporphyrtuff besteht. Derartige Gesteine finden sich im Bereiche der Augitporphyrlaven und Tuffe
nicht selten und zwar stets in nächster Nachbarschaft der letzteren,
entweder, der häufigere Fall, an der Basis oder, was seltener vorkommt, in Wechsellagerung. Die Analogie mit den, an den Wandungen von Gängen vorkommenden Reibungsbreccien ist so gross,
dass man dieselben geradezu auch als Reibungsbreccien bezeichnete. Dieser Sprachgebrauch kann indessen nicht gebilligt werden.
Die in Rede stehenden Breccien erscheinen nie neben solchen Gesteinen, deren Trümmer sie enthalten, was doch bei wahren Reibungs-
bildungen der Fall sein müsste. Mit unserer Auffassung der vulcanischen Erscheinungen im südlichen Tirol liesse sich ungezwungen

---

*) Bänderkalk genannt, weil das in dünne, schiefrige Platten zerspaltende
Gestein im Querschnitt ein gebändertes Aussehen zeigt. Kieselmasse durchdringt
sehr häufig diese Gesteine.

die Annahme vereinbaren, dass die Bestandtheile dieser Breccien Auswürflinge seien. Die Lagerung an der Basis der mächtigen Lavadecken, welche, wie erwähnt, die Regel ist, würde vortrefflich zu dieser Annahme passen, da es unschwer einzusehen ist, dass der Beginn der vulcanischen Thätigkeit mit der Zersprengung und Emportreibung der die Eruptionsstellen vorher verschliessenden Felsmassen eingeleitet werden musste. Wie die nachfolgenden Ergüsse der flüssigen Lava, wäre auch der Auswurf des zu kleinen Trümmern zersplitterten Felspfropfen untermeerisch erfolgt und Meeresströmungen hätten den Transport der Auswürflinge übernommen. So viel Bestechendes diese Anschauung für sich hat, scheint mir dieselbe doch den thatsächlichen Verhältnissen nicht zu entsprechen. Wie namentlich die Aufschlüsse an der Aussenfläche des im elften Capitel zu schildernden Carnera-Riffs lehren, stammen die Kalkeinschlüsse dieser Breccien von den Aussenseiten der Riffe her, wo dieselben eine Schuttzone gebildet haben dürften, welche von der zähflüssigen Lava aufgenommen und weiter transportirt wurde.

Abweichend von dem gewöhnlichen Verhalten der Augitporphyrlaven in Südtirol tritt uns längs des Nordrandes der Fassa-Grödener Tafelmasse der Augitporphyr als ein mächtiges Lager massigen, compakten Gesteins entgegen. Trotz dieser Ausnahmsstellung vermögen wir aber nicht, der Ansicht v. Richthofen's beizupflichten, dass hier ein Lagergang vorhanden sei. Abgesehen von allen anderen Bedenken gegen eine solche Auffassung, müsste man annehmen, dass die Gegend am Nordrande der Fassa-Grödener Tafelmasse nie von den schichtenförmig ausgebreiteten Augitporphyrlaven bedeckt wurde, dass vielmehr die Wengener Schichten daselbst directe über den Buchensteiner Schichten abgelagert wurden. Dies ist aber, wenn man die Verbreitung der Augitporphyrlaven betrachtet und insbesondere bei der unmittelbaren Nachbarschaft zu den mächtigsten Anhäufungen der Augitporphyrlaven im hohen Grade unwahrscheinlich. v. Richthofen machte hauptsächlich zwei Argumente für seine Auffassung geltend: Contacterscheinungen und ungleichförmige Auflagerung auf der Unterlage. Die Contacterscheinungen sollten in der Verkieselung nnd Frittung der durchbrochenen Schichten bestehen. Die Bänderkalke der Buchensteiner Schichten im Liegenden zeigen aber stets im ganzen Bereiche ihrer Erstreckung in unserem Gebiete einen hohen Gehalt an Kieselmasse, und diejenigen im Liegenden des Augitporphyrlagers der Seisser Alpe unterscheiden sich in nichts von den allgemein verbreiteten Vorkommnissen. Im Hangenden des Augitporphyrs sieht man, insbesondere nächst dem Ausgange der Pufelser Schlucht an dem zum

Frombache führenden Hohlwege, feinblättrige Daonellenschiefer in Berührung mit dem Eruptivgestein, scheinbar von demselben umschlossen und gehärtet. Bei näherer Untersuchung wird man aber bald gewahr, dass der Daonellenschiefer einfach den Unebenheiten der Oberfläche des Augitporphyrs folgt und sich denselben genau . anschmiegt. In solchen ursprünglichen Vertiefungen sind stellenweise schmale Streifen und Schmitzen des Daonellenschiefers von der Denudation verschont geblieben und erscheinen nun wie eingeschlossene Fragmente. Schlägt man davon Stücke heraus, so sieht man an denselben, wie die dünnen Schieferlagen sich parallel den welligen Biegungen der Unterlage verhalten. Was die scheinbare Härtung dieser Schieferfetzen betrifft, so überschreitet die Härte durchaus nicht den bei vielen feinkörnigen, aus vulcanischem Detritus gebildeten Gesteinen vorkommenden Härtegrad. Von wirklichen Umwandlungserscheinungen, wie etwa an den Contactstellen von Fassa und Fleims ist aber nirgends etwas zu bemerken. — Die ungleichförmige Auflagerung des Augitporphyrs auf seiner Unterlage kann, wie bereits Emmrich betonte, in keiner Weise befremden, abgesehen davon, dass die vorhandenen Unregelmässigkeiten sich innerhalb sehr bescheidener Grenzen bewegen. Bemerken wir noch, dass sich das Augitporphyrlager nur bis an die Dolomitwand des Schlern, mithin, wie wir sehen werden, conform den liegenden und hangenden Schichten bis an die Grenze abweichender Entwicklung der Schichtgesteine erstreckt, keineswegs aber in die Dolomitmasse eindringt, so haben wir die wesentlichen Einwände gegen die Gangnatur des Augitporphyrlagers erschöpft.

Dieses Augitporphyrlager*), dessen Abbrüche durch die scharfen, eckigen Contouren und die pfeilerartige Abklüftung physiognomisch sehr an den tiefer liegenden Quarzporphyr erinnern, erscheint an vielen Stellen durch eine den Schichtungsflächen der liegenden Gesteine parallele Trennungsfläche in zwei, beiläufig gleich starke Bänke getheilt. Die untere dieser Bänke zeigt an vielen Stellen ausgezeichnete Contractionsformen. In der Pufelser Schlucht, bevor der Weg vom linken auf das rechte Bachufer übersetzt, findet sich eine Stelle mit prachtvoll ausgebildeter strahlenförmiger Absonderung, einem riesigen Fächer vergleichbar. Ferner zieht sich aus der Pufelser Schlucht eine mächtige Zone prismatischer Säulen unter den Wänden des Puflatsch durch. Man fühlt sich in ein Basalt-

---

*) Nach P. Vinc. Gredler (Corr.-Bl. des zool.-min. Ver. in Regensburg, XXVII. Bd., pag. 13) beträgt die durch den eisenhaltigen, polarisch-magnetischen Augitporphyr bewirkte Ablenkung der Magnetnadel auf dem Scheitel des Puflatsch 13° gegen Osten.

Territorium versetzt. Ebenso schöne Säulen sieht man in der Schlucht bei Ratzes. Zahlreich liegen solche Augitporphyrsäulen unten in dem Bergsturze bei Ratzes und Seiss, man kann sie auf dem von Seiss nach Völs führenden Wege, in der Gegend unterhalb der Ruinen Salegg und Hauenstein kaum übersehen. Sie stammen wol von dem Gehänge südöstlich von Ratzes.

Von der Pufelser Schlucht gegen Osten bis St. Christina herrschen im wesentlichen die gleichen Verhältnisse, wie in der oberen Hälfte der Pufelser Schlucht. Im Pitzbache gesellen sich zu den rothen Conglomeraten des unteren Muschelkalks noch rothe dolomitische Mergel, in denen man nach den Cephalopoden von Val Inferna (Zoldo) sucht. Der obere Muschelkalk ist mächtiger, als in der Pufelser Schlucht. Er erscheint als weisser, zuckerkörniger Dolomit. Mit den gleichen Charakteren, aber stets zunehmender Mächtigkeit zieht der obere Muschelkalk in die Saltaria-Schlucht, wo er mindestens die dreifache Stärke gegenüber der Pufelser Schlucht zeigt. Die tuffige Kalkbreccie wurde hier nirgends beobachtet. Der Augitporphyr ist allenthalben reich an Mandelsteinen und schönen Heulanditen. In der Saltaria-Schlucht beginnen über dem massigen Augitporphyr bereits Augitporphyr-Conglomerate und concentrisch / schalig sich ablösende Tuffe (Kugeltuffe) zu erscheinen. Nächst der vom linken auf das rechte Ufer führenden Brücke läuft am linken Gehänge eine Verwerfung durch, in Folge welcher sich über dem Augitporphyr neuerdings eine Zone von Buchensteiner Schichten und Augitporphyr erhebt.

. In Folge einer geringen allgemeinen Neigung der Schichten gegen Osten und in Folge der starken Erhebung des Grödener Thales erreichen die Bellerophon-Schichten oberhalb der Mündung des Pitzbaches die Thalsohle und von da an aufwärts gelangen fortwährend jüngere Schichten zur Thalsohle. Bei St. Christina setzt bereits der Dolomit des oberen Muschelkalks über das Thal, und demselben folgen alsbald die Buchensteiner Schichten und der Augitporphyr.

Auch im Westen der Pufelser Schlucht bis zur Schlucht bei Ratzes bleiben die Verhältnisse im wesentlichen die gleichen, wie in der Pufelser Schlucht. Indessen stellt sich doch eine für das Verständniss der heteropischen Bildungen höchst wichtige Aenderung im Complexe der Buchensteiner Schichten ein. Bereits an dem von Seiss längs des Frombaches auf die Seisser Alpe führenden Wege sieht man den Buchensteiner Schichten zwei starke Bänke weissen Dolomits regelmässig eingelagert, welche gegen Norden unter dem Puflatsch hin weiterstreichen und daselbst auskeilen. Dieselben beiden Dolomitbänke sind in der Fretschbach-Schlucht bei Ratzes in verstärkter Mächtigkeit wieder zu sehen. Das in dieser Schlucht entblösste Profil zeigt zunächst am Eingange oberhalb Ratzes über den Werfener Schichten das bunte Conglomerat des unteren Muschelkalkes, 6 Meter mächtig, darüber rothen Dolomit des unteren Muschelkalkes, 15 Meter mächtig, etliche Bänke grauen bituminösen Kalkes, welchen die sogenannte „Schwefelquelle" von Ratzes entquillt, sodann am Beginne der Steilwand weissen und grauen Dolomit des oberen Muschelkalkes (Mendola-Dolomit), hierauf die ihrer Hauptmasse nach bereits aus Dolomit bestehenden Buchensteiner Schichten. Die untere Dolomitbank ist blos durch 1 Meter mächtigen Bänderkalk mit Pietra verde vom Dolomit des oberen Muschelkalkes gesondert; etwas grössere Mächtigkeit zeigen die zwischen den Dolomitbänken eingelagerten Knollenkalke, die obersten Bänderkalke dagegen, welche durch den unmittelbar darauf folgenden Augitporphyr stellenweise vergypst sind, besitzen höchstens die Stärke von 35 Centimeter.

Verfolgt man dem Laufe des Fretsch- (oder Cipit-) Baches aufwärts dieses Profil bis zur Kante des Hochthales von Cipit, so bleibt man stets im Gebiete des Augitporphyrs. Die untere Masse zeigt, wie schon erwähnt wurde, ausgezeichnete säulenförmige Absonderung. Am linken Ufer des Baches kommt an der Grenze des Augitporphyrs gegen den Buchensteiner Kalk eine stark zersetzte gelbe Masse vor, aus welcher die „Eisenquelle" von Ratzes (mit Eisenvitriol und Alaun) entspringt. Ueber den massigen Augitporphyren folgen grobe Augitporphyr-Conglomerate, Kugeltuffe und dünnbankige Ströme, wie im Süden der Fassa-Grödener Tafelmasse. Der Complex ist zu viel grösserer Mächtigkeit angewachsen und reicht wahrscheinlich viel höher in die Bildungszeit der Wengener Schichten hinauf, als die Augitporphyr-Tafel des Puflatsch und des Pitzberges. Dafür scheint auch eine Einschaltung von dünngeschichteten sedimentären Bänken zu sprechen, welche ich von einem Standpunkte auf dem rechten Bachufer aus auf der linken Thalseite zu erkennen meinte.

2. Die Seisser Alpe.

Ein tief in die Hochfläche eingeschnittenes Thal — Saltaria —, welches die Abflussrinne für den ganzen Süden und Osten (excl. Christiner Weiden) bildet, zerlegt die Seisser Alpe diagonal in zwei ihrer Bodenbeschaffenheit nach wesentlich verschiedene Theile. Am rechten Saltaria-Gehänge herrschen vorwiegend die Augitporphyrlaven, welche gegen Süden allmählich ansteigend den südlichen

Gegenflügel der Mulde der Seisser Alpe bilden, deren nördlichen Flügel wir soeben kennen gelernt haben. Die Ausfüllung dieses tellerförmigen Beckens bilden die Wengener Schichten, welche den grössten Theil der Oberfläche der Seisser Alpe im Westen und Nordwesten des Saltaria - Thales bedecken und auch den wasserscheidenden Höhenrücken zwischen Saltaria einerseits, Pitzbach, Puflerbach, Frombach und Fretschbach andererseits zusammensetzen.

Entsprechend diesem einfachen Bauplane sieht man allerorts die Wengener Schichten vom Rande gegen das Innere der Mulde einfallend, in der Mitte derselben aber schwebend. Die tiefsten Schichten längs dem Nordrande bilden die feinblättrigen Daonellenschiefer, welche unmittelbar dem Augitporphyr auflagern. Man findet dieselben in guten Aufschlüssen am Pitzbache, südlich von Sgagul, nächst dem oberen Ausgange der Pufelser Schlucht und am Frombach. Fossilien sind nicht selten, doch zeichnen sich einige, petrographisch nicht unterscheidbare Bänke durch ihre Fossilarmuth sehr unvortheilhaft vor anderen Bänken aus, welche mit Daonellen ganz erfüllt sind. Die häufigsten Formen sind *Daonella Lommeli*, welche ich wol in höheren, nie aber in tieferen Bänken gefunden habe, *Posidonomya Wengensis, Lytoceras Wengense.*

Ueber den Daonellenschiefern und mit diesen theilweise noch wechsellagernd erscheinen Tuffsandsteine mit Einlagerungen von kalkigen, zu Schollen zerfallenden Bänken, deren organische Einschlüsse (Cidariten, Crinoiden, Brachiopoden, selten Korallen) Anlass zur Verwechslung mit den Cassianer Schichten gaben. Am Pitzbache erscheinen in Begleitung dieser Kalkbänke häufig Schiefer mit *Posidonomya Wengensis* und *Daonella Lommeli**). Die Tuffsandsteine

---

*) An dieser Stelle, sowie noch an einigen anderen Punkten Südtirols im Bereiche der Wengener und Cassianer Schichten, kommen örtlich beschränkt zwischen den Schichtflächen bis 3o Mm. starke Platten von faserigem, schmutzigweissem Aragonitsinter vor. Die Bildungsverhältnisse desselben müssen ausserordentlich regelmässig und ruhig gewesen sein, denn die Unterseite der Aragonitplatten copirt in getreuer Weise die Rauhigkeiten und Zufälligkeiten der unteren Fläche der Hangendschicht. So trifft man nicht selten von Daonellen förmliche Abgüsse und Modelle im Aragonit. Ich besitze vom Pitzbach eine *D. Lommeli* und von Stuores bei St. Cassian eine *D. fluxa* als Aragonitabgüsse. Da bekanntlich bei den Daonellen die streifenförmigen Radialfurchen gleichmässig die ganze Schalendicke durchdringen, so wird es begreiflich, dass man Aragonitmodelle von Daonellen mit Ober- und Unterseite findet, welche leicht zur irrigen Anschauung von in Aragonit umgewandelten Daonellen-Exemplaren führen könnten. Meine *D. fluxa* von St. Cassian zeigt ausgezeichnet, wie das beste isolirte Original-Exemplar, Ober- und Unterseite der Schale und besitzt eine Dicke von 1o Mm. Sie entstand offenbar dadurch, dass auf der Liegendfläche der Hangendbank die Innenseite einer *Daonella* vorhanden war, von welcher aus die Sinterbildung vor sich ging.

enthalten auf ihren Schichtflächen nicht selten kohlige Pflanzen-
trümmer. Fundstellen für die Cidariten-Kalke sind ausser dem eben
genannten Punkte am Pitzbache, die westlichen und südlichen
Abhänge des Pitz und die Pflegerleiten am Südgehänge des
Puflatsch.

Erst über diesen Schichten folgt die Hauptmasse der Tuffsandsteine und Mergel der Wengener Schichten, in denen Fossilien
in der Regel nur vereinzelt vorkommen. Doch zeichnen sich auch
in diesem Complexe einige der unteren Hälfte derselben angehörige
conglomeratische Bänke durch reichere Fossilführung aus. Es sind
dies die Pachycardien-Bänke mit *Pachycardia rugosa*. Andere Fossilien sind selten. Ein Bruchstück von *Trachyceras* verdient Erwähnung *). Der bekannteste Fundpunkt dieser Pachycardien-Tuffe ist
das Gebiet des oberen Frombach, aus dessen südlichen Zuflüssen
die zahlreichen Blöcke stammen, welche man an der Strasse findet.
Noch kennt man dieselben aus dem unteren Cipit, vom Pitzbach
und von Saltrie.

In den Tuffsandsteinen kommen vereinzelte Ammoniten vor.
Trachyceras Gredleri, die grösste bekannte Trachyceras-Art, stammt
aus solchen Gesteinen.

In den südlichen Gehängen des Frombaches erscheinen zwischen
den Tuffsandsteinen Einlagerungen von grauem Korallenkalk mit
zahlreichen Korallen und wenigen Gasteropoden und Pelecypoden.
Diese Bänke sind nur die letzten Ausläufer einer im Cipit sehr
mächtigen Kalkbildung, welche wir im nächsten Abschnitt bei der
Betrachtung des westlichen Randes besprechen wollen. Das centrale
Gebiet der Seisser Alpe zeichnet sich ebenso sehr durch den Mangel
an allen fremdartigen, insbesondere kalkigen Einlagerungen, als
durch die grosse Monotonie seiner Tuffsandsteine aus.

Im Süden und am rechtseitigen Gehänge des Saltaria-Thales
herrscht, wie schon bemerkt wurde, der „schwarze Porphyr" fast
unumschränkt. Im oberen Laufe des Saltaria Baches greift er auch
auf das linke Ufer herüber. Am rechten Ufer zieht er sich nördlich
fort durch die ganze Breite der Seisser Alpe, um sich mit dem
Augitporphyr des Nordabfalles der Tafelmasse zu verbinden. Auf
diese Weise sind drei Viertheile der tellerförmigen vom Augitporphyr gebildeten Mulde entblösst, in welcher die Wengener Schichten
der nordwestlichen Seisser Alpe lagern.

---

*) Die irrthümliche Bestimmung desselben als *Ammonites floridus* war einige
Zeit ein Hemmschuh für die richtige Gliederung und Parallelisirung der südalpinen
Trias.

Wie sich bereits aus den Höhenverhältnissen ergibt, steigt der Augitporphyr gegen Süden auf, ob ganz regelmässig oder staffelförmig unter Intervention von Verwerfungen lässt sich mit Sicherheit schwer entscheiden. An einer Stelle, nächst der Mündung des Perdiabaches in das Saltaria-Thal taucht unter ihm auch seine Unterlage auf: die Tuffkalkbreccie und die Buchensteiner Schichten mit der Pietra verde.

Je weiter man südwärts vorschreitet, desto augenfälliger wird das fortwährende Anwachsen der Augitporphyrmassen. Es rührt dies von der Annäherung zu den Ausbruchsstellen her. Im Gegensatze zu dem massigen tafelförmigen Auftreten am Nordrande der Tafelmasse, erscheint hier der Augitporphyr als ein wolgeschichtetes System von Augitporphyrlaven und Tuffen. Letztere sind entschieden sehr untergeordnet. Wenn trotzdem v. Richthofen die Bezeichnung „Eruptivtuff", Tschermak die Bezeichnung „Primärtuff" anwendete, so geschah dies nur wegen der ausgezeichneten Schichtung, welche sich die beiden Forscher nur durch die Mitwirkung des Wassers erklären konnten. An der submarinen Verbreitung der Augitporphyrlaven kann ebenso wenig gezweifelt werden, wie an der submarinen Lage der Ausbruchsstellen selbst. Dafür spricht unzweideutig die geologische Geschichte des ganzen Gebietes, insbesondere die strenge örtliche Beschränkung der Eruptionsproducte und die Reinheit der benachbarten Dolomitriffe. Erfolgten nun periodische Ausbrüche nach Intervallen der Ruhe, so ist es leicht begreiflich, dass die Lava-Ergüsse der successiven Eruptionen wie sedimentäre Gesteine durch Trennungsfugen (Absatzflächen) von einander geschieden sind. Die Annahme wiederholter Ausbrüche hat aber viel mehr Wahrscheinlichkeit für sich, als die Annahme eines blos einmaligen Massen-Ergusses. Aus diesem Grunde scheint es angemessener, die petrographisch ohnehin nicht ganz zutreffende Bezeichnung „Tuff" für die geschichteten Augitporphyrmassen zu vermeiden. Der vom tektonischen Standpunkte ganz berechtigten Forderung einer scharfen Unterscheidung der schichtförmig ausgebreiteten Eruptivmassen von den gang- und stockförmig auftretenden trägt man durch die Bezeichnung der ersteren als „Laven" wol hinlänglich Rechnung.

Nach den Untersuchungen von Doelter [*]) bilden die schwarzen Porphyre der südtirolischen Trias eine durch zahlreiche Uebergänge verbundene, nur in ihren Endgliedern zu unterscheidende Reihen-

---

[*]) Jahrb. d. Geol. R.-A. 1875.

folge, welche am besten unter der Bezeichnung Melaphyr zusammengefasst wird. Doelter unterscheidet sodann:

   1. Augit-Melaphyre:
      a) Aupitporphyr (augitreicher Melaphyr),
      b) Augitarme Melaphyre und Augit-Hornblende-Melaphyre.
   2. Hornblende-Melaphyre.
   3. Augit- und Hornblende freie Melaphyre.

Wie aus den Fundorts-Angaben der näher untersuchten Gesteine hervorgeht, finden sich an und nächst den Eruptionspunkten die sämmtlichen unterschiedenen Gesteins-Modificationen und wäre in der Natur die Trennung und kartographische Ausscheidung mit Mühe und grossem Zeitaufwande verbunden, aber es zeigt sich doch, wie wir noch sehen werden, regional das Vorherrschen des einen oder anderen Typus.

In dem weiten Gebiete der schwarzen Laven herrscht der Augitporphyr so entschieden vor, dass man den Augitporphyrtypus als ein charakteristisches Merkmal der Laven bezeichnen kann. Nur von wenigen Punkten nennt Doelter Melaphyre aus dem Laven Gebiete und alle diese Punkte liegen innerhalb des Verbreitungsbezirkes der auf die nähere Umgebung der Eruptionsstellen beschränkten Gänge. Es ist daher möglich, ich möchte sagen wahrscheinlich, dass in diesen Fällen Gänge vorhanden sind, wie Doelter bei einigen angibt.

Es ergäbe sich nach dem eben Gesagten ein in tektonischer Beziehung wichtiger Gegensatz zwischen den Gangausfüllungen und den Lavadecken. Dort grosse Mannigfaltigkeit, Vorkommen aller Melaphyrtypen, hier Einförmigkeit, Beschränkung auf den Augitporphyrtypus mit Ausschluss der übrigen an den Ausbruchstellen auftretenden Modificationen.

Nächst dem homogenen Augitporphyr spielen in den Laven die Lavatrümmer-Ströme oder, um uns eines handsameren Ausdruckes zu bedienen, die Trümmerlaven die Hauptrolle. Die ursprünglich scharfeckigen Trümmer sind an den Kanten häufig etwas abgestumpft, was auf eine gleitende und rollende Fortbewegung der Trümmer innerhalb noch dünnflüssiger Lava hindeutet. Stellenweise nimmt die Abstumpfung in so hohem Grade zu, dass man nicht mehr von Breccien sprechen kann, sondern das Gestein als Conglomerat bezeichnen muss. Solche Gesteine werden häufig auch „Reibungsconglomerate" genannt. Will man mit diesem Ausdruck blos den morphologischen Charakter hervorheben, so wäre dagegen nichts einzuwenden. In genetischer Beziehung unterscheiden sich aber diese Augitporphyr-Breccien und Conglomerate auf das schärfste von den typischen Reibungsgesteinen, welche man zwischen den durchsetzten Felsmassen und den durchsetzenden Gangausfüllungen findet. Von gewöhnlichen sedimentären Conglomeraten unterscheiden sich die hier gemeinten Conglomerate durch die rauhe rissige Oberfläche der Einschlüsse und durch das meistens aus gleicher Lava gebildete Bindemittel. Echter Tuff kommt nur selten als kittende Grundmasse vor. Unzweifelhaft sedimentären Augitporphyr-Conglomeraten begegnet man innerhalb des Systems der Wengener Tuffsandsteine der Seisser Alpe. Bei diesen zeigen die Rollstücke eine glänzend polirte Oberfläche. Das Bindemittel ist locker und porös.

Der gezackte schwarze Grat, welcher den Plattkofel mit den Rosszähnen verbindet und die volksthümliche Bezeichnung ‚Auf der Schneid‘ führt, besteht ganz und gar aus dem System der Augitporphyrlaven. Deutlich erkennt man auch an den von Rasen überzogenen Stellen die fortlaufende Schichtung, welche nirgends eine nennenswerthe Unterbrechung erkennen lässt. Der Angabe, dass Aupitporphyr-Gänge dieses System hier durchsetzen, will ich nicht mit Bestimmtheit widersprechen. Es ist möglich, dass die Gang-Region des Fassathales sich bis hierher erstreckt; sichere Gänge kommen einzeln nördlich von Campitello und nördlich von Fontanaz und Mazzin vor. Aber es ist erfahrungsgemäss ausserordentlich schwer auf den steilen schwarzen Gehängen der Augitporphyrlaven bei der steten Unterbrechung der Aufschlüsse durch Schutt und Vegetation und bei der petrographischen Uebereinstimmung des durchsetzten und durchsetzenden Gesteins das Vorhandensein von Gängen wirklich über jeden Zweifel nachzuweisen. Wo Gänge in grösserer Zahl vorkommen, wie dies vom Bergzuge ‚Auf der Schneid‘ behauptet wird, da beschränken sich dieselben nicht auf ein bestimmtes Schichtensystem, sondern durchsetzen in gleicher Weise die verschiedenartigsten Formationen. Nun zeigt sich weder in den Dolomitmassen des Plattkofel noch in jenen des Molignon und des Schlern die geringste Spur von dem Vorhandensein von Gängen. Auch haben wiederholte Besichtigungen des Südrandes der Seisser Alpe in mir stets den Eindruck hinterlassen, dass in dieser Gegend überhaupt noch keine Gänge vorhanden sind, dass vielmehr die vermutheten Gänge festeren, der Verwitterung besser widerstehenden Gesteinspartien entsprechen. Das Eine scheint mir sicher zu sein, dass wenn Gänge vorkommen, dies nicht in dem Umfange der Fall sein wird, wie bisher angenommen wurde.

Es wurde bereits der viel stärkeren Mächtigkeit der Augitporphyr-Massen im Süden der Seisser Alpe im Vergleiche zur Stärke der Augitporphyrlager am Nordrande der Tafelmasse gedacht.

Eine nähere vergleichende Untersuchung führt uns zu der Folgerung, dass die oberen Massen der Augitporphyrlaven im Süden den tieferen Wengener Schichten in der Nordhälfte der Seisser Alpe entsprechen. Im Süden, in der Nähe der Fassaner Eruptionsstelle lagerten sich noch Lavaströme ab, während nördlich davon die vorherrschend aus Abschwemmungs-Producten des Augitporphyrs und fein zer-stäubten Lavapartikeln zusammengesetzten Wengener Tuffsandsteine und Mergel sich bildeten. Deshalb greifen auf dem Gehänge unter-halb der Mahlknecht-Hütte die Wengener Tuffsandsteine in das Massiv der Lavaströme ein und stellt sich das Verhältniss der süd-lichen Laven zu den Wengener Schichten mehr als eine Anlagerung oder Nebeneinanderlagerung, denn als eine Ueberlagerung dar. Die tiefsten Bänke der Wengener Schichten sind daher nur längs des Nordrandes der Seisser Alpe entblösst, im Süden erscheinen nächst dem Augitporphyr nur die oberen und obersten Partien der Wen-gener Schichten. Die Vergleichung der Profile des Schlern und der Rosszähne wird diese Verhältnisse versinnlichen helfen.

Es wird nun auch die Natur des massigen Augitporphyrlagers am Nordrande der Tafelmasse klar. Dasselbe erscheint als das breite, dick angeschwollene Ende von mindestens zwei Lavaströ-men, deren Erguss in den Beginn der vulcanischen Thätigkeit fällt. Aus dem Verlaufe der weiteren Darstellung wird sich, wie wir jetzt schon der späteren Erörterung vorgreifend bemerken wollen, er-geben, dass überhaupt nur den ersten Lava-Ergüssen eine weitere horizontale Verbreitung zukommt. Deshalb liegen in den äusseren Districten die Laven oder die deren Stelle einnehmenden dick-schichtigen Tuffe stets unter den Wengener Schichten. Die Fort-dauer der eruptiven Thätigkeit in den vulcanischen Herden zeigen dann nur die Gesteinsbestandtheile der Wengener Schichten an.

Die dem Massiv des Platt- und Langkofels zunächst gelegene Stufe der Seisser Alpe, östlich vom Saltaria-Thal, wird bei der Dar-stellung der Verhältnisse des genannten Dolomitriffes zur Sprache gelangen.

3. Das Dolomitriff des Schlern.

Wer von Norden kommend zum ersten Male, etwa von Castel-ruth aus, den mächtigen weissen Stock des Schlern, obenauf von horizontal liegenden Bänken gekrönt, und nebenan die wolgeschichtete Fassa-Grödener Tafelmasse mit ihrer schwarzen Contourlinie erblickt, der wird sich des Gedankens nicht erwehren können, dass eine grosse Verwerfungslinie hier Bildungen verschiedenen Alters trennt.

Wer dagegen von einem höher gelegenen Standpunkte aus, etwa von Puflatsch oder Raschötz oder vom Sasso di Dam die durch die Tafelfläche der Seisser Alpe getrennten Dolomitriffe des Schlern-Rosengarten und des Lang- und Plattkofels betrachtet, wird den Eindruck gewinnen, dass die Dolomitmassen ein jüngeres, den Bildungen der Seisser Alpe regelmässig aufgesetztes Sediment seien, welches sich einst gleichförmig über die ganze Tafelmasse ausspannte.

Keine von diesen Anschauungen kann einer eingehenden Kritik gegenüber Stand behalten.

Wie unbegründet die erstere Annahme wäre, das ergibt sich bereits nach ziemlich oberflächlicher Kenntniss des Gebirges. Die Dolomitmasse des Schlern und die Fassa-Grödener Tafelmasse ruhen auf einer gemeinsamen, ganz übereinstimmenden Unterlage. Vom Muschelkalk abwärts bis zum Quarzporphyr bleiben sich alle Schichten im Wesentlichen gleich und wenn auch gerade der Nordfuss des Schlern durch die Trümmer eines Bergsturzes theilweise verdeckt ist, so erkennt man doch bei weiterer Verfolgung der Unterlage leicht, dass die Niveaulinien der Schichten correspondirend regelmässig verlaufen, von einer Störung daher keine Rede sein könne.

Die zweite Annahme müsste logisch zu der Voraussetzung führen, dass die oberen Schichtsysteme der Fassa-Grödener Tafelmasse vom Buchensteiner Kalk angefangen, sich vor den Dolomitmassen auskeilen, da doch der untrennbare obere Dolomit (Schlerndolomit) unmittelbar dem Mendola-Dolomit auflagert. Sie führt daher zur Supposition einer Unterbrechung des Absatzes. Diese Schlussfolgerung ist unausweichlich, sobald man annimmt, dass der Schlerndolomit jünger als die Tuffsandsteine der Seisser Alpe ist, und selbst v. Richthofen, welcher doch zuerst die ursprüngliche Isolirung der Dolomitriffe erkannt hatte, musste zu derselben seine Zuflucht nehmen, da auch er den Schlerndolomit als eine jüngere Etage betrachtete. Die Annahme einer solchen Lücke ist aber in den natürlichen Verhältnissen nicht gerechtfertigt und steht mit zahlreichen Thatsachen im Widerspruch.

Untersuchen wir zunächst die Grenze zwischen dem Schlern und der Seisser Alpe.

Es ist oben bei der Besprechung der Verhältnisse am Nordgehänge der Fassa-Grödener Tafelmasse erwähnt worden, dass sich bei der Annäherung zum Dolomitriff des Schlern in die Buchensteiner Schichten zwei Dolomitmassen einschalten. Bereits im Profile des Frombaches, anderthalb Kilometer Luftlinie vom Schlern entfernt, begegnet man diesen Bänken und im Profile des Fretschbaches bei

Mojsisovics, Dolomitriffe. 11

Ratzes nimmt man deutlich wahr, dass die mit dem Dolomit wechsellagernden normalen Buchensteiner Schichten an Mächtigkeit in auffallendem Maasse reducirt sind. Es wird daraus klar, dass der Dolomit stellvertretend für die normalen Schichten eintritt. Untersucht
man weiter westlich *), von den Werfener Schichten ausgehend, die
Gesteinsfolge der Schlernmasse, so trifft man über dem unteren
Muschelkalk eine mächtige Dolomitbank, welche sich constant durch
eine auffallende Schichtfuge von dem höher folgenden ungeschichteten Dolomit abtrennt. Dies ist der Mendola-Dolomit v. Richthofen's. Aus Aufschlüssen an anderen Punkten ergibt sich, dass die
untere Dolomitbank der grossen Dolomitriffe aus dem zu Einer
Masse vereinigten Dolomit des oberen Muschelkalks (Mendola-Dolomit im engeren Sinne) und dem Dolomit der Buchensteiner Schichten
besteht. Stellenweise findet sich zwischen der den oberen von dem
ynteren Dolomit scheidenden Schichtfuge noch eine Lage normalen
Buchensteiner Kalks oder es zieht sich in diesem Niveau eine Zone
von Hornstein-Ausscheidungen durch; häufig berühren sich aber
unterer und oberer Dolomit ohne die Intervention irgend eines
fremdartigen Gesteins. So ist es auch auf dem Westabfall des
Schlern. Jede Erinnerung an die normale Ausbildung der Buchensteiner Schichten ist hier verwischt. Der Dolomit ist Alleinherrscher
geworden.

Das geschilderte Verhältniss des Dolomits zu den Buchensteiner Schichten der Fassa-Grödener Tafelmasse lässt sich kurz in
folgender Weise ausdrücken: Der untere Dolomit des Schlern
greift mit zwei spitzen Zungen wechsellagernd und stellvertretend in den Schichtenverband der normalen Buchensteiner Schichten der Fassa-Grödener Tafelmasse ein. Seine
obere Hälfte repräsentirt die Buchensteiner Schichten.

Oberhalb der Buchensteiner Schichten steigt vom linken Gehänge des Fretschbaches aus die Dolomit-Steilwand des Schlern auf.
Der Bach hat sich sein Rinnsal noch ganz in den Augitporphyrlaven und in den Wengener Schichten ausgefeilt. Die Grenze zwischen
dem Dolomit und dem Augitporphyr bildet eine schräg ansteigende
Fläche des Dolomites, auf welcher der Augitporphyr, nach oben
rasch an Mächtigkeit abnehmend, aufsteigt. Der Dolomit greift
unter den Augitporphyr hinab. Man erkennt deutlich, dass die
Augitporphyrlava an der Dolomitwand ein Hinderniss ihrer weiteren
Ausbreitung gefunden hat.

*) Leider ist an dem Nordfusse des Schlern die Untersuchung wegen des
gewaltigen, fast Alles verdeckenden Trümmerhaufwerkes unmöglich.

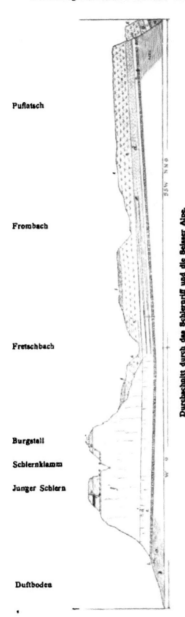

Puflatsch

Frombach

Fretschbach

Burgstall

Schlernklamm

Junger Schlern

Duftboden

Durchschnitt durch das Schlernriff und die Seiser Alpe.

(Vom Riff aus in die Buchensteiner Schichten eingreifende Dolomitzungen.)

a = Werfener Schichten; b = Unterer Muschelkalk; c = Oberer Muschelkalk; d = Buchensteiner Schichten; d^1 = Buchensteiner Dolomit; e = Augitporphyrlaven; f = Wengener Schichten; f^1 Wengener Dolomit; g = Geschichteter (Wengener und Cassianer) Dolomit; h = Raibler Schichten; i = Dachsteinkalk.

11 *

Hat man, aufwärts steigend, die Region des Augitporphyres passirt, so sieht man die Dolomitwand in gleichem Sinne, wie weiter unten, auch gegen oben zurückweichen. Die Wengener Schichten lagern sich regelmässig mit nach aussen gekehrten Schichtflächen an die nach aussen abfallende Dolomitwand an. Ueber den Wengener Schichten erhebt sich sodann der Dolomit in nahezu senkrecht abgeschnittenen Wänden, bis zur Höhe des östlichen Schlernplateau. Diese Steilwand ist nicht als die ursprüngliche Begrenzungslinie der oberen Schlernmasse zu betrachten, wie die weitere Untersuchung des Schlerngehänges lehrt.

Die der Dolomitwand angelagerten Wengener Schichten unterscheiden sich durch die Aufnahme zahlreicher kalkiger Bänke wesentlich von den normalen Wengener Schichten. Ausser dünnplattigen Kalken, welche aus einem Haufwerk von Cidariten und Crinoiden gebildet sind, kommen dicke, klotzige, zähe Kalkbänke häufig vor, die von v. Richthofen sogenannten „Cipitkalke". Die Färbung dieser Gesteine ist auf frischem Bruche grau und graubraun. Die Verwitterungsrinde ist braungelb. Die Cipitkalke lösen sich zu grossen, unförmlichen Blöcken auf; sie bezeichnen keinen bestimmten Horizont der Wengener Schichten und beschränken sich stets auf die Nachbarschaft der Dolomitriffe. Auch in den Cassianer Schichten kommen an den Riffgrenzen die gleichen Kalke vor, welche man desshalb auch als „Riffsteine" ansprechen kann. Die den Wengener Schichten angehörigen enthalten nicht selten tuffige Einschlüsse. Fossilien sind im Allgemeinen häufig in den Riffsteinen, aber durchaus nicht allgemein und gleichmässig verbreitet. Korallen in grossen Stöcken herrschen vor und erfüllen oft die ganzen Blöcke. Doch ist ihr Erhaltungszustand selten ein guter. An den angewitterten Flächen erkennt man sie leicht. Im Inneren des Gesteines sind die Verästelungen deutlich, aber die feineren Structurverhältnisse sind meistens obliterirt. Die entstandenen Hohlräume sind häufig von Mineral-Ausscheidungen erfüllt. Ausser Korallen kommen Crinoiden- und Cidaritenreste noch häufig vor, aber stets nur in verstreuten, isolirten Bestandtheilen, nicht selten auch zerbrochen und in Haufwerken zu förmlichen Breccien verkittet. Selten sind Brachiopoden, noch seltener Gasteropoden, Pelecypoden und Cephalopoden. Wo das Gestein keine Fossilien erkennen lässt, ist es meistens breccienartig.

Folgt man dem bereits betretenen Steige, welcher am Schlerngehänge selbst, also am linken Ufer des Fretschbaches, von Ratzes über den Cipiter Ochsenwald auf den Schlern führt, so beobachtet man, wie von der Dolomitwand des Schlern aus eine mächtige

Dolomitbank über die erst erwähnten Wengener Schichten über-greift. Im unteren Theile von Cipit steht derselbe Zug von Wengener Schichten, als normales Hangendes der Augitporphyr-Laven an. In den tiefsten Lagen bei der Proslinhütte bereits finden sich in Wechsellagerung mit dem dünnblätterigen Schiefer (Daonellen-Schiefer) Kalkbänke *) mit Crinoiden, Cidariten und Korallen. Von dem Pachycardien-Conglomerat liegen Blöcke umher, welche aber wahrscheinlich aus höherer Lage vom rechten Abhange herstammen. Die Dolomitbank, deren Abzweigung von der Hauptmasse des Schlerndolomits eben betont wurde, zieht als eine mässig nach aussen abgedachte Terrasse am linken Ufer des Ochsenwaldbaches **) über den Wengener Schichten hin. Beim Uebergange des von Cipit auf den Schlern führenden Steiges setzt sie, mit reducirter Mächtig-keit und in geringer Ausdehnung, auf das rechte Bachufer herüber.

Wie im Allgemeinen die südtirolischen Dolomite zu senkrechter Zerklüftung Neigung haben, so zeigt auch die kleine auf dem rechten Ufer des Ochsenwaldbaches vorkommende Dolomitpartie eine aus-gezeichnete Abklüftung zu vertical stehenden Platten. Bei ober-flächlicher Beobachtung liegt die Gefahr einer Verwechslung mit Schichtung nahe. Der Dolomit wird aber von schwachgeneigten Wengener Mergeltuffen über- und unterlagert, wie die unzwei-deutigen Aufschlüsse in der Nähe der erwähnten Uebergangsstelle beweisen. Trotzdem ist in neuerer Zeit die Behauptung aufgestellt worden, dass hier eine „grossartige Schichtenstörung" vorliege, welche sich in den gleichfalls seiger aufgerichteten Dolomitschichten auf der westlichen Thalsohle am Fusse des Schlerngehänges fort-setze und — „übrigens schon von dem Eisackthale über Seiss her und über den Ostrand der Rosszähne hinüber sich verfolgen" lasse.

Der durch den Ochsenwald auf den Schlern führende Pfad ersteigt zunächst die an Mächtigkeit zunehmende Dolomitplatte und führt sodann durch längere Zeit auf derselben weiter. Hier zeigen sich nicht nur Einschlüsse von Tuffmasse im Dolomit, sondern auch an vielen Stellen, namentlich in den Wassergräben deutlich entblösste Wengener Schichten als regelmässige, ungestörte Ueberlagerung des Dolomites. Die Neigung dieser oberen Wengener Schichten ent-spricht vollkommen der Abdachung der Dolomitplatte und dem Einfallswinkel der unter dem Dolomit liegenden Wengener Schichten.

---

*) Aus einem dichten grauen Kalke erhielt ich die wol erhaltene Wohn-kammer einer Orthoceras.

**) Der Fretschbach setzt sich am unteren Ende von Cipit aus zwei Zuflüssen zusammen, dem Ochsenwaldbache und dem Cipitbache. Der Ochsenwaldbach liegt westlich am Fusse des Schlern.

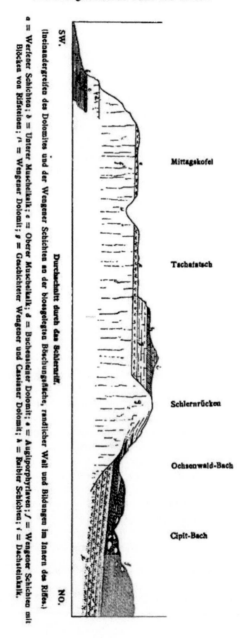

SW.

Durchschnitt durch das Schlernriff.

(Ineinandergreifen des Dolomites und der Wengener Schichten an der bioasgelegten Böschungsfläche, randlicher Wall und Bildungen im Innern des Riffes.)

a = Werfener Schichten; b = Unterer Muschelkalk; c = Oberer Muschelkalk; d = Buchensteiner Dolomit; e = Augitporphyrlaven; f = Wengener Schichten mit Blöcken von Riffsteinen; f' = Wengener Dolomit; g = Geschichteter Wengener und Cassianer Dolomit; h = Raibler Schichten; i = Dachsteinkalk.

NO.

Mittagskofel

Tschafatsch

Schlernrücken

Ochsenwald-Bach

Cipit-Bach

Ueber den oberen Wengener Schichten, deren Mächtigkeit etwa zehn Meter beträgt, folgt eine zweite Dolomitplatte und eine dritte oberste Einlagerung von Wengener Schichten, Alles conform den tieferen Massen mit schwachem Ostfallen.

Die Erscheinungen, welche sich hier der Beobachtung darbieten, sind im Wesentlichen dieselben, wie in den tiefer liegenden Buchensteiner Schichten. Vom Dolomitstocke weg dringen Dolomitkeile schichtenförmig in den Schichtenverband der Wengener Schichten ein. Aber es tritt hier noch ein sehr bedeutsames Moment hinzu. Das Dolomitriff steigt ziemlich rasch, gegen oben zurücktretend, in die Höhe und Augitporphyrlaven wie Wengener Schichten lagern sich an die geböschte Dolomitwand an.

Ich habe hier vergeblich nach den Stellen gesucht, an welchen die „deutliche" Auflagerung des Schlerndolomites auf den Tuffschichten sichtbar sein soll. Wenn das Gegentheil behauptet worden wäre, so fände ich dies eher begreiflich. Aber der Blick der meisten Beobachter war hier durch vorgefasste Meinungen umflort. Weithin sichtbar ist der grossartige Aufschluss an den Quellen des Ochsenwaldbaches, welcher die einer regelmässigen Auflagerung ähnelnde Anlagerung der Wengener Schichten an die auf grössere Erstreckung hin darunter eingreifende Dolomitböschung entblösst.

Ochsenwald-Bach

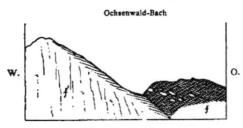

W.   O.

Durchschnitt durch das Cipiter Schlerngehänge und das Quellgebiet des Ochsenwald-Baches.

(Anlagerung von Wengener Schichten an die Böschungsfläche des Riffes.)

f = Wengener Schichten mit Blöcken von Riffsteinen; f' = Wengener Dolomit.

Ehe wir in der Schilderung der Verhältnisse am unteren Schlerngehänge fortfahren, müssen wir der Uebersichtlichkeit der Darstellung wegen einen Blick auf die oberen Wände und Gehängstufen des bisher besprochenen Abschnittes werfen. Im Norden endet die Schlernmasse mit der abenteuerlichen Doppelpyramide der „Schlernzacken", welche sich sofort als ein Erzeugniss des subaërischen Zerfalls verrathen. Hier hat die Denudation bereits ein gutes

Stück Arbeit vollbracht. Das obere Plateau ist gänzlich abgetragen. Die im Süden der Schlernzacken folgende Wand, welche den Abfall des von den Raibler Schichten und einigen kleinen Resten von Dachsteinkalk gekrönten Plateau bildet, fällt mit wenigen unbedeutenden Unterbrechungen glatt und steil, scheinbar senkrecht in die Tiefe. Die Denudation, welcher die verticale Zerklüftung des Gesteins vorarbeitet, hat auch hier ihre Wirksamkeit begonnen. Gegenüber den Schlernzacken war jedoch ihre Thätigkeit eine noch beschränkte. Es folgt dann eine Region noch weniger fortgeschrittener Abtragung, in welcher die Wand treppenförmig abfällt. Der von der Seisser Alpe auf den Schlern führende Weg gewinnt auf diesen Stufen die Plateauhöhe. Bis zu dieser Region erscheint die ganze Dolomitwand aufwärts bis zu den Raibler Schichten als eine schichtungslose, wie aus Einem Guss geformte Masse. Nur bei günstiger Beleuchtung gewahrt man wellig auf- und niedersteigende zackige Fugen, welche beiläufig im grossen Massstabe die Erscheinung der Stylolithen-Nähte wiederholt. Sieht man schärfer zu, so beobachtet man an vielen Stellen, dass die Flächen dieser Fugen nicht so vollkommen horizontal liegen, wie die Raibler und Dachstein-Schichten auf der Höhe des Schlern und die Werfener Schichten an dessen Basis, sondern sich schwach östlich, also gegen die Aussenseite des Berges, neigen.

Ein wesentlich verschiedenes Aussehen bietet derjenige Theil der Schlernwand dar, welcher oberhalb der Zwischenlagerungen von Wengener Schichten und Dolomit des Ochsenwaldes beginnt und bis zu den Rosszähnen reicht. Erstlich hat die Steilwand des nördlichen Schlern einer bis nahezu auf die Plateaufläche reichenden Böschung Platz gemacht. Sodann tritt an die Stelle des massigen Dolomites geschichteter Dolomit, dessen nach Osten verflächende Lagen die abgebrochenen Schichtköpfe in einer Reihenfolge zahlreicher niederer Terrassen zeigen. Es herrscht in diesen geschichteten Dolomiten kein vollkommener Parallelismus der Flächen, wie bei gewöhnlichen Schichten und, was besonders auffallend ist, keine grosse Constanz der Schichten dem Streichen nach. Die Schichten schwellen bald an, bald verdünnen sie sich. Die Schichtflächen hören häufig auf, fortzulaufen, zwei Bänke vereinigen sich zu Einer, und umgekehrt. Es wechseln steilere Neigungen mit flacheren. Wir gebrauchen für diese lediglich auf die noch erhaltenen Aussenseiten der Riffe beschränkte Form der Schichtung die Bezeichnung ,Uebergüss-Schichtung'.

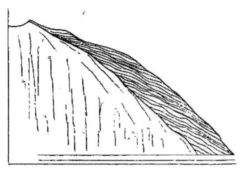

Schematische Darstellung der Ueberguss-Schichtung an der Böschungsfläche eines Riffes.
(Unten normale Schichtung in horizontaler Lagerung.)

Bei der Beobachtung des Cipiter Schlerngehänges fällt noch Eines auf. Man sieht häufig förmlich unterhöhlte Schichtenabbrüche. Untersucht man dieselben, so findet man in einigen Reste von Wengener Schichten. Andere sind leer. Die oben erwähnten An- und Zwischenlagerungen von Dolomit und Wengener Schichten geben den Schlüssel zur Erklärung dieser Erscheinung. Die Denudation ist von Seite der Seisser Alpe her, von den Wengener Schichten gegen das Dolomitriff vorgedrungen und hat an der Aussenseite des Riffes die höher gelegenen (die jüngeren) Wechsellagerungen von Dolomit und Wengener Schichten bis zu den verjüngten letzten Spitzen der Wengener Schichten abgetragen. Aus den leeren Höhlungen sind die Wengener Schichten ausgewaschen.

So erscheinen einige der Ueberguss-Schichten des Schlerngehänges als die Fortsetzungen von, heute grossentheils entfernten, in die Wengener Schichten eingreifenden Dolomitzungen.

Von den Schlernzacken bis zum Cipiter Schlerngehänge haben wir nun sehr verschiedene Denudations-Stadien in continuirlicher Reihenfolge unterschieden. Die Bedeutung der treppenförmigen Absätze in der Gegend des Schlernpfades wird nun klar; ebenso die eigenthümlichen zackigen Fugen in der senkrechten vorderen Schlernwand. Das Cipiter Schlerngehänge mit der noch wolerhaltenen Ueberguss-Schichtung wird bei weiterem Fortschreiten der Denudation allmählich in das Stadium der treppenförmigen Absätze und durch dieses in das Stadium der glatten Steilwand mit wenigen, fast unmerkbaren Spuren der nach auswärts gerichteten Ueberguss-Schichtung übergehen. Endlich wird auch die Region der zackigen Fugen entfernt sein und dann wird die Steilwand völlig schichtungslos

sein, wie es heute in der Schlernklamm und am Westgehänge des
Schlern der Fall ist.

Daraus lässt sich aber weiter schliessen, dass entlang
des ganzen Schlerngehänges bis zu den Schlernzacken, das ist
allenthalben auf der dem Gebiete der Wengener Schichten zugewendeten Aussenseite des Schlernriffes, die gleichen oder doch
wenigstens sehr analoge Verhältnisse geherrscht haben müssen, wie
an der Cipiter Dolomitböschung.

Wir kehren zur Besprechung der unteren Regionen wieder
zurück.

Durch den ganzen Kessel von Cipit, insbesondere aber in
dessen oberen Theilen sind Einlagerungen von Riffsteinen in den
schwarzen tuffigen Wengener Mergeln häufig. Das Gestein ist in
der Nähe der Dolomitböschung reich an Korallen. Interessant sind
Conglomerate aus Augitporphyr-Geröllen mit grossen Korallenstöcken. Sie finden sich im oberen Cipitkessel. Auch am nördlichen
Cipitgehänge kommen Riffsteine noch häufig vor. Es ist bereits
bemerkt worden, dass sich die letzten Ausläufer bis in das From-
bachgebiet erstrecken. Die isolirten Blöcke von Cipitkalk auf den
weichen berasten Plateauflächen der Seisser Alpe haben schon
längst die Aufmerksamkeit der Geologen erregt. Die häufig wiederkehrende Angabe von der allgemeinen Verbreitung dieser Blöcke
über das ganze Plateau ist aber unrichtig. Ausser dem Bereiche
von Cipit und Frombach kommen sie nicht vor. Es wäre denn in
der Eigenschaft als erratische Blöcke *). Wo sie frei auf der Rasen-
fläche liegen, hat man sie seit jeher als Reste fester Kalkbänke
betrachtet, welche der Denudation einen grösseren Widerstand
entgegensetzten, als die weichen normalen Wengener Schichten.
Gegen eine solche Anschauung lässt sich für einen Theil der Vorkommnisse nichts einwenden. Viele, wahrscheinlich die meisten
Blöcke sind aber nicht Ueberbleibsel fortlaufender Kalkbänke, sondern sie sind bereits in Blockform in weichen tuffigen und mergeligen Schichten vorhanden gewesen und durch die Abschwemmung
ihrer Umhüllung blosgelegt worden. Dies zeigen zahlreiche Aufschlüsse, in welchen Blöcke von Cipitkalk in tuffigen Gesteinen eingebettet sind.

---

*) Da die älteren Angaben über das Vorkommen grosser Dolomitblöcke auf
Widerspruch gestossen sind, so möge hier die Bemerkung Platz finden, dass sich
thatsächlich grosse Blöcke echten weissen Dolomits auf der Seisseralpfläche finden,
so insbesondere am nördlichen Rande, in der Nähe des Beginns der Pufelser
Schlucht. Der auffallendste dieser Blöcke führt den Namen „Sonnenstein".

Besonders zahlreich sind die Blöcke der Cipitkalke in der Umgebung des Grunserbühels, einer kleinen gegenwärtig isolirten Kalkkuppe, welche sich nördlich von den Rosszähnen den Wengener Tuffen frei aufgelagert befindet. Ein in die Wengener Mergeltuffe eingreifender Sattel trennt den Grunserbühel von einem an den Rosszähnen abzweigenden Dolomitgrat, welcher den obersten Cipitkessel von dem Quellgebiet des Satzerbaches trennt. Dieser Dolomitgrat greift über die Wengener Schichten des obersten Cipitkessels über. Er ist daher, ganz analog den bereits erwähnten, vom Schlernmassiv abzweigenden Dolomitzungen, ebenfalls als eine in das Gebiet der Wengener Schichten eingreifende Dolomitbank aufzufassen. Verglichen mit den Dolomitzungen des Ochsenwaldes ist dies die oberste, jüngste und zugleich die am weitesten in das Tuffgebiet eingreifende Masse, als deren nördlichste Spitze der Grunserbühel zu betrachten ist. Man kann sich leicht vorstellen, dass bei weiterem Fortschreiten der Denudation dieser Dolomitgrat gänzlich entfernt wird. Dann würde das Gehänge der Rosszähne denselben Anblick gewähren, wie das Schlerngehänge auf der linken Seite des obersten Cipitkessels. Eine mächtige Ablagerung von Wengener Tuffen würde sich der Dolomitböschung anschmiegen und nur die abgebrochenen starken Köpfe der Uebergussguss-Schichtung würden dem Blicke des Forschers den früheren Zustand der Dinge an dieser Stelle verrathen. Wendet man die umgekehrte Betrachtung auf das von der Denudation bereits stark mitgenommene Gebiet von Cipit an, so ergibt sich die Vorstellung, dass möglicherweise die Dolomitmasse des Grunserbühels einst als eine ausgedehnte Dolomitplatte von der Erstreckung des Schlerngehänges über das ganze Gebiet von Cipit und vielleicht in nördlicher Richtung noch etwas über dasselbe hinaus verbreitet war. Die im Frombach-Gebiet vorhandenen Riffsteine fordern geradezu eine derartige Annahme.

An der Basis des Grunserbühels findet sich eine Zone von typischen Riffsteinen mit zahlreichen Korallen, Cidariten und Crinoiden. Darüber folgt eine Zone gelbgefärbten Dolomits, welche sich aus dem Riffstein heraus entwickelt und deutlich als dolomitisirter Riffstein erkannt wird. Zuoberst herrscht weisser Dolomit, welcher aber auch noch häufig durch verschiedene habituelle Merkmale an den Riffstein erinnert.

Oestlich vom Grunserbühel bemerkt man in den Wengener Schichten reihenförmig geordnete anstehende Blockmassen von Riffstein mit Korallen.

In dem südlich zu den Rosszähnen ansteigenden Dolomitgrate findet man häufig Uebergänge vom Riffstein in den Dolomit, sowie halb dolomitisirte Riffsteine. Korallen sind hier auch im Dolomite häufig und wol erkennbar, aber stets ist die innere Structur derselben obliterirt. Einzelne Gesteine bestehen ganz aus zusammengesintertem Korallengrus. Höher aufwärts gegen die Rosszähne kommen rothe und rothgefleckte Dolomite vor, welche durch ihre Färbung an die Raibler Schichten der hiesigen Gegend erinnern.

Durch das Thal des Satzerbaches getrennt, erhebt sich im Osten ein zweiter parallel verlaufender Dolomitrücken, welcher gleichfalls von dem Hauptkamme der Rosszähne abzweigt.

Längsschnitt vom Schlernmassiv bis in die Gegend nördlich von der Mahlknechthütte.

(Inneres des Riffes: Uebergang des Dolomites in die Wengener Schichten durch Vermittlung von Riffstein-Blöcken: Bildung des Dolomites aus Riffstein-Blöcken.)

a = Augitporphyrlaven: b = Wengener Schichten mit Riffstein-Blöcken: b¹ = Wengener Dolomit; c = Geschichteter Dolomit im Innern des Riffes.

Die Bedeutung der Riffsteine wird durch die prachtvollen Aufschlüsse am südöstlichen Abhange der Rosszähne in lehrreichster Weise demonstrirt. Bis über das Niveau der Mahlknechthütte herauf reichen die Augitporphyrlaven. Ueber ihnen steigen dunkle Tuffsandsteine und Conglomerate rasch zu der langgezogenen, vielgezackten Mauer der Rosszähne an. Die Schichtung des Gesteins ist ausserordentlich klar. Das Fallen ist gegen Norden gerichtet. Linsenförmige und blockförmige Massen von grauem und braunem Riffstein sind zwischen den Tuffschichten regelmässig eingebettet und ihrer contrastirenden Farbe wegen weithin sichtbar. Man bemerkt deutlich, wie die Tuffschichten an den unregelmässig geformten Riffsteinen an- und absteigen. *) Der Riffstein ist hier meistens sehr dicht und arm an Fossilresten. Cidariten- und Crinoidenreste sind noch das häufigste. Verfolgt man die Wand gegen das Tierser Alpel zu, so behält man unter seinen Füssen stets die Augitporphyr-

---

*) Unser Lichtbild mit der Unterschrift „Oestliches Ende des Kammes der Rosszähne, vom Mahlknecht" illustrirt diese Verhältnisse.

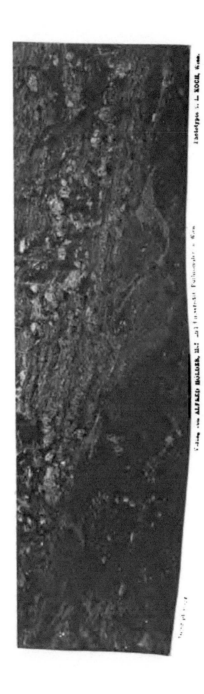

Verlag von ALFRED HÖLDER, k.u.k. Hof- und Universitäts-Buchhändler in Wien.

Lichtdruck v. L. KOCH, Wien.

Oestliches Ende des Kammes der Rosszähne, vom Mahlknecht.

(Blockförmige Riffkalke in den Wengener Schichten.)

halb dolomitis
häufig und w
selben obliteri
gesintertem K
kommen roth
Färbung an

Durch
Osten ein z
gleichfalls vo

SW.

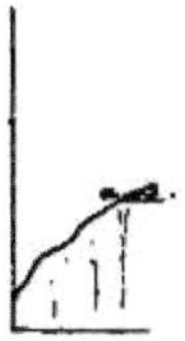

Längsschnit

(Inneres des F

v

a = Augitporph

Die
Aufschlüs
Weise de
reichen d
sandstein
gezackten
ist ausse:
Linsenfö
Riffstein
und ihr
merkt d
ten Riff
sehr di
sind no
Alpel z

*)
Rosszäl   strut diese verhaltnisse.

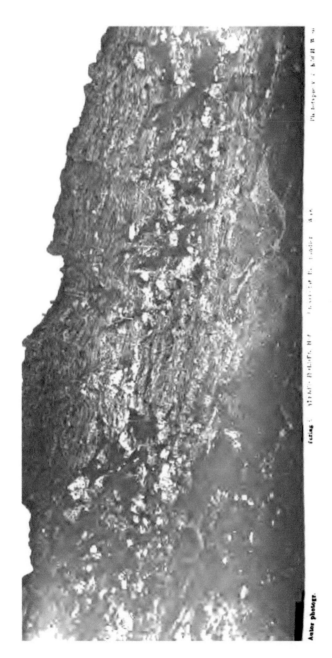

Oestliches Ende des Kammes der Rosszähne, vom Mahlknecht.

(Blockförmige Riffkalke in den Wengener Schichten.)

Photogravüre v. L. KOCH, Wien.

Die Rosszähne, vom Mahlknecht.

(Uebergang des Dolomits in die Wengener-Schichten.)

jenseits der Schlernklamm auffallen. Er wird bemerken, dass östlich von der Schlernklamm der ungeschichtete Dolomit bis auf das Plateau des Schlern reicht, während im Westen von der genannten Rinne der ungeschichtete Dolomit nicht so hoch ansteigt und der Zwischenraum zwischen der Tafelfläche des Schlern und dem ungeschichteten Dolomit durch ein System geschichteter Bildungen in horizontaler Lagerung eingenommen wird. Man wird sofort mit der Bemerkung bei der Hand sein, dass die Schlernklamm mit einer Verwerfungslinie zusammenfalle und dass die geschichteten Massen der westlichen Schlernpartie jünger sein müssten, als die das Plateau des östlichen Schlern bildenden ungeschichteten Dolomite. Dies ist jedoch keineswegs richtig. Die Unterlage der Schlernmasse zeigt nirgends die Spur einer nennenswerthen Störung, was doch der Fall sein müsste, wenn ein so namhafter Sprung die Bergmasse durchsetzen würde. Aber noch klarer wird die Annahme einer Verwerfung widerlegt durch die Untersuchung der Gipfelflächen des Schlern selbst.

Durch die ganze Schlernmasse bis zu den Rosszähnen hin zeigt sich das gleiche Verhältniss wie am oberen Ende der Schlernklamm. Auf der Seite gegen die Seisser Alpe ragt stets der ungeschichtete Dolomit bis auf das Plateau des Berges, während auf der entgegengesetzten Seite geschichteter Dolomit, welcher kappenförmig der ungeschichteten Hauptmasse aufgesetzt ist, bis auf die Schlernfläche hinanragt. Beide Bildungen, der randliche Dolomitwall, welcher auf der gegen die Seisser Alpe gerichteten Aussenseite des Dolomitriffes steht, und die geschichteten Dolomite der Innenseite werden gleichförmig von söhlig gelagerten Raibler Schichten und geringen Resten von Dachsteinkalk bedeckt. Daraus geht zunächst klar hervor, dass wir es mit gleichzeitig gebildeten Gesteinen zu thun haben.

Die geschichteten Dolomite werden durch eine dünne Lage von Augitporphyr constant von dem darunter liegenden ungeschichteten Dolomit getrennt. Bisher kannte man nur die Vorkommen von Augitporphyr in der Schlernklamm und nächst der St. Cassianskapelle. Seit L. v. Buch, welcher seine kühne Dolomitisirungs-Hypothese auf die Augitporphyre der Schlernklamm gründete, galten diese Vorkommnisse als den Dolomit durchsetzende Gänge. In Wirklichkeit ist aber das Auftreten des Augitporphyrs auf dem Schlern ein unzweideutig schichtförmiges und seine Verbreitung eine allgemeine im Gebiete der geschichteten Dolomite. Wo die Grenze gegen den randlichen Dolomitwall entblösst ist, wie in der Schlern-

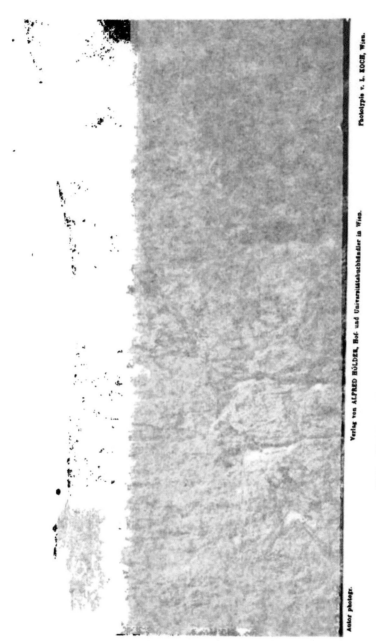

Die Schlernklamm, vom Jungen Schlern (I).

jenseits der
von der S
Plateau de:
Rinne der
Zwischenr:
geschichte.
in horizor
der Beme
Verwerfu
der west
des östli
jedoch
nirgend
Fall se
durchse
werfun
Schler

zeigt
klam
schic
der
förn
Sch
wal
sei'
Inr
te'
zu
st

Schlern ein unzweideu _
allgemeine im Gebiete der geschichteten ᴅ᷄...
gegen den randlichen Dolomitwall entblösst ist, wie in ᴀᴇ᷄ ᴌ.

Autor photogr.

Verlag von ALFRED HÖLDER, Hof- und Universitätsbuchhändler in Wien.

Phototypie v. L. KOCH, Wien.

Die Schlernklamm, vom Jungen Schlern (I).

Die Schlernklamm, vom Jungen Schlern (II).

Verlag von ALFRED BÜLDER Hof- und Universität Buchhändler in Wien

Auflt photost

Lamm

Schlen

Dolon

Tscha

mite

klamm *) und in einem Erosionsrisse am südöstlichen Zweige des Schlern, da sieht man den Augitporphyr in gleicher Weise am Dolomitwalle abstossen, wie die geschichteten Dolomite. Auf dem Tschafatsch und auf dem Mittagskofel sind die geschichteten Dolomite denudirt und bildet der Augitporphyr das Gipfelgestein.

Sattel zwischen Schlern und Rosengarten

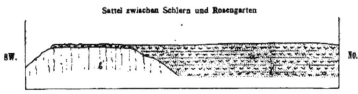

SW. NO.

Längsschnitt, südlich vom vorigen, vom Schlernmassiv zur Seisser Alpe.
(Ueberfliessen der Augitporphyrlaven in das Innere des Schlernriffes.)

a = Augitporphyrlaven; b^1 = Wengener Dolomit.

Die Augitporphyrdecke des Schlern bildet die directe Fortsetzung der obersten Augitporphyrlaven der südlichen Hälfte der Seisser Alpe. Sie steht mit denselben über den Sattel des Tierser Alpels, welcher das Schlern- von dem Rosengarten-Gebirge scheidet, in ununterbrochenem Zusammenhange. Nur an einer Stelle ist gegenwärtig diese Verbindung unterbrochen. Es ist dies der vorerwähnte Erosionsriss im südöstlichen Zweige des Schlern an der Abdachung gegen das Tschamin-Thal. An dieser sehr instructiven Localität sind die geschichteten Dolomite sammt dem darunter liegenden Augitporphyr durch Auswaschung entfernt und der dahinter liegende ungeschichtete Dolomit ist entblösst. Links und rechts reichen der Augitporphyr und der geschichtete Dolomit bis an den Rand der Schlucht heran und entsprechen sich vollständig.

Für die Altersbestimmung des ungeschichteten Schlerndolomits, d. i. der weitaus bedeutendsten Masse des den Schlern bildenden Dolomits, ist der Zusammenhang des Augitporphyrs des Schlern mit dem Augitporphyr der Seisser Alpe von grösster Bedeutung. Denn es folgt aus dem Mitgetheilten mit Nothwendigkeit, dass die Hauptmasse des Schlerndolomits gleichzeitig mit dem System der Augitporphyrlaven der Seisser Alpe gebildet wurde. Ich bezeichne

---

*) Die beiden zusammenhängenden Lichtbilder „Die Schlernklamm vom Jungen Schlern" zeigen deutlich das Abstossen der geschichteten Dolomite vom ungeschichteten randlichen Wall. An der Basis des geschichteten Dolomits zieht sich eine Lage von Augitporphyr hin. Das geschichtete wie das ungeschichtete

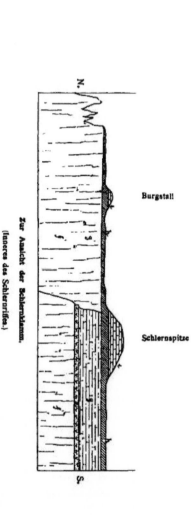

Zur Ansicht der Schlernklamm.

(Inneres des Schlernriffes.)

Burgstall

Schlernspitze

ρ = Wengener Dolomit; s = Augitporphyrlaven; g = Geschichteter Wengener und Cassianer Dolomit; g¹ = Dem letzteren entsprechender ungeschichteter Dolomit; h = Raibler Schichten; f = Dachsteinkalk.

demgemäss auch diesen Dolomit als Dolomit der Wengener Schich-.ten oder kurz Wengener Dolomit, wobei ich von der durch eine Reihe von Thatsachen unterstützten Anschauung ausgehe, dass die Eruptionen des Augitporphyrs auf den Bildungszeitraum der Wengener Schichten beschränkt waren.

Was die geschichteten Dolomite des Schlern betrifft, so wird ein aliquoter unterer Theil derselben mit den Tuffsandsteinen und Tuffconglomeraten der Rosszähne gleichaltrig sein, mithin noch den Wengener Schichten angehören. Die verbleibende obere Abtheilung ist alsdann als Vertreter der Cassianer Schichten zu betrachten.

Die gleiche Betrachtungsweise gilt für die Altersbestimmung des randlichen Dolomitwalles, mit der Modification, dass man die ideale Grenzlinie zwischen den Wengener und Cassianer Schichten in einem etwas höheren Niveau anzunehmen hat. Denn der Dolomitwall nimmt im Verhältniss zu den geschichteten Dolomiten . eine überhöhte Stellung ein.

Auf der Schlern-Abdachung gegen die Seisser Alpe dagegen hat man mit dieser Grenzlinie wegen des Abdachungswinkels der Ueberguss-Schichten etwas tiefer hinabzurücken.

Die obere Fläche des Dolomitwalles bildet keine tischebene Fläche wie gewöhnliche Schichten. Sie erscheint zwar als Ganzes genommen durch eine bestimmte Niveaulinie gegen oben begrenzt, aber sie besitzt vielfache kleine Vertiefungen und Erhebungen, welche um die mittlere Niveaulinie osciliren.

Deshalb schwankt auch die untere Begrenzung der Raibler Schichten auf dem Dolomitwalle innerhalb geringer Höhenunterschiede, während die Auflagerung derselben auf den geschichteten Dolomiten eine vollkommen ebenflächige und parallele ist.

Erkennbare Fossilien sind im Allgemeinen selten im Dolomite des Schlern. Korallen walten noch am meisten vor. Auf dem Wege von der Seisser Alpe über die äussere Schlernabdachung sieht man häufig verzweigte und gekammerte Hohlräume, welche Herr Dr. A. Bittner auf das bestimmteste für Reste von Korallen erklärt. Das Gestein hat hier überall entschieden den Typus eines korallogenen Kalkes. Die Behauptung, dass die Dolomite des Schlerngehänges von Diploporen erfüllt sind, ist demgemäss zu modificiren. Das Vorkommen vereinzelter Diploporen kann immerhin als möglich eingeräumt werden. Aber der Typus der Diploporenkalke weicht erheblich vom Gesteinscharakter des Schlerngehänges ab. Auf dem südöstlichen Schlernkamme, auf welchem der Dolomitwall auf grosse Strecken hin bloss liegt, sind grosse Stöcke verästelter Korallen in aufrechter Stellung nicht selten. Ausser Korallen finden sich im ungeschichteten Schlerndolomite noch vereinzelte, von grossen Gasteropoden (Chemnitzien) herrührende Hohlräume.

Die geschichteten Dolomite weichen in ihrem Habitus bereits etwas ab von dem Typus der korallogenen Kalke und nähern sich dem Aussehen der Diploporenkalke, welche im Latemar-Gebirge, auf dem Joch Grimm, auf dem Cislon und im Mendelgebirge zu den herrschenden Gesteinsarten zählen. In der That sind auch Diploporen aus der Gruppe der *Annulatae* Benecke's in diesen Schlerngesteinen keine Seltenheiten.

Die Raibler Schichten nehmen, wie ein Blick auf die Karte zeigt, einen grossen Theil der Tafelfläche des Schlern ein. Man hat sie deshalb auch in neuerer Zeit als „Schlernplateau-Schichten" bezeichnet. Die von dem Gesteinscharakter der Raibler Schichten von Raibl abweichende petrographische Beschaffenheit der Raibler Schichten des Schlern rechtfertigt aber noch nicht die Anwendung einer besonderen Bezeichnung. In den Raibler Schichten unseres Gebietes herrscht einige Manigfaltigkeit der Gesteinsarten, aber nur wenige von diesen besitzen eine grössere Constanz in horizontaler Richtung. Auf dem Schlern kommen insbesondere zwei Gesteinsarten vor, welche zu den relativ verbreitetsten gehören. Dies sind die rothen oder weissen sandigen Dolomite und die rothen thonreichen Oolithe mit den sogenannten Bohnerzen. Das letztere Gestein zersetzt sich an der Luft sehr leicht zu violettrothem Lehm, in welchem Rotheisensteine von Bohnen- bis Eigrösse enthalten sind. Die sandigen Dolomite umschliessen meines Wissens keine erkennbaren Fossilien. Sie scheinen aus cementirtem Dolomitsand (Kalksand) gebildet zu sein und rühren vielleicht von Korallengrus her. Die Oolithe führen stellenweise Fossilien und gehen dann auch in förmliche Lumachellen über. Die Kalkschalen der Conchylien sind erhalten. Bezeichnend für den Charakter der Ablagerung ist die Häufigkeit zerbrochener Molluskenschalen. Die bekannteste und reichste Fundstelle von Fossilien ist das westliche Schlernplateau, wo man am Rande der Schlernklamm die ausgewitterten Schalen sammelt. Zu den häufigsten Vorkommnissen gehören hier:

> *Pachycardia Haueri nov. sp.* [*]
> *Trigonia Kefersteini*
> *Chemnitzia alpina.*

Weniger häufig sind:

> *Hoernesia Johannis Austriae*

---

[*] Diese Muschel wurde bisher mit dem Namen der ihr nahe stehenden Vorläuferin aus den Wengener Schichten *Pachycardia rugosa Hau.* bezeichnet.

Corbis Mellingi
Corbula Richthofeni
Cypricardia rablensis.

Von Cephalopoden kenne ich:

Aulacoceras Ausseeanum
„   *reticulatum*
Arcestes cymbiformis
„   *Klipsteini*
„   *Ausseeanus,*

die beiden letzteren Formen durch die Güte des Herrn Prof. Dr. Benecke, welcher sie selbst an Ort und Stelle gesammelt hatte. Diese Cephalopoden, welche sämmtlich der Zone des *Trachyceras Aonoides* der Hallstätter Kalke angehören, lassen keinen Zweifel darüber, dass die Raibler Schichten des Schlern auch echte Raibler Schichten sind. In der Einleitung ist gezeigt worden, dass die Hallstätter Kalke der Zone des *Trachyc. Aonoides* und die Raibler Schichten heteropische, gleichzeitige Bildungen sind.

Auf dem östlichen Schlernplateau sind die Oolithe grossentheils durch Denudation entfernt; doch finden sich die charakteristischen Bohnerze noch häufig in Vertiefungen des Bodens zusammengeschwemmt. Weisse und gelbe sandige Dolomite sind hier sehr verbreitet. Auch Gesteine mit Hornstein-Einschlüssen kommen vor. Die Unterlage dieser Raibler Schichten bildet der Wall aus ungeschichtetem Dolomit.

Ein interessantes, aber sehr beschränktes Vorkommen von Raibler Schichten findet sich an der „Rothen Erde" im südöstlichen Schlernzuge. Die Höhe des Rückens bildet der randliche Dolomitwall. An dessen Südseite angelagert erscheint unterhalb des weissen Dolomitrückens der rothe Oolith der Raibler Schichten, aus wallnussgrossen concentrisch-schaligen Kugeln zusammengesetzt. Die Unterlage dieser Raibler Schichten bilden die geschichteten Dolomite.

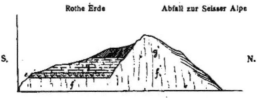

Durchschnitt durch den Schlernrücken an der Rothen Erde.

j^1 = Wengener Dolomit; a = Augitporphyrlaven; g = Geschichteter Wengener- und Cassianer Dolomit; g = Dem letzteren entsprechender ungeschichteter Dolomit; h = Raibler Schichten.

12 *

Vom Dachsteinkalk finden sich auf der Höhe des Schlern vier isolirte Reste. Der nördlichste bildet den Burgstall, eine kleine auf der Nordspitze des östlichen Plateau aufragende Kuppe. Die grösste Masse liegt im Süden der Schlernklamm. Ein riesiges Steingewürfel baut sich zu einer stumpfen, breitbasigen Pyramide auf. Dies ist die Schlernspitze im engsten Sinne. Das Gestein ist stark zerfallen und geht baldiger gänzlicher Zerstörung entgegen. Auf der Südseite hat man ein grosses Steinmeer zu durchklettern, ehe man auf grössere, zusammenhängende, aber auch wieder stark verstürzte Felsmassen kommt. Zwei weitere Reste liegen südöstlich auf der Höhe des Schlernrückens. Von Versteinerungen sind Steinkerne von Megalodonten und Hohldrücke von Schnecken *(Turbo solitarius)* zu erwähnen [*].

Ueber die steilwandigen, westlichen und südlichen Abstürze der Schlernmasse lässt sich wenig Belangreiches berichten. Der Steilrand ist ein Werk der Denudation. Er deutet auf einstige, weitere Ausdehnung des Dolomits hin. Der obere ungeschichtete Dolomit entspricht, wie die Untersuchung der Nordostseite ergeben hat, den Wengener Schichten. Die untere Dolomitbank vertritt die Buchensteiner Schichten und den oberen Muschelkalk. Unterer Muschelkalk und Werfener Schichten behalten die gleichen Charaktere, wie im Grödener Thale.

Ein prachtvoller, weithin (bis Bozen) sichtbarer Aufschluss in den Werfener Schichten findet sich in der Nähe des Felseckhofes im Tierser Thal.

Nicht unbedeutenden Modificationen unterliegen an der Westseite des Schlern die Bellerophon-Schichten. Die Mächtigkeit derselben nimmt bedeutend ab, indem einzelne Gesteinsarten,

---

[*] Die beiden zusammengehörigen Lichtbilder „Das südliche Schlernplateau mit dem Rosengarten" zeigen zunächst auf der Ostseite den Abfall der Schlernmasse gegen die Seisser Alpe, in welchem man deutlich die steile Uebergussschichtung wahrnimmt. In der Tiefe vor den Rosszähnen ist die Anlagerung der weichen Wengener Schichten, resp. das Untergreifen der Dolomitböschung unter die Mergel bemerkbar. Der zur „Rothen Erde" hinziehende wellige Schlernrücken bildet den randlichen Aussenwall des Riffes. Der grosse Schutthaufen im Vordergrunde stellt eine zerfallene Dachsteinkalk-Kuppe vor. Raibler Schichten nehmen die vordersten grasbewachsenen Partien der Ansicht ein. In der sanften Böschung unterhalb der Dachsteinkalk-Kuppe liegen unter den Raibler Schichten die geschichteten Dolomite und die Augitporphyrdecke. Den Steilabfall bildet sodann ungeschichteter Dolomit. — Im Hintergrunde erscheint in gleichfalls söhliger Lagerung das Dolomitriff des Rosengarten, dessen Basis um 800 Meter höher liegt, als die Basis des Schlern. Man erkennt deutlich die vorspringende Bank des unteren Dolomits (Mendola-Dolomit), unterhalb welcher die Werfener Schichten u. s. f. folgen.

Das südliche Schlern-Plateau mit dem Rosengarten (I).

Vom
isolirte Re
Nordspitz
Masse lie
baut sich
die Schle
und geht
hat man
grössere
Felsmas
Höhe d
Megalo-
erwähn

t
der S
Steilra
Ausde
entspr
Weng
steine
und
Gröd

den
im

seit
ders
—

mit
mas
sch
wei
die
bila
gr
die
ur
g
u.
d).

Basis des Schlern. Man er --
Dolomits (Mendola-Dolomit), unterhalb welcher die Werfener Schichten
folgen.

Sella-Gebirge. Kosszaane.
Schlerngehänge gegen Cipit.

G. KOGIT phot.-zt.

Verlag von ALFRED HÖLDER, k.-k. Hof- und Universitäts-Buchhändler in Wien

Phototype v. L. KOCH Wien

Das südliche Schlern-Plateau mit dem Rosengarten (I).

Rosengarten.

Das südliche Schlern-Plateau mit dem Rosengarten (II).

Photogravüre von L. Koch, Wien

namentlich die dunklen fossilführenden Kalke nach und nach auskeilen. Die gypsführende Zone setzt allein mit grosser Constanz
fort, aber auch ihre Mächtigkeit ist etwas reducirt. Gelbliche
dolomitische Gesteine und graue Gypsmergel begleiten die Gypse.
Sie führen eine aus kleinen Zweischalern bestehende Fauna.

4. Das Dolomitriff des Rosengarten.

Schlern und Rosengarten bilden zwar in genetischer Beziehung
ein zusammengehöriges Ganzes, tektonisch und orographisch sind
sie aber geschieden, so dass es nicht unzweckmässig ist, jede dieser
Gebirgsmassen für sich zu betrachten. Die orographische Grenzlinie,
welche durch das Tschamin-Thal über den Sattel des Tierser Alpels
in das oberste Duronthal läuft, fällt mit der tektonischen Scheidung
nicht genau zusammen. Diese liegt etwas südlicher.

Wie bereits bei der Besprechung des Bozener Porphyrplateau
hervorgehoben wurde, bezeichnet das Tierser Thal den Verlauf eines
merkwürdigen Schichtenfalles, in Folge dessen die nördlich von demselben befindlichen Schichtensysteme eine allgemeine Senkung
erfahren. Während der Regel nach dicht benachbarte Tafelmassen
von horizontaler Lagerung und identischer Zusammensetzung, aber
abweichender Höhe durch Verwerfungen getrennt sind, tritt hier in
bestimmter linearer Richtung ein regelmässiges Nordfallen, mithin eine allgemeine Abwärtsbeugung der Schichten ein, welche
das höhere südliche Plateau in das niedrige nördlichere Plateau
überführt. Es entsteht eine Uebergangszone mit geneigten Schichten
zwischen zwei horizontalen Massen von verschiedener Höhe.

Der Rosengarten ist die höhere südliche Tafelmasse; die
Uebergangszone verläuft auf der Nordseite des Purgametschthales,
in dessen oberstem Quellgebiete bereits der ziemlich steile Schichtenfall beginnt. Da die Hauptmasse des Rosengarten aus ungeschichtetem
Dolomit besteht, so lässt sich nur aus der Lagerung der tieferen
Schichten die Neigungsänderung erkennen. Die schmale untere
Dolomitbank (Mendola-Dolomit), welche sich im Rosengartengebirge
besonders scharf von dem oberen mächtigeren Dolomit abhebt,
gestattet selbst aus grösserer Entfernung den Eintritt des plötzlichen
Schichtenfalles zu erkennen. Von allen westlich gelegenen Aussichts-
punkten aus sieht man deutlich die von Süden nach Norden laufende
söhlige Bank des unteren Dolomits. Liegt Schnee auf dem Gebirge,
so zieht sich auf der vorspringenden Schichtfläche ein continuirliches
Schneeband hin, durch welches das Bild an Deutlichkeit gewinnt.

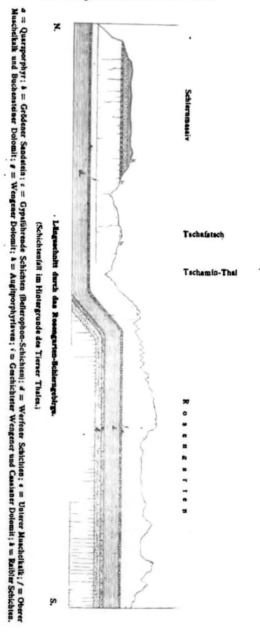

Längsschnitt durch das Rosengarten-Schlerngebirge.
(Schichtenfall im Hintergrunde des Tierser Thales.)

a = Quarzporphyr; b = Grödener Sandstein; c = Gypsführende Schichten (Bellerophon-Schichten); d = Werfener Schichten; e = Unterer Muschelkalk; f = Oberer Muschelkalk und Buchensteiner Dolomit; g = Wengener Dolomit; h = Augitporphyrlaven; i = Geschichteter Wengener und Cassianer Dolomit; k = Raibler Schichten.

Plötzlich erscheint im Norden die Dolomitbank abgeschnitten und der ungeschichtete Dolomit, welcher bisher blos die Höhen krönte, sinkt bis in die Tiefe des Einschnittes von Tschamin, von wo aus er wieder in söhliger Lagerung im Schlerngebirge fortsetzt. Da die obere Gebirgscontour trotzdem keine Erniedrigung zeigt, so folgt daraus die viel bedeutendere Mächtigkeit des ungeschichteten Dolomits in und nächst der Region des Schichtenfalles im Vergleiche zu den über der söhligen Mendola-Dolomitbank sich erhebenden Dolomitresten. Wir werden bald erfahren, dass diese Folgerung durch andere Thatsachen bestätigt wird.

Die Grösse und Bedeutung dieser Niveauverschiebung lässt sich am besten aus der Niveaudifferenz ermessen, welche zwischen den horizontal gelagerten Partien des Rosengarten- und Schlerngebirges besteht. Wir wählen zur Vergleichung die Niveaulinie der Auflagerung des unteren Muschelkalkes auf den Werfener Schichten. Im westlichen Rosengartengebirge liegt dieselbe zwischen den Isohypsen von 2200—2300 Meter, im Schlerngebirge zwischen 1400—1500 Meter. Die Fallhöhe beträgt daher 800 Meter.

In östlicher Richtung erfährt indessen auch das Rosengarten-Gebirge eine allmähliche Senkung, deren Gesammtbetrag nahezu der Fallhöhe des Schlerngebirges gleichkommt. An der Südspitze des Rosengarten beträgt die Höhe, in welcher der untere Muschelkalk den Werfener Schichten auflagert, noch zwischen 2200—2300 Meter, am Monte di Campedie bei Vigo di Fassa nur mehr 1800 Meter, am Ostrande des Campedie-Rückens 1600 Meter. Weiter nördlich ist die Senkung eine mässigere. Unmittelbar nördlich vom Ostende des Muschelkalkes auf dem Campedie-Rücken, auf der linken Thalseite des Vajolett-Thals, beginnt der untere Muschelkalk bei 1700 Meter und erst oberhalb Mazzin am östlichen Ausläufer des Rosengartenriffs bei 1600 Meter.

Im Gegensatze zu dem rapiden, sturzförmigen Absinken des Schlerngebirges, ist die allmähliche Neigung des Rosengartengebirges gegen Osten kaum merkbar, da sich dieselbe auf eine grössere Strecke vertheilt.

Gegen Westen und Süden bricht das Rosengartengebirge mit steilen Denudationswänden ab, im Norden hängt es mit der Schlernmasse zusammen. Im Osten ist die geneigte Aussenfläche des Riffs grossentheils noch erhalten; nur im oberen Duron-Thale, soweit dieses Thal der Grenze zwischen dem Dolomit und den Augitporphyrlaven folgt, ist die ursprüngliche Böschung der durch die Denudation gebildeten Steilwand gewichen. Sehr schön ist die unter etwa 45 Grad geböschte Aussenfläche des Riffes längs der Anlagerung der Augitporphyrlaven

des Monte Donna-Massivs zu sehen. Die Ueberguss-Schichtung zeigt
sich auch hier in prächtiger Entwicklung. Die beigefügte, vom Gehänge
des Dolomitriffes aus aufgenommene Ansicht („Sattel zwischen dem
Duron- und dem Udai-Thal") lässt sowol die Böschungsfläche des Riffs,
als auch die Anlagerung der deutlich geschichteten Augitporphyrlaven erkennen. Das bei Mazzin in das Fassa-Thal mündende Udai-
Thälchen entspringt im Gebiete der Augitporphyrlaven und durchbricht sodann den östlichen Ausläufer des Rosengartenriffs, welches
noch vor der Mündung des Donna-Thales zu Ende geht. Da die angelagerten schwarzen Augitporphyrlaven lebhaft von dem weissen
Dolomite abstechen, so hat man eine sehr günstige Gelegenheit, die
untere Grenze eines grossen Dolomitriffes zu beobachten.

Das Riffende, sowie überhaupt die Hauptmasse des Rosengartenriffes gehört den Wengener Schichten an. Die Buchensteiner
Schichten sind durch die Knollenkalke vertreten. Der untere
Dolomit repräsentirt daher blos den oberen Muschelkalk. Die
nahezu söhlige obere Schichtfläche desselben, welche auf der linken
und rechten Thalseite von Udai sehr scharf hervortritt und sich
dann weiter gegen Osten hin als Unterlage der Augitporphyrlaven
verfolgen lässt, gestattet den Unterschied zwischen normaler Schichtfläche und Böschung des Riffs, welche durch die Contactlinie der
oberen Dolomitpartie östlich von Udai dargestellt wird, zu über-
blicken.

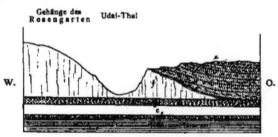

Durchschnitt durch das Udai-Thal bei Mazzin.

(Anlagerung der Augitporphyrlaven an die Böschungsflächen des Riffes.)

a = Werfener Schichten; b = Unterer Muschelkalk; c = Oberer Muschelkalk; f = Buchensteiner
Schichten; e = Augitporphyrlaven; f' = Wengener Dolomit.

Die Buchensteiner Schichten sind nur an der Westseite des
Rosengartens durch Dolomit vertreten. Längs der dem Fassa-Thale
zugewendeten Abstürze sind allenthalben die Knollenkalke zwischen
dem unteren und oberen Dolomit vorhanden. An der scharfen Südwestecke nächst dem Caressa-Passe (P. Costalunga der Karte) sieht

Sattel zwischen dem Duron- und dem Udai-Thal.

(Anlagerung der Augitporphyr-Lava an die Riffboschung des Rosengarten.)

Verlag von ALFRED HOLDER. Hof und Universitätsbuchhändler in Wien.

Phototype von L. KOCH, Wien

Verlag von ALFRED HÖLDER, Hof- und Universitätsbuchhändler in Wien.

Phototype von L. KOCH, Wien.

Anton photo.:

Sattel zwischen dem Duron- und dem Udai-Thal.

(Auflagerung der Augitporphyr-Laven an die Rißböschung des Rosengarten.)

Rothe Wand.

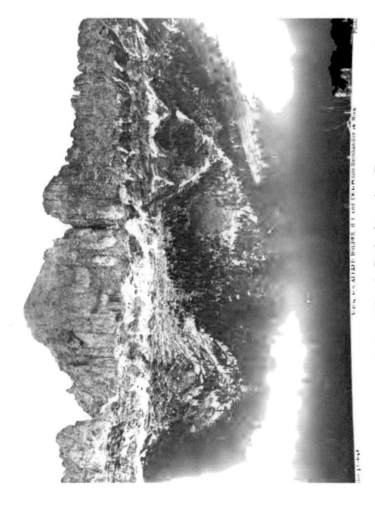

Die Rothe Wand, Südspitze des Rosengarten, von W.

(Uebergang der Buchensteiner Schichten in Dolomit.)

man sie noch deutlich über der unteren Dolomitbank. Sie ziehen sodann auf der Westseite noch gegen die Rothe Wand in unver-minderter Stärke fort. Unterhalb der Rothen Wand liegen sie unter Schuttbedeckung. Nördlich von dem die Rothe Wand im Norden begrenzenden tiefen Einschnitt nimmt, wie die beiliegende Ansicht („Die Rothe Wand, Südspitze des Rosengarten, von W.') zeigt, der untere Dolomit an Mächtigkeit bedeutend zu, indem er in die fort-gesetzt gedachte Zone der Buchensteiner Schichten hinaufreicht.

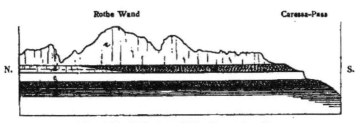

Längsschnitt durch das südliche Rosengartengebirge.

(Uebergang der Buchensteiner Schichten in Dolomit.)

a = Werfener Schichten; b = Unterer Muschelkalk; c = Oberer Muschelkalk; d = Buchensteiner Schichten; d¹ = Buchensteiner Dolomit; e = Wengener Dolomit.

Die Buchensteiner Schichten sind auf ein schmales Band reducirt, welches oberhalb der verstärkten unteren Dolomitbank noch eine Strecke weit gegen Norden fortzieht, bis es gänzlich auskeilt. Der obere Zuwachs der unteren Dolomitbank lässt sich anfangs noch leicht von der älteren, dem oberen Muschelkalk angehörenden Zone unterscheiden. Es zeigt sich Uebergusz-Schichtung und blockförmige Zusammensetzung mit eingreifenden, wol von ausgewitterten Zungen der Buchensteiner Schichten herrührenden Höhlungen.

Im Norden der Rothen Wand sind sonach Buchensteiner Schichten und oberer Muschelkalk in eine einzige, ungetheilte Do-lomitbank verschmolzen.

Die tieferen Schichten ziehen in einförmiger Gleichförmigkeit fort. Die Bellerophon-Schichten werden gegen Süden wieder mäch-tiger. Auf dem Caressa-Passe, dessen Jochhöhe von Bellerophon-Schichten gebildet wird, und an dem nach Vigo führenden Wege, zeigen sich gute Entblössungen. Ausser den reichlich vertretenen Gypsen erscheinen auch dunkle Kalke und Dolomite, sowie Rauch-wacken.

Von jüngeren Bildungen, als Wengener Dolomiten, haben sich blos im Nordosten des Rosengartenmassivs geringe Reste erhalten.

Im Molignon-Rücken, welcher die Zuflüsse des Tschamin-Baches vom Duron-Gebiete scheidet, ist ein Relict des ehemaligen Dolomitplateau mit einem sehr geringen, der Aufmerksamkeit leicht entgehenden Aufsatze von Raibler Schichten und Dachsteinkalk sichtbar. Der Punkt ist durch die Höhencote 2720 auf der Karte markirt. Die Plateaufläche ist gegen Norden leicht geneigt. Es befindet sich der Molignon bereits im Norden des grossen, vorhin besprochenen Schichtenfalls. Der Dolomit erreicht daher hier die grösste Mächtigkeit im Rosengartengebirge. Würde die Unterlage des Molignon sich in gleicher Höhenlinie mit dem südlicheren Hauptstocke befinden, so würde er mit dem Marmolata-Horn an Höhe wetteifern.

Erwähnenswerth ist vom Molignon noch, dass man an seiner Ostseite, trotzdem dieselbe bereits in das Steilwand-Stadium eingetreten ist, die Spuren und die Richtung der Ueberguss-Schichtung noch deutlich wahrnimmt. Die Neigung der Ueberguss-Schichten ist gegen Nordosten gerichtet und bedeutend steiler, als die Neigung der oberen Plateaufläche. Da der Molignon die Einsattlung des Tierser Alpels begrenzt, durch welche Augitporphyrlaven in das Innere des Schlernriffes eingedrungen sind, so gewinnt die nordöstliche Neigung der Ueberguss-Schichten ein besonderes Interesse für die Bildungsgeschichte des Schlern-Rosengartenriffs. Wenn ein Canal das alte Riff an dieser Stelle durchbrach, um den Zugang zur Lagune herzustellen, so verhielten sich die Canalwandungen, insbesondere wenn die eindringende starke Strömung sich an ihnen heftig brach und eine Rückstauung herbeiführte, wie die Windseiten der Riffe.

Für das Verständniss des Zusammenhangs der Südtiroler Riffe ist noch das localisirte Vorkommen geschichteter Dolomite innerhalb des Rosengartenstockes von Bedeutung. Nördlich vom Monte alto di Cantenazzi findet sich in dem schmalen Rücken zwischen dem Vajolett-Thal und dem Welschenofener Porphyrplateau eine Gruppe auffallender Felszacken. Sie ist von sehr geringer Ausdehnung und dadurch ausgezeichnet, dass ihre oberen Partien horizontal geschichtet sind. Ich halte sie für älter als die geschichteten Dolomite des Schlern, aber ebenso wie diese für Lagunenbildungen. Bereits das benachbarte Latemar-Gebirge besteht durchaus aus solchen geschichteten Kalken und Dolomiten und ebenso alle die Dolomitberge gleichen Alters im Westen der Etsch. Die geschichteten Felszacken nördlich vom Monte alto di Cantenazzi können als der östliche Rand der allmählich gegen Osten vorrückenden Lagunenbildung betrachtet werden.

Die übrigen Dolomitmassen des Rosengarten sind ungeschichtet. Blockstructur tritt an vielen Orten auf.

Die Fassaner Abdachung des Rosengarten fällt bereits in die Region der Melaphyr- und Augitporphyr-Gänge. Von Udai durch das Vajolett-Thal und über die Berge von Vigo zieht sich diese äusserste Zone von Gängen bis über den Caressa-Pass. Im Norden der Breite der Rothen Wand habe ich keine Gänge mehr wahrgenommen.

5. Das Südgehänge der Fassa-Grödener Tafelmasse.

Den einfachen regelmässigen Bau, welchen wir am Nordgehänge der Fassa - Grödener Tafelmasse kennen gelernt haben, suchen wir vergebens im Süden wieder. Das Gebirge ist in Schollen verschiedener Grösse zerspalten, die Schichtneigung und die Fallrichtung wechseln häufig und Eruptivmassen dringen, allerdings noch in bescheidenem Maasse, gang- und stockförmig zwischen die Sedimentbildungen ein.

Orographisch, physiognomisch und geologisch sind die südlichen Districte der Fassa-Grödener Tafelmasse die Fortsetzung der Seisser Alpe. Das mächtige System der Augitporphyrlaven, welches wir als den Südrand der Seisser Alpe im Bergzuge „Auf der Schneid" (Monte Palaccio) kennen gelernt haben, setzt in voller Breite auf die Südseite über, erfüllt den ganzen Raum des oberen Duron-Thales und bildet die Hauptmasse des Donna-Gebirges zwischen dem Duron-Thal und dem Fassa-Thal. Im Westen lagert es übergreifend der Dolomitböschung des Rosengartenriffes an. Im Nordosten, gegen die Langkofel-Gruppe zu, wird es von Wengener Schichten bedeckt, welche wir im Zusammenhange mit dem Dolomitriff des Langkofels besprechen werden. Gegen Osten wird das Gebiet der Augitporphyrlaven zu einem schmalen Streifen eingeengt, indem Schollen älterer Bildungen auf der Südseite einen grösseren Raum beanspruchen. In derselben Gegend theilt eine grössere Verwerfung das System der Laven in zwei Züge.

Wenn man von der Seisser Alpe über das Joch am Plattkofel kommend dem Duron-Thale zueilt, führt der Weg zunächst über Wengener Schichten, an Ausläufern des Langkofel-Dolomitriffs vorbei, in die hier vorherrschend conglomeratischen Augitporphyrlaven. Bei der Isohypse von 2100 Meter erreicht man im Liegenden der Laven etwas Dolomit mit Tuffschmitzen und sodann Buchensteiner Schichten mit Pietra verde. Es ist nicht unmöglich, dass dies der gegen Süden aufsteigende Schichtenkopf jener Buchensteiner Schichten ist, welche am Ausgange des Perdia-Baches in das Saltaria-Thal als die Unterlage der Augitporphyrlaven des Monte Palaccio bei der 1800 Meter Curve entblösst sind. Im Süden sind die Buchensteiner Schichten plötzlich durch eine westöstliche Verwerfung abgeschnitten. Es erscheinen zunächst senkrecht aufgerichtete oder überkippte feste Tuffschiefer, in denen der Weg eine Strecke weit fortsetzt. Der Bach zur Linken folgt der Verwerfung. Man gelangt sodann in den unteren Zug der Laven. Dieselben sind bald conglomeratisch, bald zeigen sie kugelförmige Absonderung. Bei der Kapelle der Duron-Alpe betritt man endlich den Thalboden von Duron.

Diese Verwerfung lässt sich gegen Osten, am Nordabhange des Col Rodella vorüber bis in das nächst Canazei in das Fassa-Thal mündende Mortitsch-Thal verfolgen. Die auf der nördlichen Lippe der Verwerfung anstehenden Buchensteiner Schichten jedoch erreichen nordwestlich vom Col Rodella ihr Ende, da östlicher zunächst die Laven, sodann aber die Wengener Schichten an der Verwerfungslinie abschneiden.

Im Westen verliert man bald deutliche Anzeichen des Fortsetzens der Verwerfung, indem die Buchensteiner Schichten unweit der oben erwähnten Stelle wieder verschwinden. Wahrscheinlich setzt aber die Verwerfung auf der linken Seite von Duron und zwar in geringer Höhe über dem Thalboden mit stets abnehmender Sprunghöhe noch etwas westlicher fort.

Kurz bevor die Buchensteiner Schichten nächst Col Rodella abschneiden, erscheint unter ihnen in geringerer Ausdehnung Dolomit des oberen Muschelkalks, welcher von einem Melaphyrgang durchsetzt ist, und Werfener Schiefer, welcher scheinbar mit der ausgedehnteren Masse des Col Rodella in ungebrochener Verbindung steht. Der untere Zug der Augitporphyrlaven erreicht in derselben Gegend sein östliches Ende. Was nun bis in das Mortitsch-Thal hinein die Verwerfung im Süden begrenzt, lässt sich als Rodella-Scholle bezeichnen. Eine andere, etwas grössere Scholle nimmt westlicher, noch unterhalb des unteren Augitporphyrzuges im Duron-Thal ihren Anfang und erstreckt sich parallel der Rodella-Scholle bis Mortitsch. Sie besteht gleich der Rodella-Scholle aus Werfener Schichten und Muschelkalk. Dies ist die Scholle von Gries. Eine dritte Scholle, welche nach Campitello genannt werden kann, dehnt sich zu beiden Seiten des untersten Thalstückes von Duron aus.

Die Rodella-Scholle nimmt in ihrem westlichen Theile die gleiche Höhe ein, wie die Westflanke des Rosengartengebirges. Der untere Muschelkalk fällt mit der 2300 Meter Curve zusammen. Ueber ihm erhebt sich, nur sanft gegen Norden geneigt, die weisse Dolomitbank des oberen Muschelkalks als Gipfelmasse des Col Rodella (2482 Meter Höhe), welcher einen überaus lehrreichen und grossartigen Ueberblick des Fassaner Gebietes gewährt. Der Dolomit zeigt Ueberguss-Schichtung. Gegen das Mortitsch-Thal zu senkt sich die Scholle ein wenig. Die Verwerfungslinie, welche die Rodella-Scholle gegen Norden begrenzt, schneidet scharf an den Werfener Schichten, beziehungsweise am Muschelkalk des Col Rodella ab. Bis zur Ostspitze des Monte di Gries bilden die Laven, östlicher die Wengener Schichten, den Südrand der Verwerfung. Die Scholle von Gries ist durch eine Verwerfungslinie von der Rodella-Scholle abgegrenzt. Das Einfallen ist vorherrschend südwestlich und südlich. Eine Zone von Muschelkalk-Dolomit läuft an der Grenze gegen die Rodella-Scholle. Zwischen Gries und Pian zieht sich dieselbe weit am Gehänge abwärts. Bei Gries erreicht ihre Südspitze sogar die Thalsohle. Unterhalb des Muschelkalks nehmen die Werfener Schichten den grössten Theil des Gehänges ein. Sie fallen, conform der Hauptneigung der Scholle, steil gegen Südwesten ein, und nur an der Grenze gegen die Campitello-Scholle tritt flaches Nordostfallen ein. Auf dem Gehänge gegen das Duron-Thal scheint eine theilweise Ueberkippung oder vielleicht richtiger eine Ueberschiebung des Werfener Schiefers über den Muschelkalk-Dolomit vorhanden zu sein. Die Aufschlüsse längs des vom Duron-Thal auf Col Rodella führenden Weges lassen kaum eine andere Erklärungsweise zu.

An der Grenze gegen die Rodella-Scholle kommen südwestlich vom Col Rodella Melaphyrgänge vor.

Am Ostende der Scholle von Gries tritt in grösserer Ausdehnung Augitporphyrgestein auf, dessen richtige Deutung einigen Schwierigkeiten unterliegt. Ein Theil des Gesteins gleicht den conglomeratischen Laven, und man ist um so eher geneigt, sich von dieser Aehnlichkeit beeinflussen zu lassen, als am linken Ufer des Mortitsch-Baches Augitporphyrgesteine vorkommen, welche mit dem Lavensystem des Greppa-Gebirges und des Sasso di Capello-Zuges zusammenhängen. Es kommen aber in diesen Gebirgen neben dem geflossenen, bankförmig abgesetzten Eruptivgestein auch stock- und gangförmige Massen nicht selten vor; doch war es nicht möglich, dieselben auf der Karte gegenseitig abzugrenzen. In Gegenden, wo die Eruptivmassen mit sedimentären Bildungen in Berührung treten, ergibt sich aus der Art des tektonischen Verbandes, ob man es mit Laven oder mit durchsetzenden Ausfüllungsmassen zu thun hat. Die Augitporphyrmasse von Canazei nun erscheint, nach den tektonischen Beziehungen zu den nachbarlichen Sedimentgesteinen beurtheilt, wie eine durchsetzende Masse, und als solche wurde sie auch in der Karte ausgeschieden. Wollte man dieselbe als Lava betrachten, so müssten ganz eigenartige und complicirte Verwerfungen' angenommen werden. Die petrographische Aehnlichkeit mit den Laven ist nicht entscheidend, da noch an mehreren Punkten des Fassaner Eruptivgebietes unzweifelhafte Gangmassen mit Lavastructur vorkommen.

Am Gehänge bei Canazei ragt mitten aus der Augitporphyr-masse eine scharfzackig zugespitzte Dolomitklippe empor, welche nach der hier angenommenen tektonischen Deutung als eine umschlossene Scholle von Muschelkalk-Dolomit angesehen werden muss. Der Dolomit ist stellenweise von fein verzweigten Adern von Melaphyrmasse durchzogen. Dies wären Miniaturgänge.

Der Werfener Schiefer, welcher den Augitporphyr im Süden und Südwesten begrenzt, zeigt bergeinwärts gerichtetes Fallen.

Die Scholle von Campitello bildet ein flaches Gewölbe, dessen Schenkel vom Duron-Bache hinwegfallen. Die Kuppel ist zerstört und der Duron-Bach fliesst in der Achse des Gewölbes durch sehr fossilreiche Werfener Schichten. Der Fahrweg führt über Platten, voll von *Monotis aurita*. Das oberste Glied der Scholle bildet weisser Muschelkalk-Dolomit, welcher auf beiden Gewölbschenkeln ansteht. Bei Fontanazzo di sopra wird der Muschelkalk-Dolomit des westlichen Schenkels durch einen kleinen Melaphyrstock abgeschnitten, welcher auch in die westlich anstehenden Werfener Schichten der Donna-Masse hinübergreift.

Die Donna-Masse bildet tektonisch die Fortsetzung des Rosengartengebirges. Der untere Muschelkalk hält sich bis in das Duronthal ungefähr in der gleichen Höhe, wie am Ausgehenden des Rosengartenriffs (1600 Meter). An der östlichen Rippe des Monte Donna berührt der obere Muschelkalk der Donna-Masse den tiefer gelegenen oberen Muschelkalk der Campitello-Scholle, welche sich hier ablöst. Die Scholle von Gries erscheint als die Fortsetzung der tieferen Schichten der Donna-Masse.

Am Gehänge zwischen Campestrin und Fontanazzo di sotto zeigen sich mehrfach untergeordnete Störungen. So ist an einer Stelle, wo ein Melaphyrgang durchbricht, der Muschelkalk gänzlich verworfen. Ferner fallen die Werfener Schichten in den unteren Gehängestufen vom Gebirge ab, gegen Süden. Ein kleiner Fetzen von gleichfalls Süd fallendem Muschelkalk hat sich in dieser Region erhalten.

Die Buchensteiner Schichten erscheinen vorherrschend in der Ausbildung der Knollenkalke. Am Wege von Fontanazzo di sotto in das Donna-Thal gelangt man an eine sehr instructive Stelle, an welcher der Uebergang von Knollenkalken in weissen Dolomit beobachtet werden kann.

Die obere Masse des Donnagebirges wird von den mächtigen Augitporphyrlaven gebildet. Höchst wahrscheinlich setzen an einigen Stellen Gänge durch dieselben. Es weist darauf ausser Doelter's *) Angabe über das Vorkommen von Melaphyr im Donnagebirge auch die Lage an der Peripherie der Fassaner Gangzone hin.

6. Das Dolomitriff des Langkofels.

Es ist bereits am Eingange dieses Kapitels auf complicirte Verhältnisse angespielt worden, welche die wahren Beziehungen des durch seine isolirte Lage, seine bedeutende absolute Höhe (3179 Meter) und die Kühnheit seiner Formen berühmten Dolomitfelsen zu seiner Umgebung scheinbar verschleiern.

Um vom Norden her an den Fuss des Langkofels zu gelangen, verlässt man das Gröden-Thal in der Gegend von St. Christina. Kurz unterhalb St. Christina hat man den Muschelkalk des Nordrandes der Fassa-Grödener Tafelmasse in der Höhenzone zwischen 1300—1400 Meter die Thalsohle erreichen sehen, während am Gehänge des Puflatsch und des Pitzberges die Auflagerung des Muschelkalkes auf die Werfener Schichten in der Höhe von 1600 bis 1700 Meter erfolgt.

Wählt man den im Osten der Saltaria-Schlucht auf die Seisser Alpe führenden Weg, so durchschreitet man die wolbekannte, regelmässige Gesteinsfolge der Fassa-Grödener Tafelmasse, die Buchensteiner Schichten, die Augitporphyrlaven, die Wengener Schichten. Letztere bilden die westliche Hochfläche der Christiner Ochsenweiden und setzen in einem ununterbrochenen Streifen im Westen der Langkofelmasse fort. In der Gegend von Montesora herrscht grosse Schuttbedeckung und erst nachdem die Schuttzone durchklettert ist, gelangt man in der 2100 Meter Curve an den nordwestlichen Fuss des Langkofels. Man ist erstaunt, anstatt eines jüngeren Schichtengliedes, wie man wol erwartet haben mochte, in dieser Höhe wieder die Werfener Schichten zu finden, welche man eben erst 800 Meter tiefer im Grödener Thal zurückgelassen zu haben wähnte. Den Werfener Schichten folgt die schmale Zone des unteren Muschelkalkes und über dieser erhebt sich in schroffen, glatten Wänden der weisse Dolomit bis zu den geschichteten Gipfelmassen in einer Mächtigkeit von 1000 Meter.

---

*) Jahrb. d. Geolog. R.-A. 1875. Min.-Mitth. p. 307.

Der vorhin constatirten Senkung der Fassa-Grödener Tafelmasse im Nordosten steht die bedeutende Höhenlage der Werfener
Schichten an der Basis des Langkofels schroff gegenüber. Die
heteropische Ausbildung der höheren Schichtenglieder verschärft den
Contrast in ausserordentlicher Weise. Es ist ein besonders glücklicher
Umstand, dass die Werfener Schichten und der untere Muschelkalk
am Nordfusse des Langkofels der Beobachtung zugänglich sind. Ein
geringes Fortschreiten der Schuttbedeckung in aufsteigender Richtung
würde hinreichen, dieselben unseren Blicken zu entziehen. Würde man
uns sonst auch dann noch Glauben schenken, wenn wir den Dolomit
des Langkofels als ein heteropisches Aequivalent derjenigen Bildungen
erklären würden, welche denselben scheinbar regelmässig unterteufen?

Der beste Aufschluss der Werfener Schichten befindet sich an
der Nordwestseite des Langkofels, rechts vom Langkofel-Thal. Die
Schichten fallen flach gegen Süden. Fossilien sind häufig und von
guter Erhaltung. In den tieferen Partien der Entblössung herrscht
Monotis Clarai, sodann folgen die rothen Schneckenlumachellen und
über diesen *Monotis aurita* und *Naticella costata.* Der untere Muschelkalk besteht zuunterst aus den rothen Conglomeraten und darüber
aus wellenkalkähnlichen dünnen Bänken mit zahlreichen Gasteropoden und Diploporen (nach freundlichen Bestimmungen des Herrn
F. Karrer: *Diplopora debilis Gümb. sp., D. pauciforata Gümb. sp.,*
und vielleicht auch *D. triasina Schaur. sp.*) und aus sandigen Kalken
mit Pflanzenresten und Kohlenbrocken. Diese Schichten setzen östlich am Fusse der Steilwand fort in den Kessel des Lampicaner
Baches. Nächst der Stelle, wo sie unter dem Schutte verschwinden,
bemerkt man eine knieförmige Beugung, indem die aus der Wand
hervortretenden Schichten steil gegen Norden einfallen, während die
unter den Dolomit hineinsetzenden das flache Südfallen beibehalten.

Wie am Westabhange des Schlern und des Rosengarten,
sondert sich auch am Nordabfall des Langkofels eine untere Dolomitbank scharf von der höheren, ungeschichteten Dolomitmasse. Und
wie der untere Dolomit im Schlern-Rosengartenriff den oberen
Muschelkalk und die Buchensteiner Schichten vertritt, so auch hier,
wie die Aufschlüsse in der nordöstlich vom Langkofel vorspringenden
Terrasse beweisen. Die untere Hälfte der Dolomitbank ist hier
durch Schutt verdeckt; in der oberen Hälfte, über die man aus dem
Lampicaner Kessel zur Ciavazes-Alpe aufsteigt, kommen untergeordnete Einlagerungen von Knollen- und Bänderkalk vor.

Diese Thatsachen bilden einen geeigneten, sicheren Ausgangs-
punkt für die weitere Untersuchung der gegenseitigen Beziehungen
zwischen dem Tuffplateau und dem Dolomitriff.

Wir übersetzen das schutterfüllte Hochthal, welches den Langkofel von dem Plattkofel trennt und untersuchen den nördlichen Fuss des Plattkofels. Die fortstreichende untere Dolomitbank lässt die allmähliche Senkung des Dolomitmassivs gegen Südwesten erkennen. Noch ehe aber der vom Plattkofel gegen Norden ausstrahlende grüne Rücken mit der Höhencote von 2099 Meter erreicht ist, entzieht sich der untere Dolomit der weiteren Beobachtung. Vor diesem in der Steilwand des Plattkofels selbst befindlichen Streifen des unteren Dolomits erscheint im tieferen Niveau abermals Dolomit, der im Norden von steil nördlich einschiessenden Buchensteiner Schichten überlagert wird. Ueber den letzteren folgt Augitporphyr in der Mächtigkeit von blos zwei Metern und sodann sehr kalkreiche feste Schiefer, welche bereits den Wengener Schichten zuzuzählen sind. Diese Schiefer ziehen sich im Westen halbkreisförmig um die untere Dolomitpartie herum, setzen den erwähnten grünen Rücken zusammen und enden unter der, die Steilwand des oberen ungeschichteten Dolomits umsäumenden Schuttzone.

Der vor der Steilwand in tieferem Niveau befindliche Dolomit kann daher nur der Dolomit des oberen Muschelkalks sein, der sich knieförmig gegen Norden umstülpt und rasch in die Tiefe sinkt.

Wir stehen am westsüdwestlichen Ende einer in der heteropischen Grenze verlaufenden jähen Schichtenbeugung. Für die Beurtheilung der tektonischen Beziehungen ist dies von Wichtigkeit. Es ist keine Verwerfung, welche die Langkofel-Masse von dem vorgelagerten Tuffplateau trennt, sondern ein plötzlich eintretender Schichtenfall, wie wir einen solchen bereits im nördlichen Rosengartengebirge kennen gelernt haben.

Am nordwestlichen Fusse des Langkofels ist der gegen Norden hinabtauchende Schenkel unter den Schuttmassen der Montesora-Weiden verborgen. Am linken und rechten Ufer des Lampicaner Baches kommt er jedoch in etwas weiterem horizontalem Abstande von der Dolomitsteilwand wieder zum Vorschein. Die Augitporphyrlaven der Christiner und Sorafrena-Terrasse unterteufend stehen hart an der Schuttgrenze Buchensteiner Schichten und Dolomit des oberen Muschelkalkes zu Tage. Die knieförmige Beugung der Schichten erfolgt an derselben Stelle. Auf der dem Langkofel zugewendeten Seite zeigen die Schichten eine sanfte Neigung gegen Norden. Da aber immerhin gegenüber dem in der Steilwand des Langkofels sanft südfallenden Schenkel eine Höhendifferenz von 150 Meter bestehen dürfte, so folgt daraus, dass hier eine Zone mit flachem Nordfallen zwischen die Steilwand und dem rapiden Schichtenfall vermittelnd sich einschiebt. Weiter östlich ist aber der Zusammenhang factisch

Mojsisovics, Dolomitriffe. 13

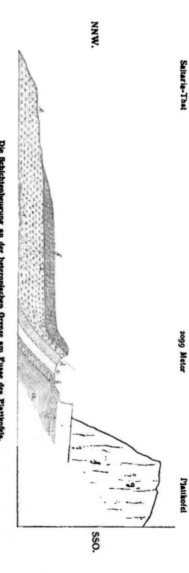

Die Schichtenbiegung an der heteropischen Grenze am Fusse des Plattkofels.

a = Werfener Schichten; b = Unterer Muschelkalk; c = Oberer Muschelkalk; c¹ = Oberer Muschelkalk und Buchensteiner Dolomit; d = Buchensteiner Schichten; e = Augitporphyrlaven; f = Wengener Schichten; f¹ = Wengener Dolomit; g¹ = Cassianer Dolomit.

unterbrochen. Die Masse des Gäns-Alpels ist an einer Verwerfung abgesunken.

Eine auffallende Erscheinung in der Trümmerzone am Fusse des Langkofels ist das häufige Vorkommen von Augitporphyrblöcken. An erratische Erscheinungen ist nach der Oertlichkeit und nach der Beschaffenheit des übrigen Schuttes nicht zu denken. Scharfkantige Blöcke von Dolomit und von Gesteinen der Werfener Schichten liegen durcheinander und rühren offenbar von dem stets noch fort-schreitenden Zerfall des anstehenden Gebirges her. Die Augitpor-phyrblöcke müssen demnach ebenfalls von einst hier, d. i. vor der gegenwärtigen Steilwand anstehenden Augitporphyrlagen abstammen. Die Annahme einer mächtigeren Ablagerung ist indessen bei dem Vorwiegen der Dolomit- und Schiefer-Blöcke ausgeschlossen. Das Wahrscheinlichste ist, dass die Augitporphyrlaven hier am Dolomit-riff in einer dünnen auskeilenden Lage endeten. Die Beobachtung am Nordschenkel der Schichtenbeugung vor dem Plattkofel, wo die Mächtigkeit der Augitporphyrlaven bereits auf 2 Meter reducirt ist, spricht sehr zu Gunsten dieser Auffassung.

Die oben erwähnten kalkreichen Wengener Schiefer von der Grenze gegen den Dolomit des Plattkofels enthalten in der gewöhn-lichen tuffigen Grundmasse der Wengener Sandsteine reichlichen Grus von zerbrochenen Conchylien, Crinoiden und Cidariten. Das Gestein erinnert sehr an die fossilreichen kalkigen Einlagerungen am Nordrande der Seisser Alpe (Pflegerleiten, Pitz u. s. f.). Korallen-kalke kommen an dieser Stelle nicht vor und spielen offenbar die in grösserer Mächtigkeit auftretenden Kalkschiefer die sonst den Cipitkalken zukommende Rolle. Weiter abwärts herrschen die gewöhn-lichen Wengener Sandsteine und Schiefer, in denen sich nicht selten · *Daonella Lommeli* und *Posidonomya Wengensis* finden. Sie bilden den Ostflügel der Wengener Schichten der Seisser Alpe und sind von dieser durch die in Folge der Erosionsthätigkeit blosgelegten Augitporphyrlaven am rechten Gehänge des Saltaria-Baches geschieden. Im Norden reichen sie, vielfach durch die abwärts wandernden Schuttmassen des Langkofels verdeckt, bis auf das Plateau der Christiner Weiden gegenüber St. Christina.

Gegen die Höhe des Fassa-Joches zu verschmälert sich der Zug der Wengener Schichten zwischen dem Dolomit des Platt-kofels und den liegenden Augitporphyrlaven zusehends und auf der Jochhöhe ist er zu seinem schmalen Bande reducirt. Eine in Folge eintretenden Uebergreifens herbeigeführte Ueberlagerung der Wengener Schichten durch den Dolomit ist auf der ganzen Strecke vom Kessel des Lampicaner Baches an bis auf das Fassa-Joch nirgends zu

13*

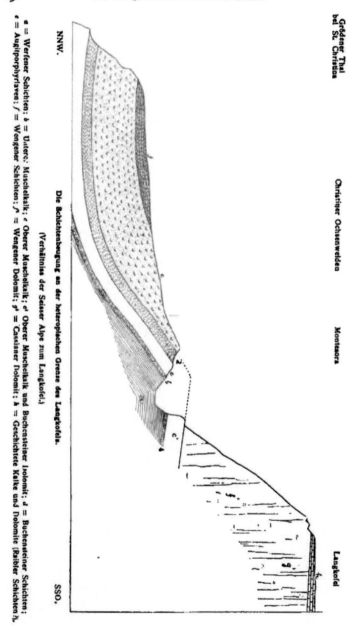

Grödner Thal bei St. Christina

Christiger Ochsenweiden

Montesora

Langkofel

NNW.

SSO.

Die Schichtenbiegung an der heteropischen Grenze des Langkofels.

(Verhältniss der Seisser Alpe zum Langkofel.)

a = Werfener Schichten; b = Unterc. Muschelkalk; c = Oberer Muschelkalk; c¹ = Oberer Muschelkalk und Buchensteiner Dolomit; d = Buchensteiner Schichten; e = Augitporphyrlaven; f = Wengener Schichten; f¹ = Wengener Dolomit; g¹ = Cassianer Dolomit; h = Geschichtete Kalke und Dolomite (Raibler Schichten).

beobachten. An die Möglichkeit einer solchen wäre etwa in der Gegend zwischen dem Westende der Anticlinale und dem Fassa-Joch zu denken. Die Grenze zwischen dem Riff und den Wengener Schichten ist jedoch hier überall durch Schutt verdeckt. Erst unterhalb des Fassa-Joches, wo der südliche Scheiderücken der Seisser Alpe („Auf der Schneid") mit dem Plattkofel zusammentrifft, ist die heteropische Grenze blosgelegt. Der Dolomit fällt mit sehr steiler Böschung gegen aussen ab und entspricht der bisherige Verlauf der Steilwand so ziemlich der hier sichtbaren wirklichen Grenze. Die Dolomitwand zeigt in dieser unteren Region eine gelbliche Färbung, welche scharf von den hellweissen oberen, die Gipfelmassen des Plattkofel bildenden Partien absticht. Am Fusse der Wand liegen vereinzelte Blöcke von gelbem Riffkalk mit Tuffschmitzen.

Die Wengener Schichten lagern nun unten söhlig der Dolomitwand an, höher oben, wo die Böschung des Dolomits weniger steil ist, greifen sie über den Dolomit über und fallen im Sinne der Dolomitböschung gegen Südwesten. Diese obere Partie der Wengener Schichten wird dann durch eine von der höheren Dolomitböschung herabsetzende Ueberguss-Schicht des Dolomits überlagert, wodurch sie völlig mit den bereits beschriebenen Zungen und Spitzen zwischen den Ueberguss-Schichten des Cipiter Schlerngehänges übereinstimmt.

Die tiefsten, den Augitporphyrlaven aufgelagerten Wengener Schichten sind Bänke fossilreichen Riffkalkes, welche Tuffschmitzen und selbst grössere Brocken von Augitporphyr einschliessen. Die herrschenden organischen Reste sind Korallen, Cidariten und Crinoiden. Ueber diesen Bänken folgt sodann ein Wechsel von Sandsteinen, Schiefern und Kalkbänken.

Etwas verschieden sind die Verhältnisse auf der Südseite des Fassa-Joches. Anstatt so schroff an den söhlig gelagerten Wengener Schichten abzubrechen, reicht hier der untere gelbe Dolomit mit flacher Böschung unter die ihm hier aufliegenden Wengener Schichten hinein, so dass das von dieser Seite sichtbare Uebergreifen der weichen klastischen Gesteine auf die Dolomitböschung über eine längere Strecke anhält. Es dürfte daraus zu schliessen sein, dass diese am weitesten gegen Südwesten vorgeschobene Dolomitpartie eine gegen Nordwesten abdachende Fläche besitzt, an welche sich von dieser Seite her die söhlig gelagerten Wengener Schichten gegen oben übergreifend anlagern.

Auf diesen geringen, der Denudation bis heute entgangenen Rest beschränkt sich die Anlagerung der Wengener Schichten an die prachtvolle Aussenfläche des Riffs, welcher der Plattkofel seinen Namen verdankt. Es gibt kaum einen Dolomitberg in unserem

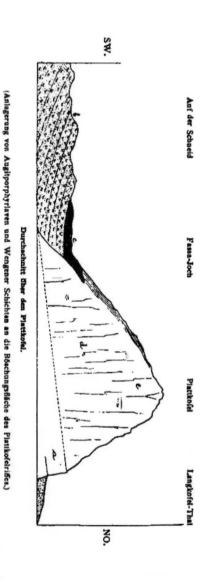

SW. Auf der Scheid Fassa-Joch Plattkofel Langkofel-Thal NO.

Durchschnitt über den Plattkofel.

(Anlagerung von Augitporphyrlaven und Wengener Schichten an die Böschungsfläche des Plattkofelriffes.)

a = Oberer Muschelkalk und Buchensteiner Dolomit; b = Augitporphyrlaven; c = Wengener Schichten an die Böschungsfläche, zungenförmig in das Riff eingreifend; d = Wengener Dolomit; e = Cassianer Dolomit.

Gebiete, welcher eine gleich charakteristische Gestalt besässe. Ich meine, dass sich der eigenthümliche, dachförmige, regelmässige Abfall des Plattkofels, welcher sich halbkegelförmig von der Süd- bis auf die Westseite des Berges fortzieht *), den Besuchern der Seisser Alpe lebhafter in das Gedächtniss einprägt, als die kühnen Zacken des Langkofels und selbst als die merkwürdige Plateauform des Schlern.

Während die Hauptmasse des Lang- und Plattkofels schichtungs-.los erscheint, zeigt sich am Plattkofel auf und unmittelbar unter der weiten blendend weissen glatten Aussenfläche des Riffs, die Ueber- guss-Schichtung in ausgezeichneter Weise. Die Schichten neigen sich parallel der Fläche.

Wenn man sich die geschilderten Verhältnisse am Cipiter Schlerngehänge vergegenwärtigt, erkennt man leicht, dass die Ent- blössung dieser grossen, in der Terrainzeichnung der Karte gut erkennbaren Fläche erst in neuerer Zeit vor sich gegangen sein konnte. Die Reste von Wengener Schichten 'auf dem untersten Saume der Dolomitböschung am Fassa-Joch sind nur die letzten Relicte einer durch Denudation entfernten mächtigen Anlagerung von Wengener und Cassianer Gesteinen.

Die Ausdehnung des Plattkofel-Gehänges war wol auch einst eine viel grössere, ehe die Denudation die allmähliche Abtragung und die Bildung der Steilwände begonnen hat. Von der Seisser Alpe aus lässt sich deutlich das Fortschreiten der Steilwandbildung unter- halb und auf Kosten der Riffböschung beobachten. Die noch erhaltenen Randpartien zeigen eine steilere Neigung, als die mittlere zum Fassa-Joch abdachende Fläche. Dies gestattet den, mit den übrigen beobachteten Thatsachen gut übereinstimmenden Schluss, dass die bereits denudirten Fortsetzungen der Riffböschung einen ziemlich steilen Abfall besassen.

Obwol ich nicht erwarte, dass Jemand die Plattkofel-Böschung ernstlich für ein geneigtes Schlernplateau halten könnte, will ich doch darauf aufmerksam machen, dass die in der nördlichen Steil- wand des Plattkofels tief unterhalb der Böschung sichtbare Bank des Mendola-Dolomits eine solche Annahme in den Bereich der Un- möglichkeiten verweist. Die Schichtungsfläche des Mendola-Dolomits bildet mit der Böschungsfläche des Plattkofels einen Winkel von circa 45 Grad.

---

*) Vgl. das Lichtbild „Die Langkofel-Gruppe und die Seisser Alpe, vom Mahlknecht".

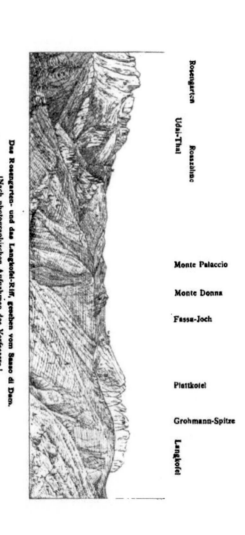

Rosengarten

Rosszähne

Udai-Thal

Monte Palaccio

Monte Donna

Fassa-Joch

Plattkofel

Grohmann-Spitze

Langkofel

Das Rosengarten- und das Langkofel-Riff, gesehen vom Sasso di Dam.

[Nach photographischen Aufnahmen des Verfassers.]

(Böschungsflächen der beiden Riffe; heterotypische Verhältnisse.)

Wr. = Werfener Schichten; M. = Muschelkalk; Bn. = Buchensteiner Schichten; A. = Augitporphyrlaven; WS. = Weagener Schichten; D. = Weagener Dolomit; CD. = Cassaner Dolomit.

Auf der Südseite des Plattkofels springt ein niedriges schuttbedecktes Dolomitplateau gegen Süden vor. Es ist dies wol die
Fortsetzung derselben Dolomitmasse, welche die Wengener Schichten
des Fassa-Joches unterlagert. Auf der Ostseite dieses Plateau's beobachtete Prof. Hoernes Riffkalke, welche noch weiter östlich in der
Form einer mächtigen Bank concordant in die Wengener Tuffe
eingreifen.

Nach den bisherigen Ergebnissen stellt sich die Langkofel-
Gruppe als ein isopisches, dem Schlern und dem Rosengarten vollkommen entsprechendes Dolomitriff dar. Im Südosten erleidet die
einheitliche Zusammensetzung durch das Eingreifen mächtiger heteropischer Bildungen eine wesentliche Aenderung. Ehe wir jedoch dieselbe besprechen, kehren wir aus sachlichen Gründen nochmals auf
die Nordseite zurück, um im Anschlusse an das bereits untersuchte
Gebiet die Ostgrenze des Langkofelriffs kennen zu lernen.

Wir begeben uns auf die von der Nordseite des Langkofels
gegen Osten heraustretende Dolomit-Terrasse, über welche ein Weg
aus dem Lampicaner Kessel in die oberste Thalstufe von Gröden
führt. Der Dolomit bildet die Fortsetzung der unteren Dolomitbank
des Langkofel und erweist sich, wie oben erwähnt wurde, durch
einzelne schwache Einlagerungen von Bänderkalk und Knollenkalk als Buchensteiner Dolomit. Westlich, den steilen Wänden des
Langkofel zu, folgt darüber wieder Dolomit und finden sich bis zur
Steilwand selbst vereinzelte Blöcke von Augitporphyr, sowie Blöcke
von grauem Korallenkalk. In der Dolomitsteilwand ist Ueberguss-
Schichtung erkennbar mit ausserordentlich steil nach aussen abfallenden Lagen. Oestlich, gegen das Thal zu, dient der Buchensteiner Dolomit Augitporphyrlaven, welche östlich fortstreichend
sich in die Thalsohle hinabsenken und sodann unterhalb der Sella-
Gruppe wieder ansteigen, zur Unterlage.

Das Langkofelriff fällt sonach mit ungewöhnlich steiler Böschung gegen Osten ab und Augitporphyrlaven lagern neben dem
Riff. Wie die vereinzelten höher liegenden Blöcke beweisen, fand
ein Uebergreifen der Augitporphyrlaven über das unterste Gehänge
der Dolomitböschung statt, ehe die Denudationsarbeit den heutigen
Stand erreicht hatte.

Ueber den Augitporphyrlaven folgen Wengener Schichten von
typischer Zusammensetzung und erfüllen die ganze Thalbreite
zwischen dem Langkofel und der Sella-Gruppe. Das Langkofelriff
scheint bis zur südöstlichen Ecke des Langkofelkammes im engeren
Sinne noch in isopischer Zusammensetzung fortzustreichen. Die
Grenze gegen die Wengener Schichten der Ciavazes-Alpe ist durch

Gehängeschutt verdeckt. Blöcke von Riffsteinen sind im Gebiete der Wengener Schichten häufig.

Der Langkofel-Kamm ist durch eine tiefe, passirbare Scharte, über welche man in das nächst Montesora zur Seisser Alpe niedersetzende Langkofel-Thal gelangt, von der mittleren Hauptspitze (3174 Meter) der Langkofel-Gruppe, welcher Hoernes die Bezeichnung „Grohmannspitze" beilegte, getrennt.

Die obere Masse dieser Spitze besteht aus der Fortsetzung der oberen Dolomitmassen des Langkofels und ist durch Reste von geschichteten Bildungen gleich dem Langkofel gegen oben plateauförmig abgeschnitten. Den Platz der tieferen Wengener Dolomitmassen des Langkofel aber nehmen Wengener Schichten ein, welche von dem Rücken des Sella-Joches aus in bedeutender Mächtigkeit und in ruhiger Lagerung in die Steilwand hinaufreichen.

Während im Allgemeinen die heutige Begrenzung der Langkofel-Gruppe mit den Grenzen der heteropischen Ausbildung zusammenfällt, greift an dieser Stelle der obere Dolomit des Langkofel-Riffes, über die Grenzen des ursprünglichen Riffes hinaus und überlagert die heteropischen Wengener Tuffe. *) Die heteropische Grenze des Wengener Dolomits läuft wahrscheinlich in grosser Nähe zwischen dem Plattkofel und Langkofel durch, so dass nur die Grohmannspitze, ja vielleicht selbst diese nur theilweise, eine heteropische Zusammensetzung besitzt. Die theils durch Schutt, theils durch die überlagernde Bergmasse verdeckte Aussenböschung des älteren Riffs muss daher wol eine sehr steile sein.

Organische Reste sind im Dolomite der Langkofel-Gruppe im Ganzen selten. Korallenstöcke wurden noch am häufigsten gefunden, auch im Inneren des Massivs, wo Hoernes solchen bei der Ersteigung der Langkofelspitze wiederholt begegnete. Am Ostabfalle des Langkofels enthielt ein Block unbestimmbare Steinkerne von Brachiopoden.

Die jüngste Bildung der Langkofel-Gruppe sind geschichtete dolomitische Kalke, welche die geringen Reste des einst ausgedehnteren Gipfelplateau's auf dem Langkofelkamme und auf der Grohmannspitze krönen. Man erkennt diese schwach südlich geneigten Bänke deutlich vom Col Rodella oder von der Cima di Rossi (nächst dem Pordoi-Joch) aus **). Prof. Hoernes, welcher sich im rühmenswerthen Eifer der sehr beschwerlichen Aufgabe, den Gipfel des Langkofel zu untersuchen, unterzog, fand daselbst gebänderte

---

*) Vgl. das Lichtbild „Die Langkofel-Gruppe von der Cima di Rossi".
**) Vgl. das Lichtbild „Die Langkofel-Gruppe von der Cima di Rossi".

Schlern.   Auf der Schneid.   Col Rodella.   Plattkofel,   Groh

G. EGGER photogr.   Verlag von ALFRED HÖLDER, Hof

Die Langkofel-Gruppe,

(Uebergreifen des Dolomits über die Wengener Schichten; Andeutung der
in der Gr

Rossi.

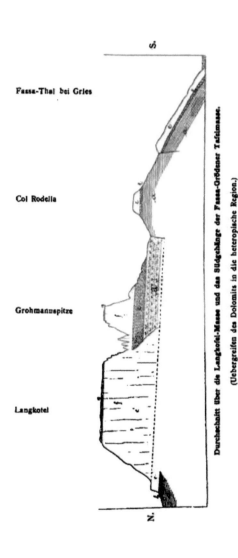

Durchschnitt über die Langkofel-Masse und das Südgehänge der Fassa-Grödener Tafelmasse.

(Uebergreifen des Dolomits in die heteropische Region.)

a = Werfener Schichten; b = Unterer Muschelkalk; c = Oberer Muschelkalk, unter dem Langkofel auch den Buchensteiner Dolomit umfassend; d = Augitporphyr-laven; e = Wengener Schichten; = e¹ Wengener Dolomit; f Wengener und Cassianer Dolomit; g = Geschichtete Kalke und Dolomite (der Raibler Schichten?)

Fassa-Thal bei Gries

Col Rodella

Grohmannspitze

Langkofel

Dolomite und cephalopodenreiche dolomitische Kalke*). Leider lassen die mitgebrachten Fragmente eine schärfere Bestimmung nicht zu. Ein häufiges *Orthoceras* kann mit *O. triadicum* verglichen werden. Ein *Nautilus* erinnert an *N. Breunneri.* Bruchstücke von *Arcestes* und *Trachyceras* sind unbestimmbar. Die beiden genannten Formen würden auf die Zone des *Trachyc. Austriacum* (Raibler Schichten) verweisen. Da nun auch die gestreiften Dolomite eine unseren Raibler Schichten eigenthümliche Gesteinsart. darstellen, haben wir die Gipfelschichten des Langkofel als Raibler Schichten in unserer Karte ausgeschieden. Wir denken dabei an die, an vielen Orten unter den rothen Gesteinen vorkommenden hellen Dolomitschichten, wie z. B. auf dem östlichen Schlernplateau.

Die Ergebnisse unserer Untersuchungen über das Langkofelriff lassen sich in den folgenden Sätzen zusammenfassen: Die Hauptmasse der Langkofel-Gruppe ist eine isopische, an der Basis durch den unteren Muschelkalk, in der Höhe durch die Raibler Schichten begrenzte Dolomitmasse, deren heutige Ausdehnung nahezu dem Umfange des alten Riffes zur Bildungszeit der Buchensteiner und Wengener Schichten entspricht. Im Südosten greift die obere Dolomitmasse vom beiläufigen Alter der Cassianer Schichten in die heteropische Region der Wengener Schichten über. Entlangt der Nordwest- und Nordseite des Riffes verläuft in der heteropischen Grenze eine Anticlinalwölbung, an deren äusserem Schenkel die heteropischen Bildungen der Seisser Alpe steil in die Tiefe sinken.

7. Die nordöstliche Ecke der Fassa-Grödener Tafelmasse.

(Stock des Gäns-Alpels.)

Die an der heteropischen Grenze im Nordwesten und Norden des Langkofels verlaufende Anticlinalwölbung geht, wie oben erwähnt wurde, auf dem Ostgehänge des Lampicaner-Baches in eine Verwerfung über. Eine zweite nahezu parallel verlaufende Verwerfung setzt etwas südlich unter der schon mehrmals genannten Dolomit-Terrasse nordöstlich vom Langkofel an und reicht, ebenso wie die erste Verwerfung östlich bis zum Grödener Bache abwärts. Die knieförmige Beugung des unteren Muschelkalks am Fusse des Langkofels im Kessel des Lampicaner Baches bezeichnet beiläufig

---

*) Ueber die Ersteigung des Langkofel berichtete H o e r n e s in der Zeitschrift des D. u. Oest. Alpenvereines, Jahrgang 1875.

den westlichen Beginn der südlichen Verwerfung. Zwischen diesen beiden Verwerfungen zieht eine tief eingesunkene, schmale Scholle hin, in welcher im Sattel zwischen der Ober-Alp (Gäns-Alpel) und der Terrasse des Buchensteiner Dolomits südfallende Wengener Schichten anstehen, die sich bis zum Grödener Bache verfolgen lassen. Im Lampicaner Kessel verdeckt Schutt das anstehende Gestein. Nicht weit südöstlich von dem eben genannten Sattel verschwindet an der südlichen Verwerfung der Buchensteiner Dolomit und treten sodann die Augitporphyrlaven an den Rand der Verwerfung.

Die nördliche Verwerfung begrenzt im Süden die hauptsächlich aus Laven bestehende Masse des Gäns-Alpels, welche durch die Christiner Ochsenweiden orographisch und geologisch mit der Fassa-Grödener Tafelmasse zusammenhängt und im weiteren Sinne noch zur Seisser Alpe gerechnet wird.

Zwischen den Augitporphyrlaven und Tuffen finden sich hier gegen das Liegende zu concordante Einlagerungen von grauen knorrigen Kalken mit Tuffschmitzen und von dolomitischen Bänken, welche ich als ursprünglich vom benachbarten Dolomitriff auslaufende Zungen betrachte. Wir werden ähnlichen Einlagerungen noch mehrmals begegnen. Die knorrigen Kalke können zu Verwechslungen mit Buchensteiner Knollenkalken führen.

Am Nord- und Nordostfuss des Gänsalpel-Stockes erscheinen in der Strecke zwischen den glacialen Schuttmassen der Fischburg, welche einen von Süden her in das Grödener Thal vorgeschobenen Riegel bilden, und den letzten Häusern von Plan die tieferen Bildungen mit Werfener Schichten an der Basis. Sie fallen regelmässig unter die Augitporphyrlaven ein und stellen sonach den nördlichen Flügel der Gänsalpelmasse dar. Gegen Süden sowol wie gegen Westen sind sie durch Querbrüche abgeschnitten, jenseits welcher in ihrem Niveau wieder Augitporphyrlaven erscheinen.

VII. CAPITEL.

Das Gebirge zwischen Gröden und Abtey.

Sotschiada und Aschkler Alpe. — Das Dolomitriff der Geissler Spitzen. — Die Gardenazza-Tafelmasse. — Das Dolomitriff des Peitlerkofel. — Campil-Thal.

Das Kalkgebirge zwischen dem Grödener Bache und der
Gader zerfällt in orographischer Beziehung in zwei Gebirgsgruppen,
welche durch eine ostwestliche Tiefenlinie getrennt sind. Die südliche Gruppe umfasst das Tafelgebirge Gardenazza, die Geissler
Spitzen (fälschlich Geister-Spitzen) und die Aschkler Alpe mit dem
Grödener Pitschberg. Zwei Thäler dringen von Süden, von Gröden,
her in das Innere derselben, das bei der Felsenruine Wolkenstein
mündende Lange Thal und das nächst St. Christina sich öffnende
Tschisler Thal. Ein einheitlicher Name für diese Gruppe fehlt. Die
nördliche Gruppe, welche ihren Culminationspunkt im Peitlerkofel
(2874 Meter) hat, bildet einen die Villnösser Bruchlinie nördlich
begleitenden Gebirgsrücken. Der Ruefenberg und die Kofel-Alpe
sind die hervorragendsten Punkte auf der Westseite, Col Vercin
zwischen Untermoy und Campil beherrscht, als nordöstliches Cap,
die Ostseite.

Diese beiden Gebirgsgruppen entsprechen nicht, wie Schlern,
Rosengarten und Langkofel, individualisirten Dolomitriffen. Die Villnösser Bruchlinie hat ein hier bestandenes Dolomitriff mitten entzwei
geschnitten. Die Geissler Spitzen und der Peitlerkofel bildeten vor
dem Eintritte des Bruches eine zusammenhängende isopische Dolomitmasse, welcher im Osten und im Süden heteropische Wengener
Schichten angelagert waren.

Durch eigene Untersuchung kenne ich blos die südliche Abdachung der erstgenannten Gruppe (Aschkler Alpe, Puez-Alpe u. s. f.).
Die geologische Kartirung des nördlichen Gebietes führte Dr. Hoernes
durch, dessen Aufnahmsbericht der Darstellung der Verhältnisse an
der Villnösser Bruchlinie, im Peitlerkofel-Kamme und zwischen Campil und Abtey (St. Leonhard) zur Grundlage dient.

1. Sotschiada, Aschkler Alpe und die Geissler Spitzen.

Das Grödener Thal ist eine Erosionsrinne. Die beiden Thalgehänge entsprechen einander vollkommen. Bei St. Anton nächst
St. Ulrich übersetzen die Gypse und die Bellerophonkalke die Thalsohle und ziehen westlich von St. Jakob, wo die ersten fossilen
Mollusken des Bellerophonkalkes von Dr. Hoernes und mir im
August 1874 gefunden wurden*), am linken Gehänge des Kuëtschena-
Thales aufwärts zum Sattel zwischen Sotschiada und Raschötz. Obwol die Verwerfungslinie, welche am Nordgehänge der Fassa-Grödener Tafelmasse eine Wiederholung der tieferen Schichtenreihen
bewirkt, am linken Grödener Thalabhange bei Sebedin scheinbar
endigt, muss doch deren Fortsetzung auf das rechte Thalgehänge angenommen werden, da die höheren Schichten erst bei St. Christina
als Fortsetzung des Tafelrandes der Seisser Alpe die Thalsohle
übersetzen und weil ferners nördlich von St. Jakob in halber Höhe
des aus Werfener Schichten bestehenden Gehänges eine Partie
Muschelkalk und Buchensteiner Schichten erscheint, welche den
liegenden Werfener Schichten regelmässig aufgelagert ist. Dass hier
eine den Abbruch der vorderen Massen bedingende Verwerfung
vorhanden ist, steht wol ausser Zweifel. Das Streichen der Schichten
entspricht in der unteren Scholle so ziemlich dem Verlaufe des
Gehänges. In der oberen Masse dagegen herrscht, besonders gegen
St. Christina hin, ausgesprochenes Südfallen. Es ist der gegen Norden rasch aufsteigende Schichtenkopf der Fassa-Grödener Tafelmasse.

Bei St. Christina findet sich auch eine Partie der Augitporphyrlaven auf der rechten Thalseite. Höher aufwärts ist nur eine
schmale Zone des Muschelkalk-Dolomits erhalten, welche sich

---

*) Von dieser Localität bestimmte Stache die folgenden Formen:
     Bellerophon peregrinus Laube
       „   *Jacobi St.*
       „   *Ulrici St.*
       „   *fallax St.*
    Hinnites crinifer St.
    Aviculopecten cf. Coxanus Meek et W.
    Backevellia cf. ceratophaga Schloth. sp.
    Nucula cf. Beyrichi Schaur.
    Pleurophorus Jacobi St.
Von dem Gehänge zwischen Pitschberg und Sotschiada:
    Nautilus fugax Mojs.
    Spirifer vultur St.

unterhalb der Sorasass-Alpe, wo flachere Lagerung eintritt, erweitert. Auf der Sorasass-Alpe in einer Höhe über 2000 Meter stehen Werfener Schichten an, welche hier eine Sattelwölbung erleiden. Unter dem Gipfel des Pitschberges überlagert der aus rothem Dolomit und rothem Conglomerat bestehende untere Muschelkalk in der Höhe von 2200 Meter die Werfener Schichten und es tritt nun auf der Westseite flaches Nordfallen ein, während auf der Ostseite die gleichfalls nordfallenden Schichten steil einschiessen, so dass sie östlich vom Pitschberg den Aschkler und Tschisler Bach übersetzen können. Der Gipfel des Pitschberges (2361 Meter) wird von Buchensteiner Schichten gebildet, in welchen Dr. Reyer einen extralabiaten Arcesten und *Lytoceras cf. Wengense* fand. Wie es scheint, kommen in der Anticlinalwölbung der Werfener Schichten südöstlich von Sorasass auch stellenweise noch die Bellerophonkalke zum Vorschein, da Stache fossilführende Gesteine der Bellerophon-Schichten von „St. Christina, nordwärts gegen den Pitschberg" erwähnt *).

Auf die Anticlinale von Sorasass folgt nördlich die Synclinale der Aschkler Alpe. Die Synclinale ist indessen gebrochen. Eine Verwerfung schneidet die vom Pitschberg nördlich herabziehenden Schichten ab, worauf ein Absinken und flaches Südostfallen eintritt. Eine zweite, nördlicher gelegene Verwerfung begrenzt die eingesunkene Scholle und im höheren Niveau setzen die südostfallenden Schichten bis zum Nordrande des Gebirges fort. Ueber das eingesunkene Mittelstück führt der Weg von Oberwinkel auf die Aschkler Alpe. Auf dem Gipfel des Sotschiada (2552 Meter) stehen Buchensteiner Schichten an, aus welchen Stur extralabiate Arcesten, ein *Trachyceras* **) und Daonellen mitbrachte. Ich selbst fand in den die Knollenkalke überlagernden Bänderkalken am Wege von Oberwinkel auf die Aschkler Alpe in zahlreichen Exemplaren eine feinrippige Varietät der *Daonella Taramellii.*

Der obere Muschelkalk besteht hier überall aus einer mächtigen Bank weissen Dolomits, welcher sich von ferne bereits sehr scharf von den ihn bedeckenden dünnschichtigen Buchensteiner Schichten abzeichnet. Im unteren Muschelkalk spielen am Nordrande des Gebirges und am Fusse der Geissler Spitzen die rothen Conglomerate die Hauptrolle. Im Kuëtschena-Thale auf dem Wege zur Aschkler Alpe bemerkte ich indessen keine Conglomerate, sondern nur rothe Dolomite und dunkle, wellenkalkähnliche Kalke.

---

*) Jahrb. Geol. R.-A. 1877, pag. 279.
**) Abgebildet in meiner Arbeit „Ueber Triasversteinerungen aus den Südalpen", Jahrb. Geol. R.-A. 1873, Taf. XIV, Fig. 7.und 8.

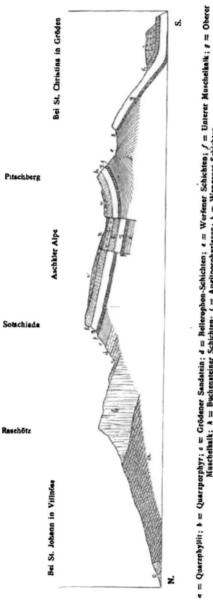

a = Quarzphyllit; b = Quarzporphyr; c = Grödener Sandstein; d = Bellerophon-Schichten; e = Werfener Schichten; f = Unterer Muschelkalk; g = Oberer Muschelkalk; h = Buchensteiner Schichten; i = Augitporphyriaven; k = Wengener Schichten.

In Folge der eigenthümlichen synclinalen Lagerung und insbesondere des südöstlichen Einfallens des nördlichen Muldenflügels erscheinen die Augitporphyrlaven*) und die Wengener Schichten nur im Inneren der Mulde und wird der überhöhte westliche und nordwestliche Rand der Aschkler Alpe ausschliesslich von den Schichtenköpfen der Buchensteiner Schichten gebildet. An der Basis der Augitporphyrlaven treten hier, sowie in den östlicheren und nordöstlichen Gebieten ziemlich constant Kalkbreccien mit tuffigem Bindemittel auf, welche bei zurücktretendem Tuffgehalt häufig in feste graue Kalke übergehen.

Die Geissler Spitzen sind eine isopische Dolomitmasse der Wengener und Cassianer Schichten und erheben sich über derselben Unterlage wie die heteropischen Wengener Sandsteine und Schiefer der Aschkler und Tschisler Alpe. Eine dünne Masse hornsteinführender Kalke läuft als Fortsetzung der Buchensteiner Schichten des Sotschiada zwischen der unteren·Dolomitbank und der oberen schichtungslosen Dolomitmasse durch. Sie vertritt jedenfalls nur einen aliquoten Theil der Buchensteiner Schichten. Der andere Theil ist durch Dolomit repräsentirt. Ich fand auf dem Kamme zwischen Sotschiada und der Steilwand der Geissler Spitzen im Niveau der Buchensteiner Schichten Dolomit, welcher deutliche Conglomeratstructur zeigte, ausser den grossen, blockförmigen Dolomitmassen aber auch Scherben von Bänderkalken und Pietra verde enthielt. Dieser Dolomit liegt wol unter den Hornsteinkalken der Geissler Spitzen und verschmilzt mit dem Dolomit des oberen Muschelkalks zu Einer Masse.

Der obere Dolomit ist bereits in phantastische Zacken aufgelöst und kühn ragen die noch unbezwungenen höchsten Zinnen (3182 Meter) als ebenbürtige Nebenbuhler des Langkofel in die Lüfte. Die Bezeichnung ‚Geister-Spitzen‘, welche sich in Karten und Büchern findet, wäre viel verständlicher als ihr legitimer Name. Die Steilwand ist dem Villnöss-Thal zugewendet. Die übrigens von der Denudation auch schon stark mitgenommene Südabdachung lässt an vielen Stellen, namentlich in den tieferen Partien, die Ueberguss Schichtung und die alte Riffböschung erkennen. Leider ist die kolossale Schuttbedeckung der Tschisler Alpe der Untersuchung

---

*) v. Richthofen gibt auf der Tschisler Alpe Melaphyr an. Dies ist ein Irrthum. An der Stelle des angeblichen Melaphyrs kommen unter starker Schuttbedeckung Wengener Tuffsandsteine vor, in deren Liegenden dann weiter im Süden echte Augitporphyre vorkommen. Vgl. a. Doelter's Untersuchung dieses Gesteins. Jahrb. Geol. R.-A. 1875, Min. Mitth. pag. 296.

der heteropischen Grenze sehr hinderlich, doch kann man am Rande der Aschkler Alpe deutlich eine fortlaufende Zone von typischen Riffkalken und wiederholtes Ineinandergreifen von Wengener Schichten, Riffkalken und Dolomit beobachten. Die Augitporphyrlaven enden bereits südlich vom Gipfel des Sotschiada; nirgends greifen sie in das Riff ein. Die Ursache liegt nicht etwa in der zu peripherischen Lage der Geissler Spitzen, denn es finden sich Augitporphyrtuffe noch am Ostende des Peitlerkofels, sondern in der erhöhten Lage der Riffs. Bei fast söhliger, wenig gegen Süden geneigter Lagerung befindet sich der untere Muschelkalk am Nordabhange der Geissler Spitzen in der Höhe von 2200 Meter und verharrt constant in dieser Höhe, soweit das Riff der Wengener Schichten reicht. Erst unter dem Schoatsch, wo wieder die Mergelfacies der Wengener Schichten beginnt, sinkt der untere Muschelkalk allmählich in tiefere Isohypsen. Aehnlichen. Verhältnissen begegneten wir bereits im Rosengarten-Riff und im Langkofel-Riff und es ist bemerkenswerth, dass in der Regel die Basis der Riffe um vieles höher liegt, als die Basis ihrer heteropischen Umgebung. Die häufige Wiederkehr derselben Höhenlinie (2200 Meter) an der Basis der am wenigsten gestörten Riffe deutet auf ein bestimmtes gesetzmässiges Verhalten.

Die obersten Dolomitmassen der Geissler Spitzen greifen in der Form einer mächtigen Bank in das südliche und südöstliche Gebiet (Gardenazza-Tafelmasse) über. Wir werden später Anhaltspunkte finden, um sie den Cassianer Schichten im Alter gleichstellen zu können.

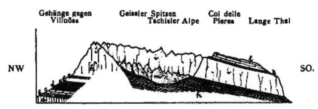

Das Verhältniss der Geissler Spitzen zum Gardenazza-Gebirge.

(Uebergreifen des Cassianer Dolomits.)

a = Quarzporphyr; b = Grödener Sandstein; c = Bellerophon-Schichten; d = Werfener Schichten; e = Unterer Muschelkalk; f = Oberer Muschelkalk; g = Buchensteiner Schichten; h = Wengener Schichten; h¹ = Wengener Dolomit; i = Cassianer Dolomit; k = Raibler Schichten; l = Dachsteinkalk; m = Gehänge-Schutt.

14*

2. Die Gardenazza-Tafelmasse.

Der eben erwähnte Cassianer Dolomit bildet mit steilen glatten Denudations-Wänden ringsum eine mächtige Stufe, über welcher dann mehr oder weniger gegen das Innere zurücktretend, Raibler Schichten und Dachsteinkalk folgen. Nur auf der Nordseite erscheint als Unterlage des Cassianer Dolomits eine mächtige, gegen Osten auskeilende Bank Wengener Dolomits, welcher als ein schmaler, östlicher Ausläufer des Riffs der Geissler Spitzen zu betrachten ist. Im Osten, Süden und Westen dagegen lagert der Cassianer Dolomit frei über den Wengener Tuffmergeln und Sandsteinen.

Eigenthümliche tektonische Verhältnisse verleihen diesem Gebirge ein ganz besonderes Interesse. Der mittlere Theil der Tafelmasse ist unter Beibehaltung fast söhliger Lagerung tief eingesunken, die Ränder aber sind unversehrt bei gleichfalls sehr flacher Lagerung stehen geblieben. So kommt es, dass die Jura- und Kreidebildungen, welche sich auf einigen Stellen des versunkenen Mittelstückes erhalten haben, dem überhöhten, aus den tieferen Abtheilungen des Dachsteinkalkes gebildeten Rande flach angelagert sind. Von Süden durch den in das Herz der Gruppe führenden Einschnitt des Langen Thales kommend, meint man ein ungestörtes Profil vor sich zu sehen und denkt bei dem Anblick der weichen Kreidegesteins-Zone der nördlichen Puez-Alpe und der über dieselbe hinausragenden Spitzen des Dachsteinkalks wol zunächst an Raibler Schichten, welche in nahezu gleicher Höhe auf den gegenüberliegenden südlichen Plateaux der Gardenazza-Gruppe (Col delle Pieres und südliche Puez-Alpe) vorkommen.

Der nördliche und östliche Rand dieses Einsturzes ist aus dem Verlaufe der Contactlinie der Kreidebildungen und des Dachsteinkalkes in der Karte deutlich zu ersehen. Der Südrand läuft in einer tiefen klaffenden Spalte im Dachsteinkalke nächst der Höhencote 2388 in den obersten Thalgrund des Langen Thales und ist dann weiterhin durch den Contact des Cassianer Dolomits und des Dachsteinkalkes markirt. Der Westrand liegt ganz im Dachsteinkalke. Eine vom Westende der Jura- und Kreidebildungen der Puez-Alpe südsüdwestlich in das Schuttkar des Col delle Pieres gezogene Linie dürfte ziemlich genau mit dem westlichen Bruchrande zusammenfallen Die Höhe des Einsturzes kann mindestens auf 1000 Meter geschätzt werden. So viel beträgt die Höhendifferenz zwischen dem Fusse der eingesunkenen Dachsteinkalkmasse im Langen Thal

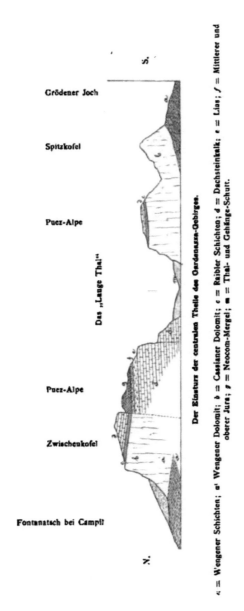

Der Einsturz der centralen Theile des Gardenazza-Gebirges.

a = Wengener Schichten; a' Wengener Dolomit; b = Cassianer Dolomit; c = Raibler Schichten; d = Dachsteinkalk; e = Lias; f = Mittlerer und oberer Jura; g = Neocom-Mergel; m = Thal- und Gehänge-Schutt.

und den oberen Kreide-Schichten der Puez-Alpe, wobei zu berück-
sichtigen ist, dass der tiefere Theil des Dachsteinkalkes bis zu den
Raibler-Schichten abwärts jedenfalls noch unterhalb der Sohle des
Langen Thales liegt.

Der nördliche Bruchrand schneidet die Kreide-Schichten nicht,
wie man erwarten möchte, vertical ab, sondern fällt steil gegen
Norden ein, so dass die stellenweise gewundenen und geschleppten
Schichten des Dachsteinkalkes die rothen Mergel der oberen Kreide
zu überlagern scheinen.

Die jurassischen Ablagerungen besitzen eine sehr geringe
Mächtigkeit und sind, wie gewöhnlich in unserem Gebiete, sehr
schwer vom Dachsteinkalke abzugrenzen. Bei einer mit Dr. Hoernes
auf die Puez-Alpe unternommenen Excursion fanden wir in lichten
Kalken den *Megalodus pumilus* und die für unseren Jura charakteristischen oolithischen Gesteine in der unteren Abtheilung und weisse
und rothe hornsteinführende Kalke als Vertreter des oberen Jura *).
Es gelang uns zwar nicht, Versteinerungen der oberen Jura zu
finden, was daher rühren kann, dass wir die obersten Bänke wegen
der starken Ueberrollung mit Neocom-Schutt nur in sehr schlechten
Aufschlüssen sahen. Was wir sahen, trägt jedoch entschieden oberjurassischen Typus und erinnert zunächst an die Ausbildung der
Aptychen-Schichten. Die darüber lagernden Kreide-Schichten erreichen eine sehr ansehnliche Mächtigkeit (circa 200 Meter), welche
mit der auffallend geringen Stärke des Jura lebhaft contrastirt. Zunächst erscheinen rothe Mergel in Verbindung mit grauen Mergelkalken, welche stab- und kürbisförmige, concentrisch schalige Concretionen, welche nicht selten an Imatrasteine erinnern, und Horn-
steinfladen enthalten. Versteinerungen sind namentlich in den Concretionen nicht selten. Seitdem durch uns die Aufmerksamkeit der
Cassianer Fossil-Sammler auf die Localität gerichtet wurde, gelangen
diese Neocom-Fossilien unter der ungenauen Localitäts-Bezeichnung
„Zwischenkofel" in den Handel. So erhielt auch durch Vermittlung
des Herrn Prof. v. Klipstein das palaeontologische Museum in
München eine reiche Suite und verdanke ich meinem Freunde Prof.
Dr. Zittel die folgende Liste nach Bestimmungen des Herrn
v. Sutner:

> *Lytoceras subfimbriatum* d' *Orb. sp.*
> „   cfr. *Honoratianum* d' *Orb. sp.*

---

*) Die Angabe Hoernes' über die discordante Auflagerung des Neocom auf
Dachsteinkalk (Verh. Geol. R.-A. 1876, pag. 140) ist hiernach richtig zu stellen.

Phylloceras Thetis d' Orb. sp.
  „ *Rouyanum d' Orb. sp.*
  „ *cf. Guettardi d' Orb. sp.*
Haploceras Grasianum d' Orb. sp.
  „ *cf. ligatum d' Orb. sp.*
  „ *cf. Emerici Rasp. sp.*
  „ *cf. Matheroni d' Orb. sp.*
Acanthoceras angulicostatum d' Orb. sp.
  „ *aff. consobrinum d' Orb. sp.*
Crioceras Duvalianum d' Orb. .
Pecten cf. Euthymi Pict.
Terebratula diphyoides d' Orb.

Prof. Zittel hat diesem Verzeichnisse die Bemerkung beige-
fügt: „Die Fauna scheint mir vollständig mit der von Berrias
übereinzustimmen.'

Bei der grossen Mächtigkeit des Complexes dürften in den
höheren Schichten wol auch die in unseren Alpen so weit verbreiteten Rossfelder Schichten (Biancone) vertreten sein.

Den Schluss der Kreidebildungen der Puez-Alpe bilden
wieder rothe Mergel, welche wir als „Scaglia' angenommen haben,
ohne für diese Vermuthung weitere Anhaltspunkte zu besitzen, als
die Analogie mit unseren südlichen Kreidedistricten, in welchen im
Allgemeinen die über dem Biancone folgenden rothen Gesteine als
Scaglia bezeichnet werden. Es wäre aber hier immerhin denkbar,
dass in Folge einer am Bruchrande eintretenden, schleppenden Zusammenfaltung der Kreideschichten die oberen rothen Mergel nur
die aufgebogene und überschlagene Fortsetzung der unteren rothen
Mergel darstellen.

Am Südfusse der Gardenazza-Tafelmasse treten an
mehreren Stellen unter den Wengener Schichten tiefere Schichtglieder zu Tage, welche eine kurze Besprechung erheischen.

Zwischen St. Christina und Wolkenstein trennt eine mit
dem Unterlaufe des Tschisler Baches zusammenfallende Verwerfung
die mit dem Nordschenkel des Pitschberges zusammenhängende,
ostfallende, untere Schichtfolge der Lardschen-Alpe von dem südlichen Flügel des Pitschberges. Im Westen des Tschisler Baches
stehen Augitporphyrlaven u. s. f. an, während im Osten an der
Basis der zur Lardschen-Alpe aufsteigenden Wand Werfener Schichten als tiefstes Glied entblösst sind. Der südlichen Fortsetzung dieser
Verwerfung sind wir bereits im vorhergehenden Capitel bei der Besprechung des nördlichen Abhanges der Gänsalpel-Masse begegnet.
Auch dort ist das Terrain im Westen der Verwerfung gesunken.

Deutlich stellen sich die tieferen Trias-Schichten an den beiden Thalgehängen des oberen Gröden (Wolkenstein) als die Fortsetzung des gewölbförmigen Aufbruches zwischen Plon und dem Grödener Joche dar. Steiler, als man nach der ruhigeren Lagerung der höheren Gebirgsmassen schliessen sollte, sind die unteren Trias-Schichten in dem Aufbruche von Plon aufgerichtet. Auch bewirken etliche kleinere Sprünge eine Unregelmässigkeit der Lagerung, wie sie in unserem Gebiete nur selten zu beobachten ist. Eine Anzahl von kleineren Schollen hat sich von der Hauptmasse losgetrennt *) und ist gleichsam in die .gesprengte Wölbung zurückgesunken. Deshalb begegnet man auf dem Wege von Plon zum Grödener Joche im ersten Theile des Anstieges so wechselnden Fallrichtungen und wirr durcheinander liegenden Schichten. Durchsetzungen von Eruptivgesteinen haben aber in dieser Gegend nicht stattgefunden und hat wol nur die schollenförmige Zerstückelung des Gewölbes bei v. Richthofen die Vorstellung von gangförmigen Durchbrüchen des Augitporphyrs hervorgerufen. Uebrigens tritt hier noch ein weiteres Moment hinzu, welches scheinbar zu Gunsten der Annahme von Gängen spricht. Die festen Augitporphyrlaven weichen mit der zunehmenden Entfernung von den Eruptionsstellen des Fassa-Thales immer mehr und mehr den dickschichtigen Tuffen, mit denen sie wechsellagern.

Oestlich von dem ganz aus Wengener Tuffmergeln und Sandsteinen bestehenden Grödener Joche streicht die Fortsetzung des Aufbruchs von Plon am Südfusse des Sass da Tschampatsch und des Sass Songer fort. An die Stelle der steilen Aufwölbung ist aber ein Riss getreten, an dem die südliche Masse abgesunken ist. Auf der Cogolara-Alpe erscheinen zunächst unter den Wengener Schichten Augitporphyrtuffe mit eingelagerten Laven und tuffige Kalkbreccien, sodann steil aufgerichtete Buchensteiner Schichten und Muschelkalk. Vor dem letzteren sieht man eine südwärts einfallende Partie von Augitporphyrtuffen. Die Stelle ist in der Literatur als ein Eruptionspunkt des Augitporphyrs oft genannt. Dass ein solcher hier nicht vorhanden ist, bedarf keiner weiteren Erörterung. Bei Kolfuschg werden unter dem Muschelkalk flach nördlich einfallende Werfener Schichten sichtbar. Die Fortsetzung des südlichen Bruchrandes liegt unter der mächtigen Schuttbedeckung. Oestlich von Kolfuschg am Südfusse des Pradat tauchen aber die südlich, gegen das Sellagebirge zu einfallenden Augitporphyrtuffe wieder auf. Ein

---

*) Beim Entwurfe der Karte konnten selbstverständlich diese untergeordneten das Gesammtbild kaum beeinträchtigenden Störungen nicht berücksichtigt werden.

Blick auf die Karte lässt nun klar den Zusammenhang dieser aus den Schuttmassen des Kolfuschger Thales isolirt aufragenden Partien von Augitporphyrlaven mit den östlich folgenden Massen des Colatschberges und des Lendelfu erkennen. Die östlich fortsetzende Verwerfung folgt zwischen Pescosta und Verda der Thalrinne und setzt bei Verda auf das rechte Thalgehänge über.

Vorher aber bereits verschwinden die tieferen Schichtglieder am Fusse des Gardenazza-Gebirges und das ganze östliche Fussgestelle wird ausschliesslich von Wengener Schichten gebildet.

Die am Nordfusse des Gebirges sich ausdehnende Terrasse von Wengener Schichten wird durch einen ostwestlich streichenden Zug der tieferen Schichten, welcher nächst der Abteyer Mur das Gaderthal verquert und westlich zum Schoatsch (Sobatsch) unter den Geissler Spitzen fortsetzt, normal unterlagert. Aus der tiefen Lage im Osten, an der Gader, 1300 Meter, erheben sich die Schichten, gegen Westen vorschreitend, in stets höhere Niveaucurven, namentlich im Schoatsch bei der Annäherung an das Riff der Geissler Spitzen. Den Augitporphyrtuffen ist an der Gader ein Stromende festen Augitporphyrs eingelagert, welches ebenfalls zur Annahme einer Eruptionsstelle Anlass gegeben hat. Die in der Literatur vielgenannte Costa-Mühle, welche hier gestanden hat, ist durch einen Murgang der hier mündenden berüchtigten Abteyer Mur zerstört worden. *)

Aus den Buchensteiner Schichten dieses Zuges liegen aus der Campiler Gegend Exemplare der *Daonella Taramellii* vor.

Vor dem Dolomitriff der Geissler Spitzen brechen sowol die Augitporphyrtuffe als auch die Wengener Schichten ab. Eine kleine, unmittelbar über den Buchensteiner Schichten auf dem Schoatsch auftretende Dolomitpartie, ein vorgeschobener Ausläufer des nahen Riffs, isolirt das westlichste Vorkommen des Tuffs. Da der Dolomit wol im Südwesten mit dem grossen Riff zusammenhängt, so muss man annehmen, dass die gegenwärtig in Folge der vorgeschrittenen Denudation unterbrochene Verbindung des isolirten Augitporphyr-Vorkommens mit dem östlichen Hauptzuge im Norden des Dolomitausläufers gelegen war. In der Nachbarschaft des Dolomitriffs verdrängen gelbliche Kalkbänke mit Cidaritenresten und Cipitkalke allmählich die mergeligen und tuffigen Bänke der Wengener Schichten. In den Wengener Schichten von Mundevilla entdeckte Hoernes eine ziemlich reiche Fundstelle von Fossilien. Das Gestein ist der

---

*) Wir werden auf die fortdauernden gleitenden Erdbewegungen im Gebiete der Wengener und Cassianer Schichten noch zurückkommen.

Heteropisches Ineinandergreifen von Dolomit und Wengener Schichten.

a = Werfener Schichten; b = Unterer Muschelkalk; c = Oberer Muschelkalk; d = Buchensteiner Schichten; e = Wengener Dolomit; e¹ = Wengener Mergel und Sandstein; f = Oberste Wengener Schichten (Rest einer von Norden in den Dolomit eingreifenden Mergelzunge); g = Cassianer Dolomit; h = Raibler Schichten; i = Dachsteinkalk.

Zwischenkofel

Fontanstsch-Bach

Schoatsch

Campil-Thal

typische Daonellenschiefer von Wengen. Die vorliegenden Formen
sind:

Trachyceras ladinum Mojs.
      „   *Mundevillae Mojs.*
      „   *Corvarense Lbe. sp.*
Lytoceras Wengense Klipst. sp.
Arcestes sp.
Daonella Lommeli Wissm. sp.
Posidonomya Wengensis Wissm.

Dass sich unter dem Cassianer Dolomit eine gegen Osten auskeilende Masse von Wengener Dolomit auf der Nordseite des Gebirges fortzieht, wurde bereits erwähnt. Die beiliegende von
Hoernes mitgetheilte Skizze der Zwischenkofelwand zeigt auf

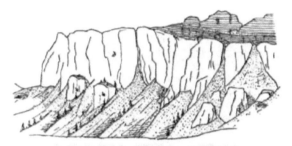

Ansicht der Zwischenkofelwände, vom Schoatach.

a = Wengener Schichten; b = Wengener Dolomit; c = Reste von an der Dolomitwand auskeilenden Zungen der Wengener Schichten; d = Cassianer Dolomit; e = Geschichteter Cassianer
Dolomit; f = Raibler Schichten; g = Dachsteinkalk.

dem an zwei Stellen gesimseartig vortretenden Wengener Dolomit
weichere Schichten, welche an der oberen Steilwand abschneiden.
Die Verhältnisse sind hier offenbar völlig identisch mit den im
nächsten Capitel zu schildernden Vorkommnissen auf den Vorsprüngen der Sella-Gruppe, weshalb hier von weiteren Erklärungen abgesehen wird.

3. Die Gebirgsmasse des Peitlerkofels.

Den Verlauf der Villnösser Bruchlinie, welche die Peitlerkofel-
Masse von den südlichen Districten abschneidet, schildert Hoernes
in folgender Weise:

„Auf dem Sattel zwischen dem Villnöss-Thal und dem Campiler Seitenthal ist der Betrag der Verwerfung sehr gering und wird durch eine Aufbiegung (Schleppung) der gesunkenen Nordseite fast verschwinden gemacht. Der Uebergang liegt nicht auf dem eigentlichen Sattel, in den Werfener Schichten, sondern höher nördlich auf dem mergeligen Complex der Wengener Schichten.

Ueber den Werfener Schichten folgt sowol auf der Nord- als Südseite das rothe Conglomerat und der weisse Dolomit des Muschelkalks, über diesem hornsteinführender Dolomit (Buchensteiner Kalk), sodann wenig mächtige Tuffe, die vorwiegend aus den tuffigen Kalkbreccien bestehen.

Etwas weiter gegen Westen verändert sich das Profil quer über den Casaril-Bach in folgender Weise. Die Tiefenlinie entspricht der Bruchlinie; die nördlich von derselben auf dem Joch durch die Aufbiegung sichtbar gewordene untere Trias ist unmittelbar unter dem Joch verschwunden und es liegt nördlich vom Bruche die Dolomitmasse des Ruefenberges, während südlich von derselben zunächst Bellerophon-Schichten und Grödener Sandstein, sodann das Ende der Quarzporphyrdecke, welche von der Raschötz-Alpe in die dichtbewaldete, hügelige Niederung zwischen Ruefenberg und Geissler Spitzen fortsetzt, sichtbar wird. Der Quarzporphyr ist wenig mächtig, er lagert auf Thonglimmerschiefer, getrennt durch das aus Porphyr- und Schieferbrocken bestehende Verrucano-Conglomerat.

Am Westende des Ruefenberges, bei den Pittschösshäusern tritt die Tiefenlinie des Casaril-Baches in den Thonglimmerschiefer, der demnach auch auf der Nordseite des Thales sich findet und dort nach einander mit sämmtlichen Schichten der unteren Trias bis zum Grödener Sandstein herab, auf welchen St. Johann liegt, zusammentrifft.

Ostwärts von der Scharte zwischen Schoatsch und Peitlerkofel legen sich die Schichten wieder mehr horizontal und das Mass der Niveaudifferenz zwischen dem nördlichen abgesunkenen Theil und der südlich von der Spalte liegenden Masse ist kaum bemerkbar.*) In der Gegend von Frena und Campil ist jedoch diese Differenz schon wieder ziemlich gross und wird sehr bemerkbar auf dem Höhenrücken des Predizberges, welcher das Gader Thal bei Pederova von dem Campil-Thal trennt. Es tritt daselbst eine ähnliche

---

*) Nach der Angabe Prof. v. Klipstein's (Beitr. z. Kenntn. d. östl. Alpen, Il. 2, pag. 23) über das Vorkommen gypsführender Schichten an der Basis der Seisser Schichten in der Pronzara-Schlucht habe ich in der Karte Bellerophon-Schichten angemerkt, welche wol als Unterlage der südlichen Masse zu betrachten sind.

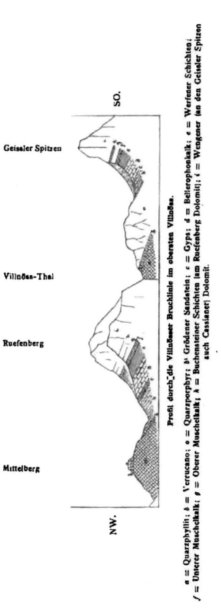

Profil durch die Villnösser Bruchlinie im obersten Villnöss.

a = Quarzphyllit; b = Verrucano; c = Quarzporphyr; b' = Grödener Sandstein; c = Gyps; d = Bellerophonkalk; e = Werfener Schichten; f = Unterer Muschelkalk; g = Oberer Muschelkalk; h = Buchensteiner Schichten (am Ruefenberg Dolomit); i = Wengener (an den Geissler Spitzen auch Cassianer) Dolomit.

Höhenrücken zwischen Campill und Gader-Thal.

SSW.   Puezberg   1978 M.   1927 M.   1777 M.   1542 M. Pretomur   NNO.

a = Bellerophon-Schichten; b = Werfener Schichten; c = Unterer Muschelkalk; d = Oberer Muschelkalk; e = Buchensteiner Schichten; f = Augit-porphyrtuffe; g = Wengener Schichten; g' = Wengener Dolomit; h = Cassianer Dolomit; i = Raibler Schichten; k = Dachsteinkalk; l = Lias; m = Mittlerer und oberer Jura; n = Neocom-Mergel.

Schleppung wie auf dem Joch zwischen Campil und Villnöss ein. Die Schichten stehen jedoch fast senkrecht und fallen nach Nord-nordwest.'

Das Nordgehänge der Peitlerkofel-Masse entblösst die ganze Schichtfolge vom Thonglimmerschiefer aufwärts bis hoch in die Triasbildungen hinauf. Der westliche Theil ist dabei eine nahezu vollständige Wiederholung des gleichfalls bis in den Thonglimmerschiefer abwärts reichenden Profils der Geissler Spitzen. Nur das hier an der Nordseite erfolgende vollständige Auskeilen des Quarzporphyrs veranlasst eine Abweichung und entzieht der Landschaft eines der stimmungsvollsten Elemente. Es sind nur mehr vereinzelte linsenförmige, dem Verrucano-Conglomerate eingelagerte Quarzporphyr-Massen, welche uns auf der Nordseite des Ruefenberges noch begegnen. Das nordöstlichste Vorkommen traf Hoernes im Rodelwalde. Weiter östlich verrathen nur mehr die Porphyrblöcke des Verrucano,' welche sich namentlich in den oberen Lagen unterhalb der Grödener Sandsteine finden, die Gleichzeitigkeit der Bildung mit der mächtigen Porphyrtafel des Südwestens. Es ist genau eine Wiederholung der Erscheinung, welche die Augitporphyrlaven der norischen Stufe darbieten, mit der einzigen Abweichung, dass das Verbreitungsgebiet des permischen Quarzporphyrs um vieles ausgedehnter ist.

Die Bellerophon-Schichten sind in dieser nördlichen Zone an vielen Stellen vortrefflich entblösst und allenthalben reich an Fossilien. Ueber den wolgeschichteten gypsführenden Mergeln liegen die fossilreichen dunklen bituminösen Kalke in einer Mächtigkeit von circa 30 Meter. Am Nordfusse des Ruefenberges ist namentlich ein brachiopodenreiches Gestein bemerkenswerth, aus welchem die folgenden von Hoernes gesammelten und von Stache bestimmten Formen stammen:

> *Spirifer ladinus St.*
> *Streptorhynchus tirolensis St.*
> „   *Pichleri St.*
> *Productus cadoricus St.*
> „   *cf. Cora d' Orb.*
> „   *Stotteri St.*

Weiter gegen Osten, wo die Bellerophon-Schichten namentlich bei St. Martin gut aufgeschlossen sind, wächst ihre Mächtigkeit. Man kennt aus der Gegend von St. Martin:

> *Bellerophon Janus St.*
> *Catinella depressa Gümb. sp.*
> *Natica cadorica St.*

Natica pusiuncula St.
Bakevellia ladina cf. *bicarinata King.*
Gervillia peracuta St.
Anthracosia ladina St.
Edmondia cf. *rudis* M'Coy.

Der untere Muschelkalk ist durch rothe Dolomite und Conglomerate vertreten. An der Bruchlinie bei den Pittschösshäusern
liegt er in Folge der Senkung bei 1600 Meter; er hebt sich aber
auf der Nordseite rasch zu 2200—2300 Meter und sinkt erst wieder
östlich vom Riffe. Ueber ihm erhebt sich die isopische Masse des
weissen schichtungslosen Dolomits, welche auch hier wieder, wie im
Rosengarten, Schlern, Langkofel und Geissler Spitzen, durch eine
scharfe Trennungsfläche im Niveau den Buchensteiner Schichten in
zwei ungleiche Bänke getheilt ist. Nur am Ruefenberge tritt diese
Scheidung sehr zurück. Die Hauptmasse des oberen Dolomits entspricht, wie die eingreifenden Mergelzungen der Südostabdachung
beweisen, den Wengener Schichten, und nur die Gipfelmasse des
Peitlerkofel mag den Cassianer Schichten angehören.

Ansicht des Peitlerkofels, vom Rodelwalde aus.
[Nach einer Skizze von R. Hoernes.]

a = Grödener Sandstein; b = Werfener Schichten; c = Oberer Muschelkalk und Buchensteiner
Dolomit; d = Schuttbedecktes Gesimse des unteren Dolomits; e = Wengener Dolomit;
f = Cassianer Dolomit.

Die heteropische Grenze gegen das badiotische Mergelbassin
fällt mit dem raschen Abfall des Peitlerkofels gegen Osten und Süden
zusammen und läuft im Westen der Petzes-Alpe in südsüdwestlicher
Richtung dem Ostabfall des Riffes der Geissler Spitzen entgegen.
Die südliche Abdachung des Peitlerkofels entspricht nach den
Schilderungen von Hoernes der alten Riffböschung und zeigt

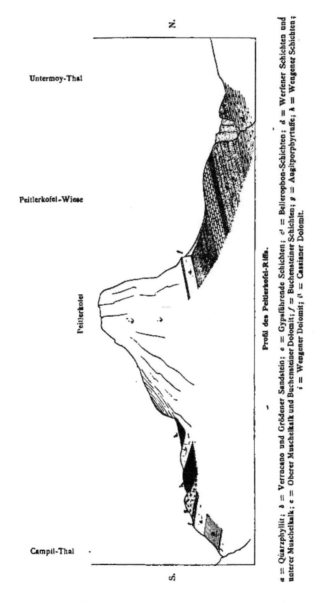

Profil des Peitlerkofel-Riffs.

a = Quarzphyllit; b = Verrucano und Grödener Sandstein; c = Gypsführende Schichten; c¹ = Bellerophon-Schichten; d = Werfener Schichten und unterer Muschelkalk; e = Oberer Muschelkalk und Buchensteiner Dolomit; f = Buchensteiner Schichten; g = Augitporphyrtuffe; h = Wengener Schichten; i = Wengener Dolomit; i¹ = Cassianer Dolomit.

deutlich die Ueberguss-Schichtung. Zungenförmiges Ineinandergreifen von Dolomit und Wengener Mergeln und Mergelkalken ist entlang des Peitlerkofel-Gehänges allenthalben wahrzunehmen.

Zwischen dem Col Vertschin und dem Ostgehänge des Peitlerkofels läuft ein Querbruch durch, an welchem die Werfener Schichten der Peitlerkofel-Masse mit den Wengener Mergeln der gegen Campil um circa 700 Meter absinkenden Vertschin-Scholle zusammentreffen. Diese Werfener Schichten sind wegen des Reichthums wolerhaltener Fossilien der obersten Kalkbänke mit *Naticella costata* (Campiler Schichten von Richthofen) in der Literatur unter der Localitäts-bezeichnung „Lagoschellhäuser" *) häufig genannt. Eine ostwest-liche Verwerfung schneidet sie im Süden ab und es folgt eine kleine, von Verwerfungen rings begrenzte Scholle von Buchensteiner Schichten, Tuffkalkbreccie und Augitporphyrtuff.

Man entnimmt leicht der Karte, dass die Tuffe hier an der Nordgrenze ihrer Verbreitung angelangt sind. Daher die häufig isolirten linsenförmigen Massen und die häufige directe Ueber-lagerung der Buchensteiner Schichten durch die Wengener Tuffmergel.

Indem ich zum Schlusse dieses Capitels auf Professor v. Klip-stein's Monographie des Campil-Gebietes **) verweise, welche zahl-reiche Detailbeobachtungen enthält, die sich ohne Schwierigkeit in den Rahmen unserer etwas veränderten Auffassung einfügen lassen, bemerke ich noch, dass in den Werfener Schichten des Scheide-rückens zwischen Campil und Gader (vgl. Seite 222) auf Sass da Tjamigoi bei Grones sich viele Ammoniten *(Tirolites Cassianus* u. s. f.) in den oberen Kalkbänken finden.

*) Diese Häuser befinden sich jedoch viel tiefer östlich im Gebiete der Wen-gener Mergel.
**) Beitr. z. Kenntn. d. östl. Alpen, II, 2.

Di

zwisch
Corde
westlic
gebirg
Conto
freund
Dolon
gegen
meist
bar, 1
Grupp
höher
miden
Socke
wolge
trast
gebär

Chara

auf d

Lichtb

VIII. CAPITEL.

Die Sella-Gruppe und das Badioten-Hochplateau.

1. Die Tafelmasse der Sella-Gruppe.

Mit allseits schroff abfallenden glatten Felswänden erhebt sich zwischen den Quellgebieten des Grödener Baches, des Avisio, des Cordevole und der Gader als orographischer Knotenpunkt unseres westlichen Hochgebirges ein weiss schimmerndes hohes Plateaugebirge auf nahezu rechteckiger Basis. Seine scharfen, schönen Contourlinien prägen sich tief in die Erinnerung des reisenden Naturfreundes ein. Eine mächtige ungeschichtete, pfeilerförmig abklüftende Dolomitbank bildet eine ringsum vortretende Terrasse, auf welcher gegen das Innere zurückgreifend eine schmale Zone weicher, meist röthlicher Gesteinsarten, einem fortlaufenden Bande vergleichbar, ruht. (Man sehe das Lichtbild ‚Das Pordoi-Gebirge' (Sella-Gruppe) von der Cima di Rossi. *) Darüber baut sich eine zweite höhere Steilwand auf, über welcher sich einige ausgezeichnete pyramidenförmige Felsgipfel erheben. Sie besteht gleich dem unteren Sockel aus blendend weissem Kalkgestein, aber sie ist durchaus wolgeschichtet und von rothen Tinten zart überschleiert. Der Contrast zwischen der massigen unteren Stufe und dem tausendfach gebänderten Aufsatz ist von unvergleichlicher Wirkung.

Wie unter den Menschen, so giebt es auch unter den Bergen Charaktere. Die Sella-Gebirgsgruppe ist ein solcher.

In geologischer Beziehung concentrirt sich das Hauptinteresse auf die unteren Dolomitpartien, welche mehrere höchst werthvolle

---

*) Dieses Bild schliesst im Osten an das im gleichen Formate beigegebene Lichtbild „Die Langkofel-Gruppe, von der Cima di Rossi".

Aufschlüsse über die heteropischen Verhältnisse unseres Trias-gebietes gewähren. Wir beginnen die Darstellung im Westen, im Anschlusse an die bereits geschilderten Gegenden.

Der Aufbruch der unteren Triasschichten bei Plon entblösst im Nordwesten die Unterlage unseres Gebirges. Ueber den Augit-porphyrlaven des Südschenkels folgen Wengener Tuffmergel und Sandsteine, welche sich einerseits über das Grödener Joch hin mit den die Unterlage der Gardenazza-Tafelmasse bildenden Wengener Schichten in Verbindung setzen, andererseits mit den auf der Ost-seite des Langkofelriffs über das Sella-Joch hin sich ausdehnenden Wengener Schichten zusammenhängen. Sie bilden aber zwischen der Nordwestecke der Dolomitmassen und den Augitporphyrlaven nur eine auffallend schmale Zone. Die Dolomitmasse ruht ihnen hier auf.

Beiläufig in halber Höhe der weit nach Norden-vortretenden Dolomit-Terrasse fällt ein räumlich ziemlich begrenzter Absatz in der Dolomitwand auf, welcher eine von Rasen überzogene Partie weicherer Gesteinsarten trägt. Die Stelle trägt unseres Wissens keinen eigenen Namen, wir haben uns aber bei der Untersuchung gewöhnt, sie als den „Grünen Fleck bei Plon" zu bezeichnen. Ist

Der „Grüne Fleck" an den Wänden der Mesules.

a = Werfener Schichten; b = Unterer Muschelkalk; c = Oberer Muschelkalk; d = Buchenste'ner Schichten; e = Augitporphyrlaven; f = Wengener Schichten; f¹ = Wengener Dolomit; f² = Oberste Wengener Schichten; g = Cassianer Dolomit; h = Raibler Schichten; i = Dach-steinkalk.

man einmal auf sie aufmerksam geworden, so erkennt man sie leicht von allen umliegenden Höhen, weil der grüne Hügel lebhaft von der umgebenden weissen Felswand absticht.*) Auf mein Er-suchen erstiegen die Herren Hoernes und Reyer den Grünen

*) Auch von St. Ulrich in Gröden bemerkt man den Grünen Fleck leicht in der prächtigen, den Thalschluss bildenden Ansicht des Sella-Gebirges (oder der Mesules, wie die Bewohner von St. Ulrich den ganzen hier sichtbaren Theil der Sella-Gruppe nennen).

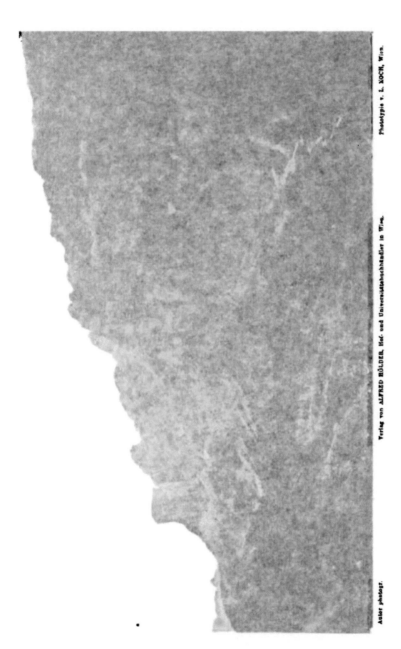

Aster photogr.

Verlag von ALFRED HÖLDER, Hof- und Universitätsbuchhändler in Wien.

Phototypie v. L. KOCH, Wien.

Die Sella-Gebirgs-Gruppe, von der Caldenaz-Alpe bei Plon.

(Eingreifen von Wengener-Schichten in den Dolomit.)

275

Aufschlüsse
gebietes g
Anschlusse
    Der
im Nordw
porphyrla\
Sandsteine
den die U
Schichten
seite des
Wengenei
der Nord
nur eine
hier auf.
    Beilä
Dolomit-
Dolomitv
weichere
keinen g
gewöhnt

a = Werf
Schicl
f^3 = Obe

man e
leicht \
von de
suchen

    *)
der prä
les,
ruppe nennen).

Grödener Joch.

Mesules,

Grüner Fleck.

Anton photogr.

Verlag von ALFRED HÖLDER, Hof- und Universitätsbuchhändler in Wien.

Photolype v. L. KOCH, Wien.

Die Sella-Gebirgs-Gruppe, von der Caldenaz-Alpe bei Plon.

(Eingreifen von Wengener-Schichten in den Dolomit.)

277

Aufschlüsse
gebietes g
Anschlusse

Der
im Nordw
porphyrlav
Sandsteine
den die U
Schichten
seite des
Wengener
der Nord
nur eine
hier auf.

Beilä
Dolomit-
Dolomitw
weicherer
keinen e
gewöhnt

a = Werf
    Schicl
f² = Ober

man e
leicht v
von de
suchen

———
*)
der prä
Mesules,
Sella-Gruppe nennen).

Grödener Joch.　　Mesules.　　Grüner Fleck.

Anker photogr.

Verlag von ALFRED HÖLDER, Hof- und Universitätsbuchhändler in Wien.

Photolypie v. L. KOCH, Wien.

Die Sella-Gebirgs-Gruppe, von der Caldenaz-Alpe bei Plon.
(Eingreifen von Wengener-Schichten in den Dolomit.)

279

Fleck durch die Felsklamm, welche sich auf der Südseite desselben bis auf das Dolomitplateau hinaufzieht. Sie fanden eine circa 20 Meter mächtige söhlige Ablagerung von harten Steinmergeln, rothem korallenführenden Dolomit und gelben Riffsteinen (Cipit-kalken) mit Cidariten, Crinoiden, Bivalven und Brachiopoden. Dies sind die uns schon bekannten, so häufig an der äusseren Riffgrenze vorkommenden Gesteine.

Wer diesen rings isolirten, auf einem freien Vorwerk der Dolomitwand sich erhebenden Hügel zum ersten Male sieht, denkt sicherlich an eine Verwerfung, welche die Hangend-Schichten des Dolomits sammt diesem dislocirt hätte. Aber die Raibler Schichten, welche das wahre Hangende des Dolomits bilden, unterscheiden sich auf den ersten Blick von den Gesteinen des Grünen Fleckes und von einer Verwerfung ist nichts wahrzunehmen. Wäre eine solche vorhanden, so könnte sie wegen der völligen Entblössung der Felswand der Beobachtung kaum entgehen. Eine Fortsetzung der Gesteine des Grünen Flecks in der Felswand gegen Osten und Süden ist, wie die vorhergehenden Bemerkungen erkennen lassen, nicht vorhanden; aber ein Blick auf die Felswände genügt, um das Fort-streichen einer auffallenden zackigen Trennungsfläche, welche genau mit dem Felsabsatze des Grünen Flecks correspondirt, sowol in der Richtung gegen das Sella-Joch, als auch über das Grödener Joch hinaus wahrzunehmen.[*] Der Dolomit zeigt sich auf diese Weise in zwei Bänke getheilt. Der Hangendfläche der unteren Bank entspricht die Unterlage des Hügels am Grünen Fleck. Mit der häufig wiederkehrenden Trennungsfläche der grossen Dolomitstöcke im Niveau der Buchensteiner Schichten hat die uns gegenwärtig beschäftigende Trennungsfläche nichts gemein. Jene ist scheinbar völlig eben, diese aber ist zackig auf- und niedergebogen. Jene entspricht einer gleichmässigen, das ganze Gebiet umfassenden Unter-brechung, diese dagegen hat nur eine locale Bedeutung und bezeichnet, wie sich bald zeigen wird, den Beginn der Cassianer Schichten.

Nähert man sich dem Sella-Joch, so sieht man den unteren, den Wengener Schichten zuzurechnenden Dolomit fortwährend an Mächtigkeit abnehmen und vor dem Joch noch auskeilen. Der

---

[*] Unser Lichtbild „Die Sella-Gebirgsgruppe, von der Caldenaz-Alpe bei Pion" zeigt im Vordergrunde den Grünen Fleck, im Hintergrunde einen ähnlichen, sofort zu besprechenden Hügel nächst dem Grödener Joche und die diese beiden Vorkommnisse verbindende Gesimsfuge des Dolomits. An der vorderen Dolomit-Steilwand unterhalb des Grünen Flecks ist die Blockstructur des Dolomits deutlich zu erkennen.

obere Dolomit greift sodann auf dem Joch über die Wengener Sandsteine *) über. Den Wengener Schichten sind längs dieser heteropischen Grenze viele Riffkalkbänke eingelagert. Korallen und die übrigen gewöhnlichen Einschlüsse der Riffkalke sind nicht selten. Im Dolomit finden sich häufig Korallenreste. Der Cassianer Dolomit endet am Sella-Joch mit einer vorgeschobenen Spitze von rothem conglomeratischem Dolomit, an welchen sich gegen aussen etliche wolgeschichtete Kalkbänke anlegen.

Auch gegen das Grödener Joch nimmt der Wengener Dolomit, namentlich in der letzten Strecke vor dem Joch an Mächtigkeit ab. Die Verhältnisse sind hier besonders instructiv und von Stur **), welchem das Verdienst gebührt, zuerst auf diese merkwürdige Stelle aufmerksam gemacht zu haben, bereits zutreffend gedeutet worden.

Wie es beim „Grünen Fleck" der Fall ist, tritt auch auf dem Grödener Joche der Wengener Dolomit, welcher hier allenthalben die ausgesprochenste Blockstructur besitzt, aus dem Alignement der oberen Dolomitwand hervor. Er trägt ferner genau wie auf dem Grünen Fleck auch auf dem Vorsprunge am Grödener Joch einen aus geschichteten Gesteinsarten bestehenden Hügel. Während aber der Wengener Dolomit vom Grünen Fleck in hohen steilen Denudationswänden in die Tiefe fällt, greift derselbe über die Wengener Tuffmergel und Sandsteine des Grödener Jochs über und löst sich auskeilend in einzelne grosse Blockmassen des Cipitkalkes auf. Die Verhältnisse auf der West- und Ostseite, welche durch die beiliegenden Ansichten (Lichtbilder „Die Mesules von der Westseite [Ostseite] des Grödener Joches) versinnlicht werden sollen, sind im Wesentlichen die gleichen. Der Aufschluss auf der Ostseite ist in der Natur noch klarer und überzeugender, weil daselbst die Wengener Tuffmergel sowol im Liegenden wie im Hangenden der sich auskeilenden Dolomitbank trefflich entblösst sind. Das Auskeilen findet in der Richtung gegen Norden statt. Geht man vom Grödener Joch über die Schneide des Rückens auf den Hügel, so passirt man blos Eine aus grossen Riffsteinblöcken bestehende Kalksteinlage. Dieselbe entspricht der obersten Lage der unteren Dolomitstufe, deren am weitesten nach Norden vorgeschobene Partie sie repräsentirt. Jede der tiefer folgenden Lagen tritt etwas weiter gegen Süden zurück, so dass die Grenzfläche zwischen dem Dolomit und den Tuffsandsteinen sich gegen Süden einwärts neigt. Bis zu der obersten

---

*) Hier finden sich auch wieder Bänkchen des weissen faserigen Aragonits.
**) Jahrb. Geol. R.-A. 1868, pag. 544 u. f.

Die Mesules (Sella-Gruppe) von der Westseite des Grödener Jochs.

(Ineinandergreifen von Dolomit und Wengener-Schichten.)

Ansor photogr.

Verlag von ALFRED HÖLDER, Hof- und Universitätsbuchhändler in Wien.

Photottypie v. L. KOCH, Wien.

Die Mesules, von der Ostseite des Grödener Jochs.

(Ineinandergreifen von Dolomit- und Wengener-Schichten.)

Kalksteinlage reichen vorwaltend Wengener Sandsteine, was darüber folgt, sind Tuffmergel und denselben eingeschaltete dünne Kalkbänke mit Cidariten und Crinoiden. Den ziemlich rasch eintretenden Uebergang der Riffsteinblöcke in die Dolomitblöcke kann man an den Wänden leicht verfolgen. Man überzeugt sich auch leicht, dass die Blockstructur des Dolomits innigst mit den genetischen Verhältnissen desselben zusammenhängt.

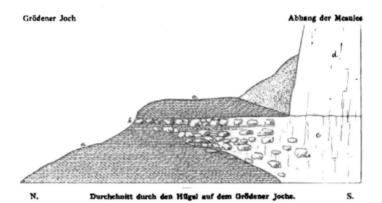

Grödener Joch · Abhang der Mesules

N. Durchschnitt durch den Hügel auf dem Grödener Joche. **S.**

(Ineinandergreifen von Dolomit und Wengener Schichten.)

a = Wengener Schichten; b = Blöcke von Riffstein, welche in den Dolomit übergehen; c = Wengener Dolomit; d = Cassianer Dolomit.

Denkt man sich den vorspringenden Hügel durch die fortschreitende Denudation abgetragen, so würde sich im Alignement der oberen Dolomitwand auch unten über den Wengener Sandsteinen eine Dolomitsteilwand erheben, wie dies im Osten und Westen der Fall ist. Der isolirte Hügel des Grünen Flecks, sowie die im vorhergehenden Capitel erwähnten Denudationsreste weicher Gesteine auf dem vorspringenden Wengener Dolomit des Zwischenkofel auf der Nordseite des Gardenazza-Gebirges sind nun leicht verständlich.

Die äusseren, über das Mergel- und Sandsteingebiet der Wengener Schichten übergreifenden Theile des Dolomitriffs sind denudirt und die vereinzelten Reste tuffiger Gesteine auf dem Absatze des Dolomits zeigen ebenso wie die markirte zackige Oberfläche des Dolomits ein stattgehabtes Untertauchen, ein Ueberfluthen der Riffoberfläche an.

Ich will schon an dieser Stelle betonen, dass es mir sehr wahrscheinlich dünkt, dass der Wengener und Cassianer Dolomit der Sella-Gruppe in demselben Verhältnisse zum Langkofelriff steht, wie die Dolomite der Gardenazza-Gruppe zum Riffe der Geissler Spitzen. Der Parallelismus in der räumlichen Vertheilung des Wengener und Cassianer Dolomits ist in beiden Fällen ein vollkommener. Das Sella-Riff wäre blos die während der Bildungszeit der oberen Wengener und Cassianer Schichten erfolgte Ausdehnung und Fortsetzung des Langkofelriffs, seine gegenwärtige Isolirung blos ein Werk der Denudation.

Auf die speciellere Deutung der eigenthümlichen heteropischen Begrenzung des Wengener Dolomits, welche der Aufschluss am Grödener Joch kennen lehrt, und auf die wesentliche Verschiedenheit dieser Form von den normalen Erscheinungen an den Aussenzonen der grossen Riffe werden wir gegen den Schluss dieses Abschnittes zurückkommen.

Oestlich vom Grödener Joch reicht der Wengener Dolomit bis in die Gegend von Corvara. Er bildet auf dieser ganzen Strecke eine vortretende Terrasse, auf welcher die Tuffmergel sich bis gegen die Mündung des tief in die Masse der Sella-Gruppe einschneidenden Val di mezzodi verfolgen lassen. Die Mächtigkeit des Wengener Dolomits ist hier nirgends mehr bedeutend. Das gegen Nordosten vorspringende Crap Desella, welches ebenfalls aus Wengener Dolomit besteht, halte ich für eine abgesunkene Scholle unserer Dolomit-Terrasse. Sowol der Dolomit des Crap Desella, dessen Auflagerung auf Wengener Sandsteinen Corvara gegenüber deutlich zu sehen ist, als auch der höhere Dolomit der Terrasse enthalten Tuffschmitzen, Einlagerungen schwarzer Kalke voll von Cidariten und Einschlüsse von gelben Riffsteinen.

Der Wengener Dolomit erreicht hier sein Ende und an seiner Stelle treten südöstlich Wengener Sandsteine auf. Die heteropische Grenze ist leider stark durch Schutt verdeckt, aber an mehreren Stellen sieht man neben dem Dolomit fossilführende Riffkalke lagern.

Die heteropische Grenze des oberen oder Cassianer Dolomits fällt an der Ostseite mit der äusseren Begrenzung des Felssockels der Sella-Gruppe zusammen. An die Stelle des oberen Dolomits treten Cassianer Schichten, welche ohne Zwischenlagerung einer dolomitischen Bank direct auf Wengener Sandsteinen ruhen. Die Grenze zwischen diesen beiden Complexen liegt, soweit die Aufschlüsse dies zu erkennen gestatten, genau in der Fortsetzung der bereits erwähnten Trennungsfläche der beiden Dolomitmassen der Sella-Gruppe.

Wir wenden uns nunmehr der Betrachtung des oberen Dolomits zu.

Als untere Grenze des Cassianer Dolomits gilt uns die mit den Auflagerungen des Grünen Flecks und der Terrasse nächst dem Grödener Joch zusammenfallende zackige Schichtfuge. Die obere Grenze bildet das stellenweise (auf der Nordseite) weit frei vorspringende Plateau, welchem ·die Raibler und Dachstein-Schichten aufgesetzt sind. Nächst dem Sella-Joch, wo der Cassianer Dolomit über den Wengener Dolomit auf die Wengener Schichten übergreift, beträgt nun die Mächtigkeit desselben höchstens 300 Meter. Südlich vom Grödener Joch erhöht sich bereits die Ziffer auf mehr als 400 Meter, auf der Ostseite der Mündung des Val di mezzodi erhebt sich dieselbe sogar auf 5—600 Meter *), um dann rasch gegen das badiotische Mergelbecken hin bis auf o zu fallen. Dieses rasche Anwachsen ist auf dem Wege vom Grödener Joch nach Kolfuschg sehr deutlich wahrzunehmen.

Entlang der ganzen Nordseite der Sella-Gruppe zeigt der scheinbar vollkommen massige Cassianer Dolomit bei schärferer Betrachtung und unter günstiger Beleuchtung nach Norden geneigte Ueberguss-Schichtung. Die genetische Verschiedenheit der Ueberguss-Schichtung unserer Dolomitriffe und der normalen Schichtung sedimentärer Gesteine tritt hier wieder mit grosser Evidenz hervor. Denn während der Cassianer Dolomit, als Ganzes betrachtet, eine normal zwischen der Schichtfuge des Wengener Dolomits und den Raibler und Dachstein-Schichten eingelagerte Bank mit flachem Südostfallen darstellt — die Plateaufläche des Cassianer Dolomits entspricht ebenfalls diesem Lagerungsverhältniss — fällt die Ueberguss-Schichtung desselben, unabhängig von der Neigung der wahren Schichtflächen im Liegenden und Hangenden, vom Berge weg, nach aussen.**) Die Ueberguss-Schichten schneiden an der glatten Steilwand ab. Wir folgern daraus, dass hier eine über die Grenzen des Wengener Dolomits hinaus übergreifende Riffböschung bestanden hat, welche durch die Denudation zerstört worden ist. In ähnlicher Weise war wol der Cassianer Dolomit der gegenüberliegenden Gardenazzá-Gruppe gegen Süden, also in verkehrtem Sinne geböscht und bestand sonach ein schmaler Canal, welcher die beiden Riffe trennte.

Die Ost- und Südostseite der Sella-Gruppe lässt ebenfalls allenthalben die nach aussen gerichtete Ueberguss-Schichtung im Cassianer Dolomit deutlich erkennen. An manchen Stellen com-

---

*) Diesen Höhenangaben liegen die Höhencoten und Isohypsen der Original-Aufnahmskarte im Massstabe von 1 : 25000 zu Grunde.

**) Wie dies auch in unserem Lichtbilde „Die Mesules, von der Westseite des Grödener Joches" zu erkennen ist.

biniren sich Block- und Ueberguss-Schichtung. Streckenweise ist auch die alte Riffböschung erhalten, so insbesondere westlich vom Pian de Sass nächst Corvara und am Bovai-Gehänge bei Araba.

Die Umgebungen des Pian de Sass sind besonders instructiv. Am Fusse der Felswände stehen hier überall die Mergel der Cassianer Schichten mit Einlagerungen von Riffkalken an. Eine kleine isolirte Felskuppe nördlich vom Pian de Sass besteht aus Dachsteinkalk, unter welchem die frei den Cassianer Mergeln auf-gelagerten Raibler Schichten zum Vorschein kommen. In gleicher Weise bildet Dachsteinkalk die Felstafel des Pian de Sass. Aber während der östliche Theil derselben auf Raibler Schichten und Cassianer Mergeln auflagert, ruht der westliche Theil transgredirend auf dem hier endenden Dolomitriff*).

Höher aufwärts auf dem terrassenförmig abfallenden Gehänge sieht man noch einige direct der Dolomitböschung auf- und ange-lagerte Partien von Dachsteinkalk, zwischen denen die Oberfläche des Dolomitriffs mit gegen Osten gerichteter Ueberguss-Schichtung entblösst ist. Noch höher oben folgt sodann eine grössere zusam-menhängende Masse des Dachsteinkalks, welche sich mit der das obere Plateau des Cassianer Dolomits nahezu söhlig bedeckenden Platte des Dachsteinkalks verbindet.

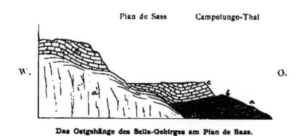

Das Ostgehänge des Sella-Gebirges am Pian de Sass.

(Anlagerung von Cassianer und Raibler Schichten an die Böschung des Riffes; Transgression des Dachsteinkalks.)

a = Cassianer Schichten; a¹ = Cassianer Dolomit; b = Raibler Schichten; e = Dachsteinkalk.

Es ist nun sehr bezeichnend, dass auf der Böschungsfläche des alten Riffs die Raibler Schichten gänzlich fehlen, während sich dieselben sowol oben auf dem Riffplateau als auch unten neben

*) Das Lichtbild „Der Ostabfall des Sella-Gebirges, vom Campolungo-Joch" lässt deutlich das Uebergreifen des wolgeschichteten Dachsteinkalks über das hier endende Dolomitriff und über die nebengelagerten Cassianer Mergel erkennen.

eise is
:h von
raba.

:tructiv
:el der
. Eine
:ht aus
:ln auf-
leicher
.Aber
1 und
dirend

hänge
ange-
fläche
htung
.rsam-
r das
:nden

:ion

alt.

he
:h
:n

1"
:r

Pian de Sass.

Anter photogr.

Verlag von ALFRED HÖLDER, Hof- und Universitätsbuchhändler in Wien.

Photolypie von L. KOCH, Wien.

Der Ostabfall des Sella-Gebirges, vom Campolungo-Joch.

(Uebergreifen des Dachsteinkalks von der Rißböschung in das Mergelbecken.)

G. EGGER. photogr.

Verlag von ALFRED HÖLDER

Das Bovai-Ge

(Blosgelegte Böschungsfläche eines

H, Hof- und Universitätsbuchhändler in Wien.   Phototypie von L. KOCH, Wien.

ehänge bei Araba.

s alten Riffes mit Ueberguss-Schichtung.)

dem Riff finden.   Die wolgeschichteten Bänke des Dachsteinkalkes
lagern entweder söhlig auf den Terrassen oder auswärts geneigt auf
der Böschungsfläche des Dolomitriffs, ohne dass eine der weicheren,
bunt gefärbten Gesteinsarten der Raibler Schichten zwischen dem
weissen Dolomit und dem ebenfalls licht gefärbten Dachsteinkalk
sichtbar würde.   Die hohe abschüssige Riffwand war offenbar dem
Absatze der Raibler Schichten nicht günstig.

Die am Fusse des Pian de Sass zwischen den Cassianer Mergeln und dem Dachsteinkalk eingeschalteten Raibler Schichten
bestehen zu unterst aus braunen, röthlichen Sandsteinen und sandigen
Mergeln mit Steinkernen von Bivalven, sodann aus plattigem, sandigen Kalk mit Kohlenschmitzen und endlich aus dicken Bänken
blauen, fossilreichen Kalkes.   Die gewöhnlich im höheren 'Niveau
folgenden rothen und grünen Gesteine fehlen.   Aber zwischen den
tieferen Bänken des Dachsteinkalks des Pian de Sass kommen
noch einzelne Zwischenlagen von mergelig sandiger und knollig
plattiger Beschaffenheit vor.   Trotz der Abwesenheit der rothen
und grünen Gesteine zweifle ich nicht an der Alters-Identität mit
unseren gewöhnlichen Raibler Schichten.   Abgesehen von der
Lagerung, welche eine andere Deutung dieser Schichten kaum gestatten würde, stimmen die erwähnten Gesteine vollständig mit der
unteren Abtheilung der Raibler Schichten der östlich angrenzenden
Striche (Valparola, Lagatschoi u. s. f.) überein.   Die oberen Raibler
Schichten sind dann hier wol in der Facies des Dachsteinkalks entwickelt und aus diesem Grunde nicht unterscheidbar.

Südwestlich vom Pian de Sass hat die Denudation die Riffböschung zu Steilwänden umgeformt.   Mächtige Trümmerhalden begleiten den Fuss der Felswand und verdecken mehr oder weniger
das anstehende Gestein.   Nur im Westen der Bovai-Alpe hat sich
ein Rest der alten Böschung erhalten.   Die beiliegende Ansicht
(Lichtbild „Das Bovai-Gehänge bei Araba") gibt ein getreues Bild
dieser interessanten Stelle.   Die dünngeschichteten Gipfelmassen sind
Dachsteinkalk.   Unter ihnen lagern die Raibler Schichten auf dem
nahezu söhligen Plateau des Cassianer Dolomits.   Parallel der Dolomitböschung fallen die theilweise Blockstructur zeigenden Ueberguss-
Schichten des Cassianer Dolomits nach aussen, vom Berge weg.
Vor dem Bilde stehen Cassianer Schichten an, welche gleich den
oberen geschichteten Massen flach gegen das Innere des Gebirges
sich neigen.   Der Gegensatz zwischen der Ueberguss-Schichtung des
Riffs und der gemeinen Schichtung sedimentärer Ablagerungen
tritt wieder klar vor Augen.

Aehnlich wie auf dem Cipiter Gehänge des Schlern kommen auch hier, namentlich an der Basis der Dolomitböschung Reste von Mergelspitzen vor, welche zwischen die Ueberguss-Schichten eingreifen. Korallenreste sind im Dolomite sehr häufig. Viele der auf dem Gehänge zerstreuten Blöcke sehen äusserlich nach ihrer Färbung und nach den Auswitterungen der Fossilien (Cidariten, Crinoiden), wie die Cipiter Riffsteine aus. Schlägt man sie auseinander, so zeigt sich, dass sie aus Dolomit bestehen. Einlagerungen von Riffsteinen sind in den das Riff umgebenden Mergelzonen allenthalben häufig.

Die Mächtigkeit des Cassianer Dolomits, welche westlich vom Uebergange von Araba nach Corvara noch beiläufig 400 Meter beträgt, sinkt namentlich unmittelbar im Westen des eben geschilderten Böschungs-Relicts bedeutend. Südlich von der Punta di Bovai (Boë-Spitze) dürfte die Dicke des Dolomits 250 Meter kaum übersteigen. Gegen das Pordoi-Joch zu findet jedoch wieder ein Anwachsen statt, welches auf der Westseite des Gebirges zwischen dem Pordoi-Joch und Val La Styes anhält, um gegen das Sella-Joch zu wieder in die entgegengesetzte Tendenz überzugehen.

Der Zug des Cassianer Mergel reicht von Osten bis auf das Pordoi-Joch. Der Monte Porchia nördlich von der Jochhöhe besteht noch aus Cassianer Mergeln. Westlicher sind dieselben gänzlich denudirt.

Auf dem Pordoi-Joch tritt die Nordspitze eines grossen, südlich gelegenen Riffs, des Marmolata-Riffs, in den Bereich der Sella-Gruppe. Um den Zusammenhang zu verstehen, müssen wir einen Blick auf die tieferen Bildungen längs der Südseite unseres Gebirges werfen.

Bis in das Quellgebiet des Cordevole in den Umgebungen des Pordoi-Jochs bestehen die Wengener Schichten blos aus Tuffsandsteinen, Schiefern und Mergeln. Unter ihnen treten am Südgehänge des Thales mächtige Massen von Augitporphyrlaven hervor, welche den düsteren schwarzen Gebirgszug des Sasso di Capello bilden, der sich als trennende fremdartige Mauer zwischen die weiss blinkenden Felsengebirge der Marmolata und der Sella-Gruppe seltsam genug einschiebt. Diese Augitporphyrlaven hat man sich als den südlichen Gegenflügel der unterirdisch unter dem Sella-Gebirge fortsetzenden und im Norden im Aufbruch von Plon und an der Bruchlinie von Kolfuschg zu Tag austretenden Augitporphyrdecke zu denken. Dem Marmolata-Riff sind die Augitporphyrlaven des Sasso di Capello angelagert und es reichen, wie wir sehen werden, nicht nur Dolomitspitzen in die Laven hinein, sondern es haben einst auch, ehe die Denudation die Verbindung aufgehoben hat, die

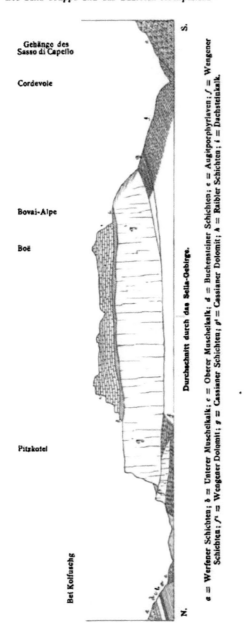

Durchschnitt durch das Sella-Gebirge.

a = Werfener Schichten; b = Unterer Muschelkalk; c = Oberer Muschelkalk; d = Buchensteiner Schichten; e = Augitporphyrlaven; f = Wengener Schichten; f¹ = Wengener Dolomit; g = Cassianer Schichten; g¹ = Cassianer Dolomit; h = Raibler Schichten; i = Dachsteinkalk.

oberen Kalk- und Dolomitmassen der Marmolata über die Laven hinweg nach Norden vorgegriffen.

Kommt man von Araba das merkwürdige oberste Cordevole-Thal herauf, so führt der Weg fast ausschliesslich in den Wengener Tuffsandsteinen. Im Süden erhebt sich die Thalwand zu dem phantastisch ausgezackten schwarzen Kamme der Augitporphyrlaven und im Norden trifft das staunende Auge auf den prächtigen Terrassenbau der Sella-Gruppe, deren Culminationspunkt, die Punta di Bovai, 3150 Meter, sich pyramidenförmig über der obersten Terrasse erhebt. Ehe man die letzte Steigung vor dem Thalschlusse betritt, verrathen bereits Einlagerungen von Riffsteinen mit reichlichen Korallenstöcken die Annäherung an ein Dolomitriff. Höher aufwärts mehren sich diese Kalke und auf der Wasserscheide zwischen dem Cordevole und dem Avisio nächst dem Pordoi-Joch erhebt sich die Dolomitkuppe des Sasso Pitschi mitten aus den Wengener Schichten. Das Gestein ist meist typischer weisser Dolomit, aber auch echte Riffkalke sind nicht selten. Wir fanden Reste von Korallen, Crinoiden und Ammoniten. Die Blockstructur des Dolomits zeigt sich in ausgezeichneter Weise namentlich auf der Westseite des Sasso Pitschi. (Vgl. das Lichtbild „Der Sasso Pitschi am Pordoi-Joch".) Auch Andeutungen von Uebergussschichtung mit nördlicher Fallrichtung sind vorhanden. Auf der Nordseite des Sasso Pitschi lagern noch Wengener Schichten, in welchen auch die Uebergangsstelle des Pordoi-Jochs sich befindet. Erwähnenswerth ist hier das Auftreten von Tuffen mit *Pachycardia rugosa*. Auf dem westlichen Gehänge zieht sich nun unterhalb der Wengener Tuffsandsteine des Pordoi-Jochs der Dolomit des Sasso Pitschi unter den Cassianer Dolomit der Sella-Gruppe hinein. Er hält aber nicht lange an, sondern keilt sich gegen Norden aus.

Im Süden bricht der Sasso Pitschi mit einer Steilwand ab. Ich erwähne noch, dass auf dem Kamme der Cima di Rossi unmittelbar über den Augitporphyrlaven eine häufig in grosse Blockmassen sich auflösende Bank dolomitischen, fossilführenden Riffkalks sich hinzieht und dass in den Wengener Schichten zwischen dieser Bank und dem Sasso Pitschi sich häufig grosse, den Wengener Schichten eingelagerte Blocklinsen von Dolomit oder von Riffkalk finden. Auch diese kleinen Dolomitkörper zeigen wie die grossen Riffmassen die Blockstructur ganz deutlich.

Alle diese, gegen Süden steil abbrechenden, gegen Norden aber auskeilenden Dolomitmassen, den Sasso Pitschi inbegriffen, halte ich für die nördlichen Spitzen der oberen Marmolata-Riffmasse.

Ueber die Westseite der Sella-Gruppe zwischen dem Pordoi- und dem Sella-Joch ist wenig zu sagen. Der Cassianer Dolomit ruht,

Pordoi-Gebirge.

G. EGGER photogr.

Verlag von ALFRED HÖLDER, Hof- und Universitäts-Buchhändler in Wien

Phototypie v. L. KOCH, Wien

Der Sasso Pitschi am Pordoi-Joch, von der Cima di Rossi.

(Blockstructur und Ueberguss-Schichtung des Dolomits.)

307

wenn wir von der kleinen Wengener Dolomitspitze nächst dem Pordoi-Joch absehen, auf Wengener Tuffsandsteinen, welche den ganzen Raum zwischen der in einem früheren Capitel geschilderten Rodella-Scholle und der Dolomit-Steilwand einnehmen. Wahrscheinlich ist diese abnorme Mächtigkeit der Wengener Schichten auf Rechnung von durchsetzenden Verwerfungen zu setzen. Eckige Blöcke fossilführenden Riffkalks kommen an einigen Stellen als regelrechte Einschlüsse der Wengener Tuffsandsteine vor. Sowol an der Basis als auch in der Mitte der Wand des Cassianer Dolomits sind auffallende zackige Fugen bemerkbar (vgl. die Ansicht ‚Das Pordoi-Gebirge [Sella-Gruppe] von der Cima di Rossi‘), welche, wie die tieferen Einrisse in die Dolomitmasse lehren, sich gegen das Innere des Gebirges zu aufwärts ziehen. Offenbar sind dies alte, gegen aussen abfallende Böschungsflächen des Riffs, welche auf episodische Unterbrechungen des Wachsthums des Riffs hindeuten.

Die jüngeren, dem Plateau des Cassianer Dolomits aufgesetzten Bildungen der Sella-Gruppe, die Raibler Schichten und der Dachsteinkalk, geben zu keinen besonderen Bemerkungen Anlass. Die eigenthümliche Anlagerung des Dachsteinkalks an die östliche Riffböschung und das Fehlen der Raibler Schichten an dieser Stelle sind bereits besprochen worden. Um über das etwaige Auftreten jurassischer Ablagerungen auf den Gipfelmassen Aufschluss zu erhalten, bestieg Herr Dr. Ed. Reyer auf mein Ersuchen den höchsten Gipfel der Gruppe, die pyramidenförmige Punta di Bovai Die Untersuchung ergab, dass auch die höchste Spitze noch aus dolomitischem Dachsteinkalk besteht.

Blicken wir auf die geschilderten Thatsachen zurück. Der Cassianer Dolomit bildet eine mächtige Platte, welche ihre grösste Mächtigkeit im Osten, vor der östlichen Abfallsfläche des Riffs erreicht. Mit Ausnahme der Strecke zwischen dem Sella-Joch und dem Grünen Fleck bei Plon bemerkt man rings um das Gebirge nach aussen abdachende Ueberguss-Schichtung. Die ursprünglichen Grenzen des Riffs griffen daher nicht weit über den heutigen Umfang der Sella-Gruppe hinaus. Zwischen dem Sella-Joch und dem Grünen Fleck aber hing wahrscheinlich der Cassianer Dolomit der Sella-Gruppe mit dem Langkofelriff zusammen. Darauf deutet nicht nur das Fehlen der Ueberguss-Schichtung auf der bezeichneten Strecke, sondern auch die Ausdehnung des tieferen Wengener Dolomits. Dieser Dolomit erreicht seine grösste Mächtigkeit am Grünen Fleck, gegenüber der Nordseite des Langkofelriffs. Gegen das Sella-Joch zu keilt er aus. Im Langkofelriff nimmt gleichfalls in südlicher

Richtung die Mächtigkeit des Wengener Dolomits ab und unter demselben erscheinen Wengener Schichten. Oestlich reicht der Wengener Dolomit der Sella-Gruppe bis Corvara. Eine vom Sella-Joch durch das Sella-Gebirge nach Corvara gezogene Linie, gibt die Südgrenze des Wengener Dolomits an. Die Bildung begann daher in ziemlich tiefen Wengener Schichten in der Gegend des Grünen Flecks und nahm in den oberen Wenger er Schichten allmählich an Ausdehnung zu. Die Verhältnisse zwischen der Langkofel-Gruppe und dem Grünen Fleck widersprechen in keiner Weise der Annahme, dass das Langkofelriff, welches im Süden entschieden die Tendenz sich auszudehnen zeigt, auch nach Osten hin, anfangs in bescheidenen Dimensionen, zur Zeit der Cassianer Schichten aber in grösserem Massstabe in das heteropische Gebiet übergriff. Die excentrische Lage des Wengener Dolomits macht diese Annahme geradezu unentbehrlich.

Wenn man sich nun vorstellt, dass ein Riff seine Basis allmählich vorwärts schiebt bei nur sehr langsamer Senkung des Bodens und bei reichlichem, mit der Senkung Schritt haltenden Niederschlage in dem angrenzenden heteropischen Striche, so werden die eigenthümlichen Verhältnisse des Grödener Jochs verständlich. Von einer Riffböschung ist daselbst noch keine Rede, das Riff hat noch kaum Boden gefasst und ringt noch um sein Dasein. Die Begrenzungsfläche ist das gerade Gegentheil der gewöhnlichen Riffböschung. Die vom Schlern ausgehenden Riffzungen oder die nördlichen Spitzen des Marmolata-Riffs am Pordoi-Joch muss man sich lateral ähnlich begrenzt denken. Erst bei einer in rascherem Tempo vor sich gehenden Senkung, wo der sedimentäre Niederschlag nicht hinreicht, die Senkung auszufüllen, kann sich das ausdehnende Riff mit freien, nach aussen abfallenden Wänden über dem Meeresboden erheben.

2. Das Badioten-Hochplateau.

Unter dieser Bezeichnung fassen wir das zwischen dem Corvara- und dem St. Cassianer Thal im Norden, dem Andrazer Thal und dem oberen Buchenstein (Livinallongo) im Süden gelegene, zumeist von Wiesen und Weidegründen bedeckte Gebiet zusammen. Unterscheiden sich auch nach Sprache und Tracht die Buchensteiner etwas von den echten, das Abtey-Thal bewohnenden Badioten, so stehen sich doch diese beiden ladinischen Stämme so nahe, dass ich nicht befürchten darf, von Seite der Ethnographen und Linguisten einem Einspruch gegen die orographische Zusammenfassung dieses Gebietes unter einem gemeinsamen Namen zu begegnen.

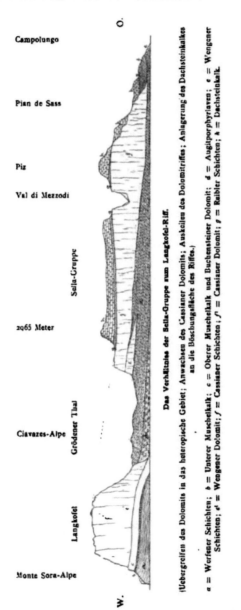

Das Verhältnies der Sella-Gruppe zum Langkofel-Riff.

(Uebergreifen des Dolomits in das heteropische Gebiet; Anwachsen des Cassianer Dolomits; Auskeilen des Dolomitriffes; Anlagerung des Dachsteinkalkes an die Böschungsfläche des Riffes.)

a = Werfener Schichten; b = Unterer Muschelkalk; c = Oberer Muschelkalk und Buchensteiner Dolomit; d = Augitporphyriaven; e = Wengener Schichten; d¹ = Wengener Dolomit; f = Cassianer Schichten; f¹ = Cassianer Dolomit; g = Raibler Schichten; h = Dachsteinkalk.

Wir betreten eine Landschaft, welche in geologischer und physiognomischer Beziehung grosse Uebereinstimmung mit der Seisser Alpe zeigt. Das Schichtenmateriale ist im Wesentlichen das gleiche. Nur treten an die Stelle der mineralreichen, festen Augitporphyrlaven dickschichtige Tuffe, welche unter dem Einflusse der Atmosphärilien zu schalig abblätternden grossen Kugeln *) zerfallen. Ferner haben sich hier die fossilreichen Cassianer Mergel erhalten, welche auf der Seisser Alpe durch die Denudation bereits gänzlich zerstört sind. Diesem glücklichen Zufalle verdankt die Gegend von St. Cassian ihre wolbegründete geologische Berühmtheit. Die Buchensteiner und Wengener Schichten sind nahezu rifffrei. In die Cassianer Schichten reichen von Süden her die Ausläufer eines Riffs.

Verdankt auch die Gegend dieser Beschaffenheit ihres Untergrundes ihr herrliches grünes Kleid und ihre Bewohnbarkeit, so hat doch der reiche Thongehalt der Tuffsandsteine und Mergel höchst unangenehme Erscheinungen im Gefolge.

Die Thalbildung ist nämlich noch unvollendet. Der Böschungswinkel namentlich der oberen Partien ist für so leicht auflösliche und zersetzbare Gesteinsarten noch viel zu steil. Es brechen daher an den oberen Rändern des von Feuchtigkeit durchtränkten Gesteins in Folge der zu grossen Belastung lange Gehängstücke ab, welche allmählich in tiefere Regionen abwärts gleiten und dadurch zu erneuten Gehängbrüchen am oberen Rande Anlass geben. Der Process ist im Allgemeinen ein sehr langsamer. Er hat begonnen mit der Entblössung des Plateau's und er wird fortdauern bis zur endlichen Herstellung eines bestimmten mittleren Böschungswinkels. Den besten Beweis für die Langsamkeit der Bewegung bilden die wandernden Wiesen und Wälder. Die Bildung einer festen Grasnarbe und der Aufwuchs eines Waldes bedürfen einer gewissen Stabilität des Bodens. Die abgerutschten Schollen müssen daher längere Zeit stationär geblieben sein, bis die unten stets thätige Erosion sie ihres Haltes beraubte oder bis von oben nachgerückte Massen sie vorwärts schoben. Daraus geht eine gewisse Periodicität der Bewegung hervor. Eine solche wandernde Wiese gleicht einem von einer mächtigen Pflugschaar aufgewühlten Ackerfelde. In langen parallelen Reihen, die Bruchränder nach abwärts gekehrt, stehen die aufgeworfenen Schollen, welche sich endlich überschlagen und in eine chaotische Schlamm- und Trümmermasse übergehen. In einem auf der Thal-

---

*) Die sogenannten „Kugeldiorite" von Colle Santa Lucia.

fahrt begriffenen Walde senken sich die stärksten Bäume und begraben in ihrem Falle ihre Vordermänner *).

Unter dem steten Einflusse der erweichenden und zersetzenden Thätigkeit des Wassers hat sich die abgerutschte, abwärts gleitende Scholle allmählich in eine plastische zähflüssige Masse verwandelt, welche sich stromartig selbst bei geringer Neigung des Bodens fortschiebt. Es bedarf oft nur eines stärkeren Regengusses, um einen solchen Schlammstrom in Bewegung zu setzen.

·Im ganzen oberen Abtey-Gebiete spielen wandernde Gehänge und Ausbrüche von Schlammströmen eine grosse Rolle in der friedlichen Thalgeschichte. Auch in Buchenstein und bei Ampezzo zeigen sich die verheerenden Wirkungen geflossener Schlammmassen.

Ein solcher Schlammstrom hat in seinem Aussehen eine grosse Aehnlichkeit mit einem von Moränenschutt bedeckten Gletscher. Und in der That verhält er sich, was den Transport von Felsschutt aus entlegenen Gebirgstheilen betrifft, genau so wie ein Gletscher. Man könnte das gleitende Gehänge mit dem Firnfelde und den Schlammstrom mit der Gletscherzunge vergleichen.

Die Geschiebe der Schlammstrom-Moränen sind nicht selten ähnlich geglättet und gekritzt wie Gletschergeschiebe und ist es in diesen Gegenden meistens kaum möglich,. zu unterscheiden, was Glacial- und was alter Schlammstromschutt ist. Die zahlreichen Dolomitblöcke, welche über den das Corvara- und Cassianer Thal trennenden Rücken verstreut sind, halte ich mit Rücksicht auf die topographischen Verhältnisse für Glacialschutt. Dagegen wage ich keine bestimmte Ansicht über die Art und die Zeit des Transportes des Schuttes im Andrazer Thal. Auf einem mächtigen Dolomitblock steht hier das alte Castell Andraz und zahlreiche andere Blöcke liegen weiter thalauswärts an den Gehängen. Glacialisten werden beim Anblick dieser mächtigen, dem Thalhintergrunde entstammenden Blöcke sofort sich für Gletschertransport entscheiden. Wenn man jedoch die wandernden Gehänge und den Schlammschutt in dem hinter Castell Andraz sich öffnenden Thale (Montagna di Castello) sieht, so legt man sich die Frage vor, ob nicht einst mächtigere Schlammströme sich von da in das Andrazer Thal ergossen haben mögen, welche durch den Thalbach bis auf die grösseren, schwereren Blöcke·wieder fortgespült wurden?

---

*) In solchen Districten ist bei getheiltem Besitzstande eine häufige Rectificirung der Grenzsteine nothwendig. Ueber die gleitende Bewegung der Gehänge in diesen Gegenden haben bereits Stur (Jahrb. Geol. R.-A. 1868, pag. 531 ff.) und v. Klipstein (Beitr. z. Kenntn. d. östl. Alpen, II. 1. pag. 21, II. 2. pag. 36) berichtet.

16 *

Als Beispiele von Schlammströmen citire ich den einem Gletscherstrome gleichenden, die ganze Thalenge erfüllenden Schlammstrom oberhalb Contrin in Buchenstein und den gleichfalls die Thalbreite occupirenden Schlammstrom zwischen dem Kirchen- und dem Rutora-Bach oberhalb Corvara.

Wir beginnen die Schilderung des badiotischen Hochlandes im Norden.

Unter den mit Tuffen und tuffigen Breccienkalken verbundenen Augitporphyrlaven des Colatsch erscheinen oberhalb Verda die tieferen Schichtenglieder bis zu den Werfener Schichten abwärts. Eine Verwerfung trennt dieselben, wie bereits (S. 217) bemerkt worden ist, von den am linken Ufer des Grossen Baches anstehenden Bildungen. Die Fortsetzung derselben Verwerfung setzt sodann bei Verda auf die rechte Thalseite und schneidet, wie die Karte zeigt, die ganze Reihe der älteren Schichten bis zu den Augitporphyrlaven herauf, ab. Im Norden der Verwerfung liegen Wengener Schichten. Ueber den Augitporphyrgesteinen des Colatsch und des Lendelfu folgen im Süden regelmässig die jüngeren Bildungen. Das Einfallen ist im Norden noch etwas steil, geht aber sehr bald in eine flache, häufig sogar in eine söhlige Lagerung über. Bei den oberen Häusern von Corvara kommen an der Basis der Wengener Schichten sehr fossilreiche Daonellen-Schiefer zu Tage. Die wichtigsten Formen sind:

> *Daonella Lommeli Wissm. sp.*
> *Trachyceras ladinum Mojs.*
>   „   *longobardicum Mojs.*
>   „   *altum Mojs.*
>   „   *Epolense Mojs.*
>   „   *Rutoranum Mojs.*
>   „   *Richthofeni Mojs.*
>   „   *Corvarense Lbe. sp.*
> *Lytoceras Wengense Klpst. sp.*

Die Daonellen, welche dicht gedrängt das Gestein erfüllen, erreichen aussergewöhnliche Dimensionen. Stur führt von hier auch Pflanzenreste an: *Thinnfeldia Richthofeni St.* und *Neuropteris cf. Rütimeyeri Heer.*

Die höheren Schichten der Wengener Tuffsandsteine und Mergel führen nur vereinzelte Fossilien. Aus Sandsteinen der Gegend von Sorega nächst St. Cassian kenne ich:

> *Daonella Lommeli Wissm. sp.*
> *Trachyceras Archelaus Lbe.*

Trachyceras doleriticum Mojs.
„   *Neumayri Mojs.*

Eine Einlagerung von blauschwarzen, oolithischen, gelb an-
witternden Kalkmergeln mit *Posidonomya Wengensis*, *Trachyceras
Rutoranum* und verkohlten Pflanzenstengeln, südöstlich von Corvara,
gab Veranlassung zur Verwechselung dieser Schichten mit den
nordalpinen Reingrabener Schiefern *).

Als oberstes höchstes Glied der mergeligen Schichtreihe des
Badioten-Hochplateau folgen auf dem Höhenkamme des Prelongei
(2137 Meter) zuoberst der Stuores-Wiesen die tufffreien Mergel
und Mergelkalke der Cassianer Schichten. Dies ist der Fundort der
berühmten Cassianer Fauna. Man sammelt sowol auf der Kammhöhe, als auch auf den beiden Abhängen die lose ausgewitterten
Fossilien.   Die besten Entblössungen sind auf der Buchensteiner
Seite. Stur und Laube versuchten eine Gliederung des Complexes
auf Grundlage der heteropischen Abweichungen der einzelnen Bänke.
Nach den bisherigen Untersuchungen ist jedoch eine weitere Unter-
theilung der Cassianer Schichten nicht gerechtfertigt. Einige der
höchsten Schichten vor dem Sett Sass enthalten ausser Cidariten
auch sehr viele Daonellen (*D. Cassiana Mojs.* und *D. Richthofeni
Mojs.*). Diese grauen Daonellen-Gesteine besitzen eine viel weitere
horizontale Verbreitung, als die tieferen, cephalopoden- und gasteropodenreichen Schichten.

In letzterer Zeit haben sich nicht gerade selten grosse Exemplare von Nautilen und grosse Chemnitzien gefunden, was beinahe
die Vermuthung aufkommen lässt, dass man vorher nur die zierlichen kleineren Formen beachtet hatte.

Die im Gestein steckenden Fossilien (namentlich die Cephalopoden) sind nicht selten von einer dicken, sinterartigen Kruste über-
zogen, was ihre Gewinnung sehr erschwert. v. Klipstein machte
darauf aufmerksam, dass in den Mergeln die Fossilien sich vorzugsweise in zähen abgerundeten Kalkknauern finden, „deren Aussenfläche von ansitzenden oder aus dem Kalkkern hervorragenden Versteinerungen, unter welchen Korallen die Hauptrolle spielen", ganz
bedeckt ist.

Diese knauerförmigen Lumachellen, die Incrustirung vieler
Conchylien, die vielen zerbrochenen Reste, die Isolirung der Cidaritenstachel, das Fehlen der äusseren Windungen bei den meisten

---

*) Die *Posidonomya Wengensis* wurde irrthümlich mit *Halobia rugosa* identificirt. Vgl. Stur, Jahrb. Geol. R.-A. 1868, pag. 551, E. v. Mojsisovics, Jahrb.
Geol. R.-A. 1872, pag. 433, Taf. XIV, Fig. 2, 3.

Cephalopoden, die stellenweise vorkommende oolithische Structur u. s. f., dies Alles weist darauf hin, dass das Fossilienlager von Stuores durch Zusammenschwemmungen an einer Untiefe entstanden ist. In der That endet dicht an dem reichen Fundort das Riff des Sett Sass. Die Fauna trägt, wie auch der neueste Monograph derselben, Laube, bemerkt hat, vollständig den Charakter einer Riff-Fauna. So erklären sich denn die hier beobachteten Thatsachen in vollkommen concludenter Weise. Die Fossilien wurden an einer mässig bewegten Stelle an der Aussenseite eines Riffes zusammengeschwemmt und begraben.

Es verdient noch erwähnt zu werden, dass auch zwischen den Kalkmergeln von Stuores Bänkchen weissen faserigen Aragonits vorkommen *).

Auf dem östlich zum Massiv des Sett Sass führenden Kamme reichen die Cassianer Mergelkalke hoch hinan, und allem Anscheine nach liegen die rothen Raibler Schichten, welche von der Dolomitplatte des Sett Sass sanft gegen Norden abfallen und einen niedrigen Rücken von Dachsteinkalk tragen, direct auf ihnen. Eine völlige Sicherheit ist wegen des grossen Haufwerks von Blöcken des zerfallenden Dachsteinkalks nicht zu erlangen.

Unweit von dieser Stelle gegen Südosten hebt sich unter den Raibler Schichten der Cassianer Dolomit des Sett Sass empor, welcher rasch auf 100—150 Meter Mächtigkeit anschwillt. Die Steilwand ist gegen Süden gekehrt. Gegen Norden dacht er mit einer Fläche ab, welche als die Riffböschung zu betrachten ist, da auf der Nordseite der Valparola-Gruppe zwischen den Cassianer Mergeln und den Raibler Schichten kein Dolomit mehr vorhanden ist.

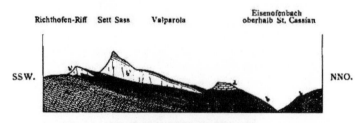

Durchschnitt durch die Sett Sass-Gruppe.
(Auskeilen zweier Dolomitzungen; Stellvertretung derselben durch Mergel.)
a = Wengener Schichten; b = Cassianer Schichten; b¹ = Cassianer Dolomit; c = Raibler Schichten; d = Dachsteinkalk.

*) Vgl. die Note auf Seite 155.

Am Eingange in das Valparola-Thal und von da östlich gegen die Strada tra i Sassi *) ist die directe Ueberlagerung der Cassianer Schichten durch die Raibler Schichten allenthalben sehr deutlich. Auch auf der Strecke zwischen dem Prelongei-Rücken und der Mündung des Valparola-Thales scheint dieses Verhältniss das herrschende zu sein. Vegetation und Dachsteinkalk-Schutt erschweren jedoch daselbst die Beobachtung. Nur an einer Stelle ist eine sehr beschränkte Dolomitzunge zu sehen, an welche sich an der Westseite die Cassianer Mergel horizontal anlagern. Höher aufwärts an der Strada tra i Sassi, dort wo dieselbe eine südöstliche Richtung annimmt, sieht man zunächst zwischen den Cassianer Mergeln und den Raibler Schichten einen schwarzen Korallenkalk sich einschieben, der dann bald in Dolomit übergeht. Ausserdem schalten sich auch zwischen die tieferen Lagen der Cassianer Schichten mehrere Dolomitbänke ein. Zwischen denselben und der Steilwand des Lagatschoi läuft eine Verwerfung durch, welche sich östlich bis Cortina verfolgen lässt. Wir werden auf dieselbe später zurückkommen und bemerken hier nur, dass der gegen Norden sich ebenfalls auskeilende Cassianer Dolomit des Lagatschoi als die nördliche Fortsetzung des Dolomits des Sasso di Stria (Hexenfelsen) **), welcher mit Sett Sass und Nuvolau zusammenhängt, zu betrachten ist. Die eben erwähnten Dolomit-Einlagerungen in den Cassianer Schichten der Strada tra i Sassi können entweder als seitliche Ausläufer des Dolomits des Lagatschoi oder als nördliche Zungen des Dolomits der Sett Sass-Kette betrachtet werden.

Die Raibler Schichten von Valparola enthalten ausser den bekannten rothen Bohnerz ***) führenden Gesteinen mehrere Varietäten von Sandsteinen, darunter auch die lockeren braunen Sandsteine mit Bivalven-Kernen und die Sandsteine mit Kohlenschmitzen vom Pian de Sass. Auch Gyps soll vorkommen. Wenigstens berichtete man mir in St. Cassian, dass vor einiger Zeit Gypsgruben in Valparola bestanden hätten.

Der Cassianer Dolomit des Sett Sass ist in seiner unteren Hauptmasse schichtungslos. Etliche Fugen, welche stellenweise

---

*) Nicht „tre Sassi", wie man häufig liest.

**) Dieser Name steht in unserer Karte irrthümlich nördlich vom Falzarego-Hospiz. Er gebührt der mit F. di Valparola bezeichneten Höhe 2483 westlich vom Hospiz.

***) Das Eisenerz, welches einst am Ausgange von Valparola verhüttet wurde, wurde von Posalz bei Colle Santa Lucia, wo es in den Bellerophon-Schichten gewonnen wurde, gebracht. Darnach ist die Angabe v. Richthofen's, dass die Raibler Schichten das Erz lieferten, zu modificiren. Dies schliesst übrigens die Möglichkeit nicht aus, dass auch nebenher die Bohnerze der Raibler Schichten in die Hütte wanderten.

bemerkbar werden, deuten vielleicht die nach Norden abdachende Ueberguss-Schichtung an. Das blendend weisse, zuckerkörnige Gestein enthält an einigen Punkten zahlreiche Reste von Korallen. Seltener sind Abdrücke von Cidaritenstacheln und Steinkerne von Megalodonten. In der Höhe, unterhalb der Raibler Schichten kommen geschichtete Dolomite und weisse grossoolithische Kalke, welche v. Cotta *) mit Nummuliten-Kalken verglich, vor. Ich habe diese geschichteten Lagen, welche sich in einigen anderen Gegenden wieder finden, consequent überall als Cassianer Dolomit ausgeschieden, obwol ich es nicht für unmöglich halte, dass dieselben bereits den Raibler Schichten angehören. Darüber könnten nur glückliche Funde von Cephalopoden entscheiden.

Am Fusse des Sett Sass-Zuges läuft eine Zone von Cassianer Mergeln fort, welche den Dolomit unterteuft. Sie ist allenthalben reich an Fossilien, unter denen Cidariten (hauptsächlich *Cidaris dorsata Br.)* bei weitem dominiren. Riffkalke (Cipitkalke), nicht zu unterscheiden von den Riffkalken der Wengener Schichten, sind häufig den Mergeln eingeschaltet. Auch den Daonellen-Schichten des Prelongei-Rückens mit *D. Cassiana* und *D. Richthofeni* begegnet man an zahlreichen Punkten.

Südlich vom Sett Sass erhebt sich aus diesen Cassianer Schichten ein kleines vollkommen isolirtes Dolomitriff, welches gleich der oberen Dolomitmasse steil mauerförmig gegen Süden abfällt. Es führt keinen bestimmten Namen. Die Bezeichnung Anti Sass **), welche ich dafür hörte, wird auf ähnliche, weiter östlich vorkommende, der grossen Dolomitmauer vorliegende Dolomitstufen ebenfalls ausgedehnt und ist daher zu generell.

Die Aufschlüsse an der Ostseite dieses kleinen Riffs sind aber so instructiv für das Verständniss der heteropischen Verhältnisse, dass ich mir erlaube eine distinctive Bezeichnung für dasselbe vorzuschlagen. Mein hochverehrter Freund Baron Ferd. v. Richthofen wird mir gestatten, dass ich seinen Namen mit dieser lehrreichen Stelle verknüpfe. Niemand hat ein grösseres Anrecht als er, dessen Untersuchungen so viel Licht über diese Gegenden verbreitet haben. So möge der Name „Richthofen-Riff" lauten.

Das beiliegende Lichtbild („Der Sett Sass von der Montagna di Castello"), welches das Riff mit seinen östlichen Ausläufern darstellt, wird das Verständniss erleichtern. Das Riff, dessen Dolomit

---

*) Briefe aus den Alpen, pag. 180.

**) Laube nennt diesen Punkt Forcella di Sett Sass. Wie jedoch das Wort Forcella (furca) lehrt, kann sich diese Benennung nur auf den Sattel beziehen, welcher das kleine Riff mit dem Sett Sass verbindet.

Richthofen-Riff.   Forcella di
                          Sett Sass.

Verlag von ALFRED HÖLDER, Hof- und ?

Der Sett Sass von der }

(Auskeilen eines Riffes in d.

Montagna di Castello.

n Cassianer Schichten.)

viele Korallenreste enthält, ist auch an den Stellen seiner grössten
Mächtigkeit von Cassianer Mergeln eingeschlossen. Die Mergel
ziehen mit Einschlüssen von Riffsteinen nicht nur über den Sattel
zwischen dem Richthofen-Riff und dem Sett Sass, sondern bilden
auch eine schmale, über den tieferen Wengener Schichten sich erhebende Zone unterhalb des Riffs. Wie die Cassianer Fossil-Sammler
aussagen *), stammen die meisten in den Handel gebrachten
Cassianer Korallen von der Westseite des eben erwähnten Sattels
(Forcella di Sett Sass). Man unterscheidet im Riff deutlich zwei,
beinahe gesimseartig vortretende Absätze. Das Riff zerfällt auf diese
Weise in drei Dolomitstufen, welche wir gesondert betrachten wollen.
Die untere Stufe hat nur eine geringe Ausdehnung und allem An-
scheine nach endet sie etwas weiter in Westen, als die oberen Stufen.
Man sieht deutlich, dass die viel mächtigere mittlere Stufe über die
untere gegen Osten hinausgreift. Ebenso lehrt ein Blick auf unsere
Abbildung, dass die oberste Stufe sich noch weiter gegen Osten ausdehnt und wie sich dieselbe allmählich zwischen den Mergeln aus-
keilt. Jede höhere Stufe greift also über die vorhergehende in das
Mergelgebiet über. Es entspricht nun offenbar jedem Absatz eine
Unterbrechung im Wachsthum des Riffs, während welcher seitlich auf
den tiefer gelegenen Gehängen des Riffs Mergel abgelagert wurden.

Die Erscheinung ist im Wesentlichen nicht verschieden von
den Dolomitzungen des Cipiter Schlerngehänges. Nur betrachteten
wir dort das Riff von der Vorderseite. Der Aufschluss am Richthofen-Riff aber stellt einen förmlichen Durchschnitt dar.

Die der mittleren Dolomitstufe angelagerten Mergel zeichnen
sich durch eine steinige Beschaffenheit aus, eine Eigenschaft, welche
an der heteropischen Grenze nicht selten wiederkehrt. Getrennt
vom Dolomit stellt sich unweit davon eine linsenförmige Bank von
Cipitkalk ein, welche zahlreiche Korallenstöcke, Cidariten, Crinoiden
u. s. f. umschliesst. In ähnlicher isolirter Stellung findet sich östlich
von der obersten Dolomitzunge ein linsenförmiger Körper von
Dolomit. Ich betrachte diese beiden isolirten Massen ebenso wie
das Richthofen-Riff als die nördlichsten Spitzen eines denudirten
ausgedehnten südlichen Riffs.

An der Westseite des Richthofen-Riffs scheinen Mergel und
Dolomit in ähnlicher Weise, wie im Osten in einander zu greifen,
doch hindert das grosse Haufwerk von Dolomitblöcken die genauere
Ermittlung der Verhältnisse.

---

*) Laube hat ein Verzeichniss von hier vorkommenden Fossilien gegeben.
Fauna der Schichten von St. Cassian. V. Abth. pag. 49, 50.

Zur Ansicht des Sett Sass von der Montagna di Castello.

(Auskeilen eines Riffes in den Cassianer Schichten.)

WS. = Wengener Schichten; *CM.* = Cassianer Mergel; *COl.* = Cassianer Riffsteine (Cipitkalk : *CDo.* = Cassianer Dolomit.

Das Richthofen-Riff ist eine landschaftlich zu sehr auffallende Erscheinung, als dass es der Aufmerksamkeit der älteren Beobachter hätte entgehen können. Man nahm an, dass auf der Südseite des Sett Sass eine Verwerfung durchsetze und hielt das Richthofen-Riff für einen abgesunkenen Theil des Sett Sass. Consequenter Weise musste man nun auch die Cassianer Schichten der Forcella di Sett Sass mit den rothen Raibler Schichten von Valparola trotz der petrographischen und palaeontologischen Verschiedenheit identificiren*).

Ein dem Richthofen-Riff vollkommen analoges kleines Riff findet sich weiter östlich unterhalb dem Sasso di Stria (F. di Valparola der Karte). Hier sieht man den korallenreichen Dolomit deutlich auf der Westseite in den Cassianer Mergeln auskeilen.

Einem tieferen Niveau, wahrscheinlich bereits den Wengener Schichten dürften die Riffkalkmassen angehören, welchen man beim Abstiege vom Prelongei nach Buchenstein begegnet.

Noch viel tiefer, an der Grenze zwischen den dickschichtigen Augitporphyrtuffen und den Wengener Tuffsandsteinen kommt nordöstlich vom Col di Lana eine Bank grauen Kalkes vor.

---

*) Vgl. Stur, Jahrb. Geol. R.-A. 1868, pag. 554; Loretz, Zeitschr. D. Geol. Ges. 1874, pag. 457, 499. — v. Richthofen hielt die Cassianer Schichten der Forcella di Sett Sass ebenfalls für Raibler Schichten, identificirte jedoch den Dolomit des Sett Sass wegen seiner Megalodonten mit Dachsteinkalk. Dies führte ihn zur Annahme einer Verwerfung zwischen den echten Raibler Schichten von Valparola und dem Dolomit des Sett Sass. Megalodonten kommen übrigens auch in den Cassianer Mergeln von Stuores vor.

An Fossilien sind die Wengener Schichten des Buchensteiner Gehänges des badiotischen Hochplateau's nicht reich. Ausser den gewöhnlichen Daonellen, welche sich stellenweise finden, kenne ich noch Crinoiden- und Cidaritenreste aus Tuffsandsteinen der Gegend von Castello.

Die Abstürze gegen Buchenstein sind von einer Reihe, der Thalrichtung mehr weniger paralleler Verwerfungen durchzogen, an denen das Gebirge gegen die Thaltiefe zu stufenförmig absinkt. Die daraus resultirenden Schollen sind von verschiedener Ausdehnung und zeigen häufig auch abweichende Fallrichtungen. Zwischen Araba und Soraruaz reicht der abgebrochene und eingesunkene Nordflügel der Augitporphyrlaven des Sasso di Capello-Zuges quer über das Thal und stösst hoch oben am Gehänge des Cherzberges an einen ostwestlich streichenden Zug von unterem Muschelkalk, welcher in Folge einer Längsverwerfung scheinbar von den Augitporphyrtuffen des Cherzberges überlagert wird. Oberer Muschelkalk, Buchensteiner Schichten und vielleicht auch noch der tiefere Theil der Tuffe sind verworfen.

Die auffallend grosse Mächtigkeit der Tuffe am Col di Lana erklärt sich wol auch durch Wiederholungen derselben Schichten in Folge von Längsverwerfungen.

Das Thal von Buchenstein bildet die beiläufige Grenzlinie zwischen den mit Augitporphyrlaven verbundenen Tuffen im Westen und den dickschichtigen Tuffen ohne Laven oder mit vereinzelten Ausläufern von Laven im Osten. Durch Tuffmasse verkittete Breccienkalke spielen an der Basis der dickschichtigen Tuffe eine nicht unbedeutende Rolle. Wo sich, wie dies stellenweise der Fall ist, dünngeschichteter Sandstein oder Schieferbänke zwischen den dickschichtigen Tuffen einstellen, finden sich in denselben, wie am Ostabhange des Col di Lana, auch Posidonomyen und Daonellen *(D. Lommeli)*.

Die Buchensteiner Schichten bestehen in Buchenstein aus Bänderkalken mit mächtigen Schichten von Pietra verde, welche manchmal auch rothe Färbungen annimmt und von in der Mitte des Complexes auftretenden Knollenkalken. Daonellen und Posidonomyen sind in den Bänderkalken häufig *(Daonella tyrolensis, D. badiotica* und *D. Taramellii* in der typischen und in einer grobrippigen Varietät).

Der obere Muschelkalk ist durch eine massige Bank grauen Crinoidenkalkes, welcher nicht selten breccienartig wird, vertreten. Die im Norden und Nordwesten vorherrschende dolomitische Ausbildung findet sich hier nicht mehr. Bei Ruaz, neben der über die tiefe Schlucht führenden Brücke am Wege nach Araba, entdeckten Dr. Hoernes und ich in einer abgesunkenen Scholle einen reichen Fundort von Fossilien. Eine riesige *Natica* kommt in zahlreichen Individuen vor, welche häufig noch die ursprünglichen Farbenstreifen zeigen. Seltener und nur schwer aus dem spröden Gestein gewinnbar sind Ammoniten *(Trachyceras Cordevolicum Mojs.)*. Auch Brachiopoden sind an dieser Stelle selten, obwol dieselben sonst in dem grauen Crinoidenkalk von Buchenstein zu den häufigeren Vorkommnissen gehören.

Der untere Muschelkalk zeigt im Ganzen sein gewöhnliches Verhalten. Bei Ruaz folgen unter dem gasteropodenreichen oberen Muschelkalk:

a) Sandige Kalkschiefer mit Pflanzenresten,

b) Conglomerat mit rothem Bindemittel,

c) rothe dolomitische Schiefer, ähnlich dem cephalopodenführenden Gestein von Val Inferna,

d) Conglomerat — weisse Kalkknollen in rothem Bindemittel.

An anderen Stellen, wie bei Corte, treten in Verbindung mit den rothen Conglomeraten rothe Dolomite mit Ammonitenresten, ganz übereinstimmend mit den Gesteinen von Val Inferna, auf.

3. Die Nuvolau-Gruppe.

Diese an das badiotische Hochplateau anschliessende kleine Gebirgsgruppe begrenzen wir westlich durch den Cordevole bis Caprile abwärts, südöstlich bis auf den Monte Giau durch die Reichsgrenze. Die weitere Begrenzung ergibt sich aus der orographischen Gestaltung von selbst. Nach den geologischen Verhältnissen erweist .sich diese Gruppe als die Fortsetzung des östlichen Theiles des Badioten-Hochplateau's.

Die Cassianer Dolomitplatte des Nuvolau ist die südöstliche Fortsetzung des Dolomits des Sasso di Stria und des Sett Sass, welche indessen am Passe von Falzarego oder Fauzarego *) in Folge einer am Südostrande des Sasso di Stria verlaufenden Verwerfung eine unbedeutende Unterbrechung erleidet. Die oberen geschichteten Kalke und Dolomite mit den weissen Oolithen senken sich vom Nuvolau-Plateau in die Passniederung herab und stossen sodann am ·ungeschichteten Dolomit des Sasso di Stria ab.

---

*) Dies ist die richtige Lesart, da der Name vom römischen „fauces" (Engpass, Uebergang) herrührt.

Die nördlich und nordöstlich gegen die Falzarego-Bruchlinie abdachende Nuvolau-Platte trägt ziemlich ausgedehnte Reste von rothen Raibler Schichten und drei sehr beschränkte Denudations-Relicte von Dachsteinkalk, von denen zwei, der Hauptgipfel des Nuvolau (2649 Meter) und die abenteuerlichen fünf Thürme von Averau (Cinque torri, torri di Averau) sehr charakteristische Felsgestalten bilden.

Am Westfusse der Cima di Val di Limeves (2319 Meter) findet sich in der den Dolomit des Nuvolau unterteufenden Zone von Cassianer Schichten eine ähnliche kleine Dolomitspitze, wie das Richthofen-Riff am Südfusse des Sett Sass. Die Cassianer Schichten nehmen gegen Süden an Mächtigkeit ab. Riffsteine (Cipitkalk) verdrängen allmählich die Mergel.

Oestlich vom Monte Poré (Frisolet) reicht in die Buchensteiner Schichten die Westspitze des jenseits des Codalonga-Thales sich bis in die Wengener Schichten hinauf erhebenden Dolomitriffs des Monte Carnera. Da auch der Muschelkalk in dieser Gegend etwas abweichend entwickelt ist, so theile ich das von den Augitporphyrtuffen im Hangenden ausgehende Profil mit:

a) Bänderkalke und Pietra verde,

b) Dolomit, stellenweise grün und kieselig,

c) Buchensteiner Knollenkalk,

d) oberer Muschelkalk, Kalk und Dolomit mit Diploporen und Crinoiden,

e) sandige Kalkplatten mit conglomeratischen Lagen und Schiefern mit Pflanzenresten wechsellagernd (in braunen flimmernden Kalken *Rhynchonella tetractis Lor., Waldheimia angusta Schl., W. vulgaris Schl.)* *).

f) Weisser Dolomit, nicht mächtig,

g) Werfener Schichten.

Es tritt sonach hier im unteren Muschelkalk Dolomit auf.

Im Liegenden der Werfener Schichten erscheinen sodann bei Codalunga die Bellerophon-Schichten mit Einlagerungen armer Sphärosiderite und mit Gypsen an der Basis.

Zwischen Andraz und Colle di Santa Lucia läuft eine Verwerfung durch, welche die Bellerophon- und Werfener Schichten der Nuvolau-Bergmasse gegen Westen abschneidet. Eine zweite

---

*) Der von Stur (Verh. Geol. R.-A. 1865, pag. 246) erwähnte Fundort von Muschelkalk-Brachiopoden „Val Zonia" befindet sich in nächster Nähe von dieser Stelle. Die im Museum der Geologischen Reichs-Anstalt aufbewahrten Gesteinstücke von dieser Localität enthalten : *Rhynchonella tetractis Lor.* und *Spiriferina cf. Mentzeli Dnk.?*

Parallel-Verwerfung folgt unweit im Westen. Das Gebirge sinkt in Folge dieser Verwerfungen stufenförmig gegen den Cordevole ab. Die jüngsten, auf diesen streifenförmigen Schollen noch erhaltenen Schichten sind die dickschichtigen Augitporphyrtuffe (Kugeltuffe).

Die hier vorkommenden Schichten stimmen genau überein mit den bereits besprochenen gleichaltrigen Bildungen des oberen Buchenstein. Erwähnenswerth ist nur der Fund von kleinen Geröllen eines rothen Porphyrs in der Pietra verde von Rucava.

Die eben genannten beiden Schollen werden oberhalb Caprile und Colle Santa Lucia durch eine weit im Osten ansetzende bis an den Ostfuss des Monte Migion reichende Bruchlinie (Antelao-Bruch) abgeschnitten, im Süden von welcher mit ostwestlichen Streichen Kugeltuffe, Buchensteiner Schichten und oberer Muschelkalk in regelmässiger Lagerung, flach gegen Norden einfallend, erscheinen.

Man durchschneidet diesen Zug, wenn man von Colle Santa Lucia nach Caprile geht. Den Kugeltuffen sind hier plattige Knollenkalke mit Tuffschmitzen eingelagert, welche sehr an die Buchensteiner Knollenkalke erinnern. Ehe man noch den Cordevole erreicht, verschwinden die Buchensteiner Schichten und an ihre Stelle tritt weisser Dolomit, ein östlicher Ausläufer des Marmolata-Riffs.

IX. CAPITEL.

Das Gebirge zwischen Gader, Rienz und Boita.

Das Süd- und Südwestgehänge zwischen Ampezzo und St. Cassian. — Bergbrüche der Tofana bei Ampezzo. — Das Lagatschoi-Riff. — Die badiotische Mergelbucht. — Das Westgehänge zwischen St. Cassian und St. Vigil. — Das Nordgehänge zwischen St. Vigil und Brags. — Profile des unteren Muschelkalks. — Das Nordostgehänge zwischen Brags und Schluderbach. — Die heteropischen Verhältnisse an der Nordseite des Dürrenstein. — Die Hochfläche des Dachsteinkalks.

Der mächtige Gebirgsstock zwischen Gader, Rienz und Boita, präsentirt sich auf unserer Karte als eine zu drei Viertheilen geschlossene Mulde, an deren Rändern die älteren und in deren Mitte die jüngsten Bildungen auftreten. Indessen zeigt schon die eigenthümliche Verbreitung der dem Hochplateau aufgelagerten jüngeren Formationen, dass die Regelmässigkeit der flach tellerförmigen Grundanlage der Mulde in manigfacher Weise gestört sein muss. Es ist namentlich die Fortsetzung der bereits mehrmals besprochenen Villnösser Bruchlinie, welche zwischen Wengen und Peutelstein quer das Faniser Hochgebirge durchsetzt und ein Absinken im Süden veranlasst. Eine Erscheinung, welche sich an weit fortsetzenden Bruchlinien häufig wiederholt, tritt auch hier ein. Wo sich nämlich die Sprunghöhe zwischen zwei verworfenen Gebirgstheilen auffallend vermindert, begleiten eine oder mehrere Parallel-Verwerfungen von kurzer Erstreckung den Hauptbruch, als wenn sich die verwerfende Kraft an solchen Stellen zersplittert hätte. So folgen der Villnösser Bruchlinie im Norden zwei grössere Parallel-Verwerfungen und eine Reihe enger begrenzter Einbrüche. Das Absitzen erfolgt regelmässig auf der Südseite.

Die mittlere Zone dieses Hochgebirges ist sonach mehr weniger verstürzt und fallen im Norden wie im Süden die äusseren Gebirgstheile der Einsturzzone zu.

Während die älteren Triasbildungen nur in den peripherischen Strichen auftreten, setzen Dachsteinkalk und jurassisch-cretaceische Bildungen die Hauptmasse des Gebirges zusammen. Die durch

Mächtigkeit und Verbreitung weitaus vorherrschende Formation ist
der Dachsteinkalk, welcher allein für den landschaftlichen Charakter
dieses prächtigen Hochgebirges massgebend ist. Daher der auffallende
physiognomische Gegensatz im Vergleiche mit den Gegenden, in
welchen die Dolomitriffe das bestimmende Element der Landschaft
sind. Die tausendfache Schichtung des Dachsteinkalkes ist die
Ursache der ungezählten bandförmigen Streifen und der terrassenförmigen Absätze, welche dem Bergsteiger den Zutritt zu den
schroffen Felspyramiden gestatten. Den grossartigen Effect dieser
mächtigen feingebänderten Felswände erhöhen wesentlich die warmen
rothen Töne, welche das Ganze überziehen und so lebhaft von dem
blendend-weissen Schutt abstechen, welcher die Wände gleichsam
überrieselnd auf den Vorsprüngen der Schichtenbänder haften bleibt.

Die muldenförmige Anordnung der Schichtsysteme legt uns
aus Rücksicht für die Uebersichtlichkeit der Darstellung eine stoff-
liche Zweitheilung auf. Es sollen zunächst die Randzonen geschildert werden, soweit dieselben aus Schichten von höherem Alter als
Dachsteinkalk bestehen. Hierauf soll dann das jüngere Deckgebirge, Dachsteinkalk, Jura und Kreide, einer gesonderten Erörterung unterzogen werden.

1. Das Süd- und Südwestgehänge zwischen Ampezzo und St. Cassian. Das Lagatschoi-Riff.

Es wurde bereits angedeutet, dass die Verwerfung der Strada
tra i Sassi am Südfusse des Lagatschoi *) und der Tofana bis in
das Thalbecken von Ampezzo fortsetzt. Die Verwerfung fällt nahezu
mit der Strasse zusammen, welche von Ampezzo bis auf die Höhe
des Falzarego-Passes führt. Der Costeana-Bach fliesst südlich davon.
Die aus Cassianer Dolomit bestehende und von Raibler Schichten
bedeckte Creppa bei Ampezzo liegt ebenfalls bereits im Süden der
Verwerfung und gehört tektonisch zur Cassianer Dolomitplatte der
Rocchetta- und der Nuvolau-Gruppe.

Den Südrand der Verwerfung bilden bis zur Creppa die Raibler
Schichten des Nuvolau-Plateau's, an der Creppa aber Cassianer

---

*) Ich gebe diesem ortsüblichen Namen den Vorzug vor der offenbar corrum-
pirten Schreibweise der Karten „Lagazuoi". Lagatschoi ist der ladinische Ausdruck
für „lagaccio", welcher in dem Vorkommen kleiner Weiher und Sümpfe auf der
Lagatschoi-Alpe seine Begründung findet.

Dolomit *). Am Nordrande erscheinen von Ampezzo bis auf die Höhe von Falzarego Wengener Sandsteine und Mergel.

Zwischen Ampezzo und der Rozes-Alpe ist in Folge grossartiger Abrutschungen von Theilen der Tofanamasse, sowie wegen der nicht unbedeutenden, noch in Bewegung befindlichen Schlammströme ein Einblick in die Zusammensetzung der tieferen Theile der Tofanamasse nicht möglich. An der Rozes-Alpe sieht man deutlich, dass die Unterlage der östlichen Tofana mit Ausnahme einer unbedeutenden Bank von Cassianer Dolomit unterhalb der Raibler Schichten durchaus aus mergeligen Schichten und Wengener Sandsteinen gebildet wird.

Es ist nun leicht verständlich, dass abgeklüftete Partien des Dachsteinkalks der Tofanawände auf einer so thonreichen, nachgiebigen Unterlage allmählich thalwärts wandern. Die compacte feststehende Masse der Tofana kehrt dem Ampezzaner Thal ihre Steilwände zu. Vor denselben zieht sich ein theilweise von Weiden und Wäldern bewachsenes, arg zerrissenes, felsiges Mittelgebirge hin, das nur an einer Stelle, im Val Druscie, eine Unterbrechung zeigt. An dieser einen Stelle erscheinen dann auch unter den mächtigen Schutthalden des Dachsteinkalks die rothen Raibler Schichten in der ihnen der allgemeinen Fallrichtung nach entsprechenden Höhe am Gehänge unterhalb der Steilwände des Dachsteinkalks, während dieselben sonst durch die vorliegenden rutschenden Schollen verdeckt sind. Es sind zwei durch das Val Druscie geschiedene Schollen zu unterscheiden, von denen die eine, welche im Col Druscie culminirt und den Rücken zwischen Romerlo und Cadelverzo bildet, viel weiter gegen Osten vorgerückt ist und offenbar in einer früheren Periode losgelöst wurde. Zwischen dieser Scholle und der zweiten, welcher die felsigen Stufen von Stuores angehören, sind am Ausgange des Val Druscie anstehende Wengener Schichten, einen bewachsenen Hügel bildend, sichtbar.

An der Vorderseite (Ostseite) dieser Schollen zeigen sich rothe Raibler Schichten in noch zusammenhängenden Streifen. Bei Cadelverzo sind den Raibler Schichten der östlichen Scholle Gypslagen eingeschaltet. Der obere und mächtigere Theil der Schollen besteht aus arg zerklüftetem und an vielen Stellen bereits ganz in grosse Blockmassen zerfallenem Dachsteinkalk. Es ist augenscheinlich, dass das Abwärtsgleiten der Schollen gegenwärtig noch an-

---

*) Diese Verwerfung findet östlich von Ampezzo keine Fortsetzung, dagegen ist es wahrscheinlich, dass sie an der Creppa gegen Süden abbiegt und im Boita-Thal bis Vodo abwärts reicht.

Mojsisovics, Dolomitriffe. 17

dauert und dass die stetig mehr und mehr zerfallenden und in sich
zusammensinkenden Schollen ihre Basis gegen Osten ausdehnen.
Den freundlichen Häusergruppen und den Wiesen am rechten Boita-
ufer droht sonach die Gefahr, einstens unter Geröllströmen und
Felsblöcken begraben zu werden. Um den Eintritt einer solchen
Katastrophe möglichst weit hinauszuschieben, kann nicht dringend
genug die absolute Schonung der noch vorhandenen Waldparcellen
und die Aufforstung der kahlen oder nicht bewaldeten Stellen im
ganzen Umfange des Rutschterrains empfohlen werden.

Am Südfusse der Tofana prima (3215 Meter) zwischen dem
Col dei Bos, über welches man in das prächtige Travernanzes-Thal
gelangt, und der Falzarego-Alpe, befindet sich ein sehr lehrreicher
und leicht zugänglicher Aufschluss über die heteropische Begrenzung
des Lagatschoi-Riffes. Die Verhältnisse, zu deren Illustrirung wir
drei Lichtbilder beigeben, sind völlig analog mit denen des bereits
geschilderten Richthofen-Riffes vor dem Sett Sass.

Bereits von der Falzarego-Strasse aus wird ein aufmerksamer
Beobachter nicht ohne einiges Erstaunen wahrnehmen, wie sich in
dem grünen Gehänge der Tofana mit der Annäherung an die Dolomitmasse des Lagatschoi weisse felsige Bänke einschieben, welche
lebhaft von den mit ihnen alternirenden grün verwachsenen Mergel-
bändern abstechen. Aber erst von einem höheren Standpunkte aus,
von der Abdachung des Nuvolau oder noch besser von der Spitze
desselben, von welcher wir eine Gesammtansicht des Lagatschoi
und der Tofana in zwei Blättern mittheilen, lässt sich der Zusammenhang genau übersehen. Oben, unter dem wolgeschichteten Dachsteinkalk der Faniser Hochgipfel und der Tofana *) ziehen ununterbrochen die Raibler Schichten als gemeinsame Deckplatte über dem
Dolomit des Lagatschoi und den Cassianer und Wengener Mergeln
des Tofana-Gehänges hinweg. Die Unterbrechung, welche sodann an
der Südostecke der Tofana sichtbar wird, ist durch die abgerutschte
Dachsteinkalk-Scholle von Stuores veranlasst. Unterhalb Col dei Bos
greifen nun Dolomit und Mergel keilförmig in einander. Die oberste
Dolomitbank, welche den höchsten Theilen des Dolomits des Lagatschoi entspricht, zieht sich als ein schmales Band zwischen den
Cassianer Mergeln und den Raibler Schichten fort. Die mittlere,
wenig mächtige Dolomitzunge keilt in kurzer Entfernung vom Lagatschoi-Riff aus, die stärkere unterste Bank, welche die blockartige
Zusammensetzung des Dolomits deutlich zeigt, reicht weiter gegen

---

*) Die beiden rückwärtigen Tofana-Gipfel tragen Kuppen von jurassischen
Bildungen.

Nuvolau. Lagatschoi. Fanis Sp. Mte. Cavallo. Col dei Bos.
Forcella di Travernanees.

Foto von ALFRED MAINER, Bild- und Kunstverlagsbuchhandlung in Wien

Photogr. v. L. KOCH, Wien

Die Fanis-Tofana-Gruppe vom Mte. Nuvolau (I).

(Östliches Ende des Lagatschoi-Riffes.)

Auder photogr.

Verlag von ALFRED HÖLDER, Hof- und Universitäts-Buchhändler in Wien.

Phototypie v. L. KOCH, Wien.

Die Fanis-Tofana-Gruppe, vom Mte. Nuvolau (II).

(Oestliches Ende des Lagatschoi-Riffes.)

Zur Ansicht des Lagatschoi-Riffes vom Monte Nuvolau. Cinque Torri.

(Heteropisches Ineinandergreifen von Dolomit und Cassianer Schichten.)

WS. = Wengener Schichten; *CM.* = Cassianer Mergel; *CD.* = Cassianer Dolomit; *R.* = Raibler Schichten; *DK.* = Dachsteinkalk; *J.* = Jura.

Osten, keilt aber auch bald vollständig aus. Geht man von der Rozes-Alpe auf die Einbiegung zwischen den beiden vorderen Tofana-Gipfeln, so verquert man zunächst die Wengener Sandsteine mit zahlreichen Einlagerungen von Korallen und Conchylien führenden Bänken und gelangt sodann durch echte Cassianer Mergel, ohne dass man auf eine der beiden unteren Dolomitzungen stösst, zur erwähnten obersten Dolomitbank, über welcher man die typischen rothen Raibler Schichten trifft *). Umgekehrt zeigt ein über den Lagatschoi gezogenes Profil keine Cassianer Mergel, dafür aber über den korallenreichen Wengener Schichten, welche noch kurz vor dem Falzarego-Hospiz unter den Schuttmassen sichtbar werden, eine mächtige Ablagerung von Cassianer Dolomit.

Untersucht man die in einander greifenden heteropischen Keile näher, so findet man in der oberen Mergelzunge cidariten- und crinoidenreiche gelbe Mergelkalke und Korallenkalke. Gegen die Spitze des Keiles zu wird diese Mergelzone immer steiniger. Der mittlere Dolomitkeil ist an seiner Basis unterhöhlt, da allenthalben unter ihm Wasser hervortritt. An verschiedenen Stellen des Gehänges ist das wasserundurchlässige Gestein entblösst. Es sind feinblättrige Cassianer Mergel, welche gegen die Spitze des Mergelkeils zu allmählich in feste, fleckenmergelartige Gesteine übergehen.

Die Raibler Schichten des Col dei Bos und des Lagatschoi bestehen aus dunklen Muschelbänken, mehreren Varietäten von Sandsteinen (auch den schon öfters genannten Sandsteinen mit Kohlenbrocken), rothen oolithischen Kalken, rothen Conglomeraten mit Bohnerz und Quarzkrystallen (Marmaroser Diamanten), grünen und rothen steinmergelartigen Bänken und dolomitisch sandigen Bänken mit Megalodonten. Beim Aufstiege durch die Forcella di Traverranzes (einer Scharte im Lagatschoi, durch welche man von der Passhöhe von Falzarego nach Val Travernanzes gelangt, nächste Verbindung zwischen Buchenstein und Ospidale) auf die nördliche Lagatschoi-Abdachung fand ich in einem lichten Kalke der Raibler Schichten das Fragment eines *Nautilus*, welches zu *N. Wulfeni* zu gehören scheint. Vom Col dei Bos, und zwar nach dem anhaftenden Gestein zu urtheilen, aus dem Sandstein mit Kohlenbrocken stammt der von Loretz bekannt gemachte, mir freundlichst zur Untersuchung mitgetheilte *Nautilus Ampezzanus*.

---

*) Loretz, Zeitsch. D. Geol. Ges. 1874, pag. 448, hat die Wengener und Cassianer Schichten dieses Gehänges für untere und mittlere Raibler Schichten („Schlernplateau-Schichten") gehalten.

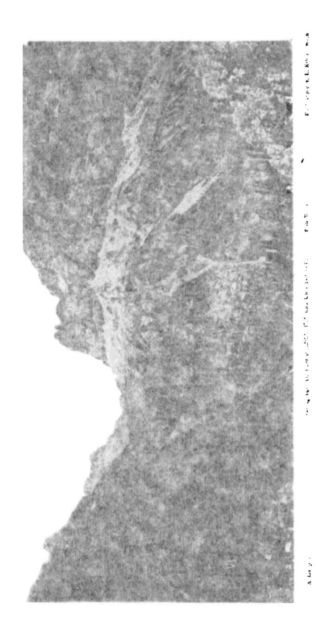

F. Fig. 3. von der nördlichen Abdachung.

(Oestliches Ende des Lagatschoi-Riffes.)

339

340

Lagatschoi

Col dei Bos.

Tofana, 3215.

Aster photogr.

Verlag von ALFRED HÖLDER, Hof- und Universitäts-Buchhändler in Wien.

Phototypie v. L. KOCH, Wien.

Die Tofana, von der Nuvolau-Abdachung.

(Oestliches Ende des Lagatschoi-Riffes.)

Ehe wir in unserer Darstellung fortfahren, will ich noch bemerken, dass in den Wengener Sandsteinen der Gegend von Ampezzo der tuffige Charakter, entsprechend der weiteren Entfernung von den Centren der eruptiven Thätigkeit bereits merkbar zurücktritt, aber immerhin schichtenweise noch sehr evident ist. Die fossilreichen Blöcke, welchen man längs der Falzarego-Strasse so häufig begegnet, stammen zum grössten Theile von Zwischenlagerungen der oberen Wengener Sçhichten her. Der grosse Reichthum an Korallen, insbesondere in der Nähe des Lagatschoi-Riffes ist bemerkenswerth.

An der Strada tra i Sassi erreicht der Dolomit des Lagatschoi seine grösste Mächtigkeit. Der Verwerfung in der Strada wurde bereits gedacht und ebenso ist schon erwähnt worden, dass diese Verwerfung die Fortsetzung des Falzarego-Bruches ist, welcher hier nordwestlich abbiegt. Ob die Verwerfung in nordwestlicher Richtung noch weiter fortsetzt, lässt sich mit Sicherheit schwer bestimmen. Indessen sprechen die Niveauverhältnisse der Schichten an den beiden Gehängen des Eisenofen-Baches zu Gunsten einer solchen Annahme. Es ist namentlich auffallend, dass sich hoch an den Fuss der Lagatschoi-Wand hinauf Wengener Schichten erstrecken, während an der Mündung des Valparola-Thales in viel tieferem Niveau Cassianer Mergel anstehen. Die Verwerfung müsste entweder zwischen den Cassianer und Wengener Schichten oder durch letztere selbst durchsetzen und weiter abwärts mit der Thalsohle von St. Cassian zusammenfallen, von wo sie dann gegenüber von Costa deloi östlich umbiegen und in der bereits geschilderten Verwerfung von Kolfuschg fortsetzen würde. Zu Gunsten einer solchen Annahme spricht der auffallende Parallelismus der verschiedenen Abbiegungen mit dem Laufe der Villnösser Bruchlinie auf der entsprechenden Strecke Campil—Wengen—Klein-Fanis—Peutelstein.

Der Dolomit des Lagatschòi nimmt nun in nördlicher Richtung zusehends ab. Am Eingange der Soré-Schlucht ist die Mächtigkeit bereits sehr reducirt. Man verfolgt die stetig sich verdünnende Bank noch deutlich am Fusse der Steilwand als Unterlage der Raibler Schichten bis zum Col Pedoi. Nördlich von diesem Punkte lagern die Raibler Schichten, wie bereits v. Richthofen richtig erkannt hatte, direct auf den Cassianer Mergeln. Das Profil von St. Cassian über Ru nach Peravuda bietet treffliche Aufschlüsse. Bei St. Cassian am Fusse des Gehänges der Wengener Schichten stehen die Daonellenschiefer mit

Daonella Lommeli Wissm. sp.
Trachyceras ladinum Mojs.
Lytoceras Wengense Klipst.

Ansicht der rechtsseitigen Thalwand des Abtey-Thales, von dem Höhenrücken zwischen Stuores und Incisa.
[Nach photographischen Aufnahmen des Verfassers.]

(Aushell en des Lagatschoi-Riffes gegen Norden; Ueberlagerung der Wengener und Cassianer Schichten durch Raibler Schichten und Dachsteinkalk.)

WS. = Wengener Schichten; CM. = Cassianer Mergel; CD. = Cassianer Dolomit; R. = Raibler Schichten; DK. = Dachsteinkalk; J. = Jura.

N.

Heiligen Kreuzkofel

Lavarella
Ru blanch

Cunturinus-Spitze

Soré-Bach
Monte Casale

Monte Cavallo

Fanis-Spitze

Tofana

Lagatschoi

S.

an. Darüber folgen dann die gewöhnlichen Wengener Tuffsandsteine und Mergel in normaler Mächtigkeit. Bei Peravuda springt die Dachsteinkalkmauer der Lavarella *) auf das Tuffterrain vor und diesem Umstande ist eine prächtige Entblössung der ganzen höheren Schichtreihe vom Dachsteinkalk bis zu den Wengener Schichten zu danken. Die Lagerung ist völlig concordant. Die Schichten neigen sich etwas vom Berge weg, also schwach westlich. Man steigt ohne Unterbrechung des Aufschlusses von der tieferen Bank auf die nächst höhere. Ueber den Wengener Schichten liegen regelmässig die Cassianer Mergel, in deren oberen Schichten die weit verbreiteten Bänke mit *Daonella Cassiana* und *D. Richthofeni* einen sehr willkommenen Ruhepunkt bilden. Es folgen sodann in vollkommen ungestörter Auflagerung die sogenannten Schichten von Heiligen Kreuz, Lumachellen mit *Anoplophora Münsteri,* Sandsteine mit Kohlenbrocken und Muschelresten *(Corbis Mellingi, Ostrea Montis Caprilis),* und röthliche Kalke. Es ist die untere Abtheilung der Raibler Schichten.

Ueber weisslich grüne, durch thonige grüne Zwischenmittel getrennte Dolomitbänke gelangt man hierauf am Fusse der aus Dachsteinkalk bestehenden Steilwand zu den oberen thonigen rothen Gesteinen der Raibler Schichten.

Dieser Aufschluss ist von grosser Wichtigkeit, denn er liefert den Beweis, dass die ganze Schichtenreihe der Wengener und Cassianer Schichten bis zu den Raibler Schichten aufwärts in dieser Gegend lediglich in der Tuff- und Mergelfacies entwickelt ist. Die Annahme, dass eine den Cassianer und Raibler Schichten zwischengelagerte Dolomit-Etage hier etwa in Folge einer Verwerfung der Beobachtung entzogen sei, erweist sich als völlig unhaltbar.

Den Cassianer Dolomit des Lagatschoi haben wir uns als die nördliche Spitze eines von Süden her vordringenden Riffes vorzustellen, welchem auch der Sett Sass und die Nuvolau-Platte angehören. Zwei andere Riffe, das Sella-Riff und das Gardenazza-Riff, begrenzten im Westen die badiotische Mergelbucht. Die Aussenseite des Sella-Riffes ist, wie wir gesehen haben, noch ziemlich wolerhalten, so dass wir die Grenze daselbst ziemlich genau angeben können. Das Gardenazza-Riff bricht mit einer Denudations-Steilwand gegen Osten ab, woraus hervorgeht, dass wir die Riffgrenze etwas ausserhalb der heutigen Umfangslinie des Cassianer Dolomits anzunehmen haben.

---

*) Nicht La Verella, wie die älteren Karten schreiben. Der Name leitet sich von l a v a r e ab und ist für die von feinem Kalkschutt überrieselten Dachsteinkalk-Wände sehr bezeichnend.

Innerhalb dieser Riffe kommen die Wengener und Cassianer
Schichten nur in der Tuff- und Mergelfacies vor, und wie die Aufschlüsse am Pian de Sass, bei Valparola und am Gehänge der Lavarella und des Heiligen Kreuzkofels lehren, spannte sich einst eine
ununterbrochene Decke von Raibler Schichten und Dachsteinkalk in
gleicher Weise über das Gebiet der Mergel-Entwicklung, wie über
die Riffplatten des Dolomits.

2. Das Westgehänge zwischen St. Cassian und St. Vigil.

Auf der Strecke zwischen St. Cassian und dem Wengener
Querthal herrschen unter den Wänden des Heiligen Kreuzkofels
dieselben Verhältnisse, wie in dem soeben betrachteten Profil von
St. Cassian nach Peravuda. An den tieferen Theilen des Gehänges
ist zwar, wie bereits vielseitig beklagt worden ist, die Beobachtung
durch rutschende Gehängschollen und durch Schlamm- und Geröll-
ströme sehr erschwert, doch geht aus der Gesammtheit der Aufschlüsse hervor, dass bis unterhalb St. Leonhard zwischen der Thalsohle und den auf der Höhe der Tuffterrasse von Heiligen Kreuz
anstehenden Cassianer und Raibler Schichten nur Wengener Tuffsandsteine und Mergel vorkommen können. Mit dieser Anschauung
stimmt auch die Auffassung sämmtlicher älterer Beobachter überein.

Südlich von Heiligen Kreuz hat sich auf der Terrasse ein
kleiner Denudations-Relict von Dachsteinkalk erhalten, welcher einer
der Steilwand vorgelagerten ziemlich lange sich fortziehenden Platte
von Raibler Schichten aufgesetzt ist. Diese Platte zeigt bereits vielfach die Spuren eines argen Zerfalls, welcher sich in der Richtung
gegen Heiligen Kreuz immer mehr bemerkbar macht. Bei Heiligen
Kreuz liegen in Folge der mergeligen, rutschigen Unterlage der
Cassianer Schichten die Raibler Schichten in wirren grossen Schollen
durcheinander, und so erklärt sich, dass fast jeder Beobachter abweichende Angaben über die Schichtfolge macht.

Stur hat zuerst den Nachweis geliefert, dass die sogenannten
Schichten von Heiligen Kreuz mit *Anoplophora Münsteri, Ptychostoma
Santae Crucis, Pt. pleurotomoide* u. s. f. den Raibler Schichten ein-
zureihen sind, Laube hat, wie mir scheint, die Reihenfolge der
Bänke am richtigsten angegeben. Diese Schichten bilden eine eigenthümliche Facies der Raibler Schichten, welche in unserem Gebiete
auf den Strich zwischen Peravuda und Heiligen Kreuz beschränkt
scheint.

In den jedenfalls höher liegenden Sandsteinen mit Kohlenbrocken kommen einige in den nordalpinen und in den kärntnerischen

Raibler Schichten sehr verbreitete Muscheln vor: *Ostrea Montis Ca-prilis, Corbis Mellingi, Perna aviculaeformis.*

In den rothen Thonen mit Bohnerzen finden sich bei Heiligen-kreuz nicht selten bohnen- und haselnussgrosse glänzend polirte Quarz-geschiebe. Sie rühren wol von zerfallenen rothen Sandsteinen her. Viel unsicherer ist die Provenienz bis handgrosser, eckiger Blöcke von Glimmerschiefern der Centralkette, welche mir längs des Weges von Pederova auf die Höhe des Armentara-Berges wiederholt auffielen. An einen glacialen Transport ist nach den orographischen Verhältnissen der Fundstelle kaum zu denken. Etwas mehr Wahrscheinlichkeit hätte die Vermuthung für sich, dass die Blöcke aus zerstörten conglomeratischen Lagen der Raibler Schichten stammten. Doch ist auch dies sehr unsicher. Wir werden auf dem Hochplateau von Gross-Fanis ein wahrscheinlich zur Zeit der oberen Kreide gebildetes Conglomerat kennen lernen, welches neben Kalk-geröllen auch Quarzgeschiebe enthält. Aehnliche Conglomerate be-standen wol auch noch an anderen Stellen in der näheren und weiterer Umgebung von Fanis und vielleicht auch auf oder vor dem Heiligenkreuz-Kofel und rühren möglicher Weise die krystalli-nischen Blöcke längs des Armentara-Weges von denselben her.

Die an den Gehängen des Armentara-Berges entblössten tiefe-ren Schichten, deren Kartirung Herr Dr. Hoernes ausführte, zeigen die im Bereiche der Mergel-Entwicklung der höheren Schichten ge-wöhnliche Ausbildung. Die Augitporphyrtuffe sind mit mächtigen tuffigen Kalkbreccien vergesellschaftet und wechseln bereits mit dünnschichtigen Wengener Tuffsandsteinen. Die oberen, mit Pietra verde verbundenen Bänderkalke der Buchensteiner Schichten sind reich an Posidonomyen und Daonellen (*D. tyrolensis, D. badiotica*). Unterhalb der Fornatscha-Häuser befindet sich eine dislocirte Scholle, welche aus der vollständigen Schichtenreihe vom unteren Muschel-kalk bis zu den Wengener Tuffsandsteinen besteht.

Das Thal von Wengen liegt in der Villnösser Bruchlinie. Die Aufnahme des Herrn Dr. Hoernes zeigt im Norden der Bruchlinie in dem Gebirgsrücken zwischen Wengen und St. Vigil zwei secun-däre Brüche, an denen das ganze Gebirge zwischen dem Paresberg und der Gader treppenartig abbricht. Die mittlere Scholle nimmt eine vergleichsweise sehr hohe Lage ein und macht den Eindruck, als ob sie von unten gegen oben hinaufgeschoben wäre. An ihrer Basis kommen Werfener Schichten vor, auf der Höhe liegen Wen-gener Schichten. Der Bruch, welcher dieselbe von dem eingesunke-nen Dachsteinkalk des Paresberges trennt, läuft am Fusse des Rückens der oberen Eisengabel-Spitze und des Paresberges und

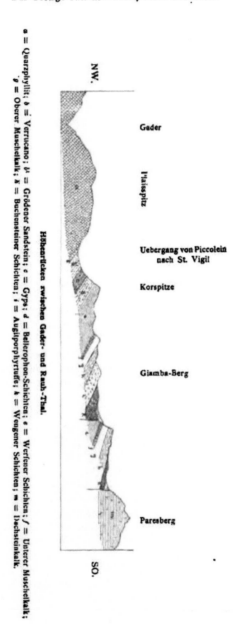

Höhenrücken zwischen Gader- und Rauh-Thal.

NW.

Gader

Plaisspitz

Uebergang von Piccolein nach St. Vigil

Korspitze

Giamba-Berg

Paresberg

SO.

a = Quarzphyllit; b = Verrucano; μ = Grödener Sandstein; c = Gyps; d = Bellerophon-Schichten; e = Werfener Schichten; f = Unterer Muschelkalk;
g = Oberer Muschelkalk; k = Buchensteiner Schichten; i = Augitporphyrtuffe; k = Wengener Schichten; m = Dachsteinkalk.

wendet sich um den letzteren Berg in nordöstlicher Richtung. Der zweite Bruch, an welchem die ganze vordere Gebirgsmasse abge-sunken ist, läuft so ziemlich dem ersten parallel.

Die eigenthümliche Isolirung, welche die Augitporphyrtuffe auf der Karte zeigen, rührt zum grossen Theile daher, dass das Gebiet sich bereits an der Nordgrenze der Verbreitung der Tuffe befindet. Auf dem nördlichen Thalgehänge von Wengen dürften jedoch auch durch kleinere Brüche verursachte Absitzungen der höheren Wengener Schichten zu dieser Erscheinung beitragen.

Die Daonellen-Schiefer von Wengen befinden sich im Hangen-den eines aus Augitporphyrtuff und Kalkbreccien bestehenden Walles nächst der alten Kirche von Wengen. Dieser vielgenannte Fundort hat folgende Fossilien geliefert:

> *Daonella Lommeli Wissm. sp.*
> *Posidonomya Wengensis Wissm.*
> *Trachyceras Archelaus Lbe.*
> „ *ladinum Mojs.*
> *Lytoceras Wengense Klipst. sp.*

In den höheren Wengener Sandsteinen fand ich, hoch über dem Daonellen-Schiefer ein vereinzeltes Exemplar von *Trachyceras Archelaus.*

Bei St. Martin und Preromang sind die Bellerophon-Schichten mit grossem Fossilreichthum entblösst. (Vgl. oben S. 223.) An der Basis der Bellerophon-Schichten finden sich noch auf der Nordseite der Korspitze mächtige Gypslager.

Es ist noch von Wichtigkeit, zu bemerken, dass die Buchen-steiner Schichten der mittleren, hochgelegenen Scholle vorzugsweise dolomitisch ausgebildet sind, was nach unseren bisherigen Erfah-rungen mit Sicherheit den Schluss gestattet, dass wir uns, gegen Norden vordringend, einem Dolomitriff nähern.

3. Das Nordgehänge zwischen St. Vigil und Brags.

In der That ist bereits jenseits des Rauh-Thals die ganze Schichtenreihe vom oberen Muschelkalk bis zu den Raibler Schichten, wie in den grossen Dolomitriffen des Schlern-Rosengarten u. s. f. durch die Dolomitfacies vertreten und erst im Bragser Thal an der Ostseite der Hochalpe beginnt wieder eine heteropische Region.

Herr Dr. Hoernes hat dieses Gebiet kartirt. Seine Mitthei-lungen sind der folgenden Darstellung zu Grunde gelegt.

Tektonisch herrscht die grösste Regelmässigkeit. Die Schichten fallen durchwegs ziemlich steil gegen Süden ein, ein Verhalten, welches für den ganzen Nordrand in den östlicheren Regionen zur Regel wird und aus den ziemlich geradlinigen Thalübersetzungen der Schichtenzonen bei der Betrachtung der Karte sich sofort zu erkennen gibt.

Die Dolomitfacies gibt zu keinen besonderen Bemerkungen Anlass. Der Horizont der Buchensteiner Schichten ist an durchstreichenden Hornsteinlinsen kenntlich. Als isopisches Dolomitriff reicht das Riff der Hochalpe östlich bis zum Rothen Kofel. Buchensteiner und untere Wengener Schichten sind von der Ostseite des Rothen Kofels an heteropisch ausgebildet und greift sodann der Dolomit der oberen Wengener und der Cassianer Schichten über das Gebiet der Mergel-Entwicklung von Brags.

Eine ungewöhnlich grosse Mächtigkeit und eine etwas abweichende Gesteinsbeschaffenheit zeigt der untere Muschelkalk, wie das folgende Profil darthun wird.

Am Nordwestfusse der Dreifinger-Spitze bei St. Vigil findet sich eine grössere Entblössung, welche Herrn Dr. Hoernes die Aufnahme eines ziemlich genauen Profils gestattete. Die Mächtigkeit der einzelnen Schichten wurde direct gemessen, doch nöthigte die Halde am Fusse der Wände, die Messung an einer Stelle zu unterbrechen und an einer anderen Stelle fortzusetzen. Wegen einiger quer durchsetzender Sprünge ist die Möglichkeit nicht ausgeschlossen, dass der Anknüpfungspunkt nicht genau übertragen wurde.

Das Profil wurde etwa in der Mitte der Entblössung begonnen. Es finden sich daselbst, den Kamm des Rückens zwischen St. Vigil und Thalbach bildend, helle, wenig bituminöse dolomitische Kalke mit Diploporen, welche bereits dem oberen Muschelkalk angehören und eine ziemlich bedeutende Mächtigkeit erlangen, aber von dem durch Hornsteinlinsen charakterisirten Dolomit der Buchensteiner Schichten schwer trennbar sind. Unter dem diploporenführenden Dolomit folgen zunächst:

a) 32 Meter bituminöse, kurzklüftige, wolgeschichtete Kalke,

b) 4 Meter dünngeschichteter, bituminöser Kalk mit weichen mergeligen Zwischenlagen,

c) 12 Meter hellgrauer, wolgeschichteter, kurzklüftiger, wenig bituminöser Kalk. In der unteren Hälfte viele Calcitadern.

d) 50 Centimeter weicher, grauer Kalkmergel,

e) 3 Meter grauer, wenig bituminöser Kalk mit Calcitadern,

f) 5 Centimeter glimmeriger Mergel mit verkohlten Pflanzenspuren, *g)* 9 Meter wolgeschichtete, graue Kalke mit Calcitadern (ähnlich *e)*,

h) 50 Centimeter Mergel mit verkohlten Pflanzenspuren,

i) 15 Centimeter dunkler Kalk mit Calcitadern,

k) 1·3 Meter Mergel mit Kalkeinlagerungen und glimmerreichen Partien mit Pflanzenresten,

l) 3 Meter grauer, bituminöser Kalk mit Calcitadern und glimmerig-sandigen Schichtflächen,

m) 4 Meter sandiger Kalk, stellenweise durch Einschluss kleiner Geschiebe conglomeratisch. Crinoiden und Brachiopoden.

n) 3 Meter glimmerige, kalkige Mergel mit Pflanzenresten,

o) 4·5 Meter sandiger, dunkler, stellenweise conglomeratartiger Kalk mit Brachiopoden und Crinoiden,

p) 23 Meter dunkler, splittriger Kalk, welcher gegen unten glimmerreiche sandige und mergelige Zwischenlagen aufnimmt.

Es folgen nun, 100 Meter unter dem Dolomit des oberen Muschelkalks, weiche, glimmerreiche Mergel mit verkohlten Pflanzenresten, deren untere Grenze durch die angehäuften Schuttmassen verdeckt ist. Wahrscheinlich aus diesen Schichten rührt eine auf der Halde gefundene Platte, die neben zahlreichen kohligen Pflanzenresten eine *Rhynchonella* und den schattenhaften Umriss eines Ammoniten enthält.

Es wurde nothwendig, das Profil an einer anderen Stelle, etwas weiter östlich, fortzusetzen.

Der Verlauf der Schichtlinien, sowie die Folge der überlagernden, in einer steilen Wand entblössten Schichten liess die Annahme als gerechtfertigt erscheinen, dass

q) 6 Meter weiche, mergelige Gesteine der oben verlassenen Stelle entsprechen. Es folgen sodann:

r) 5 Meter sandige, theilweise breccienartige Kalke,

s) 20 Centimeter glimmerreicher Mergel,

t) 6 Meter fester, hellgrauer Kalk,

u) 40 Centimeter glimmerreicher Mergel,

v) 10 Meter fester, sandiger Kalk, durch eine dünne glimmerreiche Mergellage getheilt.

Hiemit ist der Abschluss der Wechsellagerung fester Kalke und weicher Mergel mit Pflanzenresten erreicht und es folgen nun die rothen dolomitischen Mergel und Conglomerate.

w) 2 Meter rother, weicher Mergel,

x) 5 Meter fester, rother, glimmerreicher Mergel,

y) 25 Centimeter rothes Kalk-Conglomerat,

z) 50 Centimeter glimmerreiche, feste, sandige Mergel mit Pflanzenresten,

a^1/ 1 Meter weiche, glimmerige Mergel,

b^1/ 25 Centimeter Conglomerat,

c^1/ 80 Centimeter weiche Mergel mit Kohlenspuren,

d^1/ 1 Meter festes, rothes Conglomerat,

e^1/ 23 Meter rothe, feste Dolomitmergel, stellenweise mit Kalk-knollen und Conglomerat-Einlagerungen,

f^1/ 1 Meter rothes Conglomerat.

Den Schluss der Muschelkalk-Schichten bilden sodann

g^1/ 30 Meter helle, wolgeschichtete dolomitische Kalke.

Bei der Armuth an Fossilresten und dem Mangel anderweitiger leitender Anhaltspunkte muss es fraglich bleiben, ob wirklich die ganze Reihenfolge dieses Profils dem unteren Muschelkalk angehört. Die obersten Glieder *a)* bis *e)* zumal könnten nach ihrer Gesteins-Beschaffenheit noch recht wol dem oberen Muschelkalk zufallen. — Auf losen, im St. Vigiler Walde gesammelten Stücken von weichen, mergeligen Schieferplatten liegen mehrere Exemplare von *Rhyncho-nella tetractis Lor.* vor. Ferner enthalten Breccienkalke von der gleichen Stelle *Spiriferina cf. Köveskalliensis Suess.*

Als breites, dunkles Band ziehen diese Schichten längs des Nordabfalles der Dolomitmauer der Hochalpe hin, ein fremdartiges Element in der Landschaft bildend, aber bis in die neueste Zeit gänzlich unbeachtet. Erst Loretz, dem man eine Reihe werthvoller Beobachtungen aus unseren östlichen Gebietstheilen verdankt, lenkte die Aufmerksamkeit auf dieselben und beschrieb eine Anzahl neuer Fossilien, welche er an einigen Stellen der Bragser Gegenden ent-deckt hatte *).

An der Nordostecke der Hochalpe bietet der vom Rothkopfe über den Kühwiesenkopf und das Burgstalleck zum Brunstriedel führende Kamm ein vortreffliches, vom Phyllit bis in den Wengener Dolomit reichendes Profil dar, welches im Bereiche des Muschel-kalks einige Abweichungen von dem oben mitgetheilten Profil aufweist.

Die auffallendste Erscheinung ist der Dolomit mit *Diplopora pauciforata* des Kühwiesenkopfs. Da sonst analoge Gesteine erst im oberen Muschelkalk auftreten, so ist es leicht begreiflich, dass man zunächst auch hier an oberen Muschelkalk denkt. Dann müssten aber die darüber folgenden Kalke und Mergel, welche eine echte Muschelkalk-Fauna führen, den Buchensteiner Schichten entsprechen und der untere Muschelkalk bliebe ganz aus. Eine solche Annahme ist aus vielen Gründen unstatthaft und durch die Verhältnisse auch

---

*) Zeitschr. D. Geol. Ges. 1874, pag. 377 ff.; 1875, pag. 784 ff.

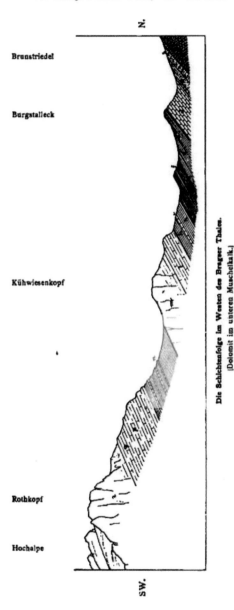

Die Schichtenfolge im Westen des Brager Thales.
(Dolomit im unteren Muschelkalk.)

a = Quarzphyllit; *b* = Verrucano; *c* = Grödener Sandstein; *d* = Bellerophon-Schichten; *e* = Graue Werfener Schichten; *f* = Schnecken-Lumachell-Bänke; *g* = Graue Neticollen-Kalke (*e–g* Werfener Schichten); *h* = Rothe Mergel; *i* = Weisser Kalk; *l* = Dolomitischer Kalk; *m* = Diploporen-Dolomit; *n* = Mergel mit Kalk-Einlagerungen (Brachiopoden, Pelecipoden, Crinoiden; (*h–n* Unterer Muschelkalk); *o* = Hornsteinführender Dolomit des oberen Muschelkalkes; *p* = Dolomit mit Einlagerungen von Bänderkalk (Buchensteiner Schichten); *q* = Weicher Dolomit; *r* = Fester Dolomit (*q–r* Wengener Dolomit).

gar nicht erfordert. Die nähere Untersuchung und die Vergleichung
mit dem Profil von St. Vigil zeigt zunächst, dass die an der Basis
des Diploporen-Dolomits am Kühwiesenkopfe vorkommenden lichten
dolomitischen Kalke ganz und gar dem Gliede g^1) des St. Vigiler
Profiles entsprechen. Bei St. Vigil folgen nun die rothen Mergel
und Conglomerate. Am Kühwiesenkopfe dagegen erscheint an ihrer
Stelle der Diploporen-Dolomit. Dieser Dolomit hat nur eine sehr
geringe Verbreitung und ist augenscheinlich nur eine locale, besondere Facies des in diesen nördlichen Gegenden so mächtig entwickelten unteren Muschelkalks. Eine nahezu identische Muschelkalk-
Entwicklung und die gleiche Reihenfolge heteropischer Glieder
haben wir bereits im Codalonga-Thal bei Caprile kennen gelernt.
(Vgl. S. 253.) Allerdings ist dort die Mächtigkeit im Ganzen wie im
Einzelnen eine sehr bescheidene, während hier, wahrscheinlich unter
dem Einflusse mehr litoraler Bedingungen, die einzelnen Glieder zu
grosser Mächtigkeit anschwellen. In dieser Beziehung besteht eine
grosse Analogie mit Recoaro, wo gleichfalls bei vorherrschend litoralen Einflüssen eine grosse Manigfaltigkeit der Facies und eine
auffallende, grosse Mächtigkeit der zahlreichen Glieder wiederkehrt.

Der über dem Diploporen-Dolomit auftretende Complex von
wechsellagernden Mergelkalken, dunklen, in knollige Stücke zerfallenden Kalken, sandigen Kalken und schiefrigen pflanzenführenden
Lagen ist die Fortsetzung der oberen Schichtenreihe (beiläufig v)
bis f) des St. Vigiler Profils. Einschlüsse von Hornsteinkugeln und
Nieren mit kalkigem Kern, sowie derbe Hornsteinmassen sind
nicht selten.

Diese Schichten sind reich an wolerhaltenen, aus den Mergel-
knollen und Crinoidenkalken heraus witternden thierischen Fossilien.
Ausser Crinoiden kommen Gasteropoden und Pelecypoden, vorzüglich aber Brachiopoden in grossen Mengen vor.

Cephalopoden fehlen, obwol gewisse Bänke petrographisch mit
dem cephalopodenführenden Gestein von Neubrags und Dont völlig
übereinstimmen.

Die folgende Liste der Fossilien ist nach den Angaben von
Loretz und nach den Aufsammlungen von Hoernes und mir zusammengestellt.

> *Entrochus cf. Encrinus liliiformis*
> *Lima lineata Schloth.*
> *Pecten discites Schloth. sp.*
>   „ *cf. inaequistriatus Goldf.*
> *Waldheimia vulgaris Schloth.*
>   „   *angusta Schloth.*

Rhynchonella tetractis Lor.*)
Spiriferina fragilis Schloth. sp.
„   *palaeotypus Lor.*

Ueber diesen Gesteinen folgen Dolomite, deren Unterscheidung durch gewisse Einschlüsse ermöglicht wird. Der Kamm liegt nämlich nahezu an der heteropischen Grenze zwischen der Dolomit- und der Mergel-Entwicklung der Buchensteiner und der unteren Wengener Schichten und gestattet nicht nur die Streichungsrichtung der Gesteine der Mergelfacies, sondern auch das Ineinandergreifen der heteropischen Glieder und das Auftreten der die heteropische Grenze charakterisirenden Gesteine die annähernde Gliederung und Deutung des Dolomits.

Eine nicht sehr mächtige Abtheilung geschichteten gelben Dolomits, welcher an der Basis viele Hornsteine führt, betrachten wir als die Fortsetzung des Dolomits des oberen Muschelkalks des St. Vigiler Profils. Befremdend erscheinen hier allerdings die Einschlüsse von Hornsteinen, welche sich sonst in unserem Gebiete im oberen Muschelkalk nicht finden. Das gleiche liesse sich aber auch von dem unteren Muschelkalk sagen, welcher auch nur hier Hornstein-Einschlüsse enthält. Da sich eine höhere Abtheilung des Dolomits durch zwischengelagerte, etwas dolomitische Bänderkalke deutlich als Buchensteiner Dolomit zu erkennen gibt, erhält die Deutung des unteren Dolomits als oberer Muschelkalk eine weitere Stütze. Es wurde übrigens schon wiederholt darauf hingewiesen, dass in den Dolomitriffen der obere Muschelkalk und die Buchensteiner Schichten häufig in eine nicht weiter trennbare Dolomitbank zusammenschmelzen.

In der Streichungsrichtung des Dolomits mit den Bänderkalk-Einlagerungen erscheinen auf dem Gehänge gegen das obere Bragser-Thal typische Bänderkalke mit Pietra verde.

Zwischen dem Buchensteiner Dolomit und der Dolomit-Steilwand der Hochalpe (Rothkopf) zieht ein Streifen weicherer, dolomitischer Gesteine hin, welche bereits Loretz mit dolomitischen Cipitkalken verglichen hatte. Leider ist die unweit auf dem Gehänge gegen das Bragser Thal befindliche Grenze gegen die Wengener Mergel theils verschüttet, theils verwachsen. Aber es verdient hervorgehoben zu werden, dass ein ganz unbefangener Beobachter, der die Bedeutung der Cipiter Riffsteine nicht kannte, die Aehnlichkeit

---

*) Unter den zahlreichen mir vorliegenden Exemplaren dieser verbreiteten und von älteren Autoren manchmal mit *Retzia trigonella* verwechselten Form nähern sich einige sehr der von Böckh aus dem unteren Muschelkalk des Bakonyer Waldes beschriebenen *Rhynchonella altaplecta.*

Mojsisovics, Dolomitriffe.   18

des nahe der heteropischen Grenze vorkommenden Dolomits mit dem Cipitkalk betont hatte.

Was die tieferen an der Nordseite des Hochalpen-Riffs auftretenden Schichtcomplexe betrifft, so muss das Fehlen der in den westlichen und südlichen Districten an der Basis der Bellerophon-Schichten regelmässig vorkommenden Gypszone constatirt werden. Der östlichste Punkt, wo die Gypse noch beobachtet wurden, ist das Joch zwischen St. Vigil und Piccolein. Ganz schwefelfrei sind übrigens trotzdem die Bellerophon-Schichten dieser nördlicheren Gegenden nicht, denn die schwefelhaltigen Wasser des Bades Bergfall entspringen den Bellerophon-Kalken und werden in hölzernen Röhren zu dem im Phyllit gelegenen Badeorte geleitet. Die dunklen bituminösen Kalke sind allenhalben sehr reich an Durchschnitten von Bellerophonten.

4. Das Nordostgehänge zwischen Brags und Schluderbach.

Wie bereits mitgetheilt wurde, stösst östlich an das Dolomit-riff der Hochalpe ein Gebiet heteropischer Entwicklung. Dieses Gebiet reicht östlich bis an den Scheiderücken zwischen dem Bragser und dem Höhlensteiner Thal, wo wieder eine durchgreifend dolomitische Entwicklung beginnt, die über Sexten bis nach Auronzo reicht.

Die tektonischen Verhältnisse sind im Ganzen sehr einfach. Die von Dr. Hoernes durchgeführte Aufnahme zeigt einige untergeordnete, durch Querbrüche veranlasste Störungen am Nordfusse des Hersteines und Daumkofels und eine längere zwischen der Dolomitmasse des Dürrensteins und der Gebirgsgruppe der Croda Rossa verlaufende Verwerfung, welche wir aus der Beschreibung des Herrn Dr. Hoernes kennen lernen werden. Nicht unwahrscheinlich ist es ferner, dass eine Verwerfung den Muschelkalk-Dolomit des Alwartstein von dem Muschelkalk-Dolomit des Lung- und Sarnkofels trennt.

Das Höhlensteiner Thal scheint ein einfaches Erosions-Querthal zu sein, über welches die Schichten regelmässig von der West- auf die Ostseite hinübersetzen.

Die permischen und untertriadischen Schichten am Aussenrande des Gebirges bieten in ihrer Zusammensetzung keine wesentliche Verschiedenheit gegenüber dem zuletzt besprochenen Abschnitt dar. Zwischen Altbrags und dem Golserberg entdeckte Hoernes einen reichen Fundort von Fossilien im Bellerophon-Kalk.

Der untere Muschelkalk ist in der durch Schutt stark über-
rollten Scholle bei Neubrags reich an Cephalopoden. Das Gestein
und die Fauna stimmen vollständig mit den Cephalopoden-Schichten
von Dont überein. Folgende Formen konnten unterschieden werden

Trachyceras Zoldianum Mojs.
„   *binodosum Hau.*
„   *Loretzi Mojs.*
„   *Bragsense Lor.*
„   *pustericum Mojs.*
„   *cf. balatonicum Mojs.*
„   *Golsense Mojs.*
Aegoceras div. sp. indet.
Orthoceras sp. indet.
Pecten discites Schloth. sp.

Bei Bad Altbrags lagern nach Hoernes die Schichten des
unteren Muschelkalks normal zwischen den Werfener Schichten und
dem Dolomit mit *Diplopora pauciforata* und ziehen als dessen
Unterlage auf der Nordseite des Alwartstein und Sarnkofels fort,
während Loretz, welcher freilich unseren unteren Muschelkalk und
die Buchensteiner Schichten in eine Etage zusammengefasst hatte,
angibt, dass der Diploporen-Dolomit auch hier, wie auf dem Kühwiesenkopfe, die tiefere Lage einnimmt. Ohne die Möglichkeit ab-
läugnen zu wollen, dass eine solche tiefere Dolomitlage stellenweise
vorhanden ist, scheint mir das Profil über den Sarnkofel unzweifelhaft darzuthun, dass die unteren Muschelkalk-Schichten vor dem
Sarnkofel, in denen Loretz den *Ptychites Studeri* fand, unter dem
von echten Buchensteiner Schichten mit Pietra verde überlagerten
Diploporen-Dolomit des Sarnkofels lagern. In den glimmerreichen,
dunklen Mergeln bei Altbrags fand Herr Dr. Hoernes ausser kohligen Pflanzenresten zahlreiche schattenhafte Umrisse von unbestimm-
baren Ammoniten. Herr Dr. Loretz, welcher die Güte hatte, seine
Funde mir zur Untersuchung mitzutheilen, fand auf dem Badmeister-
kofel (Golserberg) in dem typischen Cephalopoden-Gestein des
unteren Muschelkalks

Trachyceras cf. Ottonis v. Buch
„   *Golsense Mojs.*
Terebratula angusta Schloth.
Lima lineata Schloth.

In Verbindung mit den mergeligen, flimmernden Kalken
kommen daselbst, sowie auf der Höhe vor dem Sarnkofel auch
Hornsteinkalke vor. An letzterer Stelle fand Herr Loretz in dem

18 *

Hornsteinkalke *Ptychites Studeri Hau.* und in dem darunter liegenden Mergel *Rhynchonella toblachensis Lor.*

Der die Stelle des oberen Muschelkalks einnehmende Dolomit mit *Diplopora pauciforata* weicht durch sein äusseres Ansehen, insbesondere seine graue bis schwarze und grauweisse Färbung von dem blendend weissen zuckerkörnigen Muschelkalk-Dolomit der westlichen Gegenden (Gröden u. s. f.) ab. Am Sarnkofel ist er deutlich geschichtet und so mächtig, dass die Vermuthung nahe liegt, derselbe möchte auch noch die unteren Buchensteiner Schichten vertreten.

Augitporphyrtuffe fehlen in diesen nördlichen Districten bereits gänzlich. Auch treten in den Wengener Schichten die Tuffsandsteine auffallend zurück und es überwiegen mergelige Gesteine. Die Unterscheidung von Wengener und Cassianer Schichten wird bei der grossen Seltenheit entscheidender Fossilien dadurch häufig sehr schwierig. Typische Daonellenschiefer mit *Daonella Lommeli* wurden am Fusse des Hersteins und in der Einsattelung zwischen Lungkofel und Sarnkofel gefunden.

Ueber die interessanten Grenzverhältnisse zwischen den heteropischen Bildungen der Wengener und Cassianer Schichten in der Gebirgsmasse des Dürrenstein wird der Bericht des Herrn Dr. Hoernes, den ich hier folgen lasse, Aufschluss geben.

„Die grosse Alpe, welche sich südlich vom Sarnkofel und Lungkofel ausdehnt, die Sarl-Alpe, wird durch die Mergel der Wengener Schichten gebildet. Auf der Westseite reichen die mergeligen Bildungen abwärts bis zum Thal des Bragser Wildbaches, wo sie einen förmlichen Schlammstrom bilden, der allerdings theilweise wieder bewaldet ist und bis zum Bade Altbrags, also bis in die Zone des Muschelkalkes reicht. Auf der Ostseite der Sarl-Alpe hat die dolomitische Facies bereits vollständig die mergelige verdrängt. Nur der Buchensteiner Kalk reicht bis zur Rienz hinab. Ueber ihm sieht man bis Schluderbach nur dolomitische Massen, mit Ausnahme eines schwachen Bandes von mergeligen Schichten, welches in der Gegend des Klausbaches schief von der Flodiger Wiese herabzieht und unter dem Dürrenstein endet.

Das Mergelplateau der Sarl-Alpe stösst nach Süden nicht unmittelbar an die Wände, in welchen der Cassianer Dolomit des Dürrenstein aufsteigt; es wird von demselben durch einen niedrigen Wall getrennt, der vorwaltend von Riffkalk, stellenweise von Dolomit gebildet wird und hinter welchem sich ein schmaler Zug von Mergeln befindet, der vielfach von Schutt und Blockwerk verdeckt ist, jedoch längs des ganzen Nordabfalls des Dürrenstein verfolgt,

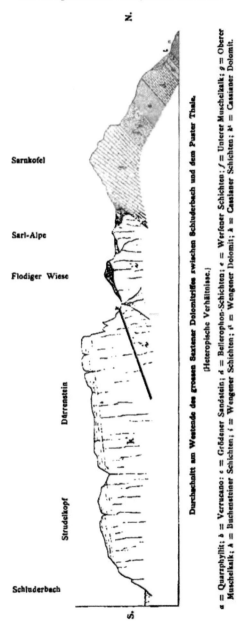

Durchschnitt am Westende des grossen Sextaner Dolomitriffes zwischen Schluderbach und dem Puster Thale.

(Heteropische Verhältnisse.)

a = Quarzphyllit; *b* = Verrucano; *c* = Grödener Sandstein; *d* = Bellerophon-Schichten; *e* = Werfener Schichten; *f* = Unterer Muschelkalk; *g* = Oberer Muschelkalk; *h* = Buchensteiner Schichten; *i* = Wengener Schichten; *i¹* = Wengener Dolomit; *i²* = Cassianer Schichten; *k* = Cassianer Dolomit.

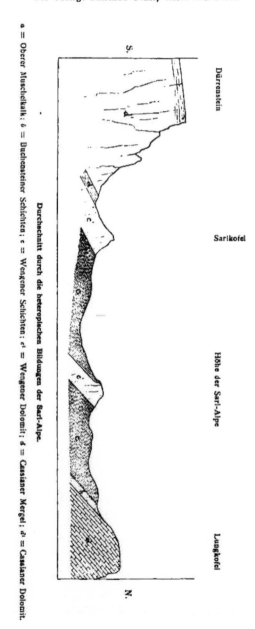

a = Oberer Muschelkalk; b = Buchensteiner Schichten; c = Wengener Schichten; c¹ = Wengener Dolomit; d = Cassianer Mergel; d¹ = Cassianer Dolomit.

Durchschnitt durch die heteropischen Bildungen der Sarl-Alpe.

werden kann. Im Walle findet mehrfach ein Auskeilen des Dolomits und ein Ersetzen desselben durch Riffkalk oder festere Mergel statt — nach Osten geht überdies die gesammte Masse der Mergel der Sarl-Alpe (von deren höchstem Punkte, einer isolirten Dolomitzunge, die beiliegende Skizze aufgenommen wurde), wie bereits bemerkt, in Dolomit über. Wie überall an derartigen Stellen nimmt man in den Uebergangsgebilden, im Riffkalk, eine Unmasse von Versteinerungen, namentlich Korallen, wahr, die indessen zumeist schlecht auswittern, in Bruchflächen aber fast gar nicht sichtbar sind.

Ein Profil, welches parallel zu dem Profil des Sarnkofels (S. 277) vom Lungkofel über das Plateau der Alpe zum Sarlkofel und Dürrenstein geht, gibt die Wengener Schichten fast nur aus Mergeln entwickelt, mit Ausnahme einer isolirten Dolomitpartie auf der Höhe der Alpe und der kleinen Kuppe des Sarlkofels, in welcher der Dolomitwall, ganz analog dem Vorriff des Sett Sass (Richthofen-Riff) oder den kleinen Riffen vor dem Sasso di Stria und dem Nuvolau hervortritt. Darüber folgt ein schwaches Band von Mergeln — wol bereits Cassianer Schichten — und sodann die Tafelmasse des Dürrenstein, welche den Cassianer Schichten angehört und unten von ungeschichtetem Dolomit, oben wie auf dem Sett Sass und Nuvolau von geschichteten dolomitischen Kalken gebildet wird.

Dürrenstein   Sarlkofel   Sarl-Alpe

S.   N.

Ansicht des Sarlkofels, vom Nockboden.

[Nach einer Skizze von Rud. Hoernes.]

WM. = Wengener Mergel; WCi. = Wengener Riffsteine (Cipitkalk); WD. = Wengener Dolomit; CM. = Cassianer Mergel; CD. = Cassianer Dolomit.

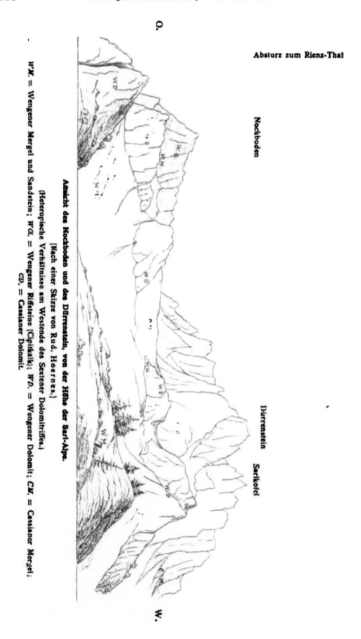

O.

Absturz zum Rienz-Thal

Nockboden

Dürrenstein

Sarlkofel

W.

Ansicht des Nockboden und des Dürrensteins, von der Höhe der Sarl-Alpe.

[Nach einer Skizze von Rud. Hoernes.]

(Heteropische Verhältnisse am Westende des Settener Dolomitriffes.)

WM. = Wengener Mergel und Sandstein; WG. = Wengener Rifsteine (Cipitkalk); WD. = Wengener Dolomit; CM. = Cassianer Mergel;
CD. = Cassianer Dolomit.

Auf der Westseite des Plateau's des Dürrenstein, das sich steil gegen dieselbe senkt, treten sehr eigenthümliche Verhältnisse auf. Das Massiv des Dürrenstein ist vom Dachsteinkalkstock der Rothwand durch eine von Nordwest nach Südost streichende Verwerfung getrennt, die jedoch nicht überall die gleiche Sprunghöhe besitzt. So stösst in der Gegend der Platzwiese der Dachsteinkalk der Rothwand mit den rothen Raibler Schichten zusammen, welche hier in der Form eines Denudationsrestes den geschichteten Dolomiten des Dürrenstein-Plateau's aufgelagert sind. Im Thale des Wildbaches gegen Brags sind es die Riffkalke und Mergel der Cassianer Schichten, die unmittelbar an den Dachsteinkalk herantreten, doch sind die Gehänge oft stark mit Schutt überdeckt, namentlich auf der Westseite des Thales, so dass die Verwerfungslinie selbst nicht gut zu verfolgen ist. Im Seeland-Thale, welches von den Platzwiesen gegen Schluderbach hinabzieht, sind die Aufschlüsse günstiger. Deutlich ist hier zu erkennen, dass die Verwerfungslinie am Anfange des Thales ziemlich hoch an den westlichen Gehängen liegt und dann der Ostseite des Knappenfuss-Thales folgt, welches in Folge dessen ganz im Dachsteinkalk eingerissen ist, während das Seeland-Thal vorwaltend mergelige Sedimente der Cassianer und Wengener Schichten durchschneidet, welche unter den Dolomit des Dürrenstein eingreifen. Ost- und Westseite des Thales sind grösstentheils von dolomitischen Gesteinen gebildet, während der Thalboden, die Seeland-Alpe, bis gegen Schluderbach von der Mergelfacies gebildet wird, in welcher es nicht leicht gelingen wird, eine scharfe Grenze zwischen Cassianer und Wengener Schichten zu ziehen. Die ungemein fossilreichen Mergel sind stellenweise in Gestalt von Schlammströmen über die Thalgehänge herabgeflossen, so dass nicht einmal die Fossilien nach Schichten gesondert werden können und jeder Anhaltspunkt zur Trennung von Horizonten fehlt. Gut ausgewitterte Korallen und Schwämme sind besonders reichlich. Die tuffigen Sandsteine der Wengener Schichten mit *Pachycardia rugosa*, welche von der Seisser Alpe und Falzarego-Strasse bekannt sind, treten auch hier auf und sind reich an Korallen und Pelecypoden. Ausser *Corbis cf. Mellingi* traf ich noch einen sehr charakteristischen *Perna* ähnlichen *Mytilus*, sowie die schmale *Solen* ähnliche *Gervillia* wieder, die so zahlreich an der Falzarego-Strasse gefunden werden. Die *Gervillia* bildet für sich allein eine etwa einen Meter ·mächtige Bank."

Wir sind, nachdem wir die in den Randzonen des grossen
Dachsteinkalk-Massivs zu Tag tretenden älteren Bildungen kennen
gelernt haben, nunmehr im Stande, uns eine klare Vorstellung über
die Ausdehnung der Riffmassen in dem Gebiete zwischen Gader
und Rienz zu machen. Zur Zeit der Buchensteiner Schichten begann
in der Gegend der Hochalpe die Bildung eines Riffs. Dasselbe griff
gegen Süden etwas über die heutigen Grenzen des Hochalpenstockes
hinaus und reichte bis zum oberen Wengener Thal (Buchensteiner
Dolomit der mittleren, hochliegenden Scholle). Das ganze übrige
Gebiet war rifffrei. Zur Zeit der unteren Wengener Schichten zog
sich das Riff der Hochalpe, analog dem Schlernriff, auf engere
Grenzen zurück. Es bildete sich offenbar eine, später durch die Dachsteinkalk-Massen der Krispes- und Senes-Alpe verdeckte Riffböschung.
Gleichzeitig ragte im Osten, an der Rienz zwischen Landro und
Toblach, ein gegen Westen abgeböschtes Riff, welches, wie wir
sehen werden, sich weit nach Osten und Südosten ausdehnte, in
unser Gebiet herüber. Im ganzen übrigen Raume wurden nur Tuffe,
Sandsteine und Mergel niedergeschlagen und an zwei Stellen, an
der Gader und in Brags durchbrach das Mergelmeer die nördliche
Riffzone. Während der oberen Wengener Schichten griff das Hochalpen-Riff westlich über seine alten Grenzen in das Bragser Mergelgebiet über und ebenso sandte von der Rienz her das östliche grosse
Riff zungenförmige Ausläufer in die Bragser Mergelsee. Die grösste
Ausdehnung aber erlangten die Dolomitriffe während der Bildungs-
periode der Cassianer Schichten. Im Norden griff das östliche Riff
über den Dürrenstein und wuchs in Brags mit dem Hochalpen-Riff
in eine, gegenwärtig grossentheils wieder zerstörte Masse zusammen.
Im Süden hatte ein ausgedehntes südliches Riff (Marmolata-Riff)
sich mit seiner Nordspitze (Lagatschoi) bis in das badiotische
Mergelbecken vorgeschoben. Den zwischen diesen Riffmassen liegenden Raum, d. i. nahezu das ganze vom Dachsteinkalk bedeckte
Gebiet müssen wir uns aber auch zur Zeit der Cassianer Schichten
rifffrei denken.

5. Die Hochfläche des Dachsteinkalks.

Nicht leicht möchte eine andere Gebirgsgruppe der Alpen in
ebenso klarer, leicht begreiflicher Weise die grossartigen Wirkungen
der Erosion uns vor Augen führen, als das Kalkhochgebirge zwischen
Gader, Rienz und Boita. Dies gilt namentlich von dem im Süden
der Villnösser Bruchlinie gelegenen Theile, welcher im grossen

Ganzen als eine ursprünglich zusammenhängende, gegen Norden abdachende Platte aufzufassen ist, welche durch die Wirkung der Erosion in eine Anzahl hoher paralleler Kämme mit mächtigen individualisirten Gipfeln aufgelöst wurde. Tiefe, grossartige Thalschluchten führen in das Herz der Gebirgsmasse; ja stellenweise, wie in dem wegen der Höhe und Kühnheit seiner Wände sehenswerthen Travernanzes-Thal ist bereits die ganze Mächtigkeit des Dachsteinkalks bis an den oberen Gebirgsrand hinaus durchsägt. Zwischen den Tofana-Gipfeln und der Thalsohle des Travernanzes-Thal liegt ein Höhenabstand von über 1200 Meter und da auf der Gipfelmasse noch ein Denudations-Relict jurassischer Bildungen vorhanden ist, während im Thale die Raibler Schichten blosgelegt sind, so gewährt die Tofana-Wand ein vollständiges Profil der ganzen Mächtigkeit des Dachsteinkalks.

Wie ganz anders verhalten sich die Plateaumassen des Dachsteinkalks in unseren nordöstlichen Alpen? Das sind rings geschlossene, in Steilwänden aufstrebende Stöcke mit treppenartigen Stufen und nur mässig über die mittlere Plateauhöhe sich erhebenden Gipfeln. Nirgends dringt eine grössere Erosionsrinne in das Innere der Massen. Aber an ihrem Fusse treten allenthalben mächtige Quellen zu Tage; das Wasser wirkt unsichtbar unterhalb der todesstarren Felsmassen und befördert durch Unterwaschung die Bildung der häufig thalähnlich verlaufenden grossartigen Einstürze. Die subaerische Denudation ist beschränkt auf die Wirkungen der atmosphärischen Einflüsse, welche wegen ihrer gleichmässigen, über die ganze Oberfläche verbreiteten Thätigkeit mehr nivellirend als ciselirend schaffen.

Besser als in der Südhälfte hat sich der Plateau-Charakter in der nördlichen Hälfte des Gebirges zwischen dem Rauh-Thale und dem Bragser Gebiet erhalten. Wie auf den nordalpinen Plateaux treten auch hier dolinenartige Versenkungen und Karrenfelder auf. Die Flächen wogen wellig auf und ab, gleich einem „steinernen Meere". Plötzlich öffnet sich eine tiefe Schlucht mit senkrecht abfallenden Wänden, ein versunkenes Plateau-Stück, und um den nahen jenseitigen Spaltenrand zu erreichen, muss man mühsam auf Umwegen sich einen Pfad über die Steilwand in die Tiefe suchen, um auf ähnliche Weise wieder mühsam die jenseitige Höhe zu gewinnen. Die wilde Gipfelbildung des Südens wiederholt sich nur in dem prächtigen Stocke der Croda Rossa.

Herr Dr. Hoernes, welcher die Aufnahme dieses Hochgebirges durchführte, gibt die nachstehende Schilderung des Dachsteinkalks.

„An seiner Basis besteht er aus schwach dolomitischen Kalken, in seiner grössten Mächtigkeit aus ziemlich reinem, röthlichem Kalkstein und nur in seinen obersten Lagen unmittelbar unter den grauen Liaskalken aus stärker dolomitischem Gestein. Häufig finden sich die Querschnitte und Hohlräume der Dachstein-Bivalven. Im Travernanzes-Thal enthält der röthliche Kalk in grosser Anzahl leicht auszulösende Schalen-Exemplare. Der Fundort befindet sich etwa 20 Minuten weit südlich und thalaufwärts von jener Stelle, an welcher das Travernanzes-Thal, welches zwischen Tofana und Vallon blanc einen fast ostwestlichen Verlauf besitzt, nahezu unter einem rechten Winkel nach Süd sich wendet. Der Thalboden ist mit Blöcken bedeckt, welche von den Wänden der Tofana stammen und fast insgesammt mit Megalodonten erfüllt sind. Durch Sprengen mit Dynamit gelang es, ein reiches Material derselben zu gewinnen. Es sind zwei durch Uebergänge verbundene Formen aus der Gruppe des *Megalodus gryphoides*, *Meg. Tofanae Hoern.* und *Meg. Damesi Hoern.* Ihr Lager sind die unteren Bänke des Dachsteinkalkes, nicht weit über den Raibler Schichten. Das weisse röthliche Gestein ist lagenweise von einer eigenthümlichen Breccie mit dunklen Gesteinsfragmenten durchzogen. Die Megalodonten finden sich in den hellen Zwischenlagen, etwa in folgender Weise:

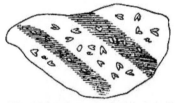

a = Heller, röthlicher Kalk mit Megalodonten; *b* = Breccie mit dunklen Gesteinsfragmenten.

Aus einer höheren Partie des Dachsteinkalks vom Piz Lavarella bei St. Cassian stammt eine ungemein grosse und dickschalige Form der gleichen Formenreihe, *Meg. Mojsvári Hoern.* *). Von anderen Versteinerungen wurde nur der Hohldruck einer *Chemnitzia* im Megalodontenkalk des Travernanzes-Thales und ein kleines Exemplar des *Turbo solitarius Ben.* im Aufstieg von Val di Rudo zur Alpe Födara Vedla gefunden.‘

---

*) Verh. Geol. R.-A. 1876, pag. 46.

Ohne scharfe Begrenzung entwickelt sich aus dem System des Dachsteinkalks gegen oben ein Complex von dünngeschichteten, grauen, manchmal auch röthlichen Kalken, welchen wir wegen seiner Lagerung und seiner petrographischen Aehnlichkeit mit den sogenannten „grauen Kalken von Südtirol" zum Lias gezogen haben. Fossilien sind zwar ziemlich häufig, doch gelang es nicht, entscheidende Formen zu finden. Ausser Durchschnitten von Megalodonten *(Meg. pumilus)* und *Mytilus* und *Modiola* ähnlichen Formen fanden sich noch die späthigen Reste von *Lithiotis problematica* *.Gümb.* Ueber diesen grauen Kalken folgt eine nicht sehr mächtige Ablagerung von röthlichem, manchmal weissen Crinoidenkalk, welchem stellenweise schmale Zonen rothen feinkörnigen Marmors (Gran Camploratsch in Klein-Fanis) eingeschaltet sind, und diese wird von rothen, hornsteinführenden Knollenkalken mit zahlreichen Ammoniten überlagert. Herrn Dr. H o e r n e s gelang es nicht, bei der beschränkten Aufnahmszeit, im Crinoidenkalk entscheidende Fossilien zu finden. Dagegen lieferten die rothen Knollenkalke zahlreiche Ammoniten, aus welchen die Uebereinstimmung dieser Schichten mit den rothen, oberjurassischen Ammonitenkalken von Trient und˙Rovereto unzweifelhaft hervorging. Wir nahmen daher für die hiesige Gegend die Uebereinstimmung der Jura-Entwicklung mit dem durch B e n e c k e's und Z i t t e l's Arbeiten bekannt gewordenen Südtiroler Jura an, dachten uns den Crinoidenkalk als Repräsentanten des Dogger und entschieden uns dafür, den Crinoidenkalk und den rothen Ammonitenkalk unter der Bezeichnung „mittlerer und oberer Jura" zusammenzufassen.

Seit der Beendigung unserer Aufnahme wurden durch die Cassianer Fossilsammler vom Monte Varella in Gross-Fanis und von anderen Stellen in Klein-Fanis und im Quellgebiete der Boita grössere Suiten von Fossilien versendet, welche die Vertretung einer ziemlich grossen Anzahl von Jura-Horizonten nachweisen. Von besonderem Interesse sind mittel- und oberliasische Fossilien, welche an die Wiener Universitäts-Sammlung gelangt sind. Ueber die ersteren hat mein hochverehrter Freund Prof. N e u m a y r eine kurze Notiz veröffentlicht, in welcher er aus einem weissen Crinoidenkalk eine grössere Anzahl mittelliasischer Brachiopoden anführt [*]). Es sind dies:

> *Terebratula Aspasia Men.*
> „ *Taramellii Gem.*
> „ *Piccininii Zit.*
> „ *rudis Gem.*

---

[*]) Verh. Geol. R.-A. 1877, pag. 177.

Waldheimia securiformis Gem.
Rhynchonella Briseis Gem.
       „   *flabellum Gem.*
       „   *cf. Meneghinii Zitt.*

Der obere Lias ist durch je ein Exemplar von *Harpoceras discoides Ziet.* und *Hamatoceras insigne Schübl.* in rothem Marmor repräsentirt. Es wäre nun von Wichtigkeit, durch Untersuchungen an Ort und Stelle zu entscheiden, wie sich das Lager dieser Fossilien zu den grauen Kalken und zu den unter dem oberjurassischen Ammonitenkalk liegenden Crinoidenkalken verhält. In letzteren ist, wie das Vorkommen von

Posidonomya alpina
Rhynchonella coarctata Opp.
       „   *Atla Opp.*

beweist, der Horizont der Klaus-Schichten jedenfalls vertreten. Es frägt sich daher, ob der untere Theil dieser Crinoidenkalke etwa noch liasisch sei, in welchem Falle die hiesigen grauen Kalke dem unteren und vielleicht theilweise auch noch dem mittleren Lias unter der Voraussetzung zuzurechnen wären, dass die in Gesellschaft der *Terebratula Aspasia* auftretenden Brachiopoden wirklich nur, was man nicht weiss, auf den mittleren Lias beschränkt wären. Eine brachiopodenführende Crinoidenkalk-Facies des oberen Lias ist nämlich bisher noch unbekannt und die Möglichkeit, dass dieselbe sich wenig oder gar nicht von der mittelliasischen unterscheide, muss bis auf Weiteres immer im Auge behalten werden.

Es kann aber auch sein, dass der liasische Crinoidenkalk und der Marmor mit *Harpoceras discoides* den grauen Kalken eingelagert sind. In diesem Falle wäre das Verhältniss ganz analog der von Hoernes in den grauen Kalken bei Longarone beobachteten Einschaltung mittelliasischer Ammonitenkalke.

Die rothen oberjurassischen Ammonitenkalke enthalten allenthalben die Faunen der Acanthicum-Schichten und des Tithon. Vielleicht ist stellenweise auch die Zone des *Peltoceras transversarium* vertreten, worauf ein von Fanis vorliegendes Exemplar von *Aspidoceras Oegir* hinweist.

Ich verdanke meinem hochverehrten Freunde, Prof. Zittel, eine Liste der in den Acanthicum-Schichten des Monte Varella in Gross-Fanis vorkommenden Fossilien, nach Bestimmungen des Herrn v. Sutner im palaeontologischen Museum zu München. Das Gestein ist ein dunkelrother, marmorähnlicher Kalk, vollkommen dem von

Rovereto entsprechend. Die Schale der Ammoniten hat sich entweder ganz oder doch theilweise erhalten, so dass die Bestimmungen mit Sicherheit vorgenommen werden konnten.

Lytoceras montanum Opp. sp.
Phylloceras mediterraneum Neum.
       „   *cfr. ptychostoma Ben.*
       „   *Benacense Cat. sp.*
       „   *isotypum Ben. sp.*
Oppelia Holbeini Opp. sp.
       „   *compsa Opp. sp.*
       „   *Strombecki Opp. sp.*
Perisphinctes acer Neum.
       „   *cfr. Championetti Font.*
       „   *cfr. progeron Neum.*
Aspidoceras longispinum Sow. (Neum.)
       „   *acanthicum Opp.*
       „   *Haynaldi Herb..*
       „   *sesquinodosum Font.*
       „   *Uhlandi Opp. sp.*
       „   *liparum Opp. sp.*
       „   *cyclotum Opp. sp.*
Simoceras Agrigentinum Gem.

Die Steinbrüche von La Stuva bei Peutelstein sind schon seit längerer Zeit als ein Fundort tithonischer Fossilien bekannt. Der Erhaltungszustand lässt viel zu wünschen übrig. Loretz und Hoernes erwähnen folgende Formen:

Terebratula diphya Col. sp.
       „   *triangulus Lam.*
Belemnites cf. semihastatus Münst.
Lytoceras montanum Opp.
Phylloceras ptychoicum Quenst.
       „   *ptychostomum Ben.*
Haploceras Stazyczii Zsch.
Perisphinctes rectefurcatus Zitt.
       „   *cf. colubrinus*
Simoceras Volanense Opp. sp.

Bei dem grossen Reichthum an Fossilien wird eine länger fortgesetzte systematische Ausbeutung der rothen Knollenkalke die obigen Listen ohne Zweifel bedeutend vermehren.

Unter den Aufsammlungen der Cassianer Sammler findet sich von Gross-Fanis in einem hellen Kalke eine der *Terebratula Bilimeki*

Suess nahe stehende Form in zahlreichen Exemplaren. Ein ähnlicher lichter Kalk kommt bei La Stuva über dem Diphya-Kalk vor. Ich fand in demselben ein grosses Exemplar von *Lytoceras montanum*. Ueber den jurassischen Bildungen folgen vollkommen concordant die grauen, an der Basis manchmal rothen Neocom-Mergel, meistens reich an Cephalopodenresten. Unterhalb der Alphütte von Klein-Fanis fanden wir nachstehende, von Herrn Dr. Hoernes bestimmte Fossilien:

> *Lytoceras subfimbriatum Orb. sp.*
> *Phylloceras Rouyanum Orb. sp.*
> „   *semistriatum Orb. sp.*
> „   *Morellianum Orb. sp.*
> *Olcostephanus cf. Heeri Oost. sp.*
> *Aptychus lineatus Peters.*

Bei La Stuva:

> *Phylloceras Rouyanum Orb.*
> *Haploceras Nisus Orb.*
> *Baculites neocomiensis Orb.*

Im Antruilles-Thal stehen die Neocom-Mergel nach oben im Zusammenhange mit quarzreichen Sandsteinen, aus welchen sich allmählich Conglomerate entwickeln. Dieselben wurden auf der Karte mit der Farbe der oberen Kreide bezeichnet. Herr Dr. Hoernes, welcher dieses Vorkommen untersuchte, ist der Ansicht, dass mit demselben ein unter eigenthümlichen Verhältnissen am Col Becchei an der Villnösser Bruchlinie auftretendes, von uns beiden beobachtetes Conglomerat zu identificiren sei.

Fanis-Thal   Croda del Becco

S.   N.

Das Vorkommen des Kreide-Conglomerates an der Villnösser Bruchlinie.

a = Dachsteinkalk; b = Lias; c = Kreide-Conglomerat; d = Gehängschutt.

Das deutlich geschichtete, etwa 70 Meter starke Conglomerat besteht aus vollkommen geglätteten Geröllen von verschiedenen Kalksteinen der Umgebung, worunter auch rother Jurakalk, und von weissem Quarz. Die Quarzgerölle sind im anstehenden Gestein nicht häufig. Aber lose findet man deren sehr viele im Humus, der das Gehänge überkleidet, und zwar die meisten mitten entzwei gebrochen. Sie erreichen die Grösse einer Männerfaust und erinnern sehr an die sogenannten Augensteine des Dachstein, welche von Suess*) beschrieben worden sind. Den Cement des Conglomerates bildet ein an vielen Stellen schaliger Kalk, welcher den Eindruck eines Quellen-Absatzes macht. Auch Brauneisenstein-Knollen finden sich, wie auf dem Dachstein. — Die Sandsteine und Conglomerate von Antruilles finden sich unter ganz übereinstimmenden tektonischen Verhältnissen ebenfalls an der Villnösser Bruchlinie auf einer tief eingesunkenen, allseitig isolirten Scholle.

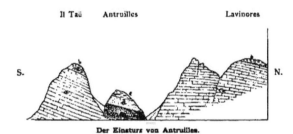

Der Einsturz von Antruilles.

a = Dachsteinkalk; b = Lias; c = Neocom-Mergel; d = Kreide-Sandstein; e = Kreide-Conglomerat.

Ein Umstand, welcher die Verfolgung der Jurakalke ausserordentlich erleichtert, ist die auffallende physiognomische Verschiedenheit derselben gegenüber dem Dachsteinkalk. Die Jurakalke sind dünn geschichtet, ihre Schichtenköpfe abgerundet und häufig unterhöhlt. Das sonderbarste aber ist, dass, während der unterlagernde Dachsteinkalk stets regelmässig eben einfallende Schichten besitzt, die Jurakalke ganz selbstständige Schichtenbiegungen und Schichtenfaltungen zeigen. Man möchte glauben, dass der Jura- über den Dachsteinkalk. hinweggeschoben worden sei. Die Erscheinung, dass Schichten von grösserem Thongehalt sich in Folge der eigenen Schwere fälteln, ist aber viel zu allgemein, um eine aussergewöhnliche dynamische Einwirkung in diesem Falle nothwendig erscheinen zu lassen.

Die aus Dachsteinkalk bestehenden Berge sind an ihren scharfkantigen Formen und an der röthlich gelben Färbung schon von ferne leicht erkenntlich.

*) Sitz.-Berichte, Wien. Akad. 1860, pag. 428.

Mojsisovics, Dolomitriffe. 19

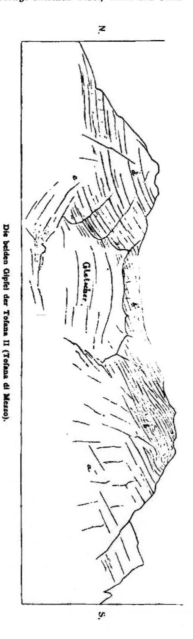

Die beiden Gipfel der Tofana II (Tofana di Mezzo).

[Nach einer Skizze von Rud. Hoernes.]

a = Dachsteinkalk; b = Lias; c = Rother jurassischer Crinoidenkalk; d = Oberjurassischer rother Knollenkalk.

Die Karte lehrt, dass die jurassisch-cretaceischen Bildungen nur in isolirten Denudationsresten vorkommen. Zur Conservirung der grösseren zusammenhängenden Partien von Fanis und von Val Salata hat viel die Versenkung an den Bruchlinien beigetragen, in Folge welcher diese Partien in eine tiefere Niveaulinie, als die angrenzenden Dachsteinkalkmassen geriethen. Durch ihre Lage von Interesse ist die von Herrn Dr. Hoernes auf den nördlichen Tofana-Gipfeln entdeckte Denudationsscholle, welche uns veranlasst hatte, alle höheren Dachsteinkalk-Gipfel der Urhgebung von Ampezzo zu ersteigen, um allfällige Jura-Reste nachzuweisen.

Ein ähnlicher, durch seine Schichtenfältelung interessanter Rest findet sich auf dem Vallon Bianco.

Es erübrigt uns nunmehr, auf die bereits mehrfach erwähnten Verwerfungslinien zurückzukommen.

Die Villnösser Bruchlinie, welche wir bereits durch das Thal von Wengen bis zu den Steilwänden des Dachsteinkalkes verfolgt haben, setzt zunächst durch das schutterfüllte Hochthal zwischen Parei di Fanis und Eisengabelspitze auf das Joch von St. Anton, auf welcher Strecke im Süden östlich einfallender, im Norden schwebender, oder sanft nördlich abdachender, durch kleinere Parallel-Verwerfungen mehrfach abgestufter Dachsteinkalk herrscht. Der Südflügel ist der gesunkene, wie sich aus der Auflagerung der jurassisch-cretaceischen Bildungen von Klein-Fanis ergibt. Der Bruch wendet sich nun südöstlich und ist durch die Contactlinie zwischen den oberjurassischen Kalken und dem Dachsteinkalk bezeichnet. Er übersetzt sodann die Wasserscheide zwischen Gross- und Klein-Fanis, zieht am Südgehänge des Kammes von Col Becchei in östlicher Richtung fort, begrenzt die südliche Thalwand von Antruilles und trennt die Liasscholle von Som Pauses vom Dachsteinkalk des Monte Cadini.

Eine secundäre parallele Verwerfung scheidet den flach gelagerten Dachsteinkalk der Croda d'Antruilles von der steiler gegen Norden einschiessenden Masse von Lavinores, begrenzt die Nordseite der tief versunkenen Scholle von Antruilles und vereinigt sich sodann bei Som Pauses mit der Villnösser Bruchlinie.

Eine länger andauernde, noch weiter nördlich gelegene Verwerfung, welche ebenfalls das Absinken des Südflügels zur Folge hat, reicht aus Val Salata auf das Südgehänge der Croda Rossa, wo sie eine Schleppung und Faltung des gesunkenen Südflügels am Col Freddo veranlasst. Die Contactlinie zwischen den jurassisch-

19*

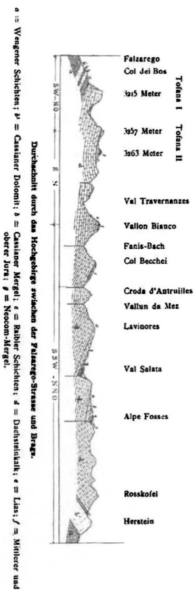

Durchschnitt durch das Hochgebirge zwischen der Falzarego-Strasse und Brags.

a = Wengener Schichten; b^1 = Cassianer Dolomit; b = Cassianer Mergel; c = Raibler Schichten; d = Dachsteinkalk; e = Lias; f = Mittlerer und oberer Jura; g = Neocom-Mergel.

cretaceischen Bildungen und dem auf der Nordseite ansteigenden Dachsteinkalk bezeichnet ihren Verlauf, dessen Parallelismus mit dem entsprechenden Stücke der Villnösser Bruchlinie in der Karte klar hervortritt.

Col Freddo   Croda Rossa

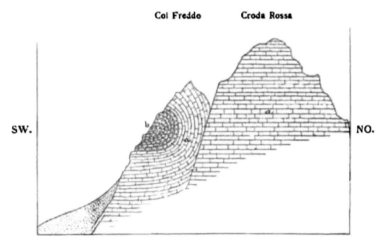

SW.   NO.

C-förmige Zusammenfaltung der Schichten an der Verwerfung auf der Südseite der Croda Rossa.

a = Dachsteinkalk; b = Lias.

Eine Thatsache von tektonischem Interesse verdient schon hier betont zu werden. Westlich vom Wengener Thal ist an der Villnösser Bruchlinie regelmässig der Nordflügel versenkt, östlich dagegen der Südflügel.

X. CAPITEL.

Das Hochgebirge zwischen Rienz, Drau, Boita und Piave.

Der Gebirgsstock des Monte Cristallo. – Das Sextener Dolomitriff. – Mesurina. – Drei Zinnen. – Sorapiss, Antelao, Marmarole.

1. Der Gebirgsstock des Monte Cristallo.

Der rings isolirte, zu bedeutender Höhe (3231 Meter) auf-strebende Gebirgsstock zerfällt in tektonischer Beziehung in zwei, durch die Fortsetzung der Villnösser Bruchlinie getrennte Schollen von ungleicher Ausdehnung.

Wir haben im letzten Abschnitt die Villnösser Bruchlinie ver-folgt bis in die Gegend von Som Pauses, wo dieselbe unterhalb des Monte Cadini die Ampezzaner Strasse zwischen Peutelstein und Ospitale erreicht. Von da setzt dieselbe durch das Val grande über das Joch Padeon auf die Südseite des Monte Cristallo, in welcher Gegend eine Zersplitterung und ein Abspringen derselben nach Süden eintritt. Der südliche Flügel, der schöne Felskamm des Monte Pomagagnon, ist der gesunkene Theil. Es ist dasselbe Verhältniss wie im Faniser Hochgebirge.

In stratigraphischer und chorologischer Hinsicht bilden diese beiden Schollen eine Einheit und gehören dem grossen Tuffsand-stein- und Mergelgebiet der Wengener und Cassianer Schichten an, welches aus dem Badiotenland unterhalb der Dachsteinkalkmassen der Faniser und Tofana-Gruppe hindurch bis an das grosse Rand-riff von Sexten-Auronzo reicht. Wie am Südgehänge der Tofana und am Nordgehänge der Sorapiss findet sich unterhalb der Raibler Schichten als Vertretung der oberen Cassianer Schichten eine schmale Dolomitbank. Die unteren Cassianer und die Wengener Schichten, welche das tiefste entblösste Schichtsystem bilden, sind frei von Dolomitriffen bis auf eine kleine Dolomitspitze in den Wengener Schichten von Val buona, welche als ein westlicher Ausläufer des grossen Sextener Riffes zu betrachten ist.

Die Gegend zwischen Ampezzo und dem Joche Tre Croci fällt mit einem Luftsattel zusammen, dessen nördlicher Schenkel der Pomagagnon und dessen Südflügel die Sorapiss-Gruppe ist. Die Falzarego-Verwerfung setzt östlich nicht über die Boita, sondern wendet sich, wie bereits angedeutet wurde, an der Ostseite der Creppa südlich, um dem Laufe der Boita zu folgen. Tofana und Pomagagnon scheinen zusammengehörige, blos durch Erosion getrennte Massen zu sein.

Die Thalgehänge bei Ampezzo bestehen aus Wengener Sandsteinen und Mergeln, welche grosse, gegenwärtig meist überwachsene Schlammströme erzeugten, deren Fuss von der Boita benagt und unterwühlt wird. Die Beweglichkeit der Schlammstrom-Gebiete ist deutlich wahrnehmbar. Cortina selbst liegt auf einem alten, momentan stille stehenden Schlammstrom, dessen Fuss möglichst gegen die Angriffe der Boita und dessen höhere Theile gegen weitere Nachschübe von oben zu schützen eine Existenzfrage für die Bewohner von Cortina bildet.

Kalkreichere, oolithische Bänke der Wengener Schichten enthalten nicht selten Fossilien, darunter auch *Daonella Lommeli.*

Die unterhalb der Cassianer Dolomitbank am Fusse der Gebirgssteilwände durchziehenden Cassianer Mergel haben *Daonella Richthofeni* und Cassianellen geliefert.

Die Hauptmasse des Cristallo-Stocks besteht aus Dachsteinkalk. Jurassische Bildungen scheinen nirgends mehr vorhanden zu sein. Herr Dr. Ed. Reyer fand auf dem Gipfel des Cristallo die weissen, dolomitischen Gesteine, welche für die obersten Bänke des Dachsteinkalks in der hiesigen Gegend bezeichnend sind.

Die Verhältnisse an der Villnösser Bruchlinie zwischen der Cristallo- und der Pomagagnon-Scholle gehen aus unserer Karte — Herr Dr. Hoernes führte die geologische Kartirung der ganzen Gruppe durch — klar hervor. In Val Grande, in der Nähe der Padeon-Alpe kommen an der Basis der Cristallo-Wände als tiefste entblösste Schichtgruppe Cassianer Mergel vor, wie das von Herrn Dr. Hoernes mitgetheilte Profil zeigt.

Am oberen Ende des Val Grande fand Dr. Hoernes eine doppelte Verwerfung, indem hier eine kleine Partie von Dachsteinkalk zwischen Raibler Schichten eingeklemmt ist.

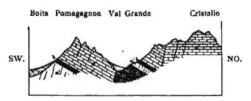

a = Cassianer Schichten; a¹ = Cassianer Dolomit; b = Raibler Schichten; c = Dachsteinkalk.

Diese doppelte Verwerfung setzt am Südgehänge des Monte Cristallo über Col da Varda fort, so dass an den meisten Stellen Cassianer Dolomit und Raibler Schichten dreifach über einander zu sehen sind. Der unterste Zug ist die Fortsetzung des Pomagagnon-Rückens.

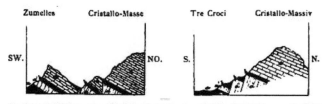

a = Cassianer Schichten; a¹ = Cassianer Dolomit; b = Raibler Schichten; c = Dachsteinkalk.

Diese Verwerfungen erreichen vor dem Mesurina-Thal ihr Ende. Vorher aber setzt etwas weiter südlich in Val Buona eine neue Verwerfung an, welche bald eine sehr bedeutende Sprunghöhe erreicht. So wiederholt sich hier die Erscheinung, dass Bruchlinien an Stellen geringer Vertical-Verschiebungen sich fächerförmig zersplittern.

Der Ostseite des Cristallo-Stockes entlang läuft ebenfalls eine Verwerfung, deren nordwestliche Fortsetzung den Dürrenstein von der Croda Rossa trennt und bis Brags reicht. Auch diese Verwerfung, an welcher der Cristallo-Stock abgesunken ist, kann als ein Seitenstrahl der Villnösser Bruchlinie aufgefasst werden.

2. Das Sextener Dolomitriff.

Zwischen dem Höhlensteiner (Landro), Sextener und Anziei-(Auronzo) Thal befindet sich ein grosses, isopisches Dolomitriff, welches sich über unterem Muschelkalk erhebt und dessen ausgedehnte Plateaux von Raibler und Dachstein-Schichten überlagert werden.

Ueber die tieferen, die Unterlage des Riffes bildenden Schichtcomplexe, welche aus der Gegend von Innichen in einem breiten
Streifen durch Sexten und Comelico Superiore nach Auronzo ziehen,
entnehmen wir dem Aufnahmsberichte des Herrn Dr. Hoernes die
folgenden Daten:

„Die Schichten des Verrucano sind namentlich in der Gegend des Sexten-Thales und im Comelico sehr mächtig entwickelt.
Sie bestehen vorwaltend aus einem groben Conglomerat aus Quarzgeröllen, welche durch Phyllitdetritus verbunden sind. In frischem
Zustand ist das Conglomerat grau und sehr fest; es wird in Sexten
in mehreren Brüchen zur Mühlsteinfabrikation verwendet. Verwittert,
zerfällt es in groben Grus und wird rostroth. Nicht selten umschliesst
der Verrucano auch grössere oder kleinere Brocken eines röthlichen
Kalkes (so im Thal des Torr. Diebba bei Auronzo, bei St. Veit
und Moos im Sexten-Thal etc.), welche häufig in grosser Menge
Fusulinen enthalten.‘

„Bemerkenswerth erscheinen die Quarzporphyr-Vorkommen,
welche ich, wenn auch in kleineren Massen bei Danta im Comelico
und am Matzenboden, nordöstlich vom Kreuzberg, anstehend traf,
während einzelne Blöcke von Quarzporphyr vielfach im Verrucano
der Gegend eingeschlossen angetroffen werden (so bei Moos im
Sexten-Thal, im Thal des Torrente Diebba etc.). Auch die anstehenden grösseren Quarzporphyrmassen sind dem Verrucano eingelagert
und müssen als Stromenden aufgefasst werden. Herr Dr. Doelter
war so freundlich, die petrographische Untersuchung der Gesteine
vorzunehmen. Ich verdanke demselben folgende Angaben: „Die untersuchten Gesteinsproben zeigten grosse petrographische Aehnlichkeit.
Bei äusserer Betrachtung waren in der braunen felsitischen Grundmasse sehr zahlreiche grössere Quarzkörner und kleinere Feldspath-
einsprenglinge sichtbar. Unter dem Mikroskop im Dünnschliffe wurde
letzterer Bestandtheil als einer der häufigsten erkannt und zwar
gehören die meisten Krystalle dem monoklinen Feldspathe an, doch
kommt daneben auch trikliner Feldspath vor. Der Quarz tritt in
Körnern von unregelmässiger Form auf, er enthält Einschlüsse von
Glas- und Grundmasse, welch' letztere in die Quarze eingedrungen
ist und selbe zerrissen hat. Biotit ist ein constanter Gemengtheil in
allen untersuchten Gesteinsstücken. Hie und da kömmt auch Hornblende vor. Magneteisen findet sich stets in kleinen Körnern. In der
Grundmasse sieht man kleine Feldspath-Individuen und durch Eisen-
oxydhydrat rothbraun gefärbte Glasbasis‘. — Es bestätigte dieses
Resultat der petrographischen Untersuchung die auf Grund des
äusseren Ansehens, welches ganz mit jenem gewisser Quarzporphyr-

Varietäten von Bozen übereinstimmt, ausgesprochene Zutheilung dieser vereinzelten Quarzporphyr-Vorkommen zum Bozener Porphyr.‘

„Der Grödener Sandstein ist gegenüber dem Verrucano verhältnissmässig schwach entwickelt und bildet eine mässig breite Zone an der Basis des Triasgebirges gegen Nord und Ost.‘

„Der Bellerophonkalk ist in dem engeren hier zu schildernden Gebiete sehr mächtig entwickelt, an seiner Basis tritt stellenweise Gyps (so an der Mündung des Gsellbaches an der Westseite des Sexten-Thales bei St. Veit, bei Auronzo am rechten Anziei-Ufer) in geringer Mächtigkeit und Rauchwacke (fast überall und mächtig entwickelt) auf. — In den dunklen bituminösen Kalken dieses Complexes konnte ich im Rohrwald am Nordgehänge des Neunerkofels bei Toblach Adern von Siderit beobachten. Fossilien, namentlich Bellerophonten traf ich allenthalben in den Stinkkalken des Complexes, so im Rohrwald bei Toblach, am Kreuzbergjoch zwischen Sexten und Comelico, am Monte Castello zwischen Comelico und Auronzo, im Thal des Torrente Diebba bei Cella di Auronzo dann im Rio Socosta und in Val di Rin nächst Auronzo, wo *Aviculopecten*-Arten *(Av. comelicanus St., Av. Trinkeri St.* und *Av. Gümbeli St.)*, in den dünngeschichteten Stinkkalken eine ähnliche Rolle spielen, wie die Daonellen in den triadischen Daonellen-Schiefern.‘

„Namentlich reich erwies sich die Gegend des Kreuzberges, welche bis jetzt die meisten Fossilien unter allen Fundorten der Bellerophon-Schichten geliefert hat. Nach Stache's Bestimmungen besteht die Fauna des Kreuzberges aus:

Nautilus Hoernesi St.
„   *crux St.*
Bellerophon cadoricus St.
„   *Mojsvári St.*
„   *Sextensis St.*
„   *comelicanus St.*
„   *pseudohelix St.*
Murchisonia tramontana St.
Turbonilla Montis Crucis St.
Natica comelicana St.
„   *cadorica St.*
Pecten tirolensis St.
„   *praecursor St.*
Avicula cingulata St.
„   *striatocostata St.*
„   *filosa St.*
Schizodus cf. truncatus King.

Spirifer insanus St.
„ *megalotis St.*
„ *Haueri St.*
„ *cadoricus St.*
„ *dissectus St.*
„ *crux St.*
„ *concors St.*
„ *Sextensis St.*
Spirigera Janiceps St.
„ *papilio St.*
„ *peracuta St.*
„ *bipartita St.*
, *pusilla St.*
„ *confinalis St.*
„ *Archimedis St.*
„ *faba St.*
Orthis ladina St.
Strophomena (Leptaena) alpina St.

„Die Werfener Schichten, welche über dem Bellerophonkalk in regelmässiger Auflagerung folgen, sind in ihrem unteren Theile sehr fossilarm; selbst die undeutlichen Myaciten-Formen werden nur selten angetroffen. Hingegen ist der Horizont der *Naticella costata* mit den in engster Verbindung mit demselben stehenden Schnecken-Lumachellbänken überall vorhanden und an manchen Stellen reich an wolerhaltenen Fossilien. Ich erwähne in dieser Beziehung das nördliche Gehänge des Neunerkofels zwischen Toblach und Innichen, an welchem ich *Naticella costata* ungemein zahlreich und in selten schöner Erhaltung in einem festen, kalkigen, grauen Mergel antraf, sowie die Gsellwiese bei St. Veit im Sexten-Thal, auf welcher ich in den Schnecken-Lumachellbänken, welche, wie ich glaube, noch mehr Beachtung verdienen, auch Pelecypoden in guter Erhaltung fand.‘

„Der untere Muschelkalk zeigt seine regelmässige Entwickelung: Dunkle, bituminöse Kalke und graue, glimmerige Mergel mit kohligen Pflanzenresten; andere Gesteine konnte ich in diesem Gebiete nicht wahrnehmen.‘

Das Sextener Dolomitriff reicht mit seinem Westende über das Höhlensteiner Thal hinüber, wo dasselbe den Scheiderücken gegen Brags bildet, welcher bereits in einem früheren Abschnitte besprochen worden ist. Die dort gewonnenen Anhaltspunkte zur Unterscheidung der Dolomitmasse nach ihren Altersverhältnissen dienten Herrn Dr. Hoernes zur Richtschnur für die selbstverständlich nur approximative und in vieler Beziehung willkürliche Trennung des Dolomits in der östlichen Hauptmasse. Im Süden und im Südwesten an der heteropischen Grenze bietet das Ineinandergreifen der heteropischen Bildungen wieder sichere Handhaben für die annähernd richtige theoretische Gliederung der Dolomitmassen.

Die an der Basis des Riffs, an dessen Nord- und Ostseite auftretenden geschichteten Dolomite, welche stellenweise reich an Diploporen sind und die Fortsetzung der Dolomitbänke des Sarnkofels bilden, wurden dem oberen Muschelkalk und den Buchensteiner Schichten zugerechnet. Die Hauptmasse des ungeschichteten Dolomits wurde als Wengener Dolomit, die oberen Partien desselben sowie die geschichteten, Plateau bildenden Dolomite über demselben wurden als Cassianer Dolomit ausgeschieden. Das Gestein ändert in den östlichen Regionen gegen Comelico zu seinen Charakter. An die Stelle der weissen, vorwaltend dolomitischen Massen des Westens treten graue und röthliche Kalke von dunklen Schattirungen.

Die nördliche und östliche Begrenzung des Riffs ist unbekannt, da das Riff in diesen Richtungen allenthalben mit Denudations-Steilwänden abbricht. Die westliche Grenzgegend zwischen Brags und Schluderbach haben wir bereits im letzten Capitel kennen gelernt. Von Schluderbach zieht die heteropische Scheidelinie über Val Popena, Mesurina in das Thal des Anziei und aus diesem über Val Pian di Sera nach Val di Rin bei Auronzo. Oestlich und nördlich von dieser Linie greift allenthalben die Mergelfacies der Wengener und Cassianer Schichten in das Riff ein, am weitesten die unteren Wengener Schichten, wie die Verhältnisse zwischen Pian di Sera und Casoni di Rin lehren. Am Südgehänge des Monte Campo Duro beobachtete Herr Dr. Hoernes in den Wengener Sandsteinen zahlreiche auskeilende Dolomitzungen. Fossilreiche Wengener Mergel und Riffkalke reichen in einer breiten Zunge von Mesurina nach Rimbianco unter den Cassianer Dolomit des Monte Pian und des Drei-Zinnen-Massivs. Das Gehänge des Monte Pian gegen den Mesurina-See zeigt, sowol in dem tieferen Horizont der Wengener Schichten, als in dem höheren der Cassianer Schichten deutlich das Ineinandergreifen der beiden Facies, da in dem niederen Hügelzuge, welcher vom Monte Pian gegen den See verläuft, mehrere isolirte Dolomitmassen in und zwischen den Mergeln auftreten. Am Monte Rosiana treten auch die Buchensteiner Schichten in der gewöhnlichen Entwicklung als Pietra verde führende Knollen- und Bänderkalke auf.

Wir dürfen aus der räumlichen Vertheilung der eingreifenden Mergelzungen wieder schliessen, dass das Riff zur Zeit der Buchensteiner und unteren Wengener Schichten auf engere Grenzen beschränkt war, als zur Zeit der oberen Wengener Schichten und dass die Ausdehnung desselben zur Zeit der Cassianer Schichten am grössten war.

Das Riffplateau trägt ansehnliche isolirte Denudationsreste der einstigen allgemeinen Bedeckung durch Dachsteinkalk. Die hervorragendsten und kühnsten Hochgipfel des Bezirkes, die phantastischen Pyramiden der Drei Zinnen, der Gipfel des Schusterkofels, Zwölferkofels, der Rothwand u. s. f. bestehen aus Dachsteinkalk, welcher nach den Beobachtungen von Dr. Hoernes dieselbe lithologische Beschaffenheit wie in dem grossen Faniser Massiv zeigt.

Die Raibler Schichten treten nur in dem nordwestlichen Theile unseres Gebietes in der wolbekannten und auffälligen rothen Entwicklung auf. In den Monte Cadini, in den Massen des Zwölferkofels (Col d'Agnello) und des Giralba fehlen die rothen Schichten gänzlich und folgen über den geschichteten Cassianer Dolomiten sofort die Bänke des Dachsteinkalks. Während die Annahme einer Unterbrechung des Absatzes als willkürliche, gewaltsame Supposition bezeichnet werden müsste, lässt sich die Anschauung, dass die Raibler Schichten hier in der Facies des Dachsteinkalks auftreten, mit guten Gründen unterstützen. In den Nord- wie in den Südalpen wechsellagern die Raibler Schichten sehr häufig mit Bänken des Hauptdolomits oder des Dachsteinkalks und an vielen Stellen erscheinen die Raibler Schichten nur als heteropische Einlagerungen des Dachsteinkalks. Im südtirolischen Hochlande findet eine Wechsellagerung der rothen Raibler Schichten mit Megalodonten-Bänken ebenfalls häufig statt. Man müsste daher schon *a priori* erwarten, Gegenden mit isopischer Entwicklung zu finden.

Die tektonischen Verhältnisse der Sextener Gebirgsgruppe sind ausserordentlich einfach. Im Centrum und am Innenrande herrscht söhlige Lagerung. Am Aussenrande, im Puster Thal bei Toblach und im Sexten-Thal fallen die tieferen Schichten ziemlich steil vom Phyllit weg gegen Süden. In den höheren Schichten nimmt dann der Fallwinkel allmählich ab, bis sich die söhlige Lagerung einstellt. So erscheint die Sextener Gebirgsgruppe als ein horizontal gelagerter Gebirgstheil, dessen nördlicher und östlicher Aussenrand aufgebogen ist.

Mit dem Südrande der Gruppe fällt der östlichste Theil der Villnösser Bruchlinie zusammen. Der Monte Rosiana und der Monte Malone bei Auronzo bilden eine verworfene Scholle am Nordrande der Bruchlinie und gehören daher tektonisch noch der Sextener Gruppe an. Dass der Monte Rosiana auch der südliche Ausläufer

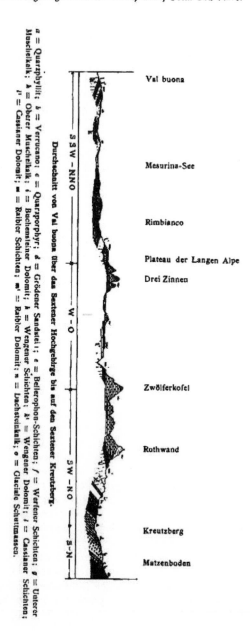

Durchschnitt von Val buona über das Sextener Hochgebirge bis auf den Sextener Kreutzberg.

a = Quarzphyllit; *b* = Verrucano; *c* = Quarzporphyr; *d* = Grödener Sandstei1; *e* = Bellerophon-Schichten; *f* = Werfener Schichten; *g* = Unterer Muschelkalk; *h* = Oberer Muschelkalk; *i* = Buchensteiner Dolomit; *k* = Wengener Schichten; *k'* = Wengener Dolomit; *l* = Cassianer Schichten; *l'* = Cassianer Dolomit; *m* = Raibler Schichten; *m'* = Raibler Dolomit; *n* = Dachsteinkalk; *o* = Glaciale Schuttmassen.

Val buona

Mesurina-See

Rimbianco

Plateau der Langen Alpe

Drei Zinnen

Zwölferkofel

Rothwand

Kreutzberg

Matzenboden

des Sextener Riffs ist, wurde bereits angedeutet. Der sehr zerrüttete Dolomit dieses Berges führt Zink- und Bleierze, welche von einer österreichischen Kohlengewerkschaft (Sagor in Krain) ausgebeutet und zur Winterszeit auf Schlitten über den Mesurina-See zur Bahnsfation Toblach befördert werden.

3. Sorapiss, Antelao und Marmarole.

Das im Süden des Cristallo-Stockes und der Sextener Gebirgsgruppe liegende, von der Boita und der Piave umschlossene Gebirgsdreieck ist bis auf eine dünne, durchgreifende Bank Cassianer Dolomits und eine vereinzelte Zunge oberen Wengener Dolomits rifffrei. Die oberen Hauptmassen des Gebirges werden, wie im Cristallo-Stock ausschliesslich vom Dachsteinkalk gebildet, welcher in den Culminationspunkten dieser Gruppe seine grössten Höhen erreicht (Antelao 3320 Meter, Sorapiss 3290 Meter, Marmarole 3130 Meter).

Die Unterlage dieses mächtigen Dachsteinkalk-Gebirges ist namentlich im Südosten gegen die Piave zu bis auf den Bellerophonkalk abwärts entblösst. Der Lauf dieses Flusses fällt auf einer langen Linie hier mit der grossen Valsugana-Bruchlinie zusammen, an welcher im Süden die höheren Schichten so tief abgesunken sind, dass Raibler Schichten und Dachsteinkalk gegen Bellerophonkalk abstossen.

In der Gegend von Pieve di Cadore verlässt die Piave die Bruchlinie und bahnt sich ihren Weg quer durch das südliche Gebirge. In Folge dessen gehört die zwischen der Boita und der Piave gelegene Südspitze unseres Gebietes, hauptsächlich der Monte Zucco und der Schlossberg von Pieve di Cadore tektonisch bereits dem südlich angrenzenden Gebirge an.

Eine Bruchlinie von viel geringerer Sprunghöhe trennt sodann die Antelao-Masse von dem Sorapiss-Marmarole-Stocke, so dass wir zwischen Piave und Boita drei Schollen zu unterscheiden haben.

Der Charakter der einzelnen hier vorkommenden Schichtcomplexe ist im Allgemeinen übereinstimmend mit der gewöhnlichen Entwicklung, beziehungsweise mit der Ausbildung in rifffreien Gegenden. Ich entnehme dem Berichte des Dr. Hoernes, welcher dieses Gebiet kartirte, die folgenden Einzelnheiten.

Der Bellerophonkalk, an dessen Basis grosse Massen von Rauchwacken (bei Pieve di Cadore) und von Gyps (bei Lozzo) auftreten, zeichnet sich durch grosse Mächtigkeit aus, welche er, wie

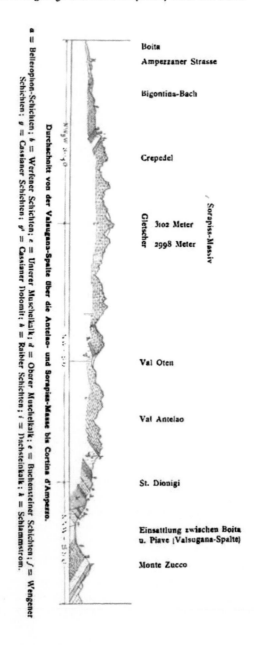

Durchschnitt von der Valsugana-Spalte über die Antelao- und Sorapiss-Masse bis Cortina d'Ampezzo.

a = Bellerophon-Schichten; b = Werfener Schichten; c = Unterer Muschelkalk; d = Oberer Muschelkalk; e = Buchensteiner Schichten; f = Wengener Schichten; g = Cassianer Schichten; g′ = Cassianer Dolomit; h = Raibler Schichten; i = Dachsteinkalk; k = Schlammstrom.

Boita

Ampezzaner Strasse

Bigontina-Bach

Crepedel

Gletscher 3102 Meter

2998 Meter

Sorapiss-Massiv

Val Oten

Val Antelao

St. Dionigi

Einsattlung zwischen Boita u. Piave (Valsugana-Spalte)

Monte Zucco

man annehmen könnte, auf Kosten der ungewöhnlich reducirten Werfener Schichten erreicht. Die Werfener Schichten sind auffallend fossilarm. Mit Ausnahme der Lumachellbänke in der oberen Abtheilung derselben sah Herr Dr. Hoernes keine Fossilien. Der untere Muschelkalk ist durch wenig mächtige bituminöse Kalke mit Zwischenlagen von glimmerigen Mergeln vertreten. Den oberen Muschelkalk bilden wolgeschichtete Dolomite, in denen hie und da Diploporenreste wahrzunehmen sind.

„Der Buchensteiner Kalk ist im ganzen Gebiet in seiner charakteristischen Ausbildung entwickelt. Hornsteinreicher Knollenkalk und schwarze, kieselreiche Bänderkalke in Verbindung mit mächtigen Einlagerungen von Pietra verde setzen ihn zusammen. Die Pietra verde tritt namentlich bei Vodo und Venas (wo der Buchensteiner Kalk in Folge einer localen Verwerfung wiederholt auftritt), sowie auf den Höhen bei Pieve di Cadore, namentlich bei S. Dionigi in grosser Mächtigkeit auf.‘

„Die Wengener Schichten sind vorwaltend als tuffige Sandsteine entwickelt.‘

„Zufolge der Verwerfung zwischen Sorapiss und Antelao treffen wir zwei Züge von Wengener und Cassianer Schichten in nahezu paralleler Richtung an. Im nördlichen, an der Basis der Sorapiss, sehen wir bei S. Vito eine Partie von tuffigen Sandsteinen der Wengener Schichten unter einer Dolomitbank auftreten, die wol ganz den Cassianer Schichten zufällt. Gegen die Forcella piccola zu verschwinden diese tuffigen Sandsteine bald unter dem Schutt, der hier in enormer Mächtigkeit das Thal bedeckt. Ebenso werden die Wengener Schichten erst weit unten im Val Oten sichtbar; es besteht hier der Monte Grande vereinzelt aus einer Partie von Wengener Dolomit (südlichster Ausläufer des Sextener Riffs). Doch sind auch hier die Wengener Schichten zumeist von tuffigen Sandsteinen und Mergeln gebildet. Sie ziehen längs dem Südostfuss der Monti Marmarole hin und bilden am Piano del Buoi zwischen Lozzo und Auronzo eine Hochfläche, aus weichen Mergeln bestehend, die einigermassen an die Seisser Alpe erinnert. Doch mangeln hier die zahlreichen Versteinerungen, die sich auf der letzteren finden, und nur selten trifft man schlecht erhaltene Korallenreste in den hie und da auftretenden Riffkalken. Im südlichen Zuge, an der Basis des Antelao erlangen die tuffigen Sandsteine der Wengener Schichten, aus denen ausschliesslich hier der Horizont besteht, noch geringere Mächtigkeit, die indess noch verhältnissmässig bedeutend ist gegenüber der geringen Mächtigkeit des Dolomites der Cassianer Schichten, der sie von dem Raibler Horizonte trennt.‘

387

„Am Monte Zucco treten die Wengener Schichten als tuffige Sandsteine auf und werden nur durch eine sehr wenig mächtige Dolomitpartie der Cassianer Schichten von den Gypsmassen der Raibler Schichten getrennt.‘

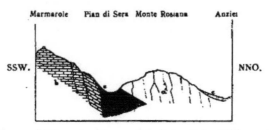

Marmarole   Pian di Sera   Monte Rosiana   Anziei

SSW.   NNO.

a = Wengener Schichten; a¹ = Wengener Dolomit; b = Dachsteinkalk; c = Schutt.

„Die Cassianer Schichten sind überall, wo sie auftreten, durch eine wenig mächtige Dolomitbank repräsentirt. Es läuft eine solche unter den Raibler Schichten am Südfusse des Antelao hin — ebenso tritt Cassianer Dolomit unter den Raibler Schichten am Südfusse der Sorapiss und am Südostgehänge der Marmarole auf.‘

„Die Raibler Schichten treten in drei Zügen auf, von denen der nördlichste sich am Südgehänge des Sorapiss-Marmarole-Massivs findet. Ueber S. Vito und an der Forcella piccola kommen rothe und stellenweise auch dunkle bituminöse Mergel vor. Im Val Oten und ebenso am südlichen und östlichen Fuss des Dachsteinkalk-Massivs der Marmarole hingegen sind die Raibler Schichten vorwaltend durch geschichtete Dolomite und Kalke vertreten.‘

„Ein Gleiches gilt vom Südgehänge des Antelao, doch mangeln hier auch schmale Einlagerungen von rothen Mergeln nicht.‘

„Im Monte Zucco und am Hügel des Castells von Pieve di Cadore treten die Raibler Schichten in grosser Mächtigkeit auf. Sie sind hier in ihrer unteren Partie durch mächtige Gypslager gebildet, über welchen geschichtete, dolomitische Kalke und stellenweise auch rothe Mergel folgen. Auch stark bituminöse Kalke, reich an Schalenbruchstücken von Versteinerungen, die indessen schwer aus dem Kalk ausgelöst werden können, treten hier auf und sind namentlich an der Mündung des Torrente Molina in die Piave gut aufgeschlossen.‘

„Der Dachsteinkalk besteht vorwaltend aus mehr weniger reinem, röthlichem Kalkstein, doch findet sich auch eine sehr eigenthümliche, conglomeratartige Gesteins-Entwicklung, die sich durch das häufige Vorkommen dunkler Gesteinsfragmente auszeichnet. Diese Breccie tritt in nicht besonders hohem Niveau über den Raibler Schichten auf und zeichnet sich durch ihre ausserordentlich reiche Petrefactenführung aus. Im Val Oten sowol als im Val di Rin konnte ich in diesen Schichten zahlreiche Versteinerungen sammeln, von denen sich namentlich jene aus dem Val Oten durch gute Erhaltung und Formenreichthum auszeichnen. Es kommen hier vorwaltend Gasteropoden, *Trochus-*, *Turbo-*, *Delphinula-*, *Chemnitzia-*, *Natica*-Formen vor. Die Vergesellschaftung dieser holostomen Gasteropoden erinnert sehr an die Esino-Fauna, doch sind es ganz verschiedene Arten, die sich hier finden. Auch canalifere Gasteropoden, reich ornamentirte Cerithien mangeln nicht, am häufigsten aber finden sich Schalen von kappenartiger Form, von welchen die einen mit radialer Berippung wol zu *Patella* gehören dürften, während die generische Stellung der anderen, die sich durch feine concentrische Streifen auszeichnen, schwer zu bestimmen ist. Aehnliche Schalen wurden von verschiedenen Autoren als *Helcion, Acmea, Scurria, Patelloidea etc.* beschrieben. Von Pelecypoden fand sich neben *Modiola* und *Mytilus* ähnlichen Formen nur *Arca Songavatina Stop.* etwas häufiger. Am Pian di Sera traf ich in denselben Breccien mit dunklen Gesteinsfragmenten neben Durchschnitten von Chemnitzien und Delphinula ähnlichen Formen sehr häufig Korallen in undeutlicher Erhaltung und einzelne Megalodon-Durchschnitte. Auch auf dem Antelao traf ich diese Schichten, wenig oberhalb der Verwerfung an der Forcella piccola, wurde jedoch durch schlechtes Wetter, das während der Besteigung eintrat, verhindert, nach der Rückkehr von der Spitze Versteinerungen zu sammeln.'

„Jurassische Bildungen fehlen gänzlich, wie durch Besteigung der höchsten Spitzen nachgewiesen werden konnte. Sowol die Spitze des Antelao, als auch jene der Sorapiss besteht aus Dachsteinkalk und die Verhältnisse der Gegend lassen mit Sicherheit darauf schliessen, dass dies auch bei den von mir nicht besuchten Hochgipfeln der Marmarole der Fall ist.'

„Von jüngeren Bildungen sind praeglaciale Conglomerate, welche in grosser Mächtigkeit den Thalboden des Piave-Thales zwischen Pieve di Cadore und Lozzo bedecken, und mächtige Ablagerungen von Kalktuffen mit Einschlüssen und Abdrücken recenter Pflanzen und Sumpfwasser-Conchylien zu erwähnen, welche zwischen Pieve di Cadore und der Mündung des Oten-Baches vorkommen. Es scheint die massenhafte Tuffbildung hier sowie auch im Sexten-Thal beim Wildbad Innichen und im Torrente Diebba bei Auronzo mit

20*

Quellen im Zusammenhang zu stehen, die aus dem Bellerophonkalk hervorbrechen" *).

In tektonischer, wie in orographischer Beziehung erscheint der Sorapiss-Marmarole-Stock mit seinen im grossen Ganzen schwebenden Schichten als der Haupt-Gebirgsknoten zwischen Boita und Piave. Der Antelao ist nur ein im Süden losgelöster und abgesunkener Gebirgstheil.

Das Bigontina-Thal bei Ampezzo fällt, wie bereits erwähnt, mit einem bis auf die Wengener Schichten entblössten gewaltigen Luftsattel zusammen, dessen Nordschenkel der Pomagagnon und dessen Südschenkel die Sorapiss ist. Bei S. Vito, an der Forcella piccola und im Val Oten taucht dann im Süden des grossen Dachsteinkalk-Massivs der Südflügel der flachen Mulde heraus, in welcher die Sorapiss wie auf einem flachen Teller sitzt. Oestlich von Tre Croci schneidet die aus dem Val Grande herübersetzende und über Pian di Sera und Colle Agudo nach Auronzo fortlaufende Villnösser Bruchlinie die Sorapiss-Marmarole-Masse gegen Norden ab. Locale Störungen, Aufrichtungen und Senkungen einzelner Schollen sind in der Nachbarschaft der Bruchlinie häufig, wie denn im Verhältniss zu dem nördlichen Gebirge die Sorapiss-Marmarole-Masse als der gesunkene Gebirgstheil erscheint. Eine der auffallendsten Aufrichtungen und Schichtenkrümmungen zeigt der Cadin, auf der Westseite des Sorapiss-Thales.

Die Antelao-Bruchlinie beginnt im Unterlaufe des Val Oten und äussert sich zunächst als horizontale Verschiebung der beiden Thalwände. Thalaufwärts nimmt sie stets an Sprunghöhe zu und setzt über die Forcella piccola nach S. Vito, von wo sich dieselbe noch weit gegen Westen verfolgen lässt. Ein grossartigerer Anblick als die Ansicht der Antelao-Verwerfung von S. Vito aus lässt sich kaum denken. Die gegen Norden einschiessenden Platten des Antelao brechen plötzlich etwas oberhalb der Forcella piccola an dem ungeschichteten Cassianer Dolomit ab und richten sich an der Rutschfläche bogenförmig in die Höhe.

Durch kleinere Brüche veranlasste schollenförmige Absitzungen finden sich mehrfach in der Nähe der grossen Valsugana-Bruchlinie,

---

*) Nicht ohne Interesse sind die gewaltigen, vom Zerfall des Antelao herrührenden Bergstürze im Boita-Thal zwischen S. Vito und Borca, deren Trümmermassen bis auf das rechte Boita-Ufer reichen. Die letzten grossen Stürze, durch welche mehrere Ortschaften zerstört wurden, schilderte Catullo (Mem. sopra le ruine accadute nel commune di Borca nel Cadorino. Belluno, 1814). Vgl. auch Marinello, L'Antelao. Boll. Club Alpino Ital. 1878, pag. 34.

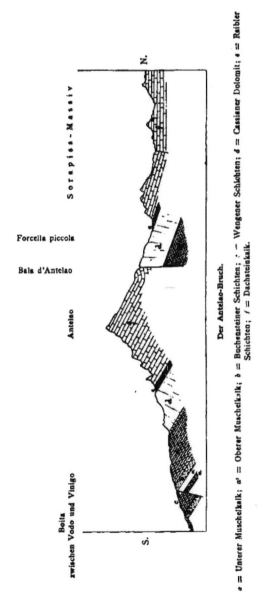

Der Antelao-Bruch.

e = Unterer Muschelkalk; a' = Oberer Muschelkalk; b = Buchensteiner Schichten; c = Wengener Schichten; d = Cassianer Dolomit; e = Reibler Schichten; f = Dachsteinkalk.

Forcella piccola
    Val Rusecco   Bala d'Antelao   Antelao

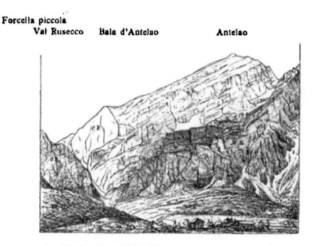

Ansicht des Antelao-Bruches aus der Gegend von S. Vito.

[Nach einer Photographie.]

WS. = Wengener Schichten; *CD.* = Cassianer Dolomit; *DK.* = Dachsteinkalk.

so zwischen Vodo und Venas, bei Nebiú, bei Domegge zwischen Lozzo und Tre Ponti.

Unterhalb Venas setzt der Valsugana-Bruch von Westen her über die Boita, läuft über die Hochebene von Valle und Tai nach Pieve di Cadore und erreicht erst in der Gegend von Calalzo die Flussrinne der Piave. Der Wanderer, welcher aus der Tiefe der Boita-Schlucht bei Venas und Valle oder von der Piave-Rinne zwischen Pieve di Cadore und Calalzo zu der auf hoher Thalterrasse hinziehenden Strassenlinie hinaufsteigt, gelangt an ersterer Stelle aus Wengener Tuffsandsteinen, in letzterer Gegend aus Raibler Schichten und Dachsteinkalk in die Region der Bellerophonkalke.

XI. CAPITEL.

Die Hochalpen von Zoldo, Agordo und Primiero.

Die Rocchetta-Gruppe und das Carnera-Riff. — Die Hochfläche von Zoldo und der Pelmo. — Das linke Cordevole-Ufer zwischen Caprile und Agordo: Civetta-Gruppe und Monte S. Sebastiano. — Die Gruppe des Cimon della Pala, Primiero-Riff und Cima di Pape. — Moränen von Val di Canali. — Melaphyrgänge im Phyllit bei Mis. — Erratische Dolomitblöcke auf dem Phyllitgebirge bei Agordo.

Die im Norden der grossen Valsugana-Bruchlinie gelegenen Hochgebirgs-Landschaften zwischen der Boita und dem Cismone umschliessen ein grösseres und ein kleineres Riff, welche beide sich von den nördlichen Riffen durch das Vorwalten nur schwach dolomitischer Kalke unterscheiden. Das erstere umfasst die hohe formenschöne Gebirgsgruppe des Cimon della Pala und reicht vom Cismone bis über den Cordevole, auf dessen östlichem Ufer der Monte Framont bei Agordo und der Monte Alto di Pelsa bei Cencenighe die östlichen Vorwerke des Riffes bilden. Dies ist das „Primiero-Riff". Das zweite, viel kleinere Riff, befindet sich nordöstlich von Caprile und umfasst den Monte Carnera und den Piz del Corvo. Wir nennen es „Carnera-Riff". Den Zwischenraum zwischen diesen beiden Riffen, sowie das Gebiet von Zoldo bis zur Boita nimmt die Fortsetzung des badiotischen Mergelbeckens ein. In diesen Gegenden findet sich ausser einigen Dolomitzungen im Bereiche der Wengener Schichten, im Norden in der Rochetta-Gruppe und im Osten in der Umgebung des Monte Pelmo eine fortlaufende Platte von Cassianer Dolomit. Im Süden und am Ostabhange der Gebirgsmasse des Monte Civetta dagegen reicht die Mergelfacies, ebenso wie an der Ostseite des Gader Thales, durch die Cassianer Schichten hindurch bis zu den Raibler Schichten.

1. Die Rochetta-Gruppe und das Carnera-Riff.

Dieser, zwischen dem Monte Giau-Passe und Colle di St. Lucia im Westen und der Boita zwischen Ampezzo und S. Vito im Osten sich erhebende Gebirgstheil bildet in tektonischer Beziehung die Fortsetzung der im VIII. Capitel beschriebenen Gebirgsplatte des

Mte. Carnera.   Piz del Corvo.   Creppa di Formin.   Becco di Mezzodi.

Autor photogr.   Verlag von ALFRED HÖLDER, Hof- und Universitäts-Buchhändler in Wien.   Phototypie von L. KOCH, Wien.

Das südöstliche Ende des Carnera-Riffes

nächst Pescul (V. Fiorentina).

395

Monte Nuvolau, von welcher er blos durch eine Erosions-Tiefen-linie getrennt ist.

Gleich der Nuvolau-Gruppe wird auch die Rocchetta-Masse von einer auf Wengener Tuffsandsteinen und Cassianer Mergeln auflagernden Platte von Cassianer Dolomit gebildet, welcher Denudations-Relicte von Raibler Schichten und Dachsteinkalk aufsitzen. Der scharfkantige Kamm der Croda da Lago mit der noch unerstiegenen, pyramidenförmigen Cima di Formin besteht aus Dachsteinkalk und erhebt sich frei, mit schroff abstürzenden Wänden über dem gegen Nordosten abdachenden Dolomitplateau. Wie bereits im IX. Capitel (S. 256) erwähnt wurde, gehört die am nördlichen Ufer des Costeana-Baches befindliche Creppa, der bekannte Ampezzaner Aussichtspunkt, in tektonischer Beziehung ebenfalls noch zur Rocchetta-Masse, deren äusserste Nordspitze sie bildet. Von dem topographisch verbundenen Gebirgskörper der Tofana wird die Creppa durch die bereits geschilderte Falzarego-Bruchlinie getrennt.

Das Riff des Monte Carnera, südlich vom Monte Giau, stellt eine kleine, regelmässig dem Schichtenverbande eingefügte dolomitische Kalkmasse aus der Zeit der Buchensteiner und der unteren Wengener Schichten dar. Den westlichen Ausläufer derselben in den Buchensteiner Schichten des Codalonga-Thales haben wir bereits (S. 253) kennen gelernt. Von dieser Stelle erhebt sich das Riff rasch zu ansehnlicher Mächtigkeit, gegen Süden mit einer Denudations-Steilwand, gegen Norden und Nordosten mit einer ziemlich steilen Böschung endigend. Die grösste Mächtigkeit besitzt das Riff am Monte Carnera; gegen den Piz del Corvo nimmt es dann rasch wieder an Höhe ab und südöstlich von dieser Spitze keilt es gänzlich aus. An die Stelle des Kalks treten ebenso wie im Westen, die dickschichtigen Augitporphyrtuffe und die Buchensteiner Schichten. Die beigegebene, vom Gehänge des Monte Fernazza aufgenommene Ansicht („Das südöstliche Ende des Carnera-Riffes") lässt deutlich die Anlagerung der geschichteten Tuffe an den ungeschichteten Kalk, sowie die Begrenzung des Riffs erkennen *).

Das zweite, zur Erläuterung des Carnera-Riffes bestimmte Lichtbild („Blick von der Nuvolau-Platte gegen Süd-Süd-Ost") zeigt die nördliche Aussenböschung des Riffs, die Anlagerung der Tuffe und der Wengener Sandsteine (mit *Daonella Lommeli* und *Lytoceras Wengense)* und endlich die gleichmässige Ueberlagerung des Sand-

---

*) Die dünngeschichteten Bänke an der Basis des Kalkriffs gehören dem unteren Muschelkalk und den Werfener Schichten an. Die Dolomitplatte im Hintergrunde des Bildes ist die Creppa di Formin (Cassianer Dolomit), der Felsgipfel rechts ist der Becco di Mezzodi (Dachsteinkalk).

nächst Pescul (V. Fiorentina).

Mte. Carnera.　　　　　Piz del Corvo.　　　　　Creppa di Formin.　　　　　Becco di Mezzodi.

Aeber photogr.

Verlag von ALFRED HÖLDER, Hof- und Universitäts-Buchhändler in Wien.

Phototypie von L. KOCH, Wien.

Das südöstliche Ende des Carnera-Riffes
nächst Pescul (V. Fiorentina).

Croda da Lago.   Creppa di Formin.   Mte. Camera.

Anton pinxit.

Verlag von ALFRED HÖLDER, Hof- und Universitäts-buchhändler in Wien.   Phototypie von L. KOCH, Wien.

Blick von der Nuvolau-Platte gegen SSO.

(Querschnitt durch ein Riff (Camera) und die denselben an- und auflagernden Bildungen.)

stein- und Mergel-Complexes der Wengener und Cassianer Schichten durch die weit vorspringende Platte des Cassianer Dolomits. Auf dieser letzteren (Creppa di Formin) breiten sich sodann in einer dünnen Lage die Raibler Schichten aus, über welchen sich der Dachsteinkalk in steiler Wand zum Kamme der Croda di Lago erhebt.

Diese beiden Ansichten ergänzen sich zu einem Gesammtbilde des Schichtenverbandes des Carnera-Riffes. Man erkennt leicht, dass die normalen, geschichteten Bildungen im Liegenden und Hangenden des Riffs conform gelagert sind und gleichmässig gegen Nordosten einfallen. Die Böschungsfläche des Riffs dagegen dacht unter einem weitaus steileren Winkel ab und contrastirt lebhaft von den echten Schichtflächen im Hangenden und Liegenden.

Parallel der Böschungsfläche zeigt die nördliche Aussenseite des Riffs die charakteristische Ueberguss-Schichtung. Die Block-structur des ungeschichteten Kalkriffes tritt allenthalben deutlich auf und ist auch in unserer Ansicht des Piz del Corvo wahrnehmbar.

Die Hauptmasse des Riffs entspricht der Bildungszeit der dick-schichtigen Tuffe, wie aus der Anlagerung derselben hervorgeht. An der heteropischen Grenze kommen die eigenthümlichen, bereits öfters erwähnten Kalkbreccien mit tuffigem Bindemittel vor, deren Entstehungsweise hier vollkommen klar ist. Der Kalk der Breccien stimmt nämlich mit dem nur wenig dolomitischen Kalk des Riffs überein, so dass es keinem Zweifel unterliegen kann, dass die kal-kigen Bruchstücke der Breccien als abgerissene Fragmente des Riffs zu betrachten sind. Diese Breccien kommen, wie wiederholt erwähnt worden ist, immer in Verbindung mit Augitporphyrlaven oder dickschichtigen Tuffen, und zwar in der Regel an der Basis derselben vor. Man kann sich nun leicht vorstellen, dass die zäh-flüssige Lava den am Fusse der Riffe aufgehäuften Schutt in sich aufnahm und mit demselben beladen weiterfloss.

Das Carnera-Riff ist das kleinste unter allen in diesem Buche zu besprechenden Riffen. Weist auch die Steilwand, mit welcher es auf der Südseite abbricht, auf eine bestandene Fortsetzung in dieser Richtung hin, so geht doch aus den Aufschlüssen am linken Corde-vole-Ufer bei Caprile hervor, dass das Riff sich niemals bis in diese Gegenden erstreckte. Die unmittelbare Fortsetzung ist denudirt und vielleicht liegen einige kleine südliche Ausläufer versenkt unter den Wengener Schichten von Selva.

Die Thaltiefe des Fiorentina-Thales bei Selva und Pescul wird nämlich in Folge einer am nördlichen Thalgehänge in ostwest-licher Richtung hinlaufenden Bruchlinie, welche ich als die Fort-

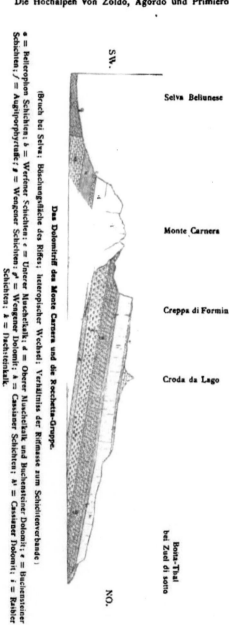

SW.

Selva Beliunese

Monte Carnera

Creppa di Formin

Croda da Lago

Boita-Thal
bei Zuel di sotto

NO.

Das Dolomitriff des Monte Carnera und die Rocchetta-Gruppe.

(Bruch bei Selva; Böschungsfläche des Riffes; heteropischer Wechsel; Verhältniss der Riffmasse zum Schichtenverbande.)

a = Bellerophon Schichten; b = Werfener Schichten; c = Unterer Muschelkalk; d = Oberer Muschelkalk und Buchensteiner Dolomit; e = Buchensteiner Schichten; f = Augitporphyrtuffe; g = Wengener Schichten; g' = Wengener Dolomit; h = Cassianer Schichten; h' = Cassianer Dolomit; i = Raibler Schichten; k = Dachsteinkalk.

setzung des Antelao-Bruches betrachte, von Wengener Schichten gebildet, welche mit nördlichem Einfallen die Bellerophon-Schichten bei Selva und dann die Werfener Schichten nächst Pescul zu unterteufen scheinen. Unweit der Stelle, wo das Carnera-Riff endet, ver-. schwinden nacheinander Werfener Schichten, Muschelkalk und Buchensteiner Schichten an der Bruchlinie und auf der ganzen Strecke zwischen Monteval bei Pescul bis zum Col Bangies bei S. Vito stossen die südlichen Wengener Schichten mit den dickschichtigen Tuffen, welche die Unterlage der Rocchetta-Masse bilden, widersinnisch gegen dieselben einfallend, zusammen.

2. Die Hochfläche von Zoldo und der Pelmo.

Südlich von der eben erwähnten Bruchlinie breitet sich ein grasreiches, vorherrschend aus Wengener Tuffsandsteinen bestehendes Hochland aus, welches entsprechend der identischen Bodenbeschaffenheit ausserordentlich an die Seisser Alpe und an das Badioten-Hochplateau erinnert. Die Uebereinstimmung mit diesen Landschaften würde noch viel schlagender hervortreten, wenn sich hier nicht ein gewaltiger Denudations-Relict von Dachsteinkalk erhalten hätte, welcher dem Sandstein-Plateau in seiner Mitte frei aufgesetzt ist.

Ueber 1000 Meter hoch erhebt sich mit allseits schroff abfallenden Wänden der mächtige, einer abgestumpften Riesenpyramide vergleichbare Kalksteinblock des Pelmo (3163 Meter) über der grünen, sanft contourirten Hochfläche, ein Bild unbeschreiblicher Grösse und Erhabenheit. Stünde der Pelmo in einer Kette von Kalkbergen, so würde sein kühner, massiver Bau zwar immer noch imponiren, aber er besässe längst nicht den eigenthümlichen Reiz, welchen seine vollkommen isolirte Lage auf einem sanften, rasenbedeckten Sockel durch die Macht der hier wirkenden Gegensätze ihm verleiht. In fast söhliger Lagerung, allseits etwas gegen das Innere des Berges geneigt und von einigen Verwerfungen durchsetzt, bauen sich die ungezählten Bänke des Dachsteinkalkes übereinander. Die schmalen, unmerkbar gegen oben zurücktretenden Schichtenbänder gestatten, allerdings oft auf langwierigen Umwegen, den Zutritt in das Innere dieses prächtigen Felsenthurmes und auf dessen luftige Höhe. Ich habe in Gesellschaft der Herren Dr. Ed. Reyer und Dr. Th. Posewitz im Jahre 1875 den Pelmo von Val Ruton aus bestiegen, hauptsächlich, um zu constatiren, ob nicht bereits jurassische Gesteine den Gipfel desselben bilden. Wir trafen über

den fossilreichen Raibler Schichten, welche das kleine Plateau des
Monte Penna bedecken, aber von diesem durch eine kleine Verwerfung getrennt sind, zunächst lichte, weisse, gebänderte Kalke, etwas
höher lichte Kalke mit schwarzen, breccienartig eingestreuten Fragmenten *), hierauf eine grosse Masse rother und gelber Kalke mit
Durchschnitten von Gasteropoden und Rhynchonellen. In der Gipfelmasse wechseln graue Kalke mit röthlichen und gelblichen Bänken.
Sichere Liaskalke wurden nicht gefunden, doch wäre es immerhin
möglich, dass die obersten Schichten bereits liasisch wären.

Unter den Raibler Schichten, welche auf dem Campo Rutorto
zahlreiche Versteinerungen (darunter *Trigonia Kefersteini* und ein
kleiner *Megalodus* besonders häufig) enthalten, liegt in den Umgebungen des Pelmo ein lichter, geschichteter Kalk, welcher den
obersten geschichteten Partien des Cassianer Dolomits der Rocchetta-,
Nuvolau- und Sett-Sass-Gruppe entspricht und die für dieses Niveau
charakteristischen, weissen Oolithbänke führt. Am Monte Penna
und in der dislocirten Scholle nächst der Forcella Forada deuten
grüne Rasenbänder zwischen den felsigen Kalkbänken auf Einlagerungen von mergeligen Schichten hin. Die Mächtigkeit dieses
korallenführenden und stellenweise in echten Riffkalk (Cipitkalk)
übergehenden Kalkes ist unterhalb der Pelmo-Masse eine sehr
unbedeutende, wie der schöne Aufschluss auf der Westseite des
Pelmo deutlich zeigt. Am Monte Penna und an der auf dem Gehänge gegen die Boita abdachenden Platte dagegen nimmt dieselbe
sichtlich zu.

Diese Kalke scheinen direct auf den Wengener Tuffsandsteinen
zu ruhen. Wenigstens ist sicher, dass Tuffsandsteine sehr hoch bis
an die Kalke hinanreichen. Die Grenze ist leider, so weit ich meine
Beobachtungen ausdehnen konnte, überall durch Schutt oder Vegetation verdeckt.

Den sehr mächtigen Wengener Tuffsandsteinen ist in Zoldo
alta eine bald mehr bald weniger dolomitische Kalkbank eingeschaltet, welche an einigen Punkten, so oberhalb Coi, eine oolithische
Structur annimmt und die gewöhnlichen Fossilien der Riffkalke
enthält. Dieser dolomitische Kalk bildet den Monte Croto an der
Forcella di Staulanza und die beiden Kalkzüge auf der Ost- und
Westseite des oberen Zoldo, welche offenbar einst untereinander
und mit einem westlich gelegenen grossen Riffe zusammenhingen
und blos durch die Denudation isolirt wurden. Das Wahrschein-

---

*) Diese Bänke entsprechen wol den von Dr. Hoernes in Val Travernanzes,
dann in Val Oten, in Val di Rin und auf dem Antelao gefundenen fossilreichen Schichten.

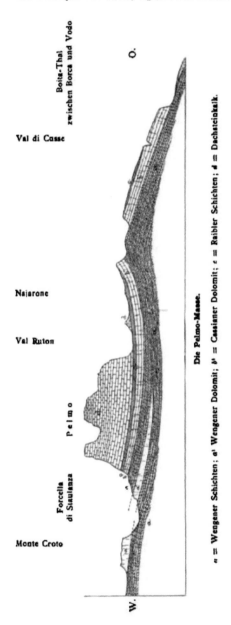

O.

Boita-Thal
zwischen Borca und Vodo

Val di Casse

Najarone

Val Ruton

P e l m o

Forcella
di Staulanza

Monte Croto

Die Pelmo-Masse.

W.

a = Wengener Schichten; *a¹* = Wengener Dolomit; *b¹* = Cassianer Dolomit; *c* = Raibler Schichten; *d* = Dachsteinkalk.

lichste ist wol, dass wir es hier mit einer weit ausgreifenden Zunge des grossen Primiero-Riffes zu thun haben, welche in nächster Nähe unterhalb der Masse der Civetta endet. Am Monte Croto und an vielen anderen Stellen zeigt das Gestein ausgezeichnete Blockstructur. Die isolirte kleine Kalkmasse des Monte Triof bei Brusadaz ist wol nur eine dislocirte Scholle des eben besprochenen Kalkflötzes.

In den die Basis der Wengener Schichten bildenden dickschichtigen Tuffen kommen conglomeratische und sandsteinartige Bänke mit Einschlüssen von Augitporphyren, rothen, felsitischen Porphyren und Kalken vor. Quarzkrystalle sind häufig. Manche hierher gehörige grobe Sandsteine erinnern an Verrucano-Gesteine. Einschlüsse von rothen Porphyren reichen in diesen südlichen Gegenden vereinzelt durch die ganze Reihe der Wengener Schichten. Sie stammen wol, da im Norden derartige Gesteine weder als Laven noch als Einschlüsse vorkommen, aus südlicheren, gegenwärtig von jüngeren Bildungen bedeckten Regionen. Zu Gunsten dieser Vermuthung lässt sich anführen, dass bei Recoaro im Vicentinischen thatsächlich Laven von übereinstimmenden oder wenigstens sehr nahe stehenden rothen Porphyren im Niveau der Wengener Schichten auftreten.

Eine verhältnissmässig sehr bedeutende Mächtigkeit erreichen in den Buchensteiner Schichten von Zoldo die eigenthümlichen, grünen, unter der Bezeichnung *Pietra verde* bekannten Tuffgesteine, gegenüber welchen die Bänderkalke und Knollenkalke sehr zurücktreten. Das weithin kenntliche, auffallende Gestein erleichtert ausserordentlich die Orientirung in dem stark dislocirten Gebiete nördlich von der Valsugana-Spalte. Die schwache Vertretung der Pietra verde in unseren nördlichen Gebietstheilen und das sichtliche Anwachsen derselben in der Richtung gegen Süden deuten auf südlich gelegene, heute ebenfalls von jüngeren Ablagerungen verdeckte Ursprungsstätten (Eruptionsstellen) dieser Tuffgesteine hin.

Die auffallende Mächtigkeit und ausgedehnte Verbreitung des Muschelkalks in Zoldo ist wol nur theilweise auf Rechnung einer wirklich bedeutenderen verticalen Höhe desselben zu setzen. Die Hauptursache dürfte in zahlreichen, der Valsugana-Spalte parallelen Längsverwerfungen zu suchen sein, in Folge welcher sich die Schichten mehrfach übereinander wiederholen. Der obere Muschelkalk wird hier, wie in Buchenstein, durch einen lichtgrauen Kalk gebildet, welcher durch Wechsellagerung allmählich in den dunkelgrauen, sandigen, flimmernden unteren Muschelkalk übergeht, der bei Dont die bekannten, durch Fr. v. Hauer beschriebenen Cephalopoden führt. Diese grauen, flimmernden Kalke, welche durch ihre Schichtungs-Verhältnisse und durch ihre Verwitterungsfarbe sehr an die kalkreichen Werfener Schichten unseres Gebietes erinnern, nehmen zwischen Val Inferna und dem Pizzo Zuel den hauptsächlichsten Antheil an der Zusammensetzung des Muschelkalks. Zwischen ihnen und den echten, hier nur in sehr beschränkten Schollen erscheinenden Werfener Schichten liegen noch die rothen, theils dolomitischen, theils sandsteinartigen Schichten des unteren Muschelkalks. Die sonst mit diesen Gesteinen in Verbindung stehenden Conglomerate erinnere ich mich nicht in Zoldo gesehen zu haben.

Die tektonischen Verhältnisse, unter denen die tieferen Triasglieder im Süden des Pelmo erscheinen, sind in Folge der hier eintretenden Zersplitterung der grossen Bruchlinie ausserordentlich complicirt. Unsere Karte gibt nur ein generelles, etwas schematisirtes Bild dieser Störungen, welches zwar im grossen Ganzen richtig, im Detail aber noch mancher Verbesserung und Ergänzung durch localisirte Aufnahmen bedürftig ist.

Zunächst ist einer aus der Gegend von Fusine über Zoppè nach Soceroda verlaufenden Verwerfung zu gedenken, in Folge welcher ein Streifen von Buchensteiner Kalk mit Pietra verde inmitten der dickschichtigen Wengener Tuffsandsteine erscheint. Die Fortsetzung dieser Störungslinie ist am Ausgange des Val dell' Oglio bei Vodo durch das Auftauchen der dickschichtigen Tuffe mitten aus den höheren Wengener Sandsteinen angedeutet. Von da setzt die Verwerfung über das Thal der Boita hinüber, wo sie das abermalige Erscheinen der Buchensteiner Schichten veranlasst.

Die folgende, mit der eben erwähnten annähernd parallel streichende Verwerfung ist die Fortsetzung der Hauptspalte des Piave-Thales. Sie läuft am Südabhange des Coll' Alto, des Col Duro und des Monte Punta gegen den Pizzo Zuel.

Der von diesen beiden Verwerfungslinien eingeschlossene Gebirgskörper, welcher die nördliche Thalwand der orographischen Thalsenkung Zoldo—Forcella Cibiana—Valle bildet, ist selbst wieder von zahlreichen Verwerfungen minderer Ordnung durchsetzt. Die meiste Beachtung verdient der auffällige, mit einer horizontalen Verschiebung der Spaltenränder verbundene Querbruch von Val Inferna, auf welchem sich die ehemals schwunghaft ausgebeuteten gegenwärtig aber ausser Betrieb stehenden Blei- und Zinkerzgänge von Arsiera befinden. Der östlich von der Querspalte gelegene Gebirgstheil des Coll' Alto ist von mehreren Längssprüngen durchsetzt, an denen das Gebirge staffelförmig gegen Süden absinkt. Ein von der Forcella Cibiana über den Coll' Alto gezogener Querschnitt zeigt in Folge dessen über den, durch die Hauptlängsspalte begrenzten Wengener Schichten, welche die Einsattlung der Forcella

Cibiana erfüllen, eine dreimalige Wiederholung der Buchensteiner Schichten. Weiter nordöstlich gegen den Monte Rite zu fehlen die beiden unteren Züge der Buchensteiner Schichten. Die auffallend grosse Mächtigkeit des Muschelkalks lehrt aber deutlich, dass die dem mittleren Streifen der Buchensteiner Schichten entsprechende Längsverwerfung hier jedenfalls noch durchsetzt und eine Wiederholung des Muschelkalks bewirkt.

Den Verlauf der aus dem Gebiete von Cadore nach Zoldo fortsetzenden Hauptbruchspalte lässt die Karte deutlich erkennen. Die heutige Thaltiefe fällt nicht mit dem Bruche zusammen, sondern zieht sich bis Val Inferna südlich davon in den leicht erodirbaren Wengener Schichten hin, welche die Unterlage des im Süden folgenden Dachsteinkalk-Gebirges bilden. Am Querbruche von Val Inferna schneiden die Wengener Schichten am unteren Muschelkalk ab, in dessen tiefsten, rothgefärbten dolomitischen Lagen Cephalopoden-Einschlüsse nicht selten sind. Wir kennen von dieser Stelle ausser einigen noch unbenannten Arcesten und Ptychiten:

Ptychites Studeri Hau.

Lytoceras sphaerophyllum Hau.

Weiter westlich bis in die Gegend von Cercena bezeichnet ein Streifen von Buchensteiner Schichten mit reichlicher Pietra verde den Verlauf der Hauptspalte.

Bereits im Thale von Cibiana, am Nordfusse des Monte Sfornioi stellt sich eine südliche, der Hauptspalte parallele Nebenspalte ein, auf welcher in der Gegend der Forcella Cibiana Buchensteiner Schichten als Begrenzung der südlichen Dachsteinkalk-Massen erscheinen. Diese Buchensteiner Schichten gehören demselben Streifen an, welcher, wie eben erwähnt wurde, westlich von Val Inferna die Hauptspalte auf der Südseite begrenzt. Die südliche Nebenspalte endet, ebenso wie die Hauptspalte, in der Gegend von Cercena bei Dont.

Zwischen Bragarezza, Astragal, Resinera und Cercena findet sich im Süden der südlichen Nebenspalte noch eine grössere dislocirte Scholle von Werfener Schichten und unterem Muschelkalk, in deren Mitte Dont liegt. Diese selbst wieder von zahlreichen kleineren Verwerfungen durchsetzte Masse ist zwischen Bragarezza und Resinera durch einen Bruch von den angrenzenden, die Thalsohle der Gegend von Forno di Zoldo bildenden Wengener Schichten geschieden.

Die Gegend von Dont wird in der Literatur mehrfach genannt. W. Fuchs theilt in seinem Werke über die Venetianer Alpen ein Profil über den Monte Zuel mit, in welchem er die Pietra verde als

ein intrusives, die Werfener Schichten durchsetzendes Ganggestein
(„Aphanit") darstellt. Die Stelle, auf welche die Fuchs'sche Zeichnung sich bezieht, befindet sich offenbar nördlich von Dont an der
Strasse nach Zoldo alta, wo der steil aufgerichtete, von Bruchlinien
im Norden und Süden begrenzte südliche Zug der Buchensteiner
Schichten das Thal verquert. Aus dieser Gegend stammen auch die
von W. Fuchs gesammelten und von Fr. v. Hauer beschriebenen
Muschelkalk-Cephalopoden. Die bereits erwähnte lithologische Aehnlichkeit des unteren Muschelkalks und der Werfener Schichten, sowie die sehr complicirten Lagerungs-Verhältnisse dieser Gegend
erklären und entschuldigen die Angabe von W. Fuchs, dass die
Cephalopoden aus den oberen Lagen der Werfener Schichten
stammen. Ich habe die Cephalopoden des unteren Muschelkalks in
anstehendem Gestein in der schmalen, steil aufgerichteten Zunge
zwischen den beiden, sich bald darauf vereinigenden Zügen von
Buchensteiner Schichten an der Strasse nach Zoldo alta beobachtet.
Es ist sehr bedauerlich, dass diese reichliche Fundstelle sich nicht
in einem normalen, ungestörten Lagerungs-Verbande befindet.

Die wichtigsten, hier gefundenen Fossilien sind:

Nautilus Pichleri Hau.
Ptychites Dontianus Hau.
„ *domatus Hau.*
Trachyceras binodosum Hau.
„ *Zoldianum Mojs.*
„ *Cadoricum Mojs.*
„ *Loretzi Mojs.*
Lytoceras sphaerophyllum Hau.

Am Pizzo Zuel erreichen die geschilderten Verwerfungslinien
ihr westliches Ende; die dickschichtigen Tuffe und Wengener
Schichten streichen senkrecht auf die Richtung der Verwerfungslinien durch und stellen die Verbindung des hochzoldianischen Sandstein-Plateau's mit dem westlich von Val Pramper gelegenen und
von der Dachsteinkalk-Masse des Monte S. Sebastiano überlagerten
Gebiete her.

Die Fortsetzung der grossen Bruchlinie ist hier um einen
beträchtlichen Betrag gegen Süden verschoben. Etwas westlich,
unterhalb des Moscosin-Passes, welcher aus Val Pramper nach Agordo
führt, setzt wieder eine grosse Bruchspalte an, welche nun ununterbrochen bis Valsugana verfolgt werden kann. Wir werden auf
diese Uebersetzung der Bruchlinie in einem späteren Capitel zurückkommen.

Um den Zusammenhang der Darstellung nicht allzu sehr zu zerreissen, soll hier noch erwähnt werden, dass das von dem Pramper und Duram-Bach umschlossene Gebiet einfache, fast ungestörte Lagerungsverhältnisse besitzt und vollständig rifffrei ist. Die Cassianer Schichten sind durch dunkle Mergelschiefer vertreten, welche sich nur schwer von dem tieferen mächtigen Complexe der Wengener Sahdsteine trennen lassen. Ueber den Cassianer Schichten lagern sodann vollkommen concordant, als Unterlage des Dachsteinkalks, die rothen Raibler Schichten.

3. Das linke Cordevole-Ufer zwischen Caprile und Agordo.
(Civetta-Gruppe und Monte S. Sebastiano.)

Der ganze Oberlauf des Cordevole, von Cencenighe aufwärts, fällt in eine Region, welche durch zahlreiche, der jeweiligen Richtung des Flusses und dem Hauptstreichen der Schichten parallele Verwerfungen ausgezeichnet ist. Da nun im Allgemeinen das obere Cordevole-Thal einen meridionalen Verlauf besitzt, während in den benachbarten Gebirgsregionen westöstliches Streichen der Schichten und der topographischen Formen die Regel ist, so entstehen an der Interferenz mit der Cordevole-Linie, welche man als eine Senkungslinie bezeichnen kann, ziemlich complicirte tektonische Verhältnisse. Der Einfallswinkel der Schichten in der meridionalen Senkungs-Region ist in der Regel gegen Osten gerichtet und sinken die durch Verwerfungslinien begrenzten Längsschollen treppenförmig gegen Westen ab. Ein ausgezeichnetes Beispiel für diese Erscheinung liefert das im VIII. Capitel (Seite 253 u. fg.) besprochene linke Gehänge von Buchenstein zwischen Caprile und Andraz.

Wir haben zunächst die westlichen Abhänge des Monte Fernazza zwischen dem bei Caprile mündenden Fiorentina-Thal und Alleghe zu betrachten.

Dieser Gebirgstheil stellt sich als ein Aufbruch der unter den Wengener Schichten lagernden Schichtcomplexe, abwärts bis tief in die Werfener Schichten hinein, dar. Innerhalb dieses halbkreisförmigen Aufbruches findet sich bei Caprile eine Partie von Augitporphyrlaven mit linsenförmigen Einlagerungen von lichtem Kalk und Dolomit. Es ist die durch den Cordevole unterbrochene Fortsetzung der Augitporphyrlaven des Sasso Bianco, welche hier theils an den Werfener Schichten, theils (nördlich von Caprile) am Muschelkalk-Dolomit abbricht. Weiter thalabwärts liegt eine kleine, aus der regelmässigen Schichtfolge: Muschelkalk, Buchensteiner Schichten und Augitporphyrlava bestehende Scholle am untersten Gehänge des -Berges dicht am Cordevole. Unterhalb Calloneghe tritt sodann der Südflügel des Aufbruches an den hier die Thalsohle des Corde-vole erfüllenden Alleghe-See und ein den Augitporphyrtuffen ein-gelagertes Kalkflötz (Knollenkalke und Breccien), welches augen-scheinlich westlich des See's seine Fortsetzung findet, gestattet zu erkennen, dass an dieser Stelle die Gebirgsschichten des linken und rechten Cordevole-Ufers tektonisch zusammenhängen.

Zwischen Caprile und Calloneghe ist sonach das Gebirge auf der Innenseite des Aufbruches der unteren Trias-Schichten abge-brochen und in die Tiefe gesunken. Die Scholle oberhalb Callo-neghe ist ein in der Dislocations-Spalte eingeklemmter Gebirgstheil. Dieser Einbruch setzt sich westlich von Caprile im Val Pettorina unter gleichen Verhältnissen bis nach Sottoguda fort, was wir, der späteren Darstellung vorgreifend, hier schon erwähnen wollen.

Die im Süden von Alleghe gelegene, meridional streichende Civetta-Gruppe ist im Westen zwischen Val Lander und Cencenighe gleichfalls durch eine grössere Verwerfung begrenzt, an welcher ein Streifen norischer Bildungen abgesunken ist. Im Norden bei Alleghe sind es Buchensteiner Schichten und Wengener Tuffe, weiter südlich erscheint eine ziemlich starke Dolomitmasse im Liegen-den eines schmalen Streifens von Tuffen. Den Dolomit habe ich als unteren Wengener Dolomit aufgefasst und betrachte ich denselben als einen unter die Tuffe eingreifenden Ausläufer des nebenan sich erhebenden Primiero-Riffes. Im Süden bricht diese Scholle scharf ab und an die Stelle derselben treten nun Werfener Schichten, von denen aber nur die höchst gelegenen, unmittelbar unter der Steilwand des Monte Alto di Pelsa befindlichen Partien im normalen tektonischen Verbande mit der Hauptmasse des Gebirges stehen, während die tiefer am Gehänge erscheinenden Werfener Schichten vielfach zu Schollen zerstückt sind. Man bemerkt deutlich von der von Cencenighe nach Alleghe führenden Strasse aus, dass sich ein schmaler Saum rother Schichten unterhalb der oberen Dolomit-massen aus dem Gebiete der Werfener Schichten in die Gegend fortzieht, in welcher die Werfener Schichten durch die geschilderte Längsscholle norischer Ablagerungen verdeckt sind. Ich halte diese rothen Schichten für unteren Muschelkalk. Vielleicht kommen aber unterhalb des unteren Muschelkalks noch einige Bänke der Werfener Schichten zum Vorschein. Gegen Alleghe und Val Lander zu verlieren sich die rothen Schichten, wie es scheint, gänzlich. Da aber die obere Dolomitmasse in gleicher Breite und Stärke fortsetzt, so habe ich ein regelmässiges Fortstreichen von Muschelkalk- und Buchen-steiner Dolomit bis an die Verwerfung von Val Lander angenommen.

21 *

Durchschnitt durch die Gebirgsmasse der Civetta.

(Ostende des grossen Primiero-Riffes; gleichmässige Ueberlagerung der heteropischen Bildungen durch Raibler Schichten und Dachsteinkalk.)

a = Unterer Muschelkalk; b = Oberer Muschelkalk und Buchensteiner Dolomit; c = Augitporphyrtuff; d = Wengener Schichten; d^* = Wengener Dolomit; e = Cassianer Schichten; e^* = Cassianer Dolomit; f = Raibler Schichten; g = Dachsteinkalk.

W.   O.

Cordevole nächst San Tomaso   Kamm des Monte Alto di Pelsa   Civetta   Val Civetta   Zoldo alta bei San Nicolò

Gegen den Coldai-Pass zu, über welchen die Wengener Sandsteine nach Zoldo fortziehen, verliert sich die Verwerfung. Denn die auf dem Passe anstehenden Wengener Schichten greifen augenscheinlich ebenso unter den, ausgezeichnete Blockstructur zeigenden Dolomit des Monte Coldai, wie sie auch den Dolomit von Roa Bianca unterteufen.

Wer nur einigermassen mit den chorologischen Verhältnissen unseres Gebietes vertraut ist, wird sofort beim Anblick der formenschönen Civetta-Gruppe erkennen, dass die mächtige, ungeschichtete Dolomitmasse, welche sich über den Werfener Schichten auf der Westseite der Gruppe erhebt, ein aufwärts bis zu den Raibler Schichten reichendes Riff darstellt. Schon aus grösserer Ferne unterscheidet man leicht die wolgeschichtete Gipfelmasse des Monte Civetta mit der charakteristischen Tracht des Dachsteinkalks und darunter die plateauförmig weit gegen Westen vorspringende Masse des ungeschichteten Dolomits. Da, wie wir sehen werden, die Böschungsfläche des Riffes gegen Osten gekehrt ist und da ferner auch ein geringes Einfallen nach derselben Richtung stattfindet, so ist es leicht verständlich, dass der Westrand des Dolomitplateau's eine erhöhte Kante bildet. So individualisirt sich die untere und obere Hälfte derselben Bergmasse. Der Dachsteinkalk erhebt sich wie ein unabhängiges Gebirge über dem Dolomitmassiv, dessen höchsten frei aufragenden Gipfel der Monte Alto di Pelsa (2420 Meter) bildet.

Die Ostseite der Civetta-Gruppe bietet ein wesentlich verschiedenes Bild. Der Dolomit ist verschwunden und an seiner Stelle erscheinen die weichen Formen der Mergel- und Sandstein-Facies.

Von dem Höhenrücken der Roa Bianca, welcher auch eine treffliche Ansicht des nahen Pelmo darbietet, sieht man deutlich, wie sich der Dolomit des Monte Coldai auf der Zoldianer Seite rasch auskeilt, so dass dann die Raibler Schichten direct der Mergel-Facies der Cassianer Schichten auflagern.

Auch im Süden ist die heteropische Grenze vortrefflich entblösst. Das Dolomitriff setzt vom Monte Alto di Pelsa durch Val Comparsa bei Listolade in nahezu söhliger Lagerung bis zum Monte Framont, nördlich von Agordo. Bei S. Cipriano bemerkt man eine kleine Querverwerfung, an welcher das Gebirge im Süden etwas abgesunken ist. Bald darauf, nahe am Ausgange des bei Pare mündenden Thälchens gelangt man zur heteropischen Grenze. Ueber dem, vorwiegend aus grauen brachiopodenführenden Crinoidenkalken bestehenden oberen Muschelkalk erscheinen nun die durch mächtige Einschaltungen von Pietra verde zu ungewöhnlicher Stärke anschwellenden Buchensteiner Schichten und über diesen die

dickschichtigen Augitporphyrtuffe, welche im Westen an die
Böschungsfläche des Riffes sich anlehnen, im Süden des Monte
· Framont aber unter die etwas nach Osten vorgreifenden oberen
Partien des Dolomitriffs hineinreichen. Auf der Ostseite des Monte
Framont läuft sodann die heteropische Grenze zwischen dem Dolomit und den Wengener und Cassianer Schichten hin. Die hier
ziemlich steil geneigte Böschungsfläche des Riffs ist deutlich erkennbar. Auf unserem Lichtbilde („Das Ostgehänge des Monte
Framont bei Agordo‘), welches von dem „Nusak‘ genannten,
aus Buchensteiner Schichten bestehenden Höhenrücken zwischen
Torrenta Rova und Pare aufgenommen ist, sieht man die Anlagerung der Tuffe und Wengener Sandsteine an die Böschungsfläche des Dolomitriffs. Entsprechend dem Einfallswinkel der tiefer
liegenden Schichten, namentlich auch des Muschelkalks und der
Werfener Schichten, welche die gemeinsame Grundlage der beiden
heteropischen Regionen bilden, fallen auch die dem Riffe angelagerten Tuffe und Wengener Schichten ziemlich flach nach Norden,
während die in den beiden Felszacken des Monte Framont ausgezeichnet hervortretende Ueberguss-Schichtung parallel der Böschungsfläche des Riffs gegen Osten abfällt. Die rechts im Hintergrunde
des Bildes sichtbare lichte Bergmasse des Monte Mojazza, welche
aus Dachsteinkalk besteht und die ununterbrochene Fortsetzung
der Civetta bildet, liegt bereits ausser dem Bereiche des Riffs,
direct auf der Sandstein- und Mergel-Facies der Wengener und
Cassianer Schichten.

Nur im Niveau der Cassianer Schichten, unmittelbar unter den
Raibler Schichten zieht sich vom Riff ein schmaler Ausläufer östlich fort bis zum Duram-Pass, wo auch er verschwindet. Derselbe
ist aber so unbedeutend, dass er den angedeuteten Charakter des
Gebirges nicht zu alteriren vermag.

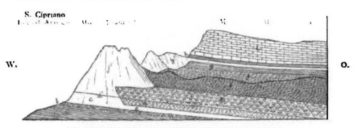

Die heteropische Grenze am Monte Framont bei Agordo.

a = Werfener Schichten; b = Unterer Muschelkalk; c = Oberer Muschelkalk; d = Buchensteiner Schichten; d¹ = Buchensteiner Dolomit; e = Augitporphyrtuffe; f = Wengener Schichten;
f¹ = Wengener Dolomit; g = Cassianer Schichten; g¹ = Cassianer Dolomit; h = Raibler
Schichten; i = Dachsteinkalk.

Mte. Framont.

Mte. Mojazza.

Anter photogr.

Verlag von ALFRED HÖLDER, Hof- und Universitäts-Buchhändler in Wien.

Phototypie von L. KOCH, Wien.

Das Ostgehänge des Mte. Framont bei Agordo.

(Anlagerung von Wengener Sandsteinen an die Böschungsfläche eines Riffes.)

Val di Comparsa — Monte Framont — Monte Mojazza — Duram-Pass — Monte S. Sebastiano — Monte Moscosin

Cordevole-Thal — Agordo — Torrente Colleda — S. Michele di Valle — Gehänge des Corno di Valle

Panoramatische Ansicht des Gebirges am linken Cordevole-Ufer bei Agordo, vom Phyllitgebirge am rechten Cordevole-Ufer.

[Nach photographischen Aufnahmen des Verfassers.]

[Heteropische Grenze am Monte Framont; Valsugana-Bruch zwischen S. Michele di Valle und Corno di Valle.]

$P.$ = Phyllit; $B.$ = Bellerophon-Schichten; $We.$ = Werfener Schichten; $M.$ = Muschelkalk; $Bu.$ = Buchensteiner Schichten; $Ws.$ = Wengener und Cassianer Schichten; $D.$ = Wengener und Cassianer Dolomit; $DK.$ = Dachsteinkalk mit Raibler Schichten an der Basis.

Val di Comparsa   Monte Framont   Monte Mojazza   Duran-Pass   Monte S. Sebastiano   Monte Moscosin

Cordevole-Thal   Agordo   Torrente Colleda   S. Michele di Valle   Gehänge des Corno di Valle

Panoramatische Ansicht des Gebirges am linken Cordevole-Ufer bei Agordo, vom Phylliggebirge am rechten Cordevole-Ufer.

[Nach photographischen Aufnahmen des Verfassers.]

(Heteropische Grenze am Monte Framont; Vaisagana-Bruch zwischen S. Michele di Valle und Corno di Valle.)

$\varphi.$ = Phyllit; $B.$ = Bellerophon-Schichten; $We.$ = Werfener Schichten; $M.$ = Muschelkalk; $B_4.$ = Buchensteiner Schichten; $W_3.$ = Wengener und Cassianer Schichten; $D.$ = Wengener und Cassianer Dolomit; $DK.$ = Dachsteinkalk mit Raibler Schichten an der Basis.

421

Auffallend war mir an dieser Riffgrenze das Fehlen der in den nördlichen Riffen nie fehlenden Cipitkalke. Die blockförmige Zusammensetzung des Dolomits und insbesondere der Ueberguss-Schichten wiederholt sich zwar auch hier, aber selbst unmittelbar am Contacte mit den Tuffen und Sandsteinen erscheint nur dichtkörniger, lichter Kalk und Dolomit, welcher scheinbar ganz fossilleer ist.

Ausser diesen zwei Punkten, von denen der eine (Monte Coldai) im Norden, der andere (Monte Framont) im Süden der Civetta-Masse liegt, ist die Riffgrenze nirgends entblösst und zwar deshalb nicht, weil die ausgedehnte mächtige Dachsteinkalk-Decke der Civetta sich gleichmässig und ununterbrochen über die Plateaufläche des Riffs und die im Osten angrenzende heteropische Region fortzieht. Verbindet man die beiden sichtbaren Endpunkte des Riffs, so durchschneidet die Verbindungslinie ' die Dachsteinkalk-Massen etwas östlich von dem Hauptkamme der Civetta.

Die durch die Einsattlung des Duram-Passes von der Civetta-Masse getrennte Dachsteinkalk-Masse des Monte S. Sebastiano ruht ringsum frei auf einem völlig rifflosen Gebiete.

Als Cassianer Schichten wurden hier die unter den Raibler Schichten liegenden dunklen Mergelschiefer betrachtet, welche sich an den wenigen Stellen, wo sie entblösst sind, ziemlich gut von den tieferen Wengener Schichten unterscheiden lassen. In den Wengener Schichten walten die gewöhnlichen Tuffsandsteine bei weitem vor. Fossilien sind auch hier spärlich.

Trachyceras doleriticum Mojs.
„'   *ladinum Mojs.*
„   *Archelaus Lbe.*
Lytoceras Wengense Klp.
Daonella Lommeli Wissm.
Pachycardia rugosa Hau.

kommen vereinzelt vor. Ein eigenthümlicher zäher, gelber Kalk, welcher einige den Tuffsandsteinen eingeschaltete Bänke bildet, enthält die Pachycardien massenweise.

Die Lagerungs-Verhältnisse dieser Schichtcomplexe sind, soweit die Natur des Gesteines, die häufige Bedeckung durch Trümmerhalden des Dachsteinkalks und die reichliche Vegetation dies zu erkennen gestatten, ziemlich regelmässig. Der isolirte Monte Menar ist, wie es scheint, als eine abgerutschte Scholle des Monte S. Sebastiano-Massivs zu betrachten. An seiner Westseite kommen unterhalb des Dachsteinkalkes auch Raibler Schichten zum Vorschein.

In den älteren Schichtcomplexen, welche an den unteren Gehängen bis zum Quarzphyllit hinab aufgeschlossen sind, kommen
kleine Verschiebungen und Längsverwerfungen nicht selten vor.
Die grosse lithologische Verschiedenheit der tieferen Glieder,
sowie deren verhältnissmässig geringe Mächtigkeit sind der Erkennung dieser Störungen sehr günstig. Ich übergehe hier als zu un-
wesentlich die von mir beobachteten Details und verweise auf die
allerdings etwas schematisirte Darstellung der Lagerungs-Verhältnisse in der Karte. Im Allgemeinen zeigen, namentlich im Torrente
Colleda, wo der Bellerophonkalk eine steile Aufwölbung erfährt,
die unteren Schichtcomplexe eine steilere Aufrichtung der Schichten.

Der untere Muschelkalk ist hier vorwiegend durch rothe Sandsteine vertreten. Die Werfener Schichten besitzen eine auffallend
geringe Mächtigkeit. Da wir die gleiche Beobachtung bereits in
Cadore machten, so dürften wir vielleicht schliessen, dass die Mächtigkeit dieser Schichten gegen Südosten abnimmt. Der Bellerophonkalk ist durch seine typischen Gesteinsarten repräsentirt. Gypse
liegen auch hier an seiner Basis. Unter dem Grödener Sandstein
folgt ein allmählich aus demselben sich entwickelndes Verrucano-
Conglomerat, welches den nordeinfallenden Phyllit-Schichten nächst
dem Ponte alto bei Agordo direct aufruht und in einem kleinen
Steinbruch gut aufgeschlossen ist.

Das Thal des Torrente Bordina aufwärts bis zum Moscosin-
Pass fällt, wie die Karte lehrt, mit dem grossen Valsugana-Bruche
zusammen. Scharf brechen hier die älteren Formationsglieder ab.
Im Süden liegt Dachsteinkalk, welcher steil zur Bruchspalte abfällt.

Ehe wir das linke Cordevole-Ufer verlassen, müssen wir noch
des Vorkommens schwarzer Erdpyramiden im Unterlaufe des
Torrente Rova erwähnen. Es findet sich daselbst in einer Weitung
der Thalschlucht eine grössere ungeschichtete Masse von Glacial-
detritus, welche ihr Material hauptsächlich aus den Wengener Tuffen
und Sandsteinen bezog. Die Pyramiden sind im Uebrigen völlig
übereinstimmend mit den gewöhnlichen Vorkommnissen dieser Art.

4. Die Gruppe des Cimon della Pala.
(Primiero-Riff, Cima di Pape.)

In dieser grossartigen, noch wenig bekannten Gebirgsgruppe
tritt uns die grösste zusammenhängende Riffmasse unseres Gebietes
entgegen. Auf drei Seiten sind die ursprünglichen Grenzen mehr
oder weniger genau bekannt. Die Ausdehnung gegen Osten haben
wir soeben kennen gelernt. Das im Osten des Cordevole liegende

Riff zwischen Agordo und Alleghe, welches daselbst den unteren Theil des Gebirgskörpers der Civetta bildet, ist, wie bereits erwähnt wurde, die lediglich durch die Thalhöhlung des Cordevole von der am rechten Cordevole-Ufer befindlichen Hauptmasse des Riffs getrennte Fortsetzung des Primiero-Riffs. Im Norden bezeichnet die Anlagerungslinie der Augitporphyrlaven die Begrenzung nach dieser Richtung. Für den Süden liegen, wie wir sehen werden, einige Anhaltspunkte vor, um den beiläufigen Umfang des alten Riffs reconstruiren zu können. Im Westen fehlen jedoch alle Andeutungen einer heteropischen Grenze und aller Wahrscheinlichkeit nach ist die isopische Fortsetzung des Riffs in westlicher und nordwestlicher Richtung denudirt.

Mit Ausnahme der Palle di San Lucano, welche auf ihrer Gipfelfläche einen deutlich kennbaren Denudationsrest von Raibler Schichten und Dachsteinkalk tragen, scheint die ganze grosse übrige Hauptmasse der Primiero-Gruppe nur mehr aus Bildungen zu bestehen, welche den Raibler Schichten im Alter vorangehen. Möglich wäre es wol, dass sich auf dem ausgedehnten, theilweise vergletscherten Hochplateau zwischen den Palle di San Martino und dem Coston di Miel noch einige geringe Reste von Raibler Schichten und Dachsteinkalk erhalten hätten, was durch eine Begehung dieses schwer zugänglichen Gebietes zu constatiren wäre. Bis an die Ränder dieses Plateau reicht aber allenthalben der massige, ungeschichtete Dolomit oder dolomitische Kalk. Da der Dolomit unserer Riffe unter dem Einflusse der Denudation sich stets in abenteuerliche, zackige Felsnadeln auflöst, so dürfen wir das Plateau der Palle di San Martino wol für einen Rest des ursprünglichen Riffplateau halten. Von dieser Anschauung ausgehend, wurden die obersten Partien des Dolomitriffs in der Karte mit der Farbe der Cassianer Schichten bezeichnet.

Die Lagerungs-Verhältnisse sind ausserordentlich einfach und klar. Von einigen nicht bedeutenden Verwerfungen und Knickungen abgesehen, erwecken die an der Basis des mächtigen Dolomit-Aufsatzes sichtbaren Werfener Schichten meistens die Vorstellung söhliger Lagerung. Die bedeutenden Höhendifferenzen jedoch, welche sich für die Auflagerungsfläche des unteren Muschelkalks an der Peripherie der Gebirgsgruppe ergeben, beweisen, dass dem nicht so sei. Während im Nordwesten zwischen dem Cimon della Pala und der Cima di Vezzana der untere Muschelkalk in der Höhenzone von 2200 bis 2300 Meter liegt, sinkt derselbe gegen Süden auf 1500 bis 1600 Meter (Südfuss der Rocchetta nächst dem Cereda-Pass). Noch viel bedeutender ist die Senkung in der Richtung gegen

der P
itsch
bestel
schirten
aem
bi

Web
De

Val di S. Lucano.

Marmolata.

Astor photogr.

Verlag von ALFRED HÖLDER, Hof- und Universitäts-Buchhändler in Wien.

Phototypie von L. KOCH in Wien.

Die Palle di San Lucano, von Agordo.

Osten, wie aus den Höhenzahlen für Cencenighe (775 Meter nach Trinker) und Taibon (617 Meter nach Trinker) klar hervorgeht. Die an die Nordseite des Primiero-Riffs sich anlagernde Tuffpartie der Cima di Pape und des Cimone della Stia bildet den südlichsten Theil einer zwischen Alleghe und Sottoguda sich abzweigenden Bucht des grossen badiotischen Mergelbeckens. Da gegenwärtig der Zusammenhang durch die Denudation im Gebiete von Val di Canali völlig aufgehoben und in orographischer Beziehung der Zug der Cima di Pape innig mit dem Primiero-Riff verbunden ist, so empfiehlt es sich, beide im Zusammenhange zu besprechen.

Wir beginnen im Anschlusse an die Civetta-Gruppe mit den Palle di San Lucano, jenem stolzen Felsenberge, welcher im Panorama von Agordo die nordnordwestliche Aussicht sperrt und durch seine Form und Tracht das Bild des Schlern in die Erinnerung des Beschauers ruft. Die in der Tiefe sich schluchtartig verengende Erosionsrinne des Cordevole trennt die Palle di San Lucano von dem tafelförmig abgestutzten Dolomitberge zwischen Val Comparsa und dem Cordevole, welcher das Südcap des Monte Alto di Pelsa bildet. Durch die Lücke blickt von Norden her der schwarze Monte Pezza und hoch über diesem die hohe nackte Felsmauer der Marmolata in den tiefen warmen Thalkessel von Agordo.

Der Agordo zugewendete südliche Steilabfall der Palle di San Lucano lässt bei näherer Betrachtung (vgl. das Lichtbild „Die Palle di San Lucano, von Agordo") in der Hauptmasse des Dolomits unterhalb der durch dünne Schichtung ausgezeichneten Raibler und Dachsteinschichten, welche die höchste Gipfelpartie zusammensetzen, Andeutungen einer dickbankigen Schichtung erkennen. Die jenseits des Cordevole gelegenen Steilabstürze oberhalb Listolade zeigen genau correspondirend die gleichen Schichtfugen. Obwol die einzelnen Schichtenlinien dem Auge von ferne vollkommen regelmässig und geradflächig erscheinen, so setzen dieselben doch nicht ununterbrochen durch die ganze Erstreckung der Wände fort. Hier verlieren sich die Schichttheilungen und verschmelzen mehrere Bänke zu einer Masse, dort theilt sich eine Masse in eine Anzahl von bald stärkeren, bald schwächeren Bänken. Die Steilwände am linken Cordevole-Ufer oberhalb Listolade zeigen insbesondere in den höchsten, unmittelbar unter den Raibler Schichten gelegenen Wandpartien eine ziemlich regelmässige Theilung in dünnere Bänke.

Das Thal von San Lucano, welches ein einfaches Erosionsthal zu sein scheint, durchschneidet zwischen Col und San Lucano das Primiero-Riff in annähernd longitudinaler Richtung bis zu den die Unterlage des Riffs bildenden Werfener Schichten. Der Schnitt fällt nahezu in die Mitte des hier ausserordentlich schmalen Riffs. Zur Beurtheilung der Breitenausdehnung des Riffs gegen Süden gibt uns der Monte Piss vortreffliche Anhaltspunkte. Es zeigt nämlich dieser Berg, welcher seiner Lage nach dem Monte Framont entspricht, steil südlich geneigte Ueberguss-Schichtung, welche eine nahegelegene heteropische Grenze mit Sicherheit andeutet. Wir dürfen daher wol annehmen, dass das von Osten her bei Agordo bis an den Corde-vole reichende heteropische Gebiet sich einstens im Süden der Dolomitwände des Monte Piss, Monte Agnaro u. s. f. in die heute bis auf den Thonglimmerschiefer denudirte Landschaft im Westen des Cordevole fortsetzte. Die Nordgrenze des Riffs wird durch die Augitporphyrlaven und Tuffe der Cima di Pape bezeichnet. Die Aufschlüsse an der heteropischen Grenze sind allenthalben ausser-ordentlich klar und lehrreich.

Vielleicht den besten und bequemsten Einblick in die gross-artig angelegten Verhältnisse dieses Riffs gewährt der Uebergang von Val di San Lucano über die Forcella Gesuretta nach Gares. In der Nähe von Col gabelt sich das Thal von San Lucano. Ein südwärts gerichteter Ast, Val d'Angoraz, schneidet tief in das Dolomitgebirge ein. Ihm gegenüber zieht das Val di Rejane bis oberhalb Pont in nördlicher, dann in westlicher Richtung zur Forcella Gesuretta. Bereits bei Col erscheinen über der Dolomitbank des oberen Muschelkalks dünngeschichtete Bänderkalke mit Zwischen-lagen von festen Sandsteinen und Pietra verde (Buchensteiner Schichten). Dieselben nehmen aufwärts gegen Pont an Mächtigkeit zu, während sie gegen Osten und Süden allmählich in den Dolomit-massen verschwinden. Bei Pont sieht man vorne in der schmalen Thalöffnung gegen Norden die Buchensteiner Schichten von Augit-porphyrlaven überlagert. Auf der Ost- und Westseite der Thalschlucht dagegen unterteufen dieselben Buchensteiner Schichten den oberen

Val di
San Lucano   Palle di San Lucano   Cima di Pape

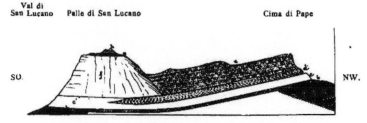

SO.   NW.

Die heteropische Grenze am Nordgehänge der Palle di San Lucano.

a = Werfener Schichten; b = Unterer Muschelkalk; c = Oberer Muschelkalk; c¹ = Oberer Muschelkalk und Buchensteiner Dolomit; d = Buchensteiner Schichten; e = Augitporphyrlaven; f = Wengener und Cassianer Dolomit; g = Raibler Schichten; h = Dachsteinkalk.

... hier ausserordentlich schma...
... Gehang des Riffs gegen ...
... liche Anhaltspunkte. Es zeig...
... nach dem Monte Francour ...
... schichtung, welche er ...
... Scherber und ... Wir...
... Dam der bei Agnero Pos...
... Schiefer sich auszeichn...
... Pass von ... agnero t...
... land...
... Riffs ...
... Dach ... Alp...

... Dach ... ...
... Cub...
... nach ...
... hat ... termo...
... egoraz, ... Sch...
... Val d...
... in ... schen Kar...
... schein ... der ...
... Schichten ... erkalk...
... und ... ... geneast...
... ostwar... gegen Port ... Mächtig...
... dünnlich...
... st ... von ... Ga...
... die Bänk... der Scaghten v...
... auf der Gr... Nesten der Unter...
... schen Kalksteines Schichten der

... heteropische Gränze am Nordgehänge der Palle di San Lucano.
... chten. ... = Unterer Muschelkalk ... = Ober ... Muschel ...

Cima di Pape.   Palle di S. Lucano.   Val di S. Lucano.

Verlag von ALFRED HÖLDER, Hof- und Universitäts-Buchhändler in Wien.

Photogr. von J. KIRCH Wien

Ander j. Verlag

Blick von der Forcella di Gesuretta gegen ONO.

Unlagerung der Laven und Tuffe an die Böschungsfläche des Riffes.

Dolomit. An dieser merkwürdigen Stelle ist sonach der Zusammenhang der Palle di San Lucano mit der Hauptmasse des Primiero-Riffs durch Erosion unterbrochen, und man verlässt durch diese Thalpforte das Innere eines Riffs. Die Buchensteiner Schichten greifen in das Riff ein.

Längs des ganzen Nordabfalls der Palle di San Lucano und des Coston di Miel ist nun die Aussen- und Böschungsfläche des Riffs prachtvoll entblösst. Die Ueberguss-Schichten zeigen sich kaum irgendwo so grossartig und so deutlich. Ihre Neigung entspricht der Riffböschung. Wo die Denudation bereits stärker von unten gegen oben vorgeschritten ist, da sieht man die in ihrer Stärke wechselnden, aber im Allgemeinen ziemlich mächtigen Schichtenköpfe der Ueberguss-Schichten. Unser Lichtbild „Blick von der Forcella Gesuretta gegen ONO." zeigt die entblösste Riffböschung der Palle di San Lucano und die Anlagerung des wolgeschichteten Systems von Tuffen und Laven. Auch die Ueberguss-Schichtung ist deutlich erkennbar. In Val di Rejane beobachtete ich an der heteropischen Grenze dünngeschichtete graue dolomitische Kalke mit thonig belegten Schichtflächen. Von Fossilien wurden im Dolomit sowie im Kalk nur Korallenreste bemerkt. Grössere Korallenstöcke scheinen im Dolomit nicht selten zu sein. Von den gelben fossilreichen Cipitkalken der nördlichen Riffe fand sich hier, ebenso wie am Monte Framont, keine Spur.

Im Süden der Forcella Gesuretta greift eine im Osten und Westen der Riffböschung frei aufgelagerte Zunge von Augitporphyrlaven noch hoch auf die Riffböschung zurück und bildet die Kuppe des Monte Campo Boaro. Es wird hier offenbar, dass die wolerhaltenen Riffböschungen der Umgebung erst vor verhältnissmässig kurzer Zeit von den angelagerten heteropischen Bildungen entblösst worden sein müssen. Die Zunge des Monte Campo Boaro ist ein letzter Denudationsrelict dieser Hülle in den oberen Regionen der Riffböschung, welcher sich bei der sehr mässigen Neigung der Böschung leichter erhalten konnte.

In dem grossartigen Felsen-Amphitheater, welches das Val delle Comelle umgibt, sieht man ringsum die theilweise selbst in der Zeichnung der Karte zum Ausdrucke gelangende Ueberguss-Schichtung. Da von unten her die Denudation schon einige Fortschritte gemacht hat, so treten, ähnlich wie am Cipiter Gehänge des Schlern, die Schichtflächen der Ueberguss-Schichtung gegen oben terrassenförmig zurück, während die abgerissenen Schichtköpfe die steilen Wandpartien zwischen den Terrassen bilden. Wir schliessen daraus, dass das Riff hier einen einspringenden Winkel besass, in

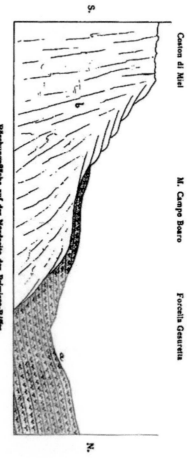

S.

Coston di Miel

M. Campo Boaro

Forcella Gesuretta

N.

Böschungsfläche auf der Nordseite des Primiero-Riffes.

(Uebergruss-Schichtung und übergreifende heteropische Bildungen.)

$a =$ Augitporphyrlaven; $b =$ Wengener Dolomit.

welchen sich die gegen oben an Ausdehnung stets zunehmenden heteropischen Bildungen hinein erstreckten.

Längs der Cima Fuocobono und dem Monte Cimone della Stia herrschen genau dieselben Verhältnisse, wie zwischen den Palle di San Lucano und der Cima di Pape: Steile Riffböschung, ausgezeichnete Ueberguss-Schichtung und Anlagerung der Laven und Tuffe an die Riffböschung.

Der westlichste Ausläufer der Tuffe findet sich auf der tirolisch-venetianischen Grenze in einer kleinen isolirten Kuppe vor der Dolomitsteilwand.

Man muss, da das Riff mit continuirlicher Böschung bis oben stets zurücktritt, annehmen, dass über den Tuffen und Laven die Wengener Sandsteine und Cassianer Mergel vorhanden waren und durch die Denudation entfernt wurden. Vielleicht finden sich bei eingehender Untersuchung noch einige Reste von Wengener Sandsteinen über den Tuffen. Im Norden erscheinen unter den Laven und Tuffen, wie überall in den rifffreien Gebieten, die normalen Buchensteiner Schichten.

Die heteropische Grenze auf der dem Cordevole zugekehrten Nordabdachung der Palle di San Lucano habe ich nicht näher untersuchen können. Doch herrschen daselbst offenbar dieselben Verhältnisse wie weiter im Westen. Man sieht vom Cordevole aus deutlich die Grenzgegend. Werfener Schichten und Muschelkalk bilden die gemeinsame Unterlage des Riffs und der rifffreien Region.

Im Gebiete der Werfener Schichten gegen das Canale-Thal zu herrschen manigfache Schichtstörungen, welche einer mit dem Canale-Thal zwischen Falcade und Cencenighe zusammenfallenden Verwerfungslinie zuzuschreiben sein dürften. In die westliche Fortsetzung dieser Störungslinie fällt der grossartige Gewölbaufbruch des Quarzporphyrs der Bocche, welcher auf seiner Südseite entweder von einem Abrutschen des Südschenkels oder von förmlichen Verwerfungen begleitet ist.

Eine ziemlich bedeutende Querverwerfung setzt zwischen Val di Fuocobono und dem tirolisch-venetianischen Grenzrücken, welcher vom Passo di Valles über Cala dora zu den Dolomitsteilwänden zieht, durch. Diese bei den prachtvollen Aufschlüssen der hochgelegenen Gegend weithin sichtbare Verwerfung hat das plötzliche Absinken des östlichen Gebietes zur Folge. Westlich von der Verwerfung liegt in bedeutender Höhe ein am Passo di Valles (2027 M.) beginnender Zug von Grödener Sandstein, Bellerophon-Schichten

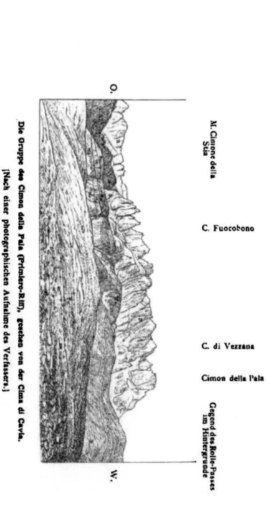

O.

M. Cimone della Sia

C. Fuocobono

C. di Vezzana

Cimon della Pala

Gegend des Rolle-Passes im Hintergrunde

W.

Die Gruppe des Cimon della Pala (Primiero-Rim), gesehen von der Cima di Cavia.

[Nach einer photographischen Aufnahme des Verfassers.]

Pₓ. = Quarzporphyr; B. = Bellerophon-Schichten; Wₑ = Werfener Schichten; M. = Muschelkalk; Bₙ. = Buchensteiner Schichten; A. = Augitporphyrlaven; D. = Dolomitriff (vom Muschelkalk bis einschliesslich zu den Cassianer Schichten reichend).

und Werfener Schichten, welcher mit flachem Südfallen das hohe Dolomitgebirge im Süden unterteuft. Die weissen Gypsbänke der unteren Bellerophon-Schichten contrastiren hier lebhaft von den dunkel gefärbten höheren Schichten und lassen sich weithin an dem Nordabfall des erwähnten Grenzrückens verfolgen.

In nahezu schwebender Lagerung zieht von hier die Unterlage des isopischen Dolomitriffs am Fusse der Cima di Vezzana vorüber bis zum westlichen Eckpfeiler des Cimon della Pala nächst Rolle. Der untere Muschelkalk liegt zwischen den Isohypsen von 2200—2300 M. Das schichtungslose Riff ragt in Denudations-Steilwänden empor. Von Ueberguss-Schichtung ist nichts wahrzunehmen*).

Vor dem Riffe breitet sich ein ausgedehntes Hügelland aus, welches die berühmten Alpentriften von Juribello und Veneggie trägt und von den unteren Gliedern der Trias und den oberen permischen Bildungen zusammengesetzt wird. Das Thal von Veneggie bis zu seiner Vereinigung mit dem vom Valles-Passe kommenden Thalaste scheint einer kleinen Querverwerfung zu entsprechen, indem vom Fusse der Dolomitsteilwände an die Werfener Schichten südlich von Veneggie anticlinal nach Norden sich senken, während im Norden des Thales von Veneggie, wie schon oben erwähnt wurde, flaches Südfallen herrscht. Einige untergeordnete Brüche sind übrigens auch in diesem nördlichen Gebirgstheile bemerkbar. So fällt insbesondere das Fehlen des Grödener Sandsteines zwischen Quarzporphyr und Bellerophon-Schichten in dem zum Valles-Passe führenden Graben auf. Das südliche Gebiet, welches in dem gegen Norden abdachenden Monte Castellazzo einen Denudationsrelict der einstigen Dolomitbedeckung besitzt, ist im Norden zwischen der Mündung des Veneggie-Thales und Paneveggio durch eine Längsverwerfung begrenzt, welche, den Südrand des Bocche-Aufbruches bezeichnend, aus der Gegend des Valles-Passes bis zum Westfusse des Dossaccio zu verfolgen ist.

---

*) Herr G. Merzbacher, welcher den Cimon della Pala erstieg, berichtet (Zeitschr. d. D. u. Oest. Alpenvereins, 1878, S. 52), dass dieser Berg aus weissem Dolomit, einem porös zuckerkörnigen Gesteine bestehe und „keinerlei bemerkbare Einschichtungen anderen Materials" enthalte. Von einer eigentlichen regelmässigen Schichtung sei nichts zu bemerken. „Der Aufbau des Berges besteht vielmehr aus riesigen übereinander gethürmten Blöcken und Klumpen mit unregelmässigen Trennungsflächen. Hie und da finden sich zwischen diesen Trennungsflächen Adern gelblichen Kalkes eingezogen. Erst weit oben gegen den Gipfel waren wieder Anläufe zu regelmässigerer Schichtung bemerkbar, die aber — so weit verfolgbar — auch nicht consequent regelmässig verliefen."

Mojsisovics, Dolomitriffe. 22

In dieser Gegend begegnen wir bereits nicht selten Melaphyrgängen, peripherischen Ausläufern des vulcanischen Herdes von
Predazzo. Im Dolomite des Castellazzo sind dieselben leicht zu
bemerken. Etwas schwieriger ist die Auffindung und Verfolgung in
dem rasenbewachsenen Sandstein-Plateau von Juribello. Herr Forst-
verwalter Wallnöfer in Predazzo theilte mir mit, dass er bei den
Vermessungen dieser Gegenden zahlreiche theils N.-S., theils
NO.-SW. streichende Melaphyrgänge im Grödener Sandstein von
Juribello und im Quarzporphyr des Colbricon beobachtet habe.

Ueber die in landschaftlicher Beziehung so überaus grossartige
Westseite des Primiero-Riffs wäre kaum etwas zu berichten, wenn
nicht einige tektonische Störungen etwas Abwechslung in die sonst
überaus einfachen Verhältnisse brächten.

Vom Rolle-Pass aus senken sich Grödener Sandstein und
Bellerophon-Schichten jäh in das hier entspringende Cismone-Thal
abwärts. Dieser plötzlichen Senkung entspricht ein stufenförmiges
Absinken des Quarzporphyrs. Unterhalb des nach Norden abdachenden Cavallazza, auf der Ostseite desselben, zieht sich eine

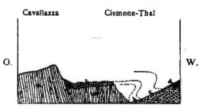

a = Quarzporphyr; b = Grödener Sandstein; c = Bellerophon-Schichten; d = Werfener
Schichten.

Terrasse hin, welcher Grödener Sandstein auflagert. Dort, wo die
neue Strasse in weiten Serpentinen den Abstieg über die starke
Thalsenkung beginnt, vereinigt sich dieser Grödener Sandstein mit
dem durch das Cismone-Thal ziehenden Hauptzuge. Die Verwerfung,
welche die untere Porphyrscholle von der oberen (Cavalazza) trennt,
endigt sodann im Norden am Rolle-Pass, wo sich der im Hangenden
der Cavalazza-Scholle befindliche Grödener Sandstein mit dem Cis-
mone-Zug vereinigt. Dasselbe Verhältniss wiederholt sich augenscheinlich unterhalb der steilen Strassensenkung. Die Porphyrterrasse
mit dem aufgelagerten Grödener Sandstein verhält sich nämlich
gerade so zu dem tieferen, gegen San Martino streichenden Cis-
mone-Zug, wie oben der Cavalazza zu der unteren Porphyrterrasse.

Es ist nun in hohem Grade auffallend, am Fusse der Dolomit-
steilwand des Cimon della Pala eine Verschiebung wahrzunehmen,

welche im geraden Gegensatze zu diesem Systeme von Störungen zu stehen scheint. Einem aufmerksamen Beobachter wird es nicht entgehen, dass die hohe schlanke Gestalt des Cimon della Pala sich nicht unmittelbar aus der das Wassergebiet des Travignolo-Baches abschliessenden Dolomitsteilwand erhebt, sondern etwas hinter derselben zurück gegen Süden steht. Eine nähere Untersuchung lehrt nun, dass die vordere Dolomitmauer durch eine nicht unbedeutende Verwerfung von dem Körper des Cimon della Pala getrennt ist. Man bemerkt bereits von Rolle aus, dass die Werfener Schichten am Fusse des Cimon della Pala viel höher hinauf reichen, als an der vorderen Dolomitwand. Aber erst etwas weiter im Süden hat man den vollen Anblick der eigenthümlichen Störung. Anstatt dass, entsprechend der allgemeinen Senkung des Gebirges, ein Absinken stattgefunden hätte, erscheint am Cimon della Pala das Gebirge in die Höhe gestaut. Die Werfener Schichten reichen hoch an den Wänden hinauf und stossen im Norden an der Verwerfungslinie am Dolomite der vorderen horizontal lagernden Gebirgspartie ab *).

Cimon della Pala

N.   S.

a = Werfener Schichten; b = Unterer Muschelkalk; c = Oberer Muschelkalk und Buchensteiner
Dolomit; d = Wengener und Cassianer Dolomit.

Der Cimon della Pala verdankt sonach seine dominirende Höhe (3220 M.) einer abnormen, örtlichen Aufstauung des Gebirges. Seine kühne abenteuerliche Gestalt ist selbstverständlich nur das Werk der Denudation.

---

*) Die ausserordentliche Brüchigkeit, durch welche nach G. Merzbacher (Zeitschr. d. D. u. Oest. Alpenvereins, 1878, S. 67) die Felswände des Cimon della Pala und der Vezzana auf der Rolle zugewendeten Seite im Gegensatz zu den Nachbarbergen und zu den Südwänden der genannten Berge selbst sich auszeichnen, rührt wol von dieser Verwerfung her.

22 *

Vom Cimon della Pala an sinken dann auch die Werfener Schichten gegen Süden allmählich und regelmässig in tiefere Höhenzonen. Eine andere Erscheinung, welche unser Interesse erregt, ist das rasche Abnehmen und Auskeilen des Quarzporphyrs südlich von San Martino. Unterhalb San Martino trifft das die Unterlage des Quarzporphyrs bildende Phyllitgebirge, von Westen her aus der Gruppe der Cima d'Asta herüberstreichend, das Cismone-Thal. Der Phyllit nimmt hier nordsüdliches Streichen an und setzt sofort auch auf die linke Thalseite, so dass er mit dem triadischen Dolomitgebirge in Einem Gehänge erscheint. Der Quarzporphyr nimmt gleichzeitig auffallend an Mächtigkeit ab und verliert sich endlich ganz. Nachdem man kurz zuvor den Quarzporphyr noch Berge bilden sah, so drängt sich dem Reisenden zunächst der Gedanke auf, dass der Quarzporphyr an einem dem Streichen des Thales folgenden Bruche in die Tiefe gesunken sei. Die unterhalb des Rolle-Passes beobachteten Verwerfungserscheinungen lassen eine solche Annahme sehr natürlich erscheinen. Indessen lehrt die weitere Untersuchung an der Südseite der Gruppe des Cimon della Pala, dass die Verhältnisse anders liegen. Die Quarzporphyrdecke nimmt thatsächlich rasch an Stärke ab und keilt, unregelmässige, zipfelförmige Ausläufer aussendend, vollständig aus.

Bis zu dem tief (715 M.) gelegenen Fiera di Primiero führt die Strasse in den krystallinischen Schiefern, welche sich nun in einer schmalen Zone, der Südseite unserer Gebirgsgruppe folgend, über den Einschnitt des Cereda-Passes fortziehen und mit dem breiten Streifen krystallinischer Schiefer, welcher zwischen Agordo und Vallalta auf der Nordseite des Bruchrandes der Valsugana-Spalte zu Tage tritt, verbinden. Zwischen Vallalta und Primiero bezeichnen die Phyllite nicht den Verlauf der grossen Bruchlinie, sondern einen anticlinalen Aufbruch mit steil südlich einfallendem Schenkel. Der Hauptbruch setzt im Süden des Sasso di Mur mitten durch das Kalkgebirge. Wir werden des orographischen Zusammenhanges wegen diese im Süden des Phyllit-Zuges liegende Scholle des Primiero-Riffs erst im XIV. Capitel in Verbindung mit dem an der Valsugana-Spalte abgesunkenen Gebirge besprechen.

Die tieferen Gebirgsglieder bilden nordöstlich von Primiero am Fusse der hohen, zackenreichen Dolomitmauern des Sass maor (Sasso maggiore), der Cima della Fradusta u. s. f. ein ziemlich breites Mittelgebirge, dem das Belvedere (1307 M.) als culminirender Punkt angehört. Mächtige ausgedehnte Moränen-Ablagerungen eines

in der Rückzugsperiode der grossen Gletscher aus dem benachbarten Dolomithochgebirge niedersteigenden Gletschers bedecken
nicht nur die ganze Mittelgebirgsterrasse, in welcher auch das
herrliche Val Canali eingeschnitten ist, sondern reichen an vielen
Stellen auch tief herab auf den Gehängen gegen den Cismone, die
Beobachtung und Verfolgung des anstehenden Gesteins sehr er-
schwerend. Wenn man vom Belvedere aus sieht, dass der unver-
gleichliche Halbrund von Felsmauern, welcher das Val Canali
umschliesst, sich über hoch hinanreichenden Werfener Schichten
erhebt, so würde man meinen, bereits tief in den Phylliten zu
stehen. Hat man aber den Aufstieg nicht über Glacialschutt ausgeführt und hat man z. B. für denselben den von Tonadico hoch
über dem Einschnitt des Torrente Canali auf das Plateau führenden
Weg benützt, so weiss man, dass man auf dem Belvedere über
Werfener Schichten steht. Von Tonadico thaleinwärts hat man
zunächst steil NNO. fallenden Thonglimmerschiefer neben sich, in
der Nähe einer in der Thalsohle stehenden Capelle folgt sodann
Grödener Sandstein, diesem in bedeutender Mächtigkeit und mit
reichlichem Gesteinswechsel der Complex der Bellerophon-Schichten.
Ein Fetzen von Grödener Sandstein und Bellerophon-Schichten
hängt auch jenseits auf dem linken Ufer des Baches am Phyllit-
gehänge. Die ganze Breite der Thalsohle wird nun an der Vereinigung des Torrente Canali mit dem vom Cereda-Passe kommenden
Bache von hohen Moränenhügeln eingenommen. Die Burgruine
Castell Pietra klebt auf einem riesigen, auf der Höhe des Moränenwalles thronenden Dolomitblocke. Auf dem Abhange des Belvedere

Gehänge des Belvedere   Cima d'Ollio   Gegend des Cereda-Passes

Strasse   Castell Pietra   Trt. Canali

Der Moränenkranz des Val Canali in Primiero, gesehen von Tonadico.

[Nach einer photographischen Aufnahme des Verfassers.]

gegen den Torrente Canali dagegen sind über den Bellerophon-Schichten ziemlich hoch hinan die Werfener Schichten, unten aus vorherrschend kalkigen, grauen, gegen oben aus rothen schiefrigen Gesteinen bestehend, trefflich entblösst.

Ein Gang zum Cereda-Pass klärt nun den Zusammenhang auf. Nachdem man die Moränenzone des Castell Pietra passirt hat, trifft man etwa 300 Meter über dem Grödener Sandstein von Tonadico auf Quarzporphyr, welcher, bevor die Passhöhe erreicht ist, sich auf die südliche Thalseite hinüberzieht. Es folgen dann regelmässig Grödener Sandstein und Bellerophon-Schichten als normale Unterlage jener oberen Werfener Schichten, welchen das Dolomithochgebirge im Norden aufgesetzt ist.

Das Val Canali entspricht daher einer Verwerfung, und das Belvedere ist ein, von dieser Verwerfung im Osten begrenzter, abgesunkener Gebirgstheil.

Auf dem Wege vom Cereda-Passe nach Mis begegnet man mehreren, den Phyllit durchsetzenden Melaphyrgängen. Ob man dieselben als ursprünglich blinde, durch die Denudation nachträglich blossgelegte Gänge oder als seitliche Ausläufer eines im Süden der Valsugana-Bruchlinie gelegenen, gegenwärtig verhüllten Eruptionsherdes zu betrachten habe, muss unentschieden bleiben. Wenn man von der Möglichkeit der letzteren Alternative absieht, und blos die heutigen Aufschlüsse in Betracht zieht, so ergibt sich für die Melaphyrgänge von Mis im Verhältniss zu den Eruptionscentren von Fassa und Fleims eine ganz analoge Stellung, wie für die Melaphyrgänge der Klausener Gegend. Man könnte sich sehr gut vorstellen, dass in grösseren Entfernungen von den Eruptionsherden die intrusive Thätigkeit in immer tieferen Schichtcomplexen ihr Ende finden muss, oder mit anderen Worten, dass in den peripherischen Regionen der eruptiven Thätigkeit blos blinde, gegen aussen geschlossene Gänge vorkommen können.

In der Gegend von Mis keilt sich der Quarzporphyr von Cereda im Verrucano-Conglomerat vollständig aus. Die stratigraphische Rolle des Quarzporphyrs übernimmt nun ganz der Verrucano, welcher ausser Quarzgeröllen auch zahlreiche Porphyrblöcke einschliesst.

Beiläufig in derselben Gegend tritt in dem Dolomitriff, welches auf der West- und Südseite bisher eine vollkommen isopische Masse bildete, ein bemerkenswerther und selbst aus grösserer Entfernung kenntlicher heteropischer Wechsel ein. Es schalten sich zwischen dem Dolomit des oberen Muschelkalks und der höheren

Hauptmasse des Dolomits typische Buchensteiner Schichten (Bänder-
und Knollenkalke, Pietra verde) ein, welche nun in nordöstlicher
Richtung fortsetzen. Es bestätigt dieses Eingreifen heteropischer
Bildungen unsere oben (s. S. 332) ausgesprochene Vermuthung,
dass das heteropische Gebiet, welches heute bei Agordo sein
westliches Ende findet, sich einstens über den Cordevole am Südrande der heutigen Dolomitgrenzen gegen Westen verbreitete.

Das Phyllitgebirge, welches zwischen Vallalta und Val
Imperina von der Valsugana - Bruchlinie im Süden abgeschnitten
wird und im Monte Gardellon und im Col Armarolo seine grössten
Höhen erreicht, unterteuft mit nordwestlichem Fallen regelmässig
die permischen und triadischen Bildungen im Norden. Es behält
diese Fallrichtung bis zum Cordevole bei, während zwischen
Frassene und Taibon grössere Unregelmässigkeiten in der Lagerung
der permischen und untertriadischen Schichten eintreten. Es scheint
eine Verwerfung längs der Dolomitgrenze hinzulaufen, in Folge
welcher Monte Agnaro und Monte Piss in die vor ihnen im Süden
und Osten gelegenen Werfener Schichten wie eingesenkt erscheinen.
Bei Frassene fallen auch die permischen Schichten vom Gebirge
weg gegen den Thonglimmerschiefer. Unten am Cordevole dagegen
schiessen die permischen Bildungen wieder regelmässig gegen
Norden ein.

Zahlreich und auffallend sind im Phyllitgebirge von Agordo
die Spuren einstiger Vergletscherung. Rundhöcker kommen häufig
vor und über das ganze Phyllitgebirge hin sind grosse und kleine,
aus den nördlichen Gegenden stammende Dolomitblöcke aus-
gestreut. Der berühmte „Sasso della Margherita‘ im Imperina-Thal,
aus welchem die von W. Fuchs gesammelten und von Fr. v. Hauer *)
beschriebenen Fossilien des „Crinoidenkalkes (Fuchs)‘ stammen,
ist nichts weiter, als ein grosser erratischer Block, welcher frei dem
Phyllit auflagert und im Monte Agnaro oder Monte Piss seine
muthmassliche Heimat haben dürfte.   *

Die beiden an der Bruchlinie gelegenen Erzlagerstätten von
Val Imperina und Vallalta werden wir im XIV. Capitel bei der
Schilderung der Valsugana-Spalte besprechen.

*) Denkschr. d. k. k. Akad. d. Wiss. Wien, Bd. II.

XII. CAPITEL.

Der altvulcanische District von Fassa und Fleims.

Die Gruppe des Sasso Bianco. – Der Marmolata-Stock mit dem vorgelagerten Augitporphyr-Gebirge. – Fossilien im Marmolata-Kalk. – Heteropische Grenze des Marmolata-Riffes. – Die Gruppe des Sasso di Dam (Buffaure-Gebirge). – Der Monzoni-Stock mit dem Gebirge zwischen der Forca Rossa und dem Fassa-Thal. – Contact-Erscheinungen. – Parallele zwischen dem Vesuv und dem Monzoni. – Eigenthümliche Einsenkungen an der Peripherie des Eruptivstockes. – Der Fleimser Eruptivstock mit dem umgebenden Kalkgebirge. – Fossilien des unteren Wengener Dolomits. – Die „Fleimser Eruptionsspalte". – Der Granit von Predazzo. – Vorherrschende Gangrichtungen. – Contact-Erscheinungen. – Alter der Eruptivstöcke. – Eine dritte, ältere Eruptionsstelle im oberen Fassa. – Die Gegend am rechten Avisio-Ufer zwischen Tesero und Castello.

Wir gelangen in diesem Capitel zur Schilderung der Eruptionsstellen unserer norischen Augitporphyrlaven. Wir betreten damit ein Gebiet, welches fast von allen bedeutenden Geologen dieses Jahrhunderts besucht und in zahlreichen grösseren und kleineren Abhandlungen beschrieben worden ist.

In der Literatur über diese Gegenden spiegelt sich die Geschichte des Fortschrittes der geologischen Auffassung unserer Zeit. Die alte Fehde zwischen den Plutonisten und Neptunisten ist nun ausgeklungen und die Anhänger dieser beiden Richtungen lenken nicht mehr ihre Schritte nach den berühmten Stellen in Fleims und Fassa, wo Syenite und andere vollkrystallinische plutonische Gesteine mit Meeresablagerungen in Berührung treten, um für ihre Anschauungen Beweise zu suchen. Für zahlreiche wichtige Fragen der dynamischen und chemischen Geologie bieten jedoch die so überaus lehrreichen und günstigen Aufschlüsse von Fleims und Fassa noch immer ein unvergleichliches Beobachtungsfeld, welches noch lange nicht genügend und erschöpfend erforscht ist.

Eine detaillirte Schilderung der Eruptionsstellen, soweit eine solche nämlich nach dem heutigen Stande unseres Wissens gegeben werden könnte, liegt nicht im Plane dieser Arbeit. Wir müssen uns mit der Darstellung der tektonischen Verhältnisse und der allgemeinen Beziehungen der durchsetzten Gesteine zu den durchsetzenden

begnügen und verweisen hinsichtlich petrographischer und para-
genetischer Details auf die seit v. Richthofen's grundlegender
Monographie erschienenen Specialschriften von B. v. Cotta *),
Lapparent **), Scheerer ***), Tschermak†), Lemberg ††),
G. vom Rath †††), Doelter *†) und Hansel **†).

Des orographischen Zusammenhanges wegen behandeln wir
in diesem Abschnitt auch den Stock des Marmolata, das Gebirge
zwischen dem Biois und der Pettorina (Gruppe des Sasso Bianco),
das Augitporphyr-Gebirge am rechten Cordevole-Ufer oberhalb
Caprile nebst der an dieses sich anschliessenden Gruppe des
Buffaure. Es sind dies zum Theil Gebiete, welche bereits ausserhalb
der Peripherie der eruptiven Thätigkeit liegen.

Die jüngsten Bildungen reichen über die Zeit der Wengener
Schichten nicht hinaus.

In heteropischer Beziehung zerfällt das Gebiet in zwei scharf
begrenzte Regionen. Der peripherische Strich im Osten und im
Norden (am Cordevole und im oberen Fassa) gehört dem Laven-
und Tuffgebiet an; den ganzen Süden und Westen dagegen nimmt
eine ursprünglich unter sich und mit dem Rosengarten im Norden
und dem Primiero-Riff im Süden zusammenhängende Dolomitmasse ein.

Die beiden bekannten Eruptionsstellen von Fassa (Monzoni)
und von Fleims befinden sich im Dolomit. Ein drittes etwas älteres
Eruptionscentrum dürfte, wie wir sehen werden, im Lavengebiete
des oberen Fassa bestanden haben.

---

*) Alter der granitischen Gesteine von Predazzo und Monzon in Südtirol,
N. Jahrb. v. Leonhard und Geinitz, 1863.

**) Sur la constitution géologique du Tyrol méridional. Annales des mines. T. VI.

***) Ueber die chemische Constitution der Plutonite. Festschrift zum Frei-
berger Jubiläum. Dresden, 1866.

†) Die Porphyrgesteine Oesterreichs.

††) Ueber die Contactbildungen bei Predazzo. Zeitschr. D. Geol. Ges. 1872. —
Ueber Gesteinsumbildungen bei Predazzo und am Monzoni. A. a. O. 1877.

†††) Beiträge zur Petrographie. II. Ueber die Gesteine des Monzoni. Zeitschr.
D. Geol. Ges. 1875.

*†) Der geologische Bau, die Gesteine und Mineralien des Monzoni-Gebirges.
Jahrb. Geol. R.-A. 1875. — Ueber die Eruptivgebilde von Fleims nebst einigen
Bemerkungen über den Bau der älteren Vulcane. Sitz.-Ber. Akad. d. Wiss. Wien,
1876, Decemberheft. — Beitr. z. Mineralogie des Fassa- und Fleimser Thales.
I. Jahrb. Geol. R.-A. 1875. II. A. a. O. 1877. — Ueber die mineralogische Zu-
sammensetzung der Melaphyre und Augitporphyre Südtirols. Jahrb. Geol. R.-A. 1875.

**†) Die petrographische Beschaffenheit des Monzonits von Predazzo. Jahrb.
Geol. R.-A. 1878.

1. Die Gruppe des Sasso Bianco.

Eine westöstlich verlaufende Tiefenlinie — St. Pellegrin-Biois — stellt zwischen Moëna und Cencenighe eine bequeme und mit geringen Kosten in fahrbaren Zustand zu versetzende Verbindung zwischen dem Avisio- (Fassa-) und dem Cordevole-Thal her.

Nördlich von dieser Thalfurche erhebt sich eine hohe Gebirgsmauer, über welche nur an wenigen Stellen begangene Pfade in die auf der Nordseite des Gebirges ausstrahlenden Seitenthäler führen. Die einzige bedeutendere Einsattlung, welche die Bezeichnung „Pass" in Anspruch zu nehmen berechtigt ist, ist die Forca Rossa zwischen der Cima di Val Fredda und dem Monte Alto, welche eine beschwerliche und selten betretene Verbindung zwischen dem im Süden des Gebirges eingeschnittenen Val Fredda und dem oberhalb der Serai di Sottoguda mit dem Pettorina-Thal sich vereinigenden Val di Franzedaz vermittelt. Die Dolomitmauer ist an dieser Stelle vollständig durchbrochen. Mit Ausnahme des geringen Denudationsrestes von Muschelkalk, welcher in der Karte als Col Beccher bezeichnet ist, bilden Werfener Schichten die Höhe des weiten Joches.

Diese Einsattlung kann zweckmässig als Trennungslinie zwischen dem Gebirge im Osten und im Westen benützt werden. Das im Osten der Val Fredda-Franzedaz-Linie befindliche, im Süden vom Biois, im Norden von der Pettorina, im Osten vom Cordevole begrenzte Gebirgsmassiv wollen wir als die Gruppe des Sasso Bianco bezeichnen und in diesem Abschnitt besprechen.

Wir beginnen mit der breiten, aus älteren Schichtgliedern zusammengesetzten Südabdachung, welche sich landschaftlich scharf von dem aus Dolomit und Augitporphyrlaven bestehenden Gebirgskamme unterscheidet und durch tektonische Complicationen ausgezeichnet ist.

Ausser der allmählichen Senkung der Gebirgsschichten gegen den Cordevole zu tritt eine weitere sprungweise sich vollziehende Senkung in der Richtung gegen Süden ein. Dieselbe beginnt bereits westlich von Val Fredda auf dem Gehänge nordöstlich von S. Pellegrino in Folge einer hier in den Bellerophon-Schichten ansetzenden Verwerfung. Oben, unter den Dolomitmauern der Cima di Val Fredda streichen die Werfener Schichten, welche von der Campagnazza-Alpe herübersetzen, in grosser Höhe fort, so dass die Ueberlagerung der Werfener Schichten durch den unteren Muschelkalk in der Isohypse von 2300 Meter stattfindet. Südlich von der Verwerfung erscheinen unterhalb der Bellerophon-Schichten abermals

Werfener Schichten, welche ihrerseits regelmässig von Bellerophon-Schichten, Grödener Sandstein und Quarzporphyr unterteuft werden. Dieser untere Zug von Werfener Schichten nimmt gegen Osten rasch an Breite zu. In der Gegend von Val Fredda spalten sich die oberen Bellerophon-Schichten in Folge einer zweiten Verwerfung neuerdings und bildet sich eine von Bellerophon-Schichten unterteufte mittlere Scholle von Werfener Schichten, welche jedoch nur von kurzer Längserstreckung ist, da sich im Süden des Col Beccher die beiden oberen Züge der Bellerophon-Schichten wieder vereinigen. Bis an den Fuss der aus diesen drei Zügen von Werfener Schichten gebildeten Steilwand fallen die Schichten scheinbar völlig concordant nordöstlich, vor der Steilwand aber neigen sich die Bellerophon-Schichten mit ihrer Unterlage sanft gegen Süden und Südosten.

Falcade

Col Beccher   C. di Val Fredda
Forca Rossa

S.

N.

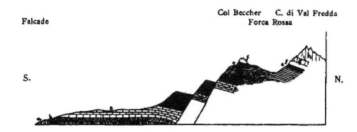

a = Quarzporphyr; *b* = Grödener Sandstein; *c* = Bellerophon-Schichten; *d* = Werfener Schichten; *e* = Unterer Muschelkalk; *f* = Oberer Muschelkalk; *g* = Buchensteiner Dolomit; *h* = Wengener Dolomit.

Diese dreifache Schichtenwiederholung ist in einem der grossartigsten Aufschlüsse im Süden der Forca Rossa und des Col Beccher entblösst. Aus der Thalweitung 'des Biois-Thales unterhalb Falcade, insbesondere aber von dem niederen, obenauf von Bellerophon-Schichten gebildeten Hügelrücken bei Falcade, von welchem aus die auf Seite 348 mitgetheilte panoramatische Ansicht aufgenommen wurde, übersieht man mit Einem Blicke die ganzen Verhältnisse. Es ist eines der überwältigendsten geologischen Bilder, welches unser an instructiven Stellen so reiches Gebiet gewährt. Vom Fusse der Steilwand bis zu den Dolomitzacken der Cima di Val Fredda und des Monte Alto hinan überblickt man eine continuirliche Folge von dünnbankigen, vorherrschend roth gefärbten, aber durch drei auffallend weisse Streifen unterbrochenen Schichten, deren Gesammt-Mächtigkeit gegen 1000 Meter betragen dürfte. Die weissen Streifen sind die Gypsmassen der Bellerophon-Schichten.

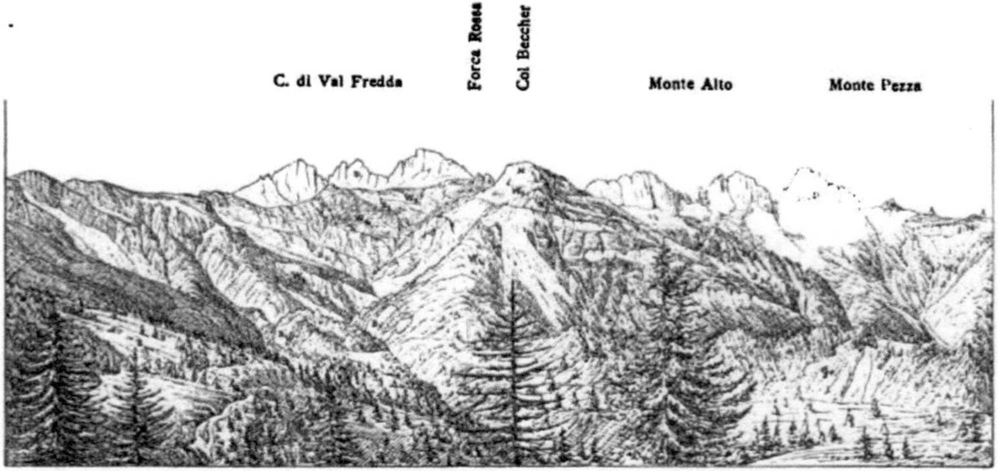

C. di Val Fredda

Forca Rossa

Col Beccher

Monte Alto

Monte Pezza

Ansicht der Schichten-Wiederholungen bei Faéade.

[Nach photographischen Aufnahmen des Verfassers.]

$Gr.$ = Grödener Sandstein; B_1 = Erster Zug der Bellerophon-Schichten; W_1 = Erster Zug der Werfener Schichten; B_2 = Zweiter Zug der Bellerophon-Schichten; W_2 = Zweiter Zug der Werfener Schichten; B_3 = Dritter Zug der Bellerophon-Schichten; W_3 = Dritter Zug der Werfener Schichten; M = Muschelkalk und Buchensteiner Dolomit; $A.$ = Augitporphyrlaven; $D.$ = Wengener Dolomit.

Nach der Vereinigung der beiden oberen Züge der Bellerophon-Schichten senkt sich die untere Scholle auch in östlicher Richtung bedeutend und macht die Verwerfung allmählich einem anticlinalen Aufbruche Platz, dessen Südschenkel gegen Süden einfällt. Die Ortschaften Vallada und Andrich stehen auf diesem Zuge der Bellerophon-Schichten. Die Werfener Schichten, welche die Sohle des Biois-Thales bei Forno di Canale erreichen, sind die Fortsetzung des untersten Zuges der Werfener Schichten von Falcade und fallen hier allenthalben vom Gebirge weg gegen den Biois.

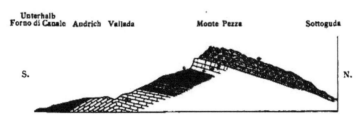

Unterhalb Forno di Canale   Andrich   Vallada   Monte Pezza   Sottoguda

S.   N.

a = Bellerophon-Schichten; *b* = Werfener Schichten; *c* = Unterer Muschelkalk; *d* = Oberer Muschelkalk; *e* = Buchensteiner Dolomit; *f* = Wengener Dolomit; *g* = Augitporphyrlaven.

Von Andrich ziehen sich die sehr mächtigen, vorherrschend aus Rauchwacken, Gypsen und dunklen dolomitischen Gesteinen bestehenden Bellerophon-Schichten über die Forcella di San Tommaso in einem sich allmählich verschmälernden Streifen zum Cordevole.

Die Tiefenlinie des Biois zwischen Cencenighe und der Weitung von Falcade ist beiderseits von Schollen von Werfener Schichten begrenzt, welche gegen den Biois zu convergiren. Es wurde bereits im vorhergehenden Capitel (Seite 335) darauf hingewiesen, dass diese Thalspalte in der Verlängerung des häufig von plötzlichen Abbrüchen auf dem Südschenkel begleiteten Gewölbaufbruches der Bocche liegt, auf welchen wir noch bei einer späteren Gelegenheit zurückkommen werden.

Auf dem dem Cordevole zugewendeten Gehänge tritt in der ganzen Erstreckung desselben regelmässig Ostfallen ein. Wir haben bereits (Seite 322) auf die merkwürdige Erscheinung der meridionalen Verwerfungen und Senkungen im Oberlaufe des Cordevole hingewiesen.

Nördlich von Cencenighe findet sich, durch eine Verwerfung von der ostfallenden Cordevole-Zone der Werfener Schichten getrennt, ein Denudationsrelict von Muschelkalk und Buchensteiner Schichten. Der Muschelkalk ist reich an Fossilien und würde eine sorgfältige Ausbeutung lohnen. Auch die Werfener Schichten zeichnen sich hier durch gut erhaltene Fossilien aus, von denen namentlich die Ammonitiden (verschiedene Arten der Gattung *Tirolites*) erwähnt zu werden verdienen.

Die Kammhöhe und die ganze Nordabdachung der Gruppe des Sasso Bianco bestehen aus heteropischen norischen Bildungen. Unmittelbar im Osten der Forca Rossa und des Val di Franzedaz erhebt sich im Monte Alto und im Monte Fop noch eine isopische Dolomitmasse, welche als eine ursprünglich mit dem benachbarten westlichen Dolomitriff zusammenhängende und erst durch die Denudation von demselben losgetrennte Riffpartie zu betrachten ist. Wie namentlich auf dem steilen Südabbruche des Gebirges deutlich zu sehen ist, nimmt der Dolomit in östlicher Richtung rasch an Mächtigkeit ab und über die gegen Osten gekehrte Riffböschung greifen Augitporphyrlaven über, welche stellenweise auch zungenförmig in den Dolomit selbst eindringen (Vgl. a. die Ansicht Seite 348). Die Höhe des Monte Pezza besteht bereits aus wolgeschichteten Augitporphyrlaven. Im Osten des Monte Pezza ist der die Augitporphyrlaven unterlagernde Dolomit auf eine wenig mächtige gleichförmige Bank reducirt, welche auf unserer Karte als Buchensteiner Dolomit und oberer Muschelkalk gedeutet ist. Am Monte Forca dagegen schwillt der Dolomit wieder zu grösserer Mächtigkeit an, weshalb wir hier den oberen Theil desselben als Wengener Dolomit angenommen haben. Die verschiedenen kleinen Kalk-Einlagerungen in den Augitporphyrlaven am rechten Gehänge des Cordevole zwischen Caprile und dem Alleghe-See können als vom Wengener Dolomit des Monte Forca auslaufende Riffzungen betrachtet werden. Der Monte Forca selbst lässt sich ungezwungen mit den Riffmassen am linken Cordevole-Ufer an der Basis der Civetta-Gruppe in Verbindung bringen.

Die Augitporphyrlaven der Sasso Bianco-Gruppe sind daher im Osten und Westen von Riffen eingeschlossen. Sie standen ursprünglich, wie bereits Seite 331 betont wurde, mit den Augitporphyrlaven der Cima di Pape und des Monte Cimone della Stia im Zusammenhange.

Die Gipfelmasse des Sasso Bianco wird wieder von Dolomit gebildet, welcher im Norden den Augitporphyrlaven aufzulagern scheint. Der Steilabfall befindet sich auf der Nordseite. Die Südostabdachung ist ziemlich sanft geböscht und besitzt eine bereits aus grösserer Entfernung deutlich erkennbare Ueberguss-Schichtung. Die

Dolomitböschung reicht unter die hier theilweise angelagerten Laven hinein. Aus diesem Grunde werden wir für den Sasso Bianco, welchen wir als einen Denudationsrelict einer in das Lavengebiet übergreifenden Riffzunge ansehen, einen ursprünglichen Zusammenhang mit den grossen Riffmassen im Westen, nicht aber, wie für den Monte Forca mit dem Monte Alto di Pelsa, welcher, wie wir gezeigt haben, ein Ausläufer des Primiero-Riffes ist, anzunehmen haben.

Die Altersbestimmung des Dolomits des Sasso Bianco als Wengener Dolomit lässt sich in folgender Weise rechtfertigen. Der Dolomit des Sasso Bianco ruht, wie es scheint, direct auf den Augitporphyrlaven und nimmt daher die Stelle ein, welche sonst in den isopischen Mergelgebieten den Wengener Schichten zukommt. In der Fortsetzung der Laven der Sasso Bianco-Gruppe werden wir auf der Ost- und Nordseite des Marmolata-Stockes mehrere Riff-Ausläufer kennen lernen, welche sich, abgesehen von den geringeren Dimensionen, genau so wie der Sasso Bianco zu den Augitporphyr-laven verhalten und sicher noch den Wengener Schichten angehören. Die Möglichkeit, dass der Sasso Bianco in das Niveau der Cassianer Schichten hinaufreiche, lässt sich zwar mit Bestimmtheit nicht in Abrede stellen; die ausserordentlich grosse Mächtigkeit, welche die Wengener Dolomite in den benachbarten Riffmassen des Avisio-Gebietes (Marmolata, Fucchiada, Latemar) erlangen, hat uns jedoch bestimmt, die ganze Masse des Sasso Bianco-Dolomits noch dem Wengener Niveau zuzuweisen.

Was die tektonischen Beziehungen der Sasso Bianco-Gruppe zu den benachbarten Gebirgen betrifft, so ist zunächst an die bereits im vorhergehenden Capitel (Seite 323) berührte, bei Caprile unter einem rechten Winkel gebrochene Dislocationsspalte zu erinnern, in Folge welcher auf der Innenseite des Aufbruches des Monte Fernazza die bei Caprile auf das linke Cordevole-Ufer herüberstreichenden Augitporphyrlaven der Sasso Bianco-Gruppe theils an Werfener Schichten, theils am Muschelkalk abbrechen. Diese Spalte setzt im Pettorina-Thal bis Sottoguda fort. Die wenig dolomitisirten Kalke, welche in der bekannten Sottoguda-Schlucht (Serai di Sottoguda) von der Pettorina durchnagt sind, setzen vom rechten auf das linke Ufer ungestört herüber. Sie gehören in ihren unteren Theilen, da sie bei Sottoguda von Werfener Schichten unterlagert werden, dem Muschelkalk an *). Von hier aus heben sich

---

*) Der Quellenreichthum der Sottoguda-Schlucht ist auf die wasserdichte Unterlage der Werfener Schichten zurückzuführen.

die unteren Dolomitstufen als Unterlage des Monte Fop allmählich bis zur Forca Rossa und zum Col Beccher empor. In Val di Franzedaz reicht in Folge dieses Nordfallens der Schichten die Entblössung der Werfener Schichten ziemlich weit in das Thal hinab.

Die Gruppe des Sasso Bianco senkt sich daher in nördlicher Richtung. Oestlich bis Sottoguda steht sie im unmittelbaren tektonischen Zusammenhange mit dem benachbarten Gebirge. Von Sottoguda bis zum Cordevole ist sie durch eine Verwerfungslinie begrenzt, welche unterhalb Rocca auf eine kurze Distanz auf das linke Pettorina-Ufer und bei Caprile, wo der rechtwinkelige Umbug derselben erfolgt, auf das linke Cordevole-Ufer hinübergreift *).

Von Caprile setzt die Verwerfungslinie als östliche Begrenzung der Sasso Bianco-Gruppe in südlicher Richtung fort. Bei Calloneghe findet, wie wir gesehen haben (vgl. Seite 323), eine kurze Unterbrechung der Verwerfung statt, worauf dieselbe wieder, dem Laufe des Cordevole folgend, bis in das Gebiet der Werfener Schichten bei Cencenighe nachgewiesen werden kann.

Am unteren Ende des Alleghe-See's senken sich die von Westen herüberstreichenden tieferen Schichtengruppen rasch zur Verwerfungslinie herab. Diese Schichtenlage begünstigte offenbar den Niedergang des bekannten im Jahre 1772 erfolgten Bergbruches des Monte Forca, durch welchen das Cordevole-Thal abgedämmt und der Alleghe-See, auf dessen Grunde drei Ortschaften begraben liegen, gebildet wurde. Die Rutschflächen dieses Bergsturzes sind noch deutlich an ihrem weithin spiegelnden Glanze erkennbar.

Die auf der Karte angemerkte Verschiebung des verbindenden Mittelstückes zwischen Monte Forca und Monte Pezza dürfte wol nur als Abgleiten einer grösseren losgebrochenen Scholle, ähnlich dem Seite 257 geschilderten Abbruche der Tofana bei Ampezzo, aufzufassen sein.

2. Der Marmolata-Stock mit dem vorgelagerten Augitporphyr-Gebirge.

Da wir die im Westen von Val di Franzedaz liegende Fortsetzung der Sasso Bianco-Gruppe im Zusammenhange mit dem Monzoni-Gebirge besprechen wollen, so schliessen wir die Darstellung

---

*) Die Augitporphyrlaven, auf denen Rocca steht, und die fossilreichen Wengener Schichten, welche östlich davon in einem schmalen Streifen bis zur Pettorina reichen, gehören einer von der Höhe des Migion-Gebirges abgerutschten und überkippten Scholle an.

des Gebietes zwischen dem Cordevole, der Pettorina und den Quellen des Avisio hier an. Wir erreichen auf diese Weise auch den Vortheil, die Schilderung der heteropischen Grenze zwischen den grossen Dolomitmassen im Süden und Südwesten und dem vorgelagerten Laven- und Tuffgebiet nicht unterbrechen zu müssen.

Der Marmolata-Stock ist auf seiner Südseite von einer Verwerfung begrenzt, welche aus dem Contrin-Thal über den Ombretta-Pass in das Ombretta-Thal setzt und in der Gegend der Malga di Sotto Ciapello an der Mündung des Rv. Candiarei zu enden scheint. Diese Verwerfung spielt zwischen dem südlichen Kalk- und Dolomitgebirge des Sasso Vernale und dem Stocke der Marmolata dieselbe Rolle, wie die soeben geschilderte Verwerfung an der Pettorina zwischen der Sasso Bianco-Gruppe und dem Monte Migion.

Die ältesten Schichten kommen im Südwesten des Marmolata-Stockes im Contrin-Thal zum Vorschein. Hat man, aus dem Avisio-Thale kommend, den steilen, über Wengener Dolomit führenden Anstieg passirt, so sieht man zunächst eine von den Wänden des Sotto Vernel herübersetzende, leichter als der Dolomit verwitternde und ziemlich steil gegen Norden einfallende Gesteinszone quer über das Thal streichen. An dieser Stelle ist das anstehende Gestein von Schutt überrollt. Man kann aber mit dem Auge an den nackten Wänden des Sotto Vernel, des Vernel und der Marmolata ohne Mühe das Fortstreichen dieser Zone verfolgen und dieselbe auf dem Wege zum Ombretta-Passe leicht erreichen. Es sind graue, knorrige, kieselführende Kalke, wie solche im Niveau der Augit-porphyrlaven sonst stellenweise vorkommen. Auf der Höhe des Ombretta-Passes fand ich in denselben gelbe Riffsteine mit Cidariten. Unter diesen Gesteinen folgt eine festere lichte Kalkmasse, welche von unterem Muschelkalk (Conglomerate) und Werfener Schichten unterlagert wird. Ich halte die knorrigen Kalke für den Beginn der Ablagerungen vom Alter der Wengener Schichten und muss daher consequenter Weise die unter den knorrigen Kalken lagernde Kalkmasse als die Vertretung der Buchensteiner Schichten und des oberen Muschelkalkes annehmen. Die Thalweitung des Contrin-Thales, welche man oberhalb des oben erwähnten steilen Anstieges betritt, fällt mit der Entblössung der Werfener Schichten zusammen. Die Werfener Schichten halten nun am rechten Thalgehänge an bis in den unteren Theil der zum Ombretta-Passe hinaufführenden Thal-spalte, sind aber an einer Stelle von einer überhängenden, von Melaphyr-Gängen durchsetzten Kalkscholle (welche dem oberen Muschelkalk und den Buchensteiner Schichten entsprechen dürfte, in der Karte aber blos mit der Farbe der letzteren bezeichnet ist)

Mojsisovics, Dolomitriffe.   23

verdeckt und bald darauf durch die hier beginnende Verwerfung des südlichen Gebirges unterbrochen. Wie nämlich die Karte zeigt, setzt ein Streifen von Muschelkalk und Buchensteiner Dolomit von Südwesten her auf die unterste Gehängstufe des Vernel herüber und schneidet hier scharf ab *). Der Muschelkalk der Marmolata-Masse setzt in höherem Niveau darüber hinweg.

Gegen die Höhe des Ombretta-Passes zu stossen allmählich Muschelkalk und Buchensteiner Dolomit der Marmolata-Masse an dem Wengener Dolomit des südlichen Hochgebirges ab. Die knorrigen Kieselkalke setzen über den Pass.

Schon lange vorher fällt noch eine höhere dem Dolomit der Marmolata-Masse eingelagerte weichere Gesteinszone auf, welche an der westlichen Schulter des Sotto Vernel auf die Nordabdachung des Marmolata - Stockes hinübergreift und dem aufmerksamen Beobachter selbst schon in grösserer Entfernung (wie z. B. vom Fassajoch am Plattkofel) erkenntlich ist. Auf dem Ombretta-Passe befindet sich dieser Gesteinszug nördlich von der in den Kiesel-kalken eingetieften Uebergangsstelle, unmittelbar am Fusse der Steilwand des Marmolata-Hornes. Das herrschende Gestein ist ein grau- und rothgefärbter dünnplattiger Kalk mit schlecht erhaltenen Resten von Gasteropoden und Bivalven. Von ferne gesehen erinnert die röthliche Verwitterungsfarbe an Werfener Schichten, und ich selbst dachte an mehrfache Wiederholungen der Werfener Schichten am Südabfall des Marmolata-Stockes, ehe ich diese unserem Gebiete sonst fremden Gesteinsbildungen betreten hatte. Im Osten des Ombretta-Passes sieht man die, durch eine Zone festen dolomiti-schen Kalkes von den knorrigen Kieselkalken getrennte Schicht noch eine Strecke weit am Südfusse der Marmolata-Steilwand fortsetzen.

Wenige Schritte westlich unter der Höhe des Ombretta-Passes beginnt im Contacte mit den Kieselkalken eine stellenweise con-glomeratische und breccienartige Melaphyrmasse, welche von hier ununterbrochen bis zu der Malga di Sotto Ciapello fortsetzt. Ich halte dieses Vorkommen, welches nach Doelter **) zu den augit-armen Melaphyren gehört, für einen Gang, darf aber nicht ver-schweigen, dass die Lagerungsverhältnisse und insbesondere das Zusammenfallen mit den im Niveau der Laven auftretenden Kiesel-kalken auch die Deutung einer regelmässigen, schichtenförmigen Einlagerung zuliessen.

---

*) Rothe Knollenkalke, welche ich beim Anstiege zum Ombretta-Passe im Gebiete dieser Scholle sah, seien nachfolgenden Forschern zur näheren Unter-suchung empfohlen.

**) Jahrb. d. Geol. R.-A. 1875, Min. Mitth. pag. 300.

Die über den rothen plattigen Kalken folgenden Gesteins-
massen der Marmolata sind vorherrschend lichter Kalk, welcher
ausserordentlich reich ist an sogenannten Evinospongien und stellenweise auch wolerhaltene Fossilien enthält. Mein Freund und Reise-
gefährte Dr. Ed. Reyer fand zuerst im Jahre 1875 beim Abstiege
von der Marmolata fossilreiche Kalkblöcke am Rande des Gletschers
oberhalb der Fedaja-Höhe. Seither beuteten meine Freunde, Prof.
v. Klipstein und Prof. Zittel, dieses Vorkommen in grösserem
Massstabe aus und überliessen mir in liberalster Weise ihre Aufsammlungen zu näherer Untersuchung. Gasteropoden, aber meist
kleine Formen, walten weitaus über die mitvorkommenden Pelecypoden und Cephalopoden vor. Die Cephalopoden deuten trotz der
relativ sehr bedeutenden Höhe ihres Fundortes (hoch über den
rothen plattigen Kalken) auf ein verhältnissmässig tiefes Niveau. Ein
in mehreren Resten vorliegendes *Trachyceras* gehört dem Formen-
kreise des *Trachyc. Carinthiacum* an und dürfte, soweit die kleinen
inneren Kerne einen Schluss gestatten, mit dieser aus den Tuffen
von Kaltwasser bei Raibl bekannten Art selbst übereinstimmen.
Ein innerer Kern eines zweiten *Trachyceras* könnte zu *Trachyc.
Archelaus* oder einer verwandten Form gehören. Mehrere Arcesten
und einige kleinere Ammonitiden sind vorläufig noch ganz unbestimmbar. Die einzige, mit Sicherheit auf bekannte Arten zu
beziehende Form ist *Lytoceras Wengense*. Es ist übrigens sehr auffallend, dass bisher sich hier keine einzige Form fand, welche
mit den Arten des cephalopodenreichen weissen Kalkes des Latemar-
Gebirges *) übereinstimmte, obwol auch die Fauna des Latemar-
Gebirges mehr das Gepräge einer älteren Triasfauna an sich trägt.

Die unläugbaren Anklänge an die Faunen der Buchensteiner
Kalke und des Muschelkalkes, welche die Cephalopoden des Mar-
molata- und des Latemar-Kalkes erkennen lassen, stimmen in vor-
trefflicher Weise überein mit dem bathrologisch verhältnissmässig
tiefen Niveau der Hauptmassen der Fassaner und Fleimser Dolomite (resp. Kalke), welche den unteren Augitporphyrlaven im Alter
gleichstehen.

Die den rothen plattigen Kalken zunächst folgende Abtheilung
des oberen Kalkes ist im Westen, am Sotto Vernel, ziemlich gut
geschichtet. Die höheren Massen lassen eine deutliche, regelmässige

---

*) Doch findet sich in diesen Kalken eine gleichfalls in den Tuffen von
Kaltwasser vorkommende Form, so dass, wenn sich die oben erwähnte *Trachyceras*-
Art des Marmolata-Kalkes wirklich als *Trachyc. Carinthiacum* erweist, die beiden,
einem dritten Fundorte gemeinsamen Arten nähere Beziehungen zwischen den
fossilführenden Lagen der Marmolata und des Latemar (Forno) andeuten würden.

23*

Schichtung nicht erkennen, aber an der heteropischen Grenze im Norden und im Nordosten der Marmolata tritt die Ueberguss-Schichtung allenthalben in ausgezeichneter Weise hervor. Die Schichtenstellung ist im Westen, wo eine Verwerfung zwischen dem Sotto Vernel und der Cima di Rossi durchsetzt, eine sehr steile. Auf dem Ombretta-Passe ist der Einfallswinkel der Schichten dagegen ein viel sanfterer; auf Fedaja und nächst Lobia herrscht, wie aus den Lagerungsverhältnissen der gegenseitig eingreifenden heteropischen Bildungen hervorgeht, eine ziemlich flache Lagerung.

Die Verhältnisse an der heteropischen Grenze zwischen dem Marmolata-Riff und dem im Osten und Norden vorgelagerten Lavengebirge sind im Wesentlichen dieselben, wie an den bereits geschilderten Riffen. Da aber, was wol mit der bedeutenden Erhebung des Marmolata-Stockes zusammenhängen mag, hier gerade an der heteropischen Grenze eine tief eingefurchte Erosionsrinne verläuft, durch welche der bekannte Weg aus dem Fassa-Thal über den Fedaja-Pass nach dem Pettorina-Thal führt, so ist das ursprüngliche Bild etwas verwischt und die rasche Auffassung des wahren Zusammenhanges erschwert.

Wenn man aus dem Pettorina-Thal an der Ostseite des Marmolata-Stockes durch das Thal des Candiarei aufwärts wandert, so hat man zur Linken die steil terrassenförmig aufsteigenden Kalkwände der Marmolata, zur Rechten die dunklen Augitporphyrlaven des Monte Migion. Die letzteren lehnen sich im Süden an die riffförmige kleine Kalkmasse des Monte Guda, welcher durch die Erosionsschlucht von Sottoguda von dem südlichen Kalk- und Dolomitgebirge des Monte Fop und Monte Alto getrennt ist. Die obere, eng begrenzte Kalkmasse des Monte Guda muss bereits der Bildungszeit der Augitporphyrlaven, mithin den Wengener Schichten angehören, da die untere von unterem Muschelkalk und Werfener Schichten unterlagerte Kalkbank in ihrem Weiterstreichen gegen Osten den Augitporphyrlaven des Monte Migion zur Grundlage dient und daher die Buchensteiner Schichten und den oberen Muschelkalk vertritt. Der obere Theil des Monte Guda ist sonach ein Ausläufer des südlichen Riffes, welches ursprünglich offenbar mit der Marmolata zusammenhing. Ein den Augitporphyrlaven eingelagertes Kalkband, welches am Südgehänge des Monte Migion sichtbar ist, ist wol ebenfalls als eine ursprünglich von der südlichen Riffmasse abzweigende Riffzunge zu betrachten.

Höher aufwärts im Thale des Candiarei, gegen die Lobia-Alpe zu, bemerkt man zwischen den terrassenförmig gegen oben zurücktretenden Ueberguss-Schichten der Marmolata Höhlungen, ähnlich

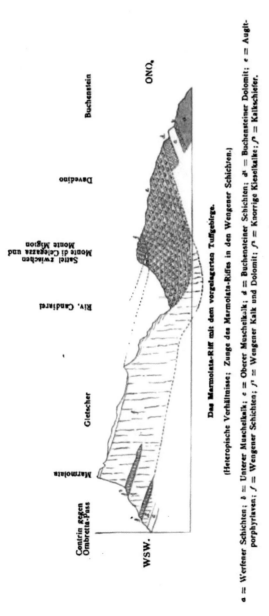

Das Marmolata-Riff mit dem vorgelagerten Tuffgebirge.

(Heteropische Verhältnisse; Zunge des Marmolata-Riffes in den Wengener Schichten.)

a = Werfener Schichten; *b* = Unterer Muschelkalk; *c* = Oberer Muschelkalk; *d* = Buchensteiner Schichten; *d¹* = Buchensteiner Dolomit; *e* = Augit-porphyrlaven; *f* = Wengener Schichten; *f¹* = Wengener Kalk und Dolomit; *f²* = Knorrige Kieselkalke; *f³* = Kalkschiefer.

den Höhlungen am Cipiter Schlerngehänge (S. Seite 169) und bald·
darauf sieht man die Augitporphyrlaven auf die rechte Thalwand
herübertreten. Der Kalk der Marmolata greift deutlich unter die
ihm anlagernden Augitporphyrlaven ein. Es bedarf nun, nach
unseren Erfahrungen an zahlreichen, ganz analogen Stellen, keiner
besonders regen Einbildungskraft, um zu erkennen, dass einstens
die Augitporphyrlaven nicht nur viel höher an der nördlichen
Böschungsfläche des Marmolata-Riffes hinaufgereicht haben, sondern
dass auch im Osten ein ähnliches Verhältniss der Anlagerung stattgefunden haben muss, ehe die Erosion die tiefe Rinne des Candiarei
eingeschnitten hatte.

Diese Anschauungsweise findet eine weitere Stütze in der
Zusammensetzung des den Augitporphyrlaven im Osten aufgelagerten Denudationsrestes von Wengener Schichten. Es ist eine
vollständige Wiederholung der auf Seite 172 geschilderten Verhältnisse im Kamme der Rosszähne. Unser Lichtbild, „Blick vom
Fedaja-Pass gegen Osten‘, vergegenwärtigt die instructiven Verhältnisse. Im Südschenkel der kleinen Mulde ist über den Augitporphyrlaven zunächst eine stärkere Kalkbank mit ausgesprochener
Blockstructur bemerkbar, welche im Nordschenkel sich in grosse,
den Wengener Schichten eingeschaltete Kalklinsen und Kalkblöcke
auflöst. Es folgt sodann eine Lage von Wengener Schichten mit
mächtigen, häufig, wie an den Rosszähnen, durch mehrere Schichten
durchgreifenden Blöcken von Riffsteinen. Hierauf erscheint im
Nordschenkel eine grössere Masse von Wengener Schichten, welche
gegen die Muldentiefe zu rasch an Mächtigkeit abnimmt und im
Südschenkel nahezu auskeilt. Den Schluss gegen oben bilden
sodann wieder Wengener Schichten mit grossen eingebetteten Riffsteinblöcken.

Wir betrachten dieses Vorkommen als die durch die Erosionsrinne des Candiarei isolirte Spitze einer vom Marmolata-Riff in die
heteropische Region übergreifenden Riffzunge. Die Analogie mit
den Verhältnissen an den Rosszähnen geht soweit, dass beide Vorkommnisse eine identische Unterlage — Augitporphyrlaven —
besitzen. Möglicherweise besteht daher auch eine Uebereinstimmung
hinsichtlich der Bildungszeit.

Auf dem, dem Cordevole zugekehrten Gehänge des Monte
Migion und des Monte di Celegazza erscheinen als Unterlage
der sehr mächtigen Augitporphyrlaven normale Buchensteiner
Schichten und unter diesen dolomitischer oberer Muschelkalk.
Nach dieser Richtung hin sandte daher das Marmolata-Riff keine
Ausläufer.

Verlag von ALFRED HÖLDER, Hof- und Universitäts-Buchhändler in Wien.

Blick vom Fedaja-Pass gegen Osten.

(Auskeilende Kalkmasse in den Wengener Schichten Zunge des Marmolata-Riffs.)

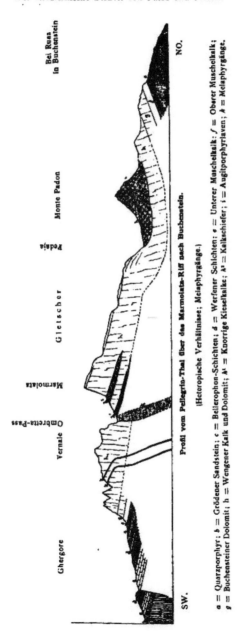

Profil vom Pellegrin-Thal über das Marmolata-Riff nach Buchenstein.

(Heteropische Verhältnisse; Melaphyrgänge.)

a = Quarzporphyr; *b* = Grödener Sandstein; *c* = Bellerophon-Schichten; *d* = Werfener Schichten; *e* = Unterer Muschelkalk; *f* = Oberer Muschelkalk; *g* = Buchensteiner Dolomit; h = Wengener Kalk und Dolomit; *h¹* = Knorrige Kieselkalke; *h²* = Kalkschiefer; *i* = Augitporphyrlaven; *k* = Melaphyrgänge.

Im Norden des Monte Padon und des zackenreichen Sasso di Mezzodi jedoch fehlen die normalen Buchensteiner Schichten und erscheint als Unterlage der Augitporphyrlaven eine so mächtige Kalkmasse, dass wir die obere Abtheilung derselben bereits der Zeit der Ablagerung der tiefsten Augitporphyrlaven zuschreiben müssen. Die Vermuthung, dass wir es hier mit einem gegen Norden vorgeschobenen Ausläufer des Marmolata-Riffes zu thun haben, findet ihre Bestätigung durch das auf der Westseite des Fedaja-Passes eintretende Uebersetzen des Marmolata-Kalkes auf die rechte Thalseite des Avisio. Mag man das Thal des Avisio aufwärts wandern oder vom Fedaja-Passe aus zum Avisio herabsteigen, in beiden Fällen gewinnt man leicht die Ueberzeugung, dass die untere Masse des Marmolata-Kalkes sich als Unterlage der Augitporphyr-laven der Fedaja-Wiesen auf das rechte Gehänge ungestört herüber-zieht. Von den Fedaja-Wiesen aus steigt man eine hohe, das Thal gegen Osten abdämmende Kalkwand herab zum Avisio. Die unteren Theile der beiden Thalgehänge bestehen aus demselben Kalk, wie schon v. Klipstein richtig erkannte *). Aber während sich zur Linken die Kalkmassen bis zu dem hohen, von Gletschern bedeckten Felskamme der Marmolata aufwärts fortsetzen, erscheinen auf der rechten Avisio-Seite über der unteren Kalkwand die schwarzen Augitporphyrlaven, welche den an phantastischen Denu-dations-Gestalten reichen Gebirgskamm des Sasso di Mezzodi und des Sasso di Capello bilden. Diese untere, die Augitporphyrlaven unterteufende Kalkmasse correspondirt nun offenbar mit dem im Norden des Monte Padon hervortretenden Wengener Dolomit.

Einem aufmerksamen Beobachter wird die Wahrnehmung kaum entgehen, dass die Kalkmassen auf der rechten Avisio-Seite über das Niveau der Augitporphyrlaven der Fedaja-Wiesen aufsteigen und dass die obersten Partien dieser Kalkmassen gegen Osten eine keilförmige Zunge in das Lavengebiet entsenden, durch welche die Augitporphyrlaven der Fedaja - Wiesen von den höheren Laven des Sasso di Mezzodi geschieden werden. Die Augitporphyr-laven der Fedaja - Wiesen bildeten, ehe sie durch die Denu-dation blosgelegt wurden, eine in das Marmolata-Riff eingreifende Zunge.

Zur Zeit des Beginnes der Augitporphyr-Eruptionen erstreckte sich sonach das Marmolata-Riff in einem schmalen nordöstlichen Ausläufer nach Buchenstein und zog sich sodann während der Dauer der Eruptionen allmählich gegen Südwesten zurück. Die

---

*) Beitr. z. Kenntn. d. östl. Alpen, II., 2, pag. 56.

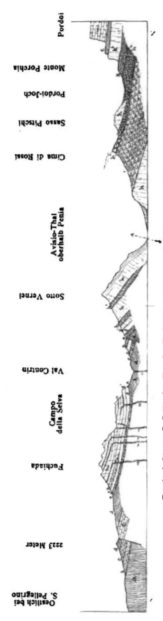

Durchschnitt von S. Pellegrino über das Fuchiada- und Marmolata-Gebirge bis zur Sella-Gruppe.

Metaphyrgänge im Fuchiada-Gebirge; heteropische Einlagerungen im Wengener Dolomit der Marmolata; Riffzungen des Marmolata-Riffes in den Wengener Schichten des Pordoi-Joches.

a = Quarzporphyr; b = Grödener Sandstein; c = Bellerophon-Schichten; d = Werfener Schichten; e = Unterer Muschelkalk; f = Oberer Muschelkalk; g = Buchensteiner Schichten; g' = Buchensteiner Dolomit; h' = Knorrige Kieselkalke; h = Wengener Dolomit und Kalk; h' = Kalkschiefer; h' = Riffstein-Blöcke; h' = Wengener Schichten; k = Cassianer Schichten; k' = Cassianer Dolomit; l = Raibler Schichten; m = Dachsteinkalk; α = Melaphyrgänge.

Augitporphyrlaven greifen allmählich über die flache Riffböschung über und dringen bis zu den Steilwänden der Marmolata vor. Für die Richtigkeit dieser Anschauung sprechen ausser der eben besprochenen Kalkzunge der Prati di Fedaja noch die kleinen Riffspitzen, welchen man beim Anstiege aus dem Thale des Rio Palasso auf das Padon-Joch innerhalb der Augitporphyrlaven begegnet [*]).

Gegen Penia zu stellt sich im Avisio-Thale aller Wahrscheinlichkeit nach eine Verwerfung ein, welche die steil gegen Nord einfallenden Kalkmassen des Sotto Vernel von dem constant flach gelagerten, nur wenig gegen Norden geneigten Gebirge am rechten Avisio-Ufer scheidet.

Als Gipfelmasse der letzteren erscheinen auf der Cima di Rossi Wengener Schichten, deren unterste Lagen, genau so wie in dem oben beschriebenen Vorkommen östlich von der Lobia-Alpe, mit grossen Blöcken von Riffsteinen (theilweise bereits dolomitisirt) in Verbindung stehen. Stellenweise treten die Blockmassen in Folge des Zurücktretens des tuffigen Bindemittels zu grösseren Dolomitlinsen zusammen. Fossilien (Cidariten, Korallen) sind in den gelben Riffsteinen nicht selten. Durch eine Zone normaler Wengener Sandsteine getrennt folgt sodann weiter nördlich die isolirte kleine Dolomitkuppe des Sasso Pitschi mit nördlich abfallender Ueberguss-Schichtung. Wir haben von diesen nördlichen Spitzen des Marmolata-Riffes bereits im VIII. Capitel, Seite 238, gesprochen.

Fassen wir die Ergebnisse der Untersuchung der heteropischen Verhältnisse der Sasso Bianco - Gruppe und der Marmolata zusammen, so gelangen wir zu nachstehendem Schlusse. Es folgte der Periode des Zurückweichens des Riffes während der Ablagerung der Augitporphyrlaven eine Periode horizontaler Ausdehnung, während welcher Zungen des Riffes ziemlich weit in das benachbarte heteropische Gebiet übergriffen (Sasso Bianco, Vorkommen östlich der Lobia-Alpe, Cima di Rossi mit Sasso Pitschi).

In den Augitporphyrlaven des Zuges des Sasso di Mezzodi walten Trümmerlaven, welche mächtige Bänke zusammensetzen, bei Weitem vor. Auch die schon öfters erwähnten Tuffkalkbreccien finden sich. Westlich von Sasso di Capello scheinen Gänge von augit- und hornblendefreien Melaphyren aufzutreten.

Die tektonischen Verhältnisse des Augitporphyrgebirges sind, wie bereits aus der vorstehenden Darstellung hervorgeht, sehr

---

[*]) Vgl. auch v. Klipstein Beitr. z. Kenntn. d. östl. Alpen, II., 2, pag. 48, Taf. II, Fig. 8.

einfach. Nur in der Nachbarschaft der begrenzenden Thalfurchen treten einige Unregelmässigkeiten der Lagerung ein.

So ist westlich der Cima di Rossi das Gebirge in seiner ganzen Breite staffelförmig gegen Westen abgesunken. Der Dolomit am rechten Avisio-Ufer bei Penia wird in Folge dessen durch Augitporphyrlaven abgeschnitten. Gegen Westen wird diese Scholle selbst wieder von einer Verwerfung begrenzt, welche aus dem Mortitsch-Thal über Canazei in die Gegend von Alba verläuft. Die Augitporphyrlaven treffen mit Werfener Schichten zusammen.

Eine andere nicht unbedeutende Verwerfung beginnt in der Gegend des Sasso di Capello in den Augitporphyrlaven. Das Gebirge fällt beiderseits von der Verwerfung weg. Es werden hierauf der Reihe nach der Wengener und Buchensteiner Dolomit im Norden des Sasso di Mezzodi, sodann der Muschelkalk und die Werfener Schichten durch die Augitporphyrlaven des Porto. do,

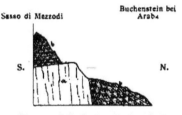

a = Wengener Dolomit; b = Augitporphyrlaven.

welche dem südlichen Gegenflügel des Sella-Gebirges angehören, abgeschnitten. Bei Soraruaz setzt die Verwerfung quer über den Cordevole, wo dieselbe am Gehänge des Cherzberges sich rechtwinklig gegen Westen umbiegt und in dem von Araba zum Campolungo-Joch führenden Graben endet.

Sehr verwickelten Verhältnissen begegnen wir im Osten des Monte Migion. Eine grosse gegen den Cordevole zu einfallende Scholle von Werfener Schichten lehnt sich zunächst an die Ostflanke des Monte Migion. Auf ihr steht die Ortschaft Laste. Südlich davon folgt bei Ronch eine kleine Scholle mit einer Platte von Muschelkalk- (vielleicht auch von Buchensteiner) Dolomit. Der Dolomit ist theilweise durch die Denudation in phantastische Nadeln aufgelöst (Sasso di Ronch). Auf der Südseite dieser Scholle setzt von Osten her eine Verwerfung durch, welche man als die Fortsetzung der Antelao-Bruchlinie betrachten kann. Der Muschelkalk der Scholle von Ronch schneidet an Augitporphyrlaven ab.

Die Wengener Mergel und Augitporphyrlaven, welche zwischen Ronch und Rocca den Zusammenhang des Gebirges unterbrechen, bilden wol nur eine von der Höhe des Monte Migion abgerutschte Scholle.

3. Die Gruppe des Sasso di Dam (Buffaure-Gebirge).

Dieses vorzüglich aus festen Augitporphyrlaven bestehende und durch seine Mineral-Fundstätten (Drio le Palle, Buffaure) berühmte Gebirge bildet den südwestlichen Abschluss des grossen Laven- und Tuffgebietes, da, mit Ausnahme weniger Lavenreste in der Umgebung der grossen Fleimser Eruptionsstelle, im Süden und Westen dem Dolomit und Kalk die Herrschaft zufällt. Sowie aber die beiden berühmten Eruptionsstöcke von Fassa (Monzoni) und Fleims die Hauptmasse der über den Buchensteiner Schichten folgenden Dolomite durchbrochen haben und daher jünger sein müssen, als die Hauptmasse der Augitporphyrlaven der grossen nördlichen und östlichen Tuffregion, so lagern auch die Augitporphyrlaven an der Fleimser Eruptionsstelle über den gewaltigen Massen des Wengener Dolomits.

Tiefenlinien umziehen ringsum die kleine Gruppe. Nur im Westen (Cima di Calaz) und im Süden (Südgehänge des Buffaure) ragen Spitzen der benachbarten Riffe auf kurze Strecken in ihr Gebiet. Im Westen gegen das Rosengarten-Riff zu, sowie im Südosten ist die Region der heteropischen Grenze durch die Denudation zerstört. Im Norden und Nordosten fand der Zusammenhang mit dem Lavengebiete der Fassa-Grödener Tafelmasse und des Sasso di Capello-Zuges statt.

Die Hauptmasse der Laven besteht hier aus massigen, bankförmig abgesonderten Augitporphyrströmen. Die conglomeratischen Trümmerlaven treten nur sehr untergeordnet auf, dagegen scheinen Tuffkalkbreccien eine continuirlich fortlaufende Schichtenabtheilung an der Basis des Lavensystems zu bilden. Die letzteren gehen stellenweise in feste graue Kalkmassen mit untergeordneten Tuffschmitzen über.

Nach den übereinstimmenden Berichten von v. Richthofen und Doelter werden die Laven von zahlreichen Gängen durchsetzt. Das Vorkommen unzweifelhafter Gänge in den reinen Sedimentgesteinen rings in der Peripherie des Gebirges spricht für die Richtigkeit dieser Angabe. Doch unterliegt es sowol wegen der grossen Aehnlichkeit der Gesteine, als auch wegen der nahezu continuirlichen, die steilen Kuppen und Gehänge überziehenden

Rasendecke, grossen Schwierigkeiten, sich von dem Vorhandensein der Gänge im Gebiete der Laven zu überzeugen.

Die Kalk- und Dolomitmasse der Cima di Calaz bildet den westlichen Ausläufer des Marmolata-Riffes. Das Nordwest- und Westgehänge entspricht der Riffböschung. Auf der Südseite zeigt unsere Karte ein keilförmiges Eindringen der Augitporphyrlaven zwischen die Buchensteiner Schichten und den Wengener Dolomit. Das Dolomitriff griff daher mit einer Spitze über die Augitporphyrlaven über.

Mehrere isolirte kleine Kalkkuppen finden sich den Augitporphyrlaven frei aufgesetzt in geringer Entfernung von der Cima di Calaz. Eine derselben bildet den Gipfel des Sasso di Dam. Es sind dies wol die letzten Reste einer über die ganze Masse der Laven übergreifenden Riffzunge, völlig analog und wahrscheinlich auch gleichzeitig mit den im vorhergehenden Abschnitt geschilderten übrigen Riffzungen des Marmolata-Riffes (Cima di Rossi u. s. w.). Wahrscheinlich gehört der Dolomitstreifen am Ostabhange der Greppa, welcher den Augitporphyrlaven scheinbar eingelagert ist, demselben Niveau an, in welchem Falle eine Verwerfung zwischen ihm und den oberen Augitporphyrlaven durchsetzen müsste.

Zwischen der Cima di Calaz und der Pozza-Alpe ruhen die Augitporphyrlaven auf den normalen Buchensteiner Schichten. Unterhalb der Cima di Calaz vertreten noch lichte Dolomite die Buchensteiner Schichten. Südlich von dem Sasso di Rocca findet ein plötzliches Absinken des Gebirges in Folge einer nordsüdlichen Verwerfung und Verschiebung gegen Süden statt. Beim Uebergange aus dem Pozza-Thal in das Contrin-Thal ist diese Verwerfung sehr deutlich an den contrastirenden Farben der sich berührenden Gesteinsarten erkennbar. Der Jochübergang selbst liegt in den Werfener Schichten, welche unweit südlich von der Passhöhe sich anticlinal wölben. Das Einfallen des Nordschenkels ist ein sehr sanftes. Der Südschenkel schiesst jedoch unter dem Col Ombert steil in die Tiefe. Gypsführende Bellerophon-Schichten erscheinen sowol im Contrin-, als auch im Pozza-Thal im Liegenden der Werfener Schichten.

Die ganze Gegend ist von Melaphyrgängen durchsetzt. Grössere auffallende Gangmassen finden sich namentlich auf dem Gehänge gegen das Contrin-Thal und im Südschenkel der Werfener Schichten vor dem Col Ombert.

Im Süden des Sasso di Dam schneiden Augitporphyrmassen die tiefere Schichtenreihe plötzlich ab. Es ist schwer zu entscheiden, ob man es mit einer mächtigen Gangmasse oder mit Laven, welche an einer Verwerfung abgesunken sind, zu thun hat.

Am unteren Ende der Pozza-Alpe beginnt sodann eine grössere Dolomitmasse, welche den steilen Südabfall des Buffaure bildet und mit einer gegen Norden gewendeten Böschungsfläche unter die Augitporphyrlaven eingreift. Diese von grösseren und kleineren Melaphyrgängen durchsetzte Dolomitmasse gehört den Wengener Schichten an, wie die Unterlagerung derselben durch Buchensteiner Schichten nächst der Capella del Crocifisso zeigt. Sie verhält sich zu den Augitporphyrlaven unserer Gebirgsgruppe genau so, wie das Riffende des Rosengarten-Gebirges im Udai-Thal bei Mazzin zu den Aupitporphyrlaven des Donna-Gebirges (vgl. oben Seite 184), und repräsentirt daher ein hauptsächlich durch die Thalerosion des Pozza-Thales, aber auch durch eine kleine Verwerfungsspalte von der Dolomitgruppe des Sasso di Mezzogiorno getrenntes Riffende des grossen südlichen Riffes.

Zwischen Pozza und Campitello bilden allenthalben Werfener Schichten und Muschelkalk die sichtbare Unterlage des Gebirges. Da die normalen Buchensteiner Schichten zu fehlen scheinen, so dürfte die über dem unteren Muschelkalk folgende Kalkbank, wie wir schon so häufig erfahren haben, ausser dem oberen Muschelkalk auch noch die Buchensteiner Schichten umfassen. Da nun sowol auf der dem Fassa-Thal zugekehrten Seite des Rosengarten-Gebirges, als auch in der Gruppe des Sasso di Mezzogiorno die Buchensteiner Schichten in ihrer normalen Entwicklung vorhanden sind, so bleibt nur die Annahme übrig, dass die Dolomitfacies der Buchensteiner Schichten des Marmolata-Riffes sich unterhalb der Gruppe des Sasso di Dam bis an deren Westseite fortsetzt.

Zahllose kleine Verwerfungen beunruhigen die am westlichen Fusse des Gebirges zwischen Pozza und Campitello anstehenden tieferen Schichtenglieder. Stellenweise erfolgen Abbrüche kleiner Schollen. — Melaphyrgänge sind häufig zu beobachten.

Wenn man die abweichenden Höhenverhältnisse berücksichtigt, unter denen die correspondirenden Schichten auf der linken und rechten Seite des Fassa-Thales auftreten, so erscheint auf den ersten Blick die Annahme unabweislich, dass die Gruppe des Sasso di Dam durch eine dem Fassa-Thal entlang laufende Verwerfung von der Fassa-Grödener Tafelmasse getrennt wird. Diese Annahme gewinnt durch das Vorhandensein einer unzweifelhaften Verwerfung im unteren Pozza-Thal noch an Wahrscheinlichkeit. Nachdem sich aber das Avisio-Thal von Pozza bis

Cavalese*) als ein reines Erosionsthal erweist, bezweifle ich auch die Existenz einer Verwerfungsspalte in der oberen Strecke zwischen Pozza und Gries. Die abweichenden Höhenverhältnisse lassen sich, wie eine nähere Ueberlegung überzeugend darthut, auch 'auf eine vom Caressa-Passe über Vigo und dann dem Fassa-Thal aufwärts laufende Anticlinalwölbung mit steilerem Südschenkel zurückführen, und scheint mir, dass diese Erklärung, welche für die Gegend im Süden von Vigo zweifellos die richtige ist, sich auch ungezwungen auf das Verhältniss der Fassa-Grödener Tafelmasse zur Gruppe des Sasso di Dam anwenden lässt.

4. Der Monzoni-Stock mit dem Gebirge zwischen der Forca Rossa und dem Fassa-Thal.

Ueber den Monzoni-Stock sind schon eine Reihe trefflicher Arbeiten veröffentlicht worden. Auch hat Dr. Doelter, welchem die specielle Aufgabe gestellt worden war, die Eruptionsstellen des Avisio-Gebietes zu studiren und zu kartiren, die Resultate seiner Untersuchungen bereits in einigen Aufsätzen mitgetheilt. Wir werden uns daher bei der Darstellung des Monzoni-Ganges kurz fassen, nur das Wesentliche und zum Verständniss des Ganzen Unerlässliche berühren und unsere Aufmerksamkeit vorzüglich den tektonischen und historischen Beziehungen des Monzoni-Stockes zu dem von demselben durchsetzten Gebirge zuwenden.

Das hohe Kalkgebirge, welches von der Forca Rossa bis zum Monzoni-Thal reicht und in den prächtigen Felsgipfeln des gletscherbedeckten Vernale, des Sasso di Valfredda, der Fuchiada u. s. f. culminirt, ist, wie oben bereits erwähnt wurde, durch die Erosionsrinne des Val di Franzedaz von der Gruppe des Sasso Bianco und durch eine über den Ombretta-Pass laufende Verwerfung von der Marmolata getrennt. Die isopische Kalkmasse wird nur an zwei Stellen von heteropischen Bildungen unterbrochen. Auf der Nordseite sieht man nämlich dem weit nach Norden vorspringenden Gesimse des unteren Dolomits (Mendola-Dolomit) nächst Col Ombert einen Denudationsrelict einer wolgeschichteten, gelb gefärbten Bildung auflagern, welcher seiner Lage nach wol den vom Südabhange der Marmolata erwähnten Kieselkalken entsprechen dürfte. Ich hatte leider keine Gelegenheit, dieses Vorkommen näher zu untersuchen. Die zweite heteropische Einschaltung

---

*) Bis hierher kenne ich blos das Thal. Aber höchst wahrscheinlich macht das untere Avisio- (oder Cembra-) Thal von dieser Regel keine Ausnahme.

gehört dem Südgehänge des Gebirges an. Hier sind die Büchen-steiner Schichten in ihrer normalen Ausbildung vorhanden. Man kann das dunkle, dünngeschichtete Band, welches die schmale untere Dolomitbank von der mächtigen oberen Kalkbildung trennt, in der prachtvoll entblössten Steilwand leicht vom Le Selle-Pass bis gegen den Sasso di Valfredda hin verfolgen. Auf der Nordseite zwischen der Marmolata und dem Monzoni-Thal, sowie entlang der ganzen Südseite bricht das Kalkgebirge mit steilen Denudations-wänden ab. In geringer Entfernung vom Nordgehänge musste einst die heteropische Grenze gegen die Laven-Bucht des oberen Fassa-Thales verlaufen. Die heteropischen Einlagerungen auf der Südseite des Marmolata-Stockes und auf dem Col Ombert machen es wahr-scheinlich, dass sich einstens eine Abzweigung der heteropischen Bucht zwischen den westlichen Arm des Marmolata-Riffes (Sotto Vernel, C. di Calaz) und das Kalkgebirge der Fuchiada einschob. Gegen Süden dehnte sich aber das Riff wol ununterbrochen über das heute bis zum Quarzporphyr herab denudirte Bocche-Gebirge bis zum Primiero Riff und bis zum Viezzena-Stocke aus.

Die ungewöhnlich hohe Lage der Basis des Fuchiada Kalk-zuges auf der Südseite (Auflagerung des unteren Muschelkalks auf den Werfener Schichten nächst dem Le Selle-Pass über der 2500 Meter Linie) ist der gewaltigen Aufwölbung des Quarzpor-phyrs im Bocche-Gebirge zuzuschreiben, auf deren Nordschenkel der Fuchiada-Zug und der Monzoni-Stock sich befinden. Sowie sich gegen Osten die Quarzporphyr-Kuppel senkt, rückt in gleicher Richtung auch die Auflagerung des unteren Muschelkalkes auf den Werfener Schichten in tiefere Niveauflächen. Wegen der oben (Seite 347) geschilderten grossen Verwerfungen am Südgehänge der Forca-Rossa aber kann die Senkung der Kalkgebirgs-Unterlage (Ueberlagerung der Werfener Schichten durch den unteren Muschel-kalk an der Forca Rossa bei circa 2300 Meter) nicht der Senkung der entblössten Porphyrfläche entsprechen. Das Einfallen ist selbst-verständlich allenthalben gegen Norden gerichtet. Dieses Nord-fallen hält im Osten bis an die Marmolata-Verwerfung an, weiter westlich aber herrscht auf der Nordseite unseres Kalkgebirges flaches Südfallen, so dass hier eine muldenförmige Lagerung besteht.

Eine beträchtliche, ziemlich unvermittelte Senkung, welche vielleicht auch von Verwerfungen auf der Nordseite begleitet ist, erfährt das Kalkgebirge zwischen den Rissoni und dem Monzoni-Thal. In Folge derselben reicht der Dolomit bis in die Sohle des Monzoni-Thales herab.

Bis zur Forca Rossa und zur Marmolata-Verwerfung hin ist das ganze Gebirge von zahllosen Melaphyrgängen und Gangspalten durchsetzt. Am meisten häufen sich die Gänge in der Strecke zwischen dem Monzoni und der Fuchiada, also in der unmittelbaren Nachbarschaft des grossen Monzoni-Stockes, gegen Osten werden sie allmählich seltener. In dem unteren Gebirgssockel spielen die schwarzen Gangmassen keine so auffallende Rolle, als in dem hohen nackten Kalkgebirge, in welchem der Farbencontrast zwischen den hellweissen Kalken und Dolomiten und den schwarzen Melaphyradern ein Bild von seltener Grossartigkeit schafft. Treffend verglich v. Richthofen die Gänge mit schwarzen Fäden, welche wie ein netzförmiges Gewebe das bleiche Kalkmassiv überziehen.

Zwei Gang-Richtungen sind zu unterscheiden. Die weitaus vorherrschende Richtung ist die westöstliche. Da dieselbe nahezu mit dem Streichen des Gebirges zusammenfällt und da ferner die Gänge das Gebirge meist schräge mit südlichem Einfallen durchsetzen, so entsteht sehr häufig die unter der Bezeichnung „Lagergänge‘ bekannte Lagerungsform. Auf der Südseite des Gebirges sieht man eine mächtige derartige Lagermasse aus der Gegend des Le Selle-Passes bis östlich von der Fuchiada fortsetzen. Die steilen Nordwände des Gebirges, welche aus einiger Entfernung einer in regelmässige Bänke getheilten Kalkbildung täuschend gleichen, sind von zahlreichen schmalen, das Ansehen normaler Zwischenlagen annehmenden Lagergängen durchzogen. Dies sind die schwarzen Fäden v. Richthofen's. Vom Sasso di Dam oder noch besser von dem niedrigen Joche zwischen dem Pozza- und dem Contrin-Thal kann man in der vormittägigen Beleuchtung diese nicht gewöhnliche Erscheinung ausgezeichnet betrachten.

Die Melaphyrgänge des Fuchiada-Gebirges.

a = Quarzporphyr; *b* = Grödener Sandstein; *c* = Bellerophon-Schichten; *d* = Werfener Schichten; *e* = Unterer Muschelkalk; *f* = Oberer Muschelkalk; *g* = Buchensteiner Schichten; *g'* = Buchensteiner Dolomit; *h* = Wengener Dolomit und Kalk; *γ* = Augitporphyr; *δ* = Melaphyr.

Die vorstehende, etwas schematisirte Profilzeichnung geht von der Vorstellung aus, dass die in den tieferen Einrissen der Südhälfte des Gebirges vorkommenden Gänge mit steilerem Einfallswinkel die in die Tiefe eindringenden Fortsetzungen (die „Stiele") der Lagergänge des Nordabfalles repräsentiren.

Die zweite, viel seltenere Gangrichtung ist die nordsüdliche mit steilem Ostfallen. Man beobachtet dieselbe hauptsächlich auf der Südseite des Kalkgebirges zwischen dem Monzoni und der Fuchiada.

Nach Doelter's Untersuchungen gehören die Ganggesteine des Fuchiada-Zuges theils zu den augitarmen Melaphyren, theils zu den Hornblende-Melaphyren. Die grösseren Gangmassen sind nicht selten von Reibungs-Breccien begleitet. Stellenweise, wol in Folge eingetretener Zersetzung, nehmen auch die Gang-Melaphyre das Aussehen von Tuffen an.

Contactveränderungen scheinen bei den Melaphyrgängen sehr selten zu sein. Doelter erwähnt nur einen circa 6 Meter mächtigen Gang zwischen dem Le Selle-See und dem Le Selle-Passe, welcher von einem grünen Saume mit Contact-Mineralien (Scapolith, Pistacit, Granat, Eisenglanz, Eisenkies, Kupferkies, Magneteisen) begleitet ist *).

Ausser den Gängen beobachtet man auch zahlreiche, den Gängen parallele Spalten, welche vollkommen regelmässigen Schichten gleichen. Das Lichtbild „Der Ostrand des Kessels von Le Selle im Monzoni-Gebirge" zeigt den Unterschied zwischen der wahren Schichtung und diesen Spalten, welche wir im Gegensatze zu den durch Eruptivmasse ausgefüllten Gängen „Gangspalten" nennen wollen. Die in den Felszacken rechts vom Le Selle-Pass sichtbaren, ziemlich steil Nord, d. i. unter den Dolomit der Cima di Costabella, einfallenden Buchensteiner Schichten geben uns Aufschluss über die Fallrichtung des Gebirges. In der Ecke links von der Cima di Costabella ist ein Theil einer Gangmasse sichtbar. Parallel diesem Gange ist der Dolomit der Cima di Costabella zerspalten. Eine parallele Gangspalte durchsetzt sodann die Buchensteiner Schichten sammt dem unter diesen folgenden Dolomit des oberen Muschelkalks. Der im Hintergrunde rechts sichtbare Alochet-Rücken ist durch eine Verwerfung geschieden und trägt auf seiner Höhe wieder Buchensteiner Schichten, welche nach den Beobachtungen der Herren Doelter und Hoernes von einem als Apophyse des unmittelbar

---

*) Der geologische Bau des Monzoni-Gebirges. Jahrb. d. Geol. R.-A. 1875, pag. 239.

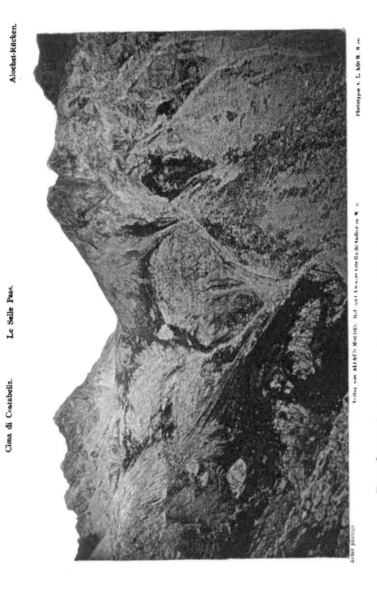

Cima di Costabella.   Le Selle Pass.   Alochet-Rücken.

Ärker photogr.

Verlag von ALFRED HÖLDER, Hof- und Universitäts-Buchhändler in Wien.

Phototypie v. L. KOCH, Wien.

Der Ostrand des Kessels von Le Selle im Monzoni-Gebirge.

(Gänge und Gangspalten im Dolomit und in den Buchensteiner Schichten.)

angrenzenden Monzoni-Stockes zu betrachtenden Syenitgange durch-brochen werden.

Die Betrachtung unserer Karte lehrt nun, dass die haupt-sächlich aus Syenit bestehende Eruptivmasse des Monzoni *) den soeben besprochenen Kalkzug der Fuchiada sammt seiner Unterlage bis in den Quarzporphyr hinein abschneidet. Längs der steilen Schlucht, welche vom Monzoni-Thal zum Seekessel von Le Selle führt, tritt der Syenit mit dem Wengener Dolomit des Fuchiada-Zuges, welcher hier sich bis zum Monzoni-Thal herab-senkt, in directe Berührung. Einige Syenit-Apophysen dringen in den Dolomit. Südlich vom Alochet-Rücken zieht sich nach der Aufnahme Doelter's ein östlicher Ausläufer des Syenits in die Werfener Schichten hinein. Die südliche Begrenzung des Monzoni-Stockes bildet Quarzporphyr, und zwar, wie sich aus dem Zu-sammenhange der Gebirgsmassen klar ergibt, der oberste Theil des Quarzporphyr-Systems. Denken wir uns hier die durch die Erosion des Pellegrin-Thales abgetragenen Sedimentschichten bis zur Höhe der Monzoni-Spitzen (Riccoletta, Mal Inverno) noch vorhanden, so würde die den Quarzporphyr überlagernde Schichtenfolge bis zum Wengener Dolomit hinauf mit dem Eruptivstock in Berührung treten **). Im Westen bildet die tief eingesunkene, aus Wengener Dolomit bestehende Scholle des Monte di Pesmeda die Begrenzung. Am Nordfusse, nächst der Monzoni-Alpe, stehen Werfener Schichten zu Tage.

Die zahlreichen grösseren und kleineren Kalkschollen, welche in der Eruptivmasse des Monzoni gewissermassen schwimmen und nur theilweise ihre ursprüngliche Beschaffenheit eingebüsst haben, wurden von Doelter nicht näher unterschieden. Wir haben die grösseren derselben, welche in der Karte angemerkt sind, mit der Farbe des Wengener Dolomits bezeichnet, obwol zu vermuthen ist, dass sich auch Fragmente tieferer Schichten (etwa Buchensteiner und Werfener Schichten) bei sorgfältiger Untersuchung werden nachweisen lassen ***).

----

*) Der Name Monzoni, welcher in der geologischen Literatur in Verknüpfung mit diesem Eruptivstocke bereits Bürgerrecht erlangt hat, kommt eigentlich nur dem nördlich gelegenen Alpenthale und einer Dolomitspitze in der Gruppe des Sasso di Mezzogiorno zu.

**) Man vergleiche auch über die Entblössung des Monzoni-Stockes die treffenden Bemerkungen in v. Richthofen: Predazzo u. s. w., Seite 253.

***) Vgl. Lemberg: Ueber Gesteinsumbildungen bei Predazzo und am Mon-zoni. Zeitschr. D. Geol. Ges. 1877, Seite 460 (Zwischen Toal del mason und Toal dei Rizzoni), ferner Seite 462 (Palle rabiose).

24 *

Was nun die Hauptmasse der Monzoni-Gesteine betrifft, so hat man sich daran gewöhnt, dieselben unter dem Sammelnamen „Monzonit" zusammenzufassen. Doelter unterscheidet zwei Hauptgruppen:

1. den Hornblende-Monzonit (Syenit, Diorit),
2. den Augit-Monzonit (Augitfels, Gabbro).

Ausser der Schwierigkeit, die vielfach in einander übergehenden Gesteine in der Natur zu unterscheiden, war für die Wahl einer besonderen Nomenclatur auch das ungewohnt jugendliche Alter der Monzoni-Gesteine massgebend.

Nachdem sich jedoch die bis vor kurzer Zeit angestrebte Altersgliederung der Eruptivgesteine durch zahlreiche Erfahrungen als hinfällig erwiesen hat, liegt kein Grund mehr vor, in der Classification und Nomenclatur der Eruptivgesteine das geologische Alter als ein massgebendes Kriterium beizubehalten. Wie bei der Bestimmung der sedimentären Gesteine lediglich der petrographische Standpunkt massgebend ist, so darf uns auch nur dieser bei der Eintheilung und Benennung der Eruptivgesteine leiten, soll nicht eine ungerechtfertigte Ungleichmässigkeit in der Behandlung der beiden Gesteins-Kategorien platzgreifen. Dem geologischen Bedürfniss wird wie bei den Sedimentär-Gesteinen, durch ein chronologisches Bestimmungswort hinlänglich Rechnung getragen (z. B. norischer Syenit, permischer Granit u. s. w.). — Die Schwierigkeit der geologischen Aufnahme wegen des häufig wechselnden petrographischen Charakters kann selbstverständlich die Wahl einer besonderen Bezeichnung ebensowenig rechtfertigen. In solchen Fällen, welche nur die Unzulänglichkeit unserer Beobachtungen constatiren, werden wir das herrschende Gestein allein berücksichtigen oder in dem Farbenschema einen entsprechenden erklärenden Beisatz anbringen.

Was wäre z. B. für die Wissenschaft gewonnen, wenn wir für das Gestein einiger unserer Riffe einen neuen Verlegenheitsnamen aus dem Grunde vorschlagen würden, weil Dolomit und Kalk nebeneinander vorkommen und wir (und zwar ebenfalls nur wegen der Schwierigkeit der Untersuchung) nicht im Stande sind, dieselben kartographisch zu trennen? —

Die Hauptmasse des Monzoni-Eruptivstockes *) bildet Syenit, mit welchem auf unserer Karte nach Doelter's Aufnahme der seltener auftretende Diorit zusammengefasst ist. Das Gestein schwankt

---

*) Obwol in genetischer Beziehung zwischen einem Stock und einem Hauptgange kein wesentlicher Unterschied besteht, ziehen wir die erstere Bezeichnung für die Eruptionscentra vor.

stellenweise zwischen Diorit und Syenit. „Ob aber Diorit und Syenit getrennte Massen bilden, oder ob sie gleichförmig gemengt erscheinen, bleibt eine offene Frage, es lässt sich dies wol nicht ganz sicher wegen der grossen Aehnlichkeit der beiden Gesteine unterscheiden; jedoch erscheint es äusserst wahrscheinlich, es dürfte, wie dies die wenigen im Kalk aufsteigenden Gänge nachweisen, die Hauptmasse des Monzoni als aus verschiedenartigen kleinen Gängen zusammengesetzt erscheinen. Jedenfalls ist der Monzoni nicht aus einem Gusse hervorgegangen, sondern nach und nach gebildet worden" (Doelter). Der Syenit wird zunächst von beiläufig Nord-Süd streichenden Gängen von Augitfels (und Gabbro) durchsetzt, ist also im Allgemeinen das ältere Gestein. Doch besteht nach D o e l t e r kein durchgreifender Altersunterschied zwischen beiden Gesteinstypen und kommen Uebergänge zwischen den Amphibol- und Pyroxen-Gesteinen vor. Entschieden jünger ist sodann der Melaphyr (Hornblende-Melaphyr), welcher in seltenen schmalen, ebenfalls hauptsächlich Nord-Süd streichenden Gängen die älteren Gesteinsarten durchsetzt. Als das jüngste Gestein endlich betrachtet D o e l t e r den gleichfalls nicht häufigen, in vorzüglich Ost-West streichenden Gängen auftretenden Orthoklasporphyr.

Sowol an den Berührungsstellen des Eruptivstockes mit dem durchbrochenen Kalkgebirge, als auch an den in der Eruptivmasse eingeschlossenen Schollen des im Gefolge der Eruptionsthätigkeit zerstückelten Gebirges finden sich zahlreiche Contacterscheinungen. Die meisten Mineralien, welche vom Monzoni-Stocke stammen, rühren aus diesen Contactzonen her, nur wenige finden sich auf Spalten der Eruptivgesteine *). Unter den entblössten, der Beobachtung zugänglichen Contactveränderungen ist die Umwandlung der lichten Triaskalke und Dolomite in körnigen, Brucit führenden Marmor (Predazzit) am weitesten verbreitet. Die Breite dieser Hauptcontactzone scheint beträchtlichen Schwankungen zu unterliegen. Nach L e m b e r g dürfte die grösste Breite 70 Meter (vom Syenit an gerechnet) betragen. Stellenweise scheint die Einwirkung ausserordentlich schwach gewesen zu sein. Ungleich interessanter sind die Contacterscheinungen an den thonreicheren tieferen Schichtcomplexen (unterer Muschelkalk, Werfener Schichten). Das veränderte Gestein besteht aus einem Wechsel von lebhaft gefärbten Carbonaten und Silicaten. Die meist dunklen Carbonatlagen werden zunächst von Serpentinzonen umsäumt, und diesen folgen sodann Zonen augitischen Gesteins (Augitzonen L e m b e r g's). Ganz ähnlichen

---

*) Ueber die Mineral-Fundstätten hat D o e l t e r in seinen Arbeiten berichtet.

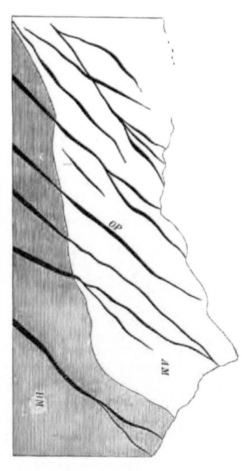

Die Ricoletta-Spitze im Monzoni-Stocke.

(Nach Doelter.)

HM = Syenit; AM = Augitfels; OP = Orthoklasporphyr.

Säumen grüner Gesteine begegnet man nach den sorgsamen Untersuchungen Lemberg's am Contact des Brucit führenden Marmors (Predazzit) mit dem Syenit. Die regelmässige Anordnung dieser Säume, zusammengehalten mit der oft sehr scharfen Abgrenzung derselben gegeneinander, widerspricht, wie Lemberg betont, der Ansicht, wonach die Contactgebilde durch Zusammenschmelzen von Syenit und Carbonaten entstanden wären. „Nur Wasser, welches aus dem Monzonit und dem Carbonat Stoffe aufnahm, vermochte so regelmässige Mineralzonen abzusetzen; hohe Temperatur mochte dabei im Spiel, ja sogar unerlässlich sein, was sich zur Zeit jedoch mit Sicherheit nicht entscheiden lässt." *)

Bereits v. Richthofen lenkte die Aufmerksamkeit auf die merkwürdige Analogie zwischen diesen mineralreichen Contactzonen und den sogenannten Silicatblöcken des Monte Somma am Vesuv, Judd **), welcher eine Uebersicht der Monzoni-Mineralien gab, hob nachdrücklich hervor, dass die Mehrzahl der Vesuv-Mineralien sich am Monzoni wiederfindet, und deutete an, dass die am Monzoni fehlenden Mineralien durch Pseudomorphosen ersetzt sein mögen. Während am Vesuv der Wasserdampf die losgerissenen Blöcke des Apenninen-Kalks mit ihren Mineral-Einschlüssen an das Tageslicht fördert und uns dadurch Nachricht bringt über die am Contacte mit dem eruptiven Magma sich vollziehenden Gesteinsumwandlungen, hat nach Judd's treffender Parallele am Monzoni die Denudation die Geburtsstätte der unter ähnlichen Verhältnissen entstandenen Mineralien blosgelegt. „In dem Herzen dieses alten, nun todten und kalten Vulcans kann der Geologe die Producte der Vorgänge studiren, welche zweifellos tief unter unserer Oberfläche in den heute thätigen Feuerschlünden wirksam sind."

Zum Monzoni-Stocke im weiteren Sinne rechne ich noch die Augitporphyrmasse, welche den im Westen das Syenit-Massiv begrenzenden Dolomit des Monte di Pesmeda durchsetzt, das Pellegrin-Thal verquert und am Nordfusse des Sora Crep wieder abschneidet. Man hat dieses Vorkommen wegen seiner häufig breccienartigen Beschaffenheit zu den Tuffen stellen wollen, und mag die weit vorgeschrittene Verwitterung des Gesteins zu dieser unrichtigen Auffassung beigetragen haben. Die Lagerungsverhältnisse lassen, wie die Betrachtung der Karte lehrt, keinen Zweifel an der intrusiven Natur der ziemlich ausgedehnten Masse, welche im Monzoni-Stocke dieselbe Rolle spielt, wie die grossen Melaphyrmassen

---

*) Lemberg, Zeitschr. D. Geol. Ges. 1877, Seite 468.
**) On Volcanos. Geol. Magazine, 1876, pag. 212.

Längsschnitt durch den Eruptivstock des Monzoni.

Avisio-Thal bei Moëna — Monte di Pesmeda — Val Pesmeda — Mal Inverno — Ricoletta — Alochet-Rücken — Campagnazza-Alpe

W. g. S.   O. g. N.

a = Quarzporphyr; b = Grödener Sandstein; c = Bellerophon-Schichten; d = Werfener Schichten; e = Unterer Muschelkalk; f = Oberer Muschelkalk; g = Buchensteiner Schichten; h = Wengener Kalk und Dolomit; α = Syenit und Diorit; β = Augitfels und Gabbro; γ = Augitporphyr; δ = Melaphyr; ε = Orthoklasporphyr.

des Mulat und des Monte Feudale im Fleimser Eruptivstocke.
Aller Wahrscheinlichkeit nach erstreckte sich einst dieser grosse
Gang über die eigenthümlich convex gebogene und gegen Osten
geneigte Fläche des Monte di Pesmeda bis über die Punta di
Valaccia hinaus. Die obere, einem Lagergange zu vergleichende
Partie ist nun bis auf Reste der unteren Spaltfläche des Ganges
denudirt und nur der schräg in die Tiefe setzende Stiel ist noch
sichtbar.

Der noch von zahlreichen anderen, vorherrschend Nord-Süd
streichenden Melaphyrgängen *) durchsetzte Dolomit des Monte
di Pesmeda ist die Fortsetzung der Punta di Valaccia und des

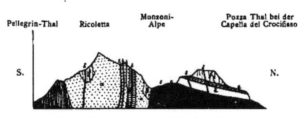

Quer-Durchschnitt durch den Eruptivstock des Monzoni.

a = Quarzporphyr; b = Werfener Schichten; c = Unterer Muschelkalk; d = Oberer Muschelkalk; e = Buchensteiner Schichten; f = Wengener Dolomit; α = Syenit und Diorit; β = Augit-
tels und Gabbro; γ = Melaphyr; δ = Orthoklasporphyr.

Sasso di Mezzogiorno. Während nun, wie aus dem Profil zu entnehmen ist, der nördliche Theil dieser Gruppe zwischen der Monzoni-Alpe und dem Pozza-Thal sich zum Quarzporphyr des Pellegrin-Thales wie dessen normales, blos durch den Monzoni-Stock
unterbrochenes Hangendes darstellt, ist im Westen der Eruptivmasse
das Gebirge (Monte di Pesmeda) tief eingesunken. Am Ausgange
des Pellegrin-Thales sieht man deutlich, wie der bis in die Thalsohle herabreichende, von östlich einfallenden Gangspalten durchsetzte Dolomit des Monte di Pesmeda im Westen an den hoch an
ihm hinanreichenden Werfener Schichten (vgl. das Profil Seite 376)
abstösst. Es ist eine Wiederholung des oben constatirten Absinkens
des Fuchiada-Kalkzuges zwischen Le Selle und dem Monzoni-
Thal. Obwol es im Allgemeinen ausserordentlich schwierig ist,
die Zeit des Eintrittes tektonischer Störungen genauer zu bestimmen, so möchte ich doch wegen des ganz eigenthümlichen

---

*) Nach Doelter findet sich am Kamme westlich vom Mal Inverno im
Dolomit auch ein Syenitgang.

Charakters dieser an der Peripherie der Eruptionsstelle sich wieder-
holenden Einsenkungen die Vermuthung wagen, dass dieselben in
naher zeitlicher Beziehung zu den Eruptionen stehen. Solche
plötzliche, nur auf kurze Strecken anhaltende und in der Streichungsrichtung des Gebirges erfolgende Absenkungen sind dem in unserem
Gebiete herrschenden Dislocations-System vollständig fremd. Man
erhält den Eindruck, als ob an der Peripherie der Eruptionsstelle
Theile des durchsetzten Gebirges in entstandene Hohlräume hinab-
getaucht worden wären.

Im Uebrigen stellt sich die Gruppe des Sasso di Mezzogiorno
als die östliche, durch die Erosionsrinne des Fassa-Thales isolirte
Fortsetzung des Rosengarten - Gebirges dar. Die Buchensteiner
Schichten sind, wie am Ostrande des Rosengartens, durch die
normale heteropische Schichtenreihe vertreten.

Der zwischen dem Monzoni- und dem Pozza-Thal sich erhebende Col dal Lares (vgl. das Profil auf Seite 369), welcher durch
eine Verwerfung von der Südabdachung des Buffaure getrennt ist,
stellt mit seinen Nord fallenden Schichten die Verbindung mit dem
Sasso di Rocca her. Er ist von Melaphyrmassen durchbrochen,
doch ist es fraglich, ob die Darstellung unserer Karte, welche hier
nur intrusives Eruptivgestein verzeichnet, der Wirklichkeit vollkommen entspricht. Ein aliquoter Theil gehört vielleicht zu den
Augitporphyrlaven.

5. Der Fleimser Eruptivstock mit dem umgebenden Kalkgebirge.

Südwestlich vom Monzoni befindet sich die grosse Eruptivmasse von Fleims, welche durch die Erosionsthäler des Avisio und
des Travignolo in drei Theile zerschnitten ist. Wir verdanken diesem
glücklichen Umstande eine genaue Einsicht in die inneren Verhältnisse eines alten Vulcanschlotes, wie eine solche in gleicher Uebersichtlichkeit und Vollständigkeit kaum irgendwo wieder vorhanden ist.
Am Monzoni fehlen, wie es scheint, die höheren Partien vollständig
und reichen die Aufschlüsse nicht so tief in das Innere der Masse.
Der Rand des alten Schlotes ist in Fleims noch auf weite Strecken
vollständig erhalten und grosse deckenartig ausgebreitete Melaphyrmassen nehmen vorherrschend die höheren Theile des unten kesselförmig sich verengenden Schlotes ein. Tiefer folgt dann der Syenit,
aus welchem, wie aus einer oben geöffneten Kapsel, der berühmte
Turmalingranit von Predazzo hervortritt. Der granitische Kern
bildet den tiefsten entblössten Theil.

Diese interessante Gegend verdiente eine eingehende monographische Behandlung. Wir können hier nur die Grundlinien der tektonischen Verhältnisse andeuten. — Die Ausscheidung und Begrenzung der eruptiven Gesteinsarten in unserer Karte ist die Frucht der mehrjährigen mühevollen Untersuchungen Dr. Doelter's. Die hier in Betracht kommenden Sedimentbildungen schliessen sich im Wesentlichen der Ausbildung der benachbarten Districte an. Die Hauptmasse der bald mehr, bald weniger dolomitischen weissen Kalke des Latemar-Gebirges, des Dosso Capello, des Viezzena gehört, wie die Denudationsreste von Augitporphyrlaven auf dem Monte Agnello und auf dem Viezzena beweisen, den Wengener Schichten oder der Zeit der Augitpophyrlaven der Fassa-Grödener Tafelmasse an. An die Stelle der ungeschichteten Dolomit- und Kalkmassen treten aber hier, insbesondere im Latemar-Gebirge, wolgeschichtete Ablagerungen, welche, wie aus dem Verlaufe der heteropischen Grenzen im Norden und Osten hervorgeht, im Inneren der alten Riffe gebildet wurden. Etwas weniger entschieden, aber immerhin noch deutlich, sind die Schichtenlinien in dem Stocke des Dosso Capello und im Viezzena-Gebirge. Einer grösseren schichtungslosen Masse begegnen wir blos in der abgesunkenen Scholle des Soracrep.

Schon v. Richthofen erwähnte den grossen Fossilreichthum des stellenweise zahlreiche Diploporen führenden Kalkes im Latemar-Gebirge. In neuerer Zeit traten zu diesem Fundorte noch die Wengener Kalke bei Forno, wo Doelter Blöcke mit zahlreichen wolerhaltenen Ammonitiden fand, und der Wengener Kalk des Dosso Capello bei Predazzo, wo Dr. Reyer in geringer Entfernung vom Gipfel, unweit der Contactstelle mit der Eruptivmasse, eine fossilreiche Lage entdeckte. Die bis heute vorliegenden Ammonitiden dieser drei Fundstellen weisen ebenso wie die Ammonitiden des Marmolata-Kalkes auf ein relativ tiefes Niveau der norischen Stufe hin. Die häufigste Art von Forno, *Trachyceras Avisianum Mojs.*, ist mir auch aus den norischen Tuffmergeln von Kaltwasser bei Raibl bekannt. Die übrigen Formen, welche den Gattungen *Arcestes, Pinacoceras, Ptychites, Megaphyllites, Trachyceras* angehören, sind anderwärts bis jetzt noch nicht gefunden worden. Bei Forno und im Latemar-Gebirge kommen mit den Ammonitiden auch ziemlich häufig Gasteropoden vor. Auf dem Dosso Capello walten, wie es scheint, Brachiopoden und Pelecypoden vor. Unter letzteren ist eine *Daonella* bemerkenswerth, wahrscheinlich *D. Lommeli*, soviel sich aus dem einzigen mir zu Gebote stehenden Bruchstück schliessen lässt. Erwähnung verdient noch, dass die Fossilien von Forno in dicken

Sinterkrusten stecken, aus denen sich dieselben in der Regel leicht loslösen lassen.

Die Buchensteiner Schichten sind in der Regel durch die normale, heteropische Ausbildung (Bänder- und Knollenkalke) vertreten; nur in dem Gebirgsstocke des Dosso Capello, in welchem die Mächtigkeit der normalen Buchensteiner Schichten abnimmt, dürfte ein Theil des folgenden Dolomits noch den Buchensteiner Schichten beizurechnen sein.

Um zu einer klaren Vorstellung der tektonischen Verhältnisse zu gelangen, müssen wir zunächst den tektonischen Zusammenhang der drei Kalkgebirgs-Gruppen des Viezzena, des Dosso Capello und des Latemar mit den angrenzenden Regionen untersuchen. Was nun zunächst die Gipfelmasse des Viezzena betrifft, so überzeugt uns ein Blick auf die Karte von der vollkommen regelmässigen Auflagerung derselben auf dem Quarzporphyr-Gebirge. Ruhig, mit wenig gegen Westen geneigten Schichten erhebt sich über dem Plateau von Bellamonte die Hauptmasse des Gebirges. Nur gegen Osten hin, wo der westliche Gewölbschenkel des Quarzporphyr-Aufbruches der Bocche unter den Viezzena hinabtaucht, stellen sich die tieferen Schichtcomplexe etwas steiler auf. Das Viezzena-Gebirge entspricht sonach vollkommen dem auf dem Nordschenkel des Bocche-Aufbruches liegenden Fuchiada-Kalkzuge. Nur das tiefe Erosionsthal von S. Pellegrino und der Durchbruch der eruptiven Massen des Monzoni unterbrechen den Zusammenhang dieser beiden Gebirgstheile. Eine irgendwie nennenswerthe tektonische Störung liegt nicht zwischen ihnen. Dieselbe Porphyrplatte, welche bei Bellamonte die Unterlage des Viezzena bildet, trägt weiter westlich die durch den Durchbruch des Fleimser Eruptivstockes und die Erosionsrinne des Avisio vom Viezzena geschiedene Gebirgsmasse des Dosso Capello. Die Schichten derselben neigen sanft gegen Osten, so dass unter der Voraussetzung eines ununterbrochenen Zusammenhanges des Dosso Capello und des Viezzena eine flache synclinale Mulde resultiren würde. Die kleine, vorzüglich aus Werfener Schichten bestehende Gebirgsmasse der Malgola, welche sich thatsächlich zwischen die beiden genannten Gebirge einschiebt, tektonisch aber von denselben geschieden ist, kann als eine am Rande des Eruptivschlotes eingesunkene Scholle betrachtet werden.

Den beiden, tektonisch als zusammengehörig sich erweisenden Massen des Viezzena und des Dosso Capello steht im Norden die Gebirgsmasse des Latemar gegenüber, deren tektonische Grenzen zwischen Forno und dem Ausgange des Pellegrin-Thales auf das

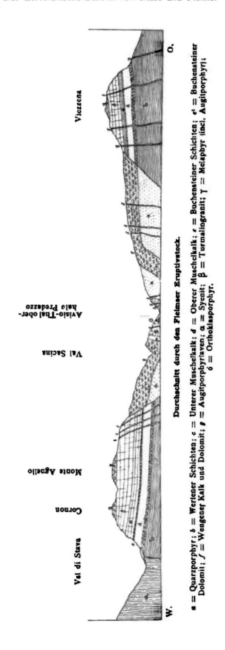

Durchschnitt durch den Fleimser Eruptivstock.

a = Quarzporphyr; b = Werfener Schichten; c = Unterer Muschelkalk; d = Oberer Muschelkalk; e = Buchensteiner Schichten; e¹ = Buchensteiner Dolomit; f = Wengener Kalk und Dolomit; g = Augitporphyrlaven; α = Syenit; β = Turmalingranit; γ = Melaphyr (incl. Augitporphyr); δ = Orthoklasporphyr.

linke Ufer des Avisio herübergreifen. Die bedeutungsvolle Störungslinie, welche die Südgrenze des Latemar-Gebirges bildet, wollen
wir erst nach der Darlegung der tektonischen Beziehungen dieses
Gebirgsstockes zu den nördlichen und westlichen Gebieten besprechen.

Wenn man von einem nördlicher gelegenen Punkte des Quarzporphyr-Plateau's aus das Rosengarten- und Latemar-Gebirge betrachtet, so bemerkt man, dass die Basis der prachtvollen Dolomitwände des Latemar bedeutend tiefer als die Basis der Dolomitzacken des Rosengarten liegt. Dieser Eindruck verschärft sich, je
mehr man sich dem Caressa-Passe, welcher bekanntlich diese beiden
Gebirgsgruppen trennt, nähert. Während die Wengener Dolomite
des Rosengarten erst in bedeutender Höhe über einem weithin
sichtbaren Sockel der tieferen Schichtengruppen beginnen, scheinen
die Wengener Dolomite des Latemar sich unmittelbar über dem
Quarzporphyr zu erheben, als ob die ganze mächtige Reihe der
zwischenliegenden Schichten versenkt wäre. Erschweren nun auch
die mächtigen, von wiederholten Bergstürzen herrührenden Trümmermassen am Nordfusse des Latemar die Beobachtung des anstehenden Gebirges, so reichen die vorhandenen Aufschlüsse doch hin,
um zu erkennen, dass die tieferen Schichten vorhanden sind, aber
sich ziemlich rasch und steil gegen den Latemar zu in die Tiefe
ziehen. Dieses steile Absinken, welches im kleinen Massstabe die
Erscheinung des grossen Schichtenfalles zwischen dem Rosengarten-
und Schlern-Gebirge wiederholt, hält aber nur bis zum Fusse der
Steilwand an, deren deutliche Schichtenlinien sich sanft gegen Südwesten in die Höhe ziehen. Weiter gegen Westen, gegen Ober-
Eggenthal zu, wird das Einfallen der vorderen Zone der tieferen
Schichten immer sanfter und in Folge dessen nimmt die Breite der
hier verlaufenden synclinalen Mulde etwas zu. Im Westen sieht man
sodann die ganze Reihe der Sockel-Schichten vom Rubelberge auf
die Reiterjoch-Alpe hinaufziehen, wo der Grödener Sandstein und
die Bellerophon-Schichten an der östlichen Fortsetzung der das
Schwarzhorn vom Joch Grimm scheidenden Verwerfung (vgl. Seite 135)
abschneiden. Auf der Südseite des Reiterjoches erfolgt die Ueberlagerung der Werfener Schichten durch den unteren Muschelkalk
in der 2300 Meter Curve, und ist dies die bedeutendste Höhe,
welche im Umkreise des Latemar-Gebirges von dessen Sockelmassen
erreicht wird. Wie nun das Latemar-Gebirge seiner Lage nach dem
Joch Grimm mit dem Weissenstein-Aldeiner Plateau entspricht, so
neigt sich auch das Latemar-Gebirge der in einem früheren Capitel
erwähnten trogförmigen Synclinale zu, welche von Ober-Eggenthal

über Deutschenofen verläuft (vgl. Seite 133). Dem Nordschenkel dieser Synclinale entspricht das Südfallen der tieferen Schichten am Nordrande des Latemar-Gebirges, und so können wir nunmehr die aus orographischen Elementen erschlossene Einbiegung der Quarzporphyr-Tafel bis zum Caressa-Passe verfolgen.

Die Ost-Abdachung des Latemar-Gebirges verhält sich wesentlich anders. Die ganze Schichtenreihe vom Quarzporphyr bis zum Wengener Dolomite senkt sich rasch dem Streichen nach in die Tiefe und wird zwischen Soraga und Forno vom Avisio durchschnitten. Es vollzieht sich dieses plötzliche Abfallen auf der Seite von Val Costalunga, wie es scheint, ohne das Dazwischentreten einer bemerkenswerthen Störung in ganz regelmässiger Weise. Auf der Südwestseite jedoch erscheinen über den von Melaphyr und Augitporphyr durchbrochenen Wengener Dolomiten, in welchen das untere Valsorda verläuft, oberhalb der Malga di Valsorda Werfener Schichten in ruhiger Lagerung als Basis des Latemar-Gebirges im engeren Sinne. Hier ist sonach ein Riss vorhanden, auf dessen Südseite das Gebirge eingesunken ist. Die Schichten des zum Avisio hinabtauchenden Latemar-Flügels setzen, Süd fallend, am linken Avisio-Ufer regelmässig fort. Die Wengener Dolomite, welche das untere Valbona begrenzen und die Masse des Soracrep bilden, stehen in ununterbrochenem tektonischem Zusammenhange mit dem Ostflügel des Latemar-Gebirges und gehören nicht, wie es nach den orographischen Verhältnissen der Fall ist, zum Viezzena-Gebirge.

Eine bedeutende Verwerfung, deren Verlängerung mit der Westgrenze des Monzoni-Stockes zusammenfällt, trennt die Masse des Soracrep von dem Viezzena-Gebirge. Auf der Ostseite des Soracrep ist der Zusammenstoss der tieferen Schichtsysteme der Viezzena-Masse mit dem Wengener Dolomit des Soracrep deutlich zu sehen, und selbst auf der Nordwestseite des Viezzena, wo sich die Wengener Dolomite der beiden Gebirgsmassen berühren, fällt es nicht schwer, das Durchsetzen der Verwerfungsspalte zu constatiren, da die oberen, in der Tiefe liegenden Massen des Wengener Dolomits der Soracrep-Scholle ungeschichtet sind, während die höher ansteigenden Wengener Dolomite des Viezzena eine ausgezeichnete Schichtung erkennen lassen.

Nachdem wir gezeigt haben, dass die Gebirgsmasse des Dosso Capello tektonisch mit der Gebirgsmasse des Viezzena innig verbunden ist, müssen wir die Verwerfung, welche die Nordwest- und Nordseite der Dosso Capello-Masse begleitet und dieselbe von der Gebirgsmasse des Latemar trennt, als die Fortsetzung der Verwerfungsspalte zwischen dem Viezzena und dem Soracrep betrachten.

Die Verhältnisse im Grossen sind in beiden Fällen die gleichen, aber die Rollen in Beziehung zur Verwerfung sind vertauscht. In dem eben betrachteten Falle liegt der verworfene Theil im Norden, während hier das Gegentheil stattfindet. Das Satteljoch (Kripp), dessen tiefster Punkt 2137 Meter hoch ist, liegt in Werfener Schichten, welche der Masse des Latemar-Gebirges angehören. Ueber ihnen folgt am Südfusse des Reiterjoches der untere Muschelkalk in einer Höhe (2300 Meter), welche vom höchsten Punkte der Gebirgsmasse des Dosso Capello, dem Monte Agnello (2319 Meter), kaum überschritten wird. Die Gipfelmasse des Monte Agnello bildet aber ein nahezu söhlig lagerndes System wolgeschichteter Augitporphyrlaven, welche die mächtige Platte des Wengener Dolomits des Dosso Capello-Massivs zur Unterlage hat. Der Betrag der südlichen Versenkung ist daher sehr bedeutend. Man kann dafür 4—500 Meter annehmen. An der Verwerfungsspalte selbst sind im Süden des Satteljoches zwischen den Werfener Schichten und dem Wengener Dolomite Buchensteiner Bänderkalke, welche steiles Südfallen zeigen, in Folge von Schleppung der Schichten eingepresst.

Die Verbindungslinie zwischen den sichtbaren Bruchstellen am Satteljoche und am Viezzena verquert den Fleimser Eruptivstock und muss deshalb die Scholle von Werfener Schichten bei Vardabe, sowie die viel kleinere aus Muschelkalk und Buchensteiner Schichten bestehende Scholle bei Mezzavalle wol dem im Süden der Verwerfungsspalte liegenden Gebirge zugezählt werden. Man sollte nun erwarten, dass eine so bedeutende Verwerfung sich auch im Eruptivstocke durch eine scharfe lineare Gesteinsgrenze bemerkbar machen sollte. Dem ist aber nicht so. Ebenso wenig lässt die Augitporphyrmasse des Pesmeda-Thales, welche über das Pellegrin-Thal auf die linke Thalseite herübergreift, eine Einwirkung der Verwerfungsspalte erkennen, trotzdem sie von derselben mitten durchschnitten wird.

Die Fleimser Eruptivmasse ist nur durch die schmale zur Verwerfungsspalte hinneigende Kalkscholle des Soracrep, der Fortsetzung des Monte di Pesmeda, vom Eruptivstocke des Monzoni getrennt. Dies, sowie die gleichartige Zusammensetzung und die vollständige Uebereinstimmung des Alters der beiden Eruptivmassen gestatten die Annahme, dass die nahe benachbarten Eruptionsstellen innig zusammenhängen und auf einer und derselben Spalte liegen. Da nun die geschilderte Verwerfungsspalte zwischen dem Monzoni-Thal und dem Satteljoch das von den Eruptivmassen injicirte Gebirge durchschneidet, die injicirenden Gesteinsarten aber, allem Anscheine nach, überspringt, so möchte man schliessen, dass dieselbe der Zeit ihrer Entstehung nach dem Austritte der eruptiven

Massen voranging. Im ganzen Umkreise des Monzoni und des Fleimser Eruptivstockes existirt keine andere Spalte, welcher irgend welche Beziehungen zu den Eruptionen zugeschrieben werden könnten. Wir betrachten demnach diese Spalte als die Vorläuferin der vulcanischen Erscheinungen und nennen sie die „Fleimser Eruptionsspalte".

Gegen Westen setzt die Fleimser Eruptionsspalte bis an die Grenze unserer Karte fort. Ihr Verlauf ist an dem plötzlichen Abschneiden der an ihrem Südrande dem Quarzporphyr aufgesetzten jüngeren Schichtreihen leicht zu erkennen. Bei Aguai, in einer Gegend, welche ausserhalb des Verbreitungsbezirkes der Melaphyrgänge liegt, finden sich an ihr oder wenigstens in ihrer nächsten Nähe Melaphyrgänge. Westlich vom Riv. di Predaja, durch welchen die Strasse auf den Pass von San Lugano führt, trennt unsere Spalte das Porphyr-Plateau von Altrey (Fraul, Monte Gua) vom nördlichen höher ansteigenden Porphyrgebirge des Monte Como u. s. w.

In nordöstlicher Richtung über das Monzoni-Thal hinaus ist eine Fortsetzung der Eruptionsspalte nicht erkennbar. Doch dürfte die grosse Verwerfung, welche den Marmolata-Stock vom Fuchiada-Vernale-Massiv trennt, derselben Bildungszeit angehören, da auf derselben der grosse, bereits ausser der Peripherie der Gang-Region liegende Melaphyrgang von Ombretta emporgestiegen zu sein scheint.

Als einen am Satteljoch abzweigenden Seitenast der Fleimser Eruptionsspalte dürfen wir vielleicht auch die über die Grimm-Alpe und durch das Trudenthal verlaufende Verwerfung betrachten, an welcher auf dem Cislon und nach Prof. Gredler's Mittheilung zwischen Gschnon und Gfrill Melaphyrgänge in grosser Entfernung vom Fleimser Eruptivbezirk aufsteigen. Die Bifurcation (und selbst die fächerförmige Zersplitterung) der grossen tektonischen Störungslinien ist im Bereiche unseres Kartengebietes eine regelmässig und häufig wiederkehrende Erscheinung, auf welche wir im letzten Theile dieses Buches noch zurückkommen werden.

Die längere Achse des Fleimser Eruptivstockes ist von Süden nach Norden gerichtet. Dieselbe steht daher, sowie die Längenachse des Monzoni-Stockes, mehr weniger senkrecht zur Eruptionsspalte.

Die innerste entblösste Kernmasse des Fleimser Eruptivstockes ist, wie oben erwähnt wurde, der Turmalin führende Granit von Predazzo, welcher einen einzigen, am Fusse des Monte Mulat aus dem unteren Travignolo-Thale in das Avisio-Thal streichenden und mit seinem nördlichen Ende noch auf das rechte Avisio-Ufer

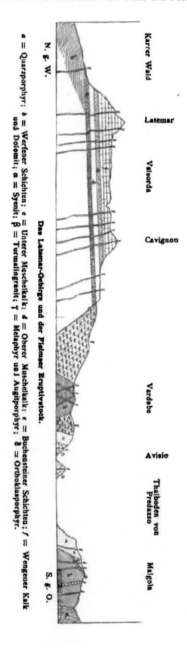

Das Latemar-Gebirge und der Fleimser Eruptivstock.

a = Quarzporphyr; b = Werfener Schichten; c = Unterer Muschelkalk; d = Oberer Muschelkalk; e = Buchensteiner Schichten; f = Wengener Kalk und Dolomit; α = Syenit; β = Turmalingranit; γ = Melaphyr und Augitporphyr; δ = Orthoklasporphyr.

hinüberreichenden Gang bildet. Nach Doelter's Mittheilungen enthält dieses Gestein neben den Flüssigkeitseinschlüssen auch stellenweise Glaseinschlüsse, so dass es fraglich sei, ob die Bezeichnung
„Granit" nicht passender durch die Bezeichnung „Porphyr" ersetzt
werden sollte. Wenn man die verhältnissmässig hohe Lage des
Granits von Predazzo, in geringem verticalem Abstande vom
obersten Rande des durchbrochenen Gebirges (circa 1000 Meter)
berücksichtigt, so erscheint diese Beobachtung im hohen Grade
interessant. Im Einklange mit Reyer's Theorie dürfte man schliessen,
dass in grösseren Tiefen echter, glasfreier Granit folgt. Ob man
aber das Gestein von Predazzo Granit oder Porphyr nennt oder
dafür vielleicht einen neuen, seine intermediäre Stellung bezeichnen-
den Namen bildet, ändert an der wichtigen Thatsache nichts, dass
ein vollkrystallinisches, dem Granite sehr nahestehendes Gestein die
Kernmasse des Fleimser Eruptivstockes bildet.

Man nimmt gewöhnlich an, dass der Predazzo-Granit jünger
als der denselben umgebende Syenit sei, da der Granit nirgends
von Syenitgängen durchsetzt werde. Ich möchte, ohne die Richtigkeit dieser Folgerung zu bestreiten, kein zu grosses Gewicht auf
die relative Altersbestimmung der Gesteine im Innern eines alten
Eruptivschlotes legen. Chronologisch besteht zwischen allen Eruptivgesteinen des Fleimser Eruptivstockes kein wesentlicher Unterschied. Wer vermag heute zu sagen, ob die syenitischen und
granitischen Schlieren, welche die tieferen entblössten Theile des
alten Schlotes erfüllen, vor, während oder nach den Hauptergüssen
der Melaphyre emporgedrungen sind?

Der in der Karte mit dem Diorit zusammengefasste Syenit
umgibt zum grössten Theile den Granit mantelförmig und nimmt
in der Südhälfte des Fleimser Eruptivstockes die tieferen Lagen
bis zum Rande des durchbrochenen Sedimentgebirges ein. Von den
Syeniten und Dioriten des Monzoni unterscheiden sich die gleichnamigen Gesteine des Fleimser Stockes nach Doelter und Hansel
durch vorherrschenden Biotitgehalt. Doelter, welcher, wie bekannt,
nicht nur die Syenite und Diorite, sondern auch die Pyroxengesteine
unter dem Sammelnamen Monzonit zusammenfasst, hat im Fleimser
Eruptivstock die kartographische Trennung der Amphibol- und der
Pyroxengesteine, welche er im Monzoni-Stocke durchgeführt hatte,
unterlassen, da die Pyroxengesteine in Fleims nur in sehr untergeordneten Massen auftreten. Das einzige bedeutendere Vorkommen
von Augitfels, welches sonach in der Karte in die Farbe des
Syenits einbezogen ist, findet sich nach Doelter südöstlich vom
Satteljoche.

25 *

Wie im Monzoni-Stocke, dringt auch hier der Syenit nur selten gangförmig in das angrenzende Sedimentgebirge ein. B. v. Cotta *) beobachtete indessen an der Contactfläche des Dosso Capello-Gehänges an mehreren Stellen, sowol in den tieferen Schichten, als auch in den oberen hellen Kalken, gangförmige Verzweigungen und Ausläufer des Syenits, und Lemberg beschrieb einen unzweifelhaften, den lichten Kalk durchsetzenden Syenitgang aus derselben Gegend.

Die höheren Partien im Süden und den ganzen Norden nehmen die Melaphyre und Augitporphyre ein, welche auch in unzähligen Gängen sowol in den tieferen Massengesteinen, als auch in dem benachbarten Sedimentgebirge auftreten.

Der Orthoklasporphyr tritt hier, wie im Monzoni, nur in untergeordneten kleinen Gängen auf. In das benachbarte Sedimentgebirge dringt er nur selten ein.

Die Contactflächen zwischen dem Eruptivstocke und dem Sedimentgebirge convergiren in der Regel gegen das Innere des Eruptions-Centrums. Den schönsten Aufschluss in dieser Beziehung bildet das Gehänge des Dosso Capello bei Predazzo (vgl. das Lichtbild „Canzacoli bei Predazzo, von der Malgola‛). Die durch die abweichende Färbung der Gesteine leicht kennbare Gesteinsgrenze zieht sich von unten gegen oben schräg gegen den Gipfel des Berges zurück. Die Schichten des Sedimentgebirges, welche sich nur wenig gegen die Eruptionsstelle zu neigen, schneiden an dieser schrägen Contactfläche scharf ab. Die Eruptivmassen nehmen daher gegen oben an Flächenausdehnung zu. Die älteren Geologen sahen in dieser Erscheinung „die Ueberlagerung des Kalkes durch Granit‛.

Aus dieser Erweiterung des alten kesselförmigen Schlotes gegen oben erklärt sich die scheinbar stromartige Ueberlagerung der tieferen Massen durch die Melaphyre und Augitporphyre. Die Melaphyrmassen des Mulat, des Feudale u. s. f. sind unzweifelhafte Gangmassen, aber sie sind schräge aufgestiegen, so etwa wie die „Lagergänge‛ des Fuchiada-Zuges (vgl. Seite 369), und haben sich im Inneren des sich gegen oben erweiternden Schlotes ausgebreitet. Von „Strömen‛ darf man hier nicht sprechen, wenn man nicht dieser Bezeichnung ihre tektonische Bedeutung nehmen will.

Eine wirkliche stromförmige, dem normalen Schichtenverbande conforme Lagerung dagegen zeigen die Augitporphyrmassen auf dem Gipfel des Monte Agnello und des Cornon. Ich habe diese

---

*) Alter der granitischen Gesteine von Predazzo u. s. w. N. Jahrb. v. Leonhard und Geinitz, 1863, Taf. I.

(Schräg aufsteigende Contactfläche zwischen der Eruptivmasse und dem Sediment-Gebirge; Gangspalten im Dolomit.)

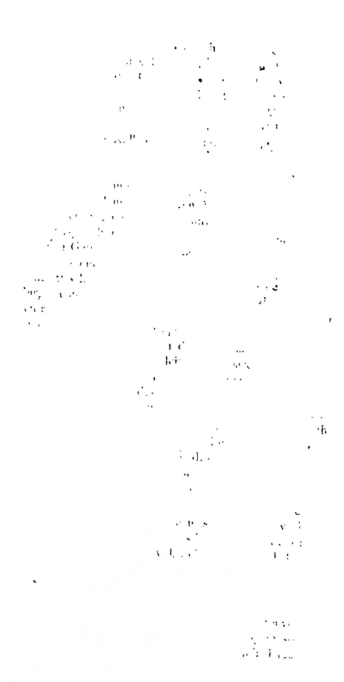

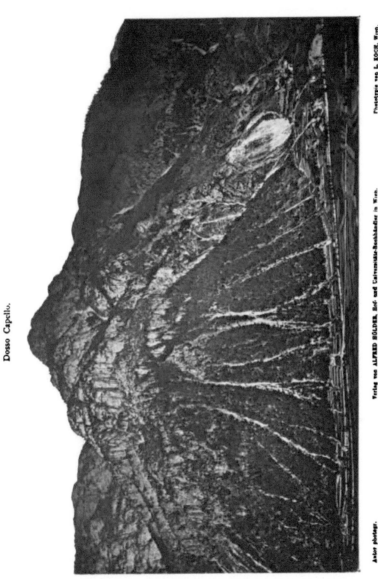

Dosso Capello.

Anstalt photogr.

Verlag von ALFRED HÖLDER, Hof- und Universitäts-Buchhändler in Wien.

Phototypie von L. KOCH, Wien.

Canzacoli bei Predazzo, von der Malgola.

(Schräg aufsteigende Contactfläche zwischen der Eruptivmasse und dem Sediment-Gebirge; Gangspalten im Dolomit.)

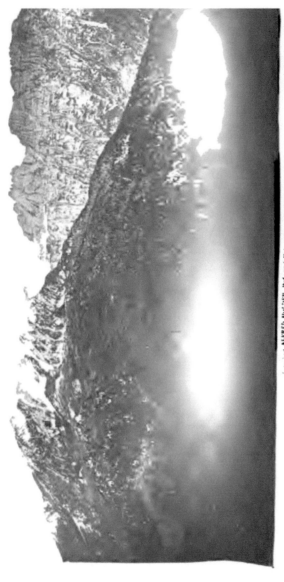

Photoypie von L. KOCH in

Druck und ALFRED HOLDER, Hof- und Universitäts-Buchhandler in Wien.

Das Latemar-Gebirge, vom Monte Mulat bei Predazzo.

(Von Melaphyr-Gängen und Gangspalten durchsetztes Kalkgebirge; im Vordergrunde der Fleimser Eruptivstock.)

wolgeschichteten, dem Dolomitmassiv des Dosso Capello normal aufgesetzten Massen daher consequent als 'Laven' ausgeschieden. Eckige Einschlüsse von Kalksteinen u. s. f. könnten vielleicht als Auswürflinge aufgefasst werden. Auf alle Fälle hat man es hier mit aus dem Bereiche der Eruptionsstelle ausgetretenen und schichtenförmig ausgebreiteten Ergüssen zu thun, wenn man will, mit den Denudationsrelicten des alten Kraterwalles. Nach Doelter's Mittheilungen kommen ganz übereinstimmende Tuffbreccien auf dem Kamme des Viezzena vor.

Der grossen Anzahl von Melaphyr- und Augitporphyrgängen in den Umgebungen der Fleimser Eruptivstelle ist schon oben gedacht worden *). Hier wollen wir nur nachtragen, das die Mehrzahl der Gänge im Bereiche des Fleimser Eruptivstockes ein meridionales, d. h. ebenso wie der Eruptivstock selbst, auf die Eruptionsspalte senkrechtes Streichen zeigt. Die wenigen ostwestlich verlaufenden Gänge könnte man als zum Gangsystem des Monzoni gehörig betrachten. Bei letzterem überwiegt, wie oben gezeigt worden ist, die ostwestliche Richtung, und können umgekehrt die weniger häufigen meridionalen Gänge dem Gangsystem des Fleimser Eruptivstockes zugerechnet werden. — Man wollte eine Convergenz der Gangrichtungen im Fleimser Stock erkannt haben und hat darauf eine Parallele mit tertiären und recenten Vulcanen gegründet. Aber abgesehen davon, dass erstere nur mit Anwendung einer gewaltsamen Interpretation angenommen werden könnte, hat man bei diesem Vergleiche ganz übersehen, dass das Vergleichsobject, der Vulcankegel, hier längst nicht mehr vorhanden ist, wenn ein solcher bei unseren submarinen Vulcanen überhaupt je in einiger Bedeutung bestand.

Ueber die, namentlich am Contacte des Syenits auftretenden Contactveränderungen bei Predazzo ist insbesondere auf die Arbeiten Lemberg's zu verweisen. Die berühmteste Contactstelle befindet sich nächst Canzacoli auf dem Gehänge des Dosso Capello (vgl. unser Lichtbild). Die an der Basis des schönen Aufschlusses anstehenden, wolgeschichteten Bänke gehören zweifelsohne den obersten Werfener Schichten und dem unteren Muschelkalk an, wie bereits v. Richthofen, v. Cotta, Gümbel u. A. richtig erkannt hatten. Diese Schichten sind theils in mit Carbonaten vermengte Silikate, theils in continuirliche Silikatbänke umgewandelt. Erstere sind reich

---

*) Unser Lichtbild „Das Latemar-Gebirge, vom Monte Mulat bei Predazzo" zeigt die ausgezeichneten, fast senkrecht durch wolgeschichteten, nahezu söhligen Kalk aufsteigenden Gänge und Gangspalten.

an Magnesia und führen Serpentin, Olivin und Spinell. Letztere sind theils Serpentin, theils wasserfreie Verbindungen, reich an Kalk und Magnesia. Die höheren, zu Brucit führenden Marmor umgewandelten Massen entsprechen dem oberen Muschelkalk und dem Dolomit der Buchensteiner Schichten. Vielleicht *) reichen dieselben auch in das Niveau der Wengener Schichten hinauf. An der Grenze zwischen dem Syenit und den Carbonaten findet sich nach Lemberg eine 10 Cm. bis 3 M. mächtige Contactzone, welche wesentlich von basischen kalkreichen Mineralien (Vesuvian, Granat, Gehlenit) gebildet wird **).

Sehr eingreifenden Veränderungen im Contacte mit dem Syenit unterlagen auch die Werfener Schichten der Malgola, welche, wie oben bereits betont wurde, einer kleinen, gegen die Eruptionsstelle abgesunkenen Scholle angehören. Merkwürdig ist, dass der die Werfener Schichten überlagernde, zu Marmor umgewandelte Muschelkalk-Dolomit sich in einem schmalen Streifen im Syenit bis in das Travignolo-Thal abwärts zieht. — Eine bedeutend veränderte Scholle von Muschelkalk und Buchensteiner Bänderkalken findet sich bei Mezzavalle rings umschlossen von Syenit.

Viel seltener als beim Syenit zeigen sich Contactwirkungen beim Melaphyr. Lemberg, welcher einige Melaphyrgänge aus dem Wengener Dolomit vom Gehänge des Dosso Capello beschrieb, erwähnt, dass die primären Contactproducte des Melaphyrs reich an Kalk und Magnesia und frei von Alkalien sind. Doelter gedenkt der Veränderungen, welche einige Melaphyrgänge in der Scholle von Werfener Schichten von Vardabe hervorgebracht haben. Vielleicht sind die zu ‚Bandjaspisen‘ umgewandelten Werfener Schichten auf dem Gipfel der Malgola dem Einflusse der dort zahlreich auftretenden Melaphyrgänge zuzuschreiben. Lemberg weist auf die ungewöhnliche Zusammensetzung dieser Silikate hin.

Die meisten Melaphyrgänge lassen keinerlei Contacteinwirkungen erkennen.

Ehe wir diesen Abschnitt schliessen, müssen wir noch dem bereits aufgetauchten Einwande begegnen, dass es keineswegs

---

*) Die auf unserer Karte nach Doelter's Aufnahmen eingezeichnete obere Grenzlinie des Syenits liegt bedeutend tiefer, als man nach den Angaben v. Richthofen's, v. Cotta's und Lemberg's erwarten sollte.

**) Doelter weist in einer schriftlichen Mittheilung auf die Verschiedenheit der Contactmineralien am Monzoni und bei Predazzo hin, betont das Fehlen des Olivins und die ausserordentliche Seltenheit des Fassaits bei Predazzo und meint, dass hauptsächlich die verschiedene Zusammensetzung der am Contacte auftretenden Eruptivgesteine (die von Predazzo enthalten mehr Kalifeldspath und Glimmer, die vom Monzoni mehr Augit) die Ursache dieses abweichenden Verhaltens sei.

sichergestellt sei, dass die Syenite und Granite von Predazzo und vom Monzoni auch thatsächlich der Triaszeit angehören, dass dieselben vielmehr die Reste einer älteren, zufällig in die Triasbildungen hinaufragenden Eruptivformation sein könnten.

Diesem Einwande ist leicht begegnet. Wir sehen ganz ab von der innigen Verknüpfung der anerkannt triadischen Melaphyre mit den vollkrystallinischen Gesteinen der Eruptionsschlote, von dem gemeinsamen Auftreten und Durchsetzen, von den Apophysen und Gängen des Syenits in den Buchensteiner Schichten und im Wengener Dolomit. Nehmen wir an, die Syenite und Granite seien wirklich älter und untersuchen wir die beiden denkbaren Fälle, dass diese Gesteine von den Triasbildungen mantelförmig umlagert wurden, oder dass dieselben später, nach Ablagerung der Triasbildungen in Folge von Dislocationen emporgestossen worden seien. Im ersteren Falle wäre zunächst die schräge einwärts fallende Contactfläche mit dem Sedimentgestein unerklärlich und müssten zu Conglomeraten oder Sandsteinen erhärtete Schutt- und Detrituszonen die alte Felsklippe umziehen. Man müsste auch irgendwo die transgredirende Auflagerung der jüngeren Schichten beobachten können. Aber nichts von alledem trifft zu. Im zweiten Falle, wenn die Syenite und Diorite nur zufällig dislocirte Schollen eines alten, vollständig unbekannten Gebirges wären, müssten denselben die jüngeren Sedimentbildungen aufwärts bis zu den Wengener Dolomiten des Dosso Capello auflagern. Aber es findet sich nirgends auch nur eine Spur einer jüngeren Decke. Wollte man selbst trotz der directen Verknüpfung und der Nebeneinanderlagerung mit den Melaphyren zugeben, dass die ganze permische und triadische Schichtenreihe denudirt worden sei, so müsste man doch erwarten, dass wenigstens einige Fetzen krystallinischer Schiefergebilde im Contacte mit dem Syenite irgendwo hängen geblieben wären! — In der That haben die meisten neueren Forscher, v. Richthofen, v. Cotta [*]), Doelter, Judd u. A. an der Einheit und Zusammengehörigkeit der mit den Melaphyren und Augitporphyren vorkommenden vollkrystallinischen Gesteine nicht gezweifelt.

6. Ueber das Alter der Eruptivstöcke von Fleims und Fassa.

Wir haben in der bisherigen Darstellung es absichtlich vermieden, das Verhältniss der beiden Eruptivstöcke zu dem grossen,

---

[*]) Man vergleiche auch die treffenden Ausführungen dieses Geologen in seinem wiederholt citirten Artikel über das Alter der granitischen Gesteine von Predazzo.

in den vorhergehenden Capiteln geschilderten Laven- und Tuff-
gebiete zu erörtern. Nachdem wir aber die Verhältnisse, unter denen
die eruptiven Massen erscheinen, besprochen haben, scheint es am
Platze, auf diese wichtige Frage näher einzugehen.

Wir müssen zunächst constatiren, dass sich die Durchbruchs-
stellen des Monzoni- und des Fleimser Stockes mitten im Gebiete
der mächtigen Wengener Dolomit- und Kalkmassen befinden. Das
grosse nördliche Laven- und Tuffgebiet steht in keiner directen
Verbindung mit den bekannten Eruptionsstellen von Fleims und
Fassa, sondern ist im Gegentheil durch einen mächtigen Wall von
Riffmassen davon getrennt. Die Denudationsrelicte alter Laven auf
der Gipfelfläche des Cornon, des Monte Agnello und des Viezzena
geben uns Kunde, dass erst nach der Bildung der mächtigen
Wengener Dolomite der Dosso Capello-Masse u. s. f. der Austritt
von Laven aus den beiden Eruptionsstellen stattfand. Ebenso deutet
das Abschneiden der grossen Melaphyrgänge der Eruptionsschlote
an den Wengener Dolomiten und die einheitliche conforme Durch-
setzung der Wengener Dolomite durch die Melaphyrgänge darauf
hin, dass die Eruptionen am Monzoni und in Fleims erst zu einer
sehr späten Zeit, nach der Bildung der grossen Dolomitmassen von
Fassa und Fleims eintraten.

Nun lagert aber die Hauptmasse der Laven und Tuffe im
Norden und Osten unmittelbar über den Buchensteiner Schichten.
Längs der heteropischen Grenze mit dem grossen, von den beiden
Eruptivstöcken durchbrochenem Dolomitmassive ruhen die Laven
neben dem Dolomitriffe und an mehreren Stellen greifen zum
Beweise der Gleichzeitigkeit der beiden Ablagerungen Laven und
Dolomit wechsellagernd in einander ein. Diese Laven müssen
daher älter als die Eruptivstöcke sein und müssen dieselben aus
anderen, uns gegenwärtig noch unbekannten Eruptionsstellen ausgeflossen sein. Hätte eine Verbindung zwischen dem Lavengebiete
und den Eruptivstöcken bestanden, so müsste der Dolomitwall
durch Lavaströme durchbrochen sein, oder es müssten wenigstens
periodische Einschaltungen von Lavaströmen zwischen dem Dolomit
den Zusammenhang erweisen.

Die Wengener Dolomite von Fassa und Fleims gehören trotz
ihrer bedeutenden Mächtigkeit, wie ihre Fossilien und wie die Verhältnisse an der heteropischen Grenze beweisen, nur den unteren
Wengener Schichten oder der Ablagerungszeit der Augitporphyrlaven an. Wir haben im VI. Capitel den Nachweis geführt, dass
die Hauptmasse des Dolomits des Schlern ebenfalls mit den Augitporphyrlaven gleichzeitig ist, und haben dort auch gezeigt, dass

die obersten Lagen der Laven der Seisser Alpe auf das mächtige
Dolomitmassiv übergreifen. Es liegt nun sehr nahe, die Laven des
Cornon und des Monte Agnello mit der Lavendecke des Schlern *)
in Verbindung zu bringen und auf diese Weise anzunehmen, dass
die obersten Laven der Seisser Alpe und der angrenzenden Gebiete über die Fassaner und Fleimser Dolomitmassen hinweg aus
den Schloten des Monzoni- und des Fleimser Vulcans ausgeflossen
sind. Das eruptive Material, welches in den eigentlichen Wengener
Schichten angehäuft ist, würde im Sinne dieser Anschauung dann
ebenfalls der Hauptmasse nach aus dem Zwillingsvulcane des Avisio-
Thales stammen.

Die beiden Eruptionsstellen von Fassa und Fleims
würden daher erst am Ende der vulcanischen Thätigkeit
entstanden sein und blos das Material zu den obersten
Schichten des Laven- und Tuffsystems und zu den sedimentären Wengener Tuffsandsteinen geliefert haben.

Die Frage nach der Ursprungsstelle der älteren, mit dem
unteren Wengener Dolomit gleichzeitigen Augitporphyrlaven ist mit
Sicherheit schwer zu beantworten. Ich möchte mich, in Berücksichtigung aller hierbei in Betracht kommenden Factoren, am
liebsten der Anschauung v. Richthofen's anschliessen und im
oberen Fassa, in der Gegend der heutigen Gruppe des Sasso di
Dam, ein älteres Eruptionscentrum annehmen. Die eigenartigen
tektonischen Störungen, welche die Umgebungen von Campitello
und Canazei zeigen, dann das concentrische Einfallen der älteren
Schichten am Nord- und Westrande der Gruppe des Sasso di Dam
wären mit einer solchen Annahme sehr wol vereinbar. Der Eruptionsschlot selbst würde tief unter seinen eigenen Auswurfsproducten
und unter den Laven der beiden benachbarten jüngeren Vulcane
begraben liegen.

7. Die Gegend am rechten Avisio-Ufer zwischen Tesero und Castello.

Es ist bereits im V. Capitel (S. 135) einer Verwerfung gedacht
worden, welche auf der Südseite von Stalla della Cugola im Quarzporphyr ansetzt und sodann über den Pass von San Lugano und
die Hemet-Alpe nach Truden verläuft. Diese Verwerfung lässt sich
als eine Abzweigung der weiter südlich durchziehenden und in

---

*) Ein westlicher Ausläufer dieser Lavadecke dürften die Augitporphyrmassen
der Mendola sein.

ihrem Verlaufe ebenfalls bereits skizzirten Fleimser Eruptionsspalte betrachten (vgl. S. 385).

Der schmale Streifen zwischen der Fleimser Eruptionsspalte und dem Avisio steht tektonisch im innigsten Verbande mit der Gebirgsmasse des Dosso Capello und mit dem grossen Porphyrgebirge im Süden des Avisio. Doch kommen in der Gegend von Cavalese eine Reihe kleinerer Querbrüche vor und scheint eine unbedeutende Längsverwerfung dem Laufe des Avisio zu folgen.

Dem Porphyrsystem, dessen oberste Lagen hier anstehen, sind zwei grössere Denudationsrelicte der nächstjüngeren Schichten aufgelagert. Bei Cavalese finden sich ausserdem noch mehrere kleine Partien von Grödener Sandstein, welche wegen ihrer zu geringen Ausdehnung in der Karte nicht berücksichtigt wurden.

Die Masse des Monte Cucal, welche bis zum oberen Muschelkalk aufwärts reicht, zeigt im Norden ziemlich söhlige Lagerung, im Süden senkt sich dieselbe jedoch in südöstlicher Richtung abwärts unter die Masse des Dosso Capello. Dies deutet auf eine muldenförmige Aufbiegung des Nordrandes längs der Fleimser Eruptionsspalte.

Noch deutlicher zeigt sich diese Aufstülpung des Nordrandes in dem theilweise von Glacialschutt bedeckten Denudationsrelicte von Veronza, dessen Schichten gegen Süden, von der Fleimser Eruptionsspalte weg, fallen *).

Einige technische Bedeutung erlangen hier die schönen weissen Alabaster ähnlichen Gypse der Bellerophon-Schichten.

Das Plateau von Fraul jenseits des Riv. di Predaja dacht im Gegensatze zur Veronza-Scholle nördöstlich ab. Auf seiner Nordseite stossen Grödener Sandsteine an der Fleimser Eruptionsspalte ab.

Die Melaphyrgänge an der Eruptionsspalte bei Aguai haben bereits oben Erwähnung gefunden.

---

*) Durch ein Versehen wurden im Profile auf Seite 132 die Schichten von Veronza nord- anstatt südfallend eingezeichnet.

XIII. CAPITEL.

Der Cima d'Asta-Stock und die Lagorai-Kette.

Die Quarzporphyr-Tafel der Lagorai. – Das Phyllitgebirge mit dem Granitstocke der Cima d'Asta. – Quarzporphyrgänge in Valsugana. – Der Bergsturz des Monte Calmandro. – Das Alter des Cima d'Asta-Granits.

Wenn man eine Charakteristik unserer Südalpen entwerfen wollte, müsste man unbedingt als eine besonders auszeichnende Eigenthümlichkeit derselben das wiederholte und öfters auf längere Strecken anhaltende Auftauchen von palaeozoischen und archäischen Bildungen mitten aus den mesozoischen Kalkmassen anführen. Es wird unsere Aufgabe sein, in einem der Schlusscapitel auf die dieser Erscheinung zu Grunde liegenden grossartigen Dislocationen zurückzukommen.

Die nach Umfang und verticaler Erhebung weitaus bedeutendste dieser Inseln alter Gebirgsformationen, welche sich wie ein Centralgebirge aus der jüngeren Umgebung emporhebt, ist das aus einem mächtigen granitischen Kern, um den sich ein Mantel krystallinischer Schiefer herumzieht, bestehende Cima d'Asta-Gebirge im Südwesten unseres Kartengebietes. Schon seit langer Zeit hat dieser abgeschlossene Gebirgsstock die Aufmerksamkeit der Naturkundigen auf sich gezogen, aber nur sehr Wenige haben sich in das Innere desselben gewagt, trotzdem eine Reihe tief eingeschnittener Querthäler den Zutritt in ungewöhnlichem Masse erleichtert. Ausser den Verfassern der geognostischen Karte von Tirol und G. vom Rath *) hat bis in die neueste Zeit herauf, soviel bekannt geworden ist, kein Geologe den Cima d'Asta-Stock betreten. Die merkwürdige Ueberschiebung im Torrente Maso bei Borgo auf der Südseite des Cima d'Asta-Stockes beschrieb erst vor ganz kurzer Zeit

---

*) Die Lagorai-Kette und das Cima d'Asta-Gebirge. Jahrb. Geol. R.-A. 1860. S. 121.

Ed. Suess *) und betonte dabei mit Recht die passive Rolle
des Cima d'Asta-Granits gegenüber der Emporstauung der Alpen.
    Als die Aufnahmsarbeiten der k. k. Geologischen Reichsanstalt
bis zu dem Cima d'Asta-Gebirge vorgerückt waren, erhielt Herr
Dr. Doelter die dankbare Aufgabe, dieses fast jungfräuliche Gebiet
zu studiren. Es scheint jedoch ein eigener Bann über dem schönen
Gebirge zu schweben, denn Dr. Doelter war durch Kränklichkeit
verhindert, die Aufnahme ihrem vollen Umfange nach durchzuführen.
So bleibt vorläufig hier noch immer eine unausgefüllte Lücke. Um
aber doch wenigstens die grossen tektonischen Züge und das Verhältniss des Granits zu den umgebenden Formationen einigermassen
kennen zu lernen, habe ich im Laufe des Sommers 1877 einige
Orientirungstouren unternommen, bei welchen mich in den west-
lichsten Theilen die Herren M. Vacek und Dr. A. Bittner in wirk-
samster Weise unterstützten. Die Resultate dieser Begehungen
sind der Darstellung auf unserer Karte zu Grunde gelegt. Das
gebotene Bild kann nur den Anforderungen einer Uebersichtsauf-
nahme genügen.

    In orographischer Beziehung bildet das Quarzporphyr-Gebirge
der Lagorai mit dem vom Granitmassiv der Cima d'Asta durchbrochenen Phyllitgebirge ein Ganzes. Der wasserscheidende Rücken
zwischen der Nord- und Südabdachung des Gebirges liegt im Quarzporphyr, so dass die auf dem Porphyrkamme entspringenden Bäche
das im Süden liegende Granit- und Schiefergebirge durchschneiden.
Im Süden schliesst sich an den Cima d'Asta-Stock ohne eine
prononcirte orographische Grenze unmittelbar das jüngere Kalkgebirge wie ein Mittelgebirgs-Vorland an. Die aus dem Gebiete des
Granits und des Phyllits austretenden Wasseradern setzen ihren
Weg quer durch dasselbe fort. Wir nehmen deshalb die grosse,
bereits mehrfach genannte Valsugana-Bruchspalte, welche das
Granit- und Phyllitgebirge von dem im Süden vorgelagerten Kalkgebirge scheidet, als die Südgrenze der Cima d'Asta-Masse an
und behalten uns die Schilderung des Vorlandes für das nächste
Capitel vor.

1. Die Quarzporphyr-Tafel der Lagorai.

    Wir haben über diese ausgedehnte, das Phyllitgebirge der
Cima d'Asta halbringförmig umziehende Porphyrplatte nur wenig

---

*) Ueber die Aequivalente des Rothliegenden in den Südalpen. Sitz.-Ber.
k. k. Akad. d. Wiss. Wien, Bd. LVII, 1868.

zu berichten. Das allem Anschein nach aus verschiedenen Strömen bestehende Porphyrsystem fällt mit grosser Regelmässigkeit vom Phyllit weg nach aussen ab. Tief eingeschnittene parallele Querthäler führen von dem zu scharf geschnittenen Pyramiden aufgelösten Kamme in die einem Längenthale entsprechende Thalfurche des Travignolo und des Avisio. Die steil abbrechenden Schichtenköpfe sind dem auf der Innenseite des Halbringes unter das Porphyrsystem einschiessenden Phyllitgebirge zugekehrt.

Es sind die obersten jüngsten Theile des Porphyrsystems, welche vom Süden her an die Tiefenlinie Travignolo-Avisio herantreten. Die Porphyrtafel, welche im Süden des Avisio ausser dem schmalen Streifen von Grödener Sandstein zwischen Masi und der Malgola höchstens noch vereinzelte, der Beobachtung bisher entgangene Denudationsrelicte von Grödener Sandstein trägt, bildet, wie im vorhergehenden Capitel gezeigt worden ist, die regelmässige Unterlage des auf dem rechten Avisio-Ufer zwischen Castello und Predazzo sich erhebenden Triasgebirges. Die Malgola, südlich von Predazzo, haben wir als eine gegen die Fleimser Eruptionsstelle eingesunkene Scholle kennen gelernt.

Die Fleimser Eruptionsspalte begrenzt die Porphyrtafel der Lagorai gegen Nordwesten. Aus dem auf Seite 132 mitgetheilten Profile, in welchem die Porphyrscholle von Castello das Nordende der Lagorai-Platte darstellt, wird das Verhältniss des südlichen Quarzporphyr-Gebirges zur Kette des Schwarzhornes und zum Bozener Plateau ersichtlich.

Oestlich von Bellamonte, wo die Porphyrtafel unter das Viezzena-Gebirge hinabtaucht, beginnt am Südschenkel des gewölbförmigen Aufbruches der Bocche (vgl. Seite 335) eine bis gegen Cencenighe reichende Verwerfungsspalte, welche zwischen Castelir und Juribello den östlichen Flügel der Lagorai-Platte gegen Norden begrenzt. Deutlich tritt diese Verwerfung am Dosaccio bei Paneveggio hervor, da hier ein Denudationsrelict jüngerer Schichten (Grödener Sandstein, Bellerophon-Schichten, Werfener Schichten) dem der Lagorai-Platte angehörigen Porphyr des Dosaccio aufgelagert ist.

Ueber das Absinken des Porphyrgebirges gegen die Gruppe des Cimon della Pala und über das Auskeilen des Porphyrs unterhalb San Martino di Castrozza ist bereits im XI. Capitel (Seite 338 und 340) berichtet worden. Hier wollen wir nur noch erwähnen, dass ein kleiner Querbruch auch zwischen dem Colbricon und dem Cavalazza gegen Paneveggio zu durchzulaufen scheint, an welcher

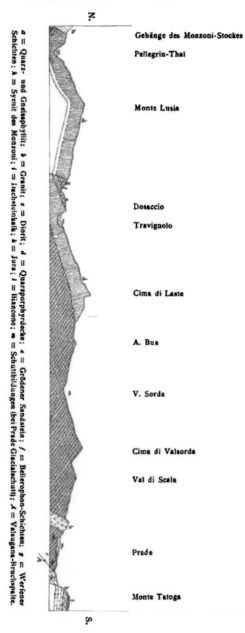

N.

Gehänge des Monzoni-Stockes
Pellegrin-Thal

Monte Lusia

Dosaccio
Travignolo

Cima di Laste

A. Bus

V. Sorda

Cima di Valsorda
Val di Scala

Prade

Monte Tatoga

S.

a = Quarz- und Gneissphyllit; b = Granit; c = Diorit; d = Quarzporphyrdecke; e = Grödener Sandstein; f = Bellerophon-Schichten; g = Werfener Schichten; h = Syenit des Monzoni; i = Dachsteinkalk; k = Jura; l = Biancone; m = Schuttbildungen (bei Prade Glacialschutt); A = Valsugana-Bruchspalte.

Cavalazza-Scholle, welche auch das Plateau von Juribello und den Castellazzo umfasst, abgesunken wäre.

' Auf der Nordseite des Colfosc bei San Martino di Castrozza kommt im Gebiete des Quarzporphyrs in geringer Ausdehnung ein schmutzig gelber und grauer blätternder Kalk von ganz fremdartigem Aussehen vor. Es gelang mir nicht, Näheres über dessen Verhalten zum Porphyr zu ermitteln *).

Die Grenze des Quarzporphyrs gegen den Phyllit ist meistens durch Porphyrschutt verdeckt, wie bereits G. vom Rath bedauernd erwähnte. Nur im Westen, im Gebiete von Valsugana, liegt eine ziemlich ansehnliche Masse von Tuffen und Verrucano-Conglomeraten an der Basis des Porphyrsystems bloss.

Die Porphyrtuffe, welche die höhere Lage einnehmen, enthalten nach den Beobachtungen Dr. Bittner's Porphyreinschlüsse und gehen gegen unten in rothe Schiefer über, unter welchen sodann die eigentlichen Verrucano-Conglomerate folgen. Da es für die Beurtheilung der Altersverhältnisse des benachbarten Cima d'Asta-Granits von Interesse war, zu constatiren, ob nicht bereits Granitgerölle in diesen unteren Conglomeraten vorhanden seien, so ersuchte ich Herrn Vacek im Laufe des Sommers 1878 eine erneute Untersuchung des Verrucano von Valsugana vorzunehmen. Herr Vacek berichtet mir nun, dass er weder Granit- noch Porphyrgerölle entdecken konnte und dass neben den vorherrschenden Quarzgeröllen nur Rollstücke von Gneissen und Glimmerschiefern zu finden seien.

In der Umgebung des Fleimser Eruptivstockes wird der Quarzporphyr, namentlich zwischen Riv. di Sadole und Colbricon, von Melaphyrgängen durchsetzt.

2. Das Phyllitgebirge mit dem Granitstocke der Cima d'Asta.

Als Unterlage der Quarzporphyrdecke der Lagorai erscheinen auf der Innenseite des durch dieselbe gebildeten Ringgebirges krystallinische Schiefergesteine, welche, wenn wir vorläufig von dem grossen Granitstocke absehen, im Süden bis an die Valsugana-Spalte reichen. Das vorherrschende Fallen dieser Schiefer ist NW. und N., meistens ziemlich flach, und im Allgemeinen im Osten etwas steiler als im Westen, wo nicht selten nahezu söhlige

---

*) Die grossen Haufwerke von Dolomitblöcken am unteren Ende von Val Zigolera und Ru di Ces bei San Martino dürften wol die Reste eines alten Bergsturzes des gegenüberliegenden Dolomitgebirges sein.

Lagerung eintritt. Gegen die Gruppe des Cimon della Pala zu wendet sich das Fallen gegen Nordosten und Osten. Im grossen Ganzen herrscht daher ein sehr regelmässiger Bau. Im Süden durch eine Bruchlinie abgeschnitten, taucht das Phyllitgebirge wie ein normaler Aufbruch unter dem jüngeren Deckgebirge empor. Westlich von Borgo in Valsugana, wo die grosse Bruchlinie sich in das jüngere Gebirge hineinzieht, ändert sich dieses Verhältniss. Es tritt nämlich am Monte Broi bei ·Novaledo Südfallen des Phyllits ein und die gleichfalls gegen Süden einfallende Porphyrscholle des Monte Zaccon kann als südlicher Gegenflügel der im Norden den Phyllit überlagernden Porphyrdecke betrachtet werden. Hier wäre demnach eine anticlinale Aufwölbung angedeutet.

Der NW. und N. einfallende Theil des Schiefergebirges ist durch die gewaltige Granitmasse der Cima d'Asta, welche sich als fremdartiger Keil in dieselbe eindrängt und durch einige andere, theils stock-, theils gangförmig auftretende Eruptivgesteine unterbrochen.

Der Granit, welcher eine geschlossene Masse bildet, zeigt manigfache Abänderungen. Das vorwaltende Gestein besteht nach G. vom Rath aus einem klein- bis grobkörnigen Gemenge von weissem Feldspath, weissem Oligoklas, grauem Quarz und schwärzlich-braunem Glimmer, welcher weder in Flasern noch in parallelen Ebenen, sondern durchaus unregelmässig vertheilt ist. Bisweilen tritt auch Hornblende auf.

Die richtige Beurtheilung der tektonischen Verhältnisse so ausgedehnter und mächtiger Eruptivmassen ist in der Regel mit grossen Schwierigkeiten verbunden, namentlich wenn, wie es hier der Fall ist, alte krystallinische Schiefer die umgebende Gesteinsart bilden. Nur die kritische Zusammenfassung einer grösseren Anzahl von Beobachtungselementen kann in solchen Fällen zu einem der Wirklichkeit mehr oder weniger entsprechenden Bilde führen. Ich will versuchen, aus den allerdings noch sehr lückenhaften mir zu Gebote stehenden Daten die Anschauung, welche ich über die Natur des Cima d'Asta-Granits gewonnen habe, zu rechtfertigen.

Werfen wir einen Blick auf die Karte. Nächst der unregelmässigen Gestalt des Granitkörpers fällt das selbstständige, von dem Verlauf der Schichtenköpfe des Quarzporphyrsystems ganz unabhängige Auftreten desselben auf. In Val di Calamento, wo die Schichten des Quarzphyllits fast söhlig lagern, ist der Zwischenraum zwischen dem Quarzporphyr und dem Granit ausserordentlich schmal. Die älteren Karten liessen in dieser Gegend sogar Porphyr und Granit zusammenstossen. Bald darauf zwischen der Gabelung des Val di Campelle und der Cima d'Asta tritt die Granitgrenze bogenförmig weit gegen Süden zurück, während die Porphyrgrenze ihr nordöstliches Streichen selbstständig beibehält. Dabei herrscht in der auf solche Weise zu bedeutender Breite angewachsenen Schieferzone ein viel steileres Einfallen, als in Val di Calamento, ja im Hintergrunde von Val Grigno sind nach Dr. Bittner's Beobachtungen die Schichten fast senkrecht aufgerichtet. Die Schieferzone erscheint daher nicht etwa blos in Folge schwacher Auflagerung auf den Granit breiter, sondern sie besteht hier thatsächlich aus einem im verticalen Sinne weitaus mächtigeren Schichtencomplex, als in Val di Calamento. Im Norden der Cima d'Asta wird die Schieferzone wieder schmäler, im Osten aber, wo der Granit sich gabelförmig in zwei lange Zungen zerspaltet und endlich im Schiefer verschwindet, ist die Entfernung vom Quarzporphyr bis zum Granit am grössten.

Es ist einleuchtend, dass bei einem regelmässigen stratigraphischen Verbande das Verhältniss von Granit, Schiefer und Porphyrdecke ganz anders sein müsste. Was den Schiefer und die Porphyrdecke betrifft, so herrscht, obwol eine vollkommene Concordanz zwischen diesen Bildungen auch nicht besteht, doch insofern eine bestimmte Gesetzmässigkeit, als stets unterhalb der Quarzporphyrdecke der Quarzphyllit folgt. Es muss daher das Verhältniss des Schiefers zum Granit ein unregelmässiges sein. Ist dies aber der Fall, so sind zwei Annahmen möglich. Entweder durchsetzt der Granit als intrusiver Eruptivstock den Schiefer, oder aber es haben nachträgliche tektonische Störungen das ursprünglich regelmässige Lagerungsverhältniss alterirt.

Die einfachste und natürlichste Annahme ist die, dass wir es hier mit einem grossen Eruptivstock zu thun haben. Zu ihren Gunsten sprechen eine Reihe sonst schwer erklärbarer Thatsachen. Tektonische Störungen mögen immerhin vorhanden sein. Schon das Auftreten intrusiver Eruptivgesteine setzt die Nachbarschaft von Dislocationslinien voraus. Ferner fordert die am Südrande fortlaufende grosse Valsugana-Spalte geradezu die Annahme secundärer kleiner Verwerfungen. Aber selbst unter den weitgehendsten Zugeständnissen von Dislocationen dürfte es sehr schwierig werden den Beweis zu erbringen, dass der Cima d'Asta-Granit eine ursprünglich den Quarzphyllit unterteufende und erst später herausgehobene Lagerdecke sei.

Wie bereits aus der Besprechung der Porphyr- und Granitgrenzen hervorgeht, tritt der Granit im Verlaufe seiner Erstreckung mit Schiefern von sehr verschiedenem Alter in Berührung. Die

Durchschnitt durch die östlichen Ausläufer des Cima d'Asta-Massivs.

a = Quarz- und Gneissphyllit; b = Granit; c = Quarzporphyrdecke; d = Grödener Sandstein; e = Dachsteinkalk; f = Lias; g = Mittlerer und oberer Jura; h = Biancone; i = Scaglia; k = Valsugana-Bruchspalte.

schmale Schieferzone im Süden des Granits zwischen Val Tesino und Torcegno, die Schiefer im Westen des Granitstockes, sowie die Schieferzone zwischen Val di sette Laghi und Montalon gehört den Quarzphylliten an. Einem viel tieferen Niveau der Schiefer, wahrscheinlich bereits den von Stache sogenannten Gneissphylliten, entsprechen die Gesteine, welche in der Bucht zwischen Val Sorda und der Cima d'Asta mit dem Granit in Berührung treten. Im Osten bei Caoria und Canale San Bovo dringt der sich in zwei grosse Arme verzweigende Granit, wie schon Stache[*]) vermuthete, aus Gneissphylliten empor.

Die Granitmasse durchschneidet daher schräge Schieferzonen verschiedenen Alters. Die jüngsten mit ihr in Contact tretenden Schiefer sind die oberen Quarzphyllite in Val di Calamento.

Die Schiefer behalten ferner, unbekümmert um den Verlauf der Granitgrenze, ihr Streichen bei und schneiden am Granite, wo ihnen derselbe in den Weg tritt, ab. Sehr klar zeigt sich dieses Abstossen des Schiefers im Osten, bei Canale San Bovo.

Die Untersuchung des tektonischen Verhaltens führt sonach zu dem Ergebniss, dass der Cima d'Asta-Granit ein grosser Gang, ein sogenannter Hauptgang sei[**]). Dieses Resultat findet eine weitere Bestätigung in dem Vorkommen von Gängen anderer Eruptivgesteine theils im Granitstocke selbst, theils in seiner nächsten Nachbarschaft, im Schiefer. Schon G. v. Rath erwähnte das Auftreten von syenitischen Schlieren und von Dioritporphyrgängen und vermuthete auch die Anwesenheit von Quarzporphyrgängen im Granitmassiv. Ich zweifle nicht, dass eine sorgfältige Detailuntersuchung zahlreiche derartige kleine Gänge aufweisen wird.

Was das Vorkommen von Quarzporphyrgängen anbelangt, so haben die Untersuchungen der Herren Dr. A. Bittner und M. Vacek eine Anzahl Nord-Süd streichender Gänge im Quarzphyllite zwischen Torcegno und Cinque Valli kennen gelehrt. Einen ostwestlich streichenden Gang desselben Gesteins traf Herr Vacek

---

[*]) Die paläozoischen Gebiete der Ostalpen. Jahrb. Geol. R.-A. 1874, pag. 390.

[**]) Eine merkwürdige Ansicht äussert Doelter (Ueber die Eruptivgebilde von Fleims etc. Sitz.-Ber. k. k. Akad. d. Wiss., Wien 1876, Dec.-Heft). Nach ihm wäre der Granit aus einer von SW. gegen NO. gerichteten Spalte gangförmig aufgetreten und hätte sich dann deckenförmig über die Schiefer gelagert.

Welche Beobachtungen dieser Vorstellung zu Grunde liegen mögen, ist mir ganz unverständlich. Der Cima d'Asta-Granit ist entweder ein Gang oder eine Decke. Wäre derselbe aber eine Decke, dann könnte seine Eruptionsstelle meilenweit vom heutigen Cima d'Asta-Gebirge entfernt liegen.

26 *

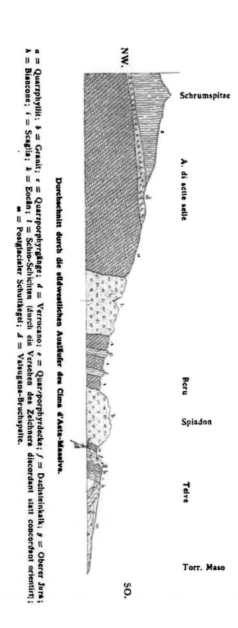

Durchschnitt durch die südwestlichen Ausläufer des Cima d'Asta-Massivs.

a = Quarzphyllit; b = Granit; c = Quarzporphyrgänge; d = Verrucano; e = Quarzporphyrdecke; f = Duchsteinkalk; g = Oberer Jura;
h = Biancone; i = Scaglia; k = Eocän; l = Schio-Schichten (durch ein Versehen des Zeichners discordant statt concordant orientirt);
m = Postglacialer Schuttkegel; h = Valsugana-Bruchspalte.

im Thalgrunde bei Fostai oberhalb Roncegno. Die nordsüdlich streichenden Gänge bilden in der Regel die Kammhöhen zwischen den kleinen, im Phyllit ausgewaschenen Querthälern. Herr Dr. Reyer hatte die Güte, das Gestein dieser Gänge zu untersuchen und theilte mir darüber folgende Diagnose mit. ,In einer felsitischen, von chloritischen Bestandtheilen grün gefärbten Grundmasse liegen spärliche abgerundete Orthoklase und grosse Quarzkörner. Einzelne sehr dichte, dem Thonsteinporphyr ähnliche Schlieren durchziehen das Gestein.'

Westlich von Roncegno taucht in der hier vom Quarzphyllit gebildeten, bereits erwähnten Anticlinalwölbung stockförmig eine kleine Masse syenitischen Granits empor. Ihre längere Achse streicht ostwestlich, wie der Hauptgang der Cima d'Asta.

Aus dem Schiefergebiete im Osten der Cima d'Asta erwähnte bereits G. v. Rath Dioritporphyre nördlich von Caoria. Ich selbst fand die gleichen Gesteine, anscheinend lagerförmig bei Gobbera, am Uebergange von Canal San Bovo nach Primiero. Einer späteren Untersuchung bleibt es vorbehalten, zu entscheiden, ob diese Dioritporphyre, welche auch den Granit der Cima d'Asta durchsetzen, mit den dioritischen Gesteinen der Ortler-Gruppe und von Lienz übereinstimmen.

Die zahlreichen, gegenwärtig ausser Betrieb stehenden Erzlagerstätten der Phyllitzone von Valsugana (Pergine, Levico, Borgo, Roncegno, Calamento, San Antonio in Val Sorda, San Michele) setzen nach Trinker's Angaben in quarzitischen Gängen auf. Die Erze sind silberhaltiger Bleiglanz, Kiese und Blenden.

Glacialschutt ist in den Thälern des Cima d'Asta-Stockes allenthalben sehr reichlich vertreten. An den Mündungen der Seitenthäler finden sich fast regelmässig grosse Anhäufungen desselben. Ein Arm des alten Vanoi-Gletschers scheint über den Col delle Croci in das Tesino-Thal gedrungen zu sein. Die zahlreichen Quarzporphyrblöcke im Tesino-Thal lassen kaum eine andere Annahme zu.

Unter den neueren geologischen Vorgängen verdient noch der Bergsturz des Monte Calmandro in Canale Erwähnung, welcher durch die Abdämmung des Vanoi oberhalb San Bovo die Bildung des Lago di Rebrut (oder Lago nuovo) veranlasste. Bereits im Jahre 1793 entstanden Gehängbrüche in den krystallinischen Schiefern des Calmandro. Unvorsichtiges Abholzen der abgesessenen Schollen und Bewässerung einer Wiese bewirkten sodann in den Jahren 1819 bis 1823 das weitere verheerende Niedergehen des rutschenden Gebirges. Drei am linken Vanoi-Ufer gelegene Ortschaften fanden bei diese Katastrophe ihren Untergang. Noch jetzt sieht man deutlich die Abbrüche des Glimmerschiefers in dem sich oben kesselförmig erweiternden Tobel am Nordgehänge des Monte Calmandro.

3. Ueber das Alter des Cima d'Asta-Granits.

Es ist soeben gezeigt worden, dass der Cima d'Asta-Stock alle Eigenschaften eines Eruptivstockes besitzt. Mitten aus dem nordwestlich fallenden Schiefergebirge dringt der Granit stockförmig, die Schichten des Quarz- und des Gneissphyllits abschneidend, in geschlossener Masse empor und sendet im Osten wie im Westen gangförmige Ausläufer aus. Eine Reihe anderer Eruptivgesteine durchsetzt in Gängen den Granit und das benachbarte Schiefergebirge. Die locale Häufung verschiedenartiger intrusiver Eruptivgesteine ist aber ein wichtiges Kriterium eines Eruptionscentrums. Es fragt sich nun, welcher Zeitperiode gehört die Eruption des Cima d'Asta-Granits an?

Der Granit, die Quarzporphyrgänge von Valsugana und der Syenitgranit von Roncegno durchbrechen den Quarzphyllit und sind daher jünger, als dieser. Direct mit dem Eruptivstock zusammenhängende Laven sind nicht vorhanden. Aber in nächster Nachbarschaft zum Eruptivstock, nur durch eine schmale Erosionszone von demselben getrennt, beginnt das mächtige System des permischen Quarzporphyrs. Wir haben bereits wiederholt darauf hingewiesen, dass das Porphyrsystem von Südtirol aus einer Reihe von Lavadecken besteht und dass nirgends innerhalb der uns bekannten Verbreitung dieses Systems Durchbrüche eruptiver Massen nachweisbar sind. Was liegt nun näher, als anzunehmen, dass der Eruptivstock der Cima d'Asta einer der Eruptionspunkte des permischen Quarzporphyrs sei? Hier ein Eruptivstock ohne bekannte zugehörige Laven, dort ausgedehnte Lavendecken ohne bekannten Eruptionsherd, beide jünger als der Quarzphyllit, dazu die nachbarliche Lage; dies Alles drängt, wie mir scheint, zu der Annahme, dass der Eruptivstock der Cima d'Asta in nächster genetischer Beziehung zum permischen Quarzporphyr steht.

Ein stricter Beweis ist in solchen Fällen, wo die Denudation den Zusammenhang zwischen dem Eruptivstock und dem Lavengebiet aufgehoben hat, nicht möglich. Denken wir uns den Monzonioder den Fleimser Eruptivstock bis zu den Werfener Schichten hinab rings denudirt. Wie würde dann noch der Beweis herzustellen sein, dass die von wenigen Melaphyrgängen durchsetzten Granite und Syenite von Fassa und Fleims den oberen Augitporphyrlaven der Seisser Alpe im Alter gleichstehen? Offenbar, wenn man nicht von vorneherein auf die logische Verbindung und Zusammenfassung der Thatsachen verzichten will, nur im Wege des Deductionsschlusses. Die Analogie in beiden Fällen ist eine überraschend grosse. Sie geht bis zu der merkwürdigen excentrischen Lage der Eruptionspunkte. Nur ist hier bei dem permischen Vulcan Alles in viel grösseren Dimensionen angelegt, als bei dem ihm folgenden norischen Vulcan.

Die für den Granitstock der Cima d'Asta ausgesprochene Ansicht führt zu der Vermuthung, dass auch die übrigen, das permische Quarzporphyrgebiet peripherisch umgebenden Eruptivstöcke von Klausen, Brixen und Meran, sowie der Adamello-Stock *), welche ebenfalls sämmtlich aus dem Gebiete des Quarzphyllites auftauchen, der gleichen Eruptionsperiode angehören. Die auffallende Häufung von granitischen Stöcken rings um das Quarzporphyrgebiet fände bei dieser Vorstellung eine ebenso einfache, wie naturgemässe Erklärung.

---

*) Vgl. Curioni, Geologia della Lombardia. Vol. I. pag. 412. — Gegen das permische Alter dieses grossen, noch wenig studirten Eruptivstockes scheinen die Contactveränderungen der am Tonalit abstossenden Triasbildungen zu sprechen, auf welche in neuester Zeit Lepsius (Das westliche Südtirol etc.) die Aufmerksamkeit lenkte, nachdem bereits Escher v. d. Linth im Jahre 1851 (Studer, Geologie der Schweiz, I. Bd., S. 294) vom Lago d'Arno Contact-Marmore und Silicate beschrieben und Ragazzoni (Profilo geognostico delle Alpi Lombardi. Comm. dell' Ateneo di Brescia per l'anno 1875) die Contacterscheinungen am Passo Croce Domini erwähnt hatte. Da ich nicht in der Lage bin, auf Grund eigener Untersuchungen mir bereits eine bestimmte Ansicht über das Alter des Tonalits zu bilden, muss ich mich darauf beschränken, meine vorläufigen Bedenken gegen die Annahme eines triadischen Alters kurz anzudeuten. In den triadischen Ablagerungen, welche dem Adamello-Stocke zunächst liegen, scheinen Laven gänzlich zu fehlen. Erst in grösserer Entfernung, in den südlichen Strichen der lombardischen Alpen kommen Laven und Tuffsandsteine in grösserer Ausdehnung in den Wengener Schichten vor, dieselben sind aber zum grössten Theile basischer Natur und dürften vom Südrande der Alpen herstammen. Nach den heutigen Anschauungen und Erfahrungen wäre es auch sehr bedenklich, basische Laven von einem ausschliesslich aus saueren Schlieren zusammengesetzten Eruptivstock herzuleiten. Aus diesem Grunde hätte auch die Annahme eines tertiären Alters für den Adamello-Stock wenig Wahrscheinlichkeit für sich, da sich in den zunächst gelegenen Tertiärschichten blos Basalt-Laven und Tuffe finden.

Die grosse Analogie der Contacterscheinungen zwischen dem Adamello und den Eruptivstöcken des Avisio-Gebietes beweist daher noch durchaus nicht die Gleichzeitigkeit und die Gleichartigkeit derselben. Was für den Monzoni und den Fleimser Vulcan aus einer grossen Reihe concludenter Erscheinungen erwiesen ist,

Wir haben uns hier auf einen unsicheren Boden begeben, und
unsere Ansicht wird, da dieselbe mit den noch herrschenden Anschauungen über das hohe Alter der im Gebiete der krystallinischen
Schiefer vorkommenden Eruptivgesteine im Widerspruch steht, auf
viele Zweifler stossen.

Die scheinbar schlagendste Einwendung gegen unsere Ansicht
dürfte wol die peripherische Lage der Eruptionspunkte sein. Wir
könnten diesen Einwurf durch den Hinweis auf die gleiche Erscheinung bei den norischen Vulcanen des Avisio-Districtes abthun,
aber wir wollen einen Schritt weitergehen und eine Erklärung versuchen. Die permischen Bildungen lagern in unserem Gebiete, wie
bekannt, transgredirend auf dem älteren Gebirge. Ihrem Absatze
gieng eine Festlandsperiode voraus. Ausserhalb des Verbreitungsgebietes der Quarzporphyrlaven vertreten blos Strandconglomerate
die permische Porphyr-Periode. Der Absatz der Quarzporphyrlaven
aber erfolgte in grösserer Entfernung vom Strande unterseeisch, wie
die mächtigen Tuffbänke beweisen. Die Quarzporphyrlaven ergossen
sich daher, gerade so wie es bei den norischen Augitporphyrlaven
der Fall war, in bereits vorhandene Einsenkungen des Bodens.

---

braucht für den Adamello nicht zu gelten, wenn sich die Uebereinstimmung desselben mit den Avisio-Vulcanen blos auf eine einzelne Kategorie von Erscheinungen
beschränkt. Während in dem einen Falle der Contact durch das Empordringen der
Eruptivmasse im Inneren des Vulcanschlotes hergestellt wurde, könnten in dem
anderen Falle Verschiebungen im Gefolge von Dislocations-Erscheinungen die
Berührung des älteren Massengesteines mit dem jüngeren Sedimentgebirge bewirkt
haben. Die von der Theorie heute noch beanspruchte höhere Temperatur könnte
man, ohne deshalb bereits die Mallet'schen Hypothesen annehmen zu müssen, von
der bei stärkerer Reibung erzeugten Wärme ableiten. Die kürzlich von Baltzer
(N. Jahrbuch von Leonhard und Geinitz 1877 und 1878) beschriebenen
Umwandlungen des Jurakalks zu Marmor an den berühmten Kalkkeilen der Berner
Alpen liefern den Beweis für das Vorkommen derartiger durch mechanische
Bewegungen erzeugter Erscheinungen. (Vgl. a. Heim, Untersuchungen über den
Mechanismus der Gebirgsbildung. II. Bd. S. 121.)

XIV. CAPITEL.

Das im Süden der Valsugana-Cadore-Spalte abgesunkene Gebirgsland.

Der grossen Bruchlinie Valsugana-Cadore ist bereits vielfach in den vorhergehenden Schilderungen gedacht worden. Im X., XI. und XIII. Capitel sind wir von Norden her bis an dieselbe vorgedrungen und haben unsere Darstellung an derselben abgebrochen. Wir wollen nunmehr, um eine zusammenhängende Schilderung der bedeutenden tektonischen Störungen geben zu können, welche durch diese Bruchspalte veranlasst wird, das auf der Südostseite der Bruchlinie gelegene Gebiet, so weit dasselbe in den Bereich unserer Karte fällt, besprechen und scheiden aus demselben blos das vorzugsweise von tertiären Ablagerungen erfüllte Becken von Belluno und Feltre aus, welches in einem besonderen Capitel dargestellt werden wird.

Wir betreten eine neue, von der bisher geschilderten wesentlich verschiedene Gebirgswelt. Zwar nehmen auch hier dieselben mesozoischen Kalkformationen den Hauptantheil an dem Aufbau des Gebirgskörpers, aber die unser Hochgebirge so sehr charakterisirende Individualisirung der Gebirgstheile fehlt. In grosser Regelmässigkeit zieht sich der Gebirgswall im Südosten der Bruchlinie fort. Enge, tief eingerissene Erosionsthäler, welche die Venetianer nicht unpassend als Canäle bezeichnen, verqueren das Gebirge und führen die Wasser des Hochgebirges der venetianischen Ebene zu. Die älteren Triasbildungen liegen meist in der Tiefe und auf weite

Strecken ist der Dachsteinkalk das älteste, zu Tage ausgehende Gestein. Zwischen Val di Martino im Westen bis zur Vereinigung der Boita mit der Piave im Osten bildet der Dachsteinkalk die dominirende Felsart. Westlich von Val di Martino nehmen die weitverbreiteten Kreidebildungen einen hervorragenden Einfluss auf die landschaftliche Physiognomie. Sie bilden meist die eintönigen, rasenbedeckten Hochflächen und contrastiren lebhaft von den in Einrissen unter ihnen in mächtigen Felsbänken zu Tage tretenden Jurakalken.

Nächst den tektonischen Störungen, welchen wir unsere besondere Aufmerksamkeit zuwenden werden, zeichnet sich das Gebiet im Süden der Bruchlinie durch das Auftreten von tertiären Ablagerungen und durch das Vorkommen von einzelnen Basaltgängen aus. Nirgends überschreiten die Tertiärbildungen und die Basalte den Nordrand der Spalte, so dass wol irgend eine causale Verbindung zwischen der Existenz der Spalte und der Beschränkung der tertiären Schichten und der Basalte auf das am südlichen Spaltenrande abgesunkene Gebirge vorausgesetzt werden möchte.

Da die älteren Triasbildungen nur mit Unterbrechungen, und zwar stets nur in der Nähe der Bruchlinie auftreten, so lässt sich über die heteropischen Verhältnisse derselben in dem südlichen Gebiete eine zusammenhängende Darstellung nicht geben. In Valsugana, am Nordgehänge der Tafelmasse der Sette Communi ist die ganze Reihenfolge der Schichten zwischen dem unteren Muschelkalk und den Raibler Schichten dolomitisch entwickelt. Hier war also Riffgebiet. Die Mächtigkeit des gesammten Dolomits ist aber eine auffallend geringe (150—200 Meter) und eine Unterscheidung der einzelnen Horizonte, welche auf der Karte blos der consequenten Darstellung wegen schematisch durchgeführt wurde, ist in der Natur nicht angedeutet. Auf der Strecke zwischen Valsugana und Transaqua in Primiero treten nirgends norische und unterkarnische Bildungen zu Tage. Südöstlich von Transaqua, am Westende des Sasso della Padella erscheinen am Nordrande der Bruchlinie Buchensteiner Knollenkalke und Augitporphyrlaven in geringer Ausdehnung; die Hauptmasse der Gebirgsgruppe des Sasso di Mur, welche nur durch den Erosionssattel von Cereda von dem grossen Primiero-Dolomitriff getrennt ist, zeigt wieder durchgehends dolomitische Entwicklung. Es muss daher unentschieden bleiben, ob das Valsugana-Riff mit dem Primiero-Riff zur obernorischen und unterkarnischen Zeit zusammenhieng, oder ob sich dazwischen ein rifffreier Strich befand. Weiter gegen Nordosten begegnen uns bis zur Boita nur rifffreie Ablagerungen. Erst bei Cibiana und bei

Valle di Sotto erscheinen kleine Dolomitmassen in den Wengener Sandsteinen, welche wol nur als die Ausläufer eines gegenwärtig verdeckten südlichen oder südöstlichen Riffs angesehen werden können.

1. Das Gebirge im Süden der Brenta bei Borgo di Valsugana.

Der Tafelmasse der Sette Communi, welche mit ihrem nord-östlichen Ende in den Bereich unserer Karte fällt, sind am Nord-rande zwei kleine orographisch ziemlich selbstständige Gebirgs-körper vorgelagert, so dass sich das Gebirge im Süden der Brenta in drei kleinere Abschnitte gliedert: 1. den Kamm des Monte Ar-menterra zwischen der Brenta und dem Val di Sella, 2. den Monte Civaron zwischen der Brenta, Val Cualba und dem Maggio und endlich 3. die Tafelmasse des Sette Communi.

Der Kamm des Monte Armenterra macht sich südlich von Barco von der Gebirgsmasse der Sette Communi los und erscheint zunächst als eine dem hohen südlichen Kalkgebirge vorgelagerte Terrasse. Es kann für den mit den tektonischen Verhältnissen des Districtes noch nicht Vertrauten kaum etwas Ueberraschenderes geben, als das Profil *) von Barco durch den hier auf den Schutt-kegel von Barco von Süden mündenden Graben gegen den Pizzo di Vezena. Am Eingange des Grabens treffen wir als tiefste ent-blösste Schicht, anstatt, wie wir wol erwartet haben mochten, eines tiefen Triasgliedes, die grauen Liaskalke mit *Terebratula Rotzoana*, *Chemnitzia terebra*, *Megalodus pumilus* und *Lithiotis problematica*, darüber sodann, Alles ziemlich steil aufgerichtet, Süd fallend, gelbe Kalke **), hierauf rothe Marmorbänke mit Manganputzen (Klaus-Schichten), endlich die oberjurassischen Ammonitenkalke, auf welche in grosser Mächtigkeit die dünngeschichteten Bänke der Kreide folgen. Die steil aufgerichteten, vom Graben quer durchrissenen dünnen Kreideschichten gewähren einen prächtigen Anblick. Bei-läufig in der Mitte der Mächtigkeit und dann zu oberst, nächst der Mündung eines von Osten her streichenden Seitengrabens erscheinen rothgefärbte Schichten. Die letzteren sind sichere Scaglia, wahr-scheinlich sind aber auch die in der Mitte des Aufschlusses er-scheinenden rothen Bänke steil eingefaltete Scaglia-Schichten. Es

---

*) Dieses Profil fällt zwar ausser den Rand unserer Karte, ist aber für das Verständniss der Verhältnisse in Val di Sella immerhin von Interesse.

**) Ob diese gelben Kalke den Schichten mit *Rhynchonella bilobata* der Etschbucht entsprechen, muss bis zur Auffindung entscheidender Fossilien dahin-gestellt bleiben.

spricht dafür ausser der grossen Mächtigkeit des Complexes, welche im auffallenden Gegensatz zu der im Allgemeinen sehr geringen Mächtigkeit der Kreide in Valsugana steht, noch die für Biancone ungewöhnliche Lage der rothen Schichten *).

Ueber der Scaglia erscheint nun in dem sich etwas erweiternden Graben in geringer Ausdehnung Quarzphyllit. Nach einer kurzen Unterbrechung in den Aufschlüssen, in welcher man einige grössere Brocken von Rauchwacken (Bellerophon-Schichten?) sieht, folgen sodann in bedeutender Mächtigkeit und mit ziemlich flach Süd fallenden Bänken Werfener Schichten, zu unterst grössere Massen von oolithischen Kalken und feinkörnigen Oolithen, hierauf ein mächtiger Complex rother schiefriger Gesteine mit rothen Oolithbänken, aber nur spärlichen Einlagerungen von Kalkplatten (*Monotis Clarai*) und zuoberst Gyps und Rauchwacke **). Am Fusse der Steilwand folgt der untere Muschelkalk, dünne, knollige Mergelkalkbänke, als Unterlage einer ziemlich mächtigen Dolomitstufe, welche durch einen nach Osten und Westen hin weiterstreichenden Streifen dunklerer, weicher Gesteine von der höheren, bis nahe unter den Gipfel des Pizzo di Vezena reichenden, wolgeschichteten Masse des Dachsteinkalks geschieden ist. Weiter östlich, unterhalb der Cima Dodici erweisen sich diese weicheren Gesteine — graugrüne Kalke mit knolligen Wülsten und glimmerigen Häutchen auf den Schichtflächen, schiefrige Kalke mit Kohlenspuren, graue Steinmergel — als Raibler Schichten; der unter ihnen lagernde Dolomit muss daher als vollkommen isopische Vertretung des oberen Muschelkalks, der Buchensteiner, Wengener und Cassianer Schichten betrachtet werden.

Die Gipfelmasse des Pizzo di Vezena bilden nach den Beobachtungen des Herrn Vacek die grauen Liaskalke, welchen weiter im Süden auf dem Plateau von Vezena die Schichten des oberen Jura und der unteren Kreide folgen.

Begibt man sich durch den oben erwähnten Seitengraben, in welchem die Scaglia ansteht, gegen Osten aufwärts auf das Plateau von Sella, so verquert man zunächst einen grösseren Basaltgang und begegnet Schollen von miocänem Mergel, wahrscheinlich Resten

---

*) Die untere Kreide von Valsugana bildet in lithologischer Beziehung ein Mittelglied zwischen der typischen Biancone-Facies des Südens und den grauen, mit rothen Schichten wechsellagernden Neocom-Mergeln des Nordens unseres Gebietes.

**) Wir begegnen hier zum ersten Male in unserem Gebiete diesem bei Recoaro, dann im südwestlichen Tirol und in der Lombardei sehr constanten oberen Gypshorizonte.

einer bereits denudirten Decke miocäner Schichten. Höher oben im Graben sieht man dann plötzlich die Kreideschichten an einer Scholle von Jurakalk (graue Liaskalke, gelbe Kalke, Ammonitenkalke) abschneiden, auf welche im Südosten wieder regelmässig die gering mächtige Kreide und eocäner Nummulitenkalk folgt. Rauchwacken und Werfener Schichten erscheinen sodann in nächster Nähe des Nummulitenkalks. Gegen Süden ist das anstehende Gestein bis hoch zu den Wänden der Cima Mandriola hinan mit Gehängschutt bedeckt und im Osten folgt auf dem Plateau von Sella eine mächtige, ebenfalls die weitere Verfolgung des Gebirgsbaues verhindernde Decke von Glacialschutt.

Es ist klar, dass das Auftauchen des Phyllits in der Tiefe des Grabens, sowie das Erscheinen der Rauchwacke und der Werfener Schichten auf dem Plateau von Sella das Durchsetzen einer bedeutenden Verwerfungsspalte anzeigen, welche die Tafelmasse der Sette Communi von dem nördlichen in die Tiefe gesunkenen Gebirge trennt. Die nordöstliche Fortsetzung des letzteren bildet den Rücken des Monte Armenterra, die erwähnte mittlere Scholle im Seitengraben ist nur von geringer Ausdehnung und kann als eine kleine Nebenscholle der Armenterra-Masse betrachtet werden.

Unterhalb Barco taucht unter dem grauen Liaskalk der Dachsteinkalk heraus, welcher zu den Gipfeln des Sasso alto und des Armenterra ansteigt und die ganze Schichtenfolge des Jura und der Kreide auf die Südseite des Gebirges, in das Val di Sella, drängt. Die obersten Partien des Dachsteinkalks unter dem Lias bestehen aus lichtem, häufig breccienartigem, bröckelndem dolomitischen Gestein, welches von rothen Klüften durchzogen ist und nicht selten auch mergelige braungelbe Zwischenmittel zeigt.

Charakteristisch für diese Zone sind die zahlreichen, prächtig spiegelnden Rutschflächen, welche das Gestein durchsetzen. Die tiefere Hauptmasse des Dachsteinkalks besteht aus braungrauen, an der Luft bleichenden sandigen Kalken und dolomitischen lichten Bänken. *Turbo solitarius* ist ein häufig in Hohldrücken erscheinendes Fossil.

Südlich von Brustolai tritt der von einigen kleineren Basaltgängen durchsetzte Dachsteinkalk des Armenterra in Berührung mit Schichten der unteren Trias, welche der Quarzporphyrtafel des Zaccon regelmässig auflagern. An dieser Stelle, zwischen dem Dachsteinkalk und dem unteren Muschelkalk, muss die Valsugana-Spalte, welche die Armenterra-Scholle im Norden begrenzt, durchsetzen. Der Monte Zaccon kann, wie in dem vorhergehenden Capitel (S. 400) erwähnt worden ist, als der südliche Gewölbeflügel der Anticlinale des Monte Broi betrachtet werden. Als Vertreter der Bellerophon-Schichten der nördlichen Gegenden treten hier weiche gelbe, röthliche und blaugraue Gypsmergel auf, welche nach oben mit Gastropoden und Pelecypoden führenden Rauchwacken wechsellagern. Die Schichtenfolge des Monte Zaccon wird gegen Osten durch den sich rasch nach Norden wendenden und bei Borgo das Brenta-Thal übersetzenden Armenterra-Zug abgeschnitten. Deutlich macht sich hier der grosse Bruch zwischen der Armenterra-Masse und dem Zaccon kenntlich, während im Süden des Zaccon, wo in beiden Massen gleiches Streichen herrscht, nur das Fehlen der triadischen Riffmassen und der Raibler Schichten eine Lücke der Schichtenfolge anzeigt. Da aber diese Unterbrechung keine besonders hohe Sprunghöhe verräth *) und die Schichten der Zaccon-Masse ebenfalls ziemlich steil gegen Süden einfallen, so könnte man vermuthen, dass die Bruchspalte im Westen von Borgo mehr den Charakter einer jähen, von kleineren Sprüngen begleiteten Schichtenbeugung annimmt.

Leider ist die Thalsohle des Val di Sella von ausgedehnten, theils glacialen **), theils postglacialen Schuttmassen derart erfüllt, dass man ausser den oben beschriebenen Stellen im Westen des Sella-Gebietes nur noch an einem Punkte den Zusammenstoss der Armenterra-Scholle mit der Sette Communi-Masse beobachten kann. An dieser, durch Katarakte bezeichneten Stelle, südsüdwestlich von Olle, reicht die Armenterra-Scholle auf das rechte Bachufer hinüber und bilden, wie im Westen des Sella-Plateau's, Nummuliten-Schichten das oberste Glied der Armenterra-Scholle. Man darf daher wol annehmen, dass sich unterhalb der Schuttmassen eine fortlaufende Zone von Nummuliten-Schichten im Süden der Armenterra-Kette fortzieht, bei Borgo die Brenta übersetzt und sich mit den Nummuliten-Schichten des linken Brenta-Ufers verbindet.

An die Nummuliten-Schichten grenzt auf der Südseite ein fächerförmig gestellter kleiner Keil von Grödener Sandstein, welcher in der Bruchlinie eingeklemmt erscheint, und auf diesen folgt sodann im Süden Quarzphyllit, welcher, obwol häufig durch Schutt verdeckt, sich bis gegen den Nordfuss der Cima Mandriola verfolgen lässt.

---

*) Vgl. oben die Bemerkung über die geringe Mächtigkeit der triadischen Riffmassen in Valsugana.

**) In den das Plateau des oberen Val di Sella bedeckenden Schuttablagerungen begegnet man häufig Blöcken von Cima d'Asta-Granit, Quarzporphyr und Quarzphyllit, ein Beweis, dass die alten Gletschermassen über dieses Hochplateau in der Richtung von Nordosten gegen Westen und Südwesten hinwegzogen.

a = Quarzphyllit; b = Quarzporphyrdecke; c = Grödener Sandstein; d = Bellerophon-Schichten; e = Werfener Schichten; f = Unterer Muschelkalk; g = Dolomit der Rißperiode; h = Raibler Schichten; i = Dachsteinkalk; k = Lias; l = mittlerer und oberer Jura; m = Biancone; n = Scaglia; o = Eocän; p = Miocänes-Conglomerat, - A = Valsugana-Bruchspalte; B = Belluneser Bruchlinie.

Steil, fast senkrecht fallen die Schichten der Armenterra-
Scholle *) der Bruchlinie des Val di Sella zu, auf der Kammhöhe
aber legen sich dieselben bedeutend flacher, so dass man eine
knieförmige Beugung der Schichten annehmen muss.

Die Bruchlinie des Val di Sella werden wir weit nach Osten
bis an die Grenze unserer Karte verfolgen. Sie begleitet die Valsugana-Spalte im Süden. Da sie in der Gegend von Belluno, wo
Hoernes zuerst ihr Vorhandensein erkannte, als Nordgrenze der
Tertiär-Schichten eine besondere Bedeutung erlangt, so wollen wir
ihr die Bezeichnung „Bruchlinie von Belluno" beilegen.

Das oben mitgetheilte Profil aus dem Graben bei Barco auf
den Pizzo di Vezena kann für die ganze Nordseite des Sette
Communi-Massivs gelten. Die tieferen Schichten, häufig bis über die
Raibler Schichten aufwärts, sind grossentheils durch Gehängschutt
oder durch miocäne Conglomerate und Sandsteine verdeckt. Die
Grenze zwischen dem an der Basis liegenden Quarzphyllit und den
Werfener Schichten ist, so viel mir bekannt ist, nirgends entblösst.
Den Grödener Sandstein kenne ich nur in der oben erwähnten ein-
geklemmten kleinen Scholle. Im Valle Santo, südlich von Olle, wo die
Werfener Schichten in grösserer Ausdehnung entblösst sind, kommen
an deren Basis schwarze Kalke und graue und gelbe Dolomite mit
Zwischenlagen glimmerführenden Schiefers vor, welche als Stellver-
treter der Bellerophon-Schichten aufgefasst wurden. Zwischen den
Werfener Schichten und dem unteren, Rhizocorallien führenden
Muschelkalk findet sich auch hier die obere Gypszone.

Fast in allen Schuttströmen des Gebirges am rechten Brenta-
Ufer, namentlich auch auf den Gehängen der Sette-Communi-Masse
fallen Basaltgeschiebe auf, welche offenbar von kleinen, das Kalkgebirge durchsetzenden Gängen herrühren müssen. Doch gelang es
nicht, mehr als die zwei in unserer Karte angedeuteten Gänge
aufzufinden, wahrscheinlich wegen der geringen Dimensionen
der meisten Gänge. Eine grössere, bereits in der Karte des
geognostisch-montanistischen Vereines von Tirol angedeutete Gangmasse findet sich ausserhalb der Grenze unserer Karte auf der
Porta di Manazzo.

In der Gegend von Olle spaltet sich die Bruchlinie von
Belluno in zwei Aeste, welche die kleine Gebirgsmasse des Monte
Civaron einschliessen. Der Hauptast setzt auf der West- und Süd-
seite des Civaron durch, wo eine zusammenhängende Ablagerung

*) Benecke hat in seiner Schrift über Trias und Jura in den Südalpen
(Geog. pal. Beitr. I, 1.) ebenfalls eine Schilderung dieses Gebirges gegeben.

Profil vom Cima d'Asta-Stock über Val Sugana bis an das Nordgehänge der Sette Communi.

a = Quarzphyllit; b = Granit; c = Quarzporphyrdecke; d = Grödener Sandstein; e = Bellerophon-Schichten(?); f = Werfener Schichten; g = Unterer Muschelkalk; h = Dolomit der Riffperiode; i = Raibler Schichten; k = Dachsteinkalk; l = Lias; m = Mittlerer und oberer Jura; n = Biancone; o = Scaglia; p = Eocän; q = Schio-Schichten; r = Miocäne Conglomerate und Sandsteine; s = Postglacialer Schuttkegel; s¹ = Gehänge-Schutt. — A = Valsugana-Bruchspalte; B = Belluneser Bruchlinie.

Mojsisovics, Dolomitriffe.

27

von Miocän-Schichten die Grenze gegen die Sette Communi-Masse verdeckt. Nur an einer Stelle auf der Westseite des Civaron kommt in sehr geringer Ausdehnung nach der Beobachtung des Herrn Vacek Quarzphyllit vor.

Der Civaron selbst ist von zwei streichenden Verwerfungen durchsetzt, welche ihn in drei kleinere Schollen theilen. Die nördlichste dieser Schollen erhebt sich südlich von Castelnuovo am rechten Brenta-Ufer und besteht aus Grödener Sandstein, einer den Bellerophon-Schichten zuzurechnenden, aus Dolomiten, Gypsmergeln, Letten und Rauchwacken bestehenden Schichtfolge und Werfener Schichten mit *Monotis Clarai.* Die mittlere, in Steilwänden über der nördlichen sich erhebende Scholle zeigt weissen, rothgeklüfteten dolomitischen Dachsteinkalk. Die südliche Scholle endlich wird von flach NO. einfallenden Jurakalken gebildet, unter denen am Ausgange des Val Cualba dolomitischer Dachsteinkalk hervortritt.

Die bereits mehrfach erwähnten Miocän-Schichten gehören, wie die verschiedenen zerstreuten Denudationsrelicte darthun, einem an der Belluneser Bruchlinie aus dem Graben bei Barco über Val di Sella, Val Cualba, Ospedaletto bis gegen Pieve Tesino fortstreichenden Zuge an. Sie liegen allenthalben vollkommen discordant auf dem älteren Gebirge, sind aber selbst noch sehr bedeutend aufgerichtet. In Val Cualba, wo man die nesterweise in den Conglomeraten und Sandsteinen vorkommende, aschenreiche Braunkohle abbaut, und bei Ospedaletto ist die Miocänbildung steil zusammengefaltet und zeigt ein sehr wechselndes Fallen. Die marinen Fossilien, welche in den über den Conglomeraten und Sandsteinen vorkommenden sandigen Mergeln und blätternden Mergelschiefern häufig gefunden werden, sind durchwegs sehr schlecht erhalten, so dass deren Bestimmung schwierig ist. Doch glaubt Hoernes mit Sicherheit in dem vorliegenden Materiale einige für die ältere Mediterranstufe bezeichnende Conchylien zu erkennen, insbesondere *Isocardia subtransversa Orb., Venus islandicoides Lamk., Turitella Archimedis Brong.* *)

2. Das Gebirgsland zwischen der Brenta und dem Cismone.

Jenseits des von mächtigen, postglacialen Schuttkegeln erfüllten Brenta-Thales finden wir die Fortsetzungen der drei soeben

---

*) Verh. Geol. R.-A. 1877, pag. 178. Andere mitvorkommende Formen finden sich anderwärts auch in den Ablagerungen der jüngeren Mediterran-Stufe. Th. Fuchs hielt im Jahre 1868 (Verh. Geol. R.-A., pag. 50) die Schichten von V. Cualba und V. Pissavacca für jüngeres Mediterran.

betrachteten Gebirgsmassen. Dem Zuge des Monte Armenterra entspricht der merkwürdige, theilweise überkippte Halbring von mesozoischen und alttertiären Bildungen, welcher von Borgo bis Strigno reicht und bei Scurelle vom Torrente Maso durchschnitten wird. In die Fortsetzung des Monte Civaron fällt der Lefre-Berg zwischen Strigno und Ospedaletto. Die Stelle der Sette Communi-Tafelmasse endlich nimmt das Gebirge im Südosten von Ospedaletto ein.

Wir betrachten zunächst den niedrigen halbkreisförmigen Kalkzug zwischen Borgo und Strigno, welcher orographisch noch ganz dem Südabfalle der Cima d'Asta-Masse angehört.

Es ist bereits erwähnt worden, dass der Gebirgszug des Monte Armenterra sich im Osten scharf nördlich wendet und augenscheinlich bei Borgo das Brenta-Thal übersetzt. Die Schichten richten sich bei dieser Drehung immer steiler auf und auf der Westseite der Rocchetta fallen die Schichten des Dachsteinkalks bereits widersinnisch gegen Westen, gegen die Valsugana-Spalte zu, welche zwischen Zaccon und Rocchetta durchläuft. Im Norden der Brenta theilt sich diese widersinnische Fallrichtung nach und nach auch den jüngeren Schichtcomplexen mit. Der Schlossberg von Borgo, welcher sich in einem langen Rücken über San Pietro bis zum Einschnitte des Ceggio oberhalb Telve fortsetzt, besteht seiner Hauptmasse nach aus oberem, dolomitischen Dachsteinkalk, dessen Schichten theils senkrecht aufgerichtet sind, theils sehr steil W. und WNW. gegen den Westen, an der Bruchspalte, folgenden Quarzphyllit einfallen. Im scheinbaren Liegenden des Dachsteinkalks folgen sodann auf der Ostseite graue und lichte Kalke von geringer Mächtigkeit, hierauf der rothe oberjurassische Ammonitenkalk und die Kreide. Die grauen Liaskalke scheinen zu fehlen, wol nur weil sie an einer streichenden Parallel-Verwerfung in der Tiefe eingeklemmt sind. An diese steil aufgerichteten und überkippten mesozoischen Kalke legen sich auf der Innenseite des Bogenstückes Borgo-Telve die mächtigen alttertiären Schichten*) mit ziemlich flachem Ostfallen an. Dieses entgegengesetzte Fallen deutet auf das Durchsetzen einer weiteren streichenden Parallelverwerfung (vgl. das Profil auf Seite 404).

---

*) Diese Schichten bilden einen sehr fossilreichen, aus weichen thonigsandigen Schichten und zwischengelagerten mächtigen Kalkbänken (Nulliporenkalken) bestehenden concordanten Complex, dessen unterer, zahlreiche Nummuliten führender Theil das Eocän bis zu den Gomberto-Schichten herauf umfasst, während die höhere, Scutellen umschliessende Abtheilung den bereits oligocänen Schio-Schichten zufallen dürfte. Eine eingehende Schilderung der gesammten alttertiären Ablagerungen von Südtirol und Venetien bereitet Herr Dr. A. Bittner vor.

27*

Jenseits des Torrente Ceggio wird kein Dachsteinkalk mehr sichtbar. Die immer flacher einfallenden Bänke des mittleren und oberen Jura scheinen direct den Quarzphyllit zu unterteufen. Die widersinnische Umkippung der Schichten theilt sich nun auch der der Kreide zunächst liegenden Partie der Eocän-Schichten mit, während gegen das Innere des Halbkreises zu stets flaches Einwärtsfallen der Tertiärbildungen die Regel ist. Die streichende Verwerfung, welche in dem Abschnitte Borgo-Telve die Kreide von dem Alttertiären trennt, springt nun offenbar in das letztere selbst über. Die Verhältnisse bleiben sich dann gleich bis zu der bereits von Suess *) vortrefflich geschilderten Stelle im Torrente Maso, wo, wie mich eine genaue Detailuntersuchung lehrte, der Quarzphyllit in dem kleinen Hügel zwischen Vallunga und Torrente Maso thatsächlich mit flach Nord fallenden Schichten dem Jurakalke aufruht (vgl. das Profil auf Seite 417). Die Ueberschiebung längs der Bruchspalte ist hier vollkommen. Im Osten des Torrente Maso kehrt die innere, streichende Verwerfung wieder an die Grenze zwischen Kreide und Eocän zurück. Die weitere Verfolgung der Jura- und Kreide-Schichten wird nun durch die mächtige Decke von Glacialschutt, welche dem Plateau nördlich von Scurelle auflagert, sehr erschwert. Bei Strigno, bis wohin die tertiären Schichten reichen, vermochte ich unter dem Glacialschutt keine anstehenden mesozoischen Kalke mehr zu entdecken.

Werfen wir auf die eben geschilderten Verhältnisse einen kurzen Rückblick. Ein schmaler randlicher Gebirgsstreifen ist an der bogenförmig einspringenden Bruchspalte widersinnisch umgedreht und innerhalb dieses umgestülpten Walles fallen die Schichten flach concentrisch zusammen. Treffend bezeichnete Suess diese Lagerung durch den Vergleich mit einer halben Schüssel, auf welcher die inneren Bildungen ruhen.

Bei Strigno tritt der Quarzphyllit am linken Ufer des Chiepina-Baches hervor, von einer Fortsetzung der soeben betrachteten Scholle ist keine Spur mehr zu sehen. Auf eine kurze Strecke scheint sogar der bei Castell Ivano anstehende und nach einer freundlichen Mittheilung des Herrn Prof. Ragazzoni in Brescia die Rothliegend-Pflanzen des Val Trompia führende Verrucano direct dem Quarzphyllit aufzulagern. Dieses plötzliche Intermittiren des Bruches wäre gewiss eine höchst merkwürdige Erscheinung, wenn man die grosse Sprunghöhe und die Intensität der Störungen in

---

*) Ueber die Aequivalente des Rothliegenden in den Südalpen. Sitz.-Ber. d. k. Akad. d. Wiss. Wien, 1868, Febr.-Heft.

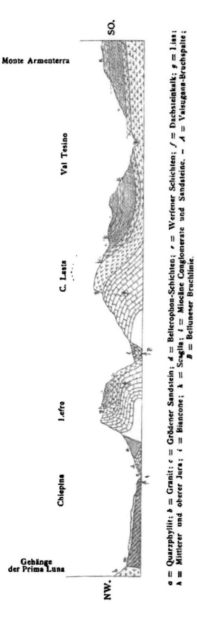

a = Quarzphyllit; b = Granit; c = Grödener Sandstein; d = Bellerophon-Schichten; e = Werfener Schichten; f = Dachsteinkalk; g = Lias;
h = Mittlerer und oberer Jura; i = Biancone; k = Scaglia; l = Miocäne Conglomerate und Sandsteine. – A = Valsugana-Bruchspalte;
B = Bellüneser Bruchlinie.

dem dicht benachbarten Bogenstück Borgo-Strigno in das Auge
fasst. Höher aufwärts im Torrente Chiepina macht sich die Bruchspalte aber bald wieder bemerkbar. Zunächst wird der Streifen
permischer und untertriadischer Schichten, welcher von Castelnuovo
über Castel Ivano *) herüberstreicht, abgeschnitten, worauf die Kalke
des Lefre-Berges schräg an den Quarzphyllit herantreten. Der Lefre-
Berg, welcher, wie bereits Suess bemerkte, als die Fortsetzung des
Civaron aufzufassen ist, besteht aus oberem Dachsteinkalk und einer
Decke von Jura- und Kreidebildungen. Die im Norden ziemlich steil
aufgerichteten Schichten legen sich in der Mitte der Bergmasse
flacher, biegen sich aber gegen das von Miocän-Schichten erfüllte
Thal bei Ospedaletto wieder steil gegen Süden.

Der weitere Verlauf der Valsugana-Spalte ist bis Mezzano
in Primiero ausserordentlich scharf durch den Contact der mesozoischen Kalke und des krystallinischen Schiefergebirges gekenn-
zeichnet. Allenthalben fallen in einer schmalen Randzone die
Schichten des Kalkgebirges, wie umgeknickt, der Spalte zu. Von
einer Schleppung der Schichten am gesunkenen Spaltenrande ist
nirgends etwas wahrzunehmen.

Sehr bemerkenswerth ist die rechtwinklig einspringende und
am Granit abschneidende Scholle zwischen dem Riv. Secco und
Val Tolva. Selbst wieder zerspalten, steht dieselbe ausser allem

a = Granit; b = Dachsteinkalk; c = Lias; d = Mittlerer und oberer Jura; e = Biancone
f = Scaglia; g = Eocän. — A = Valsugana-Bruchspalte.

tektonischen Verbande mit dem übrigen Kalkgebirge. An der Basis
der Hauptscholle liegen im Riv. Secco die nordwestlich unter die
Kreide einfallenden Nummuliten-Schichten. Ueber dieselben führt
der Weg aus Val Tolva auf die Alpe Marande.

---

*) Hier finden sich im Horizonte der Bellerophon-Schichten wieder grosse
Gypsmassen.

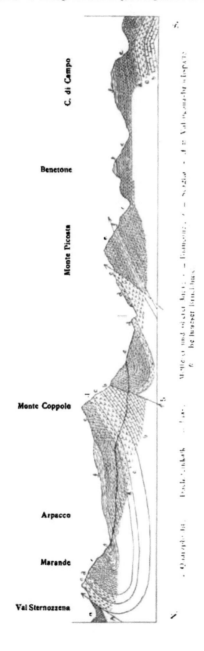

Ein grossartiges Seitenstück zur Ueberschiebung im Torrente Maso bildet die liegende und unter den Quarzphyllit geschobene Falte im Norden von Marande und Brocone. Die jüngste, gegenwärtig noch erhaltene Bildung der zusammengefalteten und einstens wol mit dem Gegenschenkel viel weiter nach Süden zurückreichenden Masse ist die Scaglia, deren Schichten einerseits die weiten Alpflächen Agaro und Zanca bilden und andererseits mit ziemlich flachem Nordfallen unter den Biancone und den Jura des Gebirgsrückens im Norden der Marande und des Brocone untertauchen. (Man vergleiche auch das Profil auf Seite 402.)

Bei Imer in Primiero findet sich, eingeklemmt zwischen dem Nord fallenden Dachsteinkalk und dem gleichfalls Nord fallenden Phyllit eine in gleichem Sinne orientirte Scholle von unterem *) und oberem Muschelkalk.

Die Bruchlinie von Belluno setzt bei Ospedaletto über die Brenta, in das mit Miocän-Schichten erfüllte Thal zwischen dem Lefre-Berg und der Cima Lasta, streicht sodann über die Scharte zwischen diesen beiden Bergen in das Gebiet von Tesino, wo sie zunächst zwischen den Kreideschichten von Pieve Tesino und dem Jura des Monte Silana sich hinzieht und hierauf, dem Südfusse des höheren Kalkgebirges (Monte Agaro, Monte Coppolo) folgend, in nahezu westöstlicher Richtung bis an den Cismone fortstreicht. Die Nordgrenze der ausgedehnten Biancone-Ablagerungen fällt auf der letzteren Strecke ihres Verlaufes stets mit ihr zusammen. Sehr bemerkenswerth ist die Wiederholung des einspringenden Winkels der Valsugana-Spalte zwischen Val Tolva und Riv. Secco durch den Belluneser Bruch zwischen Monte Asenaro und Monte Agaro.

Am Nordrande des Belluneser Bruches tauchen wol auch hier stets ältere Bildungen empor, aber das Fallen der Schichten am südlichen Bruchrande ist ein sehr verschiedenes.

Von Ospedaletto bis S. Donna fallen die Schichten am Südrande von der Bruchlinie weg gegen Süden. Nördlich von S. Donna stellt sich sodann hoch unter den Wänden des Monte Coppolo und Monte Piaz eine Nebenspalte ein, auf welcher ein Streifen oberjurassischer Kalke hervortritt. Diese Kalke sind steil aufgerichtet und fallen unter die im Süden ihnen vorgelagerten Schichten des Biancone ein, während im Norden des Jurakalkstreifens eine schmale Zone von Biancone flach gegen die Bruchlinie einschiesst. Nächst der Bruchlinie bewahren bis über Castello Schenero am Cismone

---

*) Den unteren Muschelkalk bilden hier rothe und graue, Pflanzenreste führende Sandsteine.

hinaus die Schichten des Biancone die nördliche Fallrichtung. Südlich von Roa erscheint über ihnen eine ebenfalls nördlich einfallende schmale Scholle von Jurakalk, was auf eine, der Bruchlinie zufallende liegende Falte mit überkipptem Nordschenkel schliessen lässt.

Am Nordrande des Bruches stehen zwischen Ospedaletto und dem einspringenden Winkel nördlich von Cornale die Schichten entweder fast senkrecht oder sie fallen gegen Süden ein. Vom einspringenden Winkel östlich bis zum Cismone herrscht dagegen constant Nordfallen.

Höchst eigenthümlich sind die tektonischen Verhältnisse in dem breiten Gebirgsstreifen im Süden des Belluneser Bruches, welcher seiner Stellung nach der Tafelmasse der Sette Communi entspricht. Wenn man von Ospedaletto aus das Brenta-Thal abwärts gegen Primolano wandert, so sieht man die Schichten auf beiden Thalseiten regelmässig fortziehen, und wenn auch im Osten die entsprechenden Ablagerungen stets in etwas niedrigerem Niveau erscheinen, als im Westen, so zweifelt man doch nicht im Geringsten, dass diese Felsenengen nur ein Erosionscanal sind. Von irgend einer nennenswerthen Störung der Lagerung auf der Ostwand der Schlucht ist nichts zu bemerken.

Wenn man sodann unter diesem Eindrucke die Höhen des Plateau's zwischen der Brenta und dem Cismone durchstreift, so wird man sehr erstaunt sein, anstatt der erwarteten, vollkommen regelmässigen Lagerung grossartige Zusammenfaltungen und Ueberschiebungen anzutreffen.

Am Cismone und im Osten desselben herrschen wieder sehr einfache Verhältnisse. Die erwähnten Störungen concentriren sich zwischen Tesino und dem Col Costion. Die beiden Profile auf Seite 421 und Seite 423 dienen zur Erläuterung derselben. Gegen Westen, gegen den Kamm der Cima Lasta zu, erscheinen die Kreidebildungen in einer liegenden und von Westen her überschlagenen Falte. Diese Falte geht jenseits des Grigno bei Castello Tesino in eine Ueberschiebung über, welche beiläufig bis in die Gegend von Costa, westlich von Lamen, im Cismone-Gebiet anhält, wo dann an ihre Stelle abermals eine sich allmählich öffnende Falte tritt. Der Biancone von Castello Tesino liegt über der vom Joche am Monte Pasetin herabziehenden Scaglia, und an einer Stelle längs des Weges zur Jochhöhe tritt eine beschränkte Scholle von Nummulitenkalk zwischen der Scaglia im Liegenden und dem Biancone im Hangenden auf. Das Fallen ist flach gegen Norden gerichtet.

Ein weiterer Bruch, verbunden mit einer Ueberschiebung der älteren Bildungen, tritt auf dem Nordgehänge des Monte Picosta auf und erstreckt sich östlich bis zum Col Costion. Hier ist es eine ziemlich ausgedehnte Masse von Jurakalken, welche über die selbst bereits überschobene Biancone-Scholle im Süden emporgepresst ist. Von der Intensität dieser Störungen geben einige kleine blockförmige Schollen von Liaskalk Zeugniss, welche im Osten der Hauptscholle und vollkommen von dieser getrennt, mitten im Biancone schwimmen.

Nordöstlich von Pezze hören diese Unregelmässigkeiten wieder auf. In der Fortsetzung des von Tesino herüberziehenden Scaglia-Streifens tritt wieder eine regelmässig faltenförmige Lagerung ein, aber anfangs, beiläufig bis Vigne, fallen noch beide Faltenflügel gleichmässig gegen Nordwesten. Erst gegen den Cismone, wo dann in der Mitte der Mulde alttertiäre Schichten erscheinen, fallen die Schichten von beiden Seiten gegen die Muldentiefe zusammen.

Bis zur Cima Lan bei Fonzaso herrschen im Süden normale Lagerungsverhältnisse. Am Ausgange der Cismone-Schlucht bei Fonzaso taucht ein schmaler Streifen jurassischer Kalke und eine kleine Partie von Dachsteinkalk regelmässig unter der Kreide auf. Diese Kalke ziehen sich ziemlich hoch auf das Gehänge der Cima Lan hinan, wo sie steil westlich unter den Biancone einfallen. Im Süden der Cima Lan tritt eine nicht unbedeutende Störung ein. Die älteren Kalke, sowie der Biancone schneiden an einer im Süden folgenden und gegen dieselben einfallenden Zone von Scaglia ab, unterhalb welcher der Biancone neuerdings zum Vorschein kommt. Die Fortsetzung dieses Scaglia-Streifens lagert im Südwesten bei Arsie, ausserhalb des Gebietes unserer Karte, nach den Beobachtungen des Herrn Vacek, muldenförmig auf dem Biancone, indem weiter westlich in der Gegend des Corno di Campo und Col d'Agnello der Biancone-Zug der Cima Lan Südfallen annimmt. Wir werden daher annehmen können, dass die Mulde allmählich in eine liegende Falte und diese endlich, da die Ueberschiebung der älteren Kalke eine andere Deutung nicht zulässt, in einen schräg ansteigenden Ueberschiebungsbruch übergeht.

Ehe wir zur Schilderung des östlich vom Cismone liegenden Gebirgsabschnittes übergehen, mögen noch einige Bemerkungen über die chorologischen Verhältnisse der Formationen des soeben betrachteten Gebietes folgen.

Zwischen den grauen Kalken und weissen Oolithen des Lias treten bereits im Gebiete von Tesino die weissen Brachiopoden

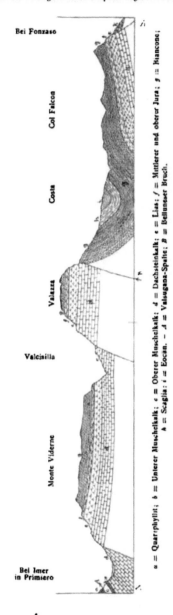

Bei Fonzaso — Col Falcon — Costa — Valazza — Valcisilla — Monte Viderne — Bei Imer in Primiero

a = Quarzphyllit; b = Unterer Muschelkalk; c = Oberer Muschelkalk; d = Dachsteinkalk; e = Lias; f = Mittlerer und oberer Jura; g = Biancone; h = Scaglia; i = Eocän. — A = Valsugana-Spalte; B = Belluneser Bruch.

führenden Crinoidenkalke*) auf, welche weiter östlich in der Gegend von Sospirolo schon seit längerer Zeit bekannt sind. Der obere Jura tritt bei Fonzaso in der Facies dunkler gebänderter Kalke mit Hornsteinlagen auf, welchen indessen noch einzelne Bänke von rothen Knollenkalken eingelagert sind. Diese Gesteine erinnern sehr an die wolbekannte Facies der Aptychen-Schichten.

Der Biancone ist in grosser Mächtigkeit entwickelt. Wenn man aus Valsugana kommt, wo die ganze Kreide auf ein schmales Band reducirt ist, fällt die ausserordentliche Mächtigkeit des Biancone in Tesino und im Cismone-Thal besonders auf. An der Basis des Complexes liegt blendend-weisser Kalk mit Feuersteinknollen und auf diesen folgen graue Kalke mit dunklen und schiefrigen Zwischenlagen.

Eine grosse Ausdehnung besitzen in diesen Gegenden die Glacialablagerungen. Die Thalsohle von Tesino ist hoch hinauf von Glacialschutt mit Granit-, Porphyr- und Kalkblöcken erfüllt. Ebenso ist der schmale Phyllitstreifen an der Valsugana-Bruchlinie von einer dicken Lage Glacialschuttes bedeckt **).

3. Das Gebirge zwischen dem Cismone und dem Cordevole.

Das Thal des Cismone ist eine Erosionsrinne; wir finden daher jenseits des Flusses die Fortsetzung der Verhältnisse des rechten Ufers. Die Lagerung im Süden der Bruchlinie von Belluno wird

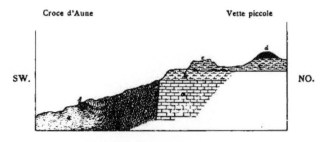

Croce d'Aune   Vette piccole

SW.   NO.

a = Dachsteinkalk; b = Lias; c = Mittlerer und oberer Jura; d = Biancone; e = Scaglia; f = Eocän.

*) Ein leicht erreichbarer Fundpunkt dieser Gesteine ist Val Calderuola bei Le Forche am Nordwestgehänge des Monte Agaro.

**) Von der einstigen gewaltigen Vergletscherung dieses Theiles der Südalpen zeigen auch die Moränenreste hoch oben auf dem südlichen Plateau der Sette Communi mit Geschieben von Granit, Porphyr u. s. f.

nun sehr einfach. Bis in die Gegend des Croce d'Aune herrscht
noch die Muldenform. Der Nordschenkel ist ziemlich steil aufgerichtet, während der Südschenkel sich flach umbiegt und eine
beträchtliche Breite besitzt. Die Mitte der Mulde nehmen Nummuliten-Schichten ein. Die an der Basis des Südschenkels bei Fonzaso
auftauchenden Jurakalke verschwinden bereits nördlich von Arten
wieder.

Bei Pedevena öffnet sich die bisher schmale Mulde und in der
ganzen Breite des Kreidezuges tritt Ostfallen ein. Die weite Tertiärlandschaft von Belluno, welche wir im nächsten Capitel betrachten
wollen, thut sich auf und nimmt tektonisch von nun an genau dieselbe Position ein, wie das Kreidegebirge im Westen, welches bei
Pedevena regelmässig unter ihr emporsteigt. Die einzige wichtige
Abweichung, welche nun eintritt, besteht darin, dass die bei Lasen
und Arson in das Tertiärgebiet eintretende Bruchlinie die jüngsten
von der Südseite ihr zufallenden Tertiärschichten abschneidet. Eine
muldenförmige Lagerung ist daher strenge genommen, nicht mehr
vorhanden, wenn auch an einigen Stellen die Schichten .in einer
schmalen Zone von der Bruchlinie wegfallen.

Das zwischen den beiden Bruchlinien liegende Gebirge im
Osten des Cismone zeigt ebenfalls viel einfachere Verhältnisse.
Einige secundäre Brüche, welche eintreten, scheinen die geringere
Intensität der Störungen an der Valsugana-Spalte ersetzen zu
sollen. Der bedeutsamste derselben stellt eine diagonale Verbindung
zwischen der Valsugana- und der Belluneser Spalte her und verläuft von der Westseite des Col S. Pietro bei Castello Schenero,
dem Nordgehänge des Pavione-Zuges entlang, bis in die Gegend
der Alpe Cimonega zwischen Sasso di Mur und Monte Brandol,

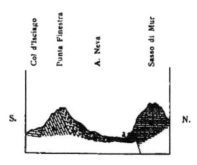

a = Dachsteinkalk; *b* = Lias; *c* = Mittlerer und oberer Jura; *d* = Biancone.

wo derselbe mit der Valsugana-Spalte zusammentrifft. Die Sprunghöhe ist im Westen, gegen die Belluneser Spalte zu, am bedeutendsten (vgl. das Profil auf Seite 427). Gegen Nordosten stellt
sich eine Art Brücke zwischen dem gesunkenen Gebirgstheil im
Norden und dem höheren Gebirge im Süden durch einen steil
hinabtauchenden Flügel von Jurakalken her, welcher als gebrochener
Nordflügel eines Gewölbe-Aufbruches des südlichen Gebirges aufgefasst werden kann (vgl. das Profil auf Seite 429).

Das abgesunkene Gebirge, welches im Monte Viderne seine
bedeutendste Höhe erreicht, ist, wie die Betrachtung der Karte
lehrt, die Fortsetzung des Monte Tatoga und der Gebirgsmassen
des Coppolo und des Agaro.

Eine weitere Verwerfungsspalte, welche bereits am Nordfusse
des Monte Remitte und des Monte Tatoga bemerkbar ist, trennt
das Jura-Kreidegebirge des Val della Noana, d. i. das eben besprochene, an der Diagonal-Verwerfung abgesunkene Gebirge, von
einer nördlich einfallenden Zone von Dachsteinkalk. Unmittelbar an
der Bruchlinie sind die Juraschichten (weisser Ammonitenkalk und
Aptychenkalk) zwischen den Prati Ineri und S. Giorgio steil aufgestellt und zeigen wechselnd bald nördliches, bald südliches Ver-
flächen. In der Gebirgsecke zwischen Val d'Asinozza und Val
Fonda reichen die knieförmig gefalteten Schichten des Biancone
weit auf die Höhe und stossen an den steil Nord einfallenden
Bänken des Dachsteinkalks ab.

In dieser Gegend herrschen sehr verwickelte Verhältnisse. Die
Valsugana-Spalte, welche bei Mezzano auf das linke Cismone-Ufer
übertritt und von Transaqua an zwischen dem Nord fallenden
Dachsteinkalk und den älteren Trias- und Permbildungen des Sasso
della Padella verläuft, bildet zwischen der Gebirgsmasse des Sasso
di Mur und jener des Sasso della Padella einen tief einspringenden
Winkel, durch dessen Vermittlung sie an der Südwestecke des
Monte Neva mit der vorhin besprochenen Spalte zusammentrifft.
Es findet eine Uebersetzung der Bruchlinie statt; die bisherige
secundäre Spalte wird nun weiter östlich zur Hauptspalte und
streicht, das hohe Trias-Kalkgebirge des Sasso di Mur von dem
Jura-Kreidegebirge des Campo torondo trennend, schräg über den
Gebirgskamm in die Gegend von Vallalta. Im Süden des Sasso
della Padella liegt an der Bruchspalte eine nördlich einfallende, den
südlichen Dachsteinkalk regelmässig überlagernde Lias-Scholle.

Die Valsugana-Spalte verlässt sonach zwischen Transaqua
und Vallalta die Phyllitgrenze und läuft, hackenförmig in das südliche Kalkgebirge einspringend, durch dieses. Der Cereda-Pass ist

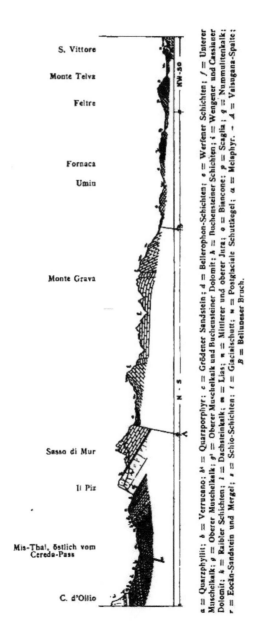

a = Quarzphyllit; b = Verrucano; b¹ = Quarzporphyr; c = Grödener Sandstein; d = Bellerophon-Schichten; e = Werfener Schichten; f = Unterer Muschelkalk; g = Oberer Muschelkalk; g¹ = Oberer Muschelkalk und Buchensteiner Dolomit; h = Buchensteiner Schichten; i = Wengener und Cassianer Dolomit; k = Raibler Schichten; l = Dachsteinkalk; m = Lias; n = Mittlerer und oberer Jura; o = Biancone; p = Scaglia; q = Nummulitenkalk; r = Eocän-Sandstein und Mergel; s = Schio-Schichten; t = Giacialschutt; u = Postglaciale Schuttkegel; α = Melaphyr. · A = Valsugana-Spalte; B = Belluneser Bruch.

der Hauptsache nach ein Erosionssattel, das im Süden desselben sich erhebende, der Bruchlinie zufallende Triasgebirge des Il Piz und des Sasso · di Mur ist ein südlicher Flügel der grossen Primiero-Gruppe.

Das gegen Westen zu auch streichend sich bedeutend senkende Triasgebirge nimmt am Sasso della Padella heteropische Einschaltungen, knorrige, kieselreiche Buchensteiner Kalke, sowie Augitporphyrtuffe und Laven auf. Die Spatheisensteine, welche bei Transaqua in Verbindung mit Magneteisenstein und Schwerspath vorkommen und vor einiger Zeit noch Gegenstand der bergmännischen Gewinnung waren, gehören den Bellerophon-Schichten an, welche hier eine ziemliche Manigfaltigkeit der Gesteinsarten zeigen. Ausser den dunklen, erzführenden Bellerophon-Kalken treten schiefrige Kalke, Rauchwacken und Gypsmergel auf.

Wesentlich anderer Natur, als diese lagerförmig in normalem Schichtenverbande vorkommenden Erze, sind die am Nordostende der Sasso di Mur-Gruppe bei Vallalta an der Valsugana-Spalte einbrechenden Quecksilber-Erze.

Vallalta liegt an der Stelle, wo die aus dem südlichen Kalkgebirge an die Grenze zwischen Phyllit- und Kalkgebirge überspringende Bruchlinie die nordsüdliche Richtung verlässt und wieder das gewöhnliche nordöstliche Streichen annimmt. Zahlreiche secundäre Sprünge begleiten daselbst die Hauptspalte und zerstückeln das im Westen derselben liegende Gebirge in eigenthümlicher Weise. Bereits das ausserordentlich wechselnde Fallen des Phyllits in der Umgebung der Quecksilber-Hütte deutet auf das Vorhandensein ungewöhnlicher Störungen. Aber erst die auf Grund der zahlreichen Untersuchungs-Stollen unterhalb der zum grössten Theile schutterfüllten Thalsohle des Val delle Monache (Pezzea-Bach) gewonnenen Aufschlüsse geben uns ein annäherndes Bild der hier herrschenden complicirten Verhältnisse. Da wegen des kleinen Massstabes auf der Uebersichtskarte nur eine schematisirte Darstellung möglich war, so theile ich eine Copie der von Herrn Ant. de Manzoni *), dem gegenwärtigen Besitzer des Quecksilberwerkes Vallalta, publicirten Karte mit, in welcher ich blos die Bezeichnungen der Gesteinsarten, der in diesem Buche befolgten Nomenclatur entsprechend geändert habe.

---

*) Note sullo Stabilimento montanistico di Vallalta. Venezia 1871. — Die von G. vom Rath im Jahre 1864 (Zeitschr. der Deutschen Geolog. Gesellschaft) veröffentlichte Karte des Directors Luigi Forné stimmt nahezu vollständig mit der hier reproducirten Karte Manzoni's überein.

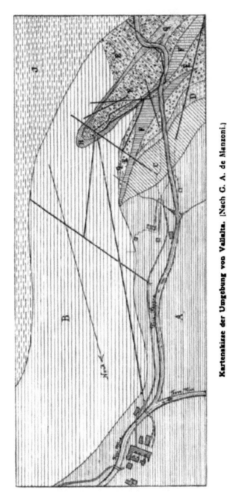

Kartenskizze der Umgebung von Vallalta. (Nach G. A. de Manzoni.)

A = Thonschiefer; *B* = Talkschiefer; *C* = Verrucano; *D* = Gelblicher Thonschiefer; *E* = Porphyrsandstein; *E¹* = Derselbe, mit Zinnober imprägnirt; *F* = Quarzporphyr; *F¹* = Derselbe, mit Zinnober imprägnirt; *G* = Grödener Sandstein; *H* = Schwarzer Schiefer; *J* = Dachsteinkalk.

Eine der Hauptspalte anfangs parallele, im Süden aber mit derselben convergirende Nebenspalte schneidet die von Westen her, an der Basis der Sasso di Mur-Gruppe von Primiero herüberstreichenden permischen Bildungen ab, und ein keilförmiger Streifen des Phyllitgebirges (Talkschiefer) dringt in den Raum zwischen der jenseits der Hauptspalte liegenden Dachsteinkalk-Masse des Monte le Rosse und den durch die Nebenspalte begrenzten permischen Schichten. Eine andere, quer zu den eben erwähnten Spalten stehende Verwerfung bewirkt, wie das zweimalige Auftreten des Grödener Sandsteines in der Kartenskizze zeigt, eine Wiederholung der steil Nord, unter den Thonschiefer einfallenden permischen Schichtenreihe. Die südliche, bis an die Valsugana-Spalte selbst reichende Scholle, auf welche das Zinnober-Vorkommen beschränkt ist, bildet nun den sogenannten Zinnober-Erzstock. Die sämmtlichen, dieser von zahlreichen Rutschflächen durchzogenen Scholle angehörigen Schichtglieder sammt dem die Scholle im Osten einfassenden schwarzen Schiefer (welcher wol am passendsten mit den Gangthonschiefern verglichen werden kann) sind mehr oder weniger mit Zinnober imprägnirt. Der grösste Erzreichthum concentrirt sich in der Nachbarschaft des schwarzen, graphitischen Schiefers. Gyps erscheint häufig in Schnüren zwischen den Kluftflächen.

Dass der Quarzporphyr hier nicht gangförmig vorkommt, sondern ein regelmässig dem Schichtenverbande eingefügtes Glied darstellt, ergibt sich bereits aus seiner nachbarlichen Stellung zu den Porphyrsandsteinen und den mit diesen gegen unten in innigster Verbindung stehenden Verrucano-Conglomeraten*). Aber noch klarer zeigt sich die wahre Natur desselben, als eines östlichen Ausläufers der Quarzporphyrdecke von Südtirol, durch den aus der Karte ersichtlichen Zusammenhang mit dem nach Primiero fortstreichenden Quarzporphyr-Lager. Auch auf der Nordseite des Phyllit-Zuges findet, wie Seite 342 erwähnt worden ist, der Quarzporphyr im Mis-Gebiete sein Ende und Verrucano-Conglomerate treten im Osten an seine Stelle.

Von Vallalta bis Val Imperina bei Agordo stossen an der Valsugana-Spalte sehr regelmässig Dachsteinkalk und Phyllit zusammen. Der Phyllit zeigt constant ein nordwestliches Einfallen unter einem Winkel von beiläufig 45°. Der weiter im Süden, im Hauptzuge des Gebirges meist söhlig lagernde Dachsteinkalk biegt sich in einer

---

*) Dieselben bestehen hier aus Quarzgeröllen und scharfkantigen Trümmern von Phyllit. Durch Aufnahme von Porphyrgeröllen entwickelt sich sodann der rothe Porphyrsandstein.

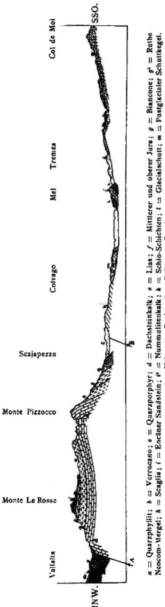

a = Quarzphyllit; *b* = Verrucano; *e* = Quarzporphyr; *d* = Dachsteinkalk; *e* = Lias; *f* = Mittlerer und oberer Jura; *g* = Biancone; *g¹* = Rothe Neocom-Mergel; *h* = Scaglia; *i* = Eoräner Sandstein; *i²* = Nummulitenkalk; *k* = Schlo-Schichten; *l* = Glacialschutt; *m* = Postglacialer Schuttkegel.
A = Valsugana-Spalte; *B* = Belluneser Bruch.

anfangs sehr schmalen, östlich vom Durchbruche des Torrente Mis an Breite zunehmenden Zone gegen die Bruchlinie und fällt derselben ziemlich steil mit nordwestlich geneigten Schichten zu. Es gewährt einen prächtigen Anblick, wenn man vom Kessel von Agordo die scheinbar regelmässig unter den Phyllit des Col Armarola hinabtauchenden wolgeschichteten, blanken Felstafeln des Monte Pizzon betrachtet. Der Eindruck ist in der That ein so mächtiger, dass es begreiflich ist, dass die älteren Bergleute den Dachsteinkalk des Monte Pizzon für eine ältere, den Phyllit von Agordo regelmässig unterteufende Formation hielten. Wir haben die gleiche Erscheinung an der Valsugana-Spalte bereits auf der Strecke vom Monte Remitte bei Canal San Bovo bis nach Val d'Asinozza erwähnt. Auch könnte man eine Wiederholung derselben Verhältnisse in der Jurakalk-Scholle der Punta della Finestra erblicken. Das Merkwürdigste aber ist, dass wir auf der Südseite des Gebirgszuges gegen die Bruchlinie von Belluno den entgegengesetzten Fall kennen lernen werden.

Am Ausgange des Val Imperina erscheint zwischen dem hier im Phyllit, ebenfalls hart an der Bruchlinie auftretenden bekannten Kiesstock und dem steil in die Tiefe setzenden Dachsteinkalk eine kleine eingeklemmte Scholle von Werfener Schichten und unterem Muschelkalk. Diese Schichten, welche bisher mit Grödener Sandstein verwechselt wurden, sind an der Strasse von Belluno nach Agordo, bei den Hüttenwerken gut entblösst.

Die Werfener Schichten mit den Einlagerungen der bekannten Oolith-Bänke nehmen die nördlichere Lage ein und grenzen an den schwarzen, graphitischen Thonschiefer. Der im Süden regelmässig folgende, steil an den Dachsteinkalk angepresste untere Muschelkalk enthält in den, den rothen Schichten zwischengelagerten glimmerführenden Mergeln zahlreiche verkohlte Pflanzenreste. Die häufigste Art ist *Voltzia Agordica Ung. sp.**), welche von älteren Autoren mit *Lycopodiolithes arboreus Schloth.* verglichen wurde. Breccienartige Kalkbänke sind dem unteren Muschelkalk gegen oben eingelagert. Diese Scholle ist, wie erwähnt, von sehr kurzer Erstreckung und oberhalb der Hüttenwerke von Val Imperina tritt sehr bald der Thonschiefer auf das rechte Bachufer herüber und berührt dann den Dachsteinkalk. Ich bin nicht im Stande zu entscheiden, ob die weiter westlich durch den Grubenbetrieb nachgewiesenen rothen

---

*) Vgl. Schenk in Benecke's Geogn. pal. Beitr. II. S. 86. Nachdem die Pflanze von Agordo im stratigraphischen Niveau der *Voltzia Recubariensis* von Recoaro und nicht, wie bisher angenommen wurde, in älteren Schichten vorkommt, so steht der Identificirung dieser Voltzien wol kein Bedenken mehr im Wege.

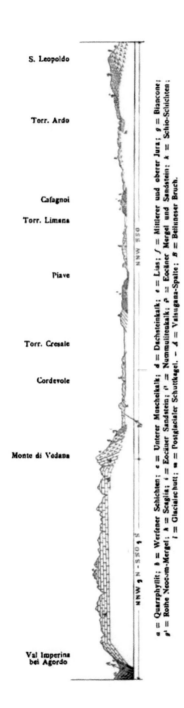

S. Leopoldo

Torr. Ardo

Cafagnoi

Torr. Limana

Piave

Torr. Cresale

Cordevole

Monte di Vedana

Val Imperina
bei Agordo

NNW 550

NNW 3 N - 550 ‡ S

NNW 3 N - 550 ‡ S

a = Quarzphyllit; b = Werfener Schichten; c = Unterer Muschelkalk; d = Dachsteinkalk; e = Lias; f = Mittlerer und oberer Jura; g = Biancone; g¹ = Rothe Neoc-m-Mergel; h = Scaglia; i = Eocäner Sandstein; i¹ = Nummulitenkalk; i² = Eocäner Mergel und Sandstein; k = Schio-Schichten; l = Glacialschutt; m = Postglacialer Schuttkegel. – A = Valsugana-Spalte; B = Bellineser Bruch.

Sandsteine die Fortsetzung der an der Hütte zu Tage stehenden Scholle sind, was wol sehr wahrscheinlich ist, und ob diese Sandsteine permisch oder untertriadisch sind. Ich theile hier eine Copie des von W. Fuchs *) publicirten interessanten Profils mit, aus welchem hervorgeht, dass in der Tiefe das widersinnische Einfallen der Schollen in rechtsinnisches Südfallen übergeht.

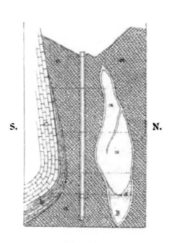

Der Kiesstock von Val Imperina bei Agordo.

(Nach W. Fuch s.)

a = Quarzphyllit: b = Rother Sandstein (unterer Muschelkalk und Werfener Schichten oder Grödener Sandstein?); c = Dachsteinkalk; α = Kiesstock: π = dessen Liegendes in der Durchschnitts-Ebene am Hauptschachte; B = Kiesstock im südlichen und nördlichen Reviere.

Diese rasche Wendung der Fallrichtung ist auch im Dachsteinkalk am Eingange des Canals von Agordo, in geringer Entfernung von den Hüttenwerken, deutlich zu beobachten.

Was den Kiesstock von Val Imperina betrifft, so wurde bereits erwähnt, dass derselbe, ebenso wie die Zinnober-Imprägnation von Vallalta, dicht an der Valsugana-Spalte liegt. B. v. Cotta **) vergleicht die unregelmässig gestreckte Gestalt desselben mit einer wulstigen und platt gedrückten Wurst, deren längste Achse unter

---

*) Einige Bemerkungen über die Lagerungsverhältnisse der Venetianer Alpen. Sitz.-Ber. d. k. k. Akad. d. Wiss. Wien, 1850. S. 452, Taf. IX.

**) Agordo. Berg- und hüttenmännische Zeitung von Bornemann und Kerl, 1862, Seite 425.

etwa 14⁰ nach Nordosten einfällt. Die Kiesmasse (vorherrschend Schwefelmetalle mit wenig Quarz) steckt in einem hellen, talkigen, zuweilen auch quarzreichen Schiefer, welcher, wie G. vom Rath *) sagt, „gleichsam die Hülle um den Erzstock bildet, deren Mächtigkeit zwischen einem Zoll und mehreren Fussen schwankt und auch durch Verzweigungen mit der Erzmasse gleichsam verflösst ist". Der durchschnittliche Kupfergehalt beträgt 2—3 Percent. Zahlreiche spiegelnde Rutschflächen, welche die Kiesmasse nach den verschiedensten Richtungen durchziehen und meist sehr deutliche parallele Streifungen zeigen, geben Zeugniss von der Intensität der noch nach der Bildung des Kiesstockes an der Bruchlinie fortdauernden Bewegungen. Bereits v. Cotta betont als besonders merkwürdige Erscheinung, dass man oft an einem Handstück verschiedene Richtungen der Parallelstreifungen zu erkennen im Stande sei, sowie dass sehr häufig der Kupfererzgehalt zu beiden Seiten der Rutschflächen ein auffallend ungleicher ist.

Die im Süden der Valsugana-Spalte liegende Hauptmasse des Kalkgebirges besitzt nach den Untersuchungen des Herrn Dr. Hoernes **), wie die mitgetheilten Profile zeigen, meistens nahezu söhlige Lagerung und besteht vorzugsweise aus dem hier sehr mächtigen Dachsteinkalk, welchem nur an einigen Stellen Denudationsreste jurassischer und cretaceischer Bildungen auflagern. Ich entnehme dem Aufnahmsberichte des Herrn Dr. Hoernes die folgenden Angaben über die stratigraphischen Verhältnisse. „Die Hauptmasse der gewaltigen, 2000—2500 Meter hohen Berge bildet der Dachsteinkalk. Die Thäler liegen nur etwa 400—500 Meter hoch und doch ist nirgends die Basis des Complexes entblösst, welcher wol nirgends unter 1000 Meter Mächtigkeit besitzen kann, während dieselbe stellenweise bis gegen 2000 Meter anschwellen mag. Das Gestein ist ein ausgezeichnet geschichteter, unreiner sandiger Kalk von gelbweisser, brauner und grauer Farbe. Die obersten Schichten sind von heller, weisser Farbe und scheinen ziemlich reich an kohlensaurer Magnesia zu sein. Dieselben erreichen namentlich westlich vom Torrente Mis eine grosse Mächtigkeit und zeichnen sich durch häufig vorkommende, ausserordentlich glatte Rutschflächen aus. Im Eingange des Canales von Agordo, etwas südlich von der Miniera, begegnen uns eigenthümliche Auswitterungs-

---

*) Ueber die Quecksilbergrube Vallalta. Zeitschr. D. Geol. Ges. 1864.

**) Herr Dr. Hoernes kartirte das ganze, auf Blatt VI unserer Karte enthaltene Terrain mit Ausschluss der nordwestlichen, durch die Valsugana-Spalte begrenzten Ecke.

Erscheinungen, welche mit dem Vorhandensein unregelmässiger, härterer Concretionen zusammenhängen. Dieselben verleihen dem Gestein häufig ein grossoolithisches Aussehen, bisweilen aber sind sie schichtenweise angeordnet und wittern leistenförmig aus dem Gestein heraus. Die liasischen Bildungen bestehen vorzugsweise aus grauen und röthlichen Kalken mit Spuren von Brachiopoden und Crinoiden. Stellenweise finden sich Einlagerungen weisser Crinoidenkalke vom Typus der Sospirolo-Schichten. Bei der Alpe Campo torondo, dann auf dem Monte Colazzo kommen über dem Lias 1 Meter mächtige Kalke mit zahllosen grossen Exemplaren von *Stephanoceras (St. Humphriesianum Sow., St. Vindobonense Griesb.* und Mittelformen zwischen beiden, sowie eine neue Art) vor. Ueber diesem, dem mittleren Dogger zuzurechnenden Kalk erscheinen sofort die sonst direct dem Lias auflagernden oberjurassischen Knollenkalke, welche zwar allenthalben reich an Ammoniten sind, aber nur an wenigen Stellen gut bestimmbare Reste enthalten. Eine solche Stelle ist der Campo torondo. Die Schale der Ammoniten ist hier meist wol erhalten. Da es mir wegen Mangel an Zeit nicht möglich war, getrennt nach Horizonten zu sammeln, so lasse ich ein Verzeichniss der den beiden Zonen des *Aspidoceras acanthicum* und der *Oppelia lithographica* entsprechenden Fossilien nach meinen Funden und den älteren Suiten im Museum der k. k. Geologischen Reichsanstalt folgen:

Lytoceras montanum Opp. ·

    „   *cf. municipale Opp.*

    „   *sutile Opp.*

Phylloceras Benacense Cat.

    „   *mediterraneum Neum.*

    „   *polyolcum Ben.*

    „   *nov. sp. cf. ptychoicum Quenst.*

    „   *ptychoicum Quenst.*

    „   *Satyrus Font.*

    „   *cf. silesiacum Opp.*

Oppelia platyconcha Gem.

Haploceras cf. Stasycsii Zeuschn.

Perisphinctes cf. Albertinus Cat.

    „   *colubrinus Rein.*

    „   *cf. contiguus Cat.*

    „   *cf. Geron Zitt.*

    „   *sp. · div.*

Simoceras Volanense Opp.

Aspidoceras cf. Avellanum Opp.

    „   *cyclotum Opp.*

Aspidoceras longispinum Sow.
„   *acanthicum Opp.*
„   *Raphaeli Opp.*
Waagenia hybonota Opp.
Aptychus depressus Voltz.
„   *Meneghinii Zigno*
Metaporhinus Gümbeli Neum.

„Bemerkenswerth ist die ausserordentliche Seltenheit der *Tere-bratula diphya* in diesem Gebiete, da man dieselbe nur vom Monte Pavione am Westende des Gebirgszuges kennt. Was die über dem Jura concordant folgenden Neocombildungen betrifft, so besteht ein auffallender Unterschied zwischen dem Westen und Osten. Im Westen, auf Vette piccole*), lagert typischer weisser Biancone auf dem jurassischen Knollenkalk. Bei der Alpe Neva stellen sich aber bereits rothe Mergel vom Aussehen der Scaglia an der Basis des Biancone ein, und in der Gruppe des Monte Brandol und Monte Prabello kommen, mit Ausnahme einer etwa einen Meter starken Bank weissen Biancone-Kalks an der Basis, nur rothe Mergel in Wechsellagerung mit grauen, den gewöhnlichen Rossfelder Schichten entsprechenden Mergeln vor.‘

Den Südrand dieses Hochgebirges begleitet (man vergleiche die Profile Seite 435 und 437) zwischen Val di Martino und dem Canal d'Agordo eine steil der Bruchlinie von Belluno zufallende Scholle von Jura-Kalken und Neocom-Schichten. Das in seiner Hauptmasse söhlig lagernde Gebirge ist demnach im Norden wie im Süden von einer steil auswärts fallenden Zone begleitet und erscheint wie ein flacher Gewölbeaufbruch mit beiderseits abgebrochenen und plötzlich steil nach aussen fallenden Schenkeln. Während im Norden die Schichten sich der Valsugana-Spalte zuneigen und den alten Phyllit zu unterteufen erscheinen, fallen hier im Süden die älteren Schichten dem jenseits der Bruchlinie folgenden Tertiärgebirge zu. Wenn man nun, was das natürlichste zu sein scheint, die kuppelförmige Aufwölbung als die ältere Lagerungsform annehmen will, so bleibt für die Erklärung der abnormen Verhältnisse an der Valsugana-Spalte nur die Annahme einer späteren Ueberschiebung des älteren Gebirges über das jüngere übrig. Zu Gunsten einer solchen Anschauung sprechen die bereits geschilderten, im Westen vorkommenden thatsächlichen Ueberschiebungen.

---

*) Ebenso auch in Val Noana.

Die Liaskalke dieser steil Südost einfallenden Scholle zeichnen sich insbesondere durch die häufige Einschaltung von Crinoiden-Kalken mit zahlreichen Brachiopoden (Sospirolo-Kalke) aus (vgl. Seite 89). „Am Ausgange des Mis-Thales bei S. Michele,‘ berichtet Herr Dr. Hoernes, „und am Ende des Canals von Agordo bei Peron wechsellagern die Brachiopoden-Schichten mit den grauen Kalken und oolithischen Gesteinen. Am deutlichsten kann man dies an den steilen Wänden des Monte Peron beobachten. Die grauen Kalke mit Pelecypoden-Durchschnitten, die Crinoiden-Kalke mit massenhaften Brachiopoden und weisse und graue Oolithe, in welchen sich ebenfalls einzelne Versteinerungen, namentlich Chemnitzien, finden, wechsellagern in Bänken von oft nur einem Fuss Mächtigkeit. Dies zeigt am besten, dass die gedachten Facies-Entwicklungen keineswegs besondere Horizonte repräsentiren. Bemerkenswerth sind ferner noch Muschelbänke, die ich auf der anderen Seite des Cordevole, dem Monte Peron gegenüber, beobachten konnte. In einem weissen Gestein fanden sich zahllose Durchschnitte ziemlich grosser Pelecypoden, wahrscheinlich Megalodonten, oder verwandte Formen. Es gelang mir nicht, auch nur ein Fragment aus dem Gestein auszulösen, welches mehrere, etwa 1—2 Meter mächtige Bänke in dem unteren Theile des Complexes zu bilden scheint *).‘

Eine bemerkenswerthe Erscheinung in diesem Zuge bildet noch die eigenthümliche Vertheilung des Biancone und der demselben aequivalenten rothen Neocom-Mergel. Im Westen bei Arson und im Osten bei Vedana kommen die rothen Mergel vor, während mitten dazwischen bei S. Gregorio die echte Biancone-Facies auftritt. Fügen wir noch hinzu, dass östlich von Vedana abermals die Biancone-Entwicklung erscheint, so erhalten wir das Bild eines eigenthümlichen regionalen heteropischen Wechsels, welcher nur durch die Betrachtung der südlichen und nördlichen Nachbar-Regionen verständlich wird. Im Norden herrscht nämlich die bis in das Faniser Hochgebirge bei Ampezzo sich ausdehnende Facies der rothen und grauen Neocom-Mergel (nördlicher Typus; Rossfelder Schichten); im Süden dagegen tritt allenthalben die Facies des Biancone (südlicher Typus) auf. Die Südabdachung des nördlich von dem Belluneser Bruche ansteigenden Gebirges liegt daher in der Gegend der heteropischen Grenze und daraus erklärt

---

*) Herr Prof. Hoernes sprach seither brieflich die Vermuthung aus, dass diese Bänke rhätischen Alters sein könnten, da ihn dieselben ausserordentlich an rhätische Pelecypodenkalke von Moistrana in der Grazer Universitäts-Sammlung erinnerten.

sich der besprochene regionale Wechsel der heteropischen Bildungen in sehr einfacher Weise.

Was die ehemals weit verbreiteten, gegenwärtig aber bereits bis auf wenige Denudationsreste entfernten Glacial-Ablagerungen dieses Hochgebirges betrifft, so erwähnen wir blos, dass Herr Dr. Hoernes in den Moränen-Resten von Val Canzòi und Val di Martino zahlreiche Blöcke von Quarzporphyr, Phyllit und Pietra verde fand, was, da diese Gesteinsarten den betreffenden Thalgebieten vollkommen fremd sind, auf mächtige nördliche Gletscherströme schliessen lässt, welche quer über die Jöcher unseres Kalkgebirges hinwegsetzten. In dem kleinen Thälchen nördlich vom Monte Aurin bei Feltre liegen zahlreiche mächtige Phyllit-Blöcke.

4. Das Gebirge im Osten des Cordevole.

Jenseits des Cordevole bei Agordo setzt die Valsugana-Spalte deutlich kennbar bis auf den Moscosin-Pass. Der Dachsteinkalk des Corno di Valle wiederholt das steile Hinabtauchen zur Spalte, welches wir in dem mächtigen Gebirgsstocke des Pizzon zwischen Cordevole und Mis kennen gelernt haben. Das Gebirge auf dem nördlichen Spaltenrande steigt nun aber rasch in die Höhe und gleichzeitig nimmt die Sprunghöhe der Verwerfung etwas ab. Es treten daher, wie südlich von Vallalta, der Reihe nach jüngere Bildungen von Norden her an den Spaltenrand, um an demselben abzubrechen. Während am linken Cordevole-Ufer bei Agordo noch Phyllit auf dem Nordrande der Spalte ansteht, stossen auf dem Moscosin-Pass die Raibler Schichten des Monte Moscosin mit dem steil Nord fallenden Dachsteinkalk des Monte Piacedel, welcher die Fortsetzung des Corno di Valle bildet, zusammen. Oestlich von der Pramper-Alpe berühren sich auf beiden Seiten der Spalte nach den Beobachtungen des Herrn Dr. Hoernes Schichten des Dachsteinkalkes. Wenn nun auch wegen der grossen Mächtigkeit des Dachsteinkalkes der Verlauf des Sprunges auf der Karte nicht mehr zum Ausdruck gelangt, so ist die Sprunghöhe doch noch ansehnlich genug, denn auf der Südseite der Spalte stehen die höchsten, auf der Nordseite die tiefsten Bänke des Dachsteinkalkes an. Ich zweifle daher nicht, dass die Spalte, wenn auch in stets sich vermindernder Intensität, in das Gebiet des Dachsteinkalkes hinein noch eine Strecke weit fortsetzt und an der abweichenden Schichtenstellung zu erkennen sein wird.

Es ist nun sehr bezeichnend, dass, während die bisherige Hauptspalte zu erlöschen scheint, in derselben Gegend plötzlich

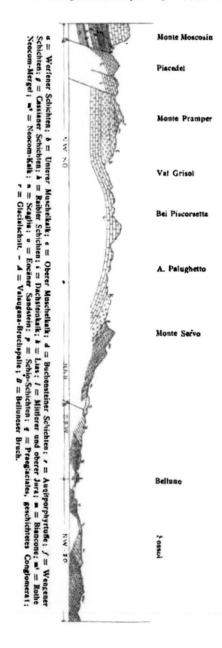

Monte Moscosin

Piacedel

Monte Pramper

Val Grisol

Bei Piscorsetta

A. Palughetto

Monte Servo

Belluno

Fossoi

a = Werfener Schichten; *b* = Unterer Muschelkalk; *c* = Oberer Muschelkalk; *d* = Buchensteiner Schichten; *e* = Augitporphyrtuffe; *f* = Wengener Schichten; *g* = Cassianer Schichten; *h* = Raibler Schichten; *i* = Dachsteinkalk; *k* = Lias; *l* = Mittlerer und oberer Jura; *m* = Biancone; m^2 = Rothe Neocom-Mergel; *n* = Scaglia; *o* = Eocäner Sandstein; *p* = Schio-Schichten; *q* = Praeglaciales, geschichtetes Conglomerat; *r* = Neocom-Kalk; *r* = Glacialschutt. — *A* = Valsugana-Bruchspalte; *B* = Belluneser Bruch.

bedeutende neue Spaltenlinien beginnen, welche die tektonische Rolle der ersterbenden alten Linie übernehmen. Die bedeutendere dieser neu ansetzenden Spaltenlinien entspringt nördlich vom Monte Piacedel in der Gegend von Dont in Val di Zoldo und läuft von dort, anfangs von mehreren Nebenspalten begleitet, über Fornesighe, Forcella Cibiana, Venas, Pieve di Cadore in das obere Piave-Thal. Wir haben dieselbe bereits im 10. und 11. Capitel geschildert und dort auch bemerkt, dass die tektonische Function der Valsugana-Spalte vollständig auf sie übergeht, weshalb wir keinen Anstand nehmen, die cadorische Spalte als die Fortsetzung der Valsugana-Spalte zu betrachten und die Bezeichnung ‚Valsugana-Spalte' auf sie auszudehnen. Eine zweite parallele Spaltenlinie entspringt im Süden des Monte Piacedel in Val Crasa und verläuft, die jurassisch-cretaceischen Gipfelmassen des Monte Pramper und des Monte Campello abschneidend, in nahezu ostwestlicher Richtung in das Piave-Thal, welches von ihr bei Davestra erreicht wird.

Wir wollen zunächst die Schilderung der Valsugana-Spalte vervollständigen und sodann zur Betrachtung des Gebirges an der südlichen Nebenspalte übergehen.

In dem einspringenden Winkel, welcher durch die Uebersetzung der Valsugana-Spalte gebildet wird, senkt sich die Gebirgsmasse des Monte S. Sebastiano allmählich in nordöstlicher Richtung, so dass die Wengener Schichten bei Forno di Zoldo den Thalgrund einnehmen und bis an den Südrand der bei Dont entspringenden Spaltenlinien reichen. Auch die blos durch ein Erosionsthal von der S. Sebastiano-Masse getrennte Gebirgsmasse des Spigol del Palon und des Monte Mezzodi senkt sich in der gleichen Richtung, und in Folge dessen erreicht der Dachsteinkalk dieses Gebirgstheiles bei S. Giovanni und Ponte Pontesei bereits die Thalrinne des Torrente Maë. Eine der Nordseite des Monte Mezzodi und des Colmarsango entlang laufende südliche Nebenspalte des Valsugana-Spaltenzuges begünstigt diesen raschen Niedergang des Dachsteinkalkes. Nördlich vom Maë stehen zwischen Forno di Zoldo und Ponte Pontesei noch söhlig lagernde Wengener Sandsteine an, über welchen dann regelmässig Cassianer und Raibler Schichten als Unterlage des Dachsteinkalkes des Monte Castelin folgen, welcher gegen den Hauptspaltenzug ein nördliches Einfallen annimmt. Die Fortsetzung derselben Nebenspalte läuft sodann durch das Val Bosco Nero in östlicher Richtung weiter und begrenzt die söhlig gelagerte Gebirgsmasse des Sasso di Bosco Nero auf der Nordseite.

Die kleine Dachsteinkalk-Scholle des Piano di Mezzodi, welche dem Monte Mezzodi im Norden vorgelagert ist, betrachte ich als einen abgerutschten Theil des Monte Mezzodi. An ihrer Basis erscheint ein schmaler Streifen von Raibler Schichten. Eine andere abgerutschte Dachsteinkalk-Scholle liegt nördlich bei S. Giovanni. Der Dachsteinkalk-Zug des Monte Castellin begleitet nun weiter gegen Osten die Valsugana-Spalte auf der Südseite. Bei Perrarolo setzt derselbe nach den Beobachtungen von Hoernes über die Boita und über die Piave und bildet nordöstlich von Perrarolo das Gebirge am linken Piave-Ufer. Das Einfallen der Schichten ist bis südlich von Cibiana, soweit als die bereits Seite 320 erwähnte Nebenspalte reicht, der Bruchlinie zugewendet. Mit dem Aufhören der Nebenspalte tritt dann Wegfallen von der Hauptspalte ein und zugleich tauchen die tieferen Schichtglieder bis zu den Wengener Schichten abwärts unter dem Dachsteinkalk hervor. Die Hauptspalte selbst läuft nördlich von den Wengener Schichten. Die Raibler Schichten dieses Zuges sind durch die Einschaltung von gypsführenden Lagen ausgezeichnet. Der kleinen, den Wengener Sandsteinen bei Cibiana und Valle di sotto eingelagerten Dolomit-linsen wurde bereits am Eingange dieses Capitels gedacht.

Was die südlich vom Monte Piacedel in Val Crasa beginnende Nebenspalte betrifft, so sind nach den Beobachtungen des Herrn Dr. Hoernes, welcher das ganze Terrain im Süden von Agordo und Zoldo untersuchte, die Verhältnisse derselben sehr einfach. Nur in Val Crasa unter den Bergen Pramper und Vescova herrschen complicirtere Störungen. „Auf der Karte,‘ schreibt Herr Dr. Hoernes, ‚sind diese Störungen undarstellbar, weil man es oft mit derartig überbogenen und verquetschten Schichten zu thun hat, dass Lias, Jura und Neocom in einzelnen Partien durcheinander gerathen zu sein scheinen. Da die ärgsten Verbiegungen noch dazu in einer steilen unzugänglichen Wand liegen, war es überdies unmöglich genau zu fixiren, welche Schichten in derselben auftreten.‘

Der Bau des Gebirges im Süden von dieser Spalte entspricht östlich bis an die Kartengrenze vollständig den bereits geschilderten Verhältnissen im Westen des Cordevole. Im Norden bis zur Spalte schwaches Nordfallen, in der Mitte des Gebirges, am Monte Pelf, Monte Fontanon, Monte Tocchedel horizontale Lagerung, am Süd-rande mehr weniger steiles Südfallen, welches nur local, wie an den beiden Ufern des Piave-Flusses in überkippte Schichtstellung über-geht. Bedeutendere Störungen zeigen sich nur im Piave-Thal bei Longarone, wo sich einerseits die Schichtflächen des Jura vom Monte Campello bis zur Piave herabziehen und wo andererseits am

linken Piave-Ufer ein treppenartiges, durch kleinere Querbrüche veranlasstes wiederholtes Aufsteigen des Jura und des Neocom stattfindet.
.Hoernes betrachtet diese Störungen, welche er als „Querbruch von Longarone" *) bezeichnet, als die Fortsetzung der noch zu besprechenden Verschiebungslinie und Erdbebenspalte von Sta. Croce.

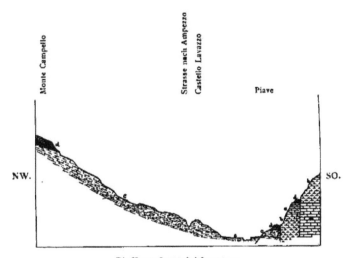

Die Verwerfungen bei Longarone.

a = Dachsteinkalk; *b* = Lias; *c* = Mittlerer und oberer Jura; *d* = Biancone; *e* = Alluvionen.

Zu einigen Bemerkungen geben noch die stratigraphischen Verhältnisse der in diesem Gebirge auftretenden Formationsglieder Anlass. Zunächst betont Herr Dr. Hoernes, dass der Dachsteinkalk, welcher im südlichen und westlichen Theile dieses Gebirgsabschnittes noch ganz mit der westlichen Ausbildung übereinstimmt, gegen Norden und Osten allmählich in den dichten, röthlichen Dachsteinkalk der Ampezzaner Alpen übergeht. Bei Perrarolo ist bereits der reine Ampezzaner Typus vorhanden.

Ein sehr bedeutender heteropischer Wechsel vollzieht sich in dem vom Monte Pramper nach Longarone streichenden Liaszuge. Es wurde bereits in der stratigraphischen Uebersicht (Seite 91) darauf hingewiesen, dass mit dem Meridian von Longarone die heteropische Grenze zwischen dem südtirolischen Gebiete der „grauen Kalke" und der im Osten folgenden Region mit vorherrschender

*) Erdbeben-Studien. Jahrb. Geol. R.-A. 1878.

Cephalopoden-Facies zusammenfällt. Herr Dr. Hoernes berichtet darüber: ‚Bei Longarone, und in dem von Zoldo herabkommenden Thal des Torrente Maë überwiegt die Fleckenmergel-Facies. In grosser Mächtigkeit treten hier graue, oft sehr dunkle kieselreiche Kalke mit schwarzen Hornsteinen auf, welche hie und da Cephalopodenreste, allerdings in sehr schlechter Erhaltung, führen. So traf ich Belemniten-Fragmente in diesen Kalken bei Soffranco im Maë-Thal und im benachbarten Val Grisol, an dem erstgenannten Punkte auch Spuren von Ammoniten. Bemerkenswerth erscheinen die in dem grauen Kalk eingelagerten rothen Mergel, die sich namentlich in der Umgebung von Longarone an mehreren Punkten finden. In der Sammlung der geologischen Reichsanstalt liegt bereits seit längerer Zeit ein Exemplar von *Phylloceras heterophyllum Sow.* aus rothem Mergel von Longarone. Ich traf diese rothen Einlagerungen am Wege von Longarone in das Maë-Thal, unmittelbar vor dem Dorfe Igne, dann in einem Wasserrisse, westlich dieses Dorfes, mit zahlreichen, aber schlecht erhaltenen Ammoniten, grossen *Lytoceras-* und *Harpoceras-*Formen, die letzteren dem *Harp. bifrons* oder *Harp. boreale* vergleichbar. Besseres Material dürften die hellen Kalke liefern, welche ostwärts von der Piave, z. B. in der Nähe des Dorfes Casso sich finden. Dort kommen in dem grossen Haufen von Felstrümmern, der sich nördlich von Casso gegen die höheren, grösstentheils bereits ausserhalb der Karte liegenden Zinnen hinanzieht, dichte hellgraue kieselreiche Kalke mit zahlreichen Durchschnitten von Ammoniten vor.‘

Ueber das Verhältniss dieser Cephalopoden führenden Gesteine zu den ‚grauen Kalken‘ liegen mir leider keine Nachrichten vor. Jedenfalls kommen bei Longarone, noch östlich von der Piave, die ‚grauen Kalke‘ vor, denn Dr. Hoernes erwähnt von S. Antonio (am Wege von Cadissago nach Casso) mächtige graubraune Oolithe, über welchen die hellweissen und gelblichen körnigen Kalke folgen, welche weiter westlich durch die Einlagerungen der Brachiopoden-Bänke von Sospirolo ausgezeichnet sind.

Die Neocom-Schichten des Monte Pramper, Monte Megna und Monte Campello bestehen aus den rothen, Scaglia ähnlichen Mergeln, über welchen ein dichter heller Kalk lagert, welcher dieselben local, wie am Monte Pramper, sogar ganz vertritt und mehr Aehnlichkeit mit Dachsteinkalk als mit Biancone zeigt.

XV. CAPITEL.

Die Umgebungen von Belluno.

Zur allgemeinen Orientirung. – Der Scheiderücken zwischen der Mulde von Belluno und der oberitalienischen Ebene. – Das Thal von Belluno. – Die Tertiär-Ablagerungen der Umgebung von Serravalle. – Die jüngeren Schuttablagerungen. – Die Moränen von Colle Umberto, Santa Croce und Vedana.

Die grosse, von Tertiärbildungen erfüllte Thalweitung des Piave-Flusses zwischen Feltre und Belluno oder, wie man von orographi-schen Gesichtspunkten aus auch sagen kann, die Mulde von Belluno schliesst sich tektonisch an die im vorigen Capitel besprochene Kreide-Landschaft zwischen Feltre und Tesino. Während die Bruch-linie von Belluno im Osten von Val di Martino zwischen dem steil Süd abfallenden Schenkel des nördlichen Kalkhochgebirges und den jüngsten Tertiärschichten der Mulde von Belluno bis über den Ost-rand unserer Karte hinaus fortläuft, neigt sich zwischen Val di Martino und dem Monte Aurin bei Feltre das Kreidegebirge östlich in die Tiefe und unterteuft regelmässig die nun im Osten folgende breite Zone von Tertiärschichten. Am Monte Aurin, welcher wahrscheinlich durch eine Verwerfung von dem Kreide-Massiv des Monte d'Avena getrennt ist, wendet sich das Fallen der Kreideschichten steil süd-östlich und ein Streifen von Scaglia begleitet die Südseite dieses Berges. Jenseits des Torrente Stizzone steigt das Kreidegebirge wieder mit entgegengesetztem Fallen empor und bildet anfangs östlich streichend, vom Col Vicentin an aber sich nördlich wendend, die südliche und östliche Begrenzung der Thalweitung von Belluno. Die tektonische Anordnung der Tertiärlandschaft entspricht daher der Gestalt einer langgestreckten halben Mulde. Im Westen, Süden und Osten sind die Muldenränder vorhanden, auf der Nordseite aber ist die Mulde durch den Belluneser Bruch an den jüngsten

Moisisovics, Dolomitriffe. · 29

marinen Becken-Ausfüllungen abgeschnitten. Bei oberflächlicher
Betrachtung der Karte scheint es, als ob bei Ponte nell' Alpi die
Mulde sich auch gegen Norden schliessen würde. Es ist aber hier
erstlich noch ein ansehnlicher, durch jüngere Schuttbildungen aus-
gefüllter Zwischenraum vorhanden, durch welchen die Tertiär-
schichten immerhin noch durchstreichen können, sodann streicht im
Norden der Südflügel des Hochgebirges in derselben steil auf-
gerichteten Lage fort, und endlich lehrt die Karte, dass östlich von
Soccher die Tertiärschichten wieder in ganz derselben Weise an
den Südflügel des Hochgebirges herantreten, wie im Westen von
Ponte nell' Alpi. Hoernes hat aber weiters noch gezeigt, dass die
Thalspalte von Sta. Croce einer horizontalen Verschiebung des Col
Vicentin-Zuges gegen Norden entspricht. Der Zusammenhang dieser
Spalte mit den modernen Erdbeben-Erscheinungen, denen diese
Gegend so häufig ausgesetzt ist, macht es sogar wahrscheinlich,
dass die nördliche Verschiebung des Col Vicentin-Zuges noch heute
fortdauert *).

Der nur zum Theile noch in den Bereich unserer Karte
fallende Südrand des südlichen Kreide-Gebirgszuges bildet die Grenze
gegen die venetianische Tiefebene. Weiter im Südwesten, ausserhalb unserer Kartengrenzen treten ausgedehnte Massen älterer Formationen unter den fortsetzenden Kreidebildungen dieses Gebirges
zu Tage und schliessen sich dieselben direct an die Südhälfte der
Sette Communi-Tafelmasse.

Ich überlasse nun für die Detailschilderungen Herrn Dr. Hoernes
das Wort, welcher die ganze, in diesem Capitel zu schildernde
Region untersucht und kartirt hat.

---

*) Es kann nicht im Plane dieses Buches liegen, auf die Schilderung der
neueren Erdbeben-Erscheinungen im Districte von Belluno einzugehen, nachdem
über diesen Gegenstand bereits eine sehr reiche Literatur vorliegt und überdies
neuestens von Hoernes der Zusammenhang dieser Erdbeben mit dem geologischen
Bau der Südalpen ausführlich besprochen worden ist. Ich füge jedoch hier ein
Verzeichniss der wichtigsten Specialarbeiten über das Erdbeben vom 29. Juni 1873
bei und verweise Diejenigen, welche ein besonderes Interesse für den Gegenstand
haben, auf die Arbeiten von Bittner und Hoernes.

Literatur über das Erdbeben von Belluno: Pirona e Taramelli, Sul
Terremoto del Bellunese del 29. Giugno 1873. — G. v. Rath, Das Erdbeben von
Belluno. N. Jahrb. v. Leonhard und Geinitz, 1873, Seite 70. — A. Bittner,
Beitr. zur Kenntn. des Erdbebens von Belluno. Sitz.-Ber. d. k. k. Akad. d. Wiss.
Wien, 1874, Seite 541. — R. Falb, Gedanken und Studien über den Vulcanismus,
mit besonderer Beziehung auf das Erdbeben von Belluno. — H. Hoefer, Das Erd-
beben von Belluno. Sitz.-Ber. d. k. k. Akad. d. Wiss. Wien, 1876. — R. Hoernes
Erdbeben-Studien. Jahrb. d. Geol. R.-A. 1878.

1. Der Scheiderücken zwischen der Mulde von Belluno und der oberitalienischen Ebene.

Dieser Scheiderücken fällt nur zum geringen Theile in den Bereich des Kartenblattes, und nur insoferne, als er auf demselben dargestellt erscheint, war er Gegenstand der geologischen Untersuchung. Das Streichen dieses vorwaltend aus Ablagerungen der Kreideperiode gebildeten Höhenzuges geht von Südwest nach Nordost. Wir haben es mit einer Anticlinale von sehr flacher Wölbung zu thun. Die Schichten fallen gegen die Mulde von Belluno sehr flach nach Nordwest, gegen die Ebene etwas steiler nach Südost. Diese letzte Anticlinallinie, welche den Fuss der Südalpen gegen die oberitalienische Ebene bildet, wird in der Gegend von Sta. Croce von einer Querspalte durchbrochen, welche parallel ist der Spalte von Perrarolo - Capo di Ponte. Auf dieser Querspalte hat eine Verschiebung der angrenzenden Gebirgstheile in der Weise stattgefunden, dass die östliche Fortsetzung des anticlinalen Höhenzuges, welche das Plateau des Bosco del Cansiglio bildet, um mehr als zehn Kilometer weiter südlich liegt als der westliche Theil, der in den Höhen des Monte Faverghera und Monte Pascolet steil gegen den Lago di Sta. Croce abfällt. Die weiter unten folgende schematische Skizze erläutert diese Verhältnisse, in Folge deren ebenso wie die anticlinalen Höhenzüge, auch die synclinalen Mulden gegeneinander verschoben erscheinen, und die Abtrennung des kleineren Beckens von Alpago von der grösseren Mulde von Belluno wird durch sie erklärt. Mit der Querbruchlinie des Lago di Sta. Croce hängt die Bildung eines Querthales zusammen, welches zwar heute nicht von der Piave durchströmt wird, obwol es nahezu in der geraden Verlängerung ihres Oberlaufes von Perrarolo bis Capo di Ponte (Ponte nell' Alpi) liegt, wol aber zur Diluvialzeit einem mächtigen Arme des Piave-Gletschers den Durchgang zur oberitalienischen Ebene gestattete. Diese Verschiebungsspalte war auch die Hauptstosslinie des Erdbebens vom 29. Juni 1873; an dieser Linie lagen die am härtesten von der Erschütterung betroffenen Ortschaften, während die parallele Querbruchlinie von Perrarolo-Capo di Ponte und ihre Verlängerung bis in die Umgebung von Belluno eine zweite Stosslinie darstellte.

Im Scheiderücken zwischen der Mulde von Belluno und der oberitalienischen Tiefebene begegnen wir keiner grossen Manigfaltigkeit von Formationen. Die Hauptrolle spielt die in mehreren Facies auftretende Kreideformation, unter welcher im nordwestlichen Theile des Höhenzuges nur untergeordnet an einer einzigen Stelle,

29 *

in dem tiefen Thaleinriss zwischen S. Leopoldo und Tovena, die tieferen Schichten, Jura und Lias, auftauchen, während im südwestlichen Theile, in der Umgebung des Engpasses von Quero, die letzteren eine grössere Rolle spielen und im Monte Ceren und Tomatico*) sehr mächtig entwickelt sind. Doch fällt dieser Gebirgstheil ausserhalb des untersuchten Terrain-Umfanges der Karte.

1. Lias. In der Schlucht, welche sich bei S. Ubaldo (S. Leopoldo der neuen Specialkarte) nach Süden gegen Tovena öffnet, finden sich mächtige Schichten von jenem eigenthümlichen Gestein von dolomitischem Ansehen, dessen Vorkommen ich auch in den liasischen Gesteinen am linken Piave-Ufer bei Longarone beobachten konnte. Ob unter diesem Gesteine auch jene Oolithe folgen, die ich am Wege von Codissago nach Casso beobachtete, habe ich nicht untersucht; die Wände der Schlucht bestehen von S. Ubaldo bis nahe der Ortschaft Tovena, also weit unter dem südlichen Rande unseres Kartenblattes, ausschliesslich aus dem eigenthümlichen lockeren Gestein von dolomitischem Ansehen. Es sei übrigens bemerkt, dass ich dasselbe auch in der Thalschlucht der Piave, Südost von Feltre, wenig (etwa 2 Kilometer) von S. Vittore entfernt, antraf, woselbst auch oolithische Gesteine von braungrauer Farbe auftreten.

2. Mittlerer (?) und oberer Jura. Kieselige Knollenkalke von grauer, stellenweise rother Farbe traf ich, ohne Fossilien, mit Ausnahme undeutlichre Ammonitenspuren, zu beobachten, in der Umgebung von S. Ubaldo unter dem Monte Cimone und Monte Grassura, sowie bei S. Vittore, Südost von Feltre, beide Male selbstverständlich in sehr geringer Ausdehnung.

3. Kreide. In den Ablagerungen dieser Periode lassen sich in unserem Gebiete hauptsächlich drei Facies unterscheiden, nämlich Biancone, Scaglia und Hippuritenkalk. Der Hippuritenkalk tritt nur am Lago di Croce in grosser Mächtigkeit auf

---

*) Der Monte Tomatico war im November und December 1851 Gegenstand grosser Furcht der Einwohner von Feltre durch ein eigenthümliches Schallphänomen. Es bestand dasselbe in einem wiederholten Geräusch, das am ehesten noch mit dem Schalle verglichen werden konnte, welchen ein in ein grosses Wasserbassin fallender Felsen hervorbringt. Nach manchen Schlägen konnte man ein Erzittern des Bodens beobachten. Der Hauptsitz der Erscheinung war Villago, nur manchmal wurden die Detonationen und das Schwanken des Bodens auch in Feltre selbst bemerkt. Obwol keine Veränderung der Erdoberfläche stattfand, darf man wol bei diesem Phänomen, ebenso wie bei der verwandten Erscheinung, die sich in den Jahren 1822—24 auf der Insel Meleda zeigte, auf unterirdische Einstürze schliessen, keinesfalls stehen diese Detonationsphänomene in irgend welchem Zusammenhange mit eigentlichen Erdbeben.   Hoernes.

und bildet die steil zum See abfallenden Wände des Monte Pascolet. Weitere Verbreitung erlangt er im Bosco del Cansiglio. Biancone und Scaglia sind keineswegs als zwei zeitlich verschiedene Glieder von strenger Begrenzung aufzufassen, doch entsprechen die Verhältnisse im Gebirgszuge südlich von der Mulde von Belluno mehr der gewöhnlichen Annahme über die Stellung der Scaglia. Es treten wenigstens rothe Mergel von der Facies der Scaglia nicht in den tiefsten Schichten der Kreide auf, sondern sie sind auf die oberen Abtheilungen beschränkt. Allenthalben bildet hier die Scaglia die Grenze gegen die Tertiär-Ablagerungen, soweit die aufgelagerten weit ausgebreiteten und mächtigen Glacialbildungen dies erkennen lassen. Die Grenze zwischen der mehr oder minder mächtigen Scaglia und dem Biancone aber ist eine willkürliche, da die Farbe des Gesteines und die Hornsteineinführung nicht entscheiden können, Versteinerungen aber ungemein selten sind. In der kartographischen Darstellung habe ich mich lediglich nach dem am leichtesten benützbaren Merkmale, der Farbe, orientirt. Der Biancone erreicht oft eine sehr bedeutende Mächtigkeit, er besteht aus hellweissen, oder grauen, kieselreichen Kalken mit zahlreichen Hornsteinausscheidungen von grauer oder schwarzer Farbe, in welchen verhältnissmässig selten Versteinerungen auftreten. In der Umgebung von Feltre finden sich sehr mächtige reinweisse Kalke mit seltenen Hornsteinausscheidungen, von ausgezeichnet muschligem Bruche. Aehnliche Gesteine treffen wir auch weiter östlich in der Nähe des Piave-Durchbruches, vergesellschaftet mit grauen, mergeligen Kalken, die gänzlich den Charakter der Fleckenmergel-Facies tragen. Hier, bei Stabie am linken Ufer des Flusses, traf ich in typischem Biancone auch die charakteristischen Versteinerungen desselben, Neocom-Ammoniten und undeutliche Seeigel. Schlecht erhaltenen Aptychen begegnet man in diesem Niveau auch in der näheren Umgebung von Feltre, bei S. Vittore und am nördlichen Gehänge des Monte Tomatico, bei Tomo, nicht selten. Eine minder wichtige Erscheinung ist das häufige Auftreten von Pyrit und Kupferkies in zahlreichen, aber sehr kleinen, meist nur zollgrossen Linsen in den obersten Schichten des Biancone. Unmittelbar unter den rothen Mergeln, die wir, dem alten Gebrauche folgend, als Scaglia bezeichnen, findet sich in der Umgebung von Feltre . ein wenig mächtiger Complex von grauem, ziemlich dunklem Kalk mit zahllosen schwarzen Hornsteinen, der von kleinen Pyrit- und Kupferkies-Linsen durchschwärmt ist. Dieses Vorkommen hat sogar, bei Ronchena, Südwest von Lentiai, zu bergmännischen Versuchsbauten Anlass gegeben, die indessen gleich nach Beginn wieder eingestellt wurden, sobald man die Natur des Vorkommens erkannt hatte. Die gleichen Schichten lassen sich am Monte Telva bei Feltre, am Nordgehänge des Tomatico bei Tomo und am Südgehänge des Monte Aurin verfolgen. Weiter nach Osten walten dünngeschichtete, hornsteinreiche Bänke von weissem Kalk vor. Die Höhen vom Col del Moi bis zur Cima sopra Lago werden vorzugsweise von ihnen gebildet — das Gestein ist ein kieselreicher, in der Regel sehr fester, muschlig brechender Kalk, hie und da auch weniger consistent und mergelig. Noch weiter nach Osten verändert der Kalk seine Farbe, der Kieselgehalt tritt zurück, undeutliche Versteinerungen, Durchschnitte von hochgethürmten Gasteropoden (Nerineen?) und Pelecypoden treten auf, und es finden sich Uebergänge zum Hippuritenkalk von Sta. Croce.

An einigen Stellen, wie bei S. Isidoro, südlich von Belluno, findet sich in den höchsten Lagen des Biancone ein dicker, blassröthlicher Kalk, der in seinem petrographischen Habitus ganz mit dem Dachsteinkalk der Umgebung von Ampezzo übereinstimmt.

Die Scaglia wird vorwaltend aus weichen, versteinerungslosen, rothen Mergeln gebildet, die den obersten Theil der Kreideformation zusammensetzen. Die mächtigen weichen Mergel geben in unserem Terrain vielfach Anlass zum Entstehen enger und hoher Klammen, die in der Umgebung von Villa di Villa und S. Antonio di Tortal bis 100 Meter Höhe bei kaum 1 Meter Breite erreichen. Auch der, durch eine elegante eiserne Strassenbrücke überspannte Durchbruch der Piave bei Ponte nell' Alpi zeigt eine enge Felsgasse in den Mergeln der Scaglia. — Selten treten in den Mergeln festere Bänke von Plattenkalk auf, die oft hellere Farbe haben und ganz den plattigen Kalken des Biancone gleichen. Doch sind die Hornsteine der Scaglia immer von grellrother Farbe. In dem niedrigen Höhenzuge, der sich vom Monte Pascolet in nahezu nördlicher Richtung gegen Ponte nell' Alpi vorschiebt und die Becken von Belluno und Alpago trennt, ist die Scaglia zumeist von sehr festem Gestein gebildet, welches ebenso wie der inselartig bei Cugnan auftauchende Biancone in grossen Steinbrüchen gebrochen wird und Platten von bedeutenden Dimensionen liefert.

Der Hippuritenkalk des Lago di Croce enthält neben den Hippuriten Fragmente von Korallen und Gasteropoden. Das Gestein ist von hellweisser Farbe und erreicht im Monte Pascolet bedeutende Mächtigkeit. Eine strenge Abgrenzung vom Biancone ist nicht möglich, da dunkle Kalksteine an manchen Punkten einen allmählichen Uebergang vermitteln. Diese Kalke unterscheiden sich petrographisch gar nicht von Dachsteinkalk, wie er uns in der Umgebung von Ampezzo entgegentritt, doch enthalten sie ziemlich häufig Fragmente von Hippuriten, Nerineen etc. *). Eine weitere Facies der Kreide, einen fast lediglich aus Resten von Korallee ·und Spongien bestehenden Kalk, der auch andere schlecht erhaltene Fossilien umschliesst, beobachtete ich am Westgehänge des Bosco del Cansiglio bei Serravalle.

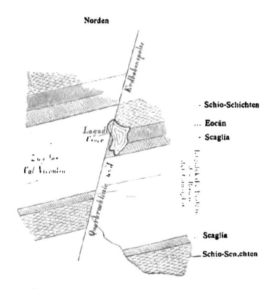

Norden

- Schio-Schichten

... Eocän

- Scaglia

- Scaglia

Schio-Scn.chten

Schematisirte Darstellung der horizontalen Verschiebung von Santa Croce.

Ich wende mich nun zur Schilderung des Querthales von Sta. Croce, wol der eigenthümlichsten Erscheinung, die wir in diesem Gebiete der Alpen wahrnehmen. Auf dem Wege von Ponte nell' Alpi nach Serravalle passirt man zunächst den tief in die Scaglia-Mergel eingerissenen Durchbruch der Piave und umfährt dann auf nahezu horizontaler Strasse den niedrigen, vom Monte Pascolet nach Norden sich erstreckenden, vorzugsweise aus Scaglia bestehengen Höhenzug. Zwischen Ponte nell' Alpi und Canevoi bemerkt man auf dem jenseitigen Ufer der Piave eine ziemlich hohe Terrasse, aus horizontal gelagerten praeglacialen Conglomeratbänken bestehend,

---

*) Vgl. Seite 105.

auf welcher die Ortschaften Ponte nell' Alpi und Polpet liegen. Die diluvialen Conglomeratbänke treten an einigen Punkten bei Canevoi auch am diesseitigen Ufer auf. Bemerkenswerth ist dieses, weil der Ort Cadola und dessen grosse Kirche fast gar nicht vom Erdbeben 1873 gelitten haben, während das unmittelbar benachbarte Soccher fast gänzlich zerstört wurde. Der erste dieser Orte aber liegt auf den festen Mergeln der Scaglia, der zweite auf den diluvialen Ablagerungen und zugleich auf der grossen Stosslinie, von welcher wir sofort zu sprechen haben werden. Von Canevoi bis nahe an das Nordende des Lago di Croce läuft die Strasse an den sanft ansteigenden Höhen der Scaglia, während sich zur Linken eine circa einen Kilometer breite, sumpfige Ebene ausbreitet, die vom Fiume Rai durchströmt wird. Jenseits dieses ausgedehnten, sumpfigen Terrains, das als Fortsetzung des Lago di Croce an-

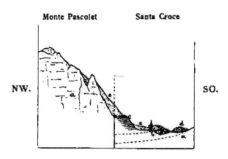

a = Hippuritenkalk; b = Scaglia; c = Eocän-Flysch; d = Glacialschutt; e = Gehängschutt.

gesehen werden kann, erheben sich die tertiären Hügel des Beckens von Alpago. Auf der rechten Seite der Strasse setzt, nahe dem nördlichen Ende des Sees von Sta. Croce, ein wenig mächtiger Zug von Biancone herab, der den Hippuritenkalk des Monte Pascolet von der Scaglia trennt. Das westliche Ufer des Lago di Croce wird grösstentheils durch diesen weissen Hippuritenkalk gebildet, während am östlichen die tertiären Ablagerungen des Alpago-Beckens auftreten. Die letzteren reichen jedoch an einer Stelle, in der unmittelbaren Umgebung von Sta. Croce auch über den See herüber und treten unmittelbar unter den Hippuritenkalkwänden des Monte Pascolet auf. Gehängschutt von ziemlich grosser Ausdehnung verdeckt die Bruchlinie selbst, auf der eocäner Flysch und Hippuritenkalk nahe bei dem Orte Sta. Croce zusammenstossen müssen. Dies zeigt, dass die Querbruchlinie hier hart am östlichen Steilabfall des Monte Pascolet und Monte Faverghera verläuft. Am Südende des Sees, dort, wo die Strasse von Sta. Croce gegen Cima Fadalto zu steigen beginnt, sind an der Strasse selbst die Mergel der Scaglia aufgeschlossen, offenbar das Liegende des eocänen Flysches bildend, der nordwestlich von Sta. Croce ansteht Grosse diluviale Schuttmassen erschweren hier die Beobachtung, die trotzdem den Zusammenhang dieser beiden isolirten Vorkommen von Flysch und Scaglia mit der Masse des Bocco del Cansiglio voraussetzen lässt.

Die heutigen hydrographischen Verhältnisse des Querthales von Sta. Croce 'sind äusserst eigenthümliche. Offenbar war das Thal einst von Nord bis Süd, von Capo di Ponte bis Serravalle offen, wenn auch der Durchbruch nur von einem Gletscherarme und nicht von fliessendem Wasser benützt gewesen sein mochte. Die Moränenbildungen des sich zurückziehenden Gletschers aber sperrten das Thal an mehreren Stellen und veranlassten die Bildung grösserer und kleinerer Seen, von welchen der grösste, der Lago di Croce, heute durch den Fiume Rai mit der Piave zusammenhängt, während der Lago Morte zwar keinen oberirdischen Abfluss hat, jedoch die ihm vorgelagerte Endmoräne in einem unterirdischen Abzugscanal durchbricht, der bei Bottejani so mächtig zu Tage tritt, dass er sofort eine grosse Mühle treibt und bei Serravalle schon zu einem bedeutenden Flusse angewachsen ist. Die Richtung des Querthales und der Strasse entspricht von Cima Fadalto bis Serravalle nicht mehr der Richtung des Verschiebungsbruches, das Thal weicht gegen Südwest ab, entspricht in seiner Richtung nahezu dem Streichen der ziemlich steil aufgerichteten Biancone-Schichten und ist lediglich Auswaschungsthal. Die Bruchlinie hingegen liegt weiter östlich, wie man an dem verschiedenen Streichen und Fallen der Kreideschichten östlich vom Lago Morte deutlich sehen kann. Während dort die Schichten in der Hauptmasse des Bosco del Cansiglio schwach gegen Nordwest geneigt sind, fallen sie im Monte Agnellezza, der einen südwestlichen Vorsprung des Bosco del Cansiglio gegen Serravalle bildet, ziemlich steil nach Südost. Die Bruchlinie liegt jedoch hier schon ausserhalb unseres Kartenblattes — sie findet ihre Fortsetzung in dem Steilabfall des Bosco del Cansiglio gegen die Umgebung von Ceneda. Wie eine Bastion springt diese grosse, plateauförmige Masse aus der Front der südlichsten Alpenkette hervor, die Stelle bezeichnend, an welcher dieselbe von einem Querbruche zerrissen wurde, auf welchem eine bedeutende Verschiebung der angrenzenden Gebirgstheile stattfand.

2. Das Thal von Belluno.

Die Mulde von Belluno bildet ein weites Thal, dessen synclinale Achse von West-Südwest nach Ost-Nordost gerichtet ist. Ihre grösste Breite erreicht sie im östlichen Theile, während der westliche sich bedeutend verschmälert. Im Osten wird sie vom Becken von Alpago abgetrennt durch jenen niedrigen, grösstentheils aus Scaglia bestehenden Rücken, welchen der südliche Gebirgszug, der die Mulde von der Ebene trennt, bis Capo di Ponte vorsendet. Während die flachen Gehänge des südlichen Scheiderückens sehr regelmässig von eocänen Ablagerungen bedeckt werden, die auf den rothen Mergeln der Scaglia liegen, treten die eocänen Bildungen in der Nordhälfte der Mulde nirgends auf, wenigstens konnte ich sie nicht anstehend treffen. An einigen Punkten findet sich wol, wie bei Tisoi und Giozzo, nordwestlich von Belluno, Nummulitenkalk ziemlich häufig in den diluvialen Schuttmassen, es deutet dies jedoch nur darauf hin, dass an irgend einer, jetzt durch die diluvialen Schuttmassen verdeckten Stelle eine Scholle von Eocän vorhanden gewesen sein mag, gerade so, wie an einigen Punkten daselbst auch die Scaglia auftritt, die sonst an der Nordseite der Mulde von Belluno fehlt. Die anstehenden Tertiär-Ablagerungen des nördlichen Theiles der Mulde aber gehören ausnahmslos dem Complexe der Schio-Schichten an.

Die Mulde von Belluno wird der Länge nach von der Piave durchströmt. Der Fluss hält sich nicht in der Mitte der Synclinale, sondern etwas südlicher, auch verlässt er die Mulde, ohne sie bis zu ihrem bedeutend höher liegenden Westende zu durchströmen, südlich von Cesana, um sich im Durchbruche von Quero einen Weg durch den südlichen Höhenzug zu bahnen. Der Lauf des Flusses ist sehr unregelmässig, zumeist ist sein Bett weit, von Alluvionen erfüllt, welche die reissenden, in zahlreiche Arme getheilten Gewässer fortwährend verschieben. Nur an wenigen Punkten ist der Fluss fixirt und bricht sich engere Bahnen durch härteres Gestein. So gleich bei seinem Eintritt bei Ponte nell' Alpi, wo er die Mergel der Scaglia durchbricht, bei Belluno, wo ihn fester eocäner Flysch einengt, bei Cesana, wo er sich wieder durch die Scaglia seinen Weg bahnen muss. Zwischen Ponte nell' Alpi und Belluno ist das Bett des Flusses sehr ausgedehnt, zugleich sieht man die zumeist sehr steilen Ufer auf das deutlichste bis zu bedeutender Höhe abterrassirt. Von Belluno bis in die Umgebung von Mel erlangen die Alluvionen der Piave und ihr Bett keine besonders grosse Ausdehnung, da der ziemlich feste eocäne Flysch, stellenweise auch Nummulitenkalk, hart an sein Ufer herantreten. Dort aber, wo die reissenden Gewässer des Torrente Cordevole in die Piave münden und nur alte diluviale Schuttkegel ihr Ufer bilden, zwischen Mel und Cesana, erweitert sich das Bett in enormer Weise, die culturunfähigen Alluvionen bedecken einen grossen Flächenraum und es wäre eine Regulirung des Flusses dringend zu empfehlen.

Wenden wir uns nun zur eingehenderen Betrachtung der tertiären Bildungen der Mulde von Belluno.

A. *Die Eocän-Ablagerungen.* Die gesammten Tertiär-Ablagerungen zwischen dem Kreiderücken, der die Mulde von der oberitalienischen Ebene scheidet, und dem Laufe der Piave gehören dem Eocän an. Es sind zumeist blaugraue Sandsteine, die in der Verwitterung braungelb werden und vollkommen den Flyschcharakter zeigen. Hieroglyphen treten nicht selten in den dünngeschichteten Lagen auf. In diesem eocänen Flysch treffen wir sodann Nummulitenkalk-Einlagerungen; es lassen sich aufs schärfste zwei durchlaufende Züge derselben verfolgen. Der untere, weniger mächtige, beginnt bei Noghera, südlich von Belluno, zieht parallel vom Val di S. Antonio bis gegen Tassei und biegt dort etwas nach West um. Seine nächste Fortsetzung wird durch Glacial-Diluvium verdeckt, bald taucht er wieder hervor, zieht eine bedeutende Strecke am rechten Ufer des Torrente Limana fort, bis er abermals von den Diluvial-Ablagerungen verdeckt wird. Er scheint übrigens hier in kalkigen Flysch überzugehen, denn im Einriss des Torrente Limana bei Cafagnoi ist kein Nummulitenkalk sichtbar, wol aber in den Höhen zwischen Cafagnoi und Frontin. Diesem unteren Zuge von Nummulitenkalk gehört wol auch das Vorkommen des niedrigen, langgestreckten Hügels an, auf welchem Col und Mel liegen; doch ist der Kalk hier ziemlich sandig und an manchen Stellen eher als kalkiger Sandstein zu bezeichnen, der hie und da völlig in Flysch übergeht. Der zweite Nummulitenkalkzug schwillt in den Höhen von S. Pietro in Tuba zu einer mächtigen Masse an, die schon von weitem auffällt, indem sie die sanften Hügel des eocänen Flysch durch eine Kalkwand unterbricht. Es sind vorwaltend grosse Nummulitenformen, welche wir hier im Querschnitte zumeist beobachten können, wir haben es offenbar mit dem sogenannten Hauptnummulitenkalk zu thun. Diesem zweiten, im Flysch auftretenden Nummulitenkalkzuge gehört wol jener schmale Streifen des gleichen Gesteins an, der am rechten Piave-Ufer bei Pasa und Triva auf lange Erstreckung sich unmittelbar am Flusse hinzieht.

Was das Auftreten der Eocän-Schichten auf der linken Seite der Piave anlangt, so beobachten wir nur in der Höhe von S. P██████

in Tuba und in dem Plateau, welches sich südöstlich von derselben ausdehnt, eine grössere, zusammenhängende Masse, in welcher wir auch die oben erwähnten Nummulitenkalkzüge beobachten können.

Wir sehen dann noch bei Belluno, unmittelbar am linken Ufer der Piave einen grösseren, zusammenhängenden Streifen eocäner Ablagerungen, doch sind es nur Mergel und Sandsteine; Nummulitenkalk tritt hier nirgends auf. Westlich von S. Pietro in Tuba finden wir die Eocänablagerungen, abgesehen von dem schmalen Hügel, auf welchem Mel liegt, und vom Nordgehänge des Monte Naromal, nur in den tiefen Schluchten, die von den Torrenti Limana und Ardo durch die enorm mächtigen Moränenschuttmassen eingerissen worden sind.

Nördlich vom Piave-Flusse bildet eocäner Flysch einen ziemlich breiten Streifen von Belluno bis in die Gegend von Bribano. Bemerkenswerth sind die Brüche in festem, hellem, kalkigem Flysch an der Strasse nach Agordo, unmittelbar bei Belluno, und das Vorkommen ähnlicher Gesteine bei Pasa und Triva am Piave-Ufer. Dort ist zwar das Gestein noch reicher an Kalk und enthält häufig Nummuliten in so grosser Menge, dass wir es geradezu als Nummulitenkalk bezeichnen müssen, immerhin greifen an einigen Stellen (und gerade südlich von Triva findet sich eine solche) Flysch und Kalk in einer Weise zungenförmig ineinander, dass man ganz gewiss ein analoges Verhältniss voraussetzen darf, wie zwischen dem miocänen Nulliporenkalk und Tegel des Wiener Beckens. Petrographische Uebergänge zwischen Nummulitenkalk und Flysch sind zudem so häufig, dass wir beide füglich als vicarirende Facies betrachten können.

Westlich vom Cordevole zieht der eocäne Flysch, durch Diluvial-Ablagerungen vielfach verdeckt, von Formegan über Anzaven und Dorgnan gegen Cart. Südwestlich von Cart findet sich auf dem Wege nach Feltre wieder eine Einlagerung von Nummulitenkalk, der in dem Winkel bei Feltre eine grössere Rolle spielt, als der Flysch. Nummulitenkalkmassen treten hier am Südwestende des Beckens bei Mugnai und Facen auf. Besonders bemerkenswerth erscheint das vereinzelte Vorkommen von Basalt, der im Nummulitenkalk eingelagert, wenige Meter mächtig in einem Wasserriss nordöstlich von Facen auftritt, offenbar ein Stromende der grossen vicentinischen Basaltdecken.

B. Schio-Schichten. Der obere Theil des sogenannten ‚Sandsteines von Belluno' zeigt einen petrographisch und paläontologisch vom unteren gänzlich verschiedenen Habitus; er besteht vorwaltend aus einer ziemlich mächtigen Masse von gröberem, stellenweise

conglomeratischem, grünem Sandstein, der häufig eine Menge wolerhaltener Versteinerungen beherbergt, während der eigentliche
Flysch in diesem oberen Complexe sehr zurücktritt. Doch finden
sich auch hier Lagen von graublauem, gelbbraun verwitternden, feinkörnigen Sandstein, der dem eocänen Flysch nicht unähnlich ist.
In diesem feinkörnigen Sandsteine des oberen Complexes fanden
sich bei Libano und Bolzano, nordwestlich von Belluno, jene
Wirbelthierreste, Haifischzähne und Wirbel, sowie Cetaceen- und
Sireniden-Knochen, welche theilweise schon von Catullo und später
durch de Zigno*) beschrieben wurden. Kalkeinlagerungen fehlen,
es finden sich nur neben dem grünen Sandsteine auch weiche,
glimmerreiche, graue Mergel, die sich durch ein massenhaftes Vorkommen von Fischschuppen auszeichnen.

Dieser jüngere Complex von grünen, gröberen Sandsteinen
und eingelagertem Flysch, sowie grauem Mergel mit Fischschuppen
gehört seiner Fossilführung nach unzweifelhaft der Etage der Schio-
Schichten an.

Aus dem grünen, oft conglomeratischen Sandstein lagen mir
Versteinerungen von folgenden Fundorten vor: Alle Case bei
Umin, nördlich von Feltre, — Valle di S. Martino bei S. Gregorio, —
zwischen Mas und Gron, an der Strasse unter der grossen Stirn-
moräne, — nordöstlich von Orzes an der Strasse von Belluno nach
Agordo, — Vezzan bei Belluno. Namentlich die beiden letzten
Fundorte haben sehr zahlreiche Versteinerungen geliefert.

Versteinerungen aus dem grauen, Fischschuppen führenden
Mergel sind mir von folgenden Fundorten bekannt geworden: Alle
Case bei Umin, nördlich von Feltre, — am Wege zwischen Sospirolo
und Susin, — Sedico, West-Südwest von Belluno, — Wasserriss
bei der Brücke, Südost von Mas, an der Strasse von Belluno nach
Agordo, — südlich von Tisoi, am Wege von Tisoi nach Liban,
Nordwest von Belluno, — Zeneghe, Nordwest von Belluno.

Im Mergel sind alle Versteinerungen flach gedrückt und zer-
quetscht, so dass sie der Bestimmung grosse Schwierigkeiten
entgegensetzen — namentlich bei dem häufigsten Fossil, einer neuen

---

*) Vergleiche hierüber: A. de Zigno: Squalodonreste von Libano bei
Belluno. Verhandl. d. G. R.-A. 1876, N. 10, pag. 232; Ueber *Squalodon Catulli
Mol. sp.* aus der miocänen Molasse von Libano bei Belluno (bespricht ein von
Trinker eingesendetes Stück der Sammlung d. G. R.-A.). — Verhandl. etc., 1876,
N. 12. — Sirenii fossili trovati nel Veneto (Estr. dal Vol. XVIII. delle Memorie
dell' R. Istituto Veneto 1875). In letzterer Publication spricht sich de Zigno bereits
für das miocäne Alter der Grünsande von Belluno mit *Pyrula condita, Voluta
appeninica, Pholadomya trigonula, Cytherea pedemontana* etc. aus.

Turritella, die der *Turritella rotifera Desh.* gleicht, hat man es immer mit platt zusammengedrückten Exemplaren zu thun, an welchen nicht blos die Kiele der oberen, sondern auch der unteren Seite in einer Weise sichtbar sind, dass dadurch der Gesammteindruck gänzlich gestört wird. Viele der vorkommenden Fossilien konnten blos generisch bestimmt werden und dürften grösstentheils neu sein, doch ist ihr Erhaltungszustand ein derart schlechter, dass das vorliegende Materiale zu einer Beschreibung neuer Formen nicht ausreicht. Auch der Erhaltungszustand der Versteinerungen des grünen Sandsteines lässt viel zu wünschen übrig, doch sind hier die Arten mit ziemlicher Sicherheit zu erkennen.

Ich vermochte eine Anzahl sehr bezeichnender Formen zu erkennen, von denen ich folgende hervorheben will *):

1. *Conus deperditus Brong., Turritella cf. asperula Brong.,* und *Cardium anomalum Math.* als Arten, die häufig in den vicentinischen Gomberto-Schichten (Oberoligocän Fuchs') vorzukommen pflegen.

2. *Turritella gradata Menke, Venus multilamella Lamk., Dosinia cf. exoleta Linn., Isocardia cf. subtransversa d'Orb., Cardium cf. hians Brocc., Cardita scabricosta Micht., Astarte cf. Neumayri R. Hoern., Arca cf. diluvii Lamk., Pinna Brocchii d'Orb., Avicula phalaenacea Lamk., Pecten cf. denudatus Reuss.* Formen, die in den österreichischen Miocän-Ablagerungen häufig auftreten.

3. *Voluta sp. (apenninica?)* — *Dentalium cf. grande Desh., Panopaea Gastaldii Micht., Panopaea declivis Micht., Pholodomya trigonula Michti., Venus dubia Micht., Venus intermedia Micht., Cardium fallax Micht., Crassatella carcarensis Michti., Crassatella neglecta Micht., Pecten deletus Micht., Pecten arcuatus Brocc., Janira fallax Micht.* Es sind dies Arten, die fast alle von Michelotti in seinen „Etudes sur le Miocène inférieur de l'Italie septentrionale, 1861" beschrieben wurden. Ich halte diese Arten für charakteristisch für den Complex, in welchem sie auftreten.

Wir sehen demnach eine Zusammensetzung der Fauna aus drei Elementen, aus oligocänen und miocänen Typen, neben welchen jene Formen auftreten, die meiner Meinung nach für den Complex der Schio-Schichten charakteristisch sind.

3. Die Tertiärablagerungen der Umgebung von Serravalle.

Während in der Mulde von Belluno Eocän- und Schio-Schichten auftreten, erscheinen in der Umgebung von Serravalle, am Saume

---

*) Wegen weiterer Details vgl. man einen ausführlichen Aufsatz von Hoernes im Jahrbuche der k. k. Geolog. R.-A. 1878, Seite 9.

der oberitalienischen Ebene Schio-Schichten und mediterrane Ablagerungen. Das nachstehende, etwas schematische Profil zeigt, wie in der Umgebung von Serravalle, wahrscheinlich in Folge einer Transgression der Schio-Schichten, dieselben unmittelbar auf der Scaglia auflagern und weiter gegen die Ebene von mediterranen Bildungen gefolgt werden.

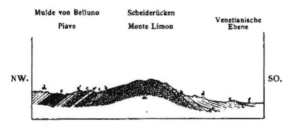

Mulde von Belluno   Scheiderücken   Venetianische
Piave   Monte Limon   Ebene

NW.   SO.

a = Biancone; b = Scaglia; c = Flysch; c^1 = Nummulitenkalk; c^{11} = Eocän; d = Schio-Schichten; e = Ablagerungen der mediterranen Stufe; f = Schotterfelder der Ebene.

Die eocänen Ablagerungen, welche ich in der Umgebung von Serravalle nirgends zwischen Scaglia und Schio-Schichten bemerken konnte, mögen nicht sowol gänzlich fehlen, als vielmehr durch die Transgression der letzteren verdeckt sein. Es gewinnt diese Muthmassung dadurch grosse Wahrscheinlichkeit, dass auch die Scaglia nur in isolirten kleinen Partien nahe den Schio-Schichten sichtbar wird, die an anderen Stellen unmittelbar auf Biancone lagern. Das Einfallen der Schichten der Kreideformation ist in der Regel ein ziemlich steiles — 40—45° gegen Südost. Nahezu unter dem nämlichen Winkel neigen sich auch die Schio-Schichten der Ebene zu, so dass sie concordant der Scaglia oder dem Biancone aufgelagert erscheinen. Es wäre äusserst auffallend, wenn Eocän-Ablagerungen in der Mulde von Belluno vorhanden sein sollten, während sie am Aussenrande des Rückens, der die Mulde von der Ebene trennt, fehlen würden. Ich zweifle nicht, dass sie auch an letzterer Stelle vorhanden sind, wenn auch durch die jüngeren Ablagerungen verdeckt. Gleiches mag der Fall sein auf der ganzen Strecke der Südalpen östlich von der in Rede stehenden Gegend — in welcher Strecke man bis zum istrischen Eocän keine Vertretung dieser Etage kennt.

Ich habe die Tertiär-Ablagerungen der Umgebung von Serravalle im Wesentlichen nur insofern studirt, als sie in den Bereich der Südostecke des Kartenblattes fallen. Nur zur Ausdehnung eines Profils bis an die Ebene habe ich auch einige ausserhalb des gedachten Blattes gelegene Punkte berührt, von denen unten die Rede sein wird.

Die für uns interessanteste Gegend ist jener Hügelzug, welcher sich an den von der Masse des Bosco del Cansiglio nach Südwest gegen Serravalle herabreichenden Monte Agnellezza anlehnt. In diesem Hügelzuge traf ich bei Ciesure, Val Calda, Maren u. s. w. eine ungemeine Anzahl von Versteinerungen, Arten, die in ihrer eigenthümlichen Vergesellschaftung für den Complex der Schio-Schichten charakteristisch sind. Hier wie in den Schio-Schichten von Belluno begegnen wir einer Vergesellschaftung von drei verschiedenen Elementen, Formen, die sonst in Oligocän-Ablagerungen häufig auftreten, Arten der Miocänstufe und endlich Typen, die für die Schio-Schichten speciell charakteristisch sind Ich bemerke, dass ich zwar an einer Reihe von Fundorten: Alpe Corghe, nordöstlich von Serravalle, — Maren, nord-nordöstlich von Serravalle, — Val Calda, ebenfalls nord-nordöstlich von Serravalle, — am Wege von Ciesure nach Val Calda, und auf dem Höhenzuge zwischen Ciesure und Val Calda eine grosse Anzahl von Versteinerungen gesammelt habe, dass jedoch der Formenreichthum ein weitaus geringerer ist, als in der Mulde von Belluno. Es treten übrigens auch einige Arten auf, die für uns grosses Interesse haben und im Becken von Belluno nicht beobachtet wurden. Dahin gehört vor Allem *Spondylus cisalpinus Brong.*, eine ausgezeichnete oligocäne Form, dann *Spondylus cf. crassicosta Lamk.* und *Nullipora (Lithothamnium) cf. ramosissima*, die neben *Turritella gradata Menk.* die miocänen Typen vertreten, während von charakteristischen Arten der Schio-Schichten *Cardium fallax Micht.*, *Pinna sp. nov.* (eine grosse, sehr bauchige Art, mit ungefaltetem Schnabel), *Pecten deletus Micht.*, *Pecten Haueri Micht.*, *Pecten nov. sp.* (übereinstimmend mit einer von Herrn Custos Th. Fuchs in den Schio-Schichten von Malta gesammelten Form), *Pecten arcuatus Brocc.* und *Janira fallax Micht.* zu nennen sind.

Die Schio-Schichten von Serravalle unterscheiden sich auch in ihrem petrographischen Charakter wesentlich von jenen des Beckens von Belluno — es sind gelbe, weiche Mergel und Sandsteine, die in den Hügeln nordöstlich von Serravalle die genannte Fauna enthalten. Gröbere Sandsteine treten nicht auf, während wir im vorigen Abschnitte gesehen haben, dass der grüne Sandstein von Belluno häufig in ein förmliches Conglomerat übergeht.

Auch die Lagerungsverhältnisse sind andere. Im Becken von Belluno liegen die Schio-Schichten auf einer mächtig und ausgedehnt entwickelten Eocänbildung; in der Umgebung von

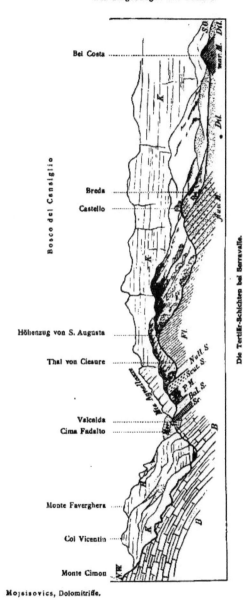

Die Tertiär-Schichten bei Serravalle.

B. = Biancone; K. = Dichter, hornsteinführender Kreidekalk; H. = Hippuritenkalk; Sc. = Scaglia; Bal. S. = Balanen-Sandstein; P. M. = Gelber Mergel mit Pecten denudatus und P. Haueri; = Scut. &. = Sandstein mit Scutellen und flachen Clypeastern; Null. S. = Nulliporen-Sand; Fl. = Flysch; fluv. M. = Fluviatiles Miocän; mar. M. = Marines Miocän; Mor. = Moränen; Dil. = postglaciale Schuttkegel.

Mojsisovics, Dolomitriffe.

Serravalle erscheinen sie direct den rothen Mergeln der Scaglia aufgelagert und die Eocänablagerungen fehlen gänzlich. Auffallend ist es, dass die Mergel der Scaglia und die Schio-Schichten nordöstlich von Serravalle nahe das gleiche Einfallen und sogar den gleichen Neigungswinkel zeigen, so dass die Schichten concordant auf einander zu liegen scheinen, wie dies das nebenstehende Profil andeutet. Wir bemerken in demselben, welches von Nordwest nach Südost vom Monte Cimon über Val Calda und Breda gezogen ist, dass bei Val Calda über hellem, hornsteinreichen Kalk, dessen wolgeschichtete Massen in dem steilen Abfall zum Thal, in welchem die Strasse nach Cima Fadalto hinaufzieht, sichtbar werden, in ziemlich geringer Mächtigkeit die rothen Mergel der Scaglia folgen.. Es sind eigentlich nur einige Strecken, an welchen dieselben sichtbar werden, zumeist scheint die Scaglia gerade so von den transgredirenden Schio-Schichten verdeckt zu sein, wie die Eocänablagerungen. Die Basis der Schio-Schichten wird gebildet von einem grauen, zerreiblichen Sandstein mit *Turritella, Pinna* und anderen Gasteropoden und Pelecypoden — am charakteristischsten für diese unterste Schicht aber ist das massenhafte Vorkommen von Balanen, so zwar, dass man den Sandstein geradezu als Balanensandstein bezeichnen könnte. Ueber dem Balanensandstein folgt ein gelblicher, ziemlich weicher Mergel mit *Pecten deletus Michti.* und zahlreichen, aber schlecht erhaltenen Echiniden *(Schizaster).* Es folgt hierauf festerer Sandstein, der den Rücken zwischen Val Calda und dem Thal von Ciesure bildet. In diesem Sandstein kommen Scutellen und flache Clypeaster in grossen Mengen vor, sind jedoch aus dem verhältnissmässig festen Materiale schwer zu gewinnen. Den Abhang des Hügelzuges gegen das Thal von Ciesure bilden gelbliche Sande und Mergel, in welchen in sehr grosser Menge Lithothamnien-Knollen, sowie vereinzelt die Schalen von *Spondylus cisalpinus* und *Sp. cf. crassicosta* auftreten. Jenseits des Thales von Ciesure durchschneidet unser Profil einen ziemlich mächtigen Zug von festem, blaugrauem Flysch, der sich zur Höhe von S. Augusta bei Serravalle fortsetzt. Es folgt dann ein flaches Gehänge, das lediglich aus fossilleerem, blaugrauem Sandstein gebildet wird, dann aber schneidet das Profil eine höchst eigenthümliche Ablagerung, von der später noch die Rede sein soll: wechsellagernde Schichten von feinkörnigem Sandstein und grobem Conglomerat, die den Typus fluviatiler Bildung tragen und die Hügel bei Breda zusammensetzen. Es folgt sodann eine kleine Ebene, von Diluvialablagerungen bedeckt, und zuletzt schneidet unser Profil noch einen unbedeutenden Höhenzug bei dem Dorfe Costa, Nordost von Ceneda und Südost von Serravalle, in welchem gelbe, sandige Mergel schlecht erhaltene Conchylien führen, die der zweiten Mediterranstufe Suess' angehören *(Conus sp.*, *Ancillaria glandiformis Lamk.*, *Turritella rotifera Desh.)*.

Ueber den Schio-Schichten, in denen bei Serravalle mächtige Massen von blaugrauem, festem Flysch eingeschaltet erscheinen, folgen in der Umgebung von Breda die eigenthümlichen Ablagerungen, welche eben, bei Besprechung des Profils erwähnt wurden. Es sind feine, sehr zerreibliche Sandsteine, die mit grobem, schlecht verkittetem Conglomerat in wenig mächtigen, aber sehr zahlreichen Bänken wechsellagern. Der feine Sandstein wird trotz seiner geringen Festigkeit bei Breda als Werkstein gebrochen, indem man in den Höhen rechts und links von der tiefen Schlucht, die sich der von Ciser herabkommende Bach eingerissen hat, ziemlich grosse Höhlensysteme angelegt hat. Die Steinbrecher lassen die Conglomeratschichten stehen und wühlen die feinen Sandsteine dazwischen heraus, so dass das Ganze den Waben eines Bienenstockes gleicht. Die Bildung selbst trägt in ausgezeichneter Weise durch bankweise Sonderung des gröberen und feineren Materiales den fluviatilen Charakter. Die Schichten fallen alle ziemlich steil unter einem Winkel von 35 bis 40° nach Südost, scheinen also von der Faltung des Gebirges mitbetroffen worden zu sein. Aller Wahrscheinlichkeit hat man es hier mit einem Aequivalent der ersten Mediterranstufe zu thun, doch habe ich die Tertiärablagerungen bei Serravalle zu wenig studirt, um hierüber mir ein Urtheil erlauben zu dürfen. In der Sammlung der k. k. geologischen Reichsanstalt fanden sich aus älterer Zeit mit der Bezeichnung Serravalle, ohne nähere Fundortsangabe, einige Conchylien, die nicht aus den Schio-Schichten herzustammen scheinen, sondern vielmehr übereinstimmen mit den Versteinerungen der Hornerschichten, wie sie in Valsugana und in den Monti Berici auftreten [*]. Namentlich bemerkenswerth ist darunter *Venus islandicoides Lamk*, unter welchem Namen hier jene Form aufgeführt wird, welche in den Sanden von Eggenburg auftritt und sich namentlich von jener der zweiten Mediterranstufe (Sand vom Grund etc.) unterscheidet. Ich konnte der Aufsuchung des Fundortes, so interessant dieselbe gewesen wäre, nicht die erforderliche Zeit widmen, sondern musste mich begnügen, den Raum des Blattes aufzunehmen und eine flüchtige Excursion bis an den

---

[*] Vgl. R. Ho e r n e s: Beitr. zur Kenntniss der Tertiär-Ablagerungen in den Südalpen. II. Das Vorkommen der ersten Mediterranstufe in Valsugana und in den Monti Berici. Verh. d. Geolog. R.-A. 1877.

30 *

Rand der oberitalienischen Ebene zu machen, um das Profil bis an dieselbe zu verlängern.

Es sei schliesslich noch bemerkt, dass ich bei Costa, Südost von Serravalle, Nordost von Ceneda, einen niedrigen, von gelblichem, sandigem Mergel gebildeten Hügelzug vorfand, dessen Streichen (Südwest—Nordost) genau dem Streichen der Höhenzüge von S. Augusta und Breda parallel läuft. Bei Costa fand ich, wie schon oben erwähnt, *Ancillaria glandiformis Lamk.* und *Turritella rotifera Desh.*, also die Fauna der zweiten Mediterranstufe.

4. Die jüngeren Schutt-Ablagerungen.

Im untersuchten Gebiete können wir ebenso wie vielfach anderwärts im Gebiete der Alpen drei vollkommen verschiedene, aufeinanderfolgende Bildungen aus jenem Zeitraume beobachten, welcher zwischen dem Schlusse der Tertiärperiode und der Gegenwart liegt, wir können in der Umgebung von Belluno ein praeglaciales, ein glaciales und ein postglaciales Diluvium unterscheiden.

Als Bildungen praeglacialer Zeit begegnen wir in der Mulde von Belluno ausgezeichnet geschichteten Geröllablagerungen, die zumeist zu einem sehr festen Conglomerat, der Nagelfluhe vergleichbar, verkittet sind. Diese Geröllablagerungen zeigen stets eine, wenn auch hie und da etwas undeutliche Sonderung des Materiales und sind in der Regel bankweise geschichtet, so dass an steilen, der Denudation ausgesetzten Abhängen, an welchen härtere und weichere Bänke abwechseln, diese schon von weitem durch die ungleiche Abwitterung auffallen. Dieses geschichtete, praeglaciale Diluvium nimmt stets, wo es überhaupt vorhanden ist, die Thalsohle ein, und die gegenwärtigen Flüsse haben sich ihr Bett in diesen älteren Alluvionen ausgewaschen. Ebenso liegt in der Mulde von Belluno das geschichtete Conglomerat unmittelbar an den heutigen Flussläufen und wird von denselben abterrassirt. Belluno selbst liegt auf einer Terrasse dieser praeglacialen Ablagerungen, und es erstrecken sich dieselben weit nach Nordost bis in die Umgebung von Ponte nell' Alpi. Die Ortschaften Nogarè, Sagrano und Polpet liegen hier ebenso wie Belluno auf diesen praeglacialen Diluvial-Ablagerungen, — sie alle haben unter dem Erdbeben vom 29. Juni 1873 ausserordentlich gelitten, während die Sobborghi von Belluno, die auf den recenten Alluvionen der Piave und des Torrente Ardo liegen, verhältnissmässig wenig gelitten haben. Noch auffallender zeigt sich der Einfluss der Bodenbeschaffenheit auf die Intensität des Erdbebens östlich von Capo di Ponte, wo die auf den praeglacialen Ablagerungen gelegenen Orte, wie Soccher, fast gänzlich zerstört wurden, während das benachbarte, auf Scaglia erbaute Cadola mit seiner grossen Pfarrkirche fast gar nicht beschädigt wurde. Der Hauptunterschied dieser praeglacialen Alluvionen von den glacialen Bildungen besteht darin, dass erstere stets deutlich und häufig bankförmig geschichtet sind, in der Regel nach der Grösse gesondertes Material enthalten und die Tiefe des Thales einnehmen. Die Geschiebe gleichen gewöhnlichen Flussgeschieben, nie treten eckige Blöcke oder gekritzte Geschiebe auf. Häufig ist das Geröll fest verkittet und liefert dann einen vortrefflichen Werkstein; es befinden sich z. B. bei Soccher grosse Mühlsteinbrüche in diesen Ablagerungen. Das Material der Geschiebe ist ein sehr manigfaltiges, es kommen Schieferfragmente und Massengesteine (Quarzporphyr, Melaphyr etc.) vor, doch überwiegen weitaus die Kalke. Letztere zeigen häufig, zumal in den fest verkitteten Lagen das Phänomen der hohlen Geschiebe.

Eine sehr eigenthümliche Erscheinung zwischen Ponte nell' Alpi und Belluno ist die Terrassenbildung in den praeglacialen Ablagerungen. Sie fällt keineswegs zusammen mit der ursprünglichen Bildung derselben und ist vielmehr weit später durch Denudation, durch die Auswaschung von Seite der Piave entstanden.

Die glacialen Bildungen in der Mulde von Belluno und auf den umgebenden Höhen zeichnen sich durch eine ganz andere Beschaffenheit aus. Zunächst liegen sie im Hochgebirge nördlich der Mulde nicht in den Thälern, sondern hoch oben an den Gehängen, oft mehrere tausend Fuss über der heutigen Thalsohle. Auch in der Mulde selbst nehmen sie nie die tiefste Stelle ein — sie lagern in der Regel auf den tertiären Hügeln, während die Wasserrisse tief in dieselben eingeschnitten sind. Sehr hoch reichen die glacialen Ablagerungen in der Südhälfte der Mulde von Belluno auf den Scheiderücken hinauf, der dieselbe von der oberitalienischen Ebene trennt — erratische Blöcke von Nummulitenkalk, Pietra verde, Quarzporphyr etc. finden sich noch auf der Höhe von S. Ubaldo (S. Leopoldo der Karte), so dass wol die Gletscher in ihrer grössten Ausdehnung den Scheiderücken an seinen niedrigeren Stellen überschritten haben dürften. Noch deutlicher ist der Charakter der Moränenbildungen bei deren genaueren Betrachtung ersichtlich. Die Ablagerungen sind nicht geschichtet, grosse, eckige Blöcke liegen in feinem Detritus, das Material ist nicht gesondert, die Mehrzahl der Geschiebe ist zwar geglättet, aber eckig und die aus Kalk bestehenden tragen eine

Unzahl feiner, meist paralleler Kritzer. An einigen Stellen, so
z. B. in den tiefen Wasserrissen der Torrenti, welche vom südlichen
Scheiderücken herab der Piave zuströmen, kann man eine Erscheinung sehen, die einigermassen an Schichtung erinnert. In der
regellos aus feinem Detritus, kleineren und grösseren Geschieben
zusammengehäuften Masse finden sich hie und da grössere
Geschiebe und Blöcke reihenweise angeordnet, so dass an einer
steilen, der Auswaschung preisgegebenen Wand eine Art von
Schichtung sichtbar wird, da die grösseren Blöcke in einer Reihe
hervorragen. Doch hat dies mit echter Schichtung nichts zu
thun, zumal die typische Moränenstructur gerade in der Nähe
einer solchen Blockreihe recht auffallend hervortritt. In vielen
Fällen, deren ich einige weiter unten zu schildern haben werde,
ist der Moränencharakter auch durch den äusseren Umriss angedeutet. Wir finden in der Umgebung von Belluno, am Ausgang
des Canals von Agordo, zwischen Gron und Mas, eine ausgezeichnete alte Endmoräne — eine ganze Reihe solcher Moränen
tritt in dem Querthale von Sta. Croce auf, die grössten Endmoränen
finden sich aber am Rande der oberitalienischen Ebene bei
Serravalle.

Die postglacialen Ablagerungen unseres Gebietes bestehen
zunächst aus gewaltigen Schuttkegeln, welche namentlich in der
Gegend der Vereinigung des Cordevole mit der Piave und westlich von Feltre, im Thal des Torrente Stizzone und in der vom
Torrente Cormeda und Rio Ligont durchflossenen Ebene grosse
Ausdehnung erreichen. Die drei letzgenannten Gebirgsflüsse waren
nicht im Stande, sich ein permanentes Bett in den postglacialen
Schuttkegeln zu schaffen. Den grössten Theil des Jahres hindurch
verschwinden ihre Gewässer unter der Schuttmasse; nur im
Frühjahr nach der Schneeschmelze wälzen sie gewaltige Wasser-
massen über dieselbe, die bald hier, bald dort ihren Weg nehmen
und die Cultur des sterilen Bodens unmöglich machen, wie das
vorzüglich am Torrente Stizzone der Fall ist. Bei den postglacialen
Ablagerungen habe ich auch der Torfbildungen Erwähnung zu
thun, die sich an einigen Stellen des Gebietes, namentlich in dem
nördlich vom See von Sta. Croce befindlichen versumpften Reviere
des Fiume Roi vorfinden. Dort finden sich nicht unbedeutende
Torfstiche, deren Material zur Feuerung in der Miniera von Val
Imperina bei Agordo verwendet wird.

Die Vergletscherung der Mulde von Belluno war zur Zeit
ihrer grössten Ausdehnung so stark, dass wir uns das weite Thal
fast ganz mit Eis erfüllt vorstellen müssen. Was zunächst die

Dimensionen des Piave-Gletschers selbst anlangt, 'so möge der Hinweis auf das Vorkommen von Moränenschutt am Südostgehänge des Monte Campello bei Longarone und bei Casso — beide hoch über der Sohle des Piave-Thales, genügen, um an der Höhe der beiderseitigen Randmoränen-Reste die enorme Mächtigkeit des Gletschers zu zeigen. Ein nicht viel weniger starker Arm drang wol durch das Cordevole-Thal und mag dort um so höher an den Wänden emporgereicht haben, je enger der Canal von Agordo im Verhältniss zur Thalschlucht der Piave bei Longarone ist. Es überschritten jedoch auch an zahlreichen anderen Stellen mit Moränen beladene Eismassen das Hochgebirge zwischen den beiden grossen Bruchlinien, und an manchen Punkten finden sich ihre deutlichen Spuren. Am auffallendsten in dieser Beziehung erscheinen die Moränenschuttmassen im Val di Martino bei der Alpe Grassura, welche grosse Blöcke von Quarzporphyr und Granit enthalten, die offenbar über den hohen Gebirgskamm aus der Gegend von Primiero herübergetragen worden sind. Ausserordentlich wichtig ist der Glacialschutt im Thal des Torrente Portita, welches sich vom Croce d'Aune gegen Feltre hinabzieht. Die grössten Blöcke von Gneiss und Granit aber traf ich in jenem kleinen Thälchen, welches nördlich vom Monte Aurin liegt. Das Vorkommen von Quarzporphyr, Granit der Cima d'Asta und Gneiss, der wol ebenfalls vom Cima d'Asta-Stock herrührt, deutet auf eine ganz ausserordentlich grosse Dimension der Vergletscherung. Der grösste Theil der Tertiär-Ablagerungen von Belluno erscheint heute durch die Glacialbildungen verhüllt. Namentlich ist nur an wenigen Stellen der Contact des Randgebirges mit den Tertiärbildungen zu sehen, da die Moränenschuttmassen gerade am Rande der Mulde ausserordentlich mächtig sind und hoch an den Gehängen der Randgebirge in zusammenhängenden Massen emporreichen. In der Mitte der Mulde haben die Gewässer der postglacialen Periode und der Gegenwart die glacialen Ablagerungen denudirt und Schuttkegel und moderne Alluvionen nehmen hier ihre Stelle ein. Nur isolirte Denudationsreste von Glacialschutt treffen wir allenthalben auf den tertiären Hügeln an. Ebenso wie in der Mitte der Mulde finden wir den Moränenschutt in grösserer Höhe an den Randgebirgen weggeschafft. Die steilen Gehänge und die grössere Macht der Denudation haben hier zerstörend gewirkt, und es sind häufig nur die grösseren Blöcke zurückgeblieben, während das kleinere Materiale verschwunden ist. Solche grosse Blöcke von Quarzporphyr und Pietra verde, von Dachstein- und Nummulitenkalk aber finden sich auf dem Kreidegebirge zwischen der Mulde von

Belluno und der oberitalienischen Tiefebene in sehr bedeutenden Höhen. Eine Menge von Glacialblöcken trifft man z. B. bei S. Ubaldo (S. Leopoldo) am Uebergange nach Tovena. Es kann demnach nicht bezweifelt werden, dass der Scheiderücken zwischen dem Thal von Belluno und der Ebene auch in seinen höheren Partien von den alten Gletschern übersetzt wurde. Ein mächtiger Gletscherarm aber drang durch das Querthal von Sta. Croce. Zur Zeit der grössten Ausdehnung reichte der alte Gletscher, den wir der Kürze halber als jenen von Sta. Croce bezeichnen wollen, weit über Serravalle hinaus. Er lagerte seine Endmoränen bei Colle Umberto ab, und bildete dort einen weiten Halbkreis niedriger Hügel, deren Natur Jedem klar sein wird, der, vertraut mit den grossartigen Glacial-Erscheinungen der Südalpen, dieses weite Moränen-Amphitheater von einem geeigneten Standpunkt, etwa der Kapelle S. Augusta, bei Serravalle, betrachtet. Die genannte Kapelle liegt unmittelbar bei dem genannten Orte, auf einem verhältnissmässig niedrigen Zuge aus tertiärem Sandstein (Flysch der Schio-Schichten). Man übersieht von ihr aus zu seinen Füssen eine kleine, wol angebaute Ebene, welche von postglacialen Anschwemmungen gebildet ist, und erst jenseits derselben einen weiten Halbkreis niedriger Hügel — die Stirnmoräne des alten Gletschers von Sta. Croce zur Zeit seiner grössten Ausdehnung. Besucht man diese Hügelreihe, so findet man überall die unzweifelhafte Bestätigung für die glaciale Natur ihrer Bildung. Eckige Geschiebe von mesozoischem Kalk, Melaphyr, Quarzporphyr etc., die Kalkgeschiebe alle gekritzt, liegen ohne Sonderung des Materiales in feinem Detritus.

Fast interessanter noch als diese Glacialbildungen, welche die grösste Ausdehnung der alten Gletscher in unserem Gebiete markiren, sind jene, welche dieselben bei ihrem allmählichen Rückzuge hinterlassen haben. Ausserordentlich lehrreich ist in dieser Beziehung der alte Gletscher von Sta. Croce. Während seine Endmoränen zur Zeit der grössten Ausdehnung ziemlich weit südlich von Serravalle lagen, hat er bei seinem allmählichen Rückzuge in dem Querthale von Sta. Croce eine ganze Reihe von kleineren Stirnmoränen zurückgelassen. In dem unteren Theile dieses Querthales, welches von Cima Fadalto bis Serravalle eher als Längenthal bezeichnet werden könnte, weil hier die Erosion dem Streichen des Gebirges folgte, treffen wir unmittelbar nördlich von Serravalle, an der Stelle, wo die Strasse nach Revine abzweigt, die ersten Moränenschuttmassen. Weiteren Glacial-Ablagerungen begegnen wir auf dem Wege zum Lago Morte; und die Stirnmoräne, welche diesem kleinen See die Entstehung gab, erreicht schon ziemlich bedeutende Dimensionen

Der Lago Morte hat keinen oberirdischen Abfluss, doch bricht, nahezu zwei Kilometer von seinem Südwestende entfernt, bei Bottejani sein unterirdischer Abfluss aus dem Moränenschutt: ein mächtiger Bach, der gleich an seiner Quelle eine Mühle treibt.

Die · grössten Dimensionen unter den Moränen zwischen Sta. Croce und Serravalle erreicht jene, welche am Südende des Lago di Croce dessen‟ Gewässer am Abflusse durch das untere Querthal hindert. Diese jüngste Moräne des Gletschers von Sta. Croce zeigt grossartige Dimensionen und eigenthümliche Verhältnisse. R. Falb *) hat die Bildung der Seen im Fadalto-Thale Bergstürzen zugeschrieben, welche durch ein grosses Erdbeben im Jahre 365 verursacht worden sein sollen. Diese Ansicht entbehrt der thatsächlichen Begründung; wenn man aber die Stirnmoräne am Südende des Lago di Croce betrachtet, so erscheint der Irrthum Falb's verzeihlich. Den Boden bedecken hier gewaltige, wirr durcheinander gehäufte Felstrümmer, deren Dimensionen namentlich an dem steilen Abfall von Cima Fadalto zum Lago Morte auffallen. Diese Blöcke sind scharfkantig und eckig, ohne Spur von Glättung und Politur, auch ohne Kritzen. Kleineres Materiale fehlt zumeist, oder es weist in der Regel auch nur scharfe Kanten, aber keine Politur und keine Kritzen auf. Hie und da sind allerdings auch typische Moränengeschiebe zu entdecken, doch muss man lange nach ihnen suchen. Das Materiale der übereinander gehäuften Felsmassen besteht fast ausschliesslich aus den in der nächsten Nähe anstehenden Ablagerungen der Kreideformation — dichten Kalken, welche den Uebergang vom Biancone in den Hippuritenkalk des Monte Pascolet vermitteln — doch finden sich unter diesem aus der nächsten Nähe stammenden Materiale bei genauerer Untersuchung auch kleinere Geschiebe und Blöcke von Triaskalken (vorwaltend Dachsteinkalk), von Quarzporphyr u. s. f. Kurz, bei genauer Betrachtung zeigt sich der Moränencharakter der Schuttmasse sehr deutlich, während sie auf den ersten Blick für das Resultat eines Bergsturzes hätte gehalten werden können. Die verhältnissmässige Enge des Thales bei Cima Fadalto lässt die Moränenbildung in ihrem Gesammtumriss nicht sehr zur Geltung kommen, die Absperrung des engen Thales kann, blos ihrer äusseren Gestalt nach, nicht mit Sicherheit als Bergsturz oder als Stirnmoräne gedeutet werden.

Anders verhält sich die Sache bei der grossen Endmoräne zwischen Mas und Gron, am Ausgange des Canales von Agordo. Hier verweist schon der flüchtige Anblick auf die glaciale Natur

*) Sirius 1873. Heft XI.

der Bildung des Höhenzuges, welcher sich von Mas bis Gron in
einer Länge von über 3 Kilometer hinzieht und mit den am linken
Cordevole-Ufer über Mas und mit den am rechten Ufer des Torrente
Mis auftretenden Moränenschuttmassen verbunden, eine gewaltige
Stirnmoräne von etwa 4 Kilometer Länge darstellt. Auch diese
Endmoräne, die offenbar einem späteren Abschnitte der Glacialperiode
angehört, in welchem die Gletscher schon ziemlich weit zurück-
gegangen waren, hat man als Resultat eines gewaltigen Bergbruches
ansehen wollen, den auch hier ein Erdbeben verschuldet haben
soll. Th. Trautwein*) berichtet über die Erscheinung folgender-
massen: „Die ersten zwei Stunden windet sich die Strasse von
Belluno nach Agordo ermüdend über Hügelrücken; erst allmählich
gelangt man zum Anblick der grauenhaften Verwüstung am Austritt des Cordevole in die Thalweitung. Ein Erdbeben im Jahre 1114
wurde bisher als Ursache des riesenhaften Bergbruches genannt,
der hier vom Spizzo di Vedana abging und die Stadt Cornia verschüttet haben soll, deren Namen sich im ältesten Verzeichniss
der Pfarreien Belluno's findet; noch heute bedecken die Trümmermassen einen Raum, der 1¹/₂ Stunde lang und 1 Stunde breit sein
mag. Der Cordevole aber sowol, als der weiter westlich aus dem
Gebirge tretende Mis wurden nach beiden Seiten abgedrängt und
vereinigen sich jetzt erst weiter aussen“; — und weiter**): „Nach
Fuchs (Die Venetianer Alpen, S. 8) gehört der Bergbruch einer
vorgeschichtlichen Zeit an; ein erst jüngst in Agordo erschienener
Bericht versucht den Beweis, dass er die Wirkung eines Gletschers
der Eiszeit sei.“ Dieser in Agordo erschienene Bericht — eine mit
Sachkenntniss verfasste Abhandlung über den Ursprung der „Rovine
di Vedana“ von Herrn Lucio Mazzuoli ***) — entspricht in
der Schilderung der Erscheinung vollkommen den thatsächlichen
Verhältnissen, und die Erklärung der gewaltigen Schuttmassen
als Moränenbildung wird von Jedem gebilligt werden, der sich
mit der Grossartigkeit der Glacialerscheinungen am Südrande der
Alpen vertraut gemacht hat. Ich will versuchen, durch eine
kurze Schilderung der in Rede stehenden Stirnmoräne ihre Natur
als solche zu zeigen, zugleich aber auch die Ursachen, aus
welchen dennoch eine Verkennung derselben möglich war, erörtern.

---

*) Th. Trautwein: Aus den Cadorischen Alpen. Mittheilungen d. Deutsch.
u. Oesterr. Alpenver. 1876, pag. 127.

**) loc. cit. pag. 129 in der Note.

***) Lucio Mazzuoli, Sull' origine delle rovine di Vedana. Club alpino italiano,
Sezione di Agordo, Adunanza straordin. 22. Agosto 1875.

Der gewaltige Damm, welcher sich in der Richtung von West-Südwest nach Ost-Nordost in der Länge von 3 Kilometern zwischen Gron und Mas hinzieht, lenkt schon von Weitem den Blick auf sich. Er erhebt sich bis zu einer Höhe von 100—120 Meter über das Niveau des Cordevole, der bei Mas, wo er die Stirn-moräne durchbricht, tief in tertiärem Sandstein (Flysch der Schio-Schichten) sein Bett eingerissen hat. Ebenso wie im Osten am Cordevole, so sind auch im Westen am Torrente Mis die tertiären Ablagerungen unter dem Glacialschutt sichtbar; sie erreichen hier in der nächsten Umgebung von Gron ziemliche Ausdehnung. Auch stehen tertiäre Sandsteine mit der charakteristischen Fauna der Schio-Schichten *(Pecten deletus Mich. etc.)* am Wege zwischen Mas und Gron, etwa in halber Distanz von beiden, am Fusse des Moränenwalles an. Diese Tertiärbildungen gestatten dort, wo sie zu Tage treten, einer reichen Vegetation die Entfaltung, während die Moränenschuttmassen jeder Vegetationsdecke entbehren und eine wahre Wüstenei von nacktem Felsgetrümmer dem Auge darbieten. Der Name „Rovine di Vedana" *), mit welchem die Anwohner diese Schuttmassen zu bezeichnen pflegen, scheint nicht unpassend ge-wählt für die kahlen Steinhaufen inmitten einer blühenden, wol cultivirten Landschaft. Das sterile Terrain beschränkt sich nicht allein auf den grossen Moränendamm, sondern es erstreckt sich dasselbe auf eine bedeutende Distanz gegen Süden, bis an die tertiären Hügel von Sedico, neben welchen sich ausgedehnte postglaciale Alluvionen (flache Schuttkegel) finden, die trotz ihres verhältniss-mässig schlechten, an Geschieben reichen Bodens von Maisfeldern und Baumwuchs bedeckt sind. Ebenso wie die grosse Stirnmoräne und die ihr südlich vorgelagerten Glacialschuttmassen, ist die kleine, etwa einen Kilometer breite Ebene, welche sich zwischen der Moräne und dem Fusse des Monte Vedana befindet, vegetationslos. Diese kleine Ebene, welche zu der Moräne von Mas und Gron die-selbe Stellung einnimmt, wie die bedeutend grössere Ebene, die südlich von Serravalle sich bis zu den Hügeln von Colle Umberto erstreckt, zu diesen weit ausgedehnteren Stirnmoränen, zeigt höchst eigenthümliche Verhältnisse. Sie ist bedeckt mit zahlreichen, kleinen runden Hügelchen, die alle aus demselben Materiale bestehen, wie der grosse Damm der Stirnmoräne. Das Vorhandensein dieser kleinen Ebene mit den charakteristischen Eigenschaften der Glacial-bildung beweist sofort die Unmöglichkeit, die über einen Kilometer

---

*) Vedana — ein ehemaliges Kloster am Fusse des gleichnamigen Berges, etwa einen Kilometer nördlich von der Moräne gelegen.

vom Fusse des Berges entfernten Schuttmassen des gewaltigen Dammes als Resultat eines Bergsturzes zu betrachten, der die sagenhafte Stadt Cornia zerstört hätte. Der Anblick der Trümmermassen in der Nähe ist allerdings jenem sehr ähnlich, der sich an einem vor verhältnissmässig kurzer Zeit stattgehabten Bergsturz darbietet. Grosse, scharfkantige Blöcke liegen wirr durcheinander gehäuft und kleineres Materiale fehlt zumeist, oder es besteht aus Fragmenten, die ganz jenen gleichen, wie sie sich in abgestürzten Massen finden. Zugleich besteht das ganze Materiale der Schuttanhäufung fast ausschliesslich aus den mesozoischen Kalken, welche die nächstgelegenen Höhen zusammensetzen. Die Oolithe des Lias und die weissen Brachiopodenkalke desselben (Sospirologesteine) bilden die Hauptmasse der Felstrümmer. Eben dieselben Kalke bilden mit steilgeneigten Schichtflächen die Gehänge der nächstliegenden Berge: Spizzo (oder Monte) di Vedana und Monte Peron. Daneben tritt aber auch Dachsteinkalk in dem Schutte der grossen Moräne auf und bei genauerer Nachforschung findet man an einigen Stellen auch Porphyr und Gneissgeschiebe, sowie gekritzte Kalkblöcke. Diese Erscheinungen beweisen hinlänglich den Moränencharakter unseres Querdammes, der auch sehr anschaulich hervortritt, wenn man ihn von einem günstig gelegenen Punkte betrachtet. Ein solcher findet sich beispielsweise auf den Höhen von Col Staul am Südgehänge des Monte Peron, von welchem aus die beigegebene Skizze entworfen wurde, zu deren Erklärung hier einige Worte folgen mögen.

Man übersieht einen ziemlich grossen Theil der Mulde von Belluno mit dem nördlichen Randgebirge. Wir stehen am Gehänge des Monte Peron, der seine steilabfallenden Lias-Schichten der Ebene zukehrt. Das gleiche ist an dem zwischen den Thaleinrissen des Cordevole und des Torrente Mis schroff emporragenden Monte di Vedana der Fall und ebenso an den Höhen im Westen, am Monte Bocco, Monte Palon etc. Zwischen dem Monte Bocco und dem Monte di Vedana sehen wir in das Thal des Torrente Mis hinein, und bemerken dort in den Wänden des Monte Prabello horizontalgelagerte, mächtige Dachsteinkalkmassen, über welchen Jura und Neocom folgen. Unter dem Monte di Vedana ist eine kleine, bewaldete Vorstufe bemerkbar, welche durch Jura- und Neocom-Ablagerungen gebildet wird. Es folgt dann eine kleine, von zahlreichen runden Schutthügeln überdeckte Ebene, in welcher bei Vedana ein kleines Wasserbecken liegt. In der Mitte des Bildes bemerken wir den gewaltigen Wall der grossen Stirnmoräne, der sich auch über den Cordevole verfolgen lässt. Im Vordergrunde

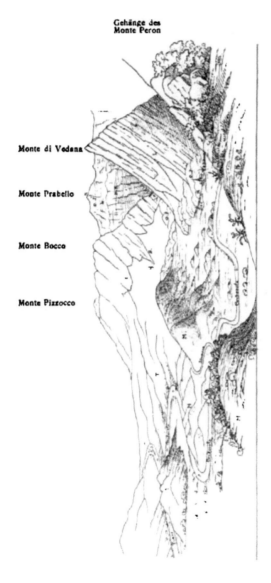

Gehänge des
Monte Peron

Monte di Vedana

Monte Prabello

Monte Bocco

Monte Pizzocco

Die Moränen des alten Cordevole-Gletschers bei Vedana, vom Col Staul am Gehänge des Monte Peron.

[Nach einer Skizze von Rud. Hoernes.]

G. S. = Gehängeschutt; *M.* = Moränen; *T.* = Tertiär; *N.* = Neocom; *O. J.* = Oberer und mittlerer Jura; *L.* = Lias; *D. K.* = Dachsteinkalk.

links sind die Glacialschuttmassen über Mas am linken Ufer des Cordevole sichtbar. Wir sehen sodann der grossen Stirnmoräne vorgelagert, ein unregelmässiges Haufwerk von grösseren und kleineren, aus Glacialschutt bestehenden Hügeln, durch welche der Cordevole sich mühsam hindurchwindet, um mit dem Torrente Mis vereinigt der Piave zuzuströmen. Auf seinem letzten Laufe, der uns theilweise durch die tertiären Hügel von Sedico verdeckt wird, ist das in einen postglacialen Schuttkegel eingerissene Flussbett ungemein breit und von einer Menge von Bächen durchzogen, die fortwährend ihren Lauf ändern. *)

*) Ohne befugt zu sein, der im Texte ausgesprochenenen Ansicht des Herrn Dr. Hoernes über die wahre Natur der Schuttwälle von Sta. Croce und Vedana eine gegentheilige Meinung entgegenzusetzen, da ich dieselben nicht gesehen habe, kann ich nicht umhin, einem von Herrn Dr. Hoernes selbst ausgesprochenen Bedenken eine viel grössere Bedeutung beizumessen, als dies mein hochverehrter Freund gethan hat. Da grosse Bergstürze eine bedeutende äussere Aehnlichkeit mit Moränenwällen zu haben pflegen, bleibt als unterscheidendes Kriterium die Beschaffenheit und die Heimat des Schuttmaterials. Die ausserordentliche Seltenheit weit transportirter Geschiebe in den Schuttmassen von Sta. Croce und Vedana und das Dominiren von Localschutt rechtfertigen nun ein gewisses Misstrauen gegen die Annahme eines glacialen Transportes. Grosse Bergstürze gehören in den Südalpen zu den häufigsten Erscheinungen. Die spärliche Untermengung echt glacialer Geschiebe könnte in beiden Fällen durch das Mitstürzen von an den Gehängen haftendem Glacialschutt, oder aber durch mechanische Mengung des abgestürzten Materials mit in der Thalsohle bereits vorhandenem Glacialschutt erklärt werden. Auch in dem unter der Bezeichnung „Slavini di Marco" wolbekannten grossen Bergsturze des Monte Zugna bei Mori im Etschthale finden sich unter den massenhaften Blockanhäufungen des Localschuttes vereinzelte echt glaciale Geschiebe des alten Etschgletschers, welche offenbar gleichzeitig mit den losgelösten Felstafeln von den Gehängen des Zugna-Berges in die Thalebene herabgeschoben wurden.

III.

Rückblicke.

XVI. CAPITEL.

Die Riffe.

In den Detailschilderungen ist an zahlreichen Beispielen
gezeigt worden, dass unsere Ansicht über die gleichzeitige Bildung
der Dolomitmassen und der Tuff-, Sandstein- und Mergelschichten,
der norischen und unterkarnischen Zeit durch häufig wiederkehrende unzweifelhafte Thatsachen bestätigt wird. Es sollen nun
die wichtigsten Ergebnisse unserer Untersuchung in heteropischer
Beziehung zusammengefasst und daran Schlüsse über die Bildungsgeschichte der Dolomitriffe geknüpft werden.

1. Verticale Erstreckung der Dolomitmassen.

Wenn wir von den unbedeutenden Dolomitlinsen im unteren
Muschelkalk von Brags und im Codalonga-Thal absehen, so treffen
wir in unserem Gebiete erst über der durchgreifenden Dolomitplatte
des oberen Muschelkalks auf heteropisch differenzirte Bildungen.
Die Dolomitfacies beginnt daher mit dem oberen Muschelkalk, aber
erst im Niveau der Buchensteiner Schichten scheiden sich Regionen
mit vorherrschender oder ausschliesslicher Dolomit-Entwicklung von
Gegenden mit heteropischen Gesteinsabsätzen. Diese heteropische
Zweitheilung des Gebietes setzt aufwärts continuirlich durch die
Wengener und Cassianer Schichten fort und endet mit den wieder
gleichförmig verbreiteten Raibler Schichten.

Mojsisovics, Dolomitriffe.   31

2. Horizontale Ausdehnung der Dolomitriffe.

Wir hatten bereits vielfach Gelegenheit, auf die während des langen Zeitraumes der Riffperiode eintretenden Verschiebungen der Riffgrenzen hinzuweisen. Ich habe nun zur leichteren Uebersicht dieser wechselnden Ausdehnung zwei kleine Kärtchen entworfen, aus welchen man die Verbreitung der Riffmassen zur Zeit der unteren Wengener Schichten (Augitporphyrlaven) und am Ende der Zeit der Cassianer Schichten ersehen kann.

Man wird aus der Vergleichung dieser beiden Kärtchen sofort den bedeutenden Unterschied erkennen, welcher sich zwischen dem Beginne und dem Ende der Riffperiode vollzogen hat. Zur Zeit der unteren Wengener Schichten unterscheiden wir:

1. eine grosse zusammenhängende Dolomitmasse im Westen unseres Gebietes, mit dem Schlern als nördlichsten und dem Piz bei Sagron als südlichsten Punkt. Zwei ansehnliche Ausläufer dieser Masse, das Cap der Marmolata und das Cap des Monte Alto di Pelsa, greifen halbinselförmig in das östlich angrenzende dolomitfreie Gebiet;

2. die Masse der Geissler Spitzen und des Peitler-Kofels;

3. die Masse der Hochalpe;

4. die ausgedehnte Dolomitmasse zwischen Toblach und Auronzo, welche wir als „Sextener Riff" kennen gelernt haben.

Ausser diesen grossen peripherisch gelegenen und möglicher Weise auf der Nordseite einst untereinander vollkommen zusammenschliessenden Dolomitmassen, welche halbkreisförmig die grosse dolomitfreie Bucht begrenzen, finden wir im Innern der Bucht zwei kleine, gänzlich isolirte Dolomitriffe, nämlich:

5. die Masse des Langkofels und

6. die Masse des Monte Carnera.

Ein für die Zeit der Buchensteiner Schichten entworfenes Kärtchen würde eine grössere Anzahl getrennter Dolomitmassen, sowie eine etwas weitere Ausdehnung des rifffreien Gebietes erkennen lassen. Die Buchensteiner Knollen- und Bänderkalke sind nämlich, wie aus der grossen Karte zu ersehen ist, im Fleimser Districte allgemein verbreitet und ermöglichen daselbst die scharfe Trennung des oberen Muschelkalkes und des Wengener Dolomits. Die oben unter Nummer 1 angeführte grosse Dolomitmasse der unteren Wengener Schichten zerfällt in Folge dessen für die Zeit der Buchensteiner Schichten in drei gesonderte Massen, von denen zwei, die Masse des Cimon della Pala (Primiero-Riff) und die Masse des Schlern peripherisch liegen,. während die dritte, die Masse der Marmolata, inselförmig von dolomitfreiem Gebiete umgeben ist.

Es gibt sich sonach bereits am Beginne der Riffperiode deutlich die Tendenz nach seitlicher Ausdehnung der Dolomitmassen kund. Wir hatten gelegentlich der Detailschilderungen wiederholt Veranlassung, auf dieses bis zum Schlusse der Riffperiode vorherrschende Bestreben der Dolomitmassen, weiteres Terrain zu gewinnen und sich zusammenzuschliessen, hinzuweisen. So nehmen die Dolomite der oberen Wengener Schichten ein bedeutend grösseres Areal als die unteren Wengener Dolomite ein, und zur Zeit der Cassianer Schichten dehnen sich nicht nur die Riffmassen der Geissler-Spitzen und des Langkofels bedeutend in lateraler Richtung aus, sondern es schliessen gegen den Schluss dieses Zeitabschnittes die beiden grossen Randriffe mittelst einer die Bucht der Wengener Schichten quer durchziehenden Brücke völlig zusammen.

Wenn wir im Auge behalten, dass auf die Zeit der Cassianer Schichten die allgemein verbreitete Untiefenbildung der Raibler Schichten folgt, so erscheint uns die im Ueberhandnehmen der Riffe ausgesprochene Tendenz der Auffüllung und Verflachung des Meeresbodens sehr begreiflich.

Um Missverständnissen und unbegründeten Einwendungen zu begegnen, müssen wir daran erinnern, dass die laterale Ausdehnung der Dolomitmassen nicht in der Weise vor sich geht, dass jede folgende Schicht über die vorausgehende hinausgreift, wie es etwa der Fall sein müsste, wenn der Dolomit allmählich die Zwischenräume zwischen vorhandenen hügelförmigen Anhäufungen oder Ablagerungen von älterer Bildung ausfüllen würde. Nur das erste Fussfassen der vorrückenden Dolomitmasse kann, wie die Verhältnisse am Grödener Joche (vgl. S. 231, 240) lehren, in ähnlicher Weise erfolgen. Sobald aber das Riff einmal seine Basis vorgeschoben hat, erhebt sich dasselbe mit mehr oder weniger steil nach aussen gekehrter (oder mit anderen Worten: gegen oben zurücktretender) Böschungsfläche frei über seine Umgebung.

3. Mächtigkeit des Dolomits.

Zu den merkwürdigsten Ergebnissen unserer Untersuchung gehört der Nachweis über die ausserordentlich wechselnde Mächtigkeit der Dolomitmassen in den verschiedenen Zeitabschnitten der Riffperiode.

In dem grossen westlichen Randriffe, dessen Nordspitze der Schlern bildet, gehört die Hauptmasse des Dolomits den Wengener Schichten an. Die obersten Augitporphyrlaven der Seisser Alpe

31 *

ergiessen sich (vgl. Seite 175) über den Sattel zwischen Schlern und Rosengarten in das Innere des Schlernmassivs und breiten sich daselbst zu einer continuirlichen Decke aus, welche die Hauptmasse des Schlerndolomits zur Unterlage hat. Die Denudationsreste von Augitporphyrlaven auf dem Monte Agnello und dem Monte Viezzena bei Predazzo, deren Erguss dem Schlusse der vulcanischen Thätigkeit angehört, lagern in ganz übereinstimmender Weise über den gewaltigen Dolomitmassen des Fleimser Gebietes und standen wol einst, ehe die Denudation den Zusammenhang aufgehoben hatte, mit der Augitporphyrdecke des Schlern in Verbindung*). Die Fossilien der Marmolata, des Latemar-Gebirges und des Dosso Capello (vgl. Seite 355 und 379) stehen mit den aus den Lagerungsverhältnissen gezogenen Schlüssen über das Alter dieser Dolomite in bestem Einklange, insoferne dieselben auf das Niveau der Porphyrtuffe von Kaltwasser bei Raibl verweisen. Es wurde bereits angedeutet, dass der Charakter der an diesen Fundstellen vorkommenden Cephalopoden nach den phylogenetischen Beziehungen auf eine derjenigen der Buchensteiner Schichten zunächst sich anschliessende Fauna hinweist. Da in allen isopischen Dolomitriffen unseres Gebietes ein aliquoter unterster Theil des Wengener Dolomits seiner Bildungszeit nach der Ausbreitung der Augitporphyrlaven vorangieng, wie weiter unten gezeigt werden soll, so stünde der Annahme nichts im Wege, dass die Fauna der Fassaner und Fleimser Dolomite und der Tuffe von Kaltwasser etwas älter, als die typische Wengener Fauna sei.

Für die übrigen isopischen Dolomitriffe unseres Gebietes stehen uns zwar keine so guten Anhaltspunkte zur scharfen Altersbestimmung des höheren Dolomits zu Gebote, doch halte ich es für wahrscheinlich, dass auch bei ihnen, wie bei dem westlichen Randriffe die Hauptmasse der Zeit der Wengener Schichten angehört. Abgesehen davon, dass die Uebereinstimmung der Gesammtmächtigkeit der isopischen Masse (900—1000 Meter) zu Gunsten der Annahme einer parallelen Bildungsgeschichte spricht, scheint mir noch ein Moment der besonderen Beachtung in dieser Richtung werth zu sein. Es ist dies die auffallende Erscheinung, dass an der Basis der grossen isopischen Dolomitriffe in allen Fällen, wo keine besonderen tektonischen Störungen eintreten, insbesondere bei den

---

*) Als einen westlichen Ausläufer dieser Decken betrachte ich die Augitporphyrlaven der Mendola und des Monte Rovere bei Cles, welche, wie die Betrachtung der Lepsius'schen Karte des westlichen Südtirol lehrt, in genau ostwestlicher Richtung auf einander folgen und blos durch die überlagernden jüngeren Bildungen der Nonsberger Mulde getrennt sind.

söhlig lagernden Massen des Nordens (Rosengarten, Langkofel,
Geissler Spitzen, Peitlerkofel) dieselbe Höhencote (2200—2300 Meter)
wiederkehrt*). Wenn man nun im Auge behält, dass die heteropische
Umgebung dieser Riffe stets um einen bedeutenden Betrag tiefer
liegt, so ist man geneigt, in jener übereinstimmenden Höhenlage
der Riffbasis nicht ein Spiel des Zufalls, sondern ein bestimmtes
gesetzmässiges Verhalten zu erblicken, welches unbeschadet der
allgemeinen Gebirgserhebung sich seiner äusseren Erscheinung nach
bis auf die Gegenwart erhalten hat. Da es nun weiter im Hinblick
auf die geringe räumliche Ausdehnung unseres Gebietes wol
am natürlichsten ist, für die Zeit der Riffperiode gleichmässige
Oscillationen des Bodens anzunehmen, so dürfte gegen die Verallgemeinerung der für das westliche Randriff gefundenen Sätze sich
kaum ein ernstlicher Einwand erheben lassen.

Nachdem die Hauptmasse des oberen Dolomits in den isopischen
Dolomitriffen den Wengener Schichten angehört, so verbleibt in
denselben für die Vertretung der Cassianer Schichten, wie das
Profil der Schlernklamm (Seite 176) zeigt, nur eine sehr geringe
Mächtigkeit. **)

In auffallendem Gegensatze zu dieser geringen Mächtigkeit des
Cassianer Dolomits in den isopischen Riffen steht das stellenweise
sehr bedeutende Anwachsen desselben in den über heteropisches
Gebiet übergreifenden Riffmassen. Wir erinnern in dieser Beziehung
an die Sella-Gruppe, wo nächst Corvara der Cassianer Dolomit bis
zu 500—600 Meter Mächtigkeit anwächst, an die Gardenazza-Tafelmasse, an den Lagatschoi, Sett Sass u. s. f. Die übrigens in den
heteropischen Districten von Ort zu Ort wechselnde Dicke des
Cassianer Dolomits hat ihren Grund theils in der wechselnden
Höhe des Eintrittes der Transgression, theils in der ungleichmässigen
Senkung des Untergrundes.

Das örtliche Zusammenfallen der grösseren Mächtigkeit des
Cassianer Dolomits mit den heteropischen Districten ist durch die
raschere Senkung dieser Gebiete bedingt, mit welcher, wie wir
sehen werden, die heteropische Differenzirung in causalem Zusammenhange steht.

---

*) Der Schlern macht von dieser Regel in Folge des grossartigen Absinkens
seiner ganzen Masse, mithin einer tektonischen Störung, eine scheinbare Ausnahme.

**) Weiter westlich auf der Mendel, wo die Raibler Schichten direct den
Augitporphyrlaven aufzulagern scheinen, dürfte zur Zeit der Cassianer Schichten
gar kein Absatz erfolgt sein.

4. Die Begrenzung der Dolomitriffe.

Die normale Begrenzung der Dolomitriffe bildet eine steil gegen aussen abfallende, daher gegen oben zurücktretende Fläche, welche wir in den Detailschilderungen als Böschungsfläche oder Riffböschung bezeichnet haben. Es ist in den Denudationsverhältnissen begründet, dass freiliegende Riffböschungen nur selten zu beobachten sind. Dieselben Kräfte, welche die Riffe aus ihrer Umhüllung herausschälen, arbeiten auch an deren Zerstörung unausgesetzt weiter. Sobald durch die Abtragung und Abspülung der angelagerten weicheren Gesteinsarten eine Riffböschung entblösst ist, beginnt sofort die Umformung zu Steilwänden. Glücklicherweise finden sich in unserem Gebiete zahlreiche Entblössungen, an welchen die Riffböschung noch deutlich zu erkennen ist. Das grossartigste Beispiel bietet der Plattkofel dar. Andere, in verschiedenen Stadien der Denudation befindliche Böschungsflächen zeigen: Das Schlerngehänge bei Cipit, das Rosengartengehänge gegen das Udai-Thal, das Sellagehänge nächst dem Pian de Sass und an der Bovai-Alpe, der Monte Framont bei Agordo, der Nordabfall der Palle di San Lucano und in der Fortsetzung derselben die Nordostgehänge des Primiero-Riffes.

Noch zahlreicher sind die Stellen, an welchen man die Anlagerung der heteropischen Bildungen an die Böschungsflächen beobachten und sich überzeugen kann, wie durch die Wegführung der angelagerten Gesteine die Bloslegung der Riffgrenzen erfolgt. Ausser den oben angeführten Böschungsflächen, an denen oder in deren Nachbarschaft sich stets Anlagerungen von heteropischen Bildungen finden, sind noch zu nennen: Das Nordgehänge der Marmolata, das Richthofen-Riff, der Sett Sass, der Lagatschoi, die Geissler Spitzen, der Peitler-Kofel, der Monte Carnera mit dem Pizzo del Corvo. Die Verhältnisse an dem letztgenannten Punkte sind besonders lehrreich, da hier ein vollständiges Querprofil durch ein Riff und dessen heteropische Umgebung entblösst ist (Vgl. Seite 312—314).

5. Das Verhältniss der Riffe zu den gleichzeitigen heteropischen Bildungen.

Es kann für unser Gebiet als Regel hingestellt werden, von welcher es nur seltene, durch nachweislich bedeutende tektonische Störungen bewirkte Ausnahmen giebt, dass die Basis der isopischen Dolomitriffe bedeutend höher liegt, als die Unterlage des benachbarten rifffreien Gebietes. Die gleichzeitigen Bildungen liegen daher in verschiedenem Niveau und stets ragen die Riffmassen über die heteropischen Bildungen empor. Der lehrreichen Erscheinung, dass die am wenigsten gestörten isopischen Riffe des Nordwestens übereinstimmende Sockelhöhe (2200—2300 Meter) besitzen, wurde bereits gedacht. Gegen die heteropische Grenze senkt sich stets die Unterlage mehr oder minder rasch. Die auffallendste Hinabbeugung haben wir auf der Nord- und Nordwestseite des Langkofel-Riffes kennen gelernt (vergl. Seite 193 u. fg.), doch dürften in diesem Falle spätere, mit der allgemeinen Gebirgserhebung zusammenfallende dynamische Einwirkungen beigetragen haben, die ursprünglich mässigere Neigung zu erhöhen.

Es ist für die richtige Beurtheilung der Bildungsverhältnisse von grosser Bedeutung, dass sich ein solcher relativer Niveau-Unterschied noch in den heutigen Höhenverhältnissen deutlich wiederspiegelt. Die Tektonik unseres Gebietes folgt einfachen, leicht aufzufassenden Regeln. Die relativen Hebungen und Senkungen betreffen gleichmässig das Riffgebiet wie die rifffreien Gegenden, und ebenso verlaufen die tektonischen Störungslinien unabhängig von den heteropischen Grenzen. So dürfen wir wol mit Beruhigung schliessen, dass die erhöhte Lage der isopischen Riffmassen der ursprünglichen Niveau-Verschiedenheit zwischen dem Riffgebiet und den rifffreien Gegenden entspricht.

Aber selbst wenn wir diesen äusseren Verhältnissen die Bedeutung, welche denselben zweifelsohne zukommt, absprechen wollten, gelangen wir durch die Betrachtung der inneren Verhältnisse zu einer vollkommen concludenten Folgerung. Denn es wäre nicht einzusehen, warum die heteropischen Bildungen stets an der Riffböschung abstossen, wenn dieselbe nicht bereits vorhanden gewesen und der weiteren Ausbreitung der angelagerten Sedimente eine unübersteigliche Schranke gesetzt hätte. Es wäre ferner unverständlich, wie sich so ausgedehnte und hohe Böschungen hätten bilden können, und es wäre unerklärlich, dass die der Böschung parallele Ueberguss-Schichtung, wie es in vielen Fällen (z. B. Plattkofel, Sella-Gehänge, Monte Framont, Palle di San Lucano u. s. f.) beobachtet werden kann, sich nahezu continuirlich über hohe Gehänge ausdehnt. Ebensowenig könnte man sich sonst eine Vorstellung von den Bildungsverhältnissen der am Fusse der Ueberguss-Schichten stellenweise auftretenden und mit denselben wechsellagernden Zungen und Keilen der heteropischen Sedimente machen.

Wenn nun die rifffreien Districte tieferen Meerestheilen entsprechen, so muss die während der Riffperiode andauernde Senkung des Meeresbodens in denselben bedeutender gewesen sein, als an den

Stellen, wo die Riffe emporwuchsen. Die Möglichkeit eines solchen Verhältnisses wird uns aus der Betrachtung unseres Kärtchens der Wengener Riffe klar. Denn es zeigt sich hier auf den ersten Blick, dass die Riffe peripherisch liegen und zwischen sich eine grosse rifffreie Bucht einschliessen. Die stärkere Senkung der Beckenmitte bietet aber der theoretischen Vorstellung der Senkungserscheinungen keinerlei Schwierigkeit. Die beiden Riffinseln des Langkofels und des Monte Carnera liegen dem Westrande der Bucht so nahe, dass sie unter den gleichen Gesichtspunkt fallen. Das Carnera-Riff scheint überdies zur Zeit der oberen Wengener und der unteren Cassianer Schichten von der zunehmenden Senkung seines Untergrundes überwältigt worden zu sein, so dass es unter heteropischen Sedimenten begraben werden konnte.

6. Die Structur-Verhältnisse der Dolomitriffe.

Bereits beim unteren oder Mendola-Dolomite scheiden sich Districte mit massiger, schichtungsloser Entwicklung von Bezirken mit deutlicher Parallelschichtung. Ehe wir einen Blick auf die räumliche Anordnung dieser beiden Entwicklungsformen werfen, erinnern wir daran, dass der obere Muschelkalk im ganzen Bereiche unserer Karte durch lichte Dolomite und Kalke (Mendola-Dolomit im engeren Sinne) repräsentirt wird, in welche sich blos in der Gegend von Zoldo dunkle thonreiche Kalke einschalten *). An jenen Stellen, wo auch die Buchensteiner Schichten durch die Dolomit-facies vertreten sind, verschmelzen dann oberer Muschelkalk und

---

*) In anderen Districten der Südalpen, wie z. B. in einem Theile der lombardischen Kalkalpen, bilden den oberen Muschelkalk schwarze Plattenkalke mit Cephalopoden. Am Dosso alto in Val Trompia besteht der obere Muschelkalk aus schwarzen Daonellenschiefern, welche gleichfalls Cephalopoden führen. Prof. Lepsius, welcher diesen Fundort entdeckt hatte, theilte mir freundlichst seine Ausbeute zur Bestimmung mit. Mit Ausnahme des *Trachyceras euryomphalum Ben.*, einer Form, deren Lagerstätte bisher nicht bekannt war, befanden sich unter den Fossilien des Daonellenschiefers vom Dosso alto ausschliesslich Arten, welche für unseren oberen Muschelkalk bezeichnend sind, nämlich: *Trachyceras trinodosum Mojs.*, *Trach. Riccardi Mojs.*, *Daonella parthanensis Schafh.* Ich war daher einigermassen erstaunt, in dem soeben erschienenen Werke Lepsius' „Das westliche Südtirol" in der Fossilliste dieses Fundortes ausser obigen Namen noch Bezeichnungen, wie *Trachyc. Aon Mstr. sp.*, *Ammonites globosus sp.* zu finden. *Trachyceras Aon* kommt nach meinen Erfahrungen nur in den Cassianer Schichten vor. Die antiquirten Citate dieser Art in den Listen der lombardischen Geologen sind durchaus nur als generische Bezeichnungen für das Vorkommen der Gattung *Trachyceras* zu betrachten. *Didymites globosus* ist auf die norischen Hallstätter

Buchensteiner Dolomit zu einer scheinbar homogenen Masse (Mendola-Dolomit im weiteren Sinne).

Als schichtungslose massige Bank durchzieht der obere Muschel-kalk das Gebiet im Westen der Gader und des Cordevole, greift im Carnera-Riff und in der Masse des Monte Alto di Pelsa (Ost-ende des Primiero-Riffes) über diese Demarcationslinie gegen Osten hinaus und reicht im Westen bis in die Gegend von Moëna, wo im Latemar- und im Viezzena-Gebirge eine westliche Region mit Parallelschichtung beginnt. Der ungeschichtete Muschelkalk-Dolomit umfasst sonach die Riffe des Peitlerkofels und der Geissler-Spitzen, des Schlern-Rosengarten, der Marmolata, des Monte Carnera, des Cimon della Pala (Primiero-Riff) mit dem zwischen diesen Riffen gelegenen und zur norischen Zeit von heteropischen Bildungen erfüllten Gebiete. Nur an wenigen Stellen, wie z. B. in der Pufelser Schlucht, sind Spuren paralleler Plattung innerhalb dieser Region massiger Entwicklung bemerkbar. Den ganzen Osten nehmen geschichtete, meistens von Diploporen erfüllte Bildungen ein. Da die vorhin erwähnte westliche Region geschichteter Dolomite die ganze Gegend im Westen der Etsch (Mendel-Gebirgszug) umfasst, so erscheint das Gebiet der schichtungslosen Entwicklung als ein annähernd meridional verlaufender Streifen, welcher die im Osten und Westen folgenden Districte geschichteter Dolomite trennt.

Die Dolomitfacies der Buchensteiner Schichten folgt der gleichen räumlichen Scheidung, d. h. innerhalb der nun in Folge der ein-tretenden heteropischen Differenzirung dem Riffgebiete zugewiesenen engeren Grenzen (vgl. Seite 482), erscheint im Verbreitungsbezirke des ungeschichteten Muschelkalk-Dolomites auch der Buchensteiner

---

Kalke der juvavischen Provinz beschränkt. — Aus dem Original-Exemplar des *Trachyceras euryomphalum* von Prezzo bei Pieve di buono, welches mir Herr Prof. B e n e c k e freundlichst mittheilte, ersehe ich ferner die vollständige Ueberein-stimmung des Gesteins mit den Daonellen-Schichten des Dosso alto. L e p s i u s hingegen gibt an, dass sich dieser Ammonit bei Prezzo in Gesellschaft von Wen-gener Fossilien findet. In der reichen mir vorliegenden Suite von Wengener Fossilien von Prezzo suchte ich vergeblich nach Spuren dieses Ammoniten, wie ja auch B e n e c k e selbst, seine erste Angabe berichtigend, die Vermuthung ausspricht (Geogn. pal. Beitr. II. S. 56), dass *Trachyc. euryomphalum* aus anderen, und zwar aus tieferen Schichten stamme. Das Gestein der Wengener Schichten von Prezzo ist überdies so sehr abweichend von dem Gestein des *Trach. euryomphalum*, dass man selbst lose auf Halden gesammelte Stücke mit Leichtigkeit unterscheiden kann. — Bei dieser Gelegenheit kann ich nicht umhin, noch zu bemerken, dass die in vorliegender Arbeit angenommene und begründete Eintheilung der Trias-Schichten, selbstverständlich mit entsprechender Rücksichtnahme auf die heteropischen Ver-hältnisse, sich auch den Triasbildungen des westlichen Südtirol und der Lombardei vollständig anpasst.

Dolomit ungeschichtet, während in der Region des geschichteten
Muschelkalk-Dolomites die Schichtung in den Buchensteiner Dolomit
aufwärts fortsetzt.

Der ungeschichtete untere Dolomit ist in der Regel völlig
massig. Doch fehlen auch ihm die beim oberen Dolomit in so
grosser Ausdehnung vorkommenden besonderen Structurformen
der Blockstructur und der Ueberguss-Schichtung nicht ganz.
(Vgl. z. B. S. 185 und S. 189).

Beim oberen (Wengener und Cassianer) Dolomit tritt in der
räumlichen Vertheilung der geschichteten und ungeschichteten
Massen eine nicht unbedeutende Verschiebung der Grenzen zu
Gunsten des ungeschichteten Dolomits ein. Der ganze Osten unseres
Gebietes, in welchem die Dolomite des oberen Muschelkalkes und
der Buchensteiner Schichten als wolgeschichtete Massen erscheinen,
schliesst sich in Bezug auf die Hauptstructurform des oberen Dolomits
der schichtungslosen Region des unteren Dolomits an. Das westliche,
über die Etsch fortsetzende Gebiet geschichteter Dolomite verharrt
dagegen constant in seinem Charakter. Aus diesem Grunde ist im
Westen der Etsch die Trennung des unteren und oberen Dolomits
sehr schwierig, während in den östlichen Gegenden die Unterscheidung dieser beiden Hauptmassen in der Regel mit keinen
besonderen Schwierigkeiten verbunden ist. Wie nämlich bereits in
den Detailschilderungen wiederholt erwähnt wurde, theilt in den
grossen westlichen Randriffen eine auffallende Trennungsfläche die
ungeschichteten Dolomitmassen in zwei ungleiche Hälften, in den
‚unteren‘ und ‚oberen‘ Dolomit. (Vgl. die Ansicht des Rosengarten-
Gebirges in den Lichtbildern ‚Das südliche Schlern-Plateau mit
dem Rosengarten, II‘ und ‚Die Rothewand‘, sowie den Text
S. 162 und 185). Noch weiter im Osten in den Gegenden, wo
die Dolomitmassen des oberen Muschelkalks und der Buchensteiner Schichten geschichtet sind, bezeichnet der Beginn des ungeschichteten Dolomits die Grenze zwischen der unteren und oberen
Abtheilung.

In dem Gebiete des ungeschichteten oberen Dolomits ist zunächst eine Region zu unterscheiden, in welcher aufwärts bis zu
den Raibler Schichten die massige, schichtungslose Structur anhält.
Hierher gehören der Peitler-Kofel, die Geissler-Spitzen mit dem
Gardenazza-Gebirge, der Langkofel mit dem Sella-Gebirge, das
Cipiter Schlerngehänge, die Ostseite des Rosengarten und die
Hauptmasse des Primiero-Riffes. In den östlicheren Gegenden finden
sich über der schichtungslosen Hauptmasse des oberen Dolomits
unterhalb der Raibler Schichten einige wolgeschichtete Dolomit- und

Kalkbänke, welche wir als die oberste Abtheilung des Cassianer Dolomits betrachten. In Verbindung mit diesen Bänken kommen stets ausgezeichnete Oolithe von grossen Dimensionen und von weisser Farbe vor. (Vgl. z. B. S. 248 und 316). Die Westgrenze ihres Vorkommens fällt im Norden mit dem Laufe der Gader und im Süden annähernd mit der Thalrinne des Cordevole zusammen. Hält man mit diesen Daten die oben besprochene Umgrenzung des ungeschichteten unteren Dolomits zusammen, so wird man sofort erkennen, dass die Gebiete des ungeschichteten unteren und des bis zu den Raibler Schichten aufwärts reichenden ungeschichteten oberen Dolomits, sowie umgekehrt in den östlichen Gegenden die Grenzen des geschichteten unteren Dolomits und des geschichteten oberen Cassianer Dolomits sich annähernd decken.

Was die Grenzverhältnisse zwischen geschichtetem und ungeschichtetem Dolomit betrifft, so verweisen wir auf die S. 174 und 179 geschilderten prächtigen Aufschlüsse auf der Höhe des Schlern, aus welchen sich ergibt, dass die geschichteten Dolomite an dem wallförmig aufragenden ungeschichteten Dolomit abstossen. Schlern und Rosengarten liegen an der Grenze zwischen der Region des ungeschichteten Dolomits im Osten und dem westlichen Gebiete continuirlicher Schichtung. Das Vorkommen geschichteter Dolomite auf der westlichen Höhe des Schlern und auf der Nordwestseite des Rosengarten (vgl. S. 186) ist daher als ein Uebergreifen des geschichteten Dolomits in die Region des ungeschichteten Dolomits aufzufassen.

Die beiden besonderen Structurformen, für welche wir die Bezeichnungen ‚Ueberguss-Schichtung‘ und ‚Block- oder Conglomeratstructur‘ angewendet haben, sind selbstverständlich nur dem ungeschichteten Dolomit eigen. Um unnöthige Wiederholungen zu vermeiden, können wir wegen der Einzelnheiten auf die Detailschilderungen, insbesondere auf den Abschnitt über das Dolomitriff des Schlern (Ueberguss-Schichtung S. 168, Blockstructur S. 173), sowie auf die zahlreichen, diese Structurformen zur Anschauung bringenden Holzschnitte und Lichtbilder verweisen. Auch darüber, dass es sich hier nicht um vereinzelte Erscheinungen, sondern um ganz allgemein verbreitete, den Riffwällen eigenthümliche Structurformen handelt, liefern die Detailschilderungen ausreichende Beweise.

Es sei hier nur noch erinnert, dass stellenweise (vgl. z. B. S. 235, 238, 328) die Blockstructur und die Ueberguss-Schichtung auch combinirt auftreten.

7. Die Gesteinsbeschaffenheit der Riffe. *)

Wenn auch der Dolomit in unserem Gebiete die vorherrschende Gesteinsart in den Riffen ist, so kommen doch neben ihm, abgesehen von zahlreichen Uebergängen, auch gewöhnliche Kalksteine von geringem Magnesiagehalt vor. Auf den Habitus der Riffgesteine hat diese Verschiedenheit des chemischen Bestandes wenig oder gar keinen Einfluss. Ob man die Massen in ihrer Totalität nach ihrem landschaftlichen Charakter, oder ob man den Gebirgsschutt oder das vereinzelte Bruchstück betrachtet, stets bleibt die Tracht dieselbe, sei das Gestein Dolomit oder Calcit. Die charakteristischen Merkmale der Riffgesteine, als welche man das krystallinisch-körnige Gefüge, den splittrigen Bruch und die Armuth an Thon anführen kann, werden durch den grösseren oder geringeren Gehalt an kohlensaurer Magnesia nicht modificirt. Der Dolomit unterscheidet sich in der Regel äusserlich blos durch gröberes Korn und das Vorkommen drusiger Höhlungen, doch ist auch dieses Kennzeichen nicht verlässlich und in vielen Fällen bleibt es erst der chemischen Untersuchung vorbehalten, zu unterscheiden, ob das Gestein Dolomit, dolomitischer Kalk oder Calcit zu nennen sei. **)

Die herrschende Farbe der Riffgesteine ist weiss. Gelbliche Schattirungen sind nicht selten. Rothe Färbung wurde nur ganz vereinzelt im Dolomit der Rosszähne beobachtet. Am Ostrande unseres Kartengebietes, in dem hauptsächlich aus gewöhnlichem

---

*) Während der Drucklegung erhalte ich die neueste Arbeit des Herrn H. Loretz (Untersuchungen über Kalk und Dolomit. I. Südtiroler Dolomit, Zeitschr. d. Deutschen Geol. Gesellschaft 1878, S. 387), welche die Resultate seiner petrographischen Untersuchungen der Südtiroler Riffdolomite enthält. Herr Loretz weist das Vorhandensein eines vorwiegend mikrokrystallinischen Antheils neben einem phanerokrystallinischen oder doch in grösseren Individuen ausgebildeten Antheil nach und schliesst sowol hieraus, als auch aus der Vertheilung und Gruppirung dieser Theile im Gesteinsgewebe, ferner aus dem Erhaltungszustande der Fossilien, „dass zuerst ein liquider oder doch beweglicher Zustand der jetzigen Gesteinsmasse vorlag, der bald darauf in einen Zustand der krystallinischen Erstarrung übergieng". — Es bedarf kaum der Bemerkung, wie vortrefflich dieses Resultat mit den Ergebnissen unserer Untersuchungen über die Bildungsweise der Riffe harmonirt (vgl. weiter unten den 9. Abschnitt).

Die Frage, „ob mit dem erstarrten Gestein späterhin wol noch Veränderungen nach morphologischer und chemischer Richtung vorgegangen" seien, ist Herr Loretz zu verneinen geneigt.

**) Vgl. Doelter und R. Hoernes, Chemisch-genetische Betrachtungen über Dolomit. Jahrb. Geol. R.-A. 1875. — Die stratigraphischen Niveau-Bestimmungen der analysirten Gesteine sind in dieser Arbeit häufig ungenau; ein Fehler, welcher durch die Vergleichung der Fundpunkte mit unserer Karte leicht corrigirt werden kann.

Kalk bestehenden Sextener Riffe treten an die Stelle der weissen Farbe graue und röthliche Färbungen. Ausser in dem Sextener Riffe überwiegt der Kalk oder dolomitische Kalk noch insbesondere im Marmolata-Stock, dann im Latemar- und Viezzena-Gebirge. Im grossen Primiero-Riffe dürften dolomitischer Kalk und Dolomit ziemlich gleich vertreten sein.

Die an der heteropischen Grenze der Riffe vorkommenden, in die lichten Riffgesteine übergehenden Cipitkalke wurden bereits S. 55 und S. 164 beschrieben. Die dunkle Färbung dieser meistens sehr fossilreichen Kalke dürfte hauptsächlich in ihrem übrigens nicht bedeutendem Thon- und Bitumengehalt begründet sein [*]).

8. Die marine Fauna und Flora der Riffe.

Die Unterscheidung von geschichtetem und ungeschichtetem Dolomit erweist sich nicht blos in morphologischer, sondern auch in biologischer Beziehung als bedeutungsvoll. Während nämlich in jenem Anhäufungen von isolirten Korallinen-Gliedern (Diploporen[**]) eine grosse Rollen spielen, wiegen bei diesem unter den im Allgemeinen seltenen Fossileinschlüssen stockförmige Korallen bei weitem vor. [***])

Zu den charakteristischen Fossilien unserer Riffe zählen die grossen, unter den Gattungsnamen *Natica* und *Chemnitzia* inbegriffenen Gasteropoden-Formen. Obwol selten in grösseren Mengen (wie etwa bei Esino) vorkommend, finden sie sich in vereinzelten Exemplaren doch über das ganze Riffgebiet verbreitet. Sie fehlen weder dem ungeschichteten Riffwall, noch den geschichteten

---

[*]) Stellenweise zeichnen sich diese Kalke auch durch geringe Beimengungen von kohlensaurem Eisenoxydul und Manganoxydul aus.

[**]) In den ersten Bogen dieses Buches haben wir in Uebereinstimmung mit der bis vor Kurzem herrschenden Anschauung die Diploporen und Gyroporellen noch als Foraminiferen betrachtet. Seither wurde durch Munier Chalmas (Comptes rendus, 1877, II. Sem., pag. 814) der Nachweis erbracht, dass die Dactyloporideen Kalk-Algen seien, welche den lebenden, grüne Sporen tragenden Gattungen *Cymopolia, Acetabularia* u. s. f. sich zunächst anschliessen. In der That lässt die Besichtigung von Exemplaren von *Cymop. rosarium* (vortrefflich abgebildet in Lamouroux, Genres de l'ordre des Polypiers, Tab. 21, Fig. h, H.) oder *Cym. barbata* nicht den geringsten Zweifel über die Uebereinstimmung der Diploporen mit den isolirten Cymopolien-Gliedern. Vgl. a. Toula, Neue Ansichten über die systematische Stellung der Dactyloporideen. Verh. Geol. R.-A. 1878, pag. 301.

[***]) Doch fehlen Korallen auch dem Gebiete der geschichteten Dolomite nicht ganz, wie mir erst jüngst Funde grosser Korallenstöcke im Dolomite von Valsorda bei Trient bewiesen.

Canalbildungen. In theoretischer Beziehung ist namentlich das Vorkommen grosser, mit Esino-Formen nahe verwandter *Natica-*Arten im oberen Muschelkalk von Buchenstein (vgl. S. 47 und 252) von Interesse, insoferne dadurch unsere Auffassung der Gasteropoden-Kalke und Dolomite als Rifffacies im Allgemeinen im Gegensatze zu der älteren Anschauung, welche dieselben als eine chronologisch fixirte Etage betrachtete, eine weitere Bestätigung findet.

Reste aus anderen Thierklassen sind im Allgemeinen selten. Es finden sich indessen Echiniden, Crinoiden, Cephalopoden und Pelecypoden. Die Fundorte von Cephalopoden und Gasteropoden im Kalke der Marmolata, des Latemar und des Dosso Capello zeichnen sich durch das massenhafte Vorkommen von Individuen weniger, auf die einzelne Localität beschränkter Arten aus.

In wolthuendem Gegensatze zu der Einförmigkeit und Sterilität der Riffmassen an organischen Einschlüssen steht die Reichhaltigkeit thierischer Reste in den Ablagerungen an den Aussenseiten der Riffwälle. Es sei hier zunächst und in erster Linie der altberühmte Fundort von St Cassian genannt, an welchen sich sodann die zahlreichen, meist dem Niveau der Wengener Schichten angehörigen Vorkommnisse von Cipitkalken mit ihrem Reichthum an Korallen, Echiniden und Crinoiden anschliessen.

9. Die Korallenriff-Theorie.

Es ist eine in der Geschichte aller Wissenschaften häufig wiederkehrende Erscheinung, dass einzelne begabte Forscher, dem langwierigen inductiven Beweise prophetisch voraneilend, aus unzulänglichen Beobachtungsreihen Folgerungen ziehen, deren Richtigkeit erst durch nachfolgende Erhebungen und Entdeckungen festgestellt wird. In ähnlicher Weise überholte auch Ferd. Freiherr von Richthofen in seiner berühmt gewordenen Jugendarbeit über das südliche Tirol*) den bedächtigen Gang der inductiven Forschung, indem er die Ansicht aussprach, dass die südtirolischen Dolomitstöcke Korallenriffe seien.

In einem späteren, nach der Rückkehr von seinen grossen Reisen veröffentlichten Aufsatz **), welcher zunächst zur Abwehr

---

*) Geognostische Beschreibung der Umgebung von Predazzo, St. Cassian und der Seisser Alpe. Gotha 1860.

**) Ueber Mendola-Dolomit und Schlern-Dolomit. Zeitschr. D. Geol. Ges. 1874, pag. 225.

nicht sehr glücklicher Einwendungen gegen die Rifftheorie bestimmt war, formulirte er die Stützen seiner Theorie mit grösserer Bestimmtheit und Uebersichtlichkeit. Erwiesen sich nun auch in der Folge einige dieser Stützen als hinfällig, und mochte man auch die übrigbleibenden als nicht ausreichend zu so weittragenden Schlüssen ansehen, so gebührt doch unter allen Umständen v. Richthofen das hohe Verdienst, den ersten Keim zur richtigen Auffassung der heteropischen Verhältnisse der ¡mediterranen Trias gelegt und die Aufmerksamkeit seiner Nachfolger auf die Korallenriffe gelenkt zu haben. Ich persönlich fühle mich für die vielfachen Anregungen, welche ich seinen geistvollen Schriften entnommen habe, zu grösstem Danke verpflichtet, und empfinde ich lebhafte Freude und Genugthuung, meine Dankesschuld durch den Versuch einer Begründung der Korallenriff-Theorie abtragen zu können.

Nachdem wir in den vorangehenden Absätzen auf Grund der in diesem Buche niedergelegten Beobachtungsreihen die wichtigsten Merkmale unserer Riffe zusammengestellt haben, erübrigt uns blos zu zeigen, dass dieselben in vollkommen concludenter Weise für die Richtigkeit der Korallenriff-Theorie sprechen.

Wir beginnen vielleicht am passendsten mit der Rechtfertigung des Ausdruckes „Riffe", welchen wir bereits während des ganzen Verlaufes unserer Darstellungen gebraucht haben. Man ist bisher allgemein der Ansicht gewesen, dass die Grenzen der sogenannten Riffe Südtirols mit den heutigen orographischen Grenzen (den steilen Abbruchrändern) der Bergmassen zusammenfallen sollen, und manche Anhänger der Rifftheorie sind so weit gegangen, in den Steilwänden der Dolomitmassen einen Beweis zu Gunsten ihrer Ansicht zu erblicken. Den Gegnern der Rifftheorie wurde durch diese hypothetischen Vorstellungen eine bequeme und sichere Waffe in die Hand gedrückt; denn es liess sich leicht nachweisen, dass die Steilränder nur das Werk der Denudation seien. Unsere Riffe haben in der Regel mit den heutigen Bergformen nichts gemein. Wir waren häufig in der Lage, den ursprünglichen Zusammenhang gegenwärtig isolirter und von steilen Denudationswänden begrenzter Dolomitmassen nachzuweisen und haben wir in unseren Kärtchen über die Verbreitung der Riffmassen den Versuch einer Reconstruction der ursprünglichen Riffgrenzen gewagt. Nur an jenen Stellen, wo durch die Denudation die heteropischen Grenzen entblösst sind, fallen in Folge des verschiedenen Verhaltens der heteropischen Bildungen gegenüber der Denudation die Riffgrenzen mit dem topographischen Relief zusammen. Die Rechtfertigung der Bezeichnung „Riff" ergibt sich für uns aus dem

wiederholt geschilderten Verlauf der heteropischen Grenze. Wir
erinnern hier nur an die steile Abdachung (Riffböschung), mit
welcher die Dolomitmassen gegen das heteropische Gebiet abfallen,
an die geographische Vertheilung der Dolomitmassen, sowie an die
Unterbrechung und Begrenzung des von der Mergel- und Tufffacies
eingenommenen Areals durch mächtige, höher gelegene isopische
Dolomitmassen. Solchen Verhältnissen zu den gleichzeitigen
heteropischen Absätzen entsprechen nur Riffbildungen, und so
haben wir uns, um die Erscheinung mit dem ihr zukommenden
passenden Namen zu bezeichnen, für die Anwendung des Ausdruckes „Riff" entschieden. Um jedoch in die Bezeichnung nicht
zugleich eine präjudicirende Theorie aufzunehmen, haben wir das
Bestimmungswort „Korallen" fortgelassen. Die heute noch in der
Fortbildung begriffenen Kalkriffe von einiger Bedeutung sind zwar
durchgehends Korallenriffe, die eigenthümlichen riffartigen Anhäufungen von Rudisten, Crinoiden, Foraminiferen, Nummuliten,
Fusulinen, Orbituliten und Korallinen, welche man zuweilen in
älteren Ablagerungen trifft, liessen jedoch eine gewisse vorsichtige
Zurückhaltung angezeigt erscheinen.

Das Hauptgewicht bei der näheren Bestimmung der genetischen
Verhältnisse ist daher auf die organischen Einschlüsse der Riffe
zu legen. Hier ergibt sich nun auf den ersten Blick eine scheinbar
grosse Schwierigkeit: die verhältnissmässige Armuth des Gesteins
an organischen Resten. Es ist jedoch aus den zahlreichen
Schilderungen der modernen Korallenriffe, insbesondere aus den
beiden Hauptwerken über diesen Gegenstand von Darwin[*]) und
Dana[**]) sattsam bekannt, dass ausgedehnte Strecken der modernen
Korallenriff-Kalke ebenfalls ausserordentlich arm an organischen
Einschlüssen[***]) sind. Versuchen wir es, uns den Grund dieser
auffallenden, in ihren letzten Ursachen noch wenig erforschten
Erscheinung klar zu machen. Zwei Factoren, welche combinirt
wirken, spielen bei der Bildung der Riffkalke eine wesentliche
Rolle. Dies sind 1. die mechanische Wirkung der Wogen, und
2. der chemische Process der krystallinischen Umsetzung des
organisirten Kalkes. Die Arbeit der Wogen, welche in dem
Abbrechen der Korallenäste, deren Zerkleinerung, Pulverisirung und

---

[*]) The Structure and Distribution of Coral Reefs. Second Edition. London 1874. — Deutsche Uebersetzung von Carus, Stuttgart 1876.

[**]) Corals and Coral Islands. London, 1872.

[***]) Dana (Corals and Coral Islands, p. 352) bezeichnet geradezu „absence of
fossils as a frequent characteristic of the fine compact coral reef-rock, and
also of the beach and drift sand-rock orbita". σι

endlich in dem Anhäufen des erzeugten Sandes und Staubes an den Gehängen des Riffes besteht, wird wesentlich unterstützt durch die zahllosen bohrenden Thiere, welche, wie Agassiz *) betont, die basalen abgestorbenen Theile der Korallenstöcke in der wirksamsten Weise nach allen Richtungen unterminiren. Ohne diese mechanischen Anhäufungen von zermalmtem, organisirtem Kalk gäbe es keine Korallenriffe. Denn wenn die Zwischenräume der Korallenstöcke nicht massiv ausgefüllt würden, wäre das Emporwachsen der Riffe nicht möglich. Um aber weiter compacten Kalk aus dem losen Detritus zu bilden, ist ein Bindemittel nothwendig. Hier beginnt die chemische Action. Bei dem reichen, organischen Leben in den oberen Theilen des Riffes wird stets in Folge der eintretenden Verwesung der abgestorbenen Organismen freie Kohlensäure erzeugt, welche Theile des zu bindenden losen Haufwerkes und der abgestorbenen Korallen-Skelette auflöst **). Da sich der Process nahe an der Oberfläche des Meeresspiegels vollzieht, wo das unausgesetzte Spiel der Wogen eine stetige Bewegung unterhält, durch welche die halbgebundene Kohlensäure wieder ausgetrieben wird, so steht der raschen theilweisen Fällung des gelösten Kalkes nichts im Wege. Der auf diese Weise krystallinisch umgesetzte Kalk fungirt nun theils als Bindemittel, theils als Ausfüllungsmasse.

Man sieht leicht ein, dass die beiden geschilderten, für die Bildung der Riffmassen so wesentlichen Vorgänge, der mechanische, wie der chemische, darauf abzielen, die Spuren des organischen Ursprungs zu verwischen, und man begreift, dass es hauptsächlich von dem Masse der Wirkung dieser Factoren abhängen wird, ob und in welcher Ausdehnung sich die Kalkgerüste der am Aufbau der Riffe betheiligten Organismen erhalten werden.

Dana (Corals etc. p. 227) erwähnt, dass der Process der Obliteration und Auflösung des Korallengerüstes bereits in den kaum abgestorbenen Theilen noch lebender Stöcke eintreten kann, und De la Beche weist auf die im Innern der Korallenmasse selbst

---

*) Report of the Superintendent of the U. S. Coast Survey, showing the progress of the Survey during the year 1866. Washington, 1869, pag. 120. — Lyell, Principles of Geology. 10th. ed. Vol. II, pag. 588.

**) Vgl. Dana, Corals and Coral Islands, pag. 355. — De la Beche, Vorschule der Geologie, Deutsche Ausgabe von Dieffenbach, pag. 178. — Lyell, Principles, 10th. ed. Vol. II. pag. 588. — Dass die in unseren triadischen Riffen stellenweise häufigen, sogenannten „Evinospongien" in analoger Weise gebildet worden sein müssen, hat bereits Benecke (Ueber die Umgebung von Esino. Geogn. pal. Beitr. II. Bd., pag. 298) erwähnt.

Mojsisovics, Dolomitriffe. 32

sich zersetzenden organischen Substanzen hin, durch welchen Vorgange „oft Umstände eintreten, die das organische Gewebe verwischen und dafür Kalkmasse von einem unorganischen Charakter absetzen".

Die ausserordentlich rasche und leichte Obliteration der Korallenstructur erklärt sich aber auch noch durch die bisher in ihrer geologischen Bedeutung wenig gewürdigte Thatsache, dass das Korallenskelett nicht aus Calcit, sondern aus dem leicht löslichen Aragonit besteht *). Suess hat bereits vor Jahren auf die lehrreiche Erscheinung, welche der Leythakalk des Wiener Tertiärbeckens zeigt, aufmerksam gemacht. In diesem, vorzugsweise von einer Kalkalge, dem *Lithothamnium ramosissimum Rss. sp.* gebildeten Gesteine sind alle aus Calcit bestehenden Fossilreste (Lithothamnien, Bryozoen, Foraminiferen, Echinodermen, Crustaceen, Brachiopoden, Kammmuscheln, Austern, Anomien **) wol erhalten, während die aus Aragonit aufgebauten Harttheile der Korallen, Gasteropoden und der meisten zweiklappigen Muscheln verschwunden sind und nur ihre Hohlräume zurückgelassen haben. Der gelöste Aragonit setzte sich, wie Suess ***) ausführt, in der Form von Calcit als Bindemittel der aus Calcit bestehenden Hauptmassen des Gesteins ab, welche ohne diese Verbindung nur ein loses Haufwerk darstellen würden. Von besonderem Interesse ist dabei das Verhalten der Pelecypoden-Gattung *Pinna,* deren Schale nach den Untersuchungen von Leydoldt †) aus zwei heteromorphen Schalenlagen besteht. Dieser Zusammensetzung entsprechend ist bei den Pinnen des Leythakalkes die aus Aragonit bestehende innere Schalenschichte verschwunden, während die calcitische Aussenschale sich conservirt hat.

In den Korallenriffen, wo der durch die thierische Vermittlung aus dem Meerwasser abgeschiedene Kalk vorzugsweise in der Form des leicht löslichen Aragonits auftritt, wird der durch die chemische Umsetzung gefällte Calcit sich nicht blos, wie beim Leythakalk, mit der Rolle eines Verbindungsgliedes begnügen, sondern er wird unter

---

*) Claus' Zoologie. 3. Aufl. S. 204. — Insbesondere aber Steinmann, Ueber fossile Hydrozoen. Palaeontographica, 25. Band, S. 204. „Bedenken wir," sagt dieser Forscher, „dass auch bei den lebenden Formen (der Korallen) die strahlige Structur häufig kaum zu erkennen ist, ja sogar ganz verschwinden kann, so müssen wir uns wundern, dass fossile Gerüste überhaupt noch Spuren der Structur zeigen."

**) Auch die theils aus phosphorsaurem, theils aus flusssaurem Kalke gebildeten Zähne und Knochen der Wirbelthiere sind wolerhalten.

***) Der Boden der Stadt Wien, Wien 1862, Seite 110 und ff. — Ueber Baugesteine. Mittheilungen des k. k. österr. Museums für Kunst und Industrie, 1867 (S. 11 des Sept-Abdr.).

†) Sitz.-Ber. kais. Akad. d. Wiss. Wien, 1856. Bd. XIX, S. 29.

Umständen sich in grösseren Massen ablagern. So kann in Folge einer eigenthümlichen Verkettung verschiedenartiger Vorgänge auch im Meere fossilfreier, krystallinischer Kalk gefällt werden *).

Selbst wenn das Riff über den Meeresspiegel emporgehoben ist, wird die Obliteration solcher Theile des Riffes, welche bisher verschont geblieben oder nur in geringem Grade angegriffen worden waren, durch die eintretende Circulation kohlensäurehältiger Atmosphärwasser eintreten, resp. fortschreiten können. Zahlreiche Nachrichten über den verschiedenen Zustand der Erhaltung der Korallenskelette in gehobenen Korallenriffen scheinen für eine solche nachträgliche Auflösung und Umsetzung zu sprechen.

Kehren wir nach dieser langen Digression zu unseren süd-tiroler Riffen zurück. Wir hatten bereits oben constatirt, dass trotz der allgemeinen Seltenheit von Fossilien in den ungeschichteten Riffwällen die Reste von Korallen zu den am häufigsten wieder-kehrenden Spuren organischer Einschlüsse gehören. Die Erhaltungs-weise dieser Korallen ist zwar durchgehends eine sehr schlechte. Meistens sind nur die Hohlräume zurückgeblieben, aber die Art des Verlaufes und die Gruppirung derselben lässt deutlich den korallogenen Ursprung erkennen. In einigen Fällen sieht man jedoch an Verwitterungsflächen noch deutlich die Spuren der Korallen-structur. Dieser hohe Grad von Obliteration wird nach den obigen Erörterungen verständlicher, wenn wir daran erinnern, dass selbst die aus Calcit bestehenden Cidaritenstachel körperlich verschwunden sind und nur ihre Hohlräume zurückgelassen haben.

Während so die ungeschichteten Riffmassen zum grossen Theile aus fossilleerem, krystallinischem Gestein bestehen, zieht sich am Fusse der Riffe, an der heteropischen Grenze eine fortlaufende Zone von Gesteinen (Cipitkalk) hin, in welchen neben den vor-herrschenden Korallenstöcken zahlreiche korallophile Thierreste ein-geschlossen sind. Des blockförmigen Auftretens dieser Gesteine

---

*) Man begegnet häufig der durch die mangelhaften Angaben der meisten deutschen geologischen Lehrbücher genährten Anschauung, dass die gesammten Aussenflächen der Riffe aus lebenden Korallen-Colonien bestehen. Diese Auffassung ist ganz irrig. Es wechseln Regionen reichen Lebens mit ganz todten abgestorbenen Strichen, und sehr häufig beschränkt sich das Leben blos auf zerstreute Flecke inmitten abgestorbener Flächen. In vielen Fällen mag durch die Aufschüttung von Detritus ein plötzlicher, gewaltsamer Tod herbeigeführt werden. Mit der Zeit, vielleicht unter etwas veränderten äusseren Umständen, siedeln sich dann auf den abgestorbenen, zu festem Fels verwandelten Theilen neue Colonien an, die sich allmählich ausbreiten und die Fläche überwachsen, bis wieder eine neue Periode gewaltsamer oder natürlicher Unterbrechung eintritt.

32 *

wurde ausführlich S. 170 und 172 gedacht. Auch wurde wiederholt erwähnt, dass vielfach Uebergänge in den weissen Dolomit
vorhanden sind. Nach der Art des Vorkommens kann man einen
Theil dieser Gesteine, insbesondere die Blockmassen, nur für abgerissene und durch die Umhüllung mit heteropischem Sediment,
oder durch die tiefere Lage gegen den allzu starken Fortschritt
der Obliteration geschützte Fragmente des Riffes halten. Wenn
unsere Anschauung die richtige ist, so wäre es jedoch sehr sonderbar, dass sich nicht auch Stücke des obliterirten Riffgesteins vorfinden sollten. Und in der That kommen stellenweise, wie z. B. im
Kamme der Rosszähne, auch ganz fossilleere oder fossilarme Blöcke
vor. Die geringe Beimengung von Thon, welche die Cipitkalke
von dem reinen Riffgestein unterscheidet, erklärt sich durch die
peripherische Lage an der Grenze eines hauptsächlich von mechanischen
Sedimenten erfüllten Gebietes. Die anderen in die Kategorie der
Cipitkalke fallenden Vorkommnisse, wie z. B. das Fossillager von
Stuores bei St. Cassian, verdanken ihre Bildung theils der Anhäufung
der *in situ* lebenden Thiere, theils (wie der fragmentäre Zustand
der solche Breccien bildenden Reste beweist) der Abschwemmung
von den Gehängen der Riffe.

Angesichts der grossen Armuth des ungeschichteten Dolomits
an Fossilresten muss das Vorkommen der fossilreichen Cipitkalke
am Aussenrande der Riffe als eine besonders günstige Erscheinung
betrachtet werden, durch welche wir mit den biologischen Verhältnissen der Riffe bekannt werden. Die Cipitkalke vermitteln uns das
Bild einer echten, unzweifelhaften Korallenriff-Fauna und wir stehen
nach den vorausgegangenen Erläuterungen und Feststellungen nicht
an, unsere ungeschichteten Dolomitwälle als Korallenriff-
Bildungen zu betrachten.

Bevor wir zur Besprechung des biologischen Bestandes der
geschichteten Dolomite und Kalke schreiten, dürfte es am Platze
sein, zu untersuchen, in welche Kategorie der heute allgemein
unterschiedenen drei Hauptgruppen von Korallenriffen unsere
Dolomitriffe gehören? Um jedoch in dieser Beziehung zu einer
naturgemässen Anschauung zu gelangen, müssten wir unsere Blicke
über die engen Grenzen unseres Gebietes hinauschweifen lassen und
das Verhältniss unserer Riffe zu jenem alten Inselgebirge, welches
wir heute die krystallinische Mittelzone der Ostalpen nennen, in das
Auge fassen. Wir werden weiter unten näher auf diese Frage eingehen
und bemerken vorläufig nur, dass die geographische Anordnung
der Riffe im Zusammenhalte mit der geologischen Geschichte
der Ostalpen zu dem Schlusse führen, dass die Hauptmasse der

Riffe (der „obere Dolomit") sich wie ein Wallriff zur krystallinischen Mittelzone der Alpen verhält.

Dem eigentlichen Riffwalle entsprechen offenbar die ungeschichteten Dolomite, während den geschichteten Dolomiten des Westens nach ihrer Lage zwischen dem alten Inselkerne und der äusseren Zone des Riffwalles die Rolle der Lagunen- oder Canalbildungen zufällt. Wenn wir von den, beiden Abtheilungen der Riffbildungen gemeinsamen organischen Einschlüssen und den sporadischen Vorkommnissen in den Kalken des Avisio-Gebietes absehen, bleiben als die wichtigsten und am weitesten verbreiteten Fossilreste der geschichteten Dolomite die isolirten, aber an den meisten Stellen ihres Vorkommens massenhaft angesammelten Diploporen-Glieder. Leider liegen über die Wohnplätze der, wie es scheint, in den heutigen Meeren ziemlich selten vorkommenden nächsten Verwandten der Diploporen, der Cymopolien, nur sehr unzureichende allgemeine Angaben vor. Dass Kalkalgen in den heutigen Korallenriffen zu den häufigsten und charakteristischen Mitbewohnern der Riffe gehören, ist eine allgemein bekannte Thatsache, unterscheidet man doch an der Peripherie der Korallenbauten eine besondere Nulliporenzone. Unter diesen in der äussersten Brandungszone vorkommenden Nulliporen scheinen sich aber Cymopolien, oder andere verzweigte Korallinen nicht zu befinden, denn es wird ausdrücklich von allen Schilderern der heutigen Riffe betont, dass die Nulliporen der Brandungszone die äussersten Rifftheile flechtenartig überziehen und incrustiren und durch ihre Anhäufung einen förmlichen Wall bilden, welcher wie ein Wogenbrecher wirkt. Wenn man die zarten, dünn verzweigten Aestchen der Cymopolien betrachtet, so kann man sich des Eindruckes nicht erwehren, dass so delicat gebaute Organismen nur an verhältnissmässig geschützten Stellen leben können, ebenso wie die dünn verzweigten Korallen*) die stürmische Aussenseite der Riffe meiden und in den geschützten Lagunen oder Canälen gedeihen. Dieser Anschauung entspricht vollkommen die Angabe von Beete Jukes**) über das Vorkommen von Korallinen im Canale des grossen australischen Wallriffes. Ferner liegen einige von Agassiz und Pourtalès herrührende Angaben vor über das Vorkommen von Korallinen auf der Innenseite des grossen

---

*) Darwin, Korallenriffe, S. 13.

**) Da mir das Reisewerk von B. Jukes nicht zu Gebote stand, verweise ich auf die Angaben von De la Beche, Vorschule der Geologie, S. 174, und Dana, Corals etc., p. 152.

Florida-Riffes. So berichtet Agassiz *), dass der Boden des Schiffcanals, welcher sich zwischen den Key's und dem eigentlichen Riffe hinzieht, an den Stellen, wo er am seichtesten ist (wie zwischen Fowey Rocks, Triumph Reef und Long Reef auf der einen und Soldier Key und Ragged Key's auf der andern Seite), mit dem sogenannten „country grass", einer Kalkalgen-Art, überwachsen ist. Pourtalès **) erwähnt, dass der Boden des 6—7 Faden tiefen Hawk Channel aus zerfallenen Korallen und Korallinen besteht und Agassiz ***) endlich theilt mit, dass in den Dry Tortugas und Marquesas einige Key's ganz und gar aus den zerfallenen und in eine Masse verkitteten Fragmenten von Korallinen, unter denen eine grosse *Opuntia*-Art besonders auffällig ist, zusammengesetzt sind. Einer Angabe Wyville Thomson's †) ist ferner zu entnehmen, dass auf den Bermudas-Riffen Korallinen, Melobesien und Nulliporen an geschützten Stellen leben; doch fehlen nähere Daten über die Art und den Ort des Vorkommens.

So lassen sich also auch aus der Gegenwart einige Thatsachen anführen, welche eine Parallele mit den von Korallinenresten häufig erfüllten Canalbildungen der südtirolischen Trias zulassen.

Was die Erhaltungsweise der Diploporenglieder betrifft, so ist dieselbe, trotzdem der Kalk der Korallinen calcitisch ist, doch durchaus nicht immer glänzend. In vielen Fällen erkennt man die Gegenwart der Diploporen blos an den Verwitterungsflächen des Gesteins, und es ist anzunehmen, dass stellenweise auch vollkommene Obliteration eingetreten ist.

Es erübrigen noch einige Worte über die beschriebenen Structurformen unserer Riffe. Was zunächst das Verhältniss des ungeschichteten Riffwalles zu den geschichteten Dolomiten betrifft, so hat bereits v. Richthofen die frappante Uebereinstimmung der schönen Aufschlüsse in der Schlernklamm mit dem die Lagunenbildungen gegen aussen abschliessenden erhöhten Riffdamme betont. — Die von uns sogenannte Ueberguss-Schichtung findet sich nach den übereinstimmenden Berichten aller Beobachter stets auf den Aussenseiten der Riffe. Der Grad der Neigung der einzelnen Bänke scheint jedoch innerhalb sehr weiter Grenzen zu schwanken. Er ist offenbar zum grossen Theile abhängig von dem Masse des verticalen Wachsthums der Riffe und von der Intensität der

---

*) U. S. Coast Survey Report for 1866, pag. 126, 127.
**) Illustr. Catal. of the Mus. of Comp. Zoology at Harvard College. Nr. IV, pag. 4. — Dana, Corals etc., pag. 211.
***) Bulletin of the Mus. of Comp. Zoology at Harvard College, Nr. 13, p. 376.
†) The Atlantic, Vol. 1, pag. 304.

Brandung. Eine treffende Schilderung der Ueberguss-Schichtung gibt Agassiz *), welcher mit Recht auf die grosse Aehnlichkeit mit torrentieller Schichtung hinweist. R. v. Drasche **) berichtet, dass die eben gehobenen Korallenriffe von West-Luzon genau dieselben Schichtungsverhältnisse zeigen, welche ich als Ueberguss-Schichtung in den Dolomitriffen von Südtirol charakterisirte. Eine ganz analoge Erscheinung bieten auch die „Aeolian rocks" von Bermudas dar, welche durch das Aufhäufen grosser Korallensandmassen in Folge heftiger Stürme gebildet werden sollen ***). — Die Block- oder Conglomeratstructur unserer Riffe erinnert zunächst an die so häufig genannten Breccien und Conglomerate der heutigen Korallenriffe. Es wird an vielen Orten berichtet, dass durch die Gewalt der Brandung grosse Blöcke des Riffkalkes abgerissen, durch die rollende Hin- und Herbewegung abgerundet und endlich mit losem Material von sehr verchiedener Korngrösse wieder zu compacten Massen zusammengekittet werden. Viele dieser Blöcke mögen, wie die Cipitkalke andeuten, ursprünglich grosse Korallenstöcke oder Höcker von Korallen-Generationen nach Art der von Siau †) auf den Korallenriffen von Bourbon beobachteten „pâtes de coraux" gewesen sein. Die Beschreibung, welche De la Beche ††) von den durch diese Korallenhöcker gebildeten Riffkalken gibt, passt vollständig auf die Blockstructur der Dolomitriffe.

Die Bänke grosskörniger Oolithe in den geschichteten oberen Cassianer-Dolomiten des Ostens entsprechen genau den auf der Oberfläche von über den Meeresspiegel hinausgewachsenen Riffen vorkommenden gleichartigen Bildungen, deren Entstehungsweise von Agassiz †††) und Dana *†) in so anschaulicher Weise dargestellt

---

*) U. S. Coast Survey Report for 1866, p. 125. — Bull. Mus. Comp. Zoology N. 13, p. 373.

**) Fragmente zu einer Geologie der Insel Luzon. Wien, 1878, S. 43.

***) Der von W. Thomson (Nature No. 344, Vol. 14, p. 99, und The Atlantic, Vol I., p. 309) mitgetheilte Holzschnitt eines solchen aeolischen Kalksteines könnte ebensogut einen Durchschnitt an der Riffböschung eines unserer Riffe vorstellen.

†) Vgl. De la Beche, Vorschule der Geologie, S. 171, Fussnote.

††) „Man darf nicht schliessen, dass die so gebildeten Schichten eine gleichförmige Dicke haben. Es existiren vielmehr sehr grosse Unterschiede in der Höhe der pâtes, und das ganze Riff stellt eine gestaltlose, zertheilte Masse von aufeinandergestellten Hügeln dar, zwischen denen die Zwischenräume mit Sand und Trümmern ausgefüllt und deren zusammenhängende Theile durch ein Korallencement verbunden sind."

†††) Bull. Mus. Comp. Zoology. Nr. 13, p. 375.

*†) Corals and Coral Islands, p. 156. „Oolitic beds appear to be confined to the superficial formations of a reef, that is, to the beach and winddrift accumulations."

wurde. Sie bezeichnen demnach in unseren alten triadischen
wie in den modernen Riffen den Abschluss der Riffbildung
gegen oben.

Die Analogie mit den heutigen Verhältnissen gehobener Korallenriffe wird in unserem Gebiete durch die eigenthümliche Gesteinsbeschaffenheit der Raibler Schichten noch wesentlich vermehrt.
Ausser der grossoolitischen Beschaffenheit einiger Bänke und der
sandsteinartigen Zusammensetzung gewisser Dolomitlagen kommt
hier insbesondere der bedeutende Gehalt der meisten Schichten
an rothem Thon in Betracht. Auf gehobenen und längere Zeit dem
ätzenden Einflusse des Atmosphärwassers ausgesetzten Korallenfels-
massen der Gegenwart finden ähnliche Ansammlungen rothen Thones
statt. So berichtet R. v. Drasche*) von den gehobenen Korallenriffen bei Benguet auf Luzon: „Die Oberfläche der Korallenberge
ist meist mit einer feinen rothen Erde bedeckt, die die Zwischenräume der spitzen Klippen ausfüllt. Die Erde ist oft mehrere Fuss
mächtig und ungemein fein geschichtet." Auf Bermudas finden
sich nach der instructiven Beschreibung, welche Wyville Thomson**)
von den Kalken dieses dem Meeresniveau entwachsenen Korallen-
riffes entwirft, zwei den Kalksteinbänken horizontal eingebettete
Lagen rother Erde. Auch begegnet man derselben Substanz häufig
in den Spalten und Taschen der Kalksteine. Es ist offenbar dieselbe Erscheinung, welche den Geologen unserer Mittelmeerländer***)
in der Gestalt der sogenannten „Terra rossa" auf allen exponirten
reinen Kalkformationen entgegentritt, und es kann sonach eine
ursächliche und nothwendige Beziehung zu den Korallenriffen keineswegs behauptet werden. Dagegen scheint mir, da die rothen
thonhältigen Lagen der Raibler Schichten, ebenso wie die rothen
Thone von Bermudas, im normalen Schichtenverbande auftreten,
der Schluss zulässig, dass auch zur Zeit der Raibler Schichten ausgedehnte Strecken der Riffe trocken lagen, und die Feststellung
dieser Thatsache ist immerhin für den Abschluss der Riffperiode
von grossem Interesse.

Die Frage nach der chemisch-genetischen Bildungsweise des
Dolomits wurde in den vorausgehenden Erörterungen aus dem
Grunde bei Seite gelassen, weil es für unsere Beweisführung ganz
gleichgiltig sein konnte, ob das Gestein der Riffe Dolomit oder

*) Fragmente zu einer Geologie der Insel Luzon, S. 32.
**) The Atlantic, Vol. I, p. 315.
***) Vgl. Neumayr, Verh. Geol. R.-A. 1875, S. 50, und Th. Fuchs ebenda, S. 194.

Calcit ist. Seitdem durch Dana *) bekannt ist, dass das Gestein der gehobenen Korallenriff-Insel Matea Dolomit (38·07 Procent Magnesia-Carbonat) ist, kann das ausgedehnte Vorkommen von Dolomit in unseren Riffen nicht nur nicht als ein Einwand gegen die Korallenriff-Theorie, sondern viel eher als ein weiteres Argument zu Gunsten derselben betrachtet werden, da bisher, meines Erinnerns, noch keine anderweitigen Beispiele für die Bildung des Dolomits in unseren heutigen Meeren vorliegen. Der Vorgang bei dieser Dolomitbildung ist noch nicht hinlänglich aufgeklärt, aber es ist von hohem theoretischem Werthe, zu wissen, dass Dolomit in den heutigen Meeren bei gewöhnlicher Temperatur und ohne Beihilfe von Mineralwässern gebildet werden kann. Die Hypothese Dana's, dass eine verdunstende Lagune grössere Mengen von Magnesia-Salzen abschied, kann offenbar auf unsere aus Dolomit bestehenden Riffwälle keine Anwendung finden.

10. Kurze Geschichte der südtirolischen Korallenriffe.

Der Bildung unserer Dolomitmassen gieng eine Periode von vorwiegend mechanischen, während kurzer Zeit aber auch chemischen Seichtwasser-Absätzen und dieser wieder eine Festlandsperiode voraus. Den küstennahen Verrucano-Conglomeraten folgte, wenn wir von der auf die Etschbucht beschränkten Einschaltung des Porphyrsystems absehen, die Ablagerung des rothen Sandsteines, dieser zunächst die Bildung der Gypsmassen und Stinkkalke der Bellerophon-Schichten und später der schlammige Absatz der Werfener Schichten. Der untere Muschelkalk mit seinen rothen Sandsteinen, Conglomeraten, Pflanzenschiefern und Wellenkalken bildet den Schluss dieser Periode. Die grosse Gesammtmächtigkeit dieses Complexes, sowie die Natur der einzelnen aufeinander folgenden Ablagerungen weisen mit Bestimmtheit auf eine langsam vor sich gehende, mit dem Fortschreiten der Absätze gewissermassen Schritt haltende Senkung hin.

Den vereinzelten kleinen Anläufen zur Bildung von reinen Kalkriffen während der Zeit des unteren Muschelkalkes folgte zur Zeit des oberen Muschelkalkes die Ansiedelung eines ziemlich ausgedehnten flachen Küstenriffes, welches die ganze Nordhälfte unseres Gebietes bedeckte und sich gegen Südwesten in die Brenta-Gegenden erstreckte. Bereits in diese erste Zeit der Riffperiode fällt die Anlage eines mit der entfernten westlichen Küste · parallel verlaufenden

---

*) Corals etc., pag. 356.

Dammes von ungeschichtetem Dolomit. Das junge Riff erfuhr bald nach seiner Entstehung zur Zeit der Buchensteiner Schichten von Süden, also von der Meeresseite her, eine bedeutende Einschränkung seines Umfanges, durch die zu starke Senkung des ihm entzogenen Areals. Der reiche Gesteinswechsel der Buchensteiner Schichten, namentlich die gegen Süden an Mächtigkeit zunehmenden Einschaltungen von Tuffen (Pietra verde) weisen auf südnördliche Strömungen hin, welche periodisch mechanisches Sediment mitbrachten. Die um diese Zeit eingetretene Ordnung der Verhältnisse wurde bestimmend für den weiteren Verlauf der Ereignisse. Die heteropischen Grenzen des Riffgebietes blieben nun im Wesentlichen durch lange Zeiträume unverändert.

Nach der Zeit der Buchensteiner Schichten trat ein kurzer Stillstand im verticalen Wachsthum der Riffe ein. Die auffallende Scheidungsfläche des unteren und oberen Dolomits verdankt demselben ihre Entstehung.

Eine Periode sehr rascher und bedeutender Senkung leitete zur Zeit der Wengener Schichten die Herausbildung des Wallriffes mit seinen steilgeböschten Aussenwänden ein. Die Senkung erfolgte nicht im Sinne der gewöhnlichen sogenannten säcularen Bodenschwankungen, sondern ungleich in Folge von flach wellenförmigen Faltungen des Bodens, mithin durch einen Act der gebirgsbildenden Erdkrustenbewegung. Die heteropische Differenzirung unseres Gebietes ist eine Folge dieser ungleichmässigen Senkung, welche bereits zur Zeit der Buchensteiner Schichten begann, zur Zeit der unteren Wengener Schichten aber die grösste Intensität erreichte. Wo der Betrag der Senkung so stark war, dass er durch möglichst beschleunigtes Emporwachsen der Korallenriffe nicht mehr ausgeglichen werden konnte, da mussten die Korallen mit ihrer reichen Gefolgschaft weichen. In den verödeten Tiefen konnten dann im Laufe der Zeit die manigfaltigen heteropischen Bildungen der Wengener und Cassianer Schichten Raum zur Ausbreitung finden.

Die allgemeine Gestalt der Einsenkung war buchtenförmig. In der Nähe des westlichen Randes erhielten sich zwei inselförmig begrenzte Untiefen im erhöhten Niveau des Wallriffes. Sie wurden die Grundlage des Langkofel- und des Carnera-Riffes, welche daher den ‚abgetrennten Riffen‘ am Aussenrande des grossen australischen Wallriffes, keineswegs aber Atollen zu vergleichen sind.

Es ist nun im hohen Grade bemerkenswerth, dass die Eruptionsstellen der Augitporphyrlaven an der Grenze der Gebiete schwächerer und stärkerer Senkung stehen. Die ältere Eruptionsstelle des oberen Fassa-Thales, deren Entstehung in die Zeit der stärksten Senkung fiel, liegt in einer engen einspringenden Bucht, dicht am Rande des tiefer gesunkenen Gebietes. Die beiden jüngeren Eruptionscentra des Monzoni und des Fleimser Vulcans befinden sich zwar bereits in der Riffregion, aber nur in geringer Entfernung von dem Beugungsrande. Ihre Entstehung fiel in eine Periode, wo die Senkung der peripherischen Riffgründe nur mehr sehr langsam vor sich gieng, ja wahrscheinlich streckenweise völlig in Stockung gerathen war, während die Senkung des heteropischen Beckens, wie die grosse Mächtigkeit der übergreifenden Cassianer Dolomite beweist, noch bedeutende Fortschritte machte. Für die richtige Beurtheilung der Stellung dieser beiden Vulcane ist es aber entscheidend, dass dieselben auf einer Spalte (Vgl. S. 385) entstanden. Ein Blick auf das Kärtchen S. 482 zeigt nun sofort, dass die Richtung der ‚Fleimser Eruptionsspalte‘ der Hauptsache nach zur heteropischen Senkungsregion senkrecht steht. Es ist eine Radialspalte. — Diese Ergebnisse stehen in vollkommenem Einklange mit den Gesetzen, welche die heutige Vertheilung der Feuerberge beherrschen und darf hier vielleicht daran erinnert werden, dass unsere Auffassung der Bildungsgeschichte der südtirolischen Dolomitmassen zu so unerwarteten, befriedigenden Folgerungen über ganz heterogene Erscheinungen führt.

Kehren wir zu den Riffen der Wengener Schichten zurück. In Folge der Umgestaltung zu einem Wallriff zogen sich die Korallinen, welche in der flachen Bank des Strandriffes bis zur heteropischen Grenze reichten, in den geschützten Lagunen-Canal zurück. Die Riffe selbst dehnten ihre Grenzen etwas über den Umfang der Riffe der Buchensteiner Schichten aus. (Vgl. S. 482.) In der ersten Zeit erfolgte das Emporwachsen so rasch, dass in der heteropischen Region noch gar keine Ablagerungen gebildet waren, während die Riffwälle schon eine ansehnliche Höhe erreicht hatten. Als dann in Fassa die Eruptionen der Augitporphyrlaven begannen, hatten sich bereits Schuttzonen am Fusse der Riffe angesammelt, welche nun von den sich ausbreitenden Lavaströmen erfasst wurden und die eigenthümlichen Tuffkalk-Breccien bildeten, welche so häufig an der Basis des Lavensystems angetroffen werden. Die Laven breiteten sich, wie ein mechanisches Sediment, innerhalb der ihnen durch die hohen Riffwälle gesteckten Grenzen in den Tiefen aus. Die Eruptionen erfolgten submarin und starke Strömungen übernahmen sofort die feiner zerstäubten Auswurfsmassen zur Verbreitung und Ablagerung in den rifffreien Tiefen. So erklärt sich der sonst unverständliche Mangel an Tuffeinlagerungen in den Riffmassen und zugleich das ungestörte Wachsthum der Riffe in der Oberflächen-Region des Meeres. Die schwereren Laven häuften sich um die Ausbruchsstelle, die leichteren Auswürflinge wurden weiter transportirt und bildeten um erstere eine concentrische Zone. In die entfernteren Regionen gelangten immer weniger, und nur sehr feine, mit freiem Auge meist nicht mehr erkennbare Stäubchen. Da sich an den Riffwällen sowol die Laven, als auch die mechanisch vom Wasser transportirten Massen stauen mussten, so entstand nothwendiger Weise längs der Riffe ein erhöhter Rand von grösserer und geringerer Breite. Reichte die Aufschüttung bis in das Niveau der lebenden Korallen, so konnten sich in den Intervallen der vulcanischen Thätigkeit die Korallen ansiedeln und seitlich ausdehnen. Es hieng dann von verschiedenen Umständen, insbesondere von der Intensität der fortdauernden Senkung ab, ob das Riff das eroberte Gebiet behaupten konnte oder dasselbe wieder aufgeben musste. War Letzteres der Fall, so entstanden die so häufig vorkommenden Riffzungen, indem sich über den vorgeschobenen Ausläufern des Riffes neuerdings heteropische Sedimente ablagerten. Auch jene, aus Haufwerken von zerschellten Echinodermen und Molluskenresten bestehenden Cipitkalke, welche von den Riffen aus sich in die heteropische Region hinein erstreckten, stammen aus Intervallen des vulcanischen oder mechanischen Gesteinsabsatzes. Kalkdetritus verbreitete sich wol ununterbrochen von den Riffen aus über die heteropische Region, mengte sich daselbst mit dem vulcanischen Detritus und diente zur Bindung desselben.

Die reichliche Gesteinsbildung in den Zwischenräumen der Riffe hatte die rasche Ausfüllung derselben im Gefolge, ein Umstand, der einestheils die Conservirung der Riffböschungen begünstigte und anderntheils der seitlichen Ausdehnung einzelner Riffmassen zur Zeit der oberen Wengener Schichten sehr zu Statten kam.

Als gegen den Schluss der norischen Zeit in den Lagunen des Avisio-Gebietes die zwei grossen neu entstandenen Vulcane ihre Thätigkeit begannen, erreichte die Riffbildung im Umkreise dieser Feuerberge ihr Ende. Schwarze Laven breiteten sich nun über den weiss blinkenden Felsgrund aus. Wie weit dieselben gereicht hatten, lässt sich heute wegen der starken Denudation dieser westlichen Gegenden nicht mehr bestimmen. Nur die wenigen Denudationsreste von Laven auf dem Monte Agnello und auf dem Viezzena erzählen uns, dass hier einst eine ausgedehnte Decke von Laven existirt haben muss. Die Laven des Schlern, der Mendel und des Monte Rovere bei Cles müssen ihrer Lage nach mit diesen oberen Laven von Fleims correspondiren und standen alle diese zerstreuten Vorkommnisse wol ursprünglich untereinander im Zusammenhange. Die Verbindung der Lavendecke des Schlern mit dem Hauptgebiete des älteren Lavensystems der Seisser Alpe (vgl. S. 175) deutet darauf hin, dass die Laven der beiden jüngeren Vulcane auch das Gebiet der älteren Laven erreichten.

Ausserhalb dieser Region lässt sich der Eintritt der zweiten Eruptionsphase nur in jenen Riffmassen, welche in die heteropischen Gegenden übergreifen, mit einiger Wahrscheinlichkeit erkennen. Die auffallende, zackige Trennungsfläche zwischen den Wengener und Cassianer Dolomiten des Sella- und des Gardenazza-Gebirges entspricht nämlich offenbar, ebenso wie die analoge Trennungsfuge zwischen dem Buchensteiner und dem Wengener Dolomite in den isopischen Riffen, einer zeitweiligen Unterbrechung des Wachsthums der Riffe. An einigen Stellen, wie auf dem Grünen Flecke bei Plon, auf dem Grödener Joche und auf den Zwischenkofel-Wänden erfolgte sogar ein partielles Uebergreifen der mechanischen Sedimente in die Riffregion. Es liegt nun nahe, anzunehmen, dass diese, wol durch ein stärkeres Untertauchen der Riffzungen hervorgebrachte Unterbrechung der Riffbildung mit dem Eintritte der vulcanischen Thätigkeit in den Avisio-Lagunen zeitlich und ursächlich zusammenhängt.

Dem zweiten Ausbruche feuerflüssiger Massen folgte in den grossen isopischen Wallriffen eine Periode nahezu völligen Stillstandes der Senkung. Die Riffe machten nur mehr sehr geringe Fortschritte des Wachsthums und streckenweise, namentlich in den Lagunen, mochte in Folge der verminderten Zufuhr an Kalkdetritus die Gesteinsbildung ganz in Stockung gerathen zu sein.

Im Innern der grossen heteropischen Bucht dauerte jedoch die Senkung des Bodens noch fort, wie die grosse Mächtigkeit der übergreifenden Riffzungen von Cassianer Dolomit im Sella- und Gardenazza-Gebirge, am Sett Sass, Nuvolau, Lagatschoi und am Dürrenstein beweist. Erst am Ende der Zeit der Cassianer Schichten fand auch hier der Abschluss der Riffbildung in Folge eingetretenen Stillstandes der Senkung statt. Auf den dem Meeresspiegel entrückten Riffen bildeten sich die charakteristischen grosskörnigen Oolithe (vgl. S. 503), während an geeigneten Stellen der abgebröckelte und abgeschwemmte feine Sand und Grus zum Aufbau jener oft weit von den Riffgrenzen hinaus sich erstreckenden Dolomitbank verwendet wurde', welche so häufig die Cassianer Mergel von den Raibler Schichten trennt.

Der Riffperiode folgte nun zur Zeit der Raibler Schichten eine ausgesprochene Untiefen-Bildung. Der Stillstand der Senkung, welcher den Abschluss der Riffbildung veranlasste, gibt sich deutlich in dem Charakter der Gesteinsabsätze und der organischen Einschlüsse zu erkennen. Ausgedehnte Strecken der südtirolischen Riffe, insbesondere wahrscheinlich die dem Festlande zunächst gelegenen Lagunenbildungen, wurden sogar trocken gelegt und der auflösenden und der zersetzenden Wirkung der Atmosphärilien preisgegeben (vgl. S. 504). Die rothen Thone, welche aus diesen exponirten Riffkalken extrahirt wurden, lieferten Material zu den Gesteinsbildungen in dem benachbarten seichten Meere. In anderen Gegenden, wie namentlich im Osten unseres Gebietes wurden zeitweise in abgeschlossenen Buchten Gypsmassen gefällt.

11. Ein Blick auf die Riffe der Ostalpen.

Es wurde bereits betont, dass das richtige Verständniss des Charakters unserer Riffe nur aus der Betrachtung des gesammten ostalpinen Riffgebietes gewonnen werden kann. Nachdem erst in dem vorliegendem Buche der Beweis für das Vorkommen ausgedehnter Riffmassen geführt worden ist, mag es befremdend klingen, dass ich von der Existenz von Riffen in anderen, als den hier behandelten Gegenden sprechen will. Ich habe indessen bereits im Frühjahre 1874 vor dem Beginn der Untersuchung im südlichen Tirol den Nachweis geliefert *), dass sowol auf der Süd- wie auf der Nordabdachung der Ostalpen in vielen Gegenden zwei vicarirende Faciesreihen zwischen den Werfener Schichten im Liegenden und den Raibler Schichten im Hangenden vorhanden sind. Die eine dieser Reihen umfasst lichte Kalke und Dolomite, die zweite verschiedenartige, durch grösseren Thongehalt ausgezeichnete Sedimente.

Die Uebereinstimmung des Auftretens, der Gesteinsbeschaffenheit, der Fossilführung, endlich der directe Zusammenhang der südalpinen Vorkommnisse dieser Art mit unseren Riffen lehren, dass der für das eine Gebiet geführte Nachweis auch für die übrigen, noch nicht im Detail untersuchten und häufig durch tektonische Störungen stark beunruhigten Gebiete gelten muss.

So unvollständig nun auch die Daten über die localen heteropischen Begrenzungen dieser Riffe sind, so ergibt sich bei der Verfolgung derselben auf der Karte doch eine so auffallende Gesetzmässigkeit ihrer geographischen Verbreitung, dass wir unter

---

*) Faunengebiete und Faciesgebilde der Triasperiode in den Ostalpen. Jahrb. Geol. R.-A. 1874.

entsprechender Berücksichtigung der geologischen Vorgeschichte zu ganz bestimmten Schlüssen über die Natur der ostalpinen Riffe gelangen können.

Anschliessend an das grosse Sextener Riff am Ostrande unseres Gebietes zieht sich dicht am Südrande der Mittelzone der Ostalpen eine continuirliche Kette von Riffmassen durch Friaul, das Lienz-Villacher Gebirge, die Karavanken, die Julischen und Sulzbacher Alpen, bis nach Untersteiermark über die Gegend von Cilli hinaus. Die untere Grenze scheinen meist Schichten vom Alter des Muschelkalkes zu bilden; stellenweise aber dürften die Riffmassen bis zu den Werfener Schichten abwärts reichen, während an anderen, vom alten Uferrande wahrscheinlich entfernteren Stellen die Riffbildung erst in einem höheren Niveau beginnt. Der Gegensatz zwischen geschichteten Lagunen-Dolomiten und dem ungeschichteten Riffwalle ist in Kärnten, wo die Lagunen-Zone im Lienz-Villacher Gebirge theilweise noch erhalten ist, deutlich erkennbar. Den Abschluss der Riffmassen bilden stets Raibler Schichten. Im Süden von dieser Riffregion trifft man in Krain und den angrenzenden Gegenden eine Entwicklung, welche mit jener unseres südtirolisch-venetianischen Tuff- und Mergelgebietes grosse Uebereinstimmung zeigt.

Ganz analoge Verhältnisse herrschen im Westen, wie mich eine Reise durch die lombardischen Alpen lehrte. Ohne hier in nähere Details eingehen zu können, erwähne ich nur, dass die Riffregion um das weit nach Süden vorspringende Cap des Adamello herum sich in die lombardischen Alpen hinüberzieht und, stets den Südrand des älteren Gebirges begleitend, bis an den Luganer See verfolgt werden kann. Die wechselnde Höhe, in welcher die Riffmassen beginnen, lässt darauf schliessen, dass stellenweise die innersten Zonen bereits ganz denudirt sind. Gegen den Südrand der lombardischen Alpen folgt eine Zone mit fehlenden oder sehr reducirten, blos auf die höchsten Lagen unter den Raibler Schichten beschränkten Riffmassen. Wengener Tuffsandsteine *) spielen, wie in Südtirol, Venetien und Krain, in derselben eine grosse Rolle.

Der ganzen Südabdachung der Alpen entlang halten sich sonach die Riffmass'en strenge an den Rand des älteren, aus archaeischen oder palaeozoischen Bildungen bestehenden Gebirges, während in grösserer Entfernung, gegen

---

*) Von den lombardischen Geologen wurden diese Gesteine sonderbarer Weise mit den Raibler Schichten zusammengeworfen.

den Aussenrand der Alpen eine rifffreie oder riffarme Zone folgt.

Die Verhältnisse in den Nordalpen zeigen einige bemerkenswerthe Abweichungen. An der Grenze zwischen der juvavischen und mediterranen Provinz, im Westen der Salzburger Alpen, sind ausgedehnte Riffmassen vorhanden, welche durch die ganze Breite der Kalkalpen-Zone reichen. Von da aus zieht gegen Osten eine Kette von lichten Dolomiten nahe am Aussenrande der Alpen continuirlich bis an die Bruchlinie von Wien. Diese Kette wird im Norden, wie im Süden von einer rifffreien oder riffarmen Zone begleitet. Im Süden der südlichen heteropischen Zone, welcher alle bekannten Vorkommnisse der Zlambach- und Hallstätter Schichten angehören, finden sich an einigen Stellen wieder Riffmassen. Es wird dadurch die Vermuthung erweckt, dass diese isolirten Riffe die Denudationsreste einer dem Nordsaume des älteren Gebirges folgenden und einstens an die ausgedehnten Riffplatten der salzburgisch-tirolischen Grenze anschliessenden südlichen Riffzone seien.

Die westliche Fortsetzung des salzburgischen Riffes bildet die grossen Massen des nordtirolischen Wettersteinkalkes und erstreckt sich, im Süden, wie im Norden von einer heteropischen Zone begleitet und in den höheren Horizonten häufig in dieselbe übergreifend, bis in die Gegend von Reutte und Füssen.

Während in den östlichen Theilen unserer Nordalpen wahrscheinlich eine südliche Randzone von Riffen vorhanden war, liegen keinerlei Anzeichen vor, welche uns zu einer derartigen Annahme für den westlichen Theil berechtigen könnten. Das Riff zieht in einer gewissen Entfernung von dem alten Inselkerne, aber parallel dem Streichen der Alpen, fort und eine von schlammigen heteropischen Sedimenten erfüllte schmale Bucht trennt das Riff von der Insel.

Wie in den Südalpen, so schliessen auch in den Nordalpen die Raibler Schichten die Riffperiode gegen oben ab.

Nach unseren Erfahrungen über die Ursachen der heteropischen Differenzirung unterliegt es keinen Schwierigkeiten, sich die Entstehung der nordalpinen Riffsporne vorzustellen. Die isolirten Riffmassen des Langkofel und des Monte Carnera haben uns gelehrt, dass der Eintritt ungleicher Senkungen für die Vertheilung der Riffmassen massgebend ist und die grossen übergreifenden Zungen von oberem Wengener und Cassianer Dolomit zeigen, dass sich weit ausgreifende Riffsporne in dem heteropischen Gebiete ansiedeln können.

Es muss späteren Arbeiten vorbehalten bleiben, die Verhältnisse der nordalpinen Riffe *) klar zu legen. Für den Zweck unserer Betrachtung genügt es, constatirt zu haben, dass die Nordabdachung der Ostalpen von einer theils dem alten Uferrande folgenden, theils in geringer Entfernung parallel zu demselben hinziehenden Riffzone begleitet ist. Im Wesentlichen herrscht daher eine grosse Uebereinstimmung mit den Verhältnissen auf der Südseite der Alpen.

Vergegenwärtigen wir uns nun die Verhältnisse vor, während und nach der Riffperiode auf beiden Seiten der ostalpinen Mittelzone. Küstennahe Litoralbildungen gehen der Riffbildung voran, die Riffe selbst umsäumen die Mittelzone, während weiter gegen aussen rifffreie Regionen folgen, und eine Untiefenbildung, die Raibler Schichten, begrenzt die Riffe sowol, wie die rifffreien Gründe gegen oben.

So werden wir zur Annahme eines vortriadischen, die Stelle der heutigen Mittelzone der Ostalpen einnehmenden Inselgebirges **) geleitet, welches während der allmählichen, aber im Gesammtbetrage bedeutenden triadischen Senkungsperiode von Strand- und später von Wallriffen umkränzt wurde. Obwol es wahrscheinlich ist, dass ansehnliche Theile der Riffe längs des alten Uferrandes durch die Denudation entfernt wurden, so liegen doch keine genügenden Anhaltspunkte vor, um zu ermessen, ob die Senkung des ostalpinen Inselkernes bis zur atollförmigen Ueberwachsung desselben durch Korallenriffe ausgereicht hätte. Die auffallende Uebereinstimmung der nordtirolischen und kärntnerischen Raibler Schichten scheint wol die Annahme eines unmittelbaren Zusammenhanges der nord- und südalpinen Meerestheile nach Schluss der Riffperiode zu erheischen, doch kann diese Communication auch durch schmale Canäle vermittelt worden sein. Die Thatsache der ungleichen Senkung des Meeresgrundes, welche,

---

*) Einige nordalpine Riffe erinnern durch ausgezeichnete Schichtung und durch den Einschluss von Diploporen-Gliedern in gewissen Bänken an die südalpinen Lagunen-Dolomite, während ihre Lage die Parallelisirnng mit Lagunenbildungen verbietet. Die geschichteten oberen Cassianer Dolomite und die geschichteten Muschelkalk- und Buchensteiner Dolomite im Osten unseres südtirolischen Riffgebietes, welche ebenfalls keine Lagunenbildungen sind, können als südalpine Vertreter dieser besonderen Structurform betrachtet werden. Häufige periodische Unterbrechungen des verticalen Wachsthums der Riffoberfläche reichen zur Erklärung solcher bankförmiger Riffformen vollständig aus. Es ist überflüssig, daran zu erinnern, dass auch bei vielen recenten Korallenriffen Schichtung beobachtet wurde.

**) Im II. Capitel ist gezeigt worden, dass die Verbreitung und der Charakter der carbonischen und permischen Bildungen bereits zur Annahme von Inselgebieten im Bereiche der heutigen Mittelzone führen.

Mojsisovics, Dolomitriffe. 33

wie gezeigt worden ist, die heteropische Differenzirung herbeiführte, und der Stillstand der Senkung in den isopischen Wallriffen nach der zweiten Eruptionsphase, bei fortdauernd bedeutender Senkung in der heteropischen Region, erwecken die Vermuthung, dass die Senkung des Inselkernes viel langsamer vor sich gieng, als die Senkung der Riffgebiete und zeitweise, wie während der Cassianer Schichten ganz stille stand. Es ergäbe sich dann, wahrscheinlich in Folge gebirgsbildender Faltenbewegungen eine dreifache Abstufung der Senkung mit dem geringsten Betrage im centralen Inselkerne. Wir wollen uns hier auf dem Boden der Conjuncturen nicht weiter bewegen und die Möglichkeit, dass vielleicht die Senkungen in den Nebenzonen von entgegengesetzten Bewegungen in der mittleren Zone begleitet oder bedingt waren, nicht näher erörtern.

XVII. CAPITEL.

Bau und Entstehung des Gebirges.

Das Gebiet der Verwerfungsbrüche. – Karte der tektonischen Störungslinien. – Südverwerfungen die Regel. – Localisirte Nordverwerfungen. – Beschränkung der Erzlagerstätten auf die Bruchlinien. – Das Gebiet der Faltungen und Faltungsbrüche. – Fällt mit dem Depressionsgebiete zusammen. – Der einspringende Winkel der venetianischen Ebene bei Schio. – Die Etschbucht. – Vulcantektonik. – Passives Verhalten der Eruptivgesteine zur Schichtenaufrichtung. – Häufige Verwechslung von Gängen und Effusivdecken. – Altersbestimmung von Gängen. – Weitere vulcantektonische Ergebnisse. – Die Entstehung der Alpen. – Beziehungen zwischen der Gebirgsfaltung und dem Auftreten der Vulcane. – Die permischen und triadischen Alpenfaltungen bestimmend für den Bau der Ostalpen. – Constanz der Bewegung. – Die Amplitude der Faltung wird immer breiter. – Die successive Angliederung der Nebenketten dadurch bedingt. – Die Brüche der Südalpen sind Zerreissungen in Folge von Schleppung. – Der concave Innenrand des ostalpinen Bogens. – Die miocäne Faltungsphase. – Seitenblick auf die Centralmassive der Westalpen. – Das untergetauchte Adrialand. – Postmiocäne Störungen. – Die Suess'sche Theorie der Gebirgsbildung. – Die Einseitigkeit des Gebirgsschubes. – Schluss.

Dem Versuche, die gewonnenen tektonischen und vulcanologischen Resultate für eine Betrachtung über die Entstehung der Alpen zu verwerthen, mag zweckmässig eine übersichtliche Zusammenfassung der in den Detailschilderungen niedergelegten einschlägigen Beobachtungen vorangehen. Da zur Vermeidung überflüssiger Wiederholungen auf bereits geschilderte Details nicht mehr eingegangen werden soll, so mögen die Belege für die hier zu besprechenden Erscheinungen an den betreffenden Stellen nachgesehen werden. — Die allgemeine tektonische Orientirung wurde bereits im IV. Capitel der Einleitung gegeben.

1. Das Gebiet der Verwerfungsbrüche *).

Im Norden der grossen Valsugana-Spalte sind reine Verwerfungen die vorherrschende Störungsform.

Die beigefügte graphische Darstellung lässt folgende Thatsachen erkennen:

---

*) Die Nothwendigkeit der Unterscheidung von Verwerfungsbrüchen und Faltungsbrüchen wird sich aus dem Verlaufe der Darstellung ergeben.

1. Die drei nördlichen Verwerfungslinien, welche durch die Bezeichnungen ‚Villnösser-, Falzarego- und Antelao-Linie‘ unterschieden sind, vereinigen sich im Osten mit dem östlichen Hauptstamme der Valsugana-Spalte;

2. der Verlauf dieser drei Verwerfungslinien ist annähernd parallel;

3. stellenweise treten fächerförmige Zersplitterungen der Brüche ein und

4. die schwächeren Verwerfungslinien sind intermittirend.

Die Vereinigung der nördlichen Verwerfungslinien mit der Valsugana-Spalte ist durch den nordöstlichen Verlauf der letzteren bedingt.

Die Villnösser Bruchlinie zeigt einen auffallenden Parallelismus mit der heutigen nördlichen Verbreitungsgrenze der triadischen und permischen Bildungen im Sextener und Puster Thale. Wenn auch zugegeben werden muss, dass die heutige Verbreitungsgrenze durch die Denudation bestimmt ist, so kann doch vorausgesetzt werden, dass die Denudationsarbeit von den ursprünglichen Ablagerungsgrenzen aus ziemlich gleichmässig in südlicher Richtung vorgeschritten ist. Da uns nun die geologische Geschichte der permischen und triadischen Bildungen gelehrt hat, dass der alte Ufersaum in nicht sehr weiter Entfernung von den heutigen nördlichen Grenzen sich hinziehen musste, so erscheint die Annahme eines Parallelismus zwischen dem alten Ufer und der Villnösser Bruchlinie nicht unbegründet. Es wäre eine Wiederholung der längst erkannten analogen Erscheinung in unseren nordöstlichen Alpen, wo nicht nur die heteropischen Grenzen, sondern auch die Bruch- und Beugungslinien die Contouren des nahen böhmischen Festlandes copiren *). Den wesentlichen, in der Art der tektonischen Bewegungen liegenden Unterschied zwischen beiden Fällen werden wir weiter unten zu besprechen haben.

Die Zersplitterung der Bruchlinien tritt stellvertretend für Bruchlinien von grosser Sprunghöhe ein, so dass durch die wiederholten Brüche von kleinerer Sprunghöhe der Effect der grossen Bruchspalte hervorgebracht wird. Sehr häufig ist die Zersplitterung von einer Uebersetzung des Hauptstammes der Bruchlinie begleitet. Die hervorragendsten Beispiele für diese Erscheinung bieten die Uebersetzung der Villnöser Bruchlinie am Passe Tre Croci und die Uebersetzung der Valsugana-Spalte zwischen Zoldo und Agordo dar.

---

*) Vgl. Suess, Entstehung der Alpen, S. 20.

Uebersicht der wichtigsten tektonischen Störungslinien.

NB. Die durch schwarze Farbe angedeuteten tektonischen Linien reichen über das in der grossen Uebersichtskarte dargestellte Gebiet nicht hinaus, nachdem bis heute über die angrenzenden Regionen keine massgebenden Angaben vorliegen.

Die den Lago di Sta. Croce kreuzende Querlinie versinnlicht die Lage der durch die modernen seismischen Bewegungen ausgezeichneten Querspalte von Sta. Croce. In Folge eines Versehens wurde die südliche Fortsetzung dieser Störungslinie in das Erosionsthal zwischen Cima Fadalto und Serravalle verlegt, während dieselbe, wie der Text Seite 457 berichtet, weiter östlich durch das Kreide-Plateau des Bosco del Cansiglio verläuft.

Die streckenweise Intermittenz der schwächeren Bruchlinien, welche an die sogenannten ‚wandernden Stosspunkte' der Erdbeben erinnert, findet in der wechselnden Sprunghöhe der grösseren Bruchlinien ihre vollständige Vertretung. Schwächere Bruchlinien sind beginnende oder unvollendete Bruchspalten.

Von der im Allgemeinen geltenden Regel, dass der Süd- oder Westtheil verworfen ist, gibt es namentlich im Nordwesten unseres Kartengebietes einige sehr bedeutende Ausnahmen. Wir erinnern an den westlich von Wengen gelegenen Abschnitt der Villnösser Bruchlinie, an die Verwerfung am Nordgehänge der Fassa-Grödener Tafelmasse im mittleren Gröden und an die Verwerfung im obersten Buchenstein. Die Fleimser Eruptionsspalte, welche von einer wechselnden Verwerfung begleitet ist, wollen wir ausser Betracht lassen, da der Nachweiss der gleichzeitigen Entstehung nicht zu erbringen ist. In die gleiche Kategorie von Erscheinungen mit den auf der Nordseite verworfenen Brüchen gehört jedoch der grosse gegen Norden gerichtete Schichtenfall des Tierser Thales, sowie die Schichtenbeugung auf der Nordwestseite des Langkofels. Der merkwürdige centrale Einsturz des Gardenazza-Gebirges, welcher an der Grenze der entgegengesetzten Verwerfungen liegt, ist wol durch das Zusammenwirken dieser conträren Bewegungen entstanden und kann daher hier ebenfalls noch erwähnt werden.

Die auffallende Localisirung der Nordverwerfungen erweckt den Verdacht, dass eine bestimmte, in dieser Region allgemein oder vorherrschend wirkende Ursache die Ablenkung verursacht habe. Man könnte dieselbe in der abnorm hohen Auftreibung älterer Schichtsysteme im Süden (Quarzporphyrgewölbe der Bocche, Lagorai Kette u. s. f.) erblicken, und man wird in dieser Vermuthung durch die Thatsache bestärkt, dass auch südwestlich von der Cima d'Asta am Nordgehänge der Sette-Communi Tafelmasse sich die gleiche Erscheinung wiederholt.

Die Gruppe von Verwerfungen im Süden der Fleimser Eruptionsspalte und am Ostende der Gruppe des Sasso Bianco lässt sich ohne Zwang dem normalen Dislocationssystem nicht unterordnen, dagegen widerspricht wenigstens nichts der Annahme einer der Eruptionsspalte gleichzeitigen Entstehung.

Mögen die westlichen Theile der drei parallelen nördlichen Verwerfungslinien in ihrer ersten Anlage bis in die Triaszeit (als Parallellinien der Eruptionsspalte) zurückreichen oder nicht, so ist es andererseits sicher, dass die Hauptverschiebungen nicht vor dem Ende der Kreidezeit eintreten konnten, da Kreidebildungen an mehreren Stellen an die Bruchränder herantreten.

Auf die nach dem heutigen Stande der Wissenschaft nahezu selbstverständlich erscheinende Thatsache, dass alle in unserem Gebiete in Sedimentschichten auftretenden gangförmigen Erzlagerstätten an die Bruchlinien gebunden sind, wurde bereits mehrfach hingewiesen. Der Villnösser Linie gehören Klausen im Westen und Auronzo im Osten unseres Gebietes an. An der Valsugana-Spalte liegen ausser mehreren aufgelassenen Bauen im Phyllite von Valsugana und Primiero die bekannten Erzlagerstätten von Vallalta, Imperina (Agordo) und Arsiera (Val Inferna).

2. Das Gebiet der Faltungen und der Faltungsbrüche.

Während in dem tirolisch-venetianischen Hochlande wahre Bruchlinien die herrschende Störungsform sind und Fältelungen nur als locale Nebenerscheinung an den Rändern verworfener Schollen (vgl. z. B. S. 293) auftreten, begegnen uns in dem südlich der Valsugana-Spalte liegenden Depressionsgebiete, sowie in dem tektonisch und historisch mit demselben zusammenhängenden Gebiete der Etschbucht vorwiegend Faltungen. Dicht an die Valsugana-Spalte angepresst, folgt im Süden derselben eine schmale, stark gefaltete Zone, in deren westlichem Theile liegende Falten und in deren östlichem Theile lange fortstreichende Gewölbe dominiren. Der Belluneser Bruch, welcher diese Zone im Süden begrenzt, besitzt zum grössten Theile den Charakter einer gequetschten oder zerrissenen Falte. Nur im Westen, in Valsugana, wo er sich der Valsugana-Spalte sehr nähert, tritt er in der Form echter Verwerfungen auf. Der Gebirgsstreifen zwischen dem Belluneser Bruch und der venetianischen Ebene besteht zunächst aus einer Synclinale (Thal von Belluno, Sette Communi *) und einem sich daran schliessenden Anticlinalgewölbe, dessen Südschenkel sich am Rande der Ebene häufig steil aufrichtet, manchmal sogar (S. Orso bei Schio) widersinnisch zurückbiegt **). Eine scharfe knieförmige Beugung, welche allerdings häufig gebrochen ist, vermittelt sodann das flache Auswärtsfallen der unter die Schottermassen der Ebene untertauchenden Tertiärschichten.

Greifen wir zur Vervollständigung des Bildes noch weiter über das Gebiet unserer Karte hinaus und betrachten wir den Bau des im Westen anschliessenden Gebirges der Etschbucht bis zur

---

*) Vgl. Vacek, Verh. Geol. R.-A. 1877, S. 301.
**) Vgl. A. Bittner, Verh. Geol. R.-A. 1878, S. 130.

Judicarien-Spalte *). Für die südliche Hälfte dieses Districtes liegen die im Laufe der letzten beiden Jahre ausgeführten Aufnahmsarbeiten der k. k. geologischen Reichsanstalt vor, für die nördliche Hälfte liefert die Arbeit von Lepsius genügende Anhaltspunkte, um die Uebereinstimmung des Bauplanes mit dem südlichen Faltensysteme zu erkennen.

Der merkwürdige einspringende Winkel der venetianischen Ebene bei Schio wird durch die bekannte Bruchlinie Schio-Vicenza bedingt, deren Verlängerung gegen Süd-Südost die Euganäischen Berge von der Ebene bei Padua trennt. Bittner's Untersuchungen haben gezeigt, dass eine Zone stark aufgerichteter, gegen die Ebene von Schio-Vicenza abfallender Schichten den Bruchrand begleitet, dass mithin hier aller Wahrscheinlichkeit nach ein Faltenbruch vorhanden ist. Ein Blick auf Blatt V der v. Hauer'schen Uebersichtskarte der österreichisch-ungarischen Monarchie lehrt nun, dass der in das Innere der Alpen fortgesetzt gedachte Bruchrand mit der Grenze des tirolisch-venetianischen Hochlandes auf der Strecke Caldonazzo-Lavis zusammenfällt. So scheint eine gewisse Correlation zwischen den Verhältnissen im Innern der Alpen und den Erscheinungen am Aussenrande zu bestehen, insoferne die hohe Emporstauung des Hochlandes dem Untertauchen des venetianischen Tieflandes entspricht und der geöffnete Winkel der Etschdepression mit dem weit in die Ebene vorspringenden Hügellande von Vicenza und den Berischen und Euganäischen Hügeln correspondirt.

Wie die Falten im Süden der Valsugana-Spalte dieser parallel streichen, so folgen die Faltungen im Gebiete der Etschbucht der Judicarien-Spalte. Der westlichen Ablenkung der letzteren bei Lodrone entspricht die Drehung der Streichungsrichtung in den südlichsten Ausläufern der Alpen bei Verona, am Südgehänge des Monte Baldo und in den lombardischen Voralpen. Eine der Südfalte der Sette Communi-Masse homologe, meistens in einen Faltungsbruch ausartende Falte bildet die Grenze zwischen dem tiefliegenden und unter die Ebene hinabtauchenden Hügelvorlande und der höher ansteigenden ersten Bergkette. Das hohe Grenzgebirge zwischen Recoaro-Schio und dem Etschthale bei Rovereto

*) Lepsius gebraucht in seinem, während der Publication des vorliegenden Buches erschienenen Werke (Das westliche Südtirol, S. 322) für diese Bruchlinie die Bezeichnung Idrosee-Spalte, offenbar von der Voraussetzung ausgehend, dass das Seebecken in die Verlängerung der Judicarien-Spalte fällt. Es zeigt aber die Karte von Lepsius selbst, dass die durch Judicarien herabstreichende Bruchlinie bei Lodrone scharf westlich umbiegt und in das obere Val Trompia weiterzieht.

bildet ein breites tonnenförmiges Gewölbe, dessen Ostschenkel durch die Erosionsrinnen von Recoaro und Valle dei Signori bis auf die Phyllit-Unterlage entblösst ist. Auf dem rechten Etsch-Ufer folgen nun etliche kleinere, meist liegende, gegen Südosten über-schobene Falten *) und das Gewölbe · des Monte Baldo und des Stivo. Westlich reiht sich die Mulde Gardasee-Vezzano an, welche durch einen Faltenbruch im Westen begrenzt wird. Einfache wellige Biegungen halten nun an bis zur Judicarien-Spalte, welche, wie die Valsugana-Spalte, ein wahrer Verwerfungsbruch ist. Der hier geschilderten tektonischen Anlage conform ist auch das nörd-liche, in der Gegend von Meran in einem spitzen Winkel zusammenlaufende Depressionsgebiet höchst einfach gebaut. Die Zahl der Falten vermindert sich in nördlicher Richtung, ohne durch grössere Intensität der Faltung ersetzt zu werden. Der Gesammt-betrag der Zusammenschiebung ist im Norden ein minimaler.

Auf der Strecke zwischen Lavis und Meran wird die Grenze gegen das tirolisch-venetianische Hochland durch eine westliche Hinabbeugung der Schichten von bedeutender Sprunghöhe gebildet. (Vgl. S. 133). Dieselbe vertritt hier die Stelle der das Depressions-gebiet sonst begrenzenden Verwerfungsbrüche und zeichnet sich dadurch aus, dass sie ein Bogensegment beschreibt, dessen Con-cavität dem Depressionsgebiete zugewendet ist.

Jüngere, nordsüdlich streichende Verwerfungsspalten von geringer Sprunghöhe durchschneiden nach Vacek's Beobachtungen das Faltensystem der Etschbucht. Die gleichfalls meridional verlaufende Erdbebenspalte des Lago di Sta. Croce im Südosten unseres Ge-bietes gehört vielleicht dem gleichen Spaltensystem an.

3. Vulcantektonik.

Man ist seit langer Zeit geneigt, Gebirgsbildung und Vulcanismus als zusammengehörige, einander bedingende Erscheinungen zu betrachten. Die ältere Geologenschule L. v. Buch's, welche noch heute unter den Alpengeologen offene und verschämte Anhänger besitzt, sah im Vulcanismus die bewegende Kraft der Gebirgs-bildung; sie schrieb den vulcanischen Gesteinen eine active Rolle

---

*) Vacek (Verh. Geol. R.-A. 1878, S. 343) berichtigte die Profile von Benecke und Lepsius, welche hier Verwerfungen annehmen, und zeigte, dass die von den beiden genannten Forschern als Intrusivmassen gedeuteten Basalte von Brentonico regelmässig dem Schichtenverbande eingeschaltete eocäne Effusiv-decken und Tuffe sind.

bei der Hebung, Faltung und Stauung der Gebirgsschichten zu und unterschied vulcanische („plutonische") Centren verticaler Schichtenhebung, von welchen aus lateraler Druck gegen die peripherischen Regionen sich fortpflanzen sollte. Der Hauptsitz der vulcanischen Kraft concentrirte sich nach der Meinung dieser Schule in der mittleren Längszone der Alpen.

Eine andere neuere von Poulett Scrope begründete Richtung erblickte in den langen Vulcanreihen an den Rändern tiefer Senkungsfelder und hoher Kettengebirge nur eine die Gebirgsbildung begleitende, secundäre Erscheinung. Diese Anschauung kam in neuerer Zeit immer mehr in Aufnahme und wurde weiter fortgebildet und geklärt. Suess wendete dieselbe zuerst in lichtvoller Weise auf das Alpensystem an und zeigte, dass die erloschenen wie die thätigen Vulcane auf die concave, von Bruchrändern begrenzte Innenseite der Kettengebirge beschränkt seien. Er betonte nachdrücklichst, dass die älteren Eruptivmassen der Alpen sich völlig passiv zur Emporstauung des Gebirges verhalten und ebenso wie sedimentäre Formationen von der gebirgsbildenden Bewegung ergriffen wurden.

Gleich Heim *), welcher nachwies, dass die wenigen Eruptivgesteine der Finsteraarhorn-Masse sämmtlich älter als die Faltung dieser Gebirgsgruppe sind, kann auch ich auf Grund der in diesem Buche niedergelegten Erfahrungen constatiren, dass die eruptiven Massen sich in Bezug auf die Gebirgsbildung als vollkommen starre, bewegungslose Körper verhalten. Dieser Satz gilt nicht nur für die Effusivdecken, für welche er selbstverständlich ist, sondern auch für die intrusiven Stöcke und Gänge, wie die Lagerungsverhältnisse in Fassa, Fleims und an der Cima d'Asta unzweifelhaft beweisen.

Gleichwol besteht im Sinne der oben angedeuteten Anschauungen ein klarer und bestimmter Zusammenhang zwischen der Gebirgsbildung und dem Auftreten und der Vertheilung der alten Eruptivcentra, und werden wir im letzten Abschnitte auf die Darlegung dieser Beziehungen zurückkommen.

Man begegnet selbst in der allerneuesten Literatur über die Alpen so häufig einer gewissen Unsicherheit und Einseitigkeit in der Beurtheilung des tektonischen Charakters und des Alters von eruptiven Gesteinen, dass einige Bemerkungen über diesen Gegenstand hier Platz finden mögen.

Wir wollen zunächst an die bei vielen Beobachtern wiederkehrende Verwechslung von Ausläufern der Lavaströme mit Gängen

---

*) Mechanismus der Gebirgsbildung, II. Bd., S. 119.

◢

erinnern. Man ist so sehr gewöhnt, die Ausflussstelle von Eruptivgesteinen am Orte ihres Vorkommens zu vermuthen, dass man es
unterlässt, die Lagerung näher zu untersuchen, und die durch das
Zusammenvorkommen mit Tuffen gegebene Andeutung des wahren
Sachverhaltes völlig ignorirt. Die richtige Beurtheilung des tektonischen Charakters von eruptiven Gesteinen erfordert in vielen
Fällen eine grosse Umsicht und die genaue Kenntniss der tektonischen und stratigraphischen Verhältnisse eines grösseren zusammenhängenden Gebietes. Die im Laufe der letzten Jahre in den Südalpen gemachten Erfahrungen haben uns gelehrt, dass Gänge kaum
vereinzelt, sondern in der Regel in grösserer Zahl vorkommen. In
Folge dieser Häufung bietet sich dann vielfache Gelegenheit, das
wirklich gangförmige Durchsetzen verschiedenartiger Schichten zu
beobachten und man kann unklare Aufschlüsse nach benachbarten
unzweifelhaften Vorkommnissen beurtheilen. Die Gänge häufen sich
um die Eruptionscentra und verschwinden allmählich mit der Entfernung von diesen. Vereinzelte Gänge deuten daher auf die
Peripherie einer Gangregion.

Die vorstehenden Erfahrungen haben in allgemeiner Fassung
nur für Gebiete von annähernd gleichen stratigraphischen Niveaux
Geltung, denn es scheint der Umfang der Gangregion mit der Tiefe
allmählich zuzunehmen. Das Vorkommen von Melaphyrgängen im
Phyllit und Quarzphorphyr bei Theiss in Villnöss, sowie das Auftreten von Melaphyrgängen im Phyllit bei Mis zwischen Agordo und
Primiero, beide in Gegenden, welche der oberflächlichen Gangregion
entrückt sind, lassen kaum eine andere Deutung zu*), als dass
daselbst ursprünglich blinde, blos durch die nachträgliche Denudation
entblösste Gänge vorhanden sind. Selbst in der Haupt-Gangregion
von Fassa und Fleims scheinen die älteren der dort entblössten
Schichtgruppen viel häufiger von Gängen durchsetzt zu werden, als
die jüngeren, der Eruptionszeit näher stehenden Sedimente.

Es bedarf keiner weiteren Auseinandersetzung, dass eine gegen
die Tiefe fortschreitende extensive und intensive Zunahme von
Gängen mit den theoretischen Vorstellungen über den Vulcanismus
im besten Einklange steht. In praxi, bei der Bestimmung des
Alters von Eruptivgängen, wird aber nicht nur häufig gegen diesen
Satz gefehlt, sondern überhaupt der tektonische Grundcharakter der
Gänge völlig ignorirt — und dies ist der zweite der oben angedeuteten
Punkte, welcher einer kritischen Bemerkung bedarf. Ebenso wie

----

*) Für das Vorkommen bei Mis wurde die Möglichkeit eines anderen Ver-
hältnisses Seite 342 erwähnt.

man sofort, ohne nähere Untersuchung, bereit ist, isolirte Vorkommnisse von Eruptivgesteinen für Gänge zu erklären, so verfällt man
auch sehr häufig in den Fehler, das Alter der Ganggesteine nach dem
zufällig entblössten Nebengestein zu bestimmen *). Man verfährt, in
sonderbarer Verkennung der wesentlichen Merkmale, wie mit Einschlüssen organischer Fossilien. Bei Lagergängen ist ein solcher
Irrthum begreiflich und verzeihlich, weil dieselben die Gestalt ein-
geschichteter Decken annehmen können; aber auch hier wird die
Ausdehnung der Beobachtungen in der Regel bald zur Erkennung
der Gangnatur führen. Wenn unsere obigen Betrachtungen über die
Zunahme blinder Gänge in der Tiefe richtig sind, so kann in tief
denudirten Gegenden nicht einmal die Beobachtung der jüngsten
Contact-Sedimente für die Altersbestimmung von Eruptivgängen
benützt werden. Wo es die Umstände nicht gestatten, Gänge auf
unzweifelhafte Lavensysteme zu beziehen, kann an eine zuverlässige
Altersbestimmung nicht gedacht werden. In unseren Südalpen
kennen wir bisher nur drei, durch bestimmte Laven gekennzeichnete
Eruptionsperioden, und zwar 1. die permische, 2. die norische und
3. die tertiäre. Die Möglichkeit des Vorkommens blinder Gangmassen anderen Alters muss zwar zugegeben werden. Doch scheint
es rationeller anzunehmen, dass die auf dem Südgehänge der Alpen
vorhandenen Eruptivstöcke und Gänge einer dieser drei Eruptionsperioden angehören **).

---

*) Vgl. a. die treffenden Bemerkungen von Judd. (The ancient Volcanos of
Europe. Geol. Magazine 1876, pag. 61.)

**) Nachdem erst in jüngster Zeit, insbesondere durch Judd's geistvollen
Vorgang veranlasst, die Altersfrage der grobkrystallinischen Eruptivstöcke auf die
Tagesordnung gesetzt wurde, ist dass Widerstreben der conservativen Geologen gegen
die Annahme jugendlicher Granit- und Syenitstöcke begreiflich. Eingelebte Anschauungen werden, selbst wenn dieselben unerwiesene, mit den alten Kataklysmen-
Hypothesen zusammenhängende Vorurtheile wären, nur ungerne und zögernd verlassen. Es ist deshalb für den baldigen Eintritt eines allgemeinen Umschwunges
der Anschauungen sehr förderlich, dass Zirkel kürzlich jurassische Granite aus
dem Westen Nordamerika's beschrieben (Report of the Geological Exploration of
the Fortieth Parallel, by Clarence King, Vol. VI, Microscopical Petrography by
Ferdinand Zirkel, Washington, 1876) und nachgewiesen hat, wie sich die jüngeren
Eruptivgranite durch bestimmte petrographische Merkmale sowol von den älteren
Eruptivgraniten, als auch von den sogenannten metamorphischen Graniten unterscheiden. Zirkel selbst warnt vor einer Benützung seiner Erfahrungen für die Altersbestimmung der Granite anderer Länder, und dies mit gutem Grunde, denn es erscheint
sehr wol möglich, dass die erkannten Differenzen im Sinne der Reyer'schen Anschauungen auf bestimmte Tiefenzonen beschränkt sind, so dass es nur von dem
Betrage der Denudation abhängen würde, ob ein Granitstock die Charaktere des
jüngeren oder des älteren Eruptivgranits besässe.

Wir notiren noch die folgenden Ergebnisse unserer Untersuchungen in vulcantektonischer Beziehung:

1. Der Umfang der Lavengebiete ist bedeutend grösser, als
der Umfang der Gangregion. Dieser Satz dürfte für viele der
modernen Vulcane nicht gelten.

2. Die Eruptionsstellen unseres Gebietes liegen excentrisch
(vgl. S. 408 und 506) zum Lavengebiet.

3. In der Gangregion des Avisiogebietes kommen neben den
Gängen diesen parallele, aber durch Eruptivmassen nicht injicirte
Gangspalten vor, ein neuerlicher Beweis, dass das eruptive Magma
blos durch bereits vorhandene Risse oder klaffende Spalten aufsteigt.

4. Der Monzoni und der Fleimser Eruptivstock liegen auf einer
und derselben Spalte (Fleimser Eruptionsspalte), welche zum Gebiete
der stärkeren Senkung (vgl. S. 506) senkrecht steht.

5. Der ältere Vulcan im oberen Fassathal liegt am Rande des
Gebietes stärkerer Senkung.

6. Die Gänge und Gangspalten in der Umgebung der beiden
jüngeren Vulcane stehen senkrecht zum jeweiligen Verlaufe der
Eruptionsspalte. (Eine radiale Anordnung der Gänge ist daher bei
Vulcanen, welche aus kesselförmigen Einstürzen hervorgetreten sind,
vorauszusetzen. Die Anordnung der Gänge in den bei unseren alten
Vulcanen nicht mehr vorhandenen Aschenkegeln kann immerhin,
wie bei den recenteren Vulcanen eine radiale gewesen sein.)

7. Die Eruptionsstellen zeichnen sich durch bedeutende
Differenzirungen der Schlieren aus. Grosse Manigfaltigkeit der
Gesteine. Das grobkrystallinisch erstarrte Magma nimmt die tieferen
Stellen des Eruptionsschlotes ein *).

8. Der Eruptionsschlot, welcher am oberen Rande des durchbrochenen Gebirges die grösste Weite besitzt, verengt sich birn-
förmig gegen die Tiefe. In den oberen Regionen des Eruptionsschlotes breiten sich daher die Ergüsse stromähnlich aus. Wo die
Ränder des Eruptionsschlotes durch Denudation bereits stark afficirt
sind, kann dann der Schein einer überquellenden Lagerung hervorgebracht werden.

4. Die Entstehung der Alpen.

Wenn ich es hier unternehme, der bahnbrechenden Darstellung von Suess *) und den scharfsinnigen Erörterungen von

---

*) Vgl. Ed. Reyer, Physik der Eruptionen und der Eruptivgesteine.
**) Die Entstehung der Alpen. Wien, 1875.

Heim*) eine gedrängte Betrachtung über die Entstehung der Alpen folgen zu lassen, so geschieht dies zunächst in der Absicht, die orogenetischen Verhältnisse unseres Gebietes zu erläutern, deren Verständniss uns nur durch einen Ueberblick über das Gebirgsganze vermittelt werden kann.

Da das historische Moment in den Vordergrund gestellt werden soll, so kann dieser Versuch auch als das Gerippe zu einer Chronologie der einzelnen Ketten betrachtet werden. Um Wiederholungen zu vermeiden, verweise ich zur Begründung der historischen Daten auf das II. und XVI. Capitel.

Wir greifen in der Geschichte der Ostalpen zurück in jene Zeit, wo sich die ersten Andeutungen der alpinischen Individualisirung zeigen. Nachdem zur Carbonzeit das ostalpine Territorium sich von dem böhmischen Gebirgsmassive getrennt hatte und im Gebiete der Tauern und der Oetzthaler Gruppe bereits insulare Gestaltungen eingetreten waren, begann zur permischen Zeit eine Aufstauung der mittleren Längszone, welche von einer allmählichen Senkung der äusseren Zonen und von der Bildung grosser Vulcane am Südrande begleitet war. Die vulcanische Thätigkeit manifestirte sich namentlich in der Gegend der heutigen Etschbucht, welche den concaven Innenrand des entstehenden ostalpinen Inselgebirges bildete. Zur Triaszeit stand dann, wie die Geschichte der triadischen Riffmassen uns lehrte, der beschleunigten Senkung der äusseren Regionen eine Verzögerung der Senkung am Saume des Inselkernes gegenüber, und haben wir sogar die Vermuthung ausgesprochen, dass in der Axe des Inselgebirges die Aufstauung fortdauerte. Unsere norischen Vulcane stehen am Rande des Gebietes stärkerer Senkung und ist es sehr bezeichnend, dass die auf das Südgehänge der Alpen beschränkten Vulcane in einer parallelen Linie dem Saume des Inselgebirges folgen. Die Verbindungslinie zwischen den Avisio-Vulcanen und den gleichzeitigen Vulcanen bei Recoaro-Schio streicht parallel der westlichen Begrenzung der Etschbucht, und ebenso gestattet die Vertheilung der intrusiven Massen und selbst die Verbreitung des vulcanischen Detritus den Schluss auf einen analogen Parallelismus in den übrigen Theilen der Südalpen.

So spielen die gebirgsbildenden Bewegungen in den Ostalpen bereits in Zeiten zurück, wo die mächtigsten Formationen der Nebenzonen gebildet wurden und die ganze spätere Anlage und Gliederung erscheint bedingt durch die am Beginne des mesozoischen

---

*) Untersuchungen über den Mechanismus der Gebirgsbildung im Anschlusse an die geologische Monographie der Tödi-Windgällen-Gruppe. Basel, 1875.

Zeitalters von der Gebirgsbildung vorgezeichneten Contouren. Man wird uns den Einwand entgegensetzen, dass diese alten Bodenbewegungen verschieden seien von den gebirgsbildenden Faltungen und in die Kategorie der sogenannten säcularen Hebungen und Senkungen gehören.˙ Es hat aber bereits Suess die Unhaltbarkeit der in letzterer Beziehung herrschenden Anschauungen berührt und überzeugt uns eine ruhige Ueberlegung und Vergleichung, dass namentlich, wie in unserem Falle, die Bewegung beschränkter Gebiete nichts anderes, als eine wellenförmige Biegung von grösserer Spannweite ist. Es ändert an dem Charakter der ganzen Erscheinung nichts, ob dieselbe am Rande eines Continentalgebietes submarin oder subaerisch vor sich geht. Die Triasperiode war in Mitteleuropa eine Continentalperiode. Die sogenannten Massengebirge waren zum grössten Theile bereits vorhanden. Eine Landbrücke verband das böhmische Festland mit dem westrheinischen continentalen Alpengebiete. Dieser Festlandssaum war bestimmend für die Richtung der an ihm sich stauenden, submarinen Faltenbiegung. An den heutigen Küsten der Continentalmassen sehen wir häufig ähnliche linear gestreckte Inselgestaltungen.

. In der Geschichte der Südalpen gelangt die Abhängigkeit der späteren chorologischen Verhältnisse von dem Süd-Süd-West verlaufenden Aste des Inselgebirges im Westen der Etschbucht wiederholt zur Geltung. Abgesehen von dem parallelen Verlaufe der heteropischen Grenze des grossen westlichen Wallriffes von Südtirol kehren, wie im III. Capitel gezeigt worden ist, annähernd meridian verlaufende heteropische Grenzen auch während der Jura- und Kreide-Periode wieder.

Es lässt sich heute noch nicht bestimmen, zu welcher Zeit die Mittelzone der Otsalpen über den Meeresspiegel emportauchte. War dies nicht bereits zur Triaszeit der Fall, so darf wol angenommen werden, dass dies wenigstens im Verlaufe der Jurazeit eintrat*). Denn vom Beginne der Kreidezeit an sehen wir in der Seite 26 angegebenen Reihenfolge allmählich das Gebiet unserer nördlichen Kalkalpen, dann die Karnischen Alpen und die Karavanken über den Meeresspiegel auftauchen.

Die auffallende Erscheinung, dass in den nordöstlichen Alpen Verwerfungsbrüche, welche concentrisch den Contouren des böhmischen Massivs folgen, die vorherrschende Störungstorm sind,

---

*) Inwieferne Wasserscheiden und Querthäler in vielgliedrigen Kettengebirgen zur Altersbestimmung der Gebirgsketten benützt werden können, haben Heim (Mechanismus der Gebirgsbildung, I. Bd., S. 320) und Tietze (Jahrb. Geol. R.-A. 1878, S. 581) gezeigt.

erklärt sich vielleicht durch den frühzeitigen Eintritt der Gebirgs-
stauung. In diesem Theile der Alpen sind Transgressionen jurassischer
Ablagerungen nicht selten. Die zwischen dem heutigen Rande des
böhmischen Festlandes und den Kalkalpen durchstreichende Flyschzone, welche (vgl. Seite 28 und 102) aus einer ununterbrochenen
Reihe von cretaceischen und alttertiären Bildungen besteht, lässt
keinerlei Parallelismus mit den Contouren des böhmischen Gebirges
erkennen, sondern schneidet im Gegentheil die Störungscurven
der Kalkalpen ab. Es darf daher vielleicht gefolgert werden,
dass die Stauungsbrüche der nordöstlichen Kalkalpen älter als
neocom sind.

Es mag hier am Platze sein, eine kurze theoretische Reflexion
einzuschalten.

Sowie die historische Analyse zur Erkenntniss des hohen
Alters der Alpenfaltung führt, so lehrt dieselbe auch die grosse
Constanz und Einheitlichkeit dieser Bewegung kennen. Die so
häufig gemachten Annahmen von alternirenden Hebungs- und
Senkungsperioden entsprechen weder bei allgemeiner Ausdehnung
derselben über das ganze Ostalpen-Gebiet, noch bei Beschränkung
auf einzelne Striche, dem historischen Gange der Entwicklung.
Vom Beginne der Permzeit an können wir alle derartigen Hilfs-
mittel zur Erklärung der alpinen Verhältnisse entbehren. Das einfache Bild der Alpenfaltung zur Perm- und Triaszeit kann mit
grossem Vortheil als der wahre Ausdruck des durch die späteren
secundären Fältelungen und Zerreissungen gewissermassen blos
verzierten oder verdeckten Bauplanes der Ostalpen betrachtet
werden. Die einzelnen Gebirgsfalten und Gebirgsschollen repräsentiren im Grossen blos die im Kleinen bei thonhältigen Schichtencomplexen wolbekannten secundären Fältelungen, Knickungen und
Verschiebungen. Das Gebiet der Mittelzone fällt mit einer langgestreckten, in ihrem Verlaufe von den vorhandenen älteren Erd-
rindenfaltungen Mittel-Europa's abhängigen Anticlinalwölbung zusammen. Die Faltungsbewegung kann zeitweise beschleunigt
oder verlangsamt werden. Erweitert sich die Wölbungs-Amplitude,
was nur auf Kosten der mit jüngeren Sedimenten erfüllten
Synclinalmulden geschehen kann, so erfolgt die Angliederung
neuer, aus jüngeren Ablagerungen bestehender Ketten, welche
im Kleinen vielfach gefältelt und zerrissen sein können. Oertliche
Hindernisse, wie z. B. die grosse Nähe eines älteren Gebirgs-
massivs können zu Ungleichmässigkeiten in den nebensächlichen
Erscheinungen und zu zeitweiligen oder dauernden partiellen
Trockenlegungen führen.

Wir fahren in der unterbrochenen Darstellung des historischen Verlaufes der Alpenbildung wieder fort. Während am Nordsaume der Ostalpen die Kalkalpen-Zone der breiten Mittelzone angegliedert wurde, entstanden in Folge des allmählichen stufenweisen Emporzerrens der Unterlage auf der Südseite die langen Verwerfungsbrüche und bildeten sich namentlich die beiden für Südtirol so bedeutungsvollen Brüche, welche das Depressionsgebiet der Etschbucht und der venetianischen Alpen vom tirolisch-venetianischen Hochlande trennen. Einschlüsse von Geröllen permischen Quarzporphyrs und Sandsteins, welche im Laufe der letzten Jahre wiederholt in den durch grosse Steinbrüche aufgeschlossenen oberjurassischen Ammonitenkalken von Trient gefunden worden sind *), scheinen anzudeuten, dass die Trockenlegung des Hochlandes stellenweise bereits zu Ende der Jurazeit begann. Aber erst am Schlusse der Kreidezeit war das Hochland gänzlich dem Meeresniveau entrückt. Die Brüche in den Südalpen sind daher keine Versenkungsbrüche, sondern Zerrungs- oder Schleppungsbrüche. Die Versenkungsbrüche haben eine vorausgehende Hochlage zur nothwendigen Voraussetzung; solche Brüche dürften aber, wenn wir locale, durch Auslaugung oder Unterwaschung (Karst) herbeigeführte Einstürze ausnehmen, Gebirgsregionen überhaupt fremd sein **). Es ist nun die Ursache des spitzwinkligen Eingreifens des Depressionsgebietes der Etschbucht zu besprechen. Wenn man die v. Hauer'sche Uebersichtskarte zu Rathe zieht, so erkennt man leicht, dass die Fortsetzung der Valsugana-Spalte gegen Südwest auf die bei Lodrone westlich umbiegende und in das obere Val Trompia ziehende Judicarien-Spalte trifft. Es muss demnach in den Verhältnissen der Etschbucht begründet sein, dass sich hier ein nordnordöstlich streichender Gebirgskeil einschiebt, welcher die Regelmässigkeit der tektonischen Anlage wol zu unterbrechen, aber nicht zu unterdrücken vermag. Sowie das Hinderniss übersprungen ist, kehrt die alte Ordnung wieder. Die Erklärung liegt in der mit der Etschbucht zusammenfallenden concaven Oeffnung der ostalpinen Centralkette. Im Westen von der Etschbucht wendet sich das Streichen der krystallinischen Mittelzone, welches bis in

---

*) Ich selbst habe mehrere derartige Gerölle im Jurakalk eingeschlossen gesehen.

**) Im Sprachgebrauche sind die Ausdrücke Hebung und Senkung als comparative Bezeichnungen nicht zu entbehren. Hat man sich einmal von den alten, mit diesen Worten verbundenen Begriffen der verticalen Activität emancipirt, so können dieselben anstandslos bei geologischen Schilderungen verwendet werden.

die Gegend des Brenners nahezu ostwestlich war, scharf gegen Süd-Südost und erst im Veltlin kehrt allmählich die westliche Richtung wieder zurück. Die Gebirge des Engadin zeigen deutlich, wenn auch in geringerem Masse, die gleiche südliche Ablenkung des Streichens. Die Grenze zwischen den Ost- und Westalpen auf der Linie Feldkirch-Lago maggiore läuft der Etsch-Depression parallel. B. Studer*) hat bereits vor langer Zeit auf das Vorkommen meridionaler Streichungsrichtungen im Adula- und Suretta-Gebirge, sowie in der Silvretta-Gruppe hingewiesen, und die neueren Untersuchungen von Rolle**) und G. A. Koch***) haben die Angaben Studer's bestätigt. Der nordsüdliche Umbug der Streichungsrichtung im Rhätikon†) gehört in dieselbe Kategorie von Erscheinungen. Ohne den hier dargestellten Zusammenhang zu kennen, deutete Studer die auffallenden Meridionalketten des Adula- und Suretta-Gebirges als Reste eines älteren Gebirgssystems. Wir pflichten dieser Auffassung des hochverdienten Alpengeologen bei und erblicken in der angeführten Reihe paralleler Erscheinungen den Beweis einer älteren, der Entstehung des Halbbogens der Westalpen vorangehenden bogenförmigen Krümmung der Ostalpen, deren Concavität der Etschbucht zugewendet war. Dieser Bogen war, wie gezeigt worden ist, zur Perm- und Triaszeit bereits vorhanden, und die permischen und norischen Vulcane häuften sich an dessen concavem Innenrande. Bei der gegen Nordwest gerichteten fortschreitenden Emporschiebung des gekrümmten Gürtels mussten nun auf der Innenseite der stärksten Krümmung weitere Zerreissungen entstehen, welche bedeutende Niveau-Differenzen veranlassten.

Die hohe Auftreibung des südwestlichen Theiles des Hochlandes ist vielleicht durch die Divergenz der Richtungen bedingt, welche zwischen dem Laufe der Valsugana-Spalte und dem in der Tiefe zurückbleibenden Depressionsgebiete der Etschbucht besteht.

Während unser Hochland mit den ihm gleichwerthigen Theilen der Südalpen zugleich mit der Hauptmasse der Ostalpen emporstieg, verharrten die südalpinen Depressions-Districte unter Meeresbedeckung und lagerten sich daselbst die alttertiären Schichten in

---

*) Physikalische Geographie und Geologie II. Bd., p. 232. — Geologie der Schweiz, I. Bd., p. 234, 242 u. s. w.

**) Uebersicht der geolog. Verhältnisse der Landschaft Chiavenna. Wiesbaden 1878.

***) Verh. Geolog. R.-A. 1876, S. 345, ibidem 1877, S. 140.

†) E. v. Mojsisovics, Beitr. z. topischen Geologie der Alpen. Jahrb. Geolog. R.-A. 1873.

Mojsisovics, Dolomitriffe. 34

concordanter Reihenfolge bis zu den Schio-Schichten incl. ab. Im Süden war Land in der Nähe, wie die wiederholten Einschaltungen von Kohlen und von Pflanzenschichten beweisen. Auf einer Linie, welche mit dem später gebildeten Faltungsbruche Schio-Vicenza nahezu die gleiche Direction hatte, entstanden der Vulcan von Schio *) und der Euganeen Vulcan.

Dem südalpinen Depressions-District, welchem noch die lombardischen Voralpen, der Karst, Istrien, die quarnerischen Inseln und die dalmatinischen Küstendistricte angehören, entsprechen in den Nordalpen die Flyschzone und die äussere oder nördliche Zone der westalpinen Centralmassen. Die Faltungen im Süden der Valsugana-Spalte sind jünger, als die Bildung dieser Spalte.

Alle diese Gebiete auf der Süd- und Nordabdachung der Alpen sind nahezu zur gleichen Zeit emporgerichtet worden. Es war dies die miocäne Phase der Alpenfaltung, in welche so häufig in Folge zu weit gehender Verallgemeinerung die Entstehung des gesammten Alpengebirges verlegt wird. Für die Ostalpen bedeutet die miocäne Faltungsphase nur die Angliederung je einer neuen Kette am Süd- und Nordrande des Gebirges. Was die Westalpen betrifft, so wissen wir mit Sicherheit blos, dass die äussere, nördliche Zone der Centralmassive um diese Zeit den so wunderbaren, grossartigen Zusammenschub erlitten, welchen Heim in seiner grossen Arbeit über die Tödi-Windgällen-Gruppe eingehend geschildert hat. In welchem Verhältnisse die südliche Zone der westalpinen Centralmassen zu dieser nördlichen steht, ist noch vollständig unbekannt. Es wird sich zunächst darum handeln, die Reihenfolge der älteren, krystallinischen Schieferformationen zu ermitteln, um mit deren Hilfe die Architektur des Gebirges zu entziffern. Sodann wird der Altersbestimmung und der Verbreitung der jüngeren, von den verschiedenen Autoren so abweichend gedeuteten Schieferbildungen eine grosse Aufmerksamkeit geschenkt werden müssen. Die grosse Analogie im Bau der südlichen Centralmassiv-Zone der Westalpen mit unseren Tauern hat Peters **) schon vor Jahren erkannt, und in der That können bei Vergleichen zwischen den West- und Ostalpen nur die südlichen westalpinen Zonen in Frage kommen.

---

*) Die Vertheilung der den Eocänschichten eingelagerten Basaltströme weist nach den freundlichen Mittheilungen Dr. A. Bittner's auf ein Eruptionscentrum in der Gegend von Schio. Die Verbreitung der Basaltgänge in den umgebenden Theilen der venetianischen Alpen steht mit dieser Annahme im besten Einklange.

**) Schriften des Vereins zur Verbreitung naturwissenschaftlicher Kenntnisse in Wien, 3. Band (Wien 1864) S. 212.

In die Zeit der miocänen Faltung fällt auch wahrscheinlich die Untertauchung eines alten, an der Stelle der heutigen Adria und des Unterlaufes des Po (von Mantua abwärts) bestandenen Festlandstückes, dessen Contouren sich möglicherweise am Ostrande des Apennin wiederspiegeln. Die einstige Existenz dieses versunkenen „Adrialandes" geht nicht nur aus der wiederholten Einschaltung von Pflanzenschichten am Südrande der Alpen bei Verona (Muschelkalk von Recoaro, graue Liaskalke, vicentinisches Tertiär), sondern auch aus dem Vorkommen von ausgedehnten Süsswasserbildungen am östlichen Rande der Adria (Cosina-Schichten von Istrien und Dalmatien, Kohlen des Monte Promina bei Sebenico) hervor *). Der Nachweis eines versunkenen Landes stimmt in trefflicher Weise mit den Voraussetzungen von Suess *) über das Nachsinken der „adriatischen Mulde".

Das südalpine Depressions-Gebiet wurde aber durch die miocäne Faltung keineswegs vollständig dem Meeresspiegel entrückt. Transgredirend gelagerte und häufig auch steil aufgerichtete Miocänbildungen finden sich noch im Innern der Alpenthäler. Auch die vom pannonischen Tertiärbecken in den vielfach zerfranzten östlichen Alpenrand hineinreichenden Miocänschichten sind auf der Südabdachung der Alpen in der Regel mehr weniger stark zusammengefaltet. Am Nordrande der Alpen beschränkt sich die nachmiocäne Schichtenstörung auf die bekannte Anticlinalwölbung der schweizerischen und bayerischen Molasse und auf das Nachsinken der Schichten längs der Bruchlinie von Wien.

Bei flüchtiger Durchsicht wird man aus der vorangehenden historischen Darstellung der Alpenstauung vielleicht einen Widerspruch mit den Vorsaussetzungen der Suess'schen Theorie der Gebirgsbildung herauslesen. Dieser Widerspruch ist nur ein scheinbarer, und stimme ich mit den Grundgedanken der Suess'schen Theorie, dem horizontal wirkenden Zusammenschube, der einseitigen Ausbildung und der Stauung der Alpenmasse an den vorgelagerten alten Massiven vollständig überein. Ich bin sogar der Ansicht, dass meine Darlegung des historischen Vorganges, die Richtigkeit derselben vorausgesetzt, einen wichtigen Beweis zu Gunsten der Suess'schen Auffassung liefert.

---

*) Weiter landeinwärts herrscht eine ausschliesslich marine Entwicklung.
**) Entstehung der Alpen S. 92.

34 *

Was insbesondere die Einseitigkeit der Ausbildung betrifft, welcher das Vorhandensein einer gleichaltrigen südlichen Nebenzone am meisten zu widersprechen scheint, so sei daran erinnert, dass bereits in den ersten Phasen der ostalpinen Faltung am concaven Innenrande Zerreissungen entstanden, aus welchen die permischen und norischen Vulcane hervortraten. Als dann später die nord-tirolischen Kalkalpen enge gefaltet und zusammengeschoben wurden, während die nordöstlichen Alpen wegen ihrer bereits ursprünglichen Nachbarschaft zu dem böhmischen Massive nur geringe Pressungen erlitten, bildeten sich in der ganzen Länge der Südalpen Sprünge, längs welcher das Gebirge stufenweise gegen Norden emporgezerrt wurde, und brachen aus einer vom concaven Rande auslaufenden Querspalte die tertiären Vulcane Venetiens hervor. Die ein-tretenden Zerreissungen waren häufig so stark, dass auf lange Strecken hin mitten zwischen den mesozoischen Sedimenten die palaeozoische und selbst die archaeische Unterlage zum Vor-schein kam, wodurch im Kleinen das Bild des Alpenbaues wieder-holt wurde. Sowie überhaupt unserer Ansicht nach der Process der Alpenfaltung seit der permischen Zeit unausgesetzt vor sich gieng und wahrscheinlich selbst heute noch fortdauert, so wollen wir auch nicht behaupten, dass die Faltung der nordalpinen Zone, oder die Bildung der südalpinen Verwerfungsbrüche in einer bestimmten, eng umgrenzten Zeit vollendet war. Beide Vorgänge dauerten wahr-scheinlich auch nach der allmählichen Angliederung der äusseren, jüngeren Ketten noch fort. Der Gegensatz zwischen Nord- und Süd-abdachung der Alpen prägt sich auch in diesen äusseren Ketten in klarer Weise aus. Der stark zusammengeschobenen nordalpinen Flyschzone stehen die schwachen Falten und die Faltungsbrüche der südalpinen Depressionsgebiete gegenüber. Es liegt der Annahme nichts im Wege, dass auch hier vorzugsweise Emporzerrungen der Unterlage, dann aber auch, wie in der engen Etschbucht, Zusammen-schiebungen wirksam waren. Die Verschlingung des Adrialandes am concaven Alpenrande möchte ich als eine die miocäne Faltungs-phase begleitende, aber nicht bedingende Erscheinung angesehen wissen.

So vermag auch die in der geologischen Entwicklungsgeschichte der Ostalpen begründete symmetrische Anlage das Bild des con-stant einseitig und im selben Sinne wirkenden Gebirgsschubes nicht zu verwischen.

Die verschiedenen Aeusserungen einer und derselben grossen Kraft — der in Folge der zunehmenden Contraction des Erdkernes bedingten partiellen Erdkrustenfaltung — haben die Nebenzonen unserer Alpen unter den Meeresspiegel getaucht und dadurch die Bildung unserer grossartigen Korallenriffe, sowie den Absatz der vielgestaltigen anderen Sedimentschichten ermöglicht, sie haben die Ausbrüche der grossen südalpinen Vulcane veranlasst und endlich bei weiterem Fortschritte der Bewegung den ganzen herrlichen Bau unseres Alpengebirges emporgethürmt! — Wir stehen am Beginne des Erkennens und Begreifens, ein weiter Weg liegt noch vor uns!

Index.

35*

l

667

To avoid fine, this book should be returned on
or before the date last stamped below

Druck:
Customized Business Services GmbH
im Auftrag der KNV-Gruppe
Ferdinand-Jühlke-Str. 7
99095 Erfurt